분할패턴
DIVISION PATTERN

❷ 여성복 상의류 패턴의 원리

DESIGN
PEOPLE

분할패턴
DIVISION PATTERN

❷ 여성복 상의류 패턴의 원리

초판 1쇄 발행_ 2023년 6월 23일

지은이_ 임사여
어시스턴트_ 장윤정
북디자인_ 최준근
패션일러스트_ 강성주
로고 디자인_ 한희수
교정·교열_ 정지은, 송상은, 이수림
출력·제본_ 새한문화사

펴낸곳 Design People | **출판등록** 제2018-000283호
주소 서울특별시 강남구 도산대로 16길 15 용헌빌딩 101호(논현동)
전화 070-4001-7844
이메일 treisole@naver.com
블로그 https://blog.naver.com/treisole

ⓒ 임사여 2023
ISBN 979-11-966904-2-7

분할패턴
DIVISION PATTERN

❷ 여성복 상의류 패턴의 원리

임사여

모든 옷은 몸으로부터,

좋은 옷이란 어떤 옷일까?

그것은 보는 사람의 관점과 기준에 따라 저마다 다를 것이다. 그러나 옷의 구조적 측면에서 보면 호칭과 사이즈로 구분된 현대 의복은 누구나 살기 좋은 집을 짓는 것과 같다. 그렇다면 어떻게 많은 사람들이 입었을 때 몸에 잘 맞으면서 편하고 맵시 있는 옷을 만들 수 있을까?

철학적 사고를 추구하는 화가 피트 몬드리안(Piet Mondrian)"의 정신은 "**[분할패턴 2] 상의류 원형패턴의 원리**" 편을 집필하는 동안 훌륭한 길잡이가 되어 주었다.

나는 객관성을 잃지 않으며 절대적이고 보편적인 균형을 추구한 화가 "피트 몬드리안(Piet Mondrian)"의 정신을 옷을 만드는 패턴의 구조 안에서 구현해 보고 싶었다.

피트 몬드리안(Piet Mondrian)은 수평선과 수직선을 그려 하늘과 땅, 정신과 물질, 창조와 보존, 그리고 보편적인 것과 개인적인 것, 우주의 조화와 균형을 평형상태로 구현하고자 했다.

옷을 건축하는 데 있어서도 가장 중요한 시작은 옷의 균형이 무너지지 않도록 수평을 잡아주는 일이다. 그 수평을 기준으로 앞, 뒤 중심과 솔기선은 물론 모든 지점에서 수직을 이루어야 한다. 그리고 몸과 옷과의 공간 때문에 수평이 무너지는 것을 이해하는 것은 매우 중요하다.

"[분할패턴 1] 하의류 패턴의 원리" 편에서는 인체의 분할과 비례, 비율에 집중했다면 **[분할패턴 2]**에서는 인체 구조에 대한 이해와 수평선, 수직선을 기준으로 패턴의 구성 원리에 대한 개념을 이해할 수 있도록 정리하는데 중점을 두었다.

우리 인체는 몸통에 머리 그리고 팔과 다리가 연결된 구조로 되어 있다. 상의류의 경우 이 연결 고리를 기준으로 몸통과 몸통원형, 팔과 소매원형, 목과 칼라원형 패턴을

몸의 실루엣은 옷으로부터

공부하는 것으로부터 시작된다. 그리고 그 원형을 바탕으로 디자인을 구현하기에 용이하도록 각 원형의 활용 방법을 정리하였다.

몸통원형의 경우 다트의 이동과 분할 그리고 다트를 활용한 디자인 라인을 공부할 수 있도록 했으며, 특히 무다트 원형이 만들어지는 과정을 구체적으로 설명하여 효율적으로 활용할 수 있도록 하였다. 소매의 경우엔 셋인 소매를 이용하여 래글런 소매와 돌먼 소매를 제도할 수 있도록 하였다. 그리고 마지막 베이직 디자인편에서는 앞서 공부한 테크닉을 활용하여 패션 일러스트의 디자인을 제도해 보는 과정으로 구성하였다.

과거 장인의 손으로 한 땀 한 땀 정성을 다해 만들어지던 옷들이 지금은 최첨단 기계들이 도입되어 만들어지고 있고 디지털 변혁의 제4차 산업혁명 시대가 도래하고 있다. 사람들의 전유물처럼 여겨지던 옷이 이제는 반려 동물들에게도 입히는 시대가 되었고 메타버스 속 아바타들도 우리와 같은 옷을 입기 시작했다.

패턴 구성 관점에서 바라보면 옷을 입는 대상은 더 넓어지고 연구해야 할 과제들은 점점 더 많아지고 있다. 기성복 치수만으로 변화하는 세계인들의 체형과 사이즈에 잘 맞는 패턴들을 제작하기엔 어려움이 더 커지고 있다.

오늘날 우리 제도법이 기성복에 특화된 인체 치수를 기반으로 한 평면 패턴 시스템이었다면 향후엔 인체를 스캔한 3d 입체 인체를 기초한 인체 중심의 새로운 시스템의 패턴 제도법이 점차 발전할 것이다. 그렇기에 우리 인체의 구조와 패턴의 구조를 이해하는 것을 무엇보다 중요하게 생각해야 한다. 이러한 시대에 이 책이 인체를 이해하고 패턴의 구성 원리를 이해하는 데 도움이 되었으면 한다. **세상이 아무리 변해도 옷을 입는 대상은 사람이고 모든 옷은 몸으로부터 시작된다.**

책을 쓸 때마다 느끼지만 경험으로 축적된 테크닉을 체계를 세우고 글로 표현하는 것은 여전히 어렵습니다. 그리고 다 끝나고 나면 늘 아쉬운 부분이 많습니다. 그럼에도 불구하고 이 책을 세상 밖으로 내보내는 것은 누군가 이 책의 부족함을 채워 더 좋은 책으로 만들어 낼 것이라는 믿음이 있기 때문입니다.

끝으로 휴일에도 묵묵하고 듬직하게 집필을 도와준 장윤정님께 다시 한 번 깊은 감사를 드립니다. 흔쾌히 편집을 맡아주신 최준근 선생님과 일러스트를 함께 해주신 강성주 선생님께도 깊은 감사드립니다. 그리고 기꺼이 도움을 주신 정지은님, 송상은 선생님, 이호준님. 이세홍님, 최유리님, 이수림님께도 감사드립니다. 제게 힘을 내도록 아낌없는 격려와 용기를 주신 분할패턴을 함께 공부한 선생님들과 후학들에게도 감사드립니다.

그러나 이 책은 끝이 아니고 새로운 시작입니다.
분할패턴 2. 여성복 상의류 패턴의 원리편을 마무리하고, 분할패턴 3권의 집필을 시작합니다.

2023년 눈부신 6월에

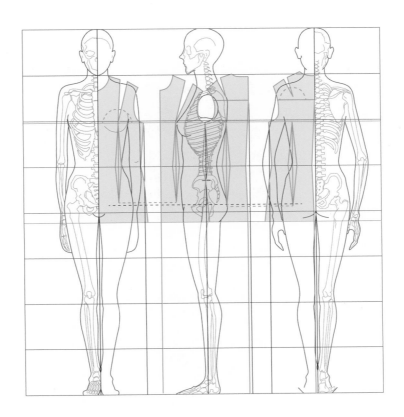

차례

인체 관찰과 표준체형치수 가이드

제1부에서는 옷을 입는 대상인 인체를 관찰하고 패턴의 구조를 이해하는데 도움이 되도록 모델리스트 관점에서 인체에 관하여 최소한의 설명만 하였다. 옷에만 집중하다 보면 옷을 입는 대상인 인체를 간과하는 경우가 종종 있다. 항상 잊지 말아야 할 것은 옷을 입는 대상은 우리 인체라는 사실과 인체는 얼굴 생김새만큼 다양하고 계속해서 변화한다는 점이다. 따라서 그 변화에 따라 심도 있는 인체 관찰과 연구가 필요하다.

인체 관찰이 패턴의 구성 원리를 이해하는데 필요하다면 패턴을 제도하기 위해서는 주요 부위의 인체 치수가 있어야 한다. 특히 브랜드는 그 브랜드가 지향하는 고객의 각기 다른 다양한 인체를 아우를 수 있도록 표준체형에 관한 치수의 정립이 필요하다. 분할패턴 표준체형 치수표는 사이즈코리아의 "한국인 국민체형조사 치수"를 바탕으로 한국인의 체형에 맞도록 정립하였다. 그리고 다른 해외의 외국인들도 비교하고 대입하여 사용할 수 있도록 외국의 호칭 체계도 조사하여 정리하였다.

각 나라마다 다른 호칭 체계를 가지고 있기에 기준을 정하여 정립하는 것이 정확하지 않을 수 있지만, 필요한 범위 안에서 우리나라 호칭과 다른 나라의 호칭 체계를 비교하여 정리하였다. 이런 표준체형 치수를 이용하여 인체 분할과 비례라는 기준을 세워 분할패턴을 제도하게 된다.

01

시각적 인체와
패턴의 이해

아는 만큼 보이고, 알고 있는 대로 보인다.

모든 옷은 몸으로부터 시작된다. 따라서 옷의 구조를 이해하기 위해서는 먼저 인체의
구조를 파악해야 한다. **시각적 인체 관찰**이란 인체의 움직임 즉, 활동하고 있는 인체가
아닌 멈춰있는 상태의 인체를 관찰하는 것으로 외형적 관찰이라고 할 수 있다. 우리
는 시각적 관찰을 통해 인체의 형태를 파악하고 체형별 특징에 따라 분류하여 패턴을
제작하는데 적용할 수 있다.

인체는 패션의 관점에서 장식성과 기능성을 기준으로 시각적 인체와 활동적 인체로
구분할 수 있다. 시각적 인체 관찰은 옷의 비율 및 균형 등 전체적인 미의 관점을 고
려하기 때문에 인체의 비율과 비례에 대한 관찰과 연구가 필요하다. 반면 활동적 인
체 관찰은 관절의 기능을 기준으로 인체를 세분화하여 옷을 착용하고 활동하는 데 불
편함이 없도록 관찰하는 것이다. 중요한 것은 아름다운 옷을 만들기 위해서는 옷을
입는 대상인 인체를 관찰하고 인체의 구조를 파악하여 패턴 구성시 적절하게 적용할
수 있어야 한다는 것이다.

인체의 관찰

패턴 구성의 관점에서 가장 기본적인 인체 관찰은 인체가 6면의 장방형 속에 있다고 가정하고 6가지 방향에서 관찰하는 것이다. 인체의 기준축은 인간의 머리와 다리를 수직으로 연결하는 중심축으로 기준축에 평행한 방향이 세로, 세로 방향과 교차하는 방향이 가로이다. 그리고 머리 방향은 위, 발바닥 방향은 아래가 된다.

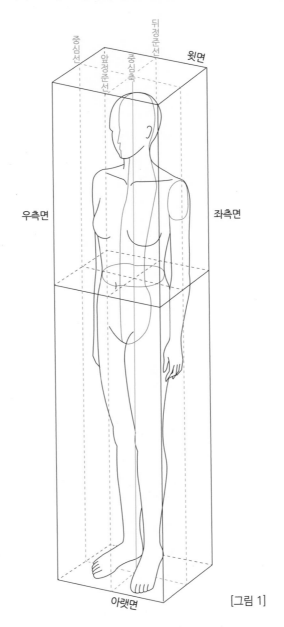

[그림 1]

[그림 1]에서 보이는 6가지 방향을 크게 3가지로 구분하여 다음과 같이 관찰할 수 있다. **첫째**, 앞면과 뒷면 관찰 **둘째**, 좌측면과 우측면 관찰 **셋째**, 윗면과 아랫면 관찰이다.
면으로 둘러싸인 각 방향은 옷과 관련된 인체의 다양한 구조와 입체감을 이해하는 데 도움이 된다. 앞면과 뒷면 관찰에서는 인체 각 부분의 너비를 파악할 수 있고 좌측면과 우측면 관찰에서는 각 부분의 두께를 파악할 수 있다. 그리고 윗면과 아랫면 관찰에서는 인체 각 부분이 겹치는 부분과 돌출된 부분을 알 수 있다.

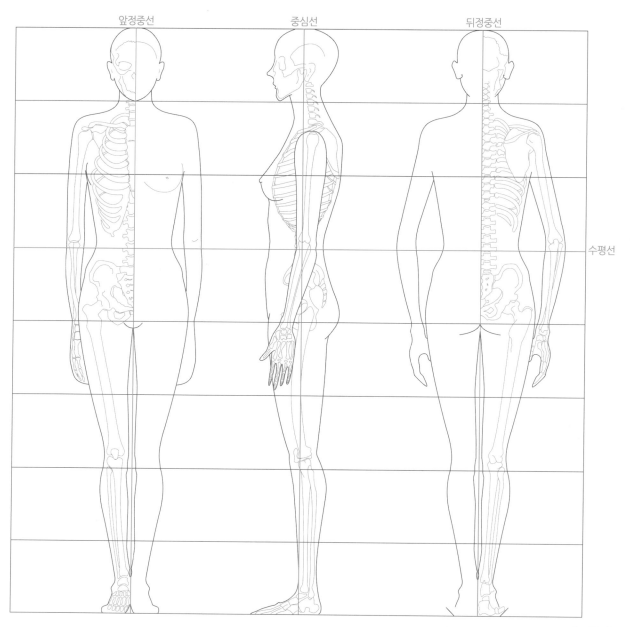

앞정중선　　　중심선　　　뒤정중선

수평선

[그림 2]

인체의 단면 관찰을 위해 [그림 2]에서 인체를 좌우로 이등분한 선을 **정중선**이라 하고, 인체 전면의 중앙을 지나는 정중선을 기준 수직면으로 인체를 자르면 앞 정중선과 뒤 정중선이 생긴다. 그리고 기준축을 기준으로 인체의 앞뒤를 나누는 기준선은 **중심선** 이 된다. 중심축을 기준으로 정중선에 직각이 되는 가로선이 **수평선**이다.

[그림 3]과 같이 인체의 단면 관찰은 인체를 보다 더 깊게 이해할 수 있도록 도와준다. 단면이란 사물을 잘라낸 면을 의미하는데, 인체의 경우에는 수직단면과 수평단면을 관찰함으로써 인체의 외형에서 관찰할 수 없는 부분을 관찰할 수 있다.

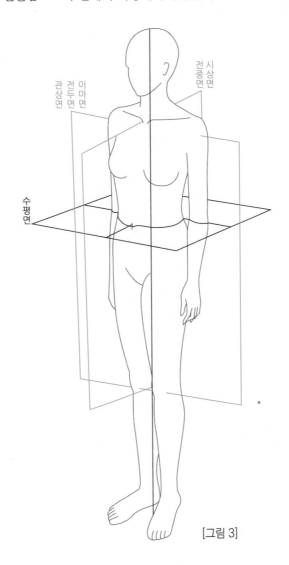

[그림 3]

시상면은 정중선을 기준으로 신체를 좌와 우로 가르는 면을 의미한다. 인체를 좌·우로 정확히 절반으로 가르는 면을 **정중시상면**이라 하고 정중시상면과 평행하는 수직 단면을 **시상옆면** 또는 종단면이라고 한다. 시상면은 옆에서 관찰할 때, 인체와 패턴의 구조를 이해하는 데 도움이 된다.

의복 구성에 필요한 시상면은 유두 부위, 진동둘레 절단 체형과 암홀의 형태와 위치, 대퇴 무릎 부위, 엉덩이 장딴지 부위 등과 같은 부위이다. **관상면**은 중심선에서 시상면과 직각으로 교차하며 몸을 배 쪽과 등 쪽으로 나누는 면을 의미한다. 전두면, 이마면 이라고도 한다. **관상면**의 단면은 사실적인 체형을 알 수 없으므로 패턴구성 시 중요한 단면은 아니다. 수평면은 관상면[전두면]과 직각으로 교차하는 면이다. 기준 **수평면**은 인체를 상반신과 하반신으로 나누는 경계로서 허리선의 위치에 설정된다. 의복에서는 기준 수평면, 즉 허리선을 기준 수평면으로 가슴둘레선과 엉덩이둘레선의 위치가 설정된다.

인체의 앞면 관찰

인체 관찰은 의복 제작의 관점에서 하나의 기준을 세워 보편적인 체형과 상이한 체형으로 분류하여 패턴 제작에 활용할 수 있다. 그러나 보편적인 체형을 그대로 활용하는 것이 아니라 표준체형을 새로 정립하여 기성복에 적용하고 의복을 제작해야 한다. 인체의 앞면 관찰을 통해 제도에 필요한 높이와 둘레 치수들의 위치를 살펴보자.

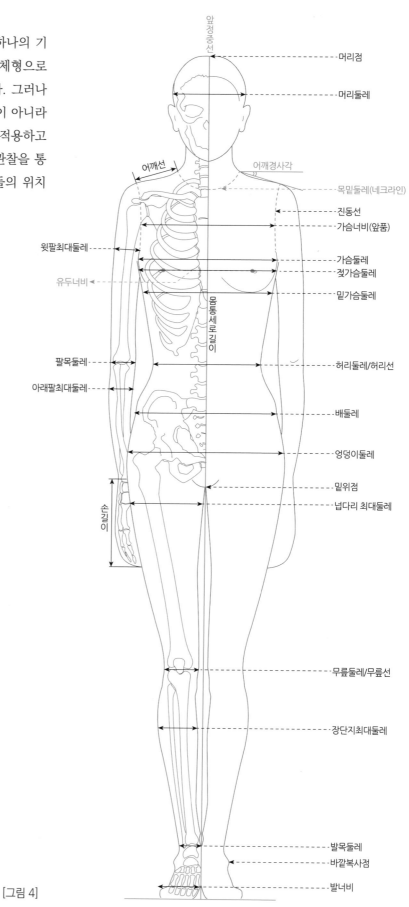

앞중심선

머리점

머리둘레

어깨선

어깨경사각

목밑둘레(네크라인)

진동선

가슴너비(앞품)

윗팔최대둘레

가슴둘레

젖가슴둘레

유두너비

밑가슴둘레

몸통세로길이

팔목둘레

허리둘레/허리선

아래팔최대둘레

배둘레

엉덩이둘레

밑위점

넙다리 최대둘레

손길이

무릎둘레/무릎선

장단지최대둘레

발목둘레

바깥복사점

발너비

[그림 4]

인체의 뒷면 관찰

인체의 뒷면 관찰을 통해 인체 뒤에서 보는 체형과 어깨의 경사각, 어깨의 위치, 어깨뼈[견갑골] 형태 등을 관찰할 수 있다. 인체의 뒷면 관찰을 통해 제도에 필요한 높이와 둘레 치수들의 위치를 살펴보자.

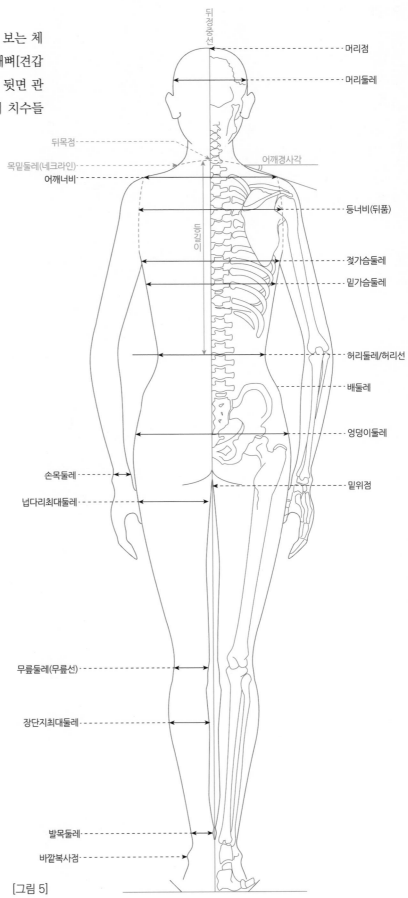

[그림 5]

인체의 옆면 관찰

패턴 구성 관점에서 가장 중요한 시각적 인체 관찰은 옆면 관찰이다. 옆면 관찰은 체형의 변화에 따른 앞·뒤 균형을 파악하는 데 중요한 관찰이다. 또한 인체의 옆면 관찰을 통해 표준체형, 굴신[숙인] 체형, 반신[젖힌] 체형, 가슴을 내민[휜] 체형 등 체형의 특징에 따라 인체를 분류할 수 있다. 인체의 옆면 관찰을 통해 제도에 필요한 높이 관련 인체의 위치와 둘레 치수 뿐만 아니라 두께 치수들의 위치도 살펴보자.

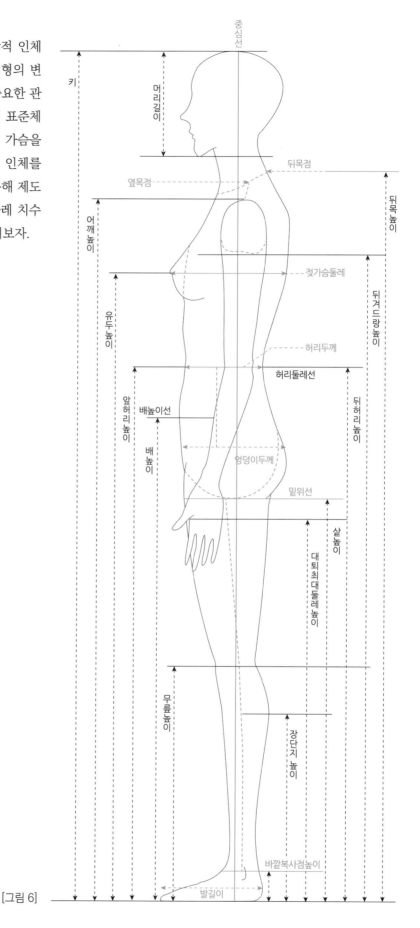

[그림 6]

– 인체의 측면의 형태와 패턴의 균형

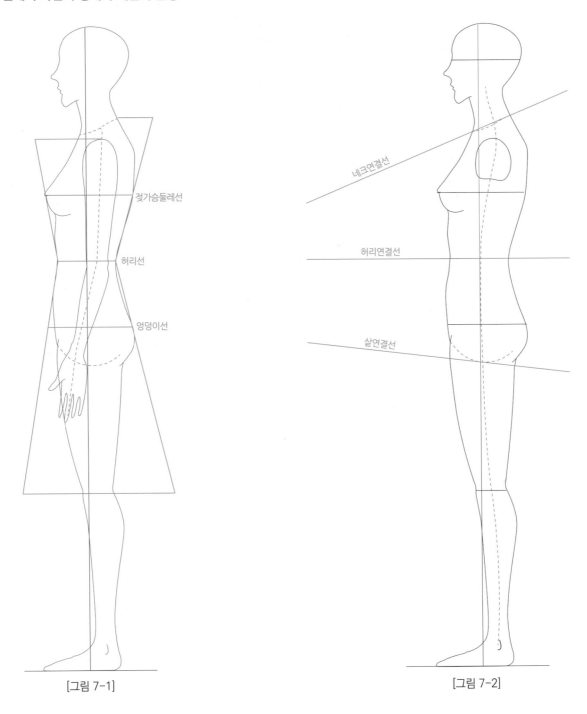

젖가슴둘레선

허리선

엉덩이선

네크연결선

허리연결선

살연결선

[그림 7-1]

[그림 7-2]

[그림 7-1]과 같이 인체의 옆면 형태에 세로 기준축을 세우고 허리선에서 앞·뒤 돌출 부위를 향해 직선을 연결해 보면 인체 옆면의 모양이 잘 나타난다. 허리선은 상반신과 하반신을 나누는 기준선이 되고, 허리선을 기점으로 앞은 가슴과 배, 뒤는 견갑골과 엉덩이를 각각 연결하여 옆면 형태를 4분할로 나눈다. 흉부, 배부, 하복부, 둔부를 분리해 보면 체형에 따른 각 부분의 유기적인 관련 정도를 파악할 수 있다.

[그림 7-2]는 완만한 역S자형의 옆면 곡선으로 하반신보다 상반신이 다소 강한 곡선을 가지고 있다. 이 곡선의 옆면 형태는 의복 구성 시 기준선이 되고, 전·후면을 분리하는 경계선이 된다.

인체의 윗면 관찰

인체의 절단면에는 수평 단면과 수직 단면이 있다. 그리고 수평·수직 단면을 기준으로 절단한 기준 단면, 평행 단면, 경사 단면 등도 있다. 인체의 단면 관찰을 통해서 기본적인 개개인의 체형을 파악하고 비교함으로써 개인차, 성차, 연령차 등을 알 수 있다.

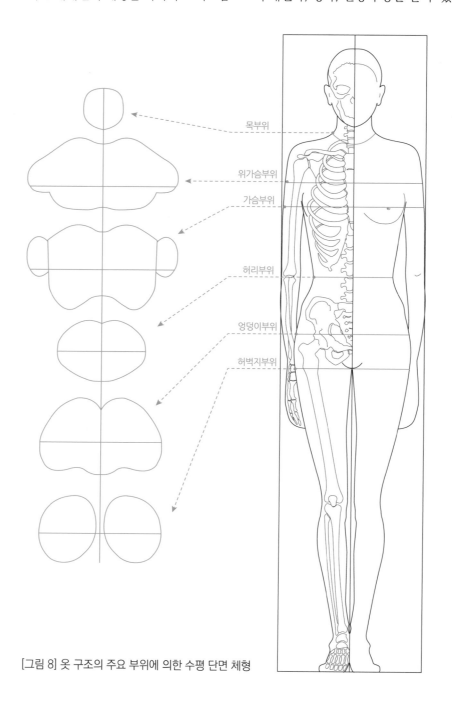

목부위

위가슴부위

가슴부위

허리부위

엉덩이부위

허벅지부위

[그림 8] 옷 구조의 주요 부위에 의한 수평 단면 체형

[그림 8]은 여성 인체의 상반신 수평 단면을 표시한 것이다.

패턴 구성 시, 인체에서 돌출이 가장 큰 부위는 상반신은 젖가슴둘레이고 하반신은 엉덩이둘레이다. 그리고 활동에 따라 변화가 큰 곳은 상반신의 진동둘레와 하반신의 넙다리[대퇴근부] 부분이다. 이러한 부위는 정지된 상태에서도 복잡한 형태일 뿐 아니라 활동할 때 변화가 더 큰 부분이다.

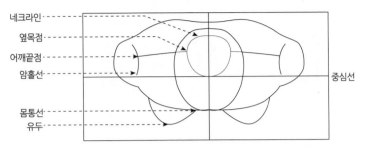

네크라인 ----
옆목점 ----
어깨끝점 ----
암홀선 ----
몸통선 ----
유두 ----
중심선

[그림 9] 위쪽에서 관찰한 상반신 인체 단면

[그림 9]는 상반신을 윗면에서 관찰한 인체 단면이다. 목의 단면, 목밑둘레선 그리고 옆목점에서 어깨선에 이르는 단면을 한 눈에 관찰 할 수 있다.

인체의 아랫면 관찰

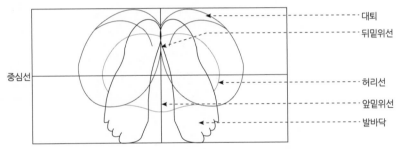

중심선
대퇴
뒤밑위선
허리선
앞밑위선
발바닥

[그림10] 아래쪽에서 관찰한 하반신 인체 단면

[그림 10]은 하반신을 아랫면에서 관찰한 인체 단면이다. 엉덩이 전체를 감싸는 전면 성과 양쪽 다리를 감싸는 원통형의 부분이 엉덩이 부위의 정중앙 선상에서 가랑이로 연결되기 때문에 패턴 구성 시 어려운 구조이다. 몸통과 다리를 하나로 연결하는 것 이므로 하반신을 관찰할 때도 상반신과 전체를 이해하는 것이 중요하다.

02
활동적 인체와 패턴의 구조

인체를 이해하는 정도에 따라 옷의 착용감과 활동성이 달라진다.

우리 몸의 모든 신체 부위는 서로 유기적인 관계로 이어져 있다. 마치 각각의 고리를 체인으로 연결한 것처럼 따로 분리해서 생각할 수 없는 구조이다. 이처럼 옷의 구성 또한 인체의 각 부위에 해당하는 부분을 이어서 만든 구조라고 할 수 있다. 목과 칼라, 팔과 소매 등 인체 각 부위는 옷의 구성 중 일부가 되며 이런 부분들이 아름다운 조화를 이루도록 해야 한다. 따라서 인체 활동에 따른 각 부위의 관절 변화를 이해해야 하며, 뼈와 근육 등 인체를 구성하는 요소들이 어떻게 이루어져 있는지 다양한 시각으로 관찰하는 것이 필요하다. 특히 몸통에 팔과 다리 등 각 부위를 연결해주는 관절은 인체 중에서도 가장 큰 활동 범위를 가지고 있어 고려해야 할 부분이 많다.

활동적 인체란 움직이는 인체를 의미한다. 따라서 활동하기에 편안한 옷을 만들기 위해서는 인체의 움직임에 따른 옷의 당김, 인체 압박의 발생 원인과 위치를 알아야 한다. 기본적으로 관절의 움직임으로 인한 변화를 관찰하여 관계되는 부위를 연구한다면 옷의 활동성을 잘 표현할 수 있다. 즉, 옷의 활동성 표현은 인체가 정지되어 있는 상태가 아닌 활동하는 상태를 기준으로 파악해야 한다. 그렇게 인체의 관절을 자연스러운 상태에서 여러 방향으로 조금씩 움직여보며 옷에 영향을 미치는 부분까지 파악하고 패턴에 적용할 수 있어야 한다.

인체의 골격

인체의 골격은 연령차, 성차 및 체격, 자세 등을 형성하는 기둥과도 같으며, 골격만으로도 옷의 적합성에 관계되는 중요한 요인을 추출할 수도 있다. 인체의 골격은 성인의 경우 약 206개의 모양이 서로 다른 뼈들로 연결되어 있다. 뼈와 뼈 사이는 관절로 연결되어 있고, 그 위로 근육이 붙어서 늘어나고 수축하는 작용으로 뼈가 움직인다.

[그림 1]의 인체 앞·뒤 골격을 보면서 부위별 뼈의 위치를 관찰해보자.

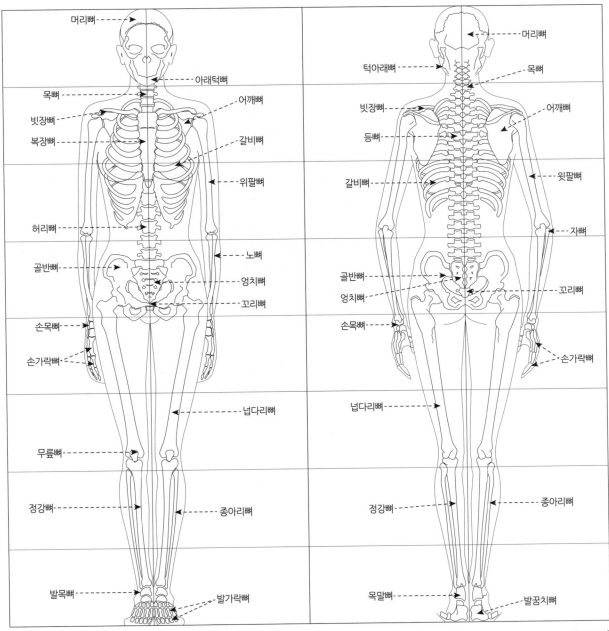

[그림 1]

인체의 체표(표면) 구분

인체는 뼈의 돌기나 근육, 지방 등에 의해서 높게 볼록하거나 오목한 요철이 있는 곡면으로 뒤덮여 있다. 인체를 표현할 때 인체의 표면에 나타나는 굴곡과 특징들은 인체의 뼈대 구조 그리고 근육의 모양과 밀접한 관계가 있다. 또한 근육은 피부에 붙어서 피부를 움직이고 주름지게 한다. 의복 구성을 위한 체표 구분은 의복 구분의 관점에서 구분하는 것으로 해부학이나 생체학에서 구분하는 방법과는 다르다. 의복 구성상의 체표 구분은 의복 구성상 형태를 구분하기 쉽고 의복 구성선으로 사용하기에 용이하도록 정해진 것이다.

의복 구성 관점에서 본 인체의 체표는 체간부인 몸통과 상지부, 하지부로 나눌 수 있고 몸통은 머리-목-몸통, 상지부는 팔과 손, 하지부는 다리와 발로 구분할 수 있다.

몸통은 전면부(가슴/배)와 후면부(등/허리/엉덩이)로 구분할 수 있다. 가슴은 젖가슴 부분도 포함되는데 젖가슴 부분은 패턴 구성상 남자나 유아는 중요하지 않을 수 있지만 여성복에서는 중요한 부위이다. 가슴의 뒤쪽은 해부학에서는 뒷가슴으로 칭하고 있으나, 의복 용어로는 등(배부)이라고 한다. 배(복부)는 가슴을 기준으로 아래쪽에 있으며 허리(요부)는 복부에서 아래의 부분으로 거의 골반 부분을 감싸는 체표의 부분을 가리킨다. 아래쪽의 끝은 하지와의 경계선이 된다. 특히 뒷면의 엉덩이 윗부분도 해부학상에서는 하지에 속하는 곳이지만, 의복을 위한 구분에서는 허리(요부)에 포함하고 있다.

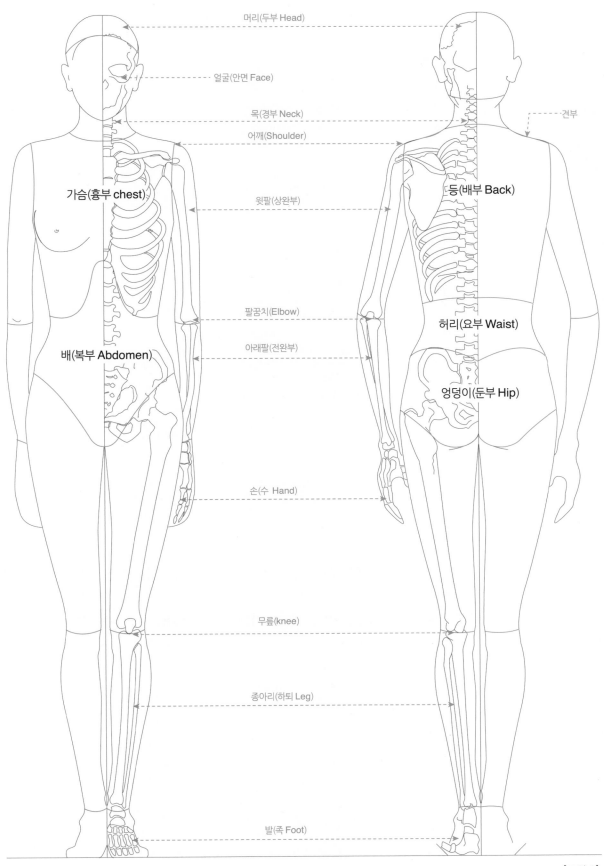

머리(두부 Head)

얼굴(안면 Face)

목(경부 Neck)

어깨(Shoulder)

견부

가슴(흉부 chest)

등(배부 Back)

윗팔(상완부)

팔꿈치(Elbow)

허리(요부 Waist)

아래팔(전완부)

배(복부 Abdomen)

엉덩이(둔부 Hip)

손(수 Hand)

무릎(knee)

종아리(하퇴 Leg)

발(족 Foot)

[그림 2]

인체의 구분과 부분별 특징

몸통

몸통은 걷고 활동할 수 있는 팔과 다리를 제외한 부분을 말한다. 몸통은 인체 중에서
가장 크고 중요한 부분으로 머리(두부), 목(경부), 팔(상지부), 다리(하지부)를 제외한
부분이다.

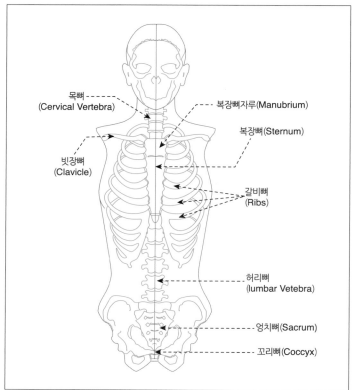

목뼈
(Cervical Vertebra)

복장뼈자루(Manubrium)

복장뼈(Sternum)

빗장뼈
(Clavicle)

갈비뼈
(Ribs)

허리뼈
(lumbar Vetebra)

엉치뼈(Sacrum)

꼬리뼈(Coccyx)

[그림 3]

의복 구성 측면에서 보면 몸통과 목의 경계선은 목둘레선이며, 몸통과 팔의 경계선은
진동둘레, 몸통과 다리의 경계선은 앞의 넓적다리 위쪽 사타구니부터 가랑이 사이를
지나 엉덩이 아래를 지나는 선이다. 몸통은 크게 어깨(견부), 가슴(흉부), 배(복부), 허
리(요부)의 네 가지로 구분할 수 있다. 몸통의 실루엣에 따라 남녀를 비교해 보면 상
대적으로 남성 쪽은 가슴의 폭이 넓고, 여성 쪽은 엉덩이의 폭이 넓다. 따라서 인체를
기호화할 때 남성은 역삼각형, 여성은 삼각형으로 나타난다.

– 가슴 (흉부 : 인체의 가슴과 등)

가슴(흉부)은 목과 복부 사이에 위치하여 복장뼈와 척추뼈, 갈비뼈 등으로 구성된 신
체 부위이다. 복부는 가슴 아래에서 골반까지의 부위를 말하며 배라고 한다. 패션 디
자인에 있어서 허리선은 실루엣과 전체 비례를 결정하는 핵심적인 부위이며 상의와
하의를 구분하는 기준선이다.
인체와 패턴의 관계를 통해 앞판은 젖가슴둘레 수평선 B.P점에서 가슴 다트가 형성
되고 뒤판의 경우 견갑골 수평선을 기준으로 견갑골 다트가 생기는 것을 알 수 있다.
따라서 앞품과 뒤품의 밸런스에 맞게 패턴이 제도 되어야 한다.

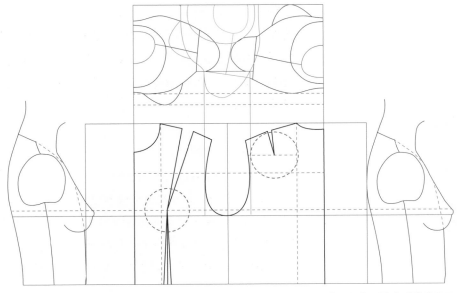

[그림 4] 몸통과 패턴의 구조

[그림 4]는 패턴 구조의 이해를 돕기 위해 인체의 옆면과 단면을 한 번에 볼 수 있도록
구성한 것이다.

- 척추

몸통의 구조상 척추(vertebral column)는 머리뼈와 골반을 연결하는 몸의 중심
축 역할을 하며 26개의 뼈로 되어있다. 위로부터 차례로 7개의 목뼈(경추, cervical
vertebrae), 12개의 등뼈(흉추, thoracic vertebrae), 5개의 허리뼈(요추, lumbar
vertebrae), 그리고 엉치뼈(천골, sacrum)와 꼬리뼈(미골, coccyx)까지 5개의 부위
로 구성되어 있다. 또한 성인의 척추는 S자형의 굽이를 갖고 있다.

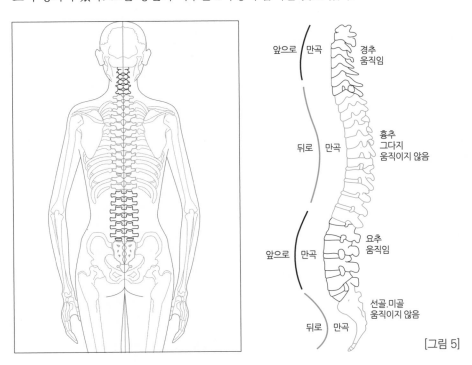

앞으로 만곡 경추
움직임

뒤로 만곡 흉추
그다지
움직이지 않음

앞으로 만곡 요추
움직임

선골.미골
움직이지 않음

뒤로 만곡

[그림 5]

척추에는 우리 몸에 기본적인 리듬을 주는 4개의 만곡이 있다. 목의 만곡은 7개의 목뼈와 그 사이의 원반이 약간 앞으로 볼록해진 것이다. 척추의 목 부위와 허리 부위는 등 부위보다 구부림과 회전 운동을 더 크게 할 수 있다. 척추를 기준으로 남녀의 인체를 비교해 보면 S자형 만곡은 여성이 크고 분명하며, 골반의 기울기인 경사각도 또한 여성이 더 크다.

– 어깨 (견부 : 肩部)

어깨 부위는 해부학적 체표 구분에는 없지만, 의복 구성상 중요한 부위이다. 몸통을 하나의 입체로 볼 경우, 위쪽 면에 해당하는 부위이지만 체표상에서는 분명한 경계선이 있는 것이 아니므로 목과 위팔뼈(상완골)의 두께를 기준으로 한다. 패턴 구성의 관점에서 보면 옆목점과 어깨 끝점을 연결하는 선을 어깨선으로 정하고 이 선을 기준으로 인체를 전·후면으로 구분한 뒤, 패턴을 제도 할때 앞판과 뒤판의 어깨선이 되도록 한다.

견부는 어깨 경사도 생각해야 하는데, 어깨 경사도는 남녀 차이가 확실하며 사람마다 편차도 크다.

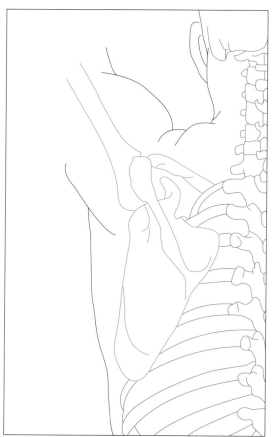

[그림 6]

[그림 6]을 보면 알 수 있는 것처럼 어깨 관절은 구관절로 앞뒤, 안팎으로 회전하는 등 다양한 활동이 가능한 다축성 절구관절이다.

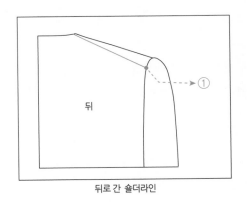

뒤로 간 숄더라인

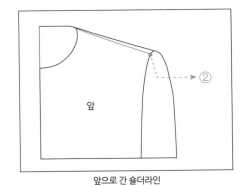

앞으로 간 숄더라인

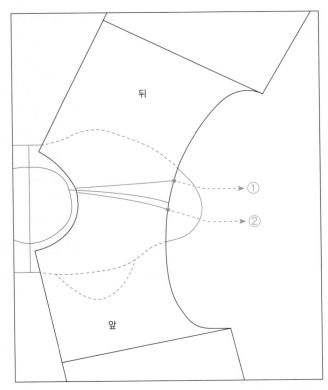

[그림 7] 어깨와 숄더라인

옆목점과 어깨점을 연결한 어깨선을 기준으로 앞판과 뒤판을 나눈다.

인체의 특성상 옆목점과 어깨점은 명료하지 않으며 디자인에 따라 어깨선을 앞쪽이나 뒤쪽으로 이동하여 제도할 수 있다. ①의 경우 어깨선을 견갑골 부분에 좀 더 가까이 이동하여 견갑골 다트의 일부를 처리하기에 용이하다. ②의 경우는 어깨 끝점을 앞쪽으로 이동해 어깨끝이 어깨를 감싸면서 앞쪽으로 오도록 하는 시각적 효과가 있다.

– 골반 (Pelvis)

골반은 엉치뼈(천골, Sacrum), 엉덩뼈(장골, llium), 궁둥뼈(좌골, lschium), 두덩뼈(치골, Pubis), 꼬리뼈(미골,Coccyx) 로 이루어져 있다. 그리고 몸통을 지지하고 다리를 몸통에 연결하며 방광, 자궁, 내부 생식 기관을 보호한다.

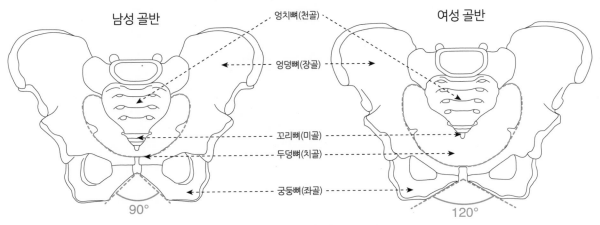

[그림 9] 남성과 여성의 골반의 형태

[그림 9]처럼 남성과 여성의 골반은 다른 모양이다. 골반의 폭을 비교해 보면 남성은 골반의 폭이 세로로 길쭉하며, 여성은 가로로 넓다. 또한 여성의 골반각이 더 크고 고관절 사이도 더 넓다. 남자는 골반에 강한 근육이 붙으면서 무거운 체중을 지탱하는 특징이 있다면, 여자는 이것과 더불어 출산이 가능하도록 엉덩뼈가 더 벌어져 있으며 두덩뼈 밑 각도도 더 크다.

이 두덩뼈의 각도 때문에 남자 팬츠보다 여성 팬츠가 샅 부분에서 고양이 주름이 더 생기게 되며, 허리부터 골반에 이르는 인체의 곡선 형태 때문에 남성보다 여성 팬츠의 패턴 제도가 더 어렵다.

팔 (상지부 : 上肢部) : 팔이음뼈, 팔과 소매

몸통과 팔의 경계는 팔을 자연스럽게 내린 상태에서 어깨 끝점에서부터 앞겨드랑점을 지나는 팔이 연결된 부분의 둘레로 한다. 이 둘레선은 구분하기 어려운 곳이지만, 의복 구성상 몸통과 소매를 구분하는 중요한 경계가 된다. 팔의 골격은 체간부와 연결되는 팔이음뼈(빗장뼈와 어깨뼈)와 그곳에 연결된 자유상지골(어깨뼈와 빗장뼈를 제외한 팔의 뼈) 로 구성된다. 팔이음뼈는 어깨를 구성하는 인자로 빗장뼈(쇄골)와 어깨뼈(견갑골)로 구성되어 있다.

빗장뼈와 어깨뼈는 몸통 위치에 있어서 몸통의 일부인 것처럼 보이지만 팔의 일부이다.

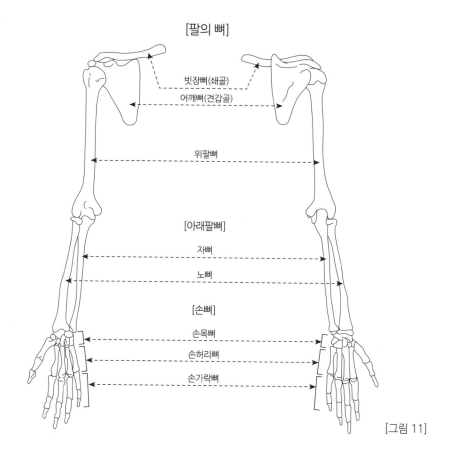

[팔의 뼈]

빗장뼈(쇄골)
어깨뼈(견갑골)
위팔뼈
[아래팔뼈]
자뼈
노뼈
[손뼈]
손목뼈
손허리뼈
손가락뼈

[그림 11]

다리 (하지부 : 下肢部) : 요둔부, 다리 이음뼈와 다리

하지인 다리의 골격은 체간의 뼈와 결합하는 다리이음뼈와 자유다리뼈로 구분된다.
다리이음뼈는 엉덩뼈(장골, ilium), 궁둥뼈(좌골, ischium), 두덩뼈(치골, pubis)로
이루어져 있다. 그리고 자유다리뼈는 넙다리뼈, 무릎뼈, 정강뼈, 종아리뼈, 발목뼈,
발허리뼈, 발가락뼈로 구성되어 있으며 사람의 체중은 다리이음뼈를 통하여 다리로
전달된다.

[다리의 뼈]

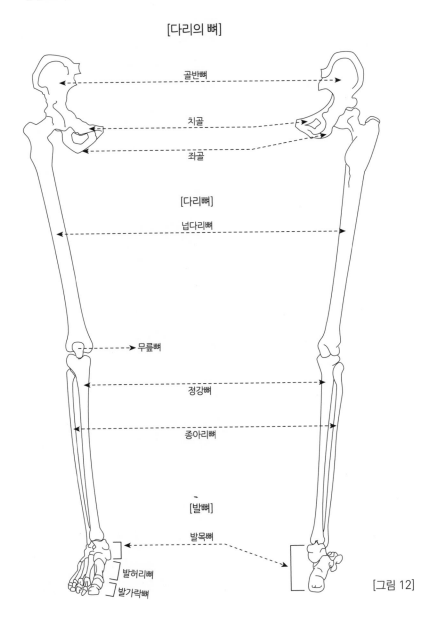

골반뼈

치골

좌골

[다리뼈]

넙다리뼈

무릎뼈

정강뼈

종아리뼈

[발뼈]

발목뼈

발허리뼈

발가락뼈

[그림 12]

패턴 설계를 위한 체표상의 기능 분포

체표는 한 장으로 연결된 피부로 덮여 있어서 특별히 구분되는 것은 아니다. 그러나 옷의 구성과 인체의 활동적 측면에서 인체를 관찰하면 체표를 피트존, 액션존, 프리존, 디자인존에 따라 기능적으로 구분할 수 있다. 또한 인체의 상반신과 하반신은 각각 다른 형태임에도 불구하고 기능 분포에는 유사점이 있다.

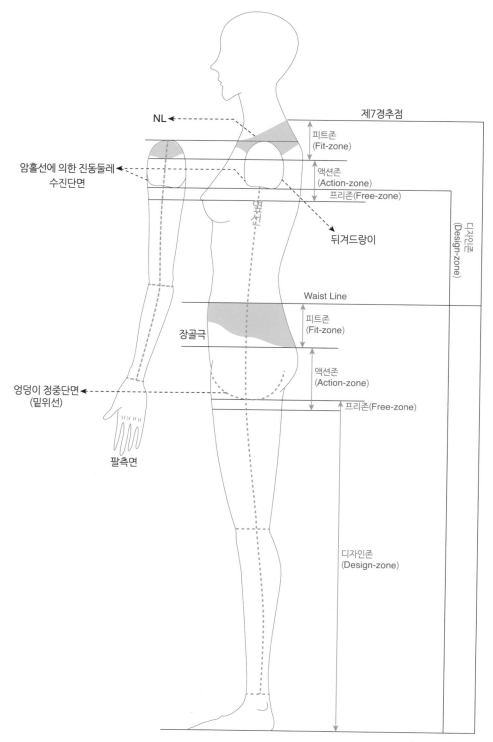

[그림 13] 체표상의 기능 분포

피트존 (Fit zone)

상반신의 피트존은 네크라인의 숄더 라인을 기점으로 어깨, 앞쪽의 빗장뼈, 뒤쪽의 어깨뼈 등 그림의 색칠된 부분이다. 상반신의 피트존 경계는 어깨 주변의 복잡한 곡면에서 의복이 자연스럽게 떨어지는 경계선까지의 범위이다.

하반신의 피트존은 허리선을 기점으로 전면의 하복부, 뒤쪽의 엉덩이 윗부분을 연결하는 라인의 범위이다.

액션존 (Action zone)

상반신의 액션존은 피트존에서 겨드랑이 아래 프리존까지의 범위이다. 이 범위는 팔의 운동에 꼭 필요한 활동을 포함한다. 다시 말해서 옷의 앞품과 뒤품의 너비, 암홀과 소매 커브의 깊고 얕음 등 운동 기능에 관계되는 부분을 조절하는 범위라고 할 수 있다.

하반신의 액션존은 피트존에서 샅 부위에 해당하는 프리존까지의 범위이다. 이 범위는 다리의 굴전 운동에 적응하는 엉덩이 부분까지 포함한다. 따라서 팬츠의 액션존은 넙다리를 둘러싸는 여유량과 엉덩이 윗부분의 경사율과 밑위의 형상을 조절하여 운동 적응성을 높이는 범위라고 할 수 있다.

프리존 (free zone)

상반신 프리존은 겨드랑이 아래 수평의 띠 모양의 범위이다. 패턴 설계에서는 원칙적으로 가슴둘레 선상에 가해지는 여유분에 의하여 암홀의 깊이가 설정된다. 또 운동 기능면에서 암홀의 깊이는 조절 가능하다. 이 범위에서 적절한 양의 진동둘레선의 설정과 이동은 자유롭게 할 수 있다. 하반신 프리존은 샅 아래 수평의 띠 모양에 해당하는 범위이다. 평면의 패턴 상에서 상반신 겨드랑이 밑이 3~5cm라고 하면 팬츠는 2~3cm 정도이다. 팬츠는 주로 밑위길이의 조절, 또는 앞·뒤 가랑이선의 연결과 밑위의 여유분 등을 적절하게 조절할 수 있는 구역이다.

디자인존 (Design zone)

상반신 디자인존은 프리존에서 바닥까지의 디자인 효과를 주기에 용이한 범위이다. 디자인존에서는 상의와 소매의 길이, 굵기 등 패턴에서는 어떤 부위든지 작은 양까지 고려해야 한다. 넓게 보면 다양한 실루엣에 대한 디자인 표현이 디자인 존에서 이루어진다. 하반신의 디자인존은 프리존에서 바닥까지의 범위이다. 스커트, 팬츠의 길이, 너비 등 모양의 미적 효과에 대한 표현 범위라 할 수 있다.

03
표준체형 치수와
비율 치수

한국 여성의 평균체형 치수

"분할패턴2"에서는 산업자원부 기술표준원의 사이즈코리아(size korea)에서 발표한 2010년 제6차와 2015년 제7차 직접 측정 인체 평균체형 치수 자료를 활용하여 변화된 체형을 표준체형 치수에 반영하고, 미흡한 부분은 더 연구하여 보완하였다. 그리고 통계 치수를 바탕으로 우리나라 여성 체형에 더 근접하게 잘 맞는 인체 분할을 접목시키고 거기에 맞는 패턴 제도법을 구체화시키고 체계화시켜 새로운 방법이라 할 수 있는 "분할패턴"을 정립시켰다. 그러나 2010년 조사와 2015년 인체 치수 자료를 비교해 보면 알 수 있듯이 우리의 인체는 늘 변화해가므로 인체의 치수에만 의존할 게 아니라 인체 분할의 원리를 제대로 이해하고 변화해 가는 인체에 적절히 대응하는 능력을 길러야 한다.

먼저 기술표준원에서 발표한 평균 치수를 패턴에 활용할 수 있도록 항목별로 분류하여 표를 만들었다. 분할패턴 제도 방식은 신장, 가슴둘레, 엉덩이둘레 등 최소의 항목만 이용하여 제도하지만, 목둘레, 팔둘레, 무릎둘레 등을 제도하는데 참고 및 비교 치수로 활용하도록 한다.

활용시 아래 항목들은 표준체형 치수가 아니라 데이터의 평균인 평균체형이라는 것을 잊지 말아야 한다.

평균여성체형 길이 및 높이 항목 치수

단위 : cm

측정부위	차수	20대전	20대후	30대전	30대후	40대	50대	60대
키/신장	6차	160.40	160.20	160.10	159.00	156.70	154.70	152.30
	7차	160.90	160.80	160.20	160.20	157.00	154.70	152.90
머리수직길이	6차	21.90	22.00	22.00	21.90	21.70	21.50	21.70
	7차	22.40	22.60	22.30	22.30	21.70	21.50	21.40
총길이	6차	139.90	138.40	138.30	137.40	135.50	134.00	131.60
	7차	139.30	139.00	139.00	139.20	136.40	134.40	133.00
등길이	6차	39.20	39.30	39.70	39.70	39.70	39.30	38.40
	7차	40.10	40.70	40.90	41.00	40.50	40.10	39.60
앞중심길이	6차	34.20	34.60	34.60	34.50	34.60	34.70	34.00
	7차	35.20	35.50	35.70	35.80	35.90	36.00	35.80
어깨길이	6차	12.30	11.80	11.90	12.00	11.70	11.60	11.50
	7차	11.50	11.60	11.50	11.70	11.40	11.40	11.30
어깨사이길이	6차	38.80	38.50	39.10	39.00	38.90	38.90	38.50
	7차	39.50	38.90	38.90	39.10	39.20	39.20	39.00
젖꼭지사이수평길이	6차	17.70	17.60	17.90	17.80	18.10	18.70	19.10
	7차	17.00	16.90	17.30	17.60	17.80	18.20	18.40
목뒤젖꼭지길이	6차	33.80	33.60	34.70	34.90	35.70	36.50	37.00
	7차	33.10	33.10	33.70	34.20	34.70	35.70	36.20
목옆젖꼭지길이	6차	25.20	25.20	26.20	26.50	27.30	28.00	28.30
	7차	24.50	24.40	25.10	25.70	26.10	27.10	27.60
목뒤젖꼭지허리둘레선 길이	6차	50.10	50.60	50.90	50.80	51.10	51.10	50.50
	7차	50.60	50.90	51.10	51.40	51.50	51.50	50.90
목옆젖꼭지허리둘레선 길이	6차	42.00	42.10	42.60	42.60	42.70	42.20	41.60
	7차	x	x	x	x	x	x	x
목뒤등뼈위겨드랑수준 길이(진동)	6차	16.90	16.20	16.30	16.40	16.40	16.70	17.10
	7차	16.90	17.00	17.20	17.20	17.50	17.70	18.10
목뒤오금길이 (목뒤~무릎뒤길이)	6차	97.90	97.30	97.40	97.00	95.80	94.80	93.20
	7차	96.70	96.60	96.80	96.90	95.60	93.90	92.90
겨드랑앞접힘사이길이 (앞품)	6차	33.00	33.20	33.60	33.70	34.30	35.80	35.90
	7차	31.70	31.90	32.20	32.90	33.40	34.10	34.60
겨드랑뒤접힘사이길 (뒤품)	6차	35.30	34.20	35.10	35.30	35.90	36.60	36.00
	7차	35.10	34.70	35.20	35.70	36.20	36.70	36.40
위팔길이	6차	31.90	31.40	31.50	31.20	31.10	31.10	30.80
	7차	32.10	31.90	31.70	31.60	31.50	31.40	31.40

팔길이	6차	54.70	54.10	54.00	23.50	53.20	53.20	53.20
	7차	55.20	54.90	54.70	54.50	53.90	53.90	53.80
손직선길이	6차	17.00	16.90	17.00	17.10	17.00	17.20	17.10
	7차	16.80	16.90	16.90	17.00	16.80	16.90	16.90
겨드랑높이	6차	118.40	118.50	118.70	117.50	115.60	113.70	111.50
	7차	119.30	119.20	118.60	118.60	115.80	113.60	111.90
허리높이	6차	97.40	97.10	97.00	95.90	94.40	93.00	91.70
	7차	100.40	99.80	99.50	99.60	97.40	96.10	95.30
배꼽수준허리높이	6차	94.20	93.80	93.00	91.90	90.40	89.20	87.50
	7차	94.10	93.50	92.50	92.30	89.80	88.30	86.90
위앞엉덩뼈가시높이	6차	87.50	86.80	86.40	85.30	84.20	83.00	81.60
	7차	87.10	86.90	86.10	85.90	83.30	82.20	81.20
엉덩이높이	6차	79.80	79.50	78.90	77.90	76.40	75.60	74.60
	7차	79.90	79.00	78.30	78.20	75.90	74.60	73.90
샅높이	6차	72.90	72.50	72.20	71.10	69.80	68.70	67.20
	7차	74.00	73.50	72.80	72.70	70.90	70.00	69.20
무릎높이	6차	41.40	41.40	41.30	40.60	40.10	39.60	39.20
	7차	41.50	41.60	41.20	41.10	40.00	39.70	39.30
가쪽복사높이	6차	6.20	6.30	6.30	6.30	6.20	6.20	6.20
	7차	6.40	6.40	6.30	6.40	6.20	6.10	6.10
다리가쪽길이	6차	100.20	99.00	98.30	97.30	95.40	94.20	93.00
	7차	98.90	98.20	97.70	97.70	95.50	94.00	93.10
엉덩이옆길이	6차	19.00	18.60	18.60	18.60	18.40	18.10	18.00
	7차	19.10	19.30	19.70	19.80	19.60	19.20	19.00
엉덩이수직길이 (허리~샅직선길이)	6차	26.20	25.50	26.00	26.10	25.90	25.60	25.50
	7차	23.30	23.30	23.50	23.60	22.90	22.20	22.00
몸통수직길이 (뒷목점~샅직선길이)	6차	63.80	63.30	64.20	64.20	63.90	63.20	62.30
	7차	62.70	62.90	63.10	63.10	62.20	61.00	60.40
샅앞뒤길이	6차	69.40	68.90	71.20	70.10	70.20	70.50	69.90
	7차	66340	66.40	67.10	68.20	67.40	66.80	67.10
배꼽수준샅앞뒤길이	6차	62.60	62.10	62.30	62.30	62.40	62.80	60.50
	7차	59.40	59.30	58.80	59.70	59.30	58.90	58.00
발직선길이	6차	23.00	22.80	22.90	22.80	22.60	22.80	22.60
	7차	23.20	23.40	23.40	23.50	23.20	23.10	23.20

평균여성체형 둘레 항목

단위 : cm

측정부위	차수	20대전	20대후	30대전	30대후	40대	50대	60대
머리둘레	6차	55.70	55.20	55.00	54.90	54.70	54.80	54.50
	7차	55.90	55.80	55.30	55.50	55.10	55.00	54.70
목둘레	6차	31.10	31.30	31.90	32.00	32.70	33.40	33.50
	7차	32.50	32.30	32.40	32.90	33.30	33.60	33.90
목밑둘레	6차	38.40	38.00	38.40	38.90	39.40	39.90	39.90
	7차	37.50	36.60	36.90	37.30	38.30	38.90	38.90
가슴둘레	6차	82.80	83.10	85.50	86.10	87.80	90.10	89.50
	7차	85.00	84.80	86.30	87.60	89.30	90.60	91.00
젖가슴둘레	6차	82.90	83.40	85.90	86.60	89.20	93.10	94.10
	7차	84.10	84.40	86.30	88.30	89.70	92.80	94.50
젖가슴아래둘레	6차	72.10	72.60	74.90	75.90	78.10	81.40	82.80
	7차	73.00	73.70	75.20	77.40	79.00	81.20	83.20
허리둘레	6차	69.50	70.50	74.40	74.90	77.60	83.00	85.60
	7차	71.00	72.40	75.00	77.30	78.80	82.50	83.20
배꼽수준허리둘레	6차	74.30	75.20	78.90	79.20	81.10	85.70	88.90
	7차	76.10	77.40	80.10	82.40	82.90	85.60	88.80
엉덩이둘레	6차	91.40	91.50	92.80	92.80	92.90	93.90	92.60
	7차	92.70	93.10	93.30	94.10	93.50	92.90	92.60
넙다리둘레	6차	54.60	54.60	55.40	55.20	55.50	55.40	53.80
	7차	54.80	54.80	55.10	55.80	55.20	54.20	54.00
넙다리중간둘레	6차	48.20	48.50	48.80	48.50	48.40	48.10	46.70
	7차	49.50	49.70	49.80	50.30	49.40	48.30	47.90
무릎둘레	6차	34.90	34.90	34.90	34.80	34.50	34.70	34.50
	7차	35.30	35.30	35.30	35.50	35.00	34.80	35.00
무릎아래둘레	6차	32.30	32.30	32.30	32.30	32.10	32.30	32.20
	7차	32.80	32.70	32.70	33.00	32.60	32.50	32.90
장딴지둘레	6차	34.60	34.50	34.60	34.60	34.60	34.40	33.40
	7차	34.60	34.60	34.50	35.10	35.10	34.40	34.20
종아리최소둘레	6차	20.80	20.50	20.70	20.80	20.70	21.00	20.80
	7차	20.60	20.60	20.70	20.90	20.80	20.70	21.00

발목최대둘레	6차	23.10	23.10	23.20	23.30	23.30	23.70	23.70
	7차	23.10	23.10	23.20	23.50	23.40	23.60	23.90
겨드랑둘레	6차	36.80	36.80	37.90	38.20	39.30	40.30	40.10
	7차	38.20	38.10	39.00	39.70	40.20	40.90	41.30
위팔둘레	6차	24.80	25.30	26.40	26.90	27.80	28.80	28.90
	7차	25.20	25.60	26.30	27.00	27.50	28.20	28.40
팔꿈치둘레	6차	24.50	24.50	25.20	25.50	26.00	26.60	26.30
	7차	24.20	24.00	24.40	25.00	24.90	25.40	25.50
손목둘레	6차	14.70	14.50	14.90	15.10	15.30	15.90	15.90
	7차	14.20	14.20	14.50	14.80	15.00	15.40	15.60
손둘레	6차	17.70	17.80	18.20	18.50	18.60	19.00	19.00
	7차	17.40	17.50	17.80	18.20	18.30	18.80	18.90
몸통세로둘레 (어깨가운데~샅~)	6차	149.10	149.50	151.30	151.20	151.90	152.40	150.60
	7차	147.10	148.20	149.70	151.40	150.40	149.70	149.40

평균여성체형 너비 및 두께 항목

측정부위	차수	20대전	20대후	30대전	30대후	40대	50대	60대
머리너비	6차	15.30	15.30	15.30	15.30	15.30	15.20	15.10
	7차	15.20	15.10	15.10	15.20	15.20	15.20	15.00
머리두께	6차	17.80	17.60	17.50	17.40	17.40	17.60	17.60
	7차	17.80	17.70	17.60	17.60	17.60	17.50	17.60
어깨너비	6차	35.10	35.10	35.70	35.50	35.50	35.60	35.00
	7차	35.80	35.60	35.60	35.70	35.70	35.90	35.50
가슴너비	6차	27.30	27.20	27.70	27.80	27.80	28.80	29.00
	7차	27.60	27.70	27.90	28.20	28.20	28.40	28.40
젖가슴너비	6차	26.40	26.20	26.90	27.10	27.10	28.60	28.50
	7차	26.70	26.80	27.30	27.80	27.80	28.80	29.00
허리너비	6차	24.50	24.50	25.40	25.60	25.60	27.80	28.00
	7차	25.20	25.70	26.10	26.90	26.90	28.30	29.00
배꼽수준허리너비	6차	26.70	26.50	27.50	27.60	27.60	29.30	29.90
	7차	27.40	27.80	28.40	29.20	29.20	29.90	30.50
엉덩이너비	6차	32.20	32.20	32.60	32.50	32.50	32.50	32.20
	7차	32.50	32.70	32.70	32.80	32.80	32.60	32.50
발너비	6차	8.80	8.70	8.80	8.90	8.90	8.80	8.80
	7차	9.00	9.20	9.30	9.40	9.40	9.30	9.30
손너비	6차	7.30.	7.30	7.40	7.50	7.50	7.70	7.70
	7차	7.20	7.20	7.40	7.50	7.50	7.70	7.70
겨드랑두께	6차	9.50	9.30	9.90	10.00	10.00	10.70	10.70
	7차	9.80	9.90	10.20	10.50	10.50	10.80	10.70
가슴두께	6차	17.80	17.80	18.10	18.60	18.60	20.10	20.60
	7차	18.30	18.50	18.90	19.30	19.30	20.60	21.00
젖가슴두께	6차	20.60	20.50	21.10	21.40	21.40	23.80	24.40
	7차	20.90	21.20	21.90	22.30	22.30	23.90	24.70
벽면몸통두께 (인체최대두께)	6차	23.00	23.60	24.70	24.90	24.90	27.20	27.70
	7차	22.20	22.20	23.20	23.80	23.80	25.30	26.40
허리두께	6차	16.80	16.80	18.30	18.40	18.40	21.40	22.50
	7차	17.40	17.80	18.90	19.40	19.40	21.60	22.90
배꼽수준허리두께	6차	17.30	17.50	18.90	19.00	19.00	21.40	22.90
	7차	18.20	18.90	19.90	20.30	20.30	21.80	23.20
엉덩이두께	6차	21.10	20.80	21.40	21.40	21.40	22.70	22.50
	7차	21.20	21.30	21.80	22.20	22.20	22.40	22.70
몸무게(kg)	6차	53.10	53.40	55.80	53.00	53.00	59.00	57.80
	7차	55.10	55.70	56.80	58.80	58.80	58.80	59.00

분할패턴 표준체형 치수

패턴은 신체 치수를 바탕으로 인체 특징을 반영하여 설계된다. 그러나 인체의 계측 치수를 그대로 다 적용하기보다는 아름다운 실루엣이 되도록 분할과 비례에 따른 황금비례 치수를 찾아야 한다. 표준체형(standard body type)이란 학문적으로 다빈도구간(high proportion range)에 속하면서 아름다운 크기와 형태, 비례를 갖는 체형으로 정의되고 있으며 평균체형(average body type)이란 신체 각 부위에 산술평균치(arithmetic mean)가 적용된 체형으로 정의하고 있다. 즉, 표준체형이란 평균체형의 개념에 미적 판단기준이 첨가된 것이라 볼 수 있다. 저자는 2015년 기술표준원의 사이즈코리아(Size Korea)에서 발표한 한국 20~30대 여성 평균체형 치수를 활용하여 패턴 제도에 필요한 치수들을 제도 시 활용할 수 있도록 표로 정리해서 분할패턴 표준체형 치수표를 만들었다. 이 표는 우리나라의 국민체형조사 치수를 활용해서 만들었지만 체형은 늘 변화해 가고 또 회사마다 특성에 따라 적용되는 기준이 달라질 수 있다. 분할패턴의 표준치수표를 활용하는 것은 각자의 몫이다.

국민표준체형에 따른 분할패턴 표준치수표 (신장 기준)

우리나라 20~30대 여성 국민표준체형 표준치수에 의하면 신장은 약 160cm 이다.
신장을 기준으로 표준체형의 길이를 분할한 표이다.
중요한 것은 길이 항목은 신장을 기준으로 분할한다는 것이다.

분할패턴 여성 표준체형 치수표 (신장 기준)

단위 : cm

신장		155.5	157.0	158.5	160.0	161.5	163.0	164.5	166.0	167.5
1/2가슴둘레(상동)		38	39	40	41	42	43	44	45	46
진동/ 등높이		19	19.3	19.7	20	20.3	20.7	21	21.3	21.7
등길이		36.9	37.3	37.6	38	38.4	38.8	39.1	39.6	40
힙길이		57.3	57.9	58.4	59	59.6	60.1	60.6	61.3	61.8
샅길이/ 몸통수직길이		62.7	63.3	63.9	64.5	65.1	65.7	66.3	66.9	67.5
앞길이	옆목점에서	39.7	40.1	40.5	41.3	41.5	41.8	42.3	42.9	43.3
	뒷목에서	47.7	48.1	48.5	49	49.5	49.9	51.4	51.9	52.3
유 장	옆목점에서	23.5	23.9	24.2	24.5	24.8	25.1	25.5	25.8	26.1
	뒷목점에서	31.5	31.9	32.2	32.5	32.8	33.1	33.5	33.8	34.1
소매장		56.4	56.9	57.5	58	58.5	59.1	59.6	60.2	60.7
무릎길이		93.3	94.2	95.1	96	96.9	97.8	98.7	99.6	100.5
허리에서 무릎		54.4	55	55.5	56	56.5	57.1	57.6	58.1	58.6
허리에서 바닥		97.2	98.1	99.1	100	100.9	101.9	102.8	103.8	104.7
밑위길이		23.3	23.6	23.8	24	24.2	24.5	24.7	24.9	25.1
1/10 신장		15.6	15.7	15.9	16	16.2	16.3	16.5	16.6	16.8
1/20 신장		7.8	7.9	7.9	8	8.1	8.2	8.2	8.3	8.4

국민표준체위에 따른 분할패턴 표준치수표 (둘레 기준)

우리나라 20~30대 여성 국민표준체형 표준치수에 의하면 가슴둘레 치수는 82cm 이다. 앞장에서 설명했듯이 패턴을 제도할 때 인체가 좌우 대칭이라는 전제하에 오른쪽이나 왼쪽 한쪽을 기준으로 제도한다. 따라서 패턴을 뜰 때 가슴 둘레가 82cm인 경우 사이즈의 절반인 41cm를 기준으로 패턴을 뜬다. 제도를 하면서 나오는 가슴둘레를 나누는 치수는 제도치수인 41cm기준으로 나누는 분수이다.

분할패턴 여성 표준체형 치수표 (둘레 기준)

단위 : cm

신장	155.5	157.0	158.5	160.0	161.5	163.0	164.5	166.0	167.5
1/2 가슴둘레(상동)	38	39	40	41	42	43	44	45	46
1/2젖가슴둘레 (유상동)	39.5	40.5	41.5	42.5	43.5	44.5	45.5	46.5	47.5
1/2 허리둘레	30.5	31.5	32.5	33.5	34.5	35.5	36.5	37.5	38.5
1/2배꼽위치 허리둘레	32.6	33.6	34.6	35.6	36.6	37.6	38.6	39.6	40.6
1/2 힙둘레	42	43	44	45.5	46	47	48	49	50
1/2 중힙둘레	39.5	40.5	41.5	42.5	43.5	44.5	45.5	46.5	47.5
1/2 가슴밑둘레	33	34	35	36	37	38	39	40	41
유폭	15.7	16.1	16.6	17	17.5	17.9	18.4	18.8	19.3
앞품	13.7	14.1	14.5	14.9	15.3	15.7	16.1	16.5	16.9
뒤품	15.2	15.6	16	16.4	16.8	17.2	17.6	18	18.4
옆폭	9.1	9.3	9.5	9.7	9.9	10.1	10.3	10.5	10.7
어깨길이	35.5	36	36.5	37 / 18.5	37.5	38	38.5	39	39.5
목둘레	30.5	31	31.5	12 / 16	32.5	33	33.5	34	34.5
밑목둘레	36	36.5	37	37.5 / 18.8	38	38.5	39	39.5	40

추가치수	머리둘레		위팔둘레		팔꿈치둘레		손목둘레		
	55		26		24.5		15		

분할패턴 계산표와 반지름

제도를 하면서 나누어야 할 경우가 많은데, 일일이 나누게 되는 번거로움과 시간을 절약할 수 있도록 미리 셈을 해놓은 계산표이다.

옆의 반지름 표는 서큘러 스커트 등의 원호를 이용한 제도법에 활용한다.

여성 분할패턴 계산표와 반지름

단위 : cm

둘레 치수	계산 치수												둘레치수 ÷3.14 = 반지름
	2/5	1/3	1/4	1/5	1/6	1/7	1/8	1/10	1/12	1/16	1/20	1/24	
28	11.2	9.3	7	5.6	4.7	4	3.5	2.8	2.3	1.8	1.4	1.2	28 ÷ 3.14 = 8.91
29	11.6	9.7	7.3	5.8	4.8	4.1	3.6	2.9	2.4	1.8	1.5	1.2	29 ÷ 3.14 = 9.23
30	12	10	7.5	6	5	4.3	3.8	3	2.5	1.9	1.5	1.3	30 ÷ 3.14 = 9.55
31	12.4	1.03	7.8	6.2	5.2	4.4	3.9	3.1	2.6	1.9	1.6	1.3	31 ÷ 3.14 = 9.87
32	12.8	1.07	8	6.4	5.3	4.6	4	3.2	2.7	2	1.6	1.3	32 ÷ 3.14 = 10.19
33	13.2	11	8.3	6.6	5.5	4.7	4.1	3.3	2.8	2	1.7	1.4	33 ÷ 3.14 = 10.50
34	13.6	11.3	8.5	6.8	5.7	4.9	4.3	3.4	2.8	2.1	1.7	1.4	34 ÷ 3.14 = 10.82
35	14	11.7	8.8	7	5.8	5	4.4	3.5	2.9	2.2	1.8	1.5	35 ÷ 3.14 = 11.14
36	14.4	12	9	7.2	6	5.1	4.5	3.6	3	2.3	1.8	1.5	36 ÷ 3.14 = 11.46
37	14.8	12.3	9.3	7.4	6.2	5.3	4.6	3.7	3.1	2.3	1.9	1.5	37 ÷ 3.14 = 11.78
38	15.2	12.7	9.5	7.6	6.3	5.4	4.8	3.8	3.2	2.4	1.9	1.6	38 ÷ 3.14 = 12.10
39	15.6	13	9.8	7.8	6.5	5.6	4.9	3.9	3.3	2.4	2	1.6	39 ÷ 3.14 = 12.42
40	16	13.3	10	8	6.7	5.7	5	4	3.3	2.5	2	1.7	40 ÷ 3.14 = 12.73
41	16.4	13.7	10.3	8.2	6.8	5.9	5.1	4.1	3.4	2.6	2.1	1.7	41 ÷ 3.14 = 13.05
42	16.8	14	10.5	8.4	7	6	5.3	4.2	3.5	2.6	2.1	1.8	42 ÷ 3.14 = 13.37
43	17.2	14.3	10.8	8.6	7.2	6.1	5.4	4.3	3.6	2.7	2.2	1.8	43 ÷ 3.14 = 13.69
44	17.6	14.7	11	8.8	7.3	6.3	5.5	4.4	3.7	2.8	2.2	1.8	44 ÷ 3.14 = 14.01
45	18	15	11.3	9	7.5	6.4	5.6	4.5	3.8	2.8	2.3	1.9	45 ÷ 3.14 = 14.33
46	18.4	15.3	11.5	9.2	7.7	6.6	5.8	4.6	3.8	2.9	2.3	1.9	46 ÷ 3.14 = 14.64
47	18.8	15.7	11.8	9.4	7.8	6.7	5.9	4.7	3.9	2.9	2.4	2	47 ÷ 3.14 = 14.96
48	19.2	16	12	9.6	8	6.9	6	4.8	4	3	2.4	2	48 ÷ 3.14 = 15.28
49	19.6	16.3	12.3	9.8	8.2	7	6.1	4.9	4.1	3	2.5	2	49 ÷ 3.14 = 15.60
50	20	16.7	12.5	10	8.3	7.1	6.3	5	4.2	3.1	2.5	2.1	50 ÷ 3.14 = 15.92

해외 여러나라의 호칭 체계

해외 여러나라의 호칭

단위 : cm

일반 호칭	XXS	XS	S	M	L	XL	XXL
이탈리아	36	38	40	42	44	46	48
한국	(80)	44 / (85)	55 / (90)	66 / (95)	77 / (100)	88 / (105)	(110)
프랑스 / 유럽	32	34	36	38	40	42	44
미국(US) / 캐나다	0	2	4	6	8	10	12
영국(UK)	4	6	8	10	12	14	16

신체 치수 사이즈

단위 : cm

일반 호칭	이탈리아	가슴둘레	젖가슴둘레	허리둘레	엉덩이둘레
XS	38	80	84	64	88
S	40	82	86	66	90
M	42	84	88	68	92
L	44	86	90	70	94
XL	46	88	92	72	96

분할패턴식 여성비율 치수

제도시 편리하게 길이분할 및 둘레분할 계산법을 표로 정리하였다.

"분할 패턴" 여성비율치수 계산법

기준위치	제도위치	비율 치수 계산법
신장기준	진동길이 (등높이)	신장1/16 + 가슴둘레 1/4.1
	앞높이	등높이 + 뒷목길이
	등길이	신장1/8 × 2 - 2cm
	앞길이	등길이 + 0.8~1cm
	유장 (뒷목에서)	(신장1/16 + 가슴둘레 1/4.1) × 1.64
	힙길이	신장1/8 × 3 - 1cm
	샅길이 (몸통수직길이)	신장1/8 x 3.2 + 0.5cm
	목뒤~무릎길이	신장1/8 × 5cm - 4cm
	목뒤~바닥	신장1/8 × 7cm
	밑위길이	신장1/8 × 1.2cm + 0.5
	허리에서 무릎	신장1/8 × 3cm - 4cm
	허리에서 바닥	신장1/8 × 5cm
	팔길이	신장1/8 × 2.9cm
	팔꿈치길이	팔길이/2 + (2.5~3cm)
둘레기준	앞품	가슴둘레(상동)2/5 - 1.5cm
	유폭	1/2 앞품 +1.2cm
	옆품	가슴둘레(상동)1/5 +1.5cm
	뒷품	가슴둘레(상동)2/5
	뒷목너비	가슴둘레(상동)1/10 + 3cm
	앞목너비	뒤목너비 - 0.5cm
	뒷목길이	가슴둘레(상동) 1/20 + 0.2cm
	앞목깊이	앞목너비 + (0.7~0.8cm)

제도에 사용되는 기호

패턴 제도 시 실무에서는 서로 약속된 표시들이 있다. 너치, 다트와 플리츠의 구별, 주름 방향의 표시, 지퍼의 위치 등 약속된 언어 기호이다. 이 장에서는 분할패턴을 제도하면서 사용하게 되는 기호들을 정리 하였다.

기호	설명	기호	설명
	직각		주름 및 다트 기타 방향
	오그림 / 줄임 개더 / 셔링		늘림
	곬선		맞춤
	식서 (올) 방향		바이어스 방향
	외주름		맞주름
	다트		낸단분 / 여밈분
	M.P (Manipulation)		교차선
	등분		너치
	절개		단추 단추 구멍

인체의 구조와 상의류 몸통원형 가이드

제2부에서는 몸통(troso)의 구조와 패턴의 구조 그리고 원형 패턴의 구성 원리를 이해해야 한다. 우리는 흔히 몸통을 감싸는 상의류를 재킷, 블라우스, 점퍼 등 아이템으로 분류하지만, 패턴 구성의 관점에서 보면 아이템 분류는 큰 의미가 없다. 즉, 상의류 아이템마다 각각의 원형이 필요한 것이 아니라, 디자인과 소재의 특성 등을 고려하여 얼마의 여유량을 주어 원형을 제도할 것인지가 몸통원형 제도의 기준이 된다.

따라서 몸통원형 패턴을 제도하면서 단순히 치수만 따라 제도하는 것이 아니라, 어떤 것 때문에 그렇게 제도 되어야 하는지 개념을 이해하며 제도해야 한다. 또한 우리 인체는 다양하므로 주어진 치수 뿐 만 아니라 어떤 체형의 치수라도 적용하여 제도할 수 있어야 한다.

이 책에서는 원형 제도 시 신체 사이즈의 경우 우리나라 20대 여성의 표준체형 치수를 적용하여 제도하였으나, 컬렉션용 패턴을 제도할 때는 모델의 신체 치수를 적용하여 제도해야 한다. 또한 브랜드의 특성에 맞게 신체 치수를 적용해 브랜드의 몸통원형을 제도할 수 있어야 한다.

01

인체의 구조와
원형 패턴의 원리

인체의 구조와 패턴의 구성 원리

옷은 원단을 재료로 사람이 입고 활동하기에 적합한 입체적인 구조로 되어 있다. 회화, 조각, 건축 등 조형예술 그리고 핸드폰, 노트북, 가구, 냉장고 등 제품 디자인은 인간과 밀접한 관계를 갖고 있지만 인체의 영향을 직접적으로 받진 않는다. 반면 패션 디자인은 다른 디자인 분야에는 없는 것이 있는데, 인체가 입고 활동해야 하고 또한 불편함이 없어야 한다는 것이다.

원형 패턴은 패턴의 완성이 아니라 디자인을 전개하기 전 단계인 가이드 패턴이라고 할 수 있다. 즉, 디자인을 구현하기에 가장 적합한 시스템을 만들어 놓은 것과 같다. 원형 패턴을 바탕으로 주어진 디자인을 분석하고 적용하여 완성한 패턴이 비로소 패턴이라고 할 수 있다. 따라서 원형 패턴을 제도할 때 단순히 치수로만 제도하는 것이 아니라 패턴의 구성 원리를 이해하는 것이 무엇보다 중요하다.

원형을 제도하고 디자인을 전개할 때, 인체의 구조와 밀접한 연관이 있고 중요하다고 생각되는 부분들을 다음과 같이 정리하였다.

앞·뒤의 수평을 잡아 주는 것이 상의류 패턴의 시작이다.

패턴의 시작은 옷감으로 인체의 몸통을 감싸는 것으로부터 시작된다. 몸통을 감싸는 상의류는 젖가슴둘레 수평선을 기준으로 상반신과 하반신을 동시에 감싸면서 조형되는 구조로 되어 있다. 이때 중요한 것은 옷을 입었을 때, 옷이 어느 한쪽으로 무너지지 않도록 균형과 수평을 잡아 주는 것이다. 그렇다면 옷의 수평은 어떻게 찾아 주는 것이 좋을까? 그것은 인체의 수평선을 먼저 찾아내는 것이다. 그 이유는 옷의 수평은 옷을 착용했을 때, 인체의 수평선이 기준이 되기 때문이다. 그러므로 인체의 수평선과 옷의 수평선은 일치해야 한다.

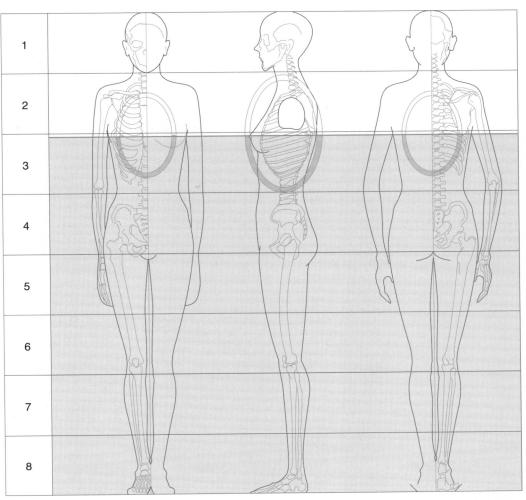

1	
2	
3	
4	
5	
6	
7	
8	

[그림 1] 젖가슴둘레 수평선

상의류의 기준선인 B.P점을 지나는 젖가슴둘레의 수평선을 찾기 위해서는 수평기가 필요하다. 그러나 일자형의 일반적인 수평기로는 앞판과 뒤판의 수평선을 찾기가 힘들다. 이때, 타원형 형태의 수평기를 사용하면 쉽게 찾을 수 있다.

타원형 수평기의 원리는 비교적 간단하다. 우리 인체가 수영장이나 목욕탕처럼 사각통 안에 B.P점까지 잠겨 있다고 상상해 보면 쉽게 이해할 수 있다. 즉, 타원형 수평기는 고정된 지점의 수평 부분을 위치와 상관없이 어디든 찾을 수 있다.

[그림 1]과 같은 타원형 수평기를 저자는 직접 제작하여 사용한다. 상체의 수평선을 찾기 위해서는 먼저 타원형 수평기의 한쪽을 B.P점에 고정하고 옆선과 뒤 중심선 쪽으로 B.P점과 수평을 이루는 부분을 찾는다. 각 지점을 연결하면 B.P점의 수평선이 된다. 타원형 수평기를 사용한다면 B.P점의 수평선뿐만 아니라 견갑골 수평선, 허리둘레 수평선, 엉덩이둘레 수평선 등 원하는 위치의 수평선을 찾을 수 있다.

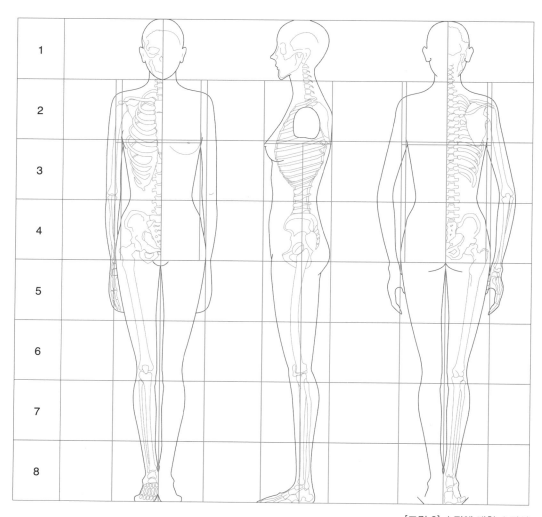

1	
2	
3	
4	
5	
6	
7	
8	

[그림 2] 수평에 대한 수직선

B.P점을 기점으로 젖가슴둘레 수평선을 제도한 뒤 수평선을 기준으로 앞중심과 뒤중심의 수직선을 제도해 준다. 앞·뒤판의 수평이 맞지 않으면 옷의 앞쪽이 들리거나 뒤가 들리게 된다. 우리가 드레이핑용 마네킹에 가이드라인 테이프를 칠 때도 이처럼 수평을 먼저 잡고 앞·뒤 중심의 수직선을 제도해 주는 것이 좋다. 또한 젖가슴둘레 수평선을 기준으로 허리둘레 수평선, 엉덩이둘레 수평선 등을 제도한다.

앞·뒤목 밸런스가 두 번째 중요한 테크닉이다.

우리 인체의 옆목점은 B.P점과 달리 콕 집어 어디라고 정확하게 정하기 어렵다. 우리나라 표준체형의 경우, 뒤판의 목너비가 앞판의 목너비보다 조금 더 넓다. 하지만 제도할 때는 인체의 목너비 구조만 고려하는 것이 아니라 칼라의 디자인에 따라 앞·뒤목너비의 차이도 고려해야 한다. 즉, 앞·뒤목너비 밸런스는 칼라의 디자인에 따라 다르게 적용되는데 뒤판의 옆목점을 고정하고 앞판의 옆목점이 어디에 있느냐에 따라 옷의 착용감과 밸런스가 달라진다.

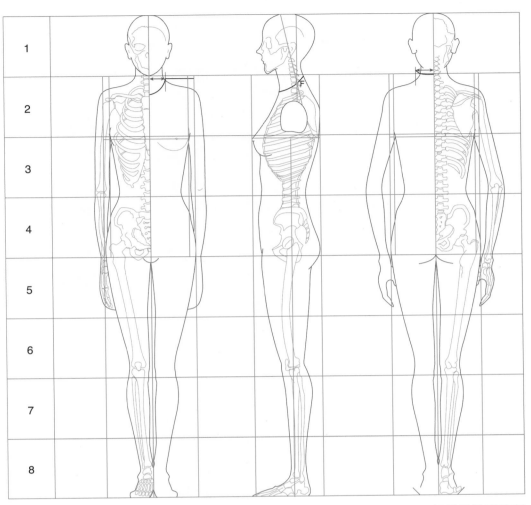

1	
2	
3	
4	
5	
6	
7	
8	

[그림 3] 앞·뒤목너비

따라서 상의류의 경우, 앞판과 뒤판의 옆목 너비 밸런스는 무엇보다 중요한 지점이다. 우리가 앞목너비를 뒤목너비보다 더 크게 하여 앞목 다트를 잡거나, 테일러드 칼라의 꺾임선을 이즈로 처리를 하는 이유도 목 밸런스에 의한 옷의 착용감을 좋게 하기 위해서이다.

기본적인 앞·뒤목너비가 달라질 때의 현상은 다음과 같다. 뒤목너비 기준으로 앞목너비가 너무 넓을 때는 앞여밈을 닫으면 앞목 부분이 뜨게 되고, 여밈을 열게 되면 앞중심 아래쪽이 뒤쪽으로 돌아가게 된다. 반면 앞목너비를 뒤목너비보다 좁게 제도하면 뒤 목둘레가 뜨게 되고, 여밈을 열게 되면 앞중심 아래쪽이 겹치면서 앞중심으로 쏠려 돌아가게 된다. 인체의 앞·뒤목너비 밸런스는 패턴의 구성에 있어서 옷의 착용감과 편안함을 결정하는 중요한 요소 중 하나이다. 따라서 다양한 디자인에 따라 앞·뒤목너비 밸런스를 어떻게 제도하는 것이 좋을지에 대한 심도 있는 연구가 필요하다.

가슴 다트와 견갑골 다트처리

젖가슴둘레 수평선을 기준으로 옆목점을 고정하고 옷감으로 몸통을 감싸게 되면, 가슴의 돌출 때문에 가슴 크기에 따른 다트량이 생기게 된다. 여성복에서는 이 가슴 다트를 어떻게 처리해야 할지가 패턴 제도의 중요한 요소가 된다. 가슴 다트는 젖가슴둘레 수평선 위로 어느 방향으로 처리해도 그 양만 같으면 상관이 없다. 디자인에 따라 앞목이나 암홀, 어깨 등 어디든 이동하여 다트로 사용해도 된다. 분할패턴에서는 소매를 제도하는 암홀 형태에 영향을 적게 미치면서, 앞·뒤목 밸런스에도 영향을 적게 미치는 어깨선에 제도한다. 이때 젖가슴둘레 수평선 아래로 다트를 보내지 않는 이유는 가슴둘레 수평선이 무너지면 수평을 다시 찾아 주는 것이 쉽지 않기 때문이다. 뒤판의 경우에도 앞판의 가슴 다트보다는 작지만 견갑골 다트가 존재한다. 견갑골 지점을 기준으로 젖가슴둘레 수평선과 평행한 수평선을 잡고 뒤판의 옆목점을 고정하여 견갑골을 감싸게 되면서 견갑골 다트가 생기게 된다. 뒤판의 경우엔 이 견갑골 다트를 어떻게 처리해야 할지가 뒤판을 제도할 때 중요한 요소가 된다. 가슴의 크기와 다트의 양은 체형에 따라 다르게 적용될 수 있다.

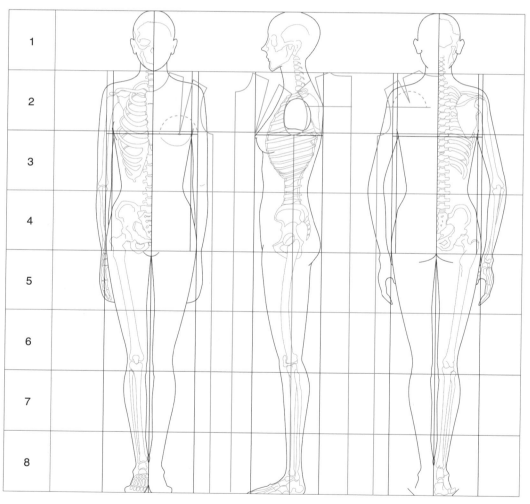

[그림 4] 가슴다트와 견갑골 다트

어깨 경사각에 따른 옷의 균형 잡기

어깨 경사각은 옆목점 수평선을 기준으로 어깨가 얼마나 기울어져 있는가를 측정하는 것이다. 인체의 어깨 경사각은 체형에 따라 평균적인 어깨 경사보다 위로 솟아 있는 상견이 있는가 하면 보통 어깨보다 아래로 처져 있는 하견도 있다. 그런가 하면 좌우 어깨의 기울기가 다른 사람들도 많다. 또한 패턴 제도 시 어깨 경사각은 어깨 패드의 유무, 패드의 두께 등에도 영향을 받기 때문에 이를 고려하여 어깨 경사각을 조정해 주어야 한다.

몸통원형 제도 시 어깨의 경사는 앞판과 뒤판의 경사각을 같게 제도한 후 디자인과 용도에 따라 어깨선을 이동하여 제도하면 된다. 보통의 경우 어깨끝을 앞쪽으로 이동하여 착용 시 시각적으로 안정된 어깨선으로 보이도록 제도한다. 반면 어깨끝선을 뒤쪽으로 넘어가도록 하여 견갑골 다트 처리를 용이하게 제도하기도 한다. 주로 견갑골 다트량이 큰 남성복 재킷 등에 사용하는 테크닉이다. 제도의 어깨 경사각이 인체의 어깨 경사각보다 크면 옆목점이 들뜨면서 어깨가 받쳐 불편한 옷이 되고, 반대로 너무 작으면 어깨 아래 암홀 쪽이 분량이 남아 고이게 되면서 옷의 수평이 무너진다. 따라서 패턴의 어깨 경사각은 가급적 인체의 어깨 경사각보다 작게 제도하는 것이 좋은데 이는 남는 양을 암홀 부분에서 이즈로 봉제 처리를 해주는 것이 어깨가 눌리지 않는 편안한 착용감을 만드는 방법이기 때문이다.

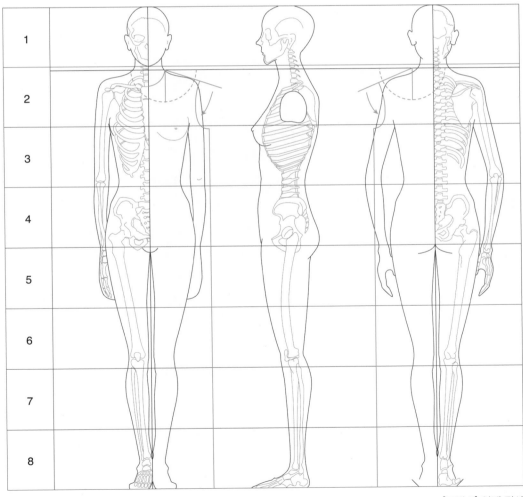

[그림 5] 어깨 경사

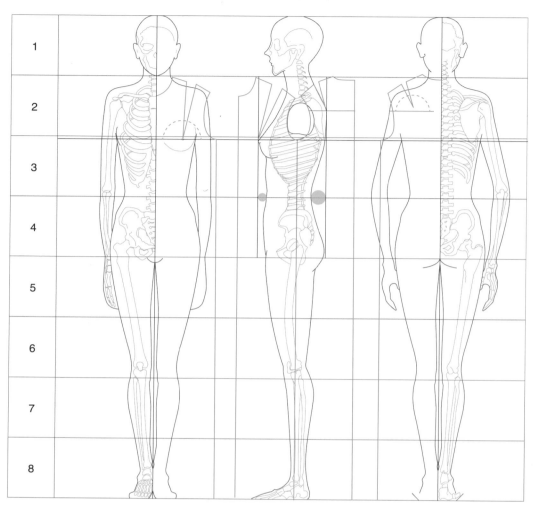

1	
2	
3	
4	
5	
6	
7	
8	

[그림 6] 앞·뒤 품과 솔기선

앞·뒤품의 밸런스와 솔기선 분할

우리나라 표준체형 치수에 의하면 우리나라 여성의 대부분 앞품이 뒤품보다 작다. 그러나 앞·뒤품의 차이는 체형에 따라 차이가 난다. 유럽 여성의 경우에는 우리나라 여성들보다 앞·뒤품 차이가 작다. 그러나 중요한 점은 앞·뒤 품의 분할과 솔기선 분할은 여유량과 실루엣에 따라 다르게 적용할 수 있어야 한다는 것이다. 특히 옷의 여유량이 큰 경우엔 앞품을 줄여주고 뒤품을 늘려주어서 옷의 형태가 뒤에서 앞으로 감싸는 실루엣을 만들어 주는 게 좋다. 이때 솔기선도 앞·뒤 밸런스에 맞게 앞이 적고 뒤가 크게 이동해 주어야 한다. 이런 비규칙적인 적용에는 패턴의 원형을 넘어 전체 형태의 밸런스에 대한 이해가 필요하다.

허리선의 다트는 실루엣 다트이다.

허리선 다트는 체형 다트라고 할 수 있는 가슴 다트나 견갑골 다트와 달리 디자인에
영향을 받는 실루엣 다트이다. 그러므로 실루엣에 따라서 다트를 잡아도 되고 잡지
않아도 된다. 이때 중요한 것은 젖가슴 둘레 수평선 기준으로 솔기를 수직선으로 나
누었을 때 앞과 뒤의 허리선 공간이 다르다는 것이다. 옷의 여유량은 앞·뒤가 같은 공
간의 여유량을 가지고 있는 게 좋다. 따라서 허리선 다트를 잡는 데 있어서 중요한 점
은 앞허리와 뒤허리의 공간 차이 즉, 앞·뒤허리의 여유량 차이를 고려하여 앞·뒤 다트
량을 결정해야 한다는 것이다. 물론 앞·뒤 허리선 여유량과 허리선 다트량의 차이도
체형에 따라 달라진다. 우리나라 20~30대 여성의 표준체형의 경우 약 2.5~3.5cm가
량 차이가 난다. 패턴을 제도할 때는 반드시 이 공간의 차이, 다트량의 차이를 이해하
고 다트를 처리해 주어야 한다.

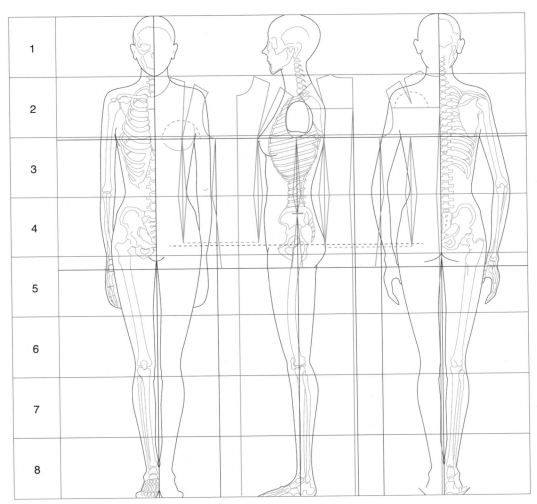

[그림 7] 실루엣 다트

[그림 7]은 허리의 여유량이 2~4cm 가량의 일반적인 옷의 패턴을 제도하기에 유용한
것으로 뒤판 중앙 다트를 한 개의 다트로 처리할 때의 다트 구성이다.

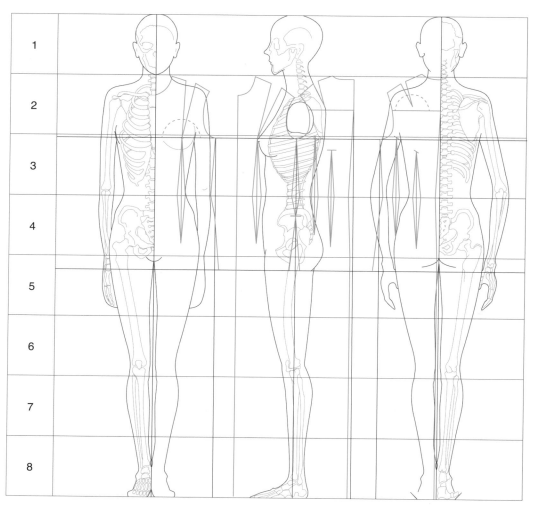

[그림 8] 허리선 다트

허리선의 여유량에 따라 허리선 다트를 한 개로 처리하기에 무리가 있는 경우도 있다. 이런 경우 [그림 8]처럼 뒤판의 중앙 다트를 두 개로 구성해서 제도하는 것이 좋다.

여유량에 따른 실루엣의 변화를 이해해야 한다.

옷의 여유량은 옷과 인체 사이에 생기는 틈 혹은 공간 즉, 공극량을 의미한다. 여유량은 옷의 형태와 패턴의 구성을 좌우하는 중요한 요소이며 디자인에 따라 달라진다. 따라서 여유량에 따라 달라지는 옷의 형태와 패턴의 구성을 파악해야 한다. 여유량이 적은 디자인의 경우 인체와 보다 밀접한 관계가 되기 때문에 대부분 절개선이나 패널이 있는 경우가 많다. 이런 경우 비교적 옷의 수평을 유지하는 다트 처리가 쉽고, 몸과 옷 사이의 공간이 크지 않아 영향을 덜 받게 된다. 하지만 여유량이 많을수록 인체와 옷 사이의 공간이 커져서 디자인 라인이 간단하면서 다트가 없는 디자인인 경우가 많다. 흔히 넉넉한 여유량을 가진 옷의 패턴 구성이 쉬워 보이지만, 패턴 측면에서 여유량이 적은 디자인보다 잘 만들기 어렵다. 왜냐하면, 여유량이 많을수록 인체와

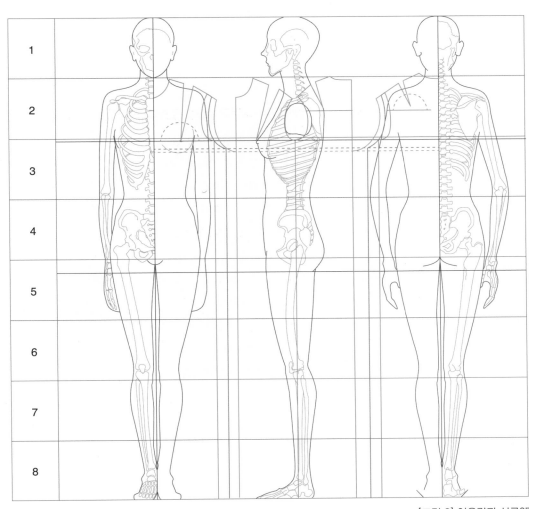

[그림 9] 여유량과 실루엣

옷 사이의 공간이 남아 옷의 균형, 즉 옷의 수평선이 무너지기 때문이다. 이를 보완하기 위해서는 절개선이나 다트선이 있어야 하는데 대부분 없는 경우가 많아 옷의 수평선을 유지하기 위한 다트를 제도할 수가 없다. 이로 인해 여유량이 많은 디자인은 옷의 수평이 무너져 앞판은 앞중심쪽으로, 뒤판은 뒤중심쪽으로 여유량이 쏠리게 된다. 즉, 옷의 여유량은 기본적으로 실루엣에 따라 결정되지만, 여유량에 따른 패턴의 변화를 고려해야 한다. 예를 들어 박시한 스타일의 경우 일어나는 현상은 예측이 가능하다. 예측 가능한 패턴을 한다는 것은 박시한 스타일일 때 일어날 수밖에 없는 현상을 미리 보정하여 제도해야 한다는 뜻이다.

소재의 특성에 맞는 패턴과 봉제 테크닉을 이해하고 활용할 수 있어야 한다.

똑같은 디자인, 똑같은 패턴으로 옷을 만들어도 소재가 달라지면 옷의 실루엣과 느낌도 달라지는 것을 패션 디자이너나 패션 모델리스트라면 한 번쯤 경험해보지 않았을까 생각한다. 우리가 옷을 만들 때 소재에 따라 디자인이 달라 보이는 것처럼, 소재의 특성에 따라 옷의 형태도 달라 보인다. 따라서 반드시 소재의 특성을 파악한 후 소재에 맞는 패턴을 제도해야 한다. 또한, 직접 원단을 가공하여 옷을 완성하는 봉제 공정을 거치지 않는다면 옷을 만들 수 없다. 좋은 옷을 만들려면 봉제 테크닉을 패턴에서 구현할 수 있어야 한다. 즉, 패턴을 제도하는 데 있어서 봉제 테크닉을 이해하는 것은 매우 중요하며, 이를 이해하는 차원을 넘어 봉제 테크닉을 패턴 제도에서 활용할 수 있어야 한다. 예를 들면 이즈나 늘림을 처리하는 봉제 테크닉은 항상 인체를 입체적으로 표현하는 테크닉으로만 사용하는 것은 아니다. 다트의 기능이 다양하듯 봉제의 늘리고 줄이는 기법도 다양한 용도도 사용이 가능하다.

상의류 기초 분할 및 원형 패턴

원형을 제도하는 방법에는 ESMOD식, SECOLI식, F.I.T식, 뮐러식, 문화식 등 많은 방법이 있다. 어떤 원형으로 제도하느냐가 중요한 것은 아니다. 어떤 원형이든 그 원형의 원리를 이해하여 원하는 방향으로 예측 가능한 패턴을 구현해 낼 수 있어야 한다. 예측 가능한 패턴이란 가봉을 하거나 만들어 보지 않아도 어떻게 완성이 될지 예측할 수 있어야 된다는 의미이다.

동일한 사람이나 동일한 바디, 치수를 가지고 제도한다면 어떤 제도 방법으로 제도하든 원형은 크게 다르지 않다. 그러나 기성복처럼 같은 치수에만 익숙해 있으면 다른 체형, 다른 치수, 우리나라와 다른 외국 체형 등 다양한 패턴 제도하는 데 있어 어려움을 느낄 수 있다. 그런 측면에서 어떤 체형과 어떤 치수가 주어지더라도 원형의 원리를 활용하여 어려움 없이 제도할 수 있어야 한다.

상의류와 전신의류는 상반신의 원형 길이가 다를 뿐, 패턴 제도의 원리는 크게 다르지 않다. 드레이핑 패턴 기법의 경우, 인체 혹은 인체를 대신할 마네킹이 있어서 별도의 사이즈가 필요 없다. 그러나 평면패턴의 경우, 반드시 제도를 위한 신체 치수가 필요하다. 디자인을 구현하기에 필요한 몸통원형을 제도하면서 그 길이와 둘레의 분할 원리를 자세하게 알아보고자 한다.

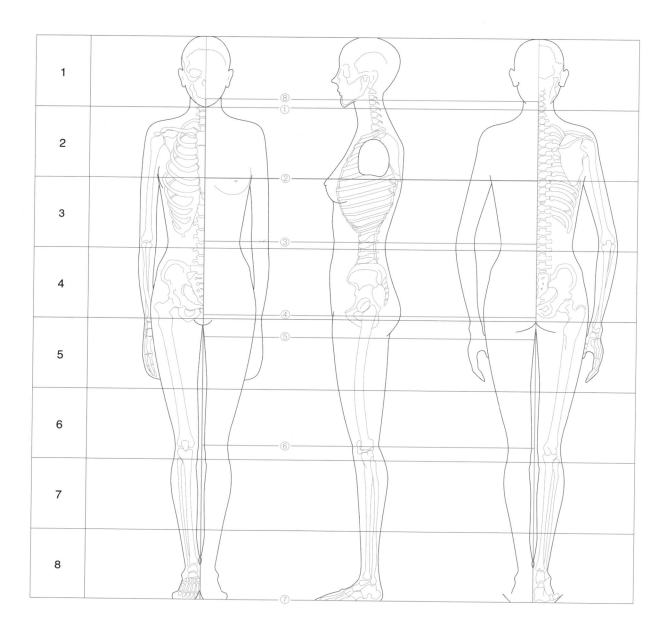

길이 분할

우리가 제도를 시작하는 뒤목점은 패턴의 시작점이며, 패턴의 구성 측면에서 보면 인체의 가장 높은 지점에 있다.

① 뒤목점

뒤목점은 상의류 원형 제도의 시작점이며 뒤목점 수직선은 뒤중심선이다. 뒤목점을 기점으로 신장을 길이 분할 한다.

② 진동선

진동길이(높이)선은 길이 분할과 둘레 분할이 조화를 이루는 지점이다. 흔히 진동길이를 구할 때, 신장 치수를 이용하여 구하기도 하고, 가슴둘레 치수를 이용하여 구하기도 한다. 하지만 두 가지 방법 모두 문제점을 가지고 있다. 신장의 비례 치수로만 진동길이를 구하거나 가슴둘레의 비례 치수로만 진동선의 길이를 구하면 안 된다. 왜 냐하면 진동선길이는 신장과 가슴둘레 어느 한쪽에만 영향을 받는 것이 아니라 두 가지 모두 영향을 받기 때문이다.

따라서 진동길이를 구하는 공식을 신장과 가슴둘레를 같이 활용하여 다음과 같이 정 립하였다.

[진동길이 = (신장1/16) + (가슴둘레 ÷ 4.1)]

하지만 이 공식은 인체 치수를 기준으로 한 공식이기 때문에 착용하기 위한 옷의 공 극량 즉, 옷의 둘레 여유량도 더해 주어야 한다. 진동선의 여유량은 특히 앞·뒤품의 여유량과 비례하기 때문에 (전체 여유량의 2/5가량)으로 계산해준다. 이때, 디자인에 따라 소매를 위로 올렸을 때 편안함을 원한다면 진동선의 여유량을 적게 주고, 재킷 이나 코트처럼 안에 옷을 입는 겉옷에는 진동의 여유량을 더 많이 주어 불편하지 않 도록 제도해주는 것이 좋다.

즉, 최종적으로 진동길이의 공식은 다음과 같다.

[진동길이 = (신장1/16) + (가슴둘레 ÷ 4.1) + (전체 여유량의 2/5 가량)]

③ 허리선

서구에서는 (신장1/8 × 2) 위치를 사용하지만, 우리나라 체형을 분석한 결과 (신장 1/8 × 2 - 2) 위치가 가장 적당한 허리선의 위치라는 것을 알 수 있었다. 이를 단순 하게 생각하면 우리나라 체형이 서구 체형 보다 상체의 길이가 더 짧은 것으로 생각 하겠지만, 그 이유보단 머리 높이가 우리나라가 유럽보다 더 길기 때문이다. 따라서 공식은 [신장1/8 × 2 - 2]로 사용하면 된다. 하지만 이 공식은 인체 분할이므로 디 자인의 따라 허리선 위치를 조절해줄 수 있다.

④ 엉덩이선

서구 체형의 경우, 엉덩이 위치가 우리나라보다 더 위에 있다. 이것은 허리선에서 엉 덩이까지의 길이가 우리나라 체형보다 더 짧다는 것을 의미한다. 또한 엉덩이 위치가 우리 체형보다 더 위에 있다는 뜻이다.

우리나라 체형의 엉덩이선 위치는 [신장1/8 × 3 - 1] 공식으로 구한다.

⑤ 몸통길이선

몸통길이선은 인체를 기준으로 뒤목점에서 샅 지점까지의 길이이다. 이 지점은 팬츠 를 제도할 때는 밑위길이 지점이 되고, 올인원이나 점퍼슈트 등을 제도할 때는 중요 한 기준선이 된다.

공식은 [신장1/8 × 3.2 + 0.5]를 사용한다.

①~⑤ 여기까지가 상의류의 기준선인 몸통길이까지의 일반적인 상의류 분할이고, 무 릎까지의 길이, 바닥까지의 길이는 긴 기장의 상의류 혹은 전신의류로 분류하였다.

⑥ 무릎선

뒤목점에서 무릎까지의 길이이다.

패턴을 구성할 때, 무릎의 위치를 기준으로 길이를 설정해주면 디자인을 구현하는 데 도움이 된다. [신장1/8 × 5 − 4cm]를 공식으로 활용한다.

⑦ 바닥길이선

뒤목점에서 바닥까지의 길이이다

[신장1/8 × 7]을 공식으로 활용한다.

⑧ 뒤옆목점

일반적으로 옆목너비를 먼저 제도하고 옆목점까지의 높이를 제도한다. 하지만 저자는 제도의 편리를 위해 길이 분할의 한 부분으로 분류하였다. 공식은 [가슴둘레1/20 + 0.3 cm]이다.

여기서 중요한 부분은 옆목점의 위치이다. 옆목점 위치는 정확히 어디라고 말할 수 없기 때문에 위치 설정에 따라 달라질 수 있다. 평면 패턴 제도 특성상 옆목점은 항상 뒤목점보다 위쪽에 위치한다. 그래서 많은 사람들이 실제 인체의 옆목점이 뒤목점보다 더 높은 위치에 있다고 착각을 하게 된다. 또한 인체의 정면과 뒷면을 관찰해도 얼핏 보면 옆목점이 더 높은 곳에 있어 보이기도 한다.

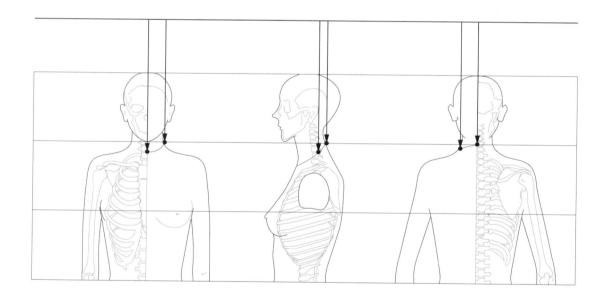

그러나 위 그림처럼 위에서 추를 떨어뜨려 보면 뒤목점이 옆목점보다 더 높은 곳에 위치해 있는 것을 알 수 있다. 즉, 뒤목점은 상의류 패턴 제도의 시작점이자 패턴 구성에 있어서 가장 높은 곳에 위치에 있다. 따라서 뒤목점의 위치가 옆목점보다 높이 있다는 것을 고려해야 한다.

이렇게 ①~⑧의 각 위치의 직각선으로 제도하면 길이 분할은 끝난다.

둘레 분할

옷을 만드는 데 있어서 옷과 인체 사이에 얼마만큼의 공간을 창조할 것인지가 옷의 실루엣을 결정하는 핵심이 된다. 그것을 여유량이라고 할 수 있는데, 여유량은 정지하고 있는 인체가 아니라, 활동하고 있는 인체를 고려해야 한다. 여유량을 결정할 때는 꼭 옷과 인체 사이의 공간뿐만 아니라 소재의 특성도 감안해 주어야 한다. 일반적으로 많이 사용하는 우븐 소재는 여유량을 더해 주는 것이 보통이지만 몸에 붙는 타이트한 실루엣의 경우 다이마루(Jersey)나 스판 소재를 사용하는 것을 감안하여 여유량을 오히려 줄여 주어야 한다. 즉, 여유량은 옷과 인체 사이의 공간과 소재의 영향을 받아 그 양이 정해지고, 그 여유량이 옷의 전체적인 실루엣을 결정한다. 길이 분할의 경우, 진동선을 제외하고는 여유량에 큰 영향을 받지 않는다. 그렇지만 둘레 분할의 경우, 여유량을 어디에 얼마만큼 주어서 처리해야 하는지가 매우 중요하다.

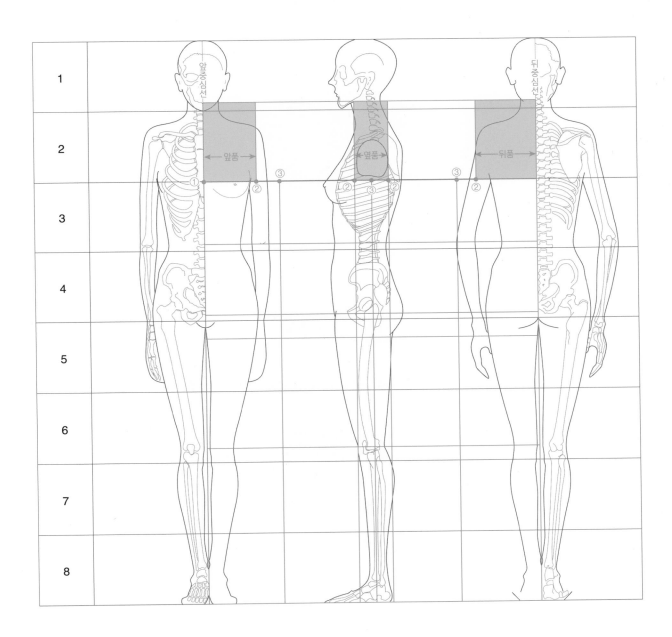

① 앞 중심선 제도

뒤중심선에서 [젖가슴둘레 + 총 여유량] 만큼 뒤중심선과 평행한 앞 중심선을 제도한다. 이렇게 앞·뒤 중심을 먼저 찾은 후 뒤중심에서 길이분할 한 위치를 앞 중심에서도 동일하게 제도해야 정확한 수평을 찾아 줄 수 있다. 각 위치에 따른 정확한 수평을 제도해야 한다.

② 앞·옆·뒤품 분할

품 분할은 가슴둘레 치수를 이용하여 분할한다. 그 뿐만 아니라 상의류의 경우 분할의 기준이 되는 치수도 가슴둘레 치수이다.

인체 분할에서 설명했듯이 가슴둘레 치수를 5등분으로 나누어 분할한다.

* 앞품 = (가슴둘레의2/5) − 1.5cm
* 옆품 = (가슴둘레의1/5) + 1.5cm
* 뒤품 = (가슴둘레의2/5)

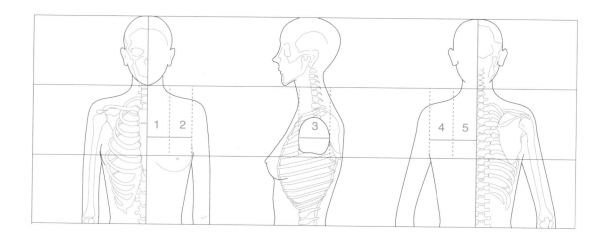

이때 품 분할은 [앞품 + 뒷품 + 옆품 = 가슴둘레 치수]가 나오게 된다. 그러나 이 품 분할은 우리나라 20대 여성 평균체형 치수를 기준으로 한 분할이다. 이탈리아나, 미국 등 우리와 체형이 다른 사람들은 당연히 우리와 다르게 분할한다. 중요한 것은 분할의 원리를 이해하여 체형에 따라 분할할 수 있어야 한다는 것이다. 이것이 가슴둘레 치수를 기준으로 한 품 분할이라고 하면 앞어깨선에 가슴 다트를 처리하는 제도의 특성상 앞품에 가슴 크기의 다트량을 더해 주어야 한다. 가슴 다트량은 젖가슴둘레에서 가슴둘레 치수를 뺀 양으로 이것을 가슴의 크기라고 할 수 있다.

[젖가슴둘레 − 가슴둘레 = 가슴 크기]

가슴 크기 양은 사람마다 다르며 고정 치수가 아니라 변화 가능한 치수이며, 앞품만 아니라 앞 다트량에도 많은 영향을 준다. 서양 여성은 동양 여성보다 가슴이 비교적 발달 되어 가슴 크기가 크기 때문에 앞품과 앞 다트량이 크다. 보통 우리나라 20대 여성의 가슴둘레와 젖가슴둘레의 차이는 2~3cm가량이라면 서양 여성의 경우 3~5cm 가량이다. 분할 패턴에서는 우리나라 여성을 기준으로 가슴둘레와 젖가슴둘레의 차이, 즉, 가슴 크기 3cm를 기준으로 제도식을 계산하였다.

* 앞품 = (가슴둘레의 2/5 -1.5cm)+1.5cm(가슴 다트량)
* 옆품 = (가슴둘레의 1/5+1.5cm)
* 뒤품 = (가슴둘레의 2/5)

가슴의 크기 역시 이탈리아나 미국 등 우리와 체형이 다른 사람들을 기준으로 제도할 땐 그 체형에 맞는 가슴 크기를 적용해서 제도해야 한다.

위 계산식은 여유량 0cm인 상태의 인체 분할식이다. 패턴 제도 시에는 여기에 여유량을 주어 제도해야 한다. 품에서의 여유량 분할은 다음과 같다.

– 둘레 분할과 여유량
품의 여유량은 기본적으로 가슴둘레 분할과 같은 방법으로 분할하여 적용해 준다.

* 앞품 = 총 여유량 2/5
* 옆품 = 총 여유량 1/5
* 뒤품 = 총 여유량 2/5

이렇게 정립된 사이즈에 아이템이나 실루엣에 따라 적절한 여유분을 주어 기본 패턴을 제도하면 된다. 이해를 돕기 위해 여유량에 따라 앞품, 옆품, 뒤품에 어떻게 분할되는지 간단히 표로 정리하였다.

전체 여유량	앞품 여유량	옆품 여유량	뒤품 여유량
2cm	0.8cm	0.4cm	0.8cm
3cm	1.2cm	0.6cm	1.2cm
4cm	1.6cm	0.8cm	1.6cm
6cm	2.4cm	1.2cm	2.4cm
8cm	3.2cm	1.6cm	3.2cm
10cm	4.0cm	2.0cm	4.0cm
14cm	5.6cm	2.8cm	5.6cm

위 여유량의 분할은 기장 기본적인 분할의 원리이므로 실루엣에 따라 자신만의 기준을 정하여 디자인에 맞게 적용하는 것은 각자의 몫이다. 중요한 것은 원리를 이해하는 것이다.

또한 여유량은 옷의 실루엣에 따라 소재의 특성을 감안하여 더해주면 된다. 신축성이 많은 원단으로 몸에 딱 붙는 원피스 등의 옷을 만들 때는 오히려 몸판에서 늘어나는 것을 감안하여 줄여 주면서 제도해야 한다. 또한 편안함을 추구하는 고객의 성향에 따라 달라질 수도 있다.

즉, 여유량은
첫째, 디자이너가 추구하는 옷의 실루엣에 따라 적용한다.
둘째, 소재의 성질을 감안하여 더하거나 뺀다.
셋째, 고객의 편안함을 추구하는 성향에 따라 달라진다.
이 세 가지를 고려하여 여유량을 결정하고 분할한다.

다음은 젖가슴둘레 사이즈를 기준으로 앞판과 뒤판을 분리하는 솔기선을 제도한다.

옆 솔기선 분할
상의류 제도에서 둘레 분할을 할 때 사용하는 치수는 모두 가슴둘레 치수이다. 그런데 예외적으로 앞·뒤 솔기선을 분할할 때는 젖가슴 둘레 치수를 기준으로 분할한다. 여유량이 3~5cm 상태에서의 옆 솔기선은 기본적으로 앞판과 뒤판을 같게 분할한다.

* 앞판 : 젖가슴둘레1/2
* 뒤판 : 젖가슴둘레1/2

– 제도 옆 솔기선 분할
앞·뒤 솔기선 분할은 여유량에 따라 다르게 분할하는데 위와 같이 3~5cm 여유량은 앞판과 뒤판을 같게 분할한다. 하지만 3~5cm 여유량보다 적은 여유량의 경우, 앞판을 더 크게 분할하는 것이 좋으며, 여유량이 5cm보다 클 때는 뒤판을 더 크게 분할해 주는 것이 좋다. 보통 가슴이 있는 앞판을 좀 더 크게 분할해야 하지만 여유량이 커지면 가슴의 크기보다 전체 실루엣의 의미가 더 중요하기 때문에 오히려 뒤판을 더 크게 분할한다. 옆 솔기선 분할의 원리를 설명하기 위해 여유량에 따라 분류를 했으나, 위와 같은 분할이 원칙이 아니라 디자인과 소매 패턴 구성 등 종합적으로 분석하여 옆 솔기선을 분할해 주면 된다. 특히 가슴 다트를 분산하거나 가슴 다트가 없는 박스형 디자인의 경우에는 뒤판을 더 크게 분할한다.

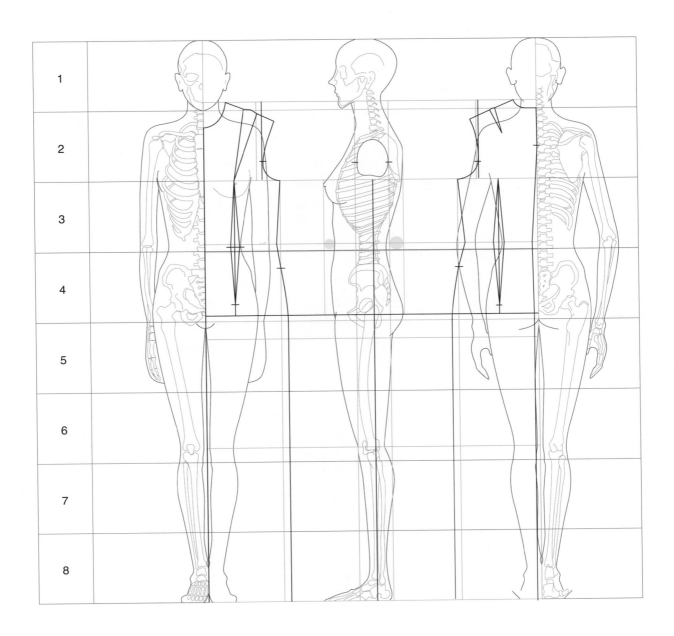

뒤판 제도

– 뒤목너비

(가슴둘레 ÷ 10) + 3.1

뒤목너비는 가슴둘레 사이즈를 기준으로 여러 가지 계산 치수를 적용하거나, 고정 치수를 주어 제도할 수 있지만 분할 패턴에서는 그레이딩까지 고려해서 (가슴둘레 ÷ 10) 의 방식을 사용하였다. 우리는 표준체형 기준 치수로 제도하였으나 더 큰 사이즈로 제도할 경우 목너비 치수도 비례해서 커져야 하기 때문이다.

– 뒤어깨 가이드선 제도

뒤어깨의 경사 기울기.

옆목점에서 12cm 나가고 3.7cm 내린 점.

어깨의 기울기는 어깨 경사각을 찾아 제도해주는 것이 합리적일 수 있으나, 제도 시 더 효율적으로 제도할 수 있도록 각도를 치수화 했다고 이해하면 된다. 이 어깨의 경사각은 패드가 없거나 6mm 이하의 얇은 패드를 넣어 주어도 되는 정도의 어깨 경사각이다. 패턴의 어깨 경사가 인체의 어깨 경사각보다 크면 어깨가 눌리며 옆목이 들뜨게 되고 반대인 경우엔 어깨의 남는 양이 암홀에 남아서 고이게 된다.

– 견갑골 다트

견갑골은 B.P점처럼 정확하게 어디라고 위치를 특정할 수는 없지만, 견갑골 다트 분산 처리 측면에서 보면 가슴 다트 처리와 크게 다르지 않다.

B.P점 가슴둘레 수평선을 기준으로 다트를 잡아 주는 것처럼 견갑골 다트 역시 견갑골 수평선을 기준으로 견갑골 다트를 잡고 처리해 주면 된다.

– 뒤암홀

뒤품점

뒤품점은 좀 더 정확히 표현하면 품 아래 점이라 할 수 있다. 품점은 소매를 제도하는 기준선이 되며 또한, 소매 회전의 기준점이 되는 중요한 지점이다.

진동선에서 (진동(A~B)선 ÷ 4.2)만큼 올라간 점.

– 뒤중심 다트

뒤중심선이 곬이 아니고 절개선일 경우 다트를 처리해 주는 것이 좋다. 이때 다트 위의 끝점은 진동선의 1/2까지 제도해준다. 그러나 체형에 따라 이 끝점은 변하게 된다. 반신일 경우 다트를 더 위로 잡아야 하고 굴신일 경우엔 다트는 1/2 보다 더 아래로 잡아야 한다. 좀 더 디테일하게 들어가면 뒤 허리선 다트도 변해야 한다.

앞판 제도

– 앞옆목점은 뒤옆목점 높이와 같다.

이 원형은 20~30 여성 표준체형을 기준으로 한 원형이여서 앞판의 옆목점과 뒤판의 옆목점이 일치하지만 굴신형의 체형은 앞판의 옆목점이 뒤판의 옆목점 보다 더 아래로 제도되고, 반대로 반신형 체형의 경우 앞판의 옆목점이 더 위로 올라가서 제도된다. 참고로 유럽 체형의 원형 패턴의 경우 0.5~1cm 가량 앞판의 옆목이 더 위로 가도록 제도하고, 미국 등 가슴이 크고 반신체형인 경우의 패턴은 앞판의 옆목점을 뒤판의 옆목선보다 2.5cm 정도 높게 제도해주는 경우도 있다. 여기서 간과해서 안 되는 것은 체형에 따라 패턴의 옆목점이 변한다는 것이다.

– 앞목너비

앞판과 뒤판의 목너비 밸런스는 패턴의 구성에 있어서 대단히 중요한 요소이다. 우리나라의 20대 여성의 평균 앞·뒤목너비 차이는 0.3cm ~ 0.6cm이다. 앞목너비가 뒤목너비보다 더 좁다. 그러나 체형에 따라 목너비는 변한다. 굴신일 경우엔 뒤목너비는 더 넓어지고 앞목너비는 더 좁아진다. 반면 반신인 경우 반대로 앞목너비는 넓어지고 뒤목너비가 좁아져 앞·뒤목너비가 같거나 앞목너비가 오히려 더 넓다.

– 앞어깨 가이드선 제도

원형 상태에서는 앞판과 뒤판의 경사 기울기를 같게 제도하지만, 디자인 전개 과정에서는 디자인을 고려하여 선의 이동을 활용해서 앞·뒤판 기울기를 다르게 제도한다. 보통은 어깨끝점을 앞쪽으로 약간 옮겨주지만 뒤 견갑골 다트 처리를 용이하도록 뒤로 옮겨서 처리하기도 한다.

– 가슴 다트 제도

우리나라 20대 여성의 가슴의 크기는 평균 반지름 7cm의 크기이다. 실제 가슴이 원은 아니지만 젖가슴 다트를 M.P시키거나 그 양을 분산시킬 때, 원으로 이해하면 효율적이다. 가슴 다트량은 반지름 7cm에서 다트량 1.5cm 제도하여 처리한다. 가슴 다트량의 크기는 젖가슴둘레 치수에서 가슴둘레 치수를 뺀 양이다. 우리보다 가슴이 발달한 유럽 체형의 경우 가슴의 반지름도 더 크게 하고 다트량도 더 크게 제도한다. 꼭 유럽 체형이 아니더라도 가슴의 크기에 따라 가슴의 반지름과 다트량은 체형에 맞춰 제도해주면 된다. 패턴의 원리를 이해하게 되면 맞춤을 하거나, 필요에 따라 가슴의 크기와 다트량을 다르게 적용하여 제도할 수 있다.

– 앞 허리선 앞내림

가슴둘레 수평선, 허리둘레 수평선, 엉덩이둘레 수평선 등의 수평선들은 항상 수평을 이뤄야하는데, 패턴의 제도 상태에서 수평을 이뤄도, 옷을 만들어 착용하게 되면 체형이나 소재, 여유량 등에 따라 수평이 무너지게 된다. 이런 것을 감안하여 제도 시 옷을 착용했을 때도 수평이 무너지지 않도록 미리 보정하여 제도하는 것이 필요하다. 특히 여유량이 많은 박시 스타일의 경우엔 수평선이 무너질 수밖에 없다는 것을 이해해야 한다. 허리선 다트의 경우, 앞 허리선 다트를 잡게 되면 가슴의 돌출 때문에 허리선이 위로 올라가게 된다. 따라서 허리선 다트가 있는 디자인의 경우 앞 허리선의 앞내림 분량이 필요하다. 박시한 스타일의 경우에도 허리선 다트를 잡거나 허리선에 고무줄이나 스트링 끈을 넣어서 처리 할 때는 반드시 앞내림 분량이 필요하다. 앞내림 분량은 다트량이나 가슴의 크기에 따라 달라지지만 약 1cm가량 처리해 주면 된다.

허리선 다트의 이해

가슴둘레선 수평선 아래는 실루엣 라인이다. 따라서 허리선 다트는 디자인에 따라 잡아도 되고 잡지 않아도 문제가 되지 않는다. 그런데 아래 그림에서 보는 것처럼 가슴둘레 수평선 아래의 앞허리 공간과 뒤 허리 공간의 크기가 다르다. 그러므로 앞 허리선의 다트량과 뒤 허리선 다트량이 달라야 한다. 다트량을 기준으로 보면 앞 허리선 다트는 가슴 밑 다트와 옆 솔기선 다트 2개로 처리가 가능하지만 뒤허리선 다트의 경우 뒤중심 다트, 옆 솔기선 다트, 중앙 다트 1개나 2개총 3개~4개 다트로 구성된다. 젖가슴둘레 기준으로 앞·뒤 옆 솔기선 분할을 하면 옆 솔기선 기준으로 앞허리 사이즈가 뒤허리 사이즈보다 2.5cm~3.5cm가 더 커야 젖가슴 둘레 수평선을 기준으로 옆 솔기선이 수직을 이루게 된다. 다트의 구성으로 보면 뒤허리 다트량이 앞허리 다트량보다 2.5cm~3.5cm가량 커야 한다는 뜻이다

– 뒤 허리선 다트 3개인 경우

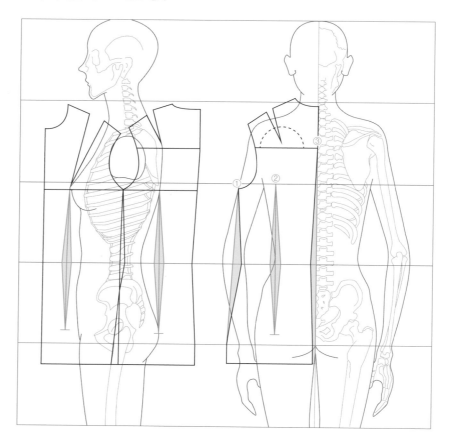

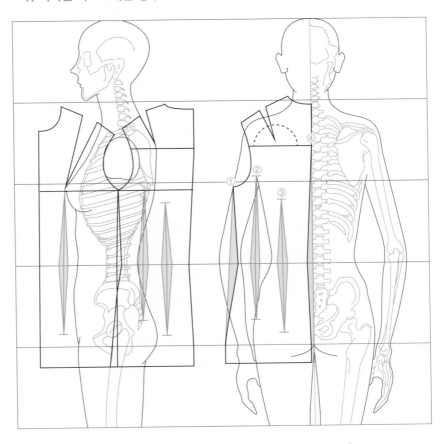

뒤 허리선 다트량은 솔기선과 뒤 중심선 다트 외에 허리선에서 3.5cm 1개의 다트로
처리했다. 몸에 붙는 스타일의 경우 다트를 4~4.5cm가량 잡아 주는 것이 좋지만 한
개의 다트로 처리하기에는 무리가 있는 분량이기에 3.5cm 다트 한 개로만 제작하였
다. 필요에 따라서는 2개의 다트로 분할하여 처리해주는 것도 좋은 방법이다.

이때 체형적으로 허리선 위쪽과 아래쪽의 다트의 양과 길이가 다르다는 것을 이해하
는 것이 필요하다. 허리선 위 다트는 견갑골 아래 솔기선 쪽 다트가 더 크고 허리선
아래는 엉덩이가 돌출된 중심 쪽 다트가 더 크다. 두 개의 다트로 구성할 시 이러한
다트의 언밸런스를 고려해 제도해야 한다.

상의류 분류 및 원형 분류

상의류란? 의복 구성의 관점으로 분류했을 때, 인체의 몸통을 감싸는 옷을 의미한다.

	분류 기준	형태에 따른 아이템
상의류	인체의 몸통을 감싸는 옷으로 신장과 가슴둘레, 허리둘레, 엉덩이둘레를 기준으로 제도한다.	재킷, 블라우스, 베스트(조끼), 점퍼 등

일반적으로 형태에 따라 아이템을 분류하지만, 패턴을 제도하는 데 있어서 아이템의 분류는 큰 의미를 두지 않아도 된다. 상의류의 원형은 재킷이든 블라우스든 다를 게 없고, 인체와 옷 사이의 공간을 얼마의 양으로 어떻게 처리해야 하는지가 중요하다.

상의류 분류

- 재킷

허리 및 엉덩이길이까지 앞이 트인 상의의 총칭을 재킷(Jacket)이라고 한다. 디자인 베리에이션이 풍부하고 남·녀 상관없이 착용할 수 있는 아이템이다.

재킷의 종류에는 테일러드 재킷, 싱글브레스트, 더블브레스트, 블레이저, 인버네스 재킷, 가디건 재킷, 케이플릿 재킷, 사파리 재킷, 스펜서 재킷, 노퍽 재킷, 배틀 재킷, 퍼플럼 재킷, 벨티드 재킷, 라이딩 재킷 등이 있다.

- 블라우스

여성이나 아동이 상반신에 착용하는 셔츠 형태의 여유있는 상의류 아이템이다. 착용 방법으로는 팬츠나 스커트 위로 꺼내서 입는 유형의 오버 블라우스와 반대로 하의류 안에 넣어서 입는 유형인 턱인(Tuck-in)블라우스 또는 언더 블라우스 스타일이 있다. 또한 디자인, 소재, 착용 목적에 따라 다양하다.

블라우스의 종류에는 오버 블라우스, 턱인 블라우스, 셔츠 블라우스, 미디 블라우스, 블루종 풍 블라우스, 웨스턴 셔츠, 타이-프론트 블라우스(셔츠), 미드리프 톱, 캐미솔 톱 등이 있다.

- 베스트

민소매의 동의어를 뜻하며, 셔츠나 블라우스 위에 또는 재킷 안에 착용한다. 남성용 쓰리피스 신사복 정장 조끼가 그 대표적인 형태라고 할 수 있다.

베스트의 종류는 웨이스트 베스트, 롱 베스트, 아미 베스트, 피싱 베스트, 다운 베스트 등이 있다.

- 점퍼

재킷이나 짧은 코트를 뜻하던 점프(Jump)에서 유래된 것이다. 작업복, 놀이복, 스포츠복 등 여러 가지 용도로 널리 애용되었다.

점퍼의 종류에는 스타디움 점퍼, 스윙톱 점퍼, 파카 점퍼, 패딩 점퍼 등이 있다.

상의류 원형

원형은 디자인을 패턴으로 구현하기 위해 가장 근본이 되는 골격과도 같은 것이다.

상의류 원형은 크게 몸통원형, 소매원형, 칼라원형으로 구분하여 정리할 수 있다.

- 몸통원형

몸통원형은 재킷, 점퍼, 블라우스 등 아이템에 따른 각각의 원형이 있는 것이 아니라, 디자인에 따라 옷의 여유량을 파악하여 상의류 기본 원형에 여유량을 주어 제도하면 된다. 몸통원형은 일반적으로 가슴다트 원형과 무다트 원형으로 구분해서 사용한다. 그렇다고 다트 원형과 무다트 원형이 근본적으로 다른 것은 아니다. 무다트 원형은 다트 원형에서 다트를 분산하여 암홀이나 앞목 쪽에 숨겨 놓은 원형이다. 따라서 디자인을 구현하기에 다트 원형이 용이한지 무다트 원형이 용이한지 선택해서 몸통원형을 제도하면 된다.

- 소매원형

소매원형은 한 장 소매와 팔의 겉쪽과 안쪽으로 나뉘는 두 장 소매원형으로 분류할 수 있다. 물론 소매산 높낮이에 따라 셔츠형 소매나, 다이마루 소매 등으로 구분할 수 있지만, 크게 보면 이런 유형의 소매는 한 장 소매에 속한다. 한 장 소매원형을 활용하여 래글런 소매나 돌면 소매 등을 제도할 수 있다. 소매원형을 제도할 때 반드시 몸통의 원형을 활용하는 것이 바람직하다.

- 칼라원형

보통 칼라에는 원형의 개념을 적용하지 않고 디자인에 따라 저마다 다양한 방식으로 제도한다. 그러나 저자는 칼라의 원형을 제도하기 용이하도록 칼라의 유형에 따라 스탠딩 칼라 유형, 플랫 칼라 유형, 롤 칼라 유형 등 총 8개의 유형으로 구분하여 원형을 정립하였다.

02

상의류 원형 패턴

몸통(toroso) 원형 패턴 1 (3cm 여유량)

몸통원형은 먼저 디자인을 해석한 다음 옷을 착용하는 대상의 신체 치수를 적용하고 여유량을 결정하여 제도한다. 여유량은 기본적으로 소재의 특성 및 실루엣에 따라 원하는 양만큼 주어 제도하면 된다. 이때 앞판의 중심 여밈을 어디까지 채우는지에 따라서도 여유량에 영향을 끼친다. 예를 들면, 앞 여밈을 목까지 채우는 유형은 허리선 가까이 여미는 유형(기본 테일러드 칼라유형)보다 좀 더 여유량을 주어 원형을 제도해야 한다. 즉, 디자인 실루엣 및 앞 여밈 유형 등, 다양한 디자인 요소가 여유량에 영향을 주기 때문에 이에 따른 이해가 필요하다.

재킷, 블라우스 등 베이직한 옷의 기본 원형 여유량은 일반적으로 3~4cm를 주어 제도한다. 3cm가량의 여유량인 경우, 옷의 공극량은 약 1cm가량 생긴다.

공극량이란? 앞서 설명했듯 옷을 착용했을 시, 인체와 옷 사이에 생기는 빈 공간이다. 즉, 3cm여유량으로 원형 제도 시, 인체와 옷 사이에 1cm가량의 공간이 여유량으로 있다는 것을 의미한다.

따라서 디자인에 따라 얼마만큼의 공극량이 필요한지 파악하여 신체 치수에 여유량을 고려하여 제도해야 된다.

단위 : cm

신장	가슴둘레	젖가슴둘레	어깨	허리둘레	엉덩이둘레	여유량
160	41	42.5	37	33.5	45.5	3

기초라인 제도

길이 분할

A 뒤목점 위치

A를 기준으로 길이 분할을 시작한다.

A~B 진동길이✚

(신장 1/16) + (가슴둘레 ÷ 4.1) + 여유량 (여유량의 2/5+0.1) = 21.3cm

A~C 등길이

(신장 1/8) × 2 - 2cm =38cm

A~D 엉덩이길이

(신장 1/8) × 3 - 1cm =59cm

✚진동깊이의 여유량은 등품의 여유량보다 같거나 조금 크게 제도해준다.

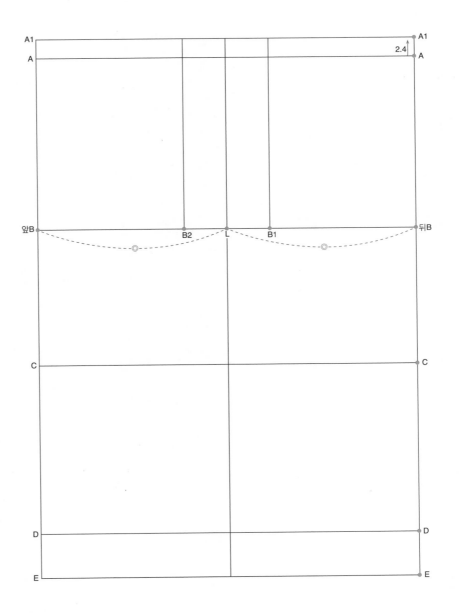

A~E 몸통길이

(신장 1/8) × 3.2 + 0.5cm = 64.5cm

A~A1 옆목점길이

(가슴둘레 ÷ 20) + 0.3 = 2.4cm

둘레 분할

뒤B~앞B 전체둘레

젖가슴둘레 + 여유량 = 45.5cm

뒤B~B1 뒤품

(가슴둘레 × 2/5) + (여유량 2/5) = 17.6cm

앞B~B2 앞품

(가슴둘레 × 2/5 - 1.5) + 1.5(가슴다트량) + (여유량 2/5) = 17.6cm

L 솔기선 분할

(앞B~뒤B)수평선의 이등분 선.

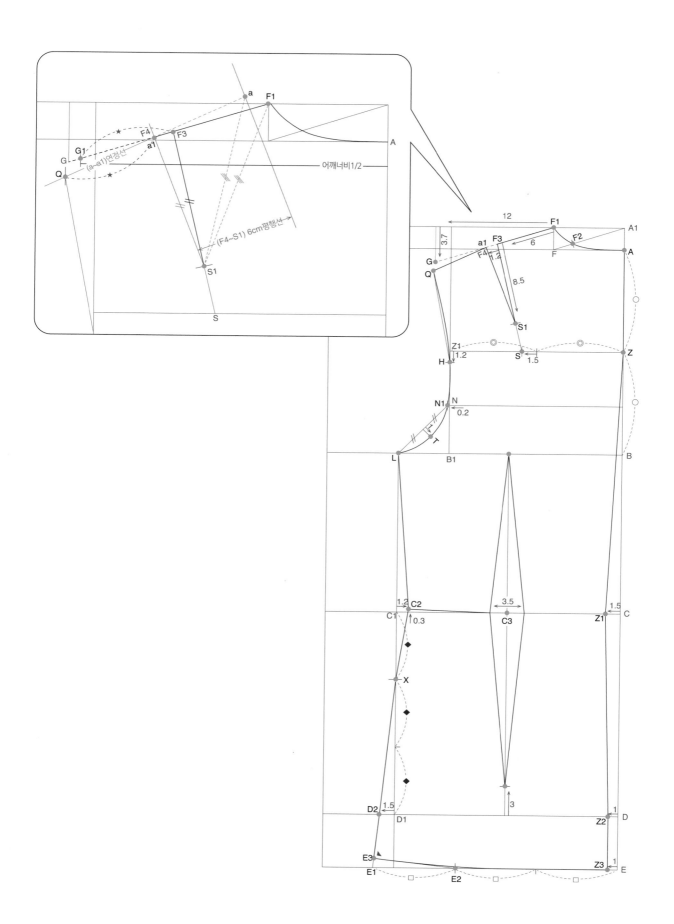

뒤판 제도

F 뒤목너비

A에서 (가슴둘레 ÷ 10) + 3.1 = 7.2cm 나간 점.

F2 뒤 목둘레선 가이드 점

(F~A1)선상의 F점에서 (가슴둘레 ÷ 20 = 2cm)만큼 나간 점.

F1~F2~A 뒤목 완성선

각 점을 자연스러운 곡선으로 연결하여 뒤 목둘레선을 제도한다.

뒤어깨 가이드선 제도

G 뒤어깨의 경사 기울기

F1에서 12cm 나가고 3.7cm 내린 점.

G~F1 뒤어깨 가이드선

F1에서 G를 연결한다.

G1 어깨너비✚

뒤중심(A) 선상에서 (어깨너비 1/2) 나간 선과 G~F1(뒤어깨 가이드선)가 교차하는 점.

✚ 어깨 사이즈가 주어지지 않을 땐, 어깨선을 따라 뒤품선보다 1~1.5cm가량 크게 제도해주면 된다.

견갑골 다트

F3 (F1~G)선의 F1점에서 6cm나간 점.

Z (A~B)선의 이등분 선

S (Z~Z1)선의 이등분 점에서 1.5cm 나간 점.

S1 견갑골 다트 끝

(F3~S)을 연결한 선에서 F3에서 견갑골 다트 길이 8.5cm 나간 점.

F4 F3에서 1.2cm 나간 점.

F3~S1~F4 견갑골 다트 가이드선

뒤어깨 완성선

견갑골 다트 (F4~S1)선을 기점으로 옆목점 쪽으로 6cm 평행선을 제도한다.

a S1점을 기준으로 (S1~F1)선과 같은 길이와 6cm 평행선상과 교차하는 점.

a1 (S1~F4)선상에서 (S1~F3)길이와 같은 길이인 점.

뒤어깨 가이드선 a에서 a1점을 지나는 연장선을 제도한다.

Q 어깨너비 제도 완성

(a~a1)연장선의 a1점에서 (F3~G1)길이와 같은 길이인 점.

F1~F3~S1~a1~Q 뒤어깨 완성선

뒤암홀

N 뒤품점

B1에서 (진동길이선(A~B) ÷ 4.2) = 5cm만큼 올린 점.

N1 N에서 0.2cm 나간 점.

T (N1~ L)선의 이등분 점에서 1cm 들어간 점.

H Z1점에서 1.2cm 내려온 점.

Q~H~N1~T~L 뒤암홀 완성선

각 점을 자연스러운 곡선으로 연결하여 뒤판 암홀선을 완성한다.

뒤중심 다트

Z1 C에서 1.5cm 들어간 점.

Z2 D에서 1cm 들어간 점.

Z3 E에서 1cm 들어간 점.

A~Z~Z1~Z2~Z3 뒤중심선✚

✚몸에 맞는 실루엣이 되도록 다트를 넣어도 되고, 다트 없이 곧은선으로 제도할 수도 있다.

뒤 솔기 완성선

C2 허리 솔기선

C1에서 1.2cm 들어간 뒤, 0.3cm▲ 올라간 점.

X 골반 위치★

(C1~D1)선 길이의 1/3.

D2 엉덩이 솔기선

D1에서 1.5cm 밖으로 나간 점.

E1 (C2~X~D2)연장선이 몸통길이선(E)과 교차 하는 점.

E2 (E~E1)선의 1/3점.

E3 (X~E1)선과 직각으로 교차 하는 점.

L~C2~X~D2~E3 바깥 솔기 완성선

Z3~E2~E3 뒤 밑단 완성선

(Z3~E2)은 직선으로 유지하면서 (E3)점까지 자연스러운 곡선으로 연결하여 제도한다.

▲ 여유량에 의해 처지는 부분을 보정하기 위함

★ 골반위치는 중간 엉덩이둘레의 사이즈를 작아지지 않게 보완해주는 위치이다.

뒤 몸판다트

C3 뒤 몸판다트 중심선

뒤 몸판 허리다트. (C2~Z1)선의 이등분 점을 C3라 하고, C3점을 기점으로 허리선과 수직선을 제도한다.

뒤다트 시작점 C3의 수직선과 가슴둘레(B)선까지 교차한 점.

뒤다트 끝점 C3의 수직선과 엉덩이(D)선까지 교차한 점에서 3cm 올라간 점.

뒤 다트량 C3점을 중심으로 3.5cm의 다트를 제도한다.

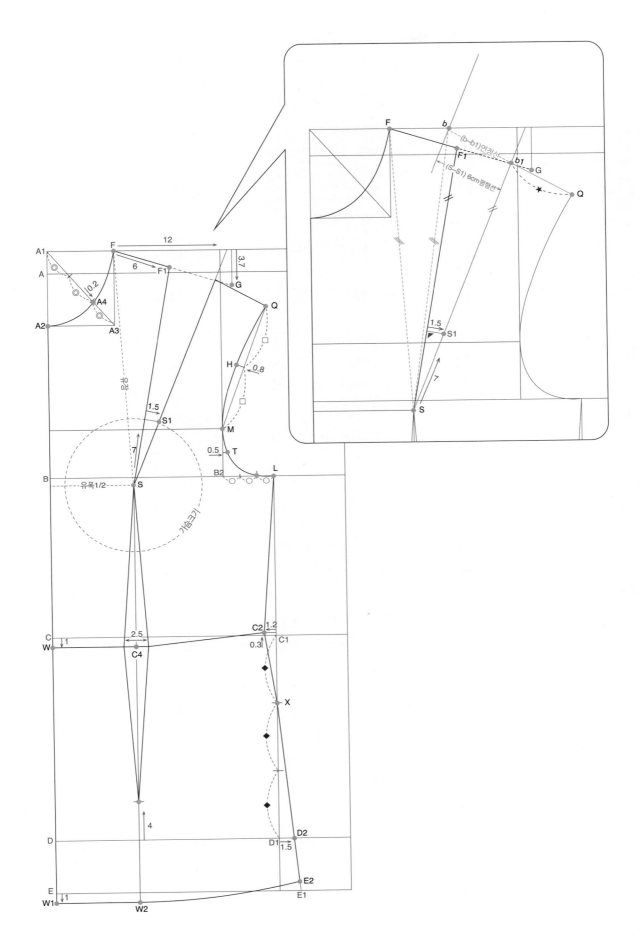

앞판 제도

A1 앞판 패턴의 시작점이고, 가로 수평선은 앞옆목점 높이이다. 우리나라 표준체형의 경우 뒷판의 옆목점과 같은 선상에 위치한다.

A1~F 앞목너비

뒤목너비(A~F) - 0.4cm

우리나라의 평균 앞·뒤목너비 차이는 0.3cm ~ 0.5cm가량이다.

A2 앞목깊이

뒤목너비(A~F) + 0.5cm

A4 앞목 가이드 점

(A1~A3)선의 1/3 점에서 0.2cm 내려간 점.

F~A4~A2 앞목 완성선

각 점을 자연스러운 곡선으로 연결하여 앞목둘레선을 제도한다.

앞어깨 가이드 선 제도

G 앞어깨의 경사 기울기

F에서 12cm 나가고 3.7cm 내린다.

F~G F에서 G점을 연결한다.

B.P 다트 제도

S B.P점

B선에서 유폭÷2(8.5cm)의 앞중심 수직 평행선과 F점 기점으로 유장(24.5cm)이 교차 하는 점.

F1 F에서 (F~G)선을 따라 6cm 나간 점.

S~F1 B.P점과 어깨 다트선 연결

S1 (S~F1)선에서 7cm 올라가고 가슴다트(1.5cm)만큼 직각으로 나간 점.✚

F1~S~S1~연장선 가슴 다트 가이드선

F1~S를 제도한 뒤, S를 기점으로 S1점을 지나는 연장선을 제도한다.

✚7cm는 젖가슴의 반지름 치수이다. 실제 젖가슴이 원은 아니지만 젖가슴다트를 M.P시키거나 그 양을 분산시킬 때, 원으로 이해하면 효율적이다.

앞어깨 완성선

가슴 다트 S~S1연장선을 기준으로 옆목쪽으로 6cm 평행선을 제도한다.

b S점을 기준으로 (S~F)선의 같은 길이가 6cm 평행선상에서 교차하는 점.

b1 (S~S1)연장선에서 (S~F1)길이와 같은 길이인 점.

앞어깨 길이 가이드선 b에서 b1점을 지나는 연장선을 제도한다.

Q 앞어깨 길이

(b~b1)연장선에서 뒤(a1~뒤Q)와 같은 길이인 점.

F~F1~S~b1~Q 앞어깨 완성선.

앞앞홀

M 앞품점

　앞B2에서 (진동길이선(A~B) ÷ 4.2 = 5cm)만큼 올린 점.✚

T (B2~M)선의 이등분 점에서 0.5cm 나간 점.

H (Q~M)선의 이등분 점에서 직각으로 0.8cm가량 들어온 점.

Q~H~M~T~L 앞 앞홀 완성선

　각 점을 자연스러운 곡선으로 연결하여 앞판 암홀을 완성한다.

앞 내림분

W 앞 허리선(C)에서 0.8~1cm 가량 내린 점.

W1 E에서 0.8 ~ 1cm 정도 내린다.

앞 솔기 완성선

C2 허리 솔기선

　C1에서 1.2cm들어간 뒤, 0.3cm 올라간 점.✚

X 골반 위치

　(C1~D1)선 길이의 1/3

D2 엉덩이 솔기선

　D1에서 1.5cm 밖으로 나간 점.

E1 (C2~X~D2)연장선이 몸통길이선(E)선과 교차하는 점.

E2 (X~E1)선에서 뒤판의(X~E3)선 길이와 같은 길이인 점.

L~C2~X~D2~E2 앞 바깥 솔기선

앞 밑단 완성선

W2 S(B.P)점에서 수직으로 W1선과 교차하는 점.

W1~W2~E2 앞 밑단 완성선

　(W~W1)은 직선으로 연결한 뒤, (E2)점까지 자연스러운 곡선으로 연결하여 제도한다.

앞 몸판다트

C4 앞 몸판다트 중심선

　S(B.P)점에서 수직으로 허리선 앞 내림분(W)선과 교차하는 선.

앞다트 시작점 S(B.P)점

앞다트 끝점 C4점의 수직선과 엉덩이(D)선까지 교차한 점에서 4cm 올린 점,

앞 다트량 C4점을 중심으로 2.5cm의 다트를 제도한다.

민소매 몸통(torso) 원형 2 (1.5cm 여유량)

민소매의 경우 실루엣에 따라 적절한 여유량을 주어 제도하면 되지만 타이트한 실루엣의 경우 특히 소재의 특성을 고려해서 제도해야 한다. 예를 들어 스트레치(Stretch) 소재의 경우엔 여유량을 주지 않거나 마이너스 여유량를 반영해서 제도해 줄 수 있다. 마이너스 여유량의 경우도 플러스 여유량과 반대 개념으로 적용하여 처리해 주면 된다. 또 민소매 유형은 여유량을 해석하는 데 있어서 소매의 존재 여부가 중요하게 적용된다. 민소매 유형은 여유량에 제한이 따로 없지만, 소매가 있는 유형에서는 최소 여유량이 있어야 착용하는데 문제가 생기지 않는다. 또한 제시한 원형에서 1.5cm 여유량을 주어 제도해도 패턴 완성 후엔 다트 위치, 다트 양에 따라 1.5cm 여유량보다 크거나 작아질 수 있다. 따라서 이 부분도 고려하며 여유량을 주어야 한다. 특히 허리선 아래쪽으로는 몸에 딱 맞는 스커트 구조와 비슷하므로 허리선에서 엉덩이선까지의 다트 구성을 타이트 스커트 처럼 처리해 주어야 한다.

단위 : cm

신장	가슴둘레	젖가슴둘레	허리둘레	엉덩이둘레	어깨사이길이	여유량
160	41	42.5	33.5	45.5	35	1.5

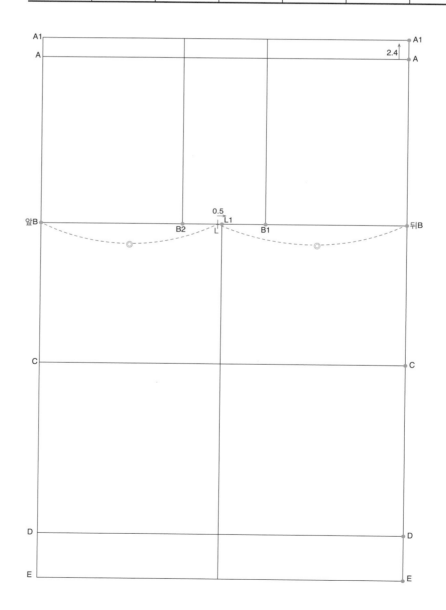

기초라인 제도

길이 분할

A 뒤목점 A를 기준으로 길이 분할을 시작한다.

A~B 진동길이✚

(신장 1/16) + (가슴둘레 ÷ 4.1) = 20cm

A~C 등길이

(신장 1/8) × 2 - 2cm =38cm

A~D 엉덩이길이

(신장 1/8) × 3 - 1cm =59cm

A~E 몸통길이

(신장 1/8) × 3.2 + 0.5cm = 64.5cm

A~A1 옆목점길이

(가슴둘레 ÷ 20) + 0.3 = 2.4cm

둘레 분할

뒤B~앞B 전체둘레(뒤중심선과 평행한 앞 중심선)

젖가슴둘레 + 여유량 = 44cm

뒤B~B1 뒤품

(가슴둘레 × 2/5) + (여유량 2/5) = 17cm

앞B~B2 앞품

(가슴둘레 × 2/5 -1.5) + 1.5(가슴다트량) + (여유량 2/5) = 17cm

L 솔기선 분할

(앞B~뒤B)수평선의 이등분 선.

L1 솔기선 분할

L점에서 뒤쪽으로 0.5cm 나간 점.

✚일반적인 진동길이의 여유량은 등품의 여유량보다 같거나 조금 크게 제도해주지만, 민소매 유형이므로 여유량은 주지 않는다.

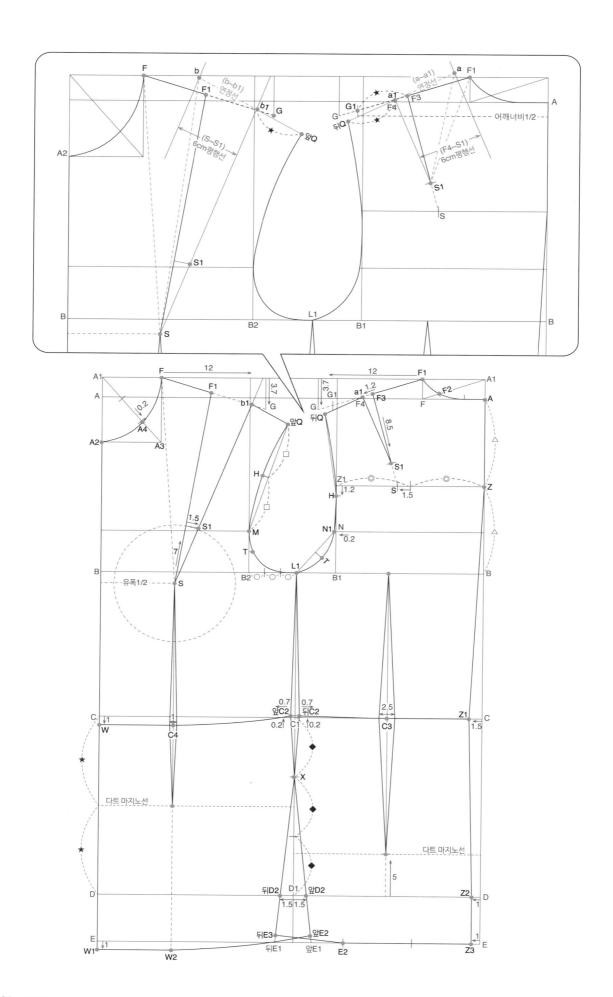

뒤판 제도

F1 뒤목너비

　　A1에서 (가슴둘레 ÷ 10) + 3.1 = 7.2cm 나간 점.

F2 뒤 목둘레선 가이드 점.

　　(F~A1)선상의 F점에서 (가슴둘레 ÷ 20 = 2cm)만큼 나간 점.

F1~F2~A 뒤목 완성선

　　각 점을 자연스러운 곡선으로 연결하여 뒤 목둘레선을 제도한다.

뒤어깨 가이드선 제도

G 뒤어깨의 경사 기울기

　　F1에서 12cm 나가고 3.7cm 내린 점.

G~F1 뒤어깨 가이드선

　　F1에서 G를 연결한다.

G1 어깨너비

　　뒤중심(A) 선상에서 (어깨너비 1/2) 나간 선과 뒤어깨 가이드선(G~F1)이 교차 하는 점.

견갑골 다트

F3 F1연장선에서 6cm나간 점.

Z (A~B)선의 이등분 선

S (Z~Z1)선의 이등분 점에서 1.5cm 나간 점.

S1 견갑골 다트 끝

　　(F3~S)을 연결한 선에서 F3에서 견갑골 다트 길이 8.5cm 나간 점.

F4 F3에서 1.2cm 나간 점.

F3~S1~F4 견갑골 다트 가이드선

뒤어깨 완성선

견갑골 다트 M.P (F4~S1)선을 기점으로 6cm 평행선을 제도한다.

a S1점을 기준으로 (S1~F1)선과 같은 길이와 6cm 평행선상과 교차하는 점.

a1 (S1~F4)선상에서 (S1~F3)길이와 같은 길이인 점.

뒤어깨 가이드선 a에서 a1점을 지나는 연장선을 제도한다.

Q 어깨너비 제도 완성

　　(a1)연장선에서 (F3~G1)길이와 같은 길이인 점.

F1~F3~S1~a1~Q 뒤어깨 완성선

뒤암홀

N 뒤품점

B에서 평행하게 (진동길이선(A~B) ÷ 4.2 = 4.9cm)만큼 올려준 선.

N1 N에서 0.2cm 나간 점.

T (N1~ L)선의 이등분 점에서 1cm 들어간 점.

H Z1점에서 1.2cm 내려온 점.

Q~H~N1~T~L1 뒤암홀 완성선

각 점을 자연스러운 곡선으로 연결하여 뒤판 암홀을 완성한다.

뒤중심 다트

Z1 C에서 1.5cm 들어간 점.

Z2 D에서 1cm 들어간 점.

Z3 E에서 1cm 들어간 점.

A~Z~Z1~Z2~Z3 뒤중심선✚

✚ 몸에 맞는 실루엣이 되도록 다트를 넣어도 되고, 다트 없이 곧은 선으로 제도할 수도 있다.

뒤 솔기완성선

C2 허리 솔기선

C에서 0.7cm 들어간 뒤, 0.2cm▲ 올라간 점.

X 골반 위치★

(C1~D1)선 길이의 1/3.

D2 엉덩이 솔기선

D1에서 1.5cm 밖으로 나간 점.

E1 (C2~X~D2)연장선이 몸통길이선 (E)선과 교차 하는 점.

E2 (E~E1)선의 1/3점.

E3 (X~E1)선과 직각으로 교차 하는 점.

L1~C2~X~D2~E3 바깥 솔기 완성선

Z3~E2~E3 뒤 밑단 완성선

(Z3~E2)은 직선으로 유지하면서 (E3)점까지 자연스러운 곡선으로 연결하여 제도한다.

▲ 여유량에 따른 처지는 부분 보정 값.

★ 골반위치는 중간 엉덩이둘레의 사이즈를 작아지지 않게 보완해주는 위치이다.

뒤 몸판다트

C3 뒤 몸판다트 중심선

뒤 몸판 허리 다트. (C2~Z1)선의 이등분 점을 C3라 하고, C3점을 기점으로 허리선과 수직선을 제도한다.

뒤다트 시작점 C3의 수직선과 가슴둘레(B)선까지 교차한 점.

뒤다트 끝점 C3의 수직선과 엉덩이(D)선까지 교차한 점에서 5cm 보다 약간 올라간 점.✚

뒤 다트량 C3점을 중심으로 2.5cm의 다트를 제도한다.

✚ 엉덩이 부분이 몸에 딱 맞는 원형이므로 하의류 뒷판 다트처럼 다트 마지노선을 넘지 않도록 제도한다.

앞판 제도

A1 앞판 패턴의 시작점이고 가로 수평선은 앞옆목점 높이이다. 우리나라 표준 체형의 경우 뒷판의 옆목점과 같은 선상에 위치한다.

A1~F 앞목너비

뒤목너비(A1~F1) - 0.4cm✚

A2 앞목깊이

뒤목너비(A1~F1) + 0.5cm

A4 앞목 가이드 점.

(A1~A3)선의 1/3 점에서 0.2cm 내려간 점.

F~A4~A2 앞목 완성선

각 점을 자연스러운 곡선으로 연결하여 앞목둘레선을 제도한다.

앞어깨 가이드 선 제도

G 앞어깨의 경사 기울기

F에서 12cm 나가고 3.7cm 내린다.

F~G F에서 G점을 연결한다.

B.P 다트 제도

F1 F에서 (F~G)선을 따라 6cm 나간 점.

S B.P점

B선에서 유폭너비(8.5cm)의 수직 평행선과 F점 기점으로 유장길이(24.5cm)가 교차 하는 점.

S~F1 B.P점과 어깨 다트선 연결

S1 (S~F1)선에서 7cm 올라가고 가슴다트(1.5cm)만큼 직각으로 나간 점.✚

F1~S~S1~연장선 가슴다트 가이드선

(F1~S)을 제도한 뒤, S를 기점으로 S1점을 지나는 연장선을 제도한다.

앞어깨 완성선

가슴 다트 (S~S1)연장선을 기준으로 6cm 평행선을 제도한다.

b S점을 기준으로 (S~F)선과 같은 길이와 6cm 평행선상에서 교차하는 점.

b1 S~S1연장선에서 (S~F1)길이와 같은 길이인 점.

앞어깨 길이 가이드선 b에서 b1점을 지나는 연장선을 제도한다.

Q 앞어깨 길이

(b~b1)연장선에서 뒤(a1~뒤Q)와 같은 길이인 점.

F~F1~S~b1~Q 앞어깨 완성선

✚ 우리나라의 평균 앞·뒤목너비 차이는 0.3cm~0.6cm가량이다.

✚ 7cm는 젖가슴 반지름 치수이며, 실제 젖가슴이 원은 아니지만 젖가슴다트를 M.P시킬 때 그 양을 분산시킬 때, 원으로 이해하면 효율적이다.

앞앞홀

M 앞품점

앞B1에서 (진동길이선(A~B) ÷ 4.2 = 4.9cm)만큼 올린 점.✚

✚뒤품점(N)과 동일한 위치.

T B2에서 (B2~M)선의 이등분 점에서 0.5cm 나간 점.

H (Q~M)선의 이등분 점에서 직각으로 0.8cm가량 들어온 점.

Q~H~M~T~L1 앞앞홀 완성선

각 점을 자연스러운 곡선으로 연결하여 앞판 암홀을 완성한다.

앞 내림분

W 앞 허리선(C)에서 0.8 ~ 1cm 가량 내린 점.

W1 E에서 0.8 ~ 1cm 정도 내린다.

앞 솔기 완성선

C2 허리 솔기선

C1에서 0.7cm들어간 뒤, 0.2cm 올라간 점.✚

✚여유량에 따른 처지는 부분 보정 값

X 골반 위치

(C1~D1)선 길이의 1/3

D2 엉덩이 솔기선

D1에서 1.5cm 밖으로 나간 점.

E1 (C2~X~D2)연장선을 몸통길이선(E)선과 교차하는 점.

E2 (X~E1)선에서 뒤판의 (X~E3)선 길이와 같은 길이인 점.

L~C2~X~D2~E2 앞 바깥 솔기선

앞 밑단 완성선

W2 S(B.P)점에서 수직으로 내려 밑단(Z)선까지 교차하는 점.

W1~W2~E2 앞 밑단 완성선

(W1~W2)은 직선으로 연결한 뒤, (E2)점까지 자연스러운 곡선으로 연결하여 제도한다.

앞 몸판다트

C4 앞 몸판다트 중심선

S(B.P)점에서 수직으로 허리선 앞 내림분(W)선과 교차하는 선.

앞다트 시작점 S(B.P)점

앞다트 끝점 C4점의 수직선과 허리(C)선과 엉덩이(D)선의 이등분 선(중간 엉덩이선)이 교차하는 점.✚

✚앞다트 끝점은 중간 엉덩이선이 다트의 마지노선이며 이 선을 넘어가지 않도록 한다.

앞 다트량 C4점을 중심으로 1cm의 다트를 제도한다.

몸통(toroso) 원형 패턴 3 (6cm 여유량)

6cm 여유량의 원형이라고 해서 특별한 의미가 있는 것은 아니다. 여유량이나 제도 치수는 실루엣과 신체 치수에 따라 얼마든지 다양하게 적용하여 제도할 수 있기 때문이다. 그럼에도 불구하고 6cm 여유량의 원형 제도법을 따로 실은 이유는 다트 원형을 활용해서 무다트 원형을 만드는 과정을 설명하기 위해서이다.(p316~p319) 무다트 원형의 원리를 이해해야 무다트 원형을 제대로 활용할 수 있기 때문이다.

처음엔 컬렉션 모델의 사이즈의 원형을 제도하려 했으나, 6cm 여유량의 원형과 중복되어 생략하였다. 어떤 유형의 사람이든 키, 가슴둘레, 허리둘레, 엉덩이둘레 등 [몸통(toroso) 원형 패턴 1]에 신체 치수를 적용해 제도해 주면 된다.

단위 : cm

신장	가슴둘레	젖가슴둘레	어깨	허리둘레	엉덩이둘레	여유량
160	41	42.5	뒤품+1.5	33.5	45.5	6

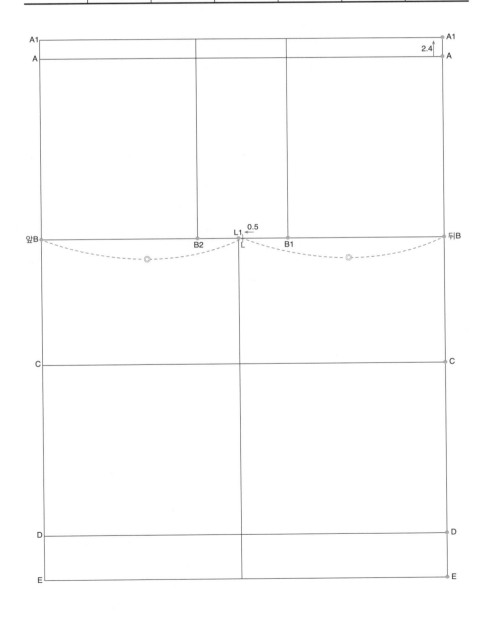

기초라인 제도

길이 분할

A 뒤목점의 위치. A를 기준으로 길이 분할을 시작한다.

A~B 진동길이

여유량(여유량의 2/5 + 0.1)

(신장 ÷ 16) + (가슴둘레 ÷ 4.1) + {(여유량 ÷ 5) x 2 +0.1} = 22.5cm✚

A~C 등길이

(신장 ÷ 8) × 2 - 2cm = 38cm

A~D 엉덩이길이

(신장 ÷ 8) × 3 - 1cm = 59cm

A~E 몸통길이

(신장 ÷ 8) × 3.2 + 0.5cm = 64.5cm

A~A1 옆목점길이

(가슴둘레 ÷ 20) + 0.3 = 2.4cm

둘레 분할

뒤B~앞B 전체둘레

젖가슴둘레 + 여유분 = 48.5cm

뒤B~B1 뒤품

(가슴둘레 × 2/5) + (여유량 2/5) = 18.8cm

앞B~B2 앞품

(가슴둘레 × 2/5 - 1.5) + 1.5(가슴다트량) + (여유량 2/5) = 18.8cm

L 솔기선 분할 가이드

(앞B~뒤B)선의 이등분 점.

L1 솔기선 분할✚

L점에서 앞쪽으로 0.5cm 나간 점.

✚진동길이의 여유량은 등품의 여유분보다 같거나 조금 크게 제도해준다.

✚여유량에 따른 솔기선
• 여유량 2cm 이하 :
  앞이 뒤보다 0.5cm 크게
• 여유량 3~5cm :
  앞과 뒤가 같게
• 여유량 6cm 이상 :
  뒤가 앞보다 0.5cm 크게

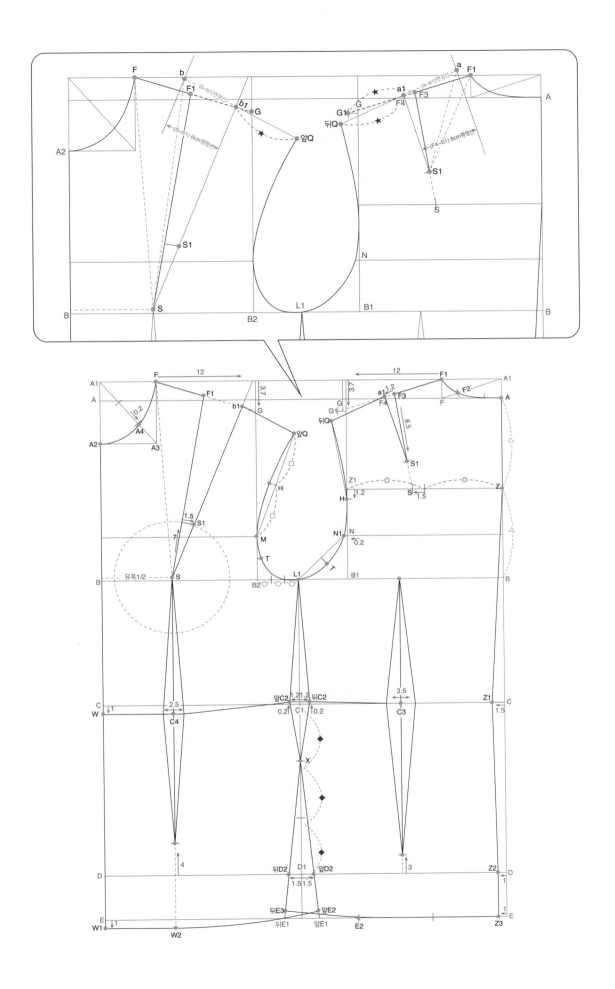

뒤판 제도

F1 뒤목너비

A1에서 (가슴둘레 ÷ 10) + 3.1 = 7.2cm 나간 점.

F2 뒤 목둘레선 가이드 점

(F~A1)선상의 F점에서 (가슴둘레 ÷ 20 = 2cm)만큼 나간 점.

F1~F2~A 뒤목 완성선

각 점을 자연스러운 곡선으로 연결하여 뒤 목둘레선을 제도한다.

뒤어깨 가이드선 제도

G 뒤어깨의 경사 기울기

F1에서 12cm 나가고 3.7cm 내린 점.

G~F1 뒤어깨 가이드선

F1에서 G를 연결한다.

G1 어깨너비

뒤품선(B1)에서 1cm 나간 점과 G~F1(뒤어깨 가이드선)이 교차하는 점. 여유량에 비례한 어깨너비는 뒤품에서 1~1.5cm 나가서 제도해 준다.(견갑골 다트가 있는 경우는 1cm, 견갑골 다트가 없는 무다트의 경우 1.5cm 가량 나가서 제도해 주면 된다.

견갑골 다트

F3 (F1~G)선의 F1점에서 6cm나간 점.

Z (A~B)선의 이등분 선

S (Z~Z1)선의 이등분 점에서 1.5cm 나간 점.

S1 견갑골 다트 끝

(F3~S)을 연결한 선에서 F3에서 견갑골 다트길이 8.5cm 나간 점.

F4 F3에서 1.2cm 나간 점.

F3~S1~F4 견갑골 다트 가이드 선

뒤어깨 완성선

견갑골 다트 (F4~S1)선을 기점으로 6cm 평행선을 제도한다.

a S1점을 기준으로 (S1~F1)선과 같은 길이와 6cm 평행선상과 교차하는 점.

a1 (S1~F4)선상에서 (S1~F3)길이와 같은 길이인 점.

뒤어깨 길이 가이드선 a에서 a1점을 지나는 연장선을 제도한다.

뒤Q 어깨너비 제도 완성

(a~a1)연장선의 a1점에서 (F3~G1)길이와 같은 길이인 점.

F1~F3~S1~a1~뒤Q 뒤어깨 완성선

뒤암홀선

N 뒤품점

B1에서 (진동 길이선(A~B) ÷ 4.2 = 5.3cm)만큼 올린 점

N1 N에서 0.2cm 나간 점.

T (N1~ L1)선의 이등분 점에서 1cm 들어간 점

H Z1점에서 1.2cm 내려온 점.

Q~H~N1~T~L1 뒤암홀 완성선

각 점을 자연스러운 곡선으로 연결하여 뒤판 암홀을 완성한다.

뒤중심 다트

Z1 C에서 1.5cm 들어간 점.

Z2 D에서 1cm 들어간 점.

Z3 E에서 1cm 들어간 점.

A~Z~Z1~Z2~Z3 뒤중심선✚

뒤 솔기 완성선

뒤C2 허리 솔기선

C1에서 1.2cm 들어간 뒤, 0.3cm▲ 올라간 점.

X 골반 위치★

(C1~D1)선 길이의 1/3.

뒤D2 엉덩이 솔기선

D1에서 1.5cm 밖으로 나간 점.

뒤E1 (C2~X~D2)연장선을 몸통길이선(E)선과 교차되는 점.

뒤E2 (E~E1)선의 1/3점.

뒤E3 (X~E1)선과 직각으로 교차되는 점.

뒤 밑단선을 각지기 않게 자연스러운 곡선으로 제도한다.

L1~뒤C2~X~뒤D2~뒤E3 바깥 솔기완성선.

Z3~E2~E3 뒤 밑단 완성선

(Z3~E2)은 직선으로 유지하면서 (E3)점까지 자연스러운 곡선으로 연결하여 제도한다.

뒤 몸판다트

C3 뒤 몸판다트 중심선

뒤 몸판 허리 다트. (C2~Z1)선의 이등분 점을 C3라 하고, C3점을 기점으로 허리선과 수직선을 제도한다.

뒤다트 시작점 C3의 수직선과 가슴둘레(B)선까지 교차한 점.

뒤다트 끝점 C3의 수직선과 엉덩이(D)선까지 교차한 점에서 3cm 올라간 점.

뒤다트량 C3점을 중심으로 3.5cm의 다트를 제도한다.

앞판 제도

A1 앞판 패턴의 시작점이고, 가로 수평선은 앞옆목점 높이이다.

A1~F 앞목너비

뒤목너비(A1~F1) - 0.4cm✚

A2 앞목 깊이

뒤목너비(A1~F1) + 0.5cm

A4 앞목 가이드 점

(A1~A3)선의 1/3 점에서 0.2cm 내려간 점.

F~A4~A2 앞목 완성선

각 점을 자연스러운 곡선으로 연결하여 앞목둘레선을 제도한다.

앞어깨 가이드 선 제도

G 앞어깨의 경사 기울기

F에서 12cm 나가고 3.7cm 내린다.

F~G F에서 G점을 연결한다.

B.P 다트 제도

S B.P점

B선에서 유폭 너비÷2(8.5cm)의 평행선과 F점 기점으로 유장 길이(24.5cm)와 교차 하는 점.

F1 F에서 (F~G)선을 따라 6cm 나간 점.

S~F1 B.P점과 어깨 다트선 연결

S1 (S~F1)선에서 7cm 올라가고 가슴 다트(1.5cm)만큼 직각으로 나간 점.✚

F1~S~S1~연장선 B.P다트선

F1~S을 제도한 뒤, S를 기점으로 S1점을 지나는 연장선을 제도한다.

앞어깨 완성선

가슴 다트 S~S1연장선을 기준으로 6cm 평행선을 제도한다.

b S점을 기준으로 (S~F)선과 같은 길이와 6cm 평행선상에서 교차하는 점.

b1 S~S1연장선에서 (S~F1)길이와 같은 길이인 점.

앞어깨 길이 가이드선 b에서 b1점을 지나는 연장선을 제도한다.

앞Q 앞어깨 길이

(b~b1)연장선에서 뒤(a1~뒤Q)와 같은 길이인 점.

F~F1~S~b1~Q 앞어깨 완성선

✚ 우리나라의 평균 앞·뒤목너비 차이는 0.3cm ~ 0.5cm가량이다.

✚ 7cm는 젖가슴의 반지름 치수이며, 실제 젖가슴이 원은 아니지만 젖가슴다트를 M.P시킬 때 그 양을 분산시킬 때, 원으로 이해하면 효율적이다.

앞암홀

M 앞품점

✚ 뒤품점(N)과 동일한 위치.

앞B2에서 (진동 길이선(A~B) ÷ 4.2 = 5.3cm)만큼 올린 점.✚

T B2에서 (B2~M)선의 이등분 점에서 0.5cm 나간 점.

H (Q~M)선의 이등분 점에서 직각으로 0.8cm가량 들어온 점.

Q~H~M~T~L1 앞앞홀 완성선

각 점을 자연스러운 곡선으로 연결하여 앞판 암홀을 완성한다.

앞 내림분

W 앞 허리선(C)에서 0.8 ~ 1cm 가량 내린 점.

W1 E에서 0.8 ~ 1cm 정도 내린다.

앞 솔기 완성선

앞C2 허리 솔기선

✚ 여유량에 따른 처지는 부분 보정 값

C1에서 1.2cm들어간 뒤, 0.3cm 올라간 점.✚

X 골반위치

(C1~D1)선 길이의 1/3.

앞D2 엉덩이 솔기선

D1에서 1.5cm 밖으로 나간 점.

앞E1 (C2~X~D2)연장선을 몸통길이선(E)선과 교차하는 점.

앞E2 (X~E1)선에서 뒤판의 (X~E3)선과 같은 길이인 점.

L1~앞C2~X~앞D2~앞E2 앞 바깥 솔기선

앞 밑단 완성선

W2 S(B.P)점에서 수직으로 W1선과 교차하는 점.

W1~W2~E2 앞 밑단 완성선

(W~W1)은 직선으로 연결한 뒤, (E2)점까지 자연스러운 곡선으로 연결하여 제도한다.

앞 몸판다트

C4 앞 몸판다트 중심선

S(B.P)점에서 수직으로 허리선 앞 내림분(W)선과 교차하는 선.

앞다트 시작점 S(B.P)점

앞다트 끝점 C4점의 수직선과 엉덩이(D)선까지 교차한 점에서 4cm 올린 점.

앞 다트량 C4점을 중심으로 2.5cm의 다트를 제도한다.

팔꿈 소매
패턴의 원리와
소매원형 가이드

제3부에서는 단순히 소매를 제도하는 것이 아니라 소매가 왜 앞으로 향한 방향성을 가지게 되는지, 팔꿈치 다트가 왜 필요한지, 팔의 구조와 소매의 원리를 이해해야 한다. 이를 잘 이해하면 소매를 팔의 방향성에 맞도록 회전시키는 1차 회전과 팔꿈치 아래에서 앞으로 굽어진 형태를 위해 2차 회전이 필요하다는 것을 알 수 있다. 소매 회전을 하는 제도 방식이 대부분 처음이라 낯설고 이해하기 힘들 수 있지만 잘 활용한다면 만족스러운 소매 원형을 제도할 수 있을 것이다.

많은 경우 몸통원형의 앞판과 뒤판의 암홀 사이즈만을 측정해서 소매를 제도한다. 그러나 소매의 틀은 이미 몸통원형의 암홀선 속에 존재하기 때문에 소매는 몸통원형의 암홀에서 바로 제도 되어야 한다. 소매산도 몸통원형의 진동깊이에 의해 결정되는데, 소매산의 높이는 소매의 맵시와 편안함을 결정하는 중요한 요소이다. 따라서 진동깊이와 소매산의 관계를 이해해야 한다.

두 장 소매 제도 방법은 한 장 소매원형에서 분할하는 제도 방법과 몸통원형의 암홀에서 바로 제도 하는 방법이 있다. 이 두 가지 방법의 장단점을 파악하여 디자인에 따라 적절하게 활용할 수 있어야 한다.

01

팔의 구조와
소매 패턴의 구조

팔의 구조

팔은 인체의 여러 부위 중에서도 활동성이 가장 큰 부위이며, 빗장뼈(쇄골)와 어깨뼈(견갑골) 그리고 위팔뼈와 밀접한 관계가 있는 관절로 구성된 어깨의 복합체라고 할 수 있다. 인체가 정지된 상태에서 소매 구조는 팔만 고려하면 되지만, 인체가 활동할 때의 소매 구조는 팔의 형태뿐만 아니라 어깨의 움직임도 고려해야 한다. 왜냐하면, 활동할 때의 팔은 어깨와 한 덩어리로 움직이기 때문이다. 또한 어깨는 상의류 옷을 걸쳤을 때 받쳐주는 중요한 기능이 있고, 정적인 형태에서도 구조가 단순하지 않을 뿐만 아니라 운동 범위가 넓다. 따라서 옷의 어깨 부분은 이러한 인체의 어깨에 잘 맞아야 함과 동시에 활동 시에도 불편함이 없어야 한다. 특히 어깨 관절은 대퇴관절과 함께 관절 중에서도 움직임이 가장 강한 곳이며, 일상생활 중에도 운동범위가 넓은 팔의 연결부에 해당하기 때문에 제도하는 데 있어 많은 어려움이 있다.

어깨의 경사와 어깨라인
어깨뼈(견갑골)와 빗장뼈(쇄골)의 연결 상태가 어깨의 형태를 결정한다.

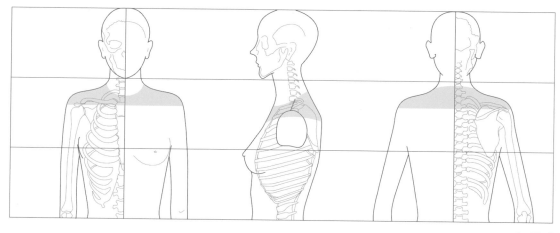

[그림 1]

옷을 받치는 어깨의 지지대 범위는 [그림 1]의 색칠한 윗부분에 해당한다. 옷을 제작할 때 인체의 돌출된 부분을 이즈(오그림)를 통해 입체적으로 곡면화하지 않으면 옷을 착용할 때 인체가 옷의 압박을 받게 된다. 특히 압박 부분은 목 부위와 어깨선에서 어깨 끝까지 걸쳐 있다. 측면에서 보면 견봉부가 앞으로 돌출한 형상이고 어깨 전체가 가진 활동성 때문에 어깨 부분을 보정하는 것이 가장 어려운 부분에 속한다고 할 수 있다. 인체의 어깨는 높이, 너비, 두께 등 다양하게 영향을 받으며, 각각 혹은 복합적인 형태에 의하여 이미지를 형성한다.

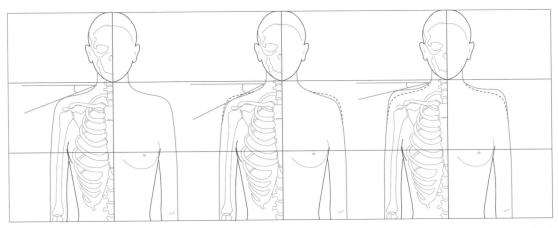

[그림 2]

우리나라 성인 여성의 평균 어깨 경사 각도는 20° 전후이지만 사람에 따라 개인차가 크다.

[그림 2]에서 보는 것처럼 보통 어깨, 처진 어깨, 올라간 어깨 등 다양한 어깨 경사각이 있다. 또한 어깨선을 잘 보면 어깨의 경사와는 별도로 목둘레의 경사와 어깨 둘레 경사의 2단계가 있음을 알 수 있다. 패턴을 제도할 때 이런 미묘한 어깨 곡선을 그대로 표현하는 경우와 직선으로 표현하는 경우도 있다. 상의류 옷을 만드는 데 있어서 어깨 경사도와 몸판의 암홀 둘레에 이즈를 처리하는 봉제 테크닉은 매우 중요하며, 어깨와 소매의 편안함은 여기에서 결정된다. 한편 착용시 사람마다 다른 어깨 경사각이나 좌우 비대칭 어깨로 인해 발생하는 체형 문제를 보정하거나 미적인 부분을 보완하기 위해 어깨 패드를 사용한다. 그리고 패션의 실루엣을 표현하기 위해 사용하기도 한다. 따라서 어깨 패드는 디자인에 따라 두께, 달리는 위치, 처리 방식을 다양한 방법으로 사용해야 한다.

팔의 안쪽 암홀의 단면 관찰

팔은 앞·뒤·위·아래로 움직이거나 옆으로 올리고 내리는 등 운동범위가 넓지만 소매를 제도하기 위해서는 팔이 자연스럽게 놓인 상태를 기본 형태로 보는 것이 좋다.
인체를 옆면에서 관찰해보면 팔의 암홀 단면을 이해할 수 있다. 아래 [그림 3]은 인체 옆면과 몸판 암홀의 절단면이다. 암홀의 절단면을 자세히 보면 소매원형의 소매산 형태를 유추해 볼 수 있다.

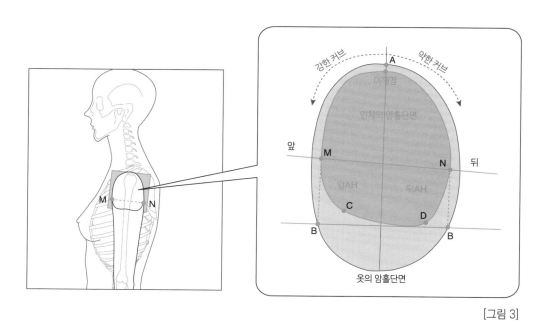

[그림 3]

[그림 3]과 같이 인체 암홀의 절단면을 관찰해보면 인체의 어깨점을 기준으로 앞어깨의 돌출로 인해 앞쪽으로는 강한 커브가 생기고, 뒤쪽으로는 삼각근의 영향으로 비교적 앞쪽과 다르게 약한 커브가 생기는 것을 확인할 수 있다. 따라서 옷을 만들 때 이 점을 감안하여 강한 커브를 가진 앞암홀 쪽으로 짧고 강하게, 약한 커브를 가진 뒤암홀 쪽으로는 길고 느슨하게 이즈 처리를 해주어야 한다. 다음은 M과 N을 연결하고 암홀 단면을 상하 두 부분으로 나눈다. M점과 N점은 겨드랑이의 윗부분이고 또 품의 맨 아랫부분이라고 할 수 있다. A~M선부터 A~N 까지의 체표는 옷이 받쳐지는 부분이므로 원칙적으로 여유없이 딱 맞는 부분이다. 반면 M~N선 아래의 범위는 암홀의 깊이와 마찬가지로 겨드랑이에서 여유가 있는 것이 보통이다. 몸에 딱 맞아 활동에 제약이 있는 상부보다 여유량을 자유롭게 추가하며 제도할 수 있다. 앞 품점(M), 뒤 품점 (N)에서 수직선을 내리고 겨드랑이 맨 아랫부분에서 수평선을 제도하고 앞 겨드랑이점 C와 뒤 겨드랑이점 D를 표시했다. [그림 3]에서 보는 것처럼 앞·뒤 품점과 겨드랑이점은 위치는 앞쪽이 높고 뒤쪽이 낮은 것을 알 수 있다. 이 암홀 형태 및 구조가 소매 제도 시 암홀상자를 앞쪽으로 돌려주는 1차 회전의 기준이 된다.

팔의 기능 분포 및 방향성

팔을 측면에서 관찰해 보면 어깨 끝점은 어깨의 정점에 해당할 뿐만 아니라 대부분 소매의 중앙점이 되도록 한다. 이 부분은 해부학상으로 견봉점보다 비스듬하게 앞면 안쪽에 위치하며 옆면에서 볼 때 어깨의 커브선과 교점에 해당한다.

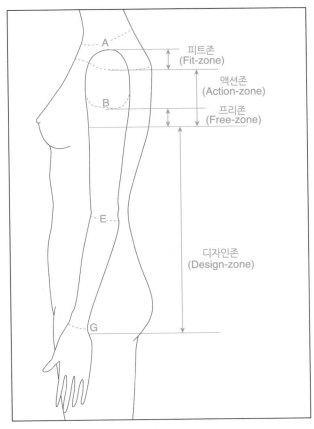

[그림 4]

팔의 활동과 관련하여 어깨점(견봉점) (A)에서부터 손목(G)까지 기능 분포에 따라 정리해 보면 다음과 같다.

피트존(Fit-Zone) : 견봉(A)에서 어깨와 연결점선 주변까지이며 어깨끝을 둥그렇게 감싸며 소매산 윗부분을 피트(Fit)시킬 필요가 있는 영역이다.

액션존(Action-zone) : 앞·뒤 품점과 앞·뒤암홀점을 중심으로 소매산의 높낮이에 맞게 운동 가능한 영역이다.

프리존(Free-zone) : 기존의 진동선 밑의 공간으로 암홀의 깊이를 조정하여 자유로운 형태로 설계하는 영역이며 디자인에 영향을 줄 수도 있다.

디자인존(Design-zone) : 진동선부터 손목(G)의 범위에서 손목 길이, 굵기, 형태 등에 따라 디자인을 할 수 있는 영역이다.

이번엔 [그림 5]를 보면서 소매의 방향성에 대해서 알아보고자 한다.

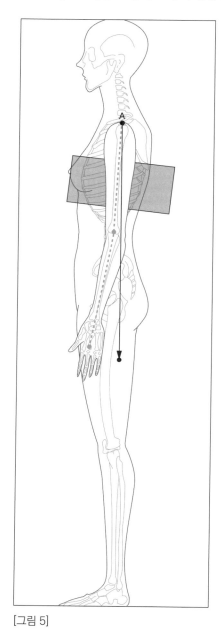

[그림 5]

[그림 5]처럼 어깨끝점(A)을 기준으로 추를 떨어뜨리고 인체의 팔을 측면에서 관찰해 보면 추의 수직선을 기준으로 팔은 앞쪽으로 향해 있다는 것을 볼 수 있다. 팔꿈치 윗부분은 각각의 개인차가 있어 수직으로 내려가는 사람도 있고 앞쪽으로 쏠려 있는 사람도 있다. 드물지만 뒤쪽으로 기울어져 있는 사람도 있다. 특히 앞어깨뼈가 튀어나온 사람은 뒤쪽으로 더 기울어져 보이기도 한다. 그러나 팔꿈치 아랫부분은 예외 없이 대부분 앞으로 쏠려 있다. 또한 일상생활 중에서도 팔은 거의 앞쪽으로 움직인다. 따라서 소매 봉제 시, 팔의 방향성과 팔의 움직임을 고려하여 앞쪽으로 기울여 붙여주어야 한다.

[그림 5]를 보면 팔꿈치 아랫부분이 윗부분보다 앞쪽으로 더 쏠려 있다는 것을 알 수 있다. 즉, 팔의 방향성은 어깨끝점(A)을 기준으로 앞을 향하고 있다.

어깨끝점은 측면에서 관찰해 보면 어깨의 꼭대기이면서 소매 패턴 제도 시 어깨점이 되는데, 인체 어깨의 봉우리보다 약간 앞쪽에 위치한다.

[그림 5]에서 한 가지 더 살펴볼 수 있는 부분은 겨드랑이 밑으로 직각자나 얇은 사각판을 넣어 밀착시켜 보면 앞 겨드랑이쪽(앞품점)이 뒤 겨드랑이(뒤품점)쪽보다 약간 높다는 것을 알 수 있다. 이 부분 또한 소매를 앞으로 기울게 달아야 하는 이유 중 하나이다.

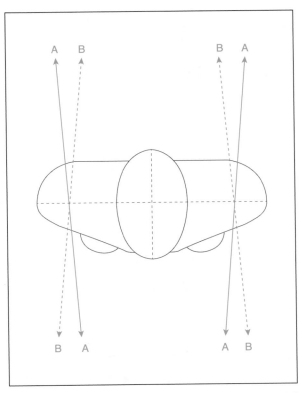

[그림 6]

[그림 6]은 인체의 위에서 팔의 방향성을 관찰한 인체의 단면도이며 앞품점과 뒤품점을 선으로 연결한 그림이다. 여기에서도 알 수 있듯, 사람마다 개인차가 있겠지만 대부분 뒤품이 앞품보다 넓어 (A)선처럼 앞판의 안쪽으로 모이는 방향성을 가지고 있다. 따라서 소매가 달릴 때, (A)선과 같이 앞쪽으로 향해 달리게 된다. 이것은 앞쪽으로 움직이는 팔의 운동 범위에서도 합리적인 부분이다. 만약 (B)선처럼 앞품이 뒤품보다 넓다면, 착용 시 불편하고, 앞품 쪽의 옷이 남게 되어 보기에 좋지 않다. 지금까지의 설명을 통해 팔의 방향성이 앞쪽으로 향해있다는 것을 알게 되었다. 따라서 이 부분을 고려하여 소매패턴 제도 시 이를 적용해주어야 한다.

소매 패턴의 구조

소매란 팔을 옷감으로 감싸는 부분을 총칭하는 것으로 소매의 구조 원리를 이해하기 위해서는 인체의 팔 구조를 정확히 알아야 한다. 소매의 구성은 정지 상태에서의 미적인 면과 움직일 때의 기능적인 면을 조화롭게 하는 것이 중요하다. 활동성만 존중하다 보면 미적 조형이 어려워지고, 반대로 정적인 형태에서만 아름답게 하려고 하면 활동성을 잃기 쉽다.

소매는 패턴의 구성 관점에서 보면 크게 세 가지로 분류할 수 있다.

첫째, 셋인 유형 소매 : 이 소매는 몸판의 암홀에 소매가 연결되는 구조이다. 어깨에서 부터 팔을 감싸는 구조의 소매로 모든 소매 패턴의 기본이 된다.

둘째, 래글런 유형 소매 : 이 소매는 옆목점에서 어깨선을 따라 팔까지 감싸는 구조로, 소매원형에 몸판 일부가 한 장으로 연결된 구조이다. 또한 소매가 앞품점 부위와 뒤품점 부위를 지나도록 절개되어 있어 인체의 구조로 보면, 팔의 활동을 자유롭게 할 수 있는 가장 활동적인 소매라고 할 수 있다.

셋째, 돌먼(기모노) 유형 소매: 이 소매는 소매가 몸판처럼 앞·뒤로 나뉘고 각각 앞·뒤 몸통원형에 연결되어 소매와 몸판이 구분 없이 앞판과 뒤판이 각각 한 쌍으로 연결된 구조이다.

이 세 가지 소매 유형 말고도 많은 소매 유형이 있지만, 대부분 소매 패턴의 구조는 이 범주 안에 있다고 할 수 있다. 특히 셋인 소매는 모든 소매의 기준이 되며, 소매 테크닉을 이해하는 중요한 핵심이 된다. 즉, 셋인 소매의 구조 원리를 이해해야 다른 소매 구조 원리도 쉽게 이해할 수 있다.

셋인 소매 (Set-in sleeve)의 이해

많은 모델리스트들이 몸판의 암홀 둘레 사이즈를 측정한 후, 그 사이즈를 가지고 소매 패턴을 제도한다. 셔츠류나 점퍼류 등, 소매산이 낮은 활동적인 옷들의 소매를 제도할 땐 크게 상관없지만, 소매의 맵시를 중요하게 여기는 옷들의 경우엔 몸판 암홀에 딱 맞는 소매를 제도해야 하므로 암홀 둘레 사이즈만 이용하는 것보다 몸판의 암홀 자체를 활용하여 제도하는 것이 더 효율적이고 정확하다. 사실 몸통원형의 암홀에는 이미 몸판에 잘 맞는 소매가 있다. 따라서 몸통원형 암홀의 모양을 따라 소매를 제도해 주면 된다.

셋인 소매를 제도하기 위해서 첫 번째로 해야 하는 것은 소매산 높이를 결정하는 것이다. 이를 위해서는 먼저 몸통원형의 암홀깊이를 측정하고 그에 적합한 소매산 높이를 찾아주어야 한다.

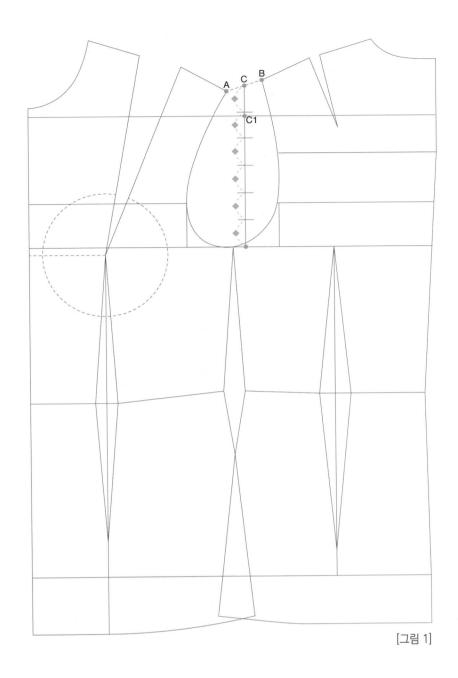

[그림 1]

앞·뒤 몸판원형의 겨드랑이 진동선을 맞붙이고, 각각의 어깨끝점 (A)와 (B)를 연결하여 이등분 점인 (C)에서 몸통의 진동선까지 수직선으로 내린 선을 암홀깊이라고 한다. 그리고 (C)점에서 [몸통원형의 임홀깊이 ÷ 6 + 0.5]만큼 내려 (C1)소매산 높이를 설정한다. 이때 패드의 높이나 소매의 이즈(오그림)량 등을 고려하여 높낮이를 조절해 주면 된다. 소매산을 결정할 때 소매산이 높으면 맵시는 좋지만, 팔을 들어 활동하기에 불편해지고 소매산이 [몸통원형의 암홀깊이 ÷ 6]보다 낮아지게 되면 소매 활동성은 뛰어나지만 맵시가 좋지 않게 된다. 따라서 활동성이 필요한 점퍼, 셔츠류의 소매산은 낮게 하고 재킷, 코트, 정장류의 소매산은 높게 설정해 주면 된다. 즉 디자인에 따라 활동성과 맵시를 고려하여 어떤 부분을 중요하게 볼 것인지 정하고, 기본적 소매산을 구하는 식을 응용하여 활용하면 된다.

소매산을 결정했으면, 몸통원형의 암홀을 활용해서 소매를 제도해 주면 된다. 소매 구조의 원리는 품점 아래의 경우에는 몸판의 암홀을 그대로 이용하여 제도하고, 품점 위로는 몸통 암홀의 길이를 활용하여 소재와 실루엣에 따라 이즈량을 조절하여 소매 암홀선을 제도하는 것이다.

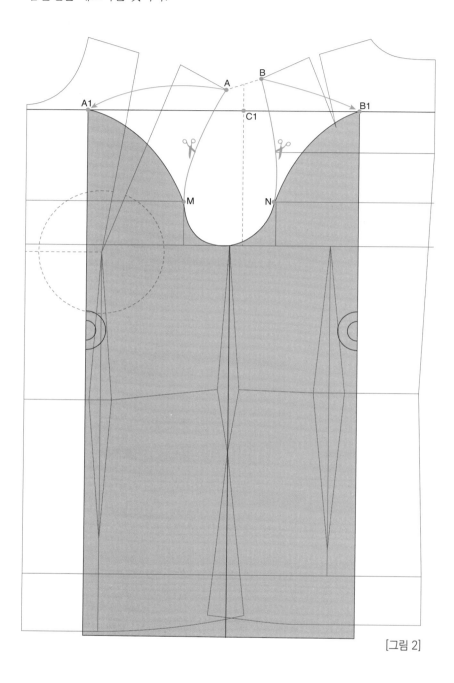

[그림 2]

소매는 앞서 설정한 소매산 높이(C1)를 기점으로 제도한다. 품점 위로 소매 암홀의 앞쪽은 앞판의 암홀을 활용하여 제도하고, 뒤쪽은 뒤판 암홀을 활용하여 제도한다. 앞어깨끝점(A)에서 앞품점(M)까지 절개한 후, 앞어깨끝점(A)가 소매산 수평(C1)선과 교차하는 지점을 찾아 (A1)을 제도한다. 뒤소매도 앞판과 같은 방법으로 뒤어깨끝점(B)에서 뒤품점(N)까지 절개한 뒤, 뒤어깨끝점(B)를 소매산 수평(C1)선과 교차하는 지점을 찾아 (B1)을 제도한다. 이렇게 제도한 소매를 앞·뒤소매산의 중심수직선을 붙여서 연결하면 다음 [그림 3]과 같이 한 장 소매의 형태가 완성된다.
이와 같은 원리를 이용해서 우리는 한 장 소매를 제도하게 된다.

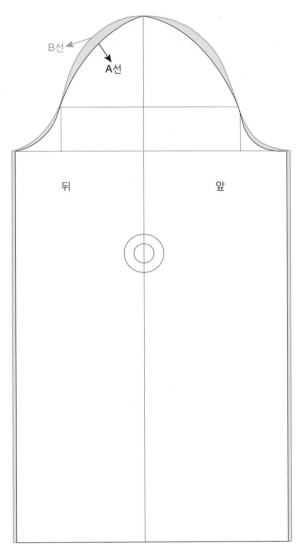

[그림 3]

이렇게 제도된 [그림 3]를 보면, 몸통원형의 어깨끝점과 암홀에서 수직으로 내려오는 정직한 일자 소매가 된다. 그러나 앞서 [팔의 구조편]에서 공부했던 것처럼 대부분 팔은 어깨끝점에서 일자 형태로 떨어지는 것이 아닌 앞쪽으로 방향성을 갖고 있다. 따라서 팔의 방향성에 맞게 소매를 앞으로 향하게 돌려주는 작업을 해야 한다. 이 작업을 소매의 1차회전이라고 한다. 또한 현재 [그림 3]의 A선 같은 경우, 소매의 암홀 둘레에 여유량과 이즈량이 없는 몸통원형의 암홀 그대로 상태이므로 B선과 같이 디자인을 고려하여 여유량과 이즈량을 추가하여 소매를 제도하면 된다.

소매의 1차 회전

몸통원형 암홀에 딱 맞는 소매를 제도하고 옷을 만들게 되면 소매가 어깨끝점에서 일
직선으로 보이거나 약간 뒤쪽으로 향한 소매로 달리게 된다. 이런 문제를 해결하기
위해 소매 패턴을 제도할 때나, 제도한 후 소매를 0.8~1.2cm가량 앞쪽으로 돌려 달
도록 소매원형의 너치 포인트만 옮겨 소매를 앞쪽으로 향하게 한다. 이와 같은 방법
은 암홀의 모양을 무시하고 소매원형만을 앞쪽으로 돌려 소매가 앞쪽을 향하는 방향
성은 줄 수 있다. 그러나 소매원형을 앞쪽으로 돌릴 때, 몸판의 암홀과 맞도록 돌려야
하는데 소매 암홀선이 따라주지 않기 때문에 합리적인 방법이라고 할 수 없다. 물론
소매만 돌려주어도 소재 특성에 따라서는 큰 문제가 되지 않는 경우가 많다. 그러나
저자는 새로운 원리를 통해 앞쪽으로 향한 팔의 기울기 양만큼 몸판의 암홀에 맞도록
소매원형 자체를 돌려주는 방법을 제시한다.

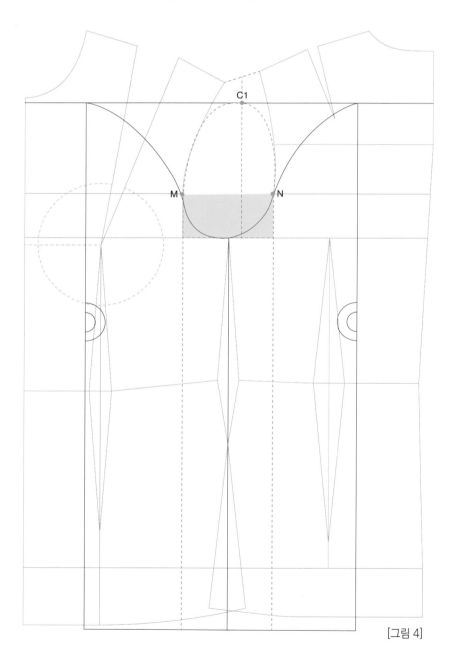

[그림 4]

[그림 4]는 몸통원형의 암홀에 꼭 맞는 일자 소매 패턴이다.

여기에서 주의 깊게 살펴봐야 할 점은 표시된 앞품점(M)과 뒤품점(N) 밑의 사각 모형
이다. 이 사각 모형을 저자는 암홀상자라 부른다.

즉, 암홀상자를 돌려서 소매 암홀 모양 전체를 돌려주는 것이 소매 1차 회전 방법이다.

다시 [그림 5]를 보면서 소매의 1차 회전을 이해해 보자.

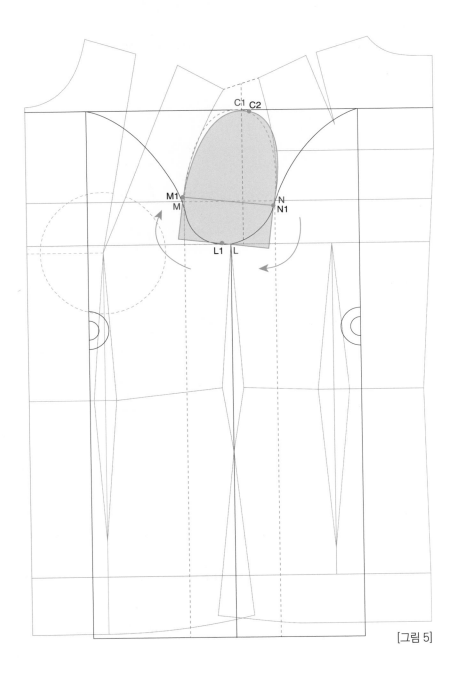

[그림 5]

소매의 1차 회전을 하기 위해서는 암홀라인의 앞품점과 뒤품점 밑의 암홀상자를 이해하는 것이 중요하다. 앞서 [팔의 구조]에서 공부했듯이 인체의 앞품점이 뒤품점보다 높이 있다는 것을 우리는 알고 있다. 따라서 소매의 앞품점(M)과 뒤품점(N)을 인체를 고려해 옮겨줘야 한다. 소매의 앞품점(M)은 (M1)점으로 올리고 소매의 뒤품점(N)을 (N1)점으로 내려서 암홀상자를 돌려보면 [그림 5]와 같이 암홀상자가 앞쪽으로 회전된다는 걸 알 수 있다. 또한 소매의 옆 솔기 포인트 (L)점도 자연스럽게 (L1)점인 앞쪽으로 같이 회전된다. 이 회전 양은 뒤소매를 앞쪽으로 회전시켜 주는 양과 같다. 여기서 우리는 변화된 암홀상자로 인해 소매 암홀선이 기존의 소매 암홀선(점선)과 달라지고, 옆 솔기선도 L1으로 같이 회전된다는 점을 이해해야 한다.

즉, 암홀상자를 회전시켜 주게 되면 소매패턴 전체가 회전되어 돌아간다. 이때 변하는 암홀 라인을 이해하고 제도하는 것이 소매의 1차 회전법이다.

그럼 일자 소매와 1차 회전된 소매를 [그림 6]에서 비교해 보자.

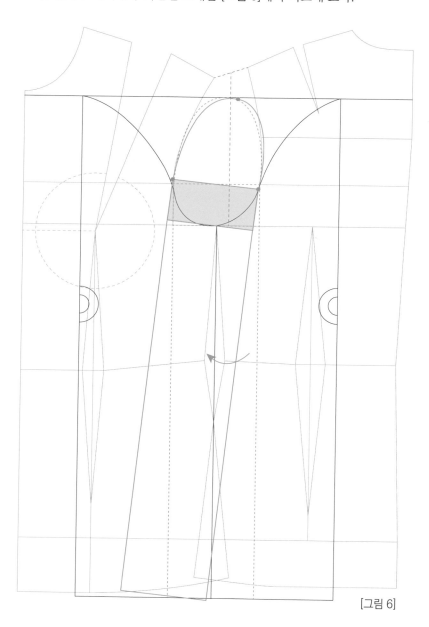

[그림 6]

[그림 6]을 보면 일자소매가 앞쪽으로 회전되어 어떻게 변화했는지 알 수 있다.

그런데 소매의 1차 회전을 구현하면서 예외적인 경우도 있다는 것도 잊지 말아야 한다. 운동을 많이 하여 체형이 변하게 되면서 소매 방향성이 비교적 뒤쪽에 있는 경우와 체형적으로 일자인 경우에는 소매의 1차 회전을 하게 되면 착용 시 소매의 뒤쪽 부분에 주름이 생겨 소매의 맵시가 떨어지게 되므로 유의해야 한다. 특히 컬렉션을 위한 옷인 경우 모델들이 워킹을 하면 어깨를 꼿꼿이 세워 걷게 되면서 윗 팔의 방향성이 뒤로 가게 된다. 따라서 컬렉션용 옷을 위한 옷을 제작해야 할 경우엔 이 부분을 고려해야 한다.

또 한 가지 유념해야 할 사항은 소매의 봉제에 관한 이해이다. 우리가 처음 제도한 일자 소매의 경우도 봉제하면 뒤로 돌아가 보일 경우가 많은데, 그것은 소매 봉제의 특수성 때문이다.

정장 소매 봉제를 할 때는 항상 몸판 위에 소매를 올려놓고 봉제를 해야 하는데, 왼쪽 소매는 몸판 앞판 쪽에서 뒤판 쪽으로 박음질을 해야 하고 반면에 오른쪽 소매는 뒤판 쪽에서 앞판 쪽으로 박음질을 하게 된다. 이런 봉제의 특성 때문에 설령 일자 소매를 제도했다고 할지라도 소매의 한쪽이 뒤로 돌아가 보이는 현상이 많이 나타난다. 그래서 숙련된 봉제 전문가도 소매를 봉제할 때, 소매가 짝짝이가 되지 않고 뒤로 돌아가지 않도록 많은 주의를 필요로 한다.

소매의 2차 회전

앞쪽으로 향한 팔의 방향성에 의해 소매를 회전시켜 주는 것이 소매의 1차 회전이라면, 팔꿈치 아랫부분이 앞으로 더 굽어진 형태를 소매 패턴 제도에 적용하는 것이 소매의 2차 회전이라고 할 수 있다. 소매의 2차 회전은 1차 회전보다 더 의미 있는 것으로, 팔꿈치 위로는 앞으로 향한 회전량이 사람마다 다르지만, 팔꿈치 아랫부분은 누구든 예외 없이 앞으로 향해 있으므로 이를 잘 적용해줘야 한다. 소매의 2차 회전을 강조하기 위해서 1차 회전을 오히려 뒤쪽으로 향하게 하여 2차 회전을 인위적으로 더 많이 해주는 경우도 있다. 대표적으로 오토바이를 탈 때 입는 기능적인 라이더 재킷이 해당된다. 2차 회전의 기준인 팔꿈치 위치는 어깨 끝에서 손목까지 길이의 거의 중간에 있으며, 관절에 의해 팔을 앞쪽으로 굽히는 역할을 하고 있어 소매 구조에서 중요한 요소 중 하나이다.

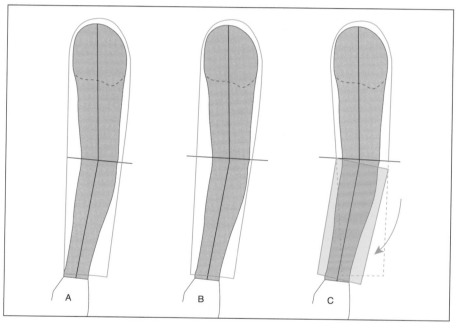

[그림 7]

A : 일자 소매
B : 1차 회전 소매 (소매의 굽은 표현을 하지 않은 상태의 소매)
C : 2차 회전 소매 (굽은 표현을 한 상태의 소매)

팔꿈치는 관절의 움직임에 의해 적당한 여유량이 필요하다. 굴절이 자연스럽게 될 정도로 여유 있는 넓은 소매 모양에는 팔꿈치 굽은 모양을 만들 필요는 없지만, 팔의 굽은 형태에 따라 만들어진 타이트 슬리브에서는 팔꿈치 다트를 넣지 않으면 팔이 자유로이 굽어지지 않는 소매가 된다.

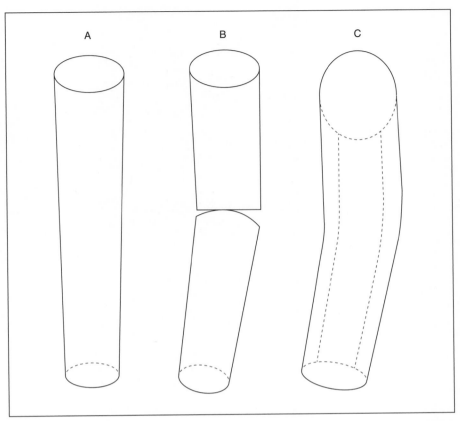

[그림 8]

팔의 굽음과 팔꿈치 굽음의 관계를 이해하기 위해 팔의 모양을 옆면에서 관찰하고 종이 원통을 가지고 실험한 것이 [그림 8]이다.

[그림 8]의 A, B, C에서 보이는 것처럼 팔 모양의 종이통에서 팔꿈치 부분을 굽히기 위해 반대쪽에서 자른 후, 뒤쪽을 벌리고 앞쪽을 당기어 굽히면 쉽게 커브 형태가 된다.

타이트 슬리브에 생기는 다트는 이 원리와 같아서 굽어진 곳을 펴 굽혀진 쪽은 다트를 생성하며 팔의 경사에 맞춰서 소매를 만든다.

두 장 소매일 경우는 C처럼 소매 구조를 2패널로 나누는데 이때 다트 몫을 바깥쪽 솔기선 속에 함께 넣어 구성한다.

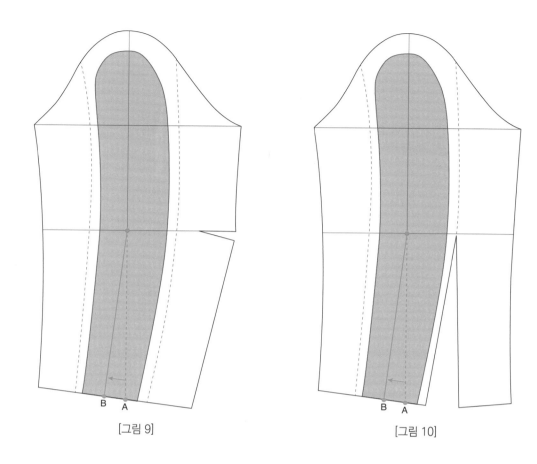

[그림 9]   [그림 10]

[그림 9]와 [그림 10]은 팔의 구조에 맞춰 구체적으로 만든 소매 형태이다.

[그림 9]는 팔꿈치 다트를 옆에서 잡아준 형태이고, 반면 [그림 10]은 팔꿈치 아래로
잡은 형태이다. 팔꿈치 다트는 팔꿈치 밑으로 남는 공간을 실루엣에 따라 잡아주면
되는 다트이다. 이때 [그림 9]와 [그림 10]의 팔꿈치 다트의 양이 중요하다. 소매의 디
자인에 따라 다트의 방향은 옆이나 아래 어디로 향하든 양만 같으면 상관없다. 또한
A점에서 B점으로 회전되는 부분을 소매의 2차 회전량이라고 생각하면 된다.

이 기본 소매를 바탕으로 한 장 소매, 두 장 소매 혹은 래글런 소매, 드롭 소매 등 모든
소매에 응용할 수 있다.

소매산 둘레의 줄임과 늘림

포멀한 재킷이나 코트 등의 소매를 제도할 때 팔의 자연스러운 아름다움을 표현하려면 소매산의 윗부분에 이즈량을 주어 소매 윗부분에 입체감을 주어야 한다.

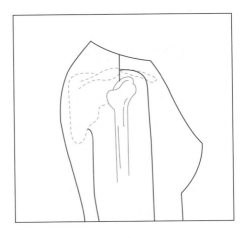

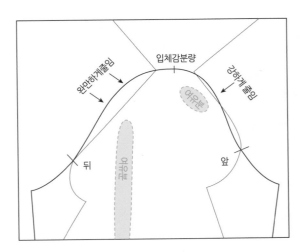

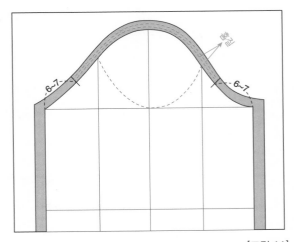

[그림 11]

팔을 옆면에서 보면 일반적으로 어깨 끝부분은 앞쪽으로는 튀어 나온 듯 둥글고, 뒤쪽은 완만한 커브이다. 따라서 팔의 모양을 맵시있게 하려면 [그림 11]처럼 앞어깨 돌출 부위의 앞소매 쪽은 짧고 강하게 이즈량을 주고 뒤소매산 쪽의 완만한 커브는 이즈량을 길고 완만하게 처리해준다. 소매의 입체감을 위한 소매의 이즈량은 소매의 실루엣, 소매산 높이와 소재 등에 따라 달라진다. 소매산이 높은 포멀한 재킷이나 코트의 경우, 비교적 이즈 처리가 용이한 원단은 3~4cm의 이즈량이 적당하다. 반면 이즈 처리가 어려운 실크나 면 등의 원단인 경우엔 2~2.5cm 정도의 이즈량을 주는 것이 좋다. 그러나 모든 소매가 이즈량을 필요로 하는 것은 아니다. 셔츠나 활동이 많은 점퍼처럼 낮은 소매산인 경우, 이즈량을 주지 않거나 오히려 소매 암홀 치수를 몸통 원형의 진동둘레 치수보다 약간 작게 제도하여 소매의 암홀을 늘림 봉제로 하는 것이 필요하다.

소매의 종류 및 분류

소매란? 인체의 팔을 원통형으로 감싸는 옷의 일부분으로 몸통 전체와 연관되어 있어서 소매만 따로 분리하여 생각할 수 없다. 물론 민소매 유형도 있지만 대부분 기능성과 장식성의 조화를 이루며 몸판과 연결된다.

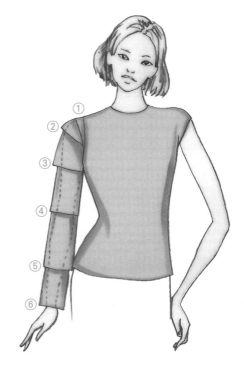

소매의 길이의 분류

소매 길이에 따른 명칭은 커프스의 유·무, 소매 실루엣의 차이, 장식성 등과 관계없이 길이로만 분류하였다.

① 민소매(sleeveless) : 몸통의 암홀 둘레가 바로 완성선이 되는 옷으로, 소매가 없어 노 슬리브(no sleeve) 라고도 한다.

② 캡 소매 : 몸판의 암홀 전체에 소매가 달리는 게 아니라 어깨 윗부분의 일부만 소매가 달리는 유형의 소매이다.

③ 반 소매 : 팔꿈치 위쪽인 3부, 4부 길이 정도의 소매를 반소매라 한다.

④ 5부 소매 : 팔꿈치 부분 길이 소매를 5부 소매라 할 수 있다.

⑤ 7부 소매 : 팔꿈치 길이보다 긴 유형으로 어깨부터 손목까지의 3/4정도 길이를 7부 소매라고 한다. 더 구체적으로는 6부 소매, 8부 소매, 9부 소매로도 구분할 수 있다.

⑥ 긴 소매 : 어깨부터 손목까지 전체를 덮는 형태로써 때로는 손등까지 내려오는 유형도 있다.

패턴의 구성 측면에 따른 소매의 분류

소매의 디자인은 다양하고 종류도 많지만, 패턴 구성 측면에서 보면 크게 셋인 소매(set-in sleeve), 래글런 소매(raglan sleeve), 기모노 kimono sleeve) & 돌먼 소매(dolman sleeve) 이 세 가지로 분류할 수 있다. 몸판과 소매를 연결하는 위치는 어느 한 곳으로 고정되는 것이 아니라 다양한 위치로 제도할 수 있다.

A. 셋인 소매(set-in sleeve)

소매산의 높낮이와 상관없이 소매를 어깨끝점 및 그보다 약간 벗어난 위치를 지나는 진동 둘레선에서 봉제하는 소매 유형이다. 소매의 윗부분에 개더나 턱 등의 장식성 디자인이 더해져도 그 위치에 봉제가 된다면 구성 측면으로 볼 때, 셋인 소매로 분류할 수 있다.

① 드롭 숄더 소매(drop shoulder sleeve) : 셋인 소매의 한 유형으로 기본적인 셋인 소매의 봉제 위치보다 아래로 더 내려온 위치이며, 소매를 연결하는 위치가 낮다.

② 하이 숄더 소매(high shoulder sleeve) : 일반적인 낯익은 유형은 아니지만, 드롭 숄더 소매의 반대 유형으로 기본 셋인 소매의 봉제 위치에서 위로 더 올라간 위치이며, 셋인 소매보다 옆목점에 더 가깝게 봉제 되는 소매이다. 하이 숄더 소매 또는 업 숄더(up shoulder sleeve) 소매로 불린다.

B. 래글런 소매(raglan sleeve)

몸통원형의 앞·뒤판 진동선 위로 소매가 절개선 없이 몸통과 이어진 구조이다. 소매의 연결 위치는 어깨 끝의 관절 부분은 피하고, 체표 상 근육의 패임에 따라 앞·뒤 목둘레에서 암홀 둘레의 앞·뒤 품선 방향으로 설정하면 된다. 팔의 상하 운동을 구조적인 관점으로 보면 셋인 소매보다 래글런 소매가 인체 구조에 맞는 기능적인 소매라 볼 수 있다. 래글런 소매는 앞·뒤어깨 솔기선이 절개되는 유형과 앞·뒤소매가 절개선 없이 한 장으로 이루진 소매로 구분할 수 있다. 또한 한 장 래글런 소매의 경우엔 어깨선에 다트가 있는 유형과 없는 유형으로 구분할 수 있다.

① 에뽈레트 소매(epaulet sleeve) : 어깨 견장 풍의 좁은 부분이 소매와 연결된 것으로 래글런 소매의 변형이라고 할 수 있다. 남성적이며 어깨를 위로 올리는 듯한 유형으로 스포티한 재킷이나 코트에 자주 사용한다.

② 요크 소매(yoke sleeve) : 요크(yoke)에는 결합한다는 의미가 있으며 패턴 구성의 측면에서 보면 대치되는 옷감 즉, 가로결을 말한다. 요크 소매는 몸통과 대치되는 부분인 요크와 소매가 이어진 소매이다. 요크의 크기나 모양은 디자인에 따라 다양하지만 B,P점에 가까울수록 가슴 다트를 처리하는 데 있어 용이해진다.

C. 기모노 소매(kimono sleeve) & 돌먼(dolman sleeve)

기모노 소매와 돌먼 소매는 기본적으로 몸판과 소매가 하나로 이어져 있는 디자인을 말한다. 기모노 소매는 일본 기모노의 소매에서 유래된 것으로, 소매에 따로 붙임선이 없고 몸판에서 바로 연결되어 재단한 소매를 말한다.

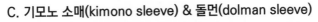

돌먼 소매는 터키인들이 입는 외투의 소매에서 유래되었으며 깊은 진동 둘레와 좁은 소매 부리가 특징이고, 주로 긴소매가 많은 편이다. 돌먼 소매는 넉넉하게 입어야 하며, 소매의 위쪽은 넓고, 소매 부리쪽으로 갈수록 점점 좁아지는 것이 특징이다.

– 프렌치 소매(French sleeve) : 기모노 소매와 같이 몸판과 소매가 이어져 있으면서 소매길이가 짧은 기장의 소매를 프렌치 소매라 말한다.

02

소매의 원형 패턴

한 장 소매원형 패턴

앞서 [소매의 구조]편에서 공부한 것처럼 소매원형의 기본 틀은 몸통원형의 암홀 안에 이미 존재한다. 따라서 디자인에 따른 소매산과 소매통, 소매의 여유량을 고려하여 몸통원형의 암홀을 그대로 소매 패턴으로 활용하여 제도하면 된다. 특히 지금 제도하는 한 장 소매원형 패턴은 모든 소매의 기준이 되고, 또한 다양하게 활용하게 되므로 무엇보다 소매의 구성 원리를 이해하는 것이 필요하다. 이때 중요한 점은 몸통원형의 여유량과 몸판의 암홀길이를 한눈에 비교하면서 원단에 따라 또는 소매 유형에 따라 각각의 부분을 적절하게 조절하여 제도할 수 있어야 한다.

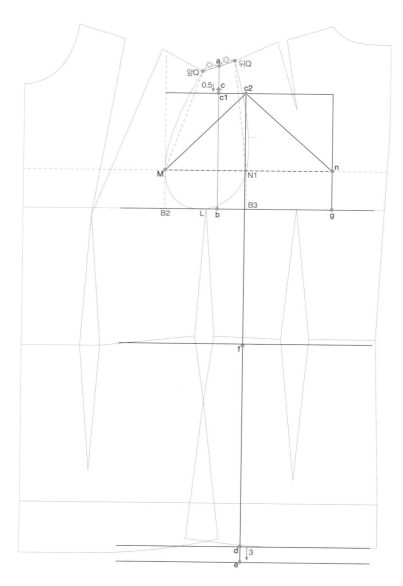

몸판원형 카피

소매는 몸판에서 바로 제도하거나 앞·뒤 몸통원형의 진동선을 같은 평행선상에 배치한 후 카피하여 제도한다. 소매를 제도하기 위해선 몸통원형의 암홀선이 필요하기 때문이다.

가이드 분할 제도

소매산 제도

앞Q 앞어깨점

뒤Q 뒤어깨점

a (앞Q~뒤Q)선의 이등분 점.

b a점에서 수직선으로 진동선과 교차하는 점.

c 기본 소매산 위치

  a에서 암홀깊이(a~b) ÷ 6 내려온 점.

c1 한 장 소매산 위치

  c에서 0.5cm내려 온 점.✚

어깨점 위치 설정

c2 어깨점

  M에서 [M~앞Q선의 직선길이 + 0.5cm(이즈량 조절값)] 길이만큼 c1선상과 교차하는 점.▲

길이 분할

d 팔길이

  c2에서 (신장 ÷ 8) × 2.9 = 58cm

e 소매기장

  c2에서 팔길이(c2~d) + 2~3cm★

f 팔꿈치길이

  c2에서 (팔길이(c2~d) ÷ 2) + 2.5~ 3cm

n 소매 뒤품점

  c2에서 {뒤Q~N1선의 직선길이 + 0.5cm(이즈량 조절값)} 길이만큼 품점의 (M~N1)연장선과 교차하는 점.

g n점의 수직선과 진동선이 교차하는 점.

✚소매산을 결정할 때, 소매의 실루엣과 어깨 패드의 유·무 및 두께, 그리고 이즈량 등을 고려해야 한다.

▲ 소매 이즈량 조절값은 소매의 이즈량에 따라 달리 주면 된다. 보통 직선 길이와 곡선 길이 0.5cm 가량 차이가 생긴다. 예를 들면 소매 이즈량을 대략 1cm가량 주고자 한다면, 몸판의 (M~앞Q)선 길이 + 이즈량 조절값 0.5cm 한다면 총 이즈량은 (M~앞Q)길이에서 0.5cm분량과 이즈량 조절값인 0.5cm가 더해서 총 1cm가량의 이즈량이 나오게 된다. 이를 참고하여 이즈량 조절값을 설정해 주면 된다.

★ 팔길이가 인체의 팔길이라고 한다면, 소매기장은 디자인 특성을 반영한 기장으로 팔길이 보다 길게 한다. 일반적으로 재킷 등 일반적인 소매기장으로 사용한다.

한 장 소매 제도

g1 앞 솔기 시작점

B2에서 (B2~L) + 0.3cm(여유량)만큼 나간 점.

g2 뒤 솔기 시작점

g에서 (B3~L) + 0.3cm(여유량)만큼 나간 점.

앞암홀

j 앞품선(M 수직선)과 c2점의 수평선이 교차하는 점.

j1 (c2~j)선의 이등분 점.

m1 M점(가이드 원형)에서 0.5cm 들어간 점.

j2 앞암홀 가이드 점

(m1~j1)선의 이등분 점.

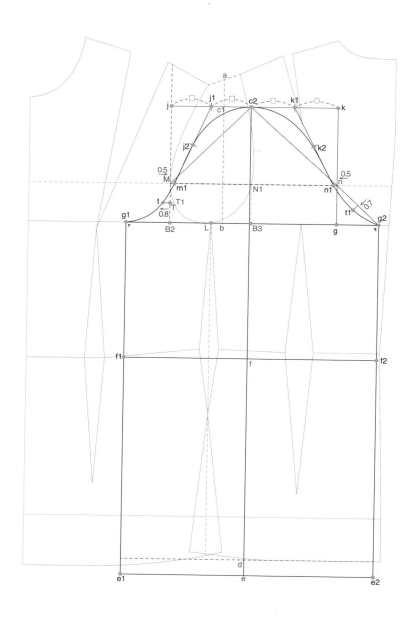

t T점에서 (T~T1) + 0.3cm(여유량)만큼 나간 점.

g1~t~m1~j2~c2 앞암홀 완성선

　각 점을 자연스러운 곡선으로 연결하여 앞암홀을 제도한다.

뒤암홀

k n을 지나는 수직선과 c2점의 수평선이 교차하는 점.

k1 (c2~k)선의 이등분 점.

n1 n점에서 0.5cm 들어간 점.✚

k2 뒤암홀 가이드 점

　(n1~k1)선의 이등분 점.

t1 (n~g2)선의 이등분 점에서 0.7cm만큼 들어온 점.

g2~t1~n1~k2~c2 뒤암홀 완성선

　각 점을 자연스러운 곡선으로 연결하여 뒤암홀을 제도한다.

소매 솔기선

f1 g1에서 수직선으로 팔꿈치선(f)과 교차하는 점.

e1 g1에서 수직선으로 소매기장선(e)과 교차하는 점.

g1~f1~e1 앞소매 솔기선

f2 g2에서 수직선으로 팔꿈치선(f)과 교차하는 점.

e2 g2에서 수직선으로 소매기장선(e)과 교차하는 점.

g2~f2~e2 뒤소매 솔기선

✚ 소매의 앞품점 M과 뒤품점 N
에서 각각 0.5cm씩 들어가서 제
도하는 부분은 소매의 실루엣에
따라 그 값을 조절하여 제도 할 수
있다. 만약 소매가 슬림하게 떨어
지는 디자인의 경우, 품점 기준으
로 안으로 들어가서 제도한다. 반
대로 박시한 스타일의 실루엣의
경우에는 품점 기준으로 같거나
밖으로 나가게 제도해준다.

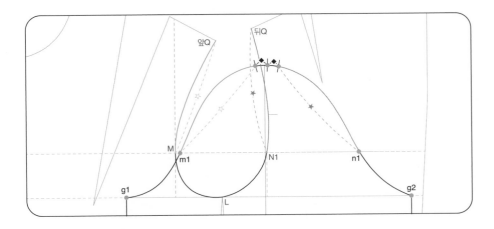

소매 이즈량 완성

① 앞·뒤암홀선에 각진 곳이 없는지 확인 후 자연스럽게 다듬어 준다.

② 앞·뒤품점을 기준으로 몸판 암홀길이와 소매 암홀길이를 비교하여 소매 암홀의 이
　즈량을 확인한다.

③ 소매 암홀 이즈량의 이등분 점이 소매의 최종 어깨점이다.

한 장 소매 1차 회전과 2차 회전

인체의 팔을 옆면에서 관찰하면 팔은 앞쪽으로 향한 방향성을 가지고 있다는 것을 알 수 있다.

따라서 기본 소매원형을 앞쪽으로 향하도록 소매원형을 회전시켜 주는 것이 필요하다. 기본적으로 1차 회전 양은
1cm로 제도하지만 회전 양은 디자인과 소재의 특성, 체형 등에 따라 조절해야 한다.

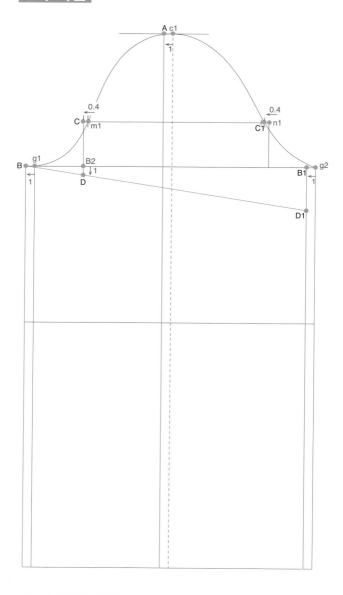

1차 회전

한 장 소매원형 복사

제도한 한 장 소매를 활용한다.

① 한 장 소매원형을 복사 제도한다.

② 진동선과 품선을 정확히 표시하여 제도한다.

소매의 회전을 쉽게 설명하자면, 뒤 솔기선을 절개하여 앞쪽으로 붙여 소매를 앞쪽으로 돌려주는 방식과 동일하다. 이때 소매의 암홀을 몸판의 암홀에 맞게 다시 보정해 주어야 하는데 이는 몸판의 암홀과 소매 암홀은 잘 맞아야 하기 때문이다.

A 어깨점 이동

c1선에서 1cm만큼 앞쪽으로 평행 이동한 선.✛

B, B1 솔기선 이동

g1, g2선에서 1cm만큼 앞쪽으로 평행 이동한 선.

C, C1 품점 이동

m1, n1선에서 0.4cm만큼 앞쪽으로 평행 이동한 선.▲

D 1차 회전 경사 (암홀상자의 회전)

B2선상에서 1cm 내린 점.

D1 (B~D)선의 연장선이 B1점의 수직선과 교차 되는 점.

회전 앞암홀박스

한 장 소매원형의 진동선을 B~D1선에 맞춘 뒤, 앞암홀박스를 표시하여 제도한다.

B1선 (B~D1)선의 평행선이 B1점과 교차 되는 선.

회전 뒤암홀박스

한 장 소매원형의 진동선을 B1선에 맞춘 뒤. 뒤암홀박스를 표시하여 제도한다.

✛1cm 앞쪽으로 이동한 양이 회전량이다.

▲ 회전량의 40%정도 품점을 이동해준다.

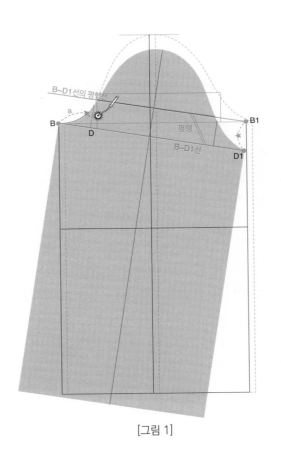

[그림 1]

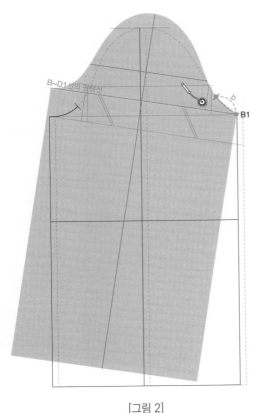

[그림 2]

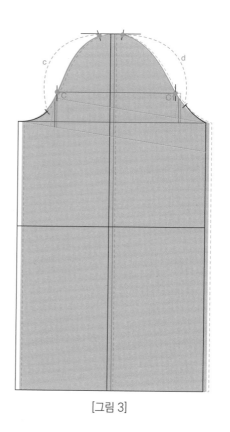

[그림 3]

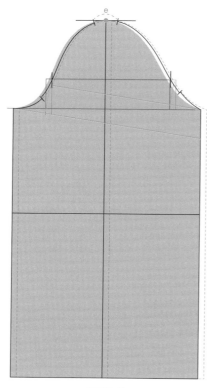

[그림 4]

새로운 소매 암홀선 제도

D~D1평행선 (D~D1)선에서 (★)양만큼 평행하게 제도한다.

소매가 회전할 수 있도록 회전량을 찾아 가이드 라인을 제도했다. 가이드 라인을 따라 이미 제도한 한 장 소매를 이용하여 회전에 맞는 소매라인을 제도한다.

a (B~D1)선을 기준으로 소매원형을 활용하여 소매의 1/2 앞품점까지 제도한 뒤, 새로운 앞암홀박스를 룰렛으로 표시해준다.

b (B~D1)의 평행선을 기준으로 소매원형을 활용하여 소매의 1/2 뒤품점까지 제도한 뒤, 새로운 뒤암홀박스를 룰렛으로 표시해준다.

c, d [그림 3]처럼 품점에서 앞쪽으로 0.4cm씩 수평으로 이동해준 C, C1 점을 기준으로 소매원형을 활용하여 1/2품점부터 소매산 부분까지 제도한다.

e [그림 4]처럼 A점을 기준으로 소매산이 변하지 않게 소매산 부분들을 제도한다.

1/2앞·뒤품점 부분과 소매산의 어긋난 선들을 자연스러운 곡선으로 연결해주어 새로운 소매선을 제도한다.

2차 회전

소매의 2차 회전은 팔꿈치 아래 부분에서 앞쪽으로 굽어진 형태를 입체감 있게 제도해주는 방식이다. 팔의 방향성에 따라 소매를 앞으로 향하게 하는 1차 회전보다 팔의 형태에 따른 구조적인 소매를 만들기 위해서는 2차 회전이 더 중요하다.

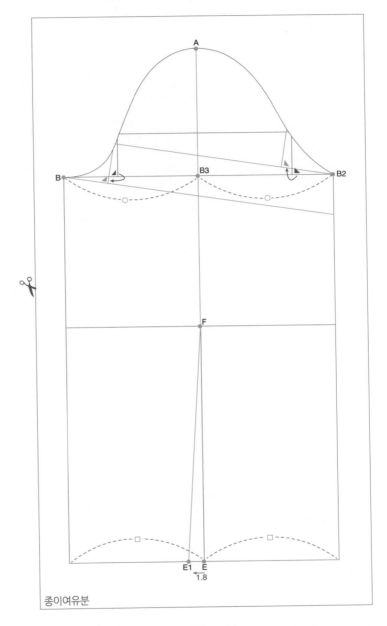

새롭게 제도 된 1차 회전 소매원형의 팔꿈치선 아래 부분을 2차 회전해 준다.

B3 (B~B2)선의 이등분 점.

F B3점의 수직선이 팔꿈치선과 교차하는 점.

E B3점의 수직선이 소매 밑단선과 교차하는 점.

E1 E점에서 2차소매 회전량(1.8cm) 만큼 나간 점.✚

E1~F 팔꿈치 2차회전

그림과 같이 종이 여유분을 주고 패턴을 잘라준다.

✚2차 회전량은 팔꿈치 아래 부분이 앞쪽으로 향하게 하는 값을 말한다. 따라서 이 회전량은 체형과 실루엣에 따라 조절하여 적용하면 된다.

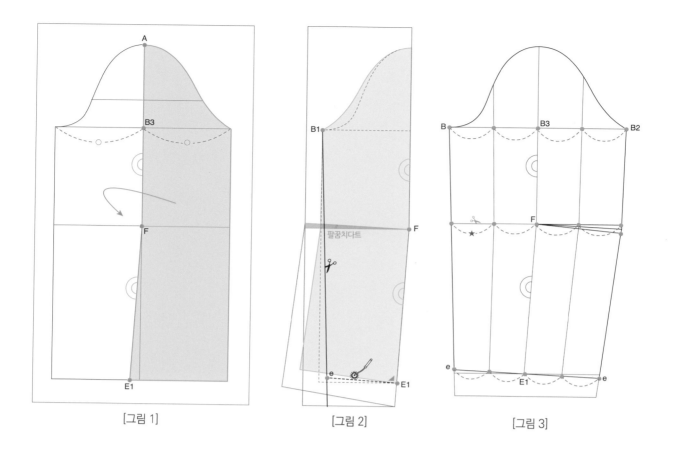

[그림 1]   [그림 2]   [그림 3]

[그림 1]처럼 2차 회전된 소매 중심선을 기준으로 뒤쪽이 위로 올라오게 접어준다.

팔꿈치선 위쪽은 소매의 이등분 선을 따라 접고, 팔꿈치선 아래는 회전된 선을 따라 접어주면 저절로 팔꿈치 다트가 형성된다.

[그림 2]처럼 2차 회전 영향으로 형성된 팔꿈치 다트를 접어준다.

e 소매부리

　(F~E1)선의 직각선에서 1/2 소매부리만큼 나간 점까지 룰렛으로 표시해준다.

B1~e 가이드 소매 솔기선

　밑단에 종이 여유분을 주고 솔기선만 잘라준다.

[그림 3]처럼 소매 솔기선을 커팅한 후 펼친 상태에서 (B3~F~E1)선을 중심으로 잘라 낸 양쪽 솔기선을 앞·뒤 각각 이등분으로 접어준다. 그리고 소매 중심선이 2차 회전되 었기 때문에 팔꿈치 아래 부분이 앞으로 향하도록 접기 위해 앞쪽 팔꿈치선 앞쪽에서 절반(★)을 절개해준다.

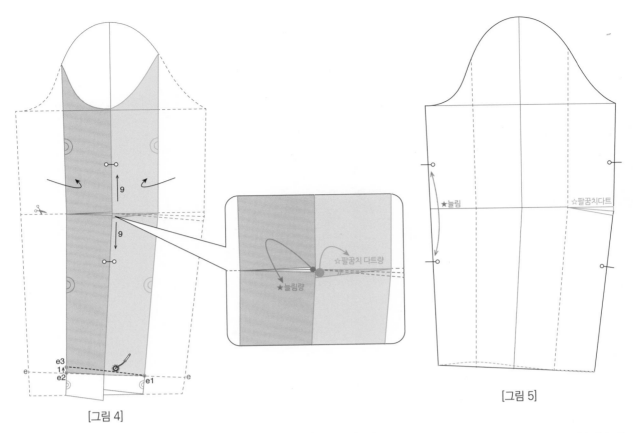

[그림 4]   [그림 5]

[그림 4]처럼 2차 회전 된 중심선에서 이등분으로 접게 되면, 앞 팔꿈치 절반(★)솔기선에서 봉제 시 늘려주어야 할 분량(0.5cm~0.6cm가량)이 생긴다. 이 부분을 봉제 시 늘려주는 것이 소매의 핵심부분 중 하나이다. 반면 뒤쪽 팔꿈치 부분에는 다트가 접히게 된다. 이 부분이 팔꿈치 다트양이다.

너치 표시 접은 상태에서 팔꿈치선 기준으로 9~10cm가량 위·아래로 너치를 표시해
　　　　　준다. 이때 표시된 너치 위치에서 앞쪽을 늘려 봉제되어야 한다.

소매부리 가이드선

✚ 팔을 옆면에서 관찰하면 팔의 기울기 때문에 손목의 앞쪽이 조금 높고 뒤쪽이 더 낮다.

e3 e2에서 1cm올라간 점.✚
e1~e3 룰렛으로 눌러준다.

[그림 5] 다시 펼친 후, 앞쪽 솔기선 늘림량과 뒤쪽 솔기선 다트량을 확인 후, 표시한다.

소매부리 완성선
① 밑단이 곬 시접이 아닌 경우 (빨강선)
　　곬이 아닌 경우 룰렛으로 눌러준 선을 활용하여 자연스러운 곡선으로 제도한다.
② 밑단이 곬 시접인 경우 (검정선)
　　각 끝점을 직선으로 연결하여 사용한다.
2차 회전 후, 팔꿈치 다트는 필요에 따라 소매부리쪽으로 M.P시켜 사용해도 되며, 다트량의 절반은 분할하고, 절반은 이즈량으로 처리하여 사용할 수도 있다.

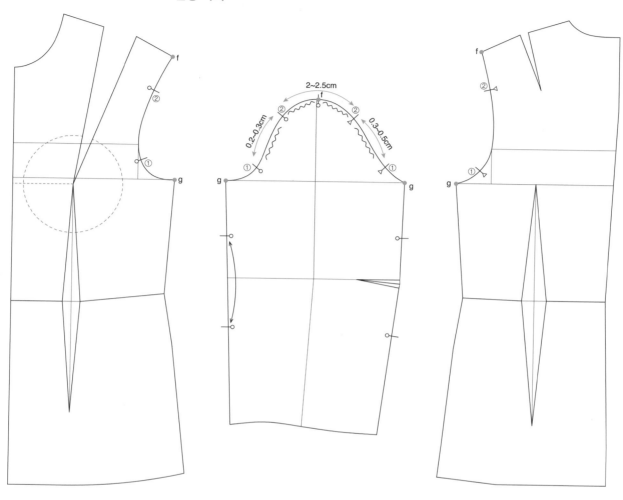

앞·뒤(g)~① 이 구간에는 몸판과 소매 패턴에 동일한 값으로 너치 표시한다.

앞①~② 이 구간에서 몸판보다 0.2~0.3cm가량 이즈량을 주어 소매 패턴에 너치 표시한다.

뒤①~② 이 구간에서 몸판보다 0.3~0.5cm가량 이즈량을 주어 소매 패턴에 너치 표시한다.

앞(f)~② 앞몸판 원형에서 6.5~7cm가량 너치 표시한다.

뒤(f)~② 뒤몸판 원형에서 7~7.5cm가량 너치 표시한다.✚

✚ 앞②~뒤② 구간에는 몸판보다 2~2.5cm가량 이즈량이 있다.

한 장 소매를 두 장 소매로 만들기

1차 회전과 2차 회전이 끝난 한 장 소매를 활용하여 두 장 소매, 세 장 소매, 래글런 소매 등 다양하게 응용할 수 있다. 특히 한 장 소매를 두 장 소매로 활용하게 되면 여러 가지 측면에서 장점이 있다.

첫째, 소매의 겉쪽과 안쪽을 두 장으로 나누어 제도하면, 팔의 모양처럼 입체적인 형태의 소매를 만들 수 있다.

둘째, 소매 패턴에서 위쪽 팔통의 두께를 감안하여 소매통을 늘려줘야 하는 경우, 한 장 소매는 어쩔 수 없이 소매산 높이로 조절하여 소매통을 늘려줄 수밖에 없다. 하지만 두 장 소매인 경우에는 소매산 높이를 유지하면서 절개된 위치에서 소매통을 자연스럽게 늘려줄 수 있다.

셋째, 몸판 솔기선과 소매 솔기선이 맞닿으면서 시접이 겹쳐 두꺼워진 부분을 분산하여 제도할 수 있다.

넷째, 한 장 소매인 경우, 기본적으로 소매 중심선 기준으로 결이 따라가지만, 두 장 소매의 경우 솔기선을 수직으로 제도하여 사용할 수도 있다.

다섯째, 재단을 할 때, 원단을 효율적으로 활용할 수 있다.

캐주얼 두 장 소매로 변형

먼저 가장 널리 활용되는 한 장 소매를 두 장 소매로 변형할 수 있는 제도 방법이다.

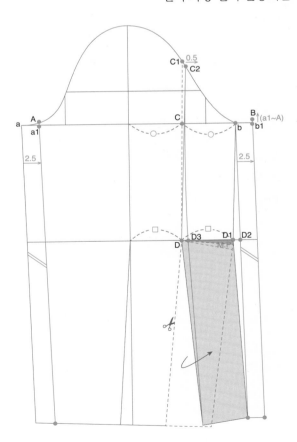
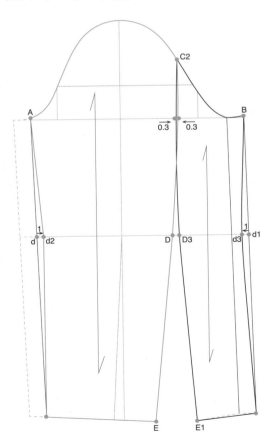

새로운 솔기선

다트이동 팔꿈치 다트를 밑단 쪽으로 이동한다.

C 뒤소매통 이등분 점.

D 뒤 팔꿈치 이등분 점.

C1 (C~D)선의 연장선과 완성선이 교차하는 점.

C2 작은소매 절개 가이드선

　　C1에서 0.5cm가량 이동한 점.

a1 앞소매 솔기선 이동

　　(a)앞쪽 솔기선에서 2.5cm만큼 평행하게 들어온 선

b 기존 뒤소매 솔기선을 직선으로 다시 제도한다.

b1 뒤소매 솔기선 이동

　　새로운 (a1)앞쪽 솔기선을 옮긴 2.5cm만큼 직선으로 제도한 (b)뒤 솔기선에서 평
　　행하게 옮겨 준다.

D3 새로운 작은소매 절개 가이드점

　　D에서 (D1~D2)만큼 들어온 점.

B (a1~A)만큼 새로운 뒤 솔기선(b1)에서 수직으로 올려준다.

소매 완성선

✚팔꿈치둘레는 2cm내외로 줄여
준다.

d2, d3 팔꿈치 완성선✚

　　팔꿈치선 (d),(d1)에서 각각 1cm 들어간 점에서 자연스러운 곡선으로 제도한다.

C2~D~E 큰소매 완성선

　　C2, D 각 점을 연결 제도할 때, 소매 진동선에서 0.3~0.4cm가량 나간 지점과 자
　　연스러운 곡선으로 제도한 뒤, E점까지 연결하여 제도한다.

C2~D3~E1 작은소매 완성선

　　C2, D3 각 점을 연결 제도할 때, 소매 진동선에서 0.3~0.4cm가량 나간 지점과
　　자연스러운 곡선으로 제도한 뒤, E1점까지 연결하여 제도한다.

소매부리 각 끝점을 직선으로 연결하여 제도한다.

소매식서 진동선과 직각으로 잡아준다.

포멀한 두 장 소매로 변형

소매 겉쪽과 소매 안쪽 솔기선을 수직으로 만들어 결선을 솔기선 수직으로 세울 수 있는 제도 방법이다. 캐주얼 두 장 소매와 다른점은 겉소매와 안소매 즉, 큰소매와 작은소매의 결선을 각각 솔기선 기준으로 세운다는 것이다. 이것은 포멀한 정장의 두 장 소매와 같은 원리로 보면 된다.

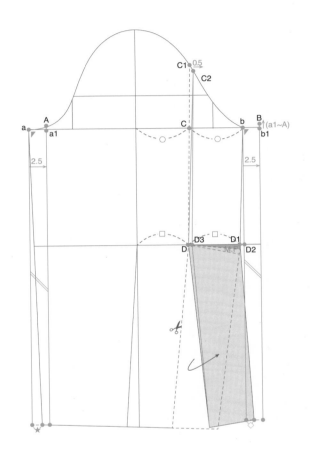
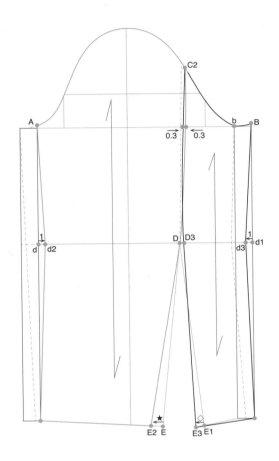

새로운 솔기선

다트이동 팔꿈치 다트를 접어(M.P) 밑단 쪽으로 이동시킨다.

C 뒤소매통 이등분 점.

D 뒤 팔꿈치 이등분 점.

C1 (C~D)선의 연장선과 뒤암홀 완성선이 교차하는 점.

C2 소매 절개 가이드선

   C1에서 0.5cm가량 이동한 점.

a, b 진동선을 기준으로 각 점에서 수직선을 제도한다.

a1, b1 솔기선 이동

   새로운(a)앞쪽 솔기선 2.5cm를 (b)뒤쪽 솔기선으로 평행 이동하여 옮겨준다.

D3 새로운 작은소매 절개 가이드점

   D에서 (D1~D2)만큼 들어온 점.

B (a1~A)만큼 새로운 뒤 솔기선(b1)에서 수직으로 올려준다.

✚ 팔꿈치둘레는 2cm내외로 줄여
준다.

d2, d3 팔꿈치 완성선✚

팔꿈치선 (d),(d1)에서 각각 1cm 들어간 점에서 자연스러운 곡선으로 제도한다.

E2 새로운 큰소매 부리 가이드 점

새로운 솔기선을 수직선으로 살리면서 늘어난(★)만큼 E점에서 들어온 점.

E3 새로운 작은소매 부리 가이드 점

새로운 솔기선을 수직선으로 살리면서 늘어난(◇)만큼 E1점에서 들어온 점.

C2~D~E2 큰소매 완성선

C2, D 각 점을 연결 제도할 때, 소매 진동선에서 0.3~0.4cm가량 나가, 윗 소매통 둘레를 살리면서 자연스러운 곡선으로 제도한 뒤, E2점까지 연결하여 제도한다.

C2~D3~E3 작은소매 완성선

C2,D3 각 점을 연결 제도할 때, 소매 진동선에서 0.3~0.4cm가량 나가, 윗 소매통 둘레를 살리면서 자연스러운 곡선으로 제도한 뒤, E3점까지 연결하여 제도한다.

소매부리 E2, E3점과 각 끝점을 직선으로 연결하여 제도한다.

소매식서 진동선과 직각으로 잡아준다.

포멀한 두 장 소매원형 패턴

이 제도법은 남성복 정장 소매의 제도법과 같은 방식으로 포멀한 재킷, 코트 등에 많이 활용하는 소매원형이다. 두 장 소매는 겉쪽 패널과 안쪽 패널을 분리하는 절개선이 있는데, 이 절개선 위치가 남성복과 여성복이 조금씩 다르다. 물론 디자인에 따라 같게 할 수도 있지만 보편적으로 여성복은 뒤쪽 절개의 안쪽 솔기선이 겉쪽으로 보이지 않도록 감추는 경우가 많다. 따라서 남성복보다 안쪽 소매를 더 작게 제도한다. 두 장 소매원형도 한 장 소매와 같이 몸판원형에서 암홀을 그대로 활용하여 패턴을 제도한다.

몸판원형 카피

소매를 제도하기 위해 앞·뒤 몸통원형의 진동선을 같은 평행선상에 배치하여 카피 제도한다. (소매를 제도하기 위해선 몸통원형의 암홀선이 필요하기 때문이다.)

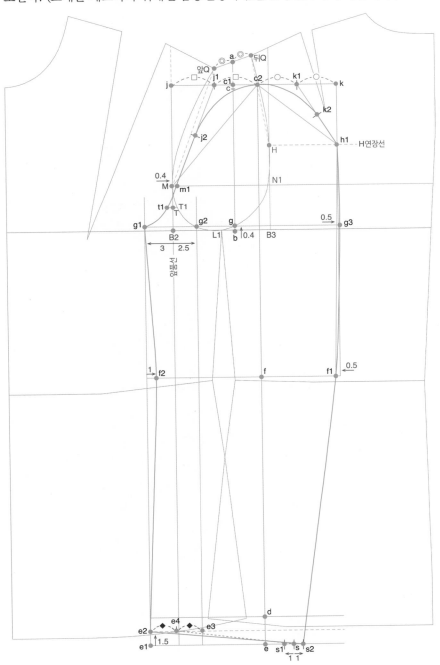

가이드 분할 제도

앞Q 앞어깨점

뒤Q 뒤어깨점

a (앞Q~뒤Q)선의 이등분 점.

b a점에서 수직선으로 진동선과 교차하는 점.

c 기본 소매산 위치

  a에서 암홀깊이(a~b) ÷ 6 내려온 점.

c1 두 장 소매산 위치

  c에서 0.5cm 올라간 점에서 가로 수평선을 제도한다.✚

➕소매산을 결정할 때, 소매의 실루엣과 어깨 패드의 유·무 및 두께, 이즈량 등을 고려해야 한다.

어깨점 위치

c2 어깨점

  M에서 [M~앞Q선의 직선길이 + 0.8cm(이즈량 조절값)] 길이만큼 c1선상과 교차하는 점.▲

▲두 장 소매의 기본적인 이즈량은 총 2.6cm가량이다. 따라서 앞·뒤 각 1.3씩 나오도록 이즈량 조절값은 0.8cm가량 더해주면 된다. (이즈량 조절하는 방법은 한 장소매에 설명되어 있음. p119 참조)

길이 분할

d 팔길이

  c2에서 신장 ÷ 8 × 2.9 = 58cm

e 소매기장

  c2에서 팔길이(c2~d) + 2~3cm(여유분) 내려간 점.

f 팔꿈치 길이

  c2에서 팔길이(c2~d) ÷ 2 + 2.5~3cm 내려간 점.

h1 소매 뒤품점

  c2에서 [H~뒤Q선의 직선길이 + 0.8cm(이즈량 조절값)] 만큼 몸판 H점의 수평 연장선과 교차하는 점.

  h1점에서 팔꿈치선과 교차하는 수직선을 제도한다.

큰소매·작은소매(겉소매·안소매) 솔기선 분할

g 소매 진동선 활동분

  b점에서 0.4cm 올라간 점.

g1 큰소매 솔기 시작점

  g점의 수평선에서 몸판원형의 앞품선(B2)을 기준으로 앞쪽으로 3cm 나간 점.

g2 작은소매 솔기 시작점

  g점의 수평선에서 몸판원형의 앞품선(B2)을 기준으로 뒤쪽으로 2.5cm 들어간 점.★

★ 작은 소매원형에 0.5cm가량 이즈량이 포함된 것

겉소매 제도(큰소매)

겉소매 앞암홀 가이드

j 앞품선(M 수직선)과 c2점의 수평선이 교차하는 점.

j1 (c2~j)선의 이등분 점.

m1 M점에서 0.4cm 들어온 점.

j2 (m1~j1)선의 이등분 점.

t1 T점에서 (T~T1)선의 길이만큼 나간 점.

겉소매 뒤암홀 가이드

k h1점의 수직선과 c2점의 수평선이 교차하는 점.

k1 (c2~k)선의 이등분 점.

g1~t1~m1~j2~c2~k2~h1 큰 암홀 완성선

   각 점을 자연스러운 곡선으로 연결하여 큰소매 암홀을 제도한다.

겉소매 솔기 가이드점

f1 h1점의 수직선과 팔꿈치선(f)이 교차하는 점에서 0.5cm 들어간 점.

f2 g1점의 수직선과 팔꿈치선(f)이 교차하는 점에서 1cm 들어간 점.

e1 g1점의 수직선과 소매기장선(e)과 교차하는 점.

소매부리 분할

e2 큰 소매부리 시작점

   e1점에서 1.5cm 올라간 점.✚

e3 작은 소매부리 시작점

   g2점에서 수직선으로 e2점의 수평선과 교차하는 점.

e4 소매부리 분할 가이드

   (e2~e3)선의 이등분 점.

s e4점에서 (소매부리 ÷ 2)길이만큼 e1선상과 교차하는 점.

s1, s2 s점을 기준으로 각 1cm씩 좌우로 나간 점.

e2~s2 큰소매 소매부리선

겉소매 솔기선

g3 소매통 여유분

   (h1~f1)선과 g점의 수평선이 교차하는 점에서 0.3~0.6cm 나간 점.

h1~g3~f1~s2 큰소매 솔기 완성선

   각 점을 자연스러운 곡선으로 연결하며 s2점에 가까워질수록 직선으로 제도한다.

g1~f2~e2 큰소매 솔기 완성선

   각 점을 자연스러운 곡선으로 연결하며 e2점에 가까워질수록 직선으로 제도한다.

✚ 한 장 소매에서는 1cm를 올려서 제도하지만, 두 장 소매는 1.5cm 올려준다. 올려주는 양은 디자인에 따라 달라질 수 있지만 겉소매와 안소매로 분리되어 보다 입체적인 두 장 소매의 경우 한 장 소매보다는 좀더 올려주는 것이 좋다.

안쪽 소매 (작은소매)

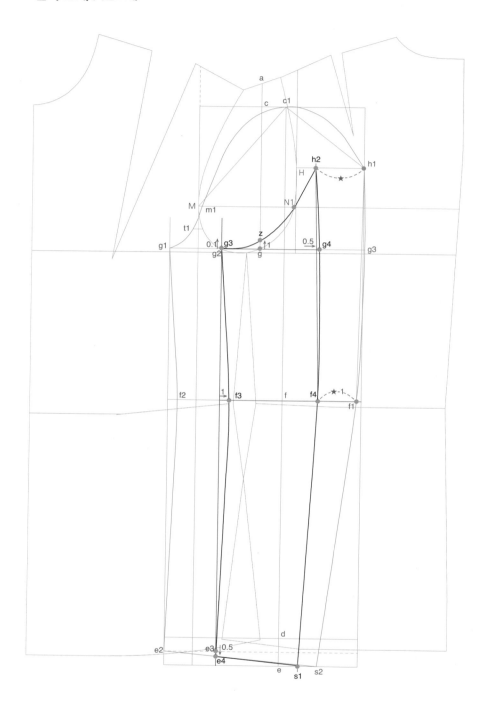

✚h2점은 팬츠의 뒤 기울기와 같은 원리로 이해하면 된다. 즉 H점에서 멀어지면 기울기가 커져서 활동적이지만 맵시가 떨어지고, 반면 H점에서 가까워 질수록 기울기가 작아져 맵시는 있으나 활동성이 떨어지게 된다. 따라서 디자인에 따라 적용해주면 된다.

안쪽소매 암홀

h2 작은소매 시작점

H에서 (상동 ÷ 20)만큼 들어온 점.✚

g3 작은소매 솔기점

g2점에서 0.1cm가량 올라간 점.

z 작은소매 암홀 가이드점

g점에서 1cm가량 올라간 점.

g3~z~N1~h2 작은소매 암홀 완성선

(h2~N1)지점은 직선으로 연결 후, 각 g3, z점을 자연스러운 곡선으로 연결하여 작은소매 암홀선을 제도한다.

안쪽소매 솔기 가이드선

f3 g3점의 수직선과 팔꿈치선(f)이 교차하는 점에서 1cm 들어간 점.

f4 f1점에서 ★선(h2~h1) - 1cm 만큼 들어간 점.

e4 e3점에서 0.5cm(소매 늘림양)가량 내려간 점.

g4 소매통 여유분

(h2~f4)선과 g점의 수평선이 교차하는 점에서 0.3~0.6cm가량 나간 점.

h2~g4~f4~s1 작은소매 솔기 완성선

각 점을 자연스러운 곡선으로 연결하며 s1점에 가까워질수록 직선으로 제도한다.

g3~f3~e4 작은소매 솔기 완성선

각 점을 자연스러운 곡선으로 연결하며 e4점에 가까워질수록 직선으로 제도한다.

e4~s1 안쪽 소매부리

목의 구조와
칼라원형 가이드

제4부에서는 목의 구조를 이해하는 동시에 칼라의 구조 원리를 이해할 수 있도록 구성하였다. 칼라의 모양은 수없이 많고 복잡해 보이지만 칼라의 구조 원리로 분류해 보면 의외로 쉽게 구분 할 수 있다. 저자는 패턴의 구성 관점에서 제도에 용이하도록 7가지 유형으로 구분하고 각 유형의 제도 방법을 설명하였다.

스탠딩 칼라, 네크라인 칼라, 하이 네크 칼라 유형을 제외한 대부분의 칼라는 칼라의 바깥 둘레선 길이에 의해 칼라 스탠드분의 높이와 칼라 가장자리의 놓임 상태가 결정된다. 이 때 칼라의 가장자리 놓임 상태는 어깨 경사 기울기에 따라서도 영향을 받기 때문에 칼라 제도 시 어깨 경사도도 고려해야 한다. 각 유형별 제도 방법의 원리를 확실히 이해하여 어떠한 칼라 디자인이 주어지더라도 바로 제도 할 수 있어야 한다.

외관상 칼라와 다른 것처럼 보이는 후드(모자) 칼라 역시 패턴 구성 측면에서 살펴보면 칼라의 제도 방법과 크게 다르지 않다. 다만 후드의 경우 인체의 머리를 감싸기 때문에 머리의 구조와 사이즈를 고려해야 한다.

01

목의 구조와
칼라 패턴의 구조

목의 구조

목은 우리 인체의 머리와 몸통을 연결하는 부위이다. 몸통과 목을 구분하는 경계선인 목밑둘레선은 몸통원형의 기본적인 네크라인이 된다. 목의 형태는 단순한 원통형으로 생각하기 쉽지만, 목의 형태와 목밑둘레선은 칼라의 구조와 밀접한 관계가 있다.

몸통의 네크라인에서 연결되는 칼라(collar)는 얼굴과 가장 가까운 위치에 있어 얼굴의 윤곽을 나타내는 테두리 선과 같은 효과를 낼 수 있다. 또한 다양한 디자인으로 얼굴을 더욱 돋보이게 하는 장식적인 역할과 기능적인 역할도 한다. 아름다운 칼라를 제도하기 위해서는 목의 구조와 칼라의 구조 원리를 이해하는 것이 매우 중요하다.

옆면에서 관찰한 목의 구조

인체의 옆면 관찰이 패턴 구성의 관점에서 중요한 것처럼 목의 구조 또한 옆면에서 관찰하면 목의 구조를 파악하기에 용이하고 칼라 패턴의 구조를 이해하는 데도 도움이 된다. 그러면 인체의 옆면에서 패턴의 구성 관점으로 목밑둘레선과 목경사의 관계를 살펴보자.

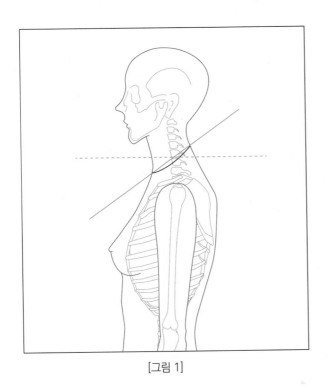

[그림 1]

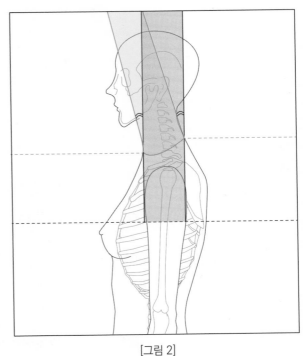

[그림 2]

[그림 1]은 앞목점과 뒤목점을 연결한 것이다. 옆면에서 보면 앞목점과 뒤목점이 수평선상에 있는 것이 아니라 앞쪽으로 향한 기울기를 가지고 있다. 이 기울기의 차이가 앞·뒤 목너비의 차이를 만들어 낸다.

[그림 2]의 경우 다른 시각으로 앞목점과 뒤목점에 수직선을 제도하고 목의 앞 중심각 경사도와 뒤 중심각 경사도를 표현해 것이다. 목의 기울기의 경사는 사람마다 다른데, 목의 경사도가 작은 직립에 가까운 형태의 목은 남성적이면서 강한 느낌을 주고, 반대로 목의 경사도가 큰 목은 여성스러운 느낌을 주기도 한다. 또한 체형으로 보면 목의 경사각이 작다는 것은 반신형 체형을 의미하고 경사각이 크다는 것은 굴신형 체형을 의미한다.

따라서 목의 경사각 차이는 단순히 경사 각도만 달라지는 것이 아니라 칼라 패턴의 구성에도 많은 영향을 준다. 또한 목의 기울기는 목을 감싸는 칼라에 영향을 미치는 것뿐만 아니라 목밑둘레의 경사에 따라 앞·뒤목너비에도 차이를 만든다. [그림 1]처럼 앞목점, 옆목점, 뒤목점이 같은 수평선상에 있다면 옆목점 기준으로 앞목너비와 뒤목너비가 같아야 한다. 하지만 옆목점 기준으로 앞목점은 낮고, 뒤목점은 높은 위치에 있기 때문에 앞목너비가 좁고 뒤목너비가 넓어지게 된다. 즉 목의 기울기에 따라 앞목너비와 뒤목너비가 달라진다. 이 부분은 체형과도 연관을 지어 생각해 볼 수 있는데 표준체형을 기준으로 굴신 체형의 경우에는 앞·뒤목너비 차이가 크다. 반면 반신형의 경우엔 뒤목너비가 작아져 앞·뒤목너비가 같거나 오히려 앞목너비가 더 넓은 경우도 있다.

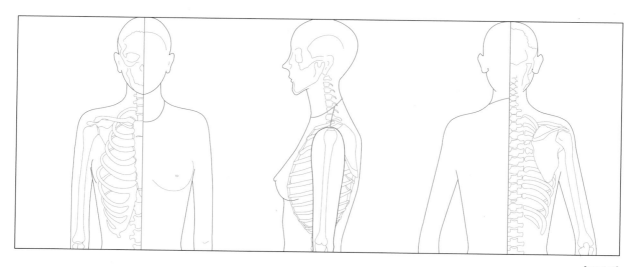

[그림 3]

목밑둘레선과 옆목점의 설정

목밑둘레선의 뒤목점과 앞목점은 비교적 쉽게 찾을 수 있지만 옆목점은 명료하지 않아 정확한 지점을 설정하는 데 어려움이 있다. 패턴 구성의 측면에서 앞·뒤를 나누는 기준인 옆목점은 목밑둘레선상의 목 두께의 중앙점 즉, 앞목과 뒤목의 이등분 점 보다 약간 뒤쪽으로 설정해주는 것이 좋다.

옆목점을 설정할 때는 어깨선도 함께 고려해야 하는데 [그림 3]처럼 어깨점을 향해 자연스럽게 연결하면 밸런스 있는 옆목점을 설정할 수 있다. 이때 옆목점과 어깨선에 따라 가슴과 등이 얇게 또는 두껍게 보이기도 한다는 점에 주의해야 한다. 목과 몸통을 구분해주는 목밑둘레선은 앞쪽면이 깊은 커브로 이루어져 있다. 이러한 목의 구조와 형태를 이해하고 잘 활용할 수 있어야 의도하는 디자인을 효과적으로 구현할 수 있다.

네크라인과 칼라의 관계에서 칼라가 인체의 네크라인을 지나는지 아니면 인체의 네크라인을 벗어나 몸통원형의 네크라인보다 많이 파져 커지게 되는지도 칼라의 구조에 영향을 미친다. 특히 네크라인이 목밑둘레로부터 크게 벗어나면 목의 운동과는 관계가 멀어지는 반면 몸통 부위의 영향은 커진다.

목의 단면도로 본 목의 구조

목은 인체 중에서도 개인차가 큰 부분 중 하나이다. 특히 얼굴과 어깨 중간에 있기 때문에 목만을 독립적으로 생각할 수 없으며 등이나 어깨 경사도도 고려해야 한다. 또한 목의 형태는 곡면을 이루고 있으므로 인체 계측 시 어려움이 많다.

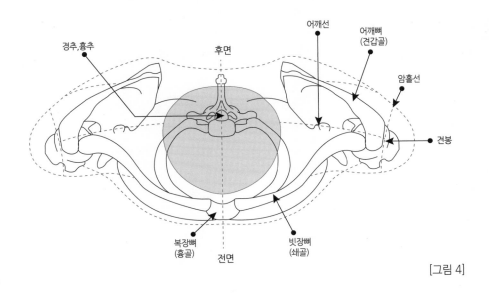

[그림 4]

아래 [그림 5]는 육안으로 보기 힘든 목의 평면을 목 구조의 이해를 돕기 위해서 구분해 본 것이다.

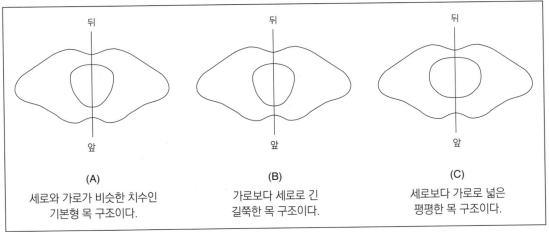

(A)
세로와 가로가 비슷한 치수인
기본형 목 구조이다.

(B)
가로보다 세로로 긴
길쭉한 목 구조이다.

(C)
세로보다 가로로 넓은
평평한 목 구조이다.

[그림 5]

[그림 5]을 통해서 우리는 목둘레의 길이가 같은 사람일지라도 다른 목 구조를 가질 수 있다는 점을 알 수 있다. 목의 구조를 연구하는 데 있어서 알아야 할 가장 중요한 점은 목은 단순히 칼라만을 조형하는 인체 일부분이 아니라 옷의 실루엣 전체를 좌우하는 매우 중요한 부위라는 사실이다.

인체의 앞·뒤목너비와 칼라

앞·뒤목너비의 차이는 계측기나 도구를 이용하지 않으면 육안으로 판별하는 것이 어렵고 줄자를 가지고 측정하는 것도 쉽지 않다. 그러나 드레이핑 방법으로 마네킹의 몸통원형을 제작한 다음 펼쳐서 앞·뒤목너비를 확인해 보면 쉽게 앞·뒤목너비 차이와 치수를 찾을 수 있다. 앞서 설명했듯이 앞·뒤목너비 차이는 목 기울기의 영향이 가장 크고, 체형이 굴신형인지 반신형인지에도 너비 차이가 달라진다.

저자의 연구와 경험에 미루어 보면, 우리나라의 체형은 과거에는 0.6~0.8cm가량 앞목너비 보다 뒤목너비가 넓었다. 그러나 현재는 우리나라 체형도 굴신형에서 스탠다드한 체형으로 바뀌면서 앞·뒤목너비 차이가 작아져서 현재는 0.3~0.5cm 정도 차이가 난다.

그러나 디자인에 따라 칼라 패턴을 제도할 때는 어떤 유형의 옷이든 상의 옷은 패턴의 앞목너비를 뒤목너비보다 가능한 최대한 넓게 제도해주는 것이 중요한 테크닉이 된다.

그런 이유로 테일러드 재킷의 경우는 앞목쪽에 목 다트를 넣고, 박시한 디자인의 경우에는 앞목 숨김다트로 처리한다.

칼라의 유형으로 보면, 노 칼라 네크라인 유형은 앞목이 뜨지 않도록 앞목너비를 좁게 제도할 수밖에 없고, 하이 네크 칼라의 경우엔 뒤판의 목과 어깨 부분이 잘 안착할 수 있도록 뒤목너비를 더 넓게 제도해주어야 한다. 이 외에 모든 칼라들은 앞목너비를 가능한 최대한 넓게 해주는 것이 좋은데, 이 부분을 이해하는 데는 고도의 기술적 통찰이 필요하다.

칼라 패턴의 구조

칼라는 기본적으로 몸판과 연결되어 하나의 형태로 완성되기 때문에 칼라만 가지고는 칼라의 구조를 이야기할 수 없다. 따라서 칼라와 이어지는 네크라인과 목의 구조를 함께 이해해야 한다.

네크라인과 칼라

칼라를 제도할 때는 먼저 칼라가 목에서 얼마나 떨어져 있는지 파악하고 목밑둘레와 목둘레의 여유량을 고려하여 제도해야 한다. 우리가 옷의 실루엣을 보고 얼마의 여유량을 주어 제도해야 할지 결정하는 것과 같은 원리이다.

[그림 1]

[그림 1]의 a처럼 옷의 네크라인이 몸판원형의 기본 네크라인을 지나게 할 것인지, 아니면 b처럼 기본 네크라인 선을 더 내리면서 목밑둘레 사이즈를 얼마나 크게 제도할지를 파악해야 한다. 왜냐하면 기본 네크라인으로 칼라를 제도할지, 기본 네크라인을 벗어나 여유가 있는 칼라를 제도할지에 따라 칼라의 형태가 달라지기 때문이다.

그 다음엔 칼라가 서있는 스탠드분의 위쪽이 기본 목둘레선에서 얼마나 떨어져 있게 할 것인지에 따라 목둘레선에서의 여유량을 결정해야 한다.

[그림 1]처럼 목밑둘레선이 기본 목둘레선에서 내려갈수록 칼라 위쪽 부분은 인체에서 멀어지게 된다. 이때 인체에 칼라의 위쪽을 좀 더 붙게 하려면 칼라의 위쪽을 줄여 기울기를 목에 더 붙게 하여 칼라의 위쪽 사이즈는 작아지게 해야 한다.

몸통원형 네크라인을 지나는 칼라의 형태

인체의 네크라인을 지나는 칼라의 목 붙임선의 형태를 이해하는 것은 목에 딱 맞는 아름다운 칼라의 패턴을 제도하는 첫걸음이다.

분할패턴의 몸통원형의 기본 네크라인은 표준체형의 기본형 네크라인으로 목에 딱 맞는 와이셔츠 칼라나 스탠드 유형의 칼라를 제도할 때 사용한다.

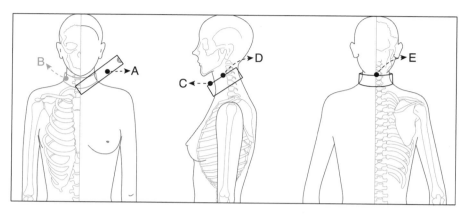

[그림 2-1]

[그림 2-1]처럼 직사각형 일자의 스탠드 칼라 A를 인체의 목둘레선에 B와 같이 붙인 다음 측면에서 보면 C와 같이 앞목쪽은 뜨고 D와 같이 옆목쪽에서는 칼라가 목에 붙는 현상이 나타난다. 반면 뒤목 부분에서 보면 E와 같이 뒤목쪽은 비교적 잘 맞게 된다. 즉, 칼라의 패턴 구조는 단순한 일자 형태로 제도하면 안 된다는 것이다.

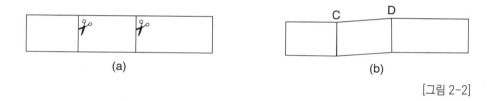

[그림 2-2]

[그림 2-2]의 (a)와 같은 일자 형태의 칼라를 인체의 목둘레선을 따라 일정한 간격을 유지하면서 목둘레를 따라 뜨거나 붙지 않도록 하는 방법은 다음과 같다. 앞 C에서는 뜨지 않게 줄여주고, 옆목 D에서는 너무 붙지 않게 절개하여 벌려주면 (b)와 같은 칼라 패턴 구조가 된다. 이 패턴이 기본 네크라인을 지나는 스탠드 칼라의 목붙임선의 모양이다. 이 모양은 표준체형 제도 시 기준이 된다. 여기서 간과해서는 안 되는 점은 기본 네크라인을 지나도 체형에 따라서 칼라의 모양이 달라진다는 점이다. 즉, 우리 인체는 사람마다 체형이 다르기 때문에 패턴 제도할 때 항상 체형의 영향을 받는다.

목의 체형에 따른 패턴 구조의 변화

원형의 목밑둘레선을 지나거나 혹은 목밑둘레를 벗어난 목둘레를 지나더라도 칼라는 체형에 따라 영향을 받게 된다. 특히 목밑둘레선에 영향을 주는 목의 모양에 따라 칼라 목붙임선의 모양도 달라진다.

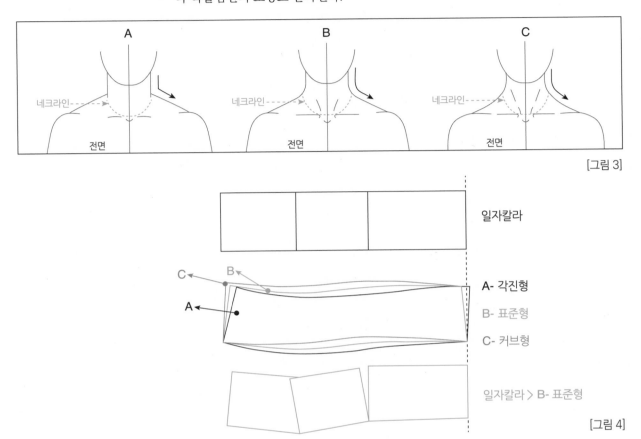

[그림 3]

[그림 4]

A(각진형) : 목밑둘레가 명료하고 비교적 근육질의 남성에게 많은 타입이다. 이 타입은 네크라인 설정이 쉽고 옆쪽에서의 네크라인이 분명하여 스탠딩 칼라가 잘 맞는 목 구조이다. 그런데 어깨 중간부가 솟아 있으면 칼라 붙이기와 어깨 연결에도 영향을 주게 되어 어깨 부분 제작에 어려움이 있다.

B(표준형) : 목과 어깨 연결 부위에 약간의 커브가 있으며, 남녀 관계없이 보편적인 타입이다. 네크라인 설정에도 그다지 문제가 되지 않는다. 옆면에서의 네크라인의 형태는 어깨의 능선부터 옆목점(SNP)을 타고 넘어갈 때 작은 커브의 화살표가 보인다.
[그림 4]에서 볼 수 있는 것처럼 옆목점에서 칼라 붙임선이 A보다는 조금 커브가 있다.

C(커브형) : 목둘레의 커브가 완만하여 목과 어깨의 경계가 명백하지 않은 것으로 여성에게 많은 타입이다. 이 타입은 네크라인의 설정이 쉽지 않다. 옆에서 본 네크라인의 형태는 어깨선의 높이가 커지므로 칼라 둘레선의 옆목점에 강한 커브가 형성된다. 이와 같은 타입은 특히 앞부분에 있는 빗장뼈 윗부분이 오목하게 깊어 네크라인이 오목하게 들어가 더욱 옆목점 커브가 어렵게 된다. 따라서 칼라의 구조면에서 어려운 타입이라고 할 수 있다.

147

칼라의 구조선

칼라의 구조선은 위에 설명한 스탠딩 칼라의 유형처럼 칼라의 목 붙임선과 칼라의 완성선인 외곽선 총 2줄로 이루어진 칼라와 칼라의 목 붙임선과 칼라 꺾임선 그리고 칼라의 외곽선 총 3줄로 이루어진 칼라로 분류할 수 있다. 3줄의 칼라 구조선은 크게 3부분으로 나눌 수 있는데, 3개의 선 길이의 밸런스에 따라 아름다운 칼라의 실루엣이 좌우된다. 따라서 3가지 칼라 구조선을 자세히 알아보고자 한다.

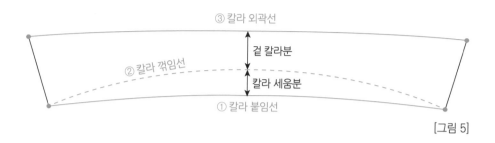

[그림 5]

① 칼라 붙임선

칼라의 붙임선은 몸통원형의 네크라인과 붙는 칼라의 솔기선으로 몸통원형의 네크라인 길이에 따라 칼라의 붙임선의 길이가 정해진다.

② 칼라 꺾임선(롤선)

칼라의 꺾임선은 한 장의 칼라에서 칼라가 꺾여 접히는 구조일 때, 반드시 필요한 선이다. 칼라 꺾임선은 인체의 목둘레를 따라가기 때문에 목의 형태와 직접적인 관련성이 있다. 따라서 칼라 세움분이 높고 낮음에 따라 칼라의 성격이 좌우된다.

③ 칼라 외곽선

칼라의 테두리 모양을 결정하는 선으로 칼라의 바깥둘레선이라고도 한다. 칼라의 모양을 최종적으로 정하는 칼라 외곽선은 칼라 꺾임선의 높이를 결정한다. 또한 목과의 조화가 가장 중요하기 때문에 칼라의 구조 말고도 디자인도 고려하여 제도해야 한다.

칼라의 분류와 제도 부분에서 칼라를 구조적으로 분류하여 알아보겠지만 모든 칼라의 모양이 이 3개의 구조선을 가지고 있는 것은 아니다. 특히 롤(꺾임)선이 없는 스탠딩 칼라 유형인 경우엔 칼라 붙임선과 칼라 외곽선인 2개의 구조선으로 되어 있다.

롤 칼라 형태 칼라의 이해

스탠드 칼라 유형과 하이넥 칼라를 제외한 대부분의 칼라는 꺾임선 즉, 롤선을 가지고 있다.

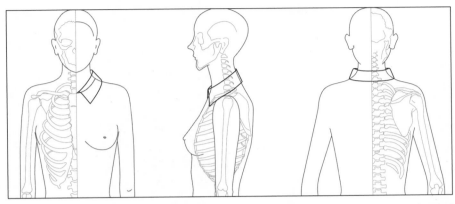

[그림 6]

[그림 6]에서 보는 것처럼 롤칼라는 칼라 붙임선이 몸판의 네크라인과 붙고, 칼라 외곽선의 길이가 칼라의 스탠드분을 결정한다. 바꾸어 말하면 원하는 스탠드 분량을 찾기 위해선 칼라 외곽선의 길이를 찾아주는 것이 중요하다.

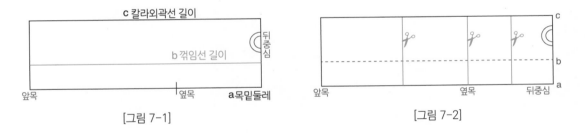

[그림 7-1]

[그림 7-2]

[그림 7-1]은 칼라 붙임선, 칼라 꺾임선, 칼라 외곽선을 같은 길이로 하고 칼라 스탠드 분량과 칼라폭을 임의로 정하여 이를 수평선으로 표현한 것이다.

이해를 돕기 위해 [그림 7-2]처럼 칼라를 직사각으로 제도한 후 바깥 둘레만큼 절개하여 벌려주었다.

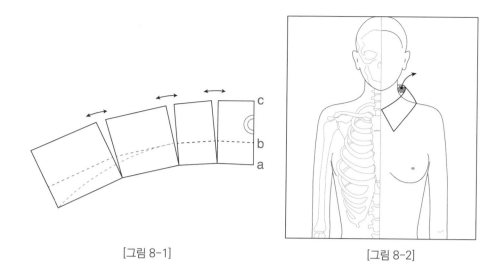

[그림 8-1]　　　　　　　　　　　　　　　[그림 8-2]

[그림 8-1]를 보면 알 수 있듯이 칼라의 외곽선 기준으로 칼라를 제도하게 되면 칼라의 꺾임선 부분도 길어지게 된다. 그렇게 되면 [그림 8-2]처럼 칼라가 목부분에서 멀어져서 옆목에서 벌어져 보이게 된다.

롤칼라, 테일러드 칼라 등 꺾임선을 가지고 있는 롤칼라들은 옆목에서 벌어지는 부분을 목에 붙게 하기 위해서 칼라의 꺾임선 부분을 봉제에서 이즈[오그림]로 줄여서 처리하거나, 꺾임선을 절개하여 2장 칼라로 분리하고 절개된 부분을 줄여서 처리해 줄 수도 있다.

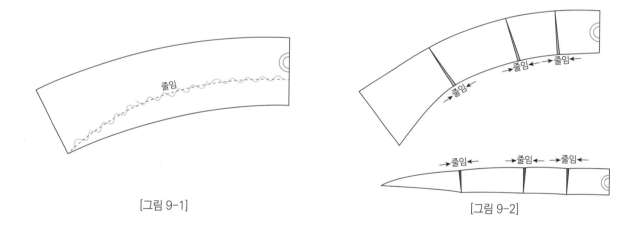

[그림 9-1]　　　　　　　　　　　　　　　[그림 9-2]

[그림 9-1]은 옆목의 벌어진 부분을 옆목쪽에 붙여주기 위해서 0.6cm가량을 이즈로 처리하는 방식이다. 반면 [그림 9-2]는 꺾임선을 절개하여 아랫 칼라와 윗 칼라로 분리한 다음, 윗 칼라와 아랫 칼라의 절개된 꺾임선 부분에 각 0.2cm씩 총 0.6cm 가량을 줄여서 처리하는 방식이다. 이런 롤칼라의 구조 원리는 롤칼라 유형뿐만 아니라 테일러드 칼라와 같은 여러 유형에 다양하게 활용할 수 있다.

칼라 붙임선의 형태와 칼라구조

몸통원형 네크라인의 파임 정도와 상관없이 네크라인에 연결되는 칼라 붙임선의 모양을 기준으로 칼라를 분류할 수 있다. 칼라 붙임선의 형태는 아무리 칼라의 외형이 변해도 [그림 10]에서 보이는 형태와 일치하거나 또는 그 선에 가깝다. 이 외에 칼라 유형은 칼라의 둘레선과 관련이 있는 것으로서 칼라가 없는 노칼라 네크라인과 하이네크 칼라 등이 있다.

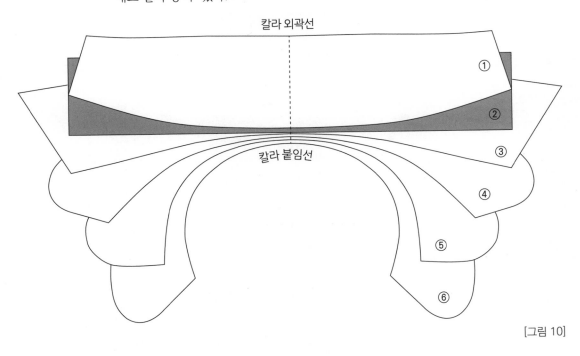

[그림 10]

① 스탠딩 칼라 유형
② 타이 칼라, 리본 칼라, 스탠딩 칼라 유형
③ 테일러드 칼라, 오픈 셔츠 칼라 유형
④ 롤 칼라 유형
⑤ 낮은 롤 플랫 칼라 유형
⑥ 플랫 칼라 유형

목과 어깨의 형태와 칼라

칼라의 구조를 연구할 때 또 한 가지 중요한 점은 칼라 모양과 동시에 어깨 경사의 형태도 연구해야 한다는 것이다. 왜냐하면 칼라는 칼라의 붙임선에 의하여 몸판에 붙기 때문에 따로 독립되어있는 것처럼 생각하기 쉽지만, 어깨 각도가 높고 낮음에 따라 칼라의 외곽선이 영향을 받아 칼라의 외형이 변하기 때문이다. 한편 칼라 붙임선 위치를 선정할 때 어깨 경사 각도가 적고 올라간 어깨는 비교적 칼라 붙임선을 정하기 쉽지만, 어깨 각도가 내려간 어깨는 어깨와 칼라 붙임선의 위치를 정하기 매우 어렵다.

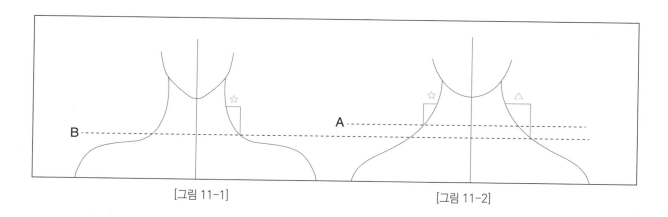

[그림 11-1]   [그림 11-2]

칼라 붙임선을 정할 때 [그림 11-1] B선상에서와 같은 칼라 붙임점 위치를 [그림 11-2] 처럼 처진 어깨에서 얻고자 할 때는 목과 칼라의 공간이 같은 ☆표시한 곳을 A선상에서 주어야 한다. 반면 [그림 11-1] 올라간 어깨와 같은 B선상에서 칼라의 붙임선을 정하면 [그림 11-2]의 만큼 칼라와 목의 공간이 커진다. 그렇게 되면 그림처럼 목과 칼라가 너무 떨어져서 헐렁한 느낌이 든다. 따라서 [그림 11-2]처럼 처진 어깨에서 [그림 11-1]의 올라간 어깨 ☆와 같은 선을 구하려면 A라인을 칼라 붙임선으로 해야 된다는 걸 알 수 있다.

플랫 칼라, 롤 칼라, 테일러드 칼라 등 칼라의 외곽선이 칼라의 놓임을 결정하는 옷을 착용하게 되면 체형에 따라 어떤 사람은 칼라의 외곽선 놓임이 남아서 들뜨게 되고, 어떤 사람은 부족해서 스탠드 분이 위로 올라가며 칼라가 보이는 폭이 작아지게 된다. 이것은 사람마다 어깨의 경사도가 달라 일어나는 현상이다. 우리는 어떤 현상이 일어날 때 그것이 무엇 때문에 일어나는 현상인지 정확히 진단해야 한다. 왜냐하면 정확한 진단이 이루어져야 정확한 보정을 할 수 있기 때문이다. 예를 들어 칼라 외곽선이 들뜨는 이유가 외곽선이 길기 때문인지, 혹은 입는 사람의 어깨가 처졌기 때문인지 등 여러 가지 관점에서 원인을 분석해야 한다.
그것이 우리가 패턴의 원리를 공부하는 이유이다.

칼라의 유형별 분류

칼라는 목둘레를 장식하는 옷의 일부로 칼라의 종류는 너무 다양하여 칼라의 모양이나 디테일로만 유형을 구분하기엔 쉽지 않다. 그러나 패턴 구조에 따른 제도 방법 측면에서 보면 비교적 칼라 유형을 간단하게 분류할 수 있다. 따라서 칼라의 유형을 구분할 때 칼라제도 방법과 칼라의 구조 원리를 바탕으로 분류하였다.

스탠딩 칼라(Standing Collar) 유형

목둘레선을 따라 띠의 형태로 서있는 칼라의 유형을 모두 스탠딩 칼라로 분류하였다. 스탠드 칼라의 경우 한 장으로 서있는 칼라를 우리는 보통 밴드 칼라라고 부른다. 이 밴드 칼라 위에 윗 칼라가 덧 붙여진 형태의 칼라가 와이셔츠 유형의 칼라이다. 이 와이셔츠 유형의 칼라를 포함하여 스탠딩 칼라 유형을 분류하였다.

– 스탠드 칼라(Stand Collar)

스탠드 칼라(Stand Collar) : 밴드 칼라(Band Collar), 차이나 칼라(Chinese Collar), 맨더린 칼라(Mandarin Collar) 등으로 부른다.

스탠드 어웨이 칼라(Stand Away Collar) : 목둘레선이 넓게 파여 목둘레선에서 멀리 떨어져 달린 스탠드 칼라.

윙 칼라 셔츠([wing collar shirt) : 윙 칼라란 칼라의 앞 끝이 새 날개처럼 떠서 부드럽게 젖혀진 한 장 칼라의 디자인을 말한다. 앞의 꺾인 부분이 날개를 연상케 하며 이 칼라를 특징으로 한 정장용이나 멋쟁이용 와이셔츠가 윙 칼라 셔츠이다.

스탠드 친 칼라(Stand Chin Collar) : 턱이 살짝 가려진 높고 큰 원통형의 칼라로 주로 코트류나 니트류에 사용된다.

– 와이셔츠 칼라(Y-Shirt Collar)유형. (받침 칼라가 달린 셔츠 칼라)

와이셔츠 칼라 : 스탠드 칼라 위쪽으로 또 다른 패널의 칼라가 달린 형태이다.

나폴레옹 칼라 : 크게 세워 접은 칼라에 넓은 라펠이 달린 칼라로 원래는 남자용이었으나 1905년 무렵부터 여성복에도 사용되었다. 나폴레옹이 즐겨 입던 코트의 칼라에서 붙여진 이름으로 칼라의 구조는 와이셔츠와 동일하다. 스탠드 친 칼라처럼 높은 스탠드 칼라에 와이셔츠 칼라처럼 다른 패널의 한 장 칼라가 덧붙여진 형태의 칼라이다.

플랫 칼라(Flat Collar)유형

어깨에 평평하게 누운 느낌의 칼라로 스탠드분이 거의 없이 네크라인에서 바로 접어 젖혀져 몸판에 밀착된 형태의 칼라를 플랫 칼라유형으로 분류 하였다.

칼라의 폭 넓이에 상관없이 칼라의 스탠드분(세움분)이 거의 없거나, 1cm미만으로 목둘레선에서 평평하게 펼쳐져서 자연스럽게 놓이는 칼라이다. 여기서 중요한 점은 아주 평평한 플랫 칼라라도 스탠분이 아예 없게 제도하는 것이 아니라 0.3~0.4cm 정도 스탠드분을 주어 제도하는 것이 좋다. 칼라의 폭과 소재의 특성, 목둘레 파임 등에 따라 패턴 구성이 달라지며, 착용할 때 칼라 형태에 따라 다양한 분위기를 지니는 칼라 유형이다.

- 피터팬 칼라(Peter Pan Collar) : 플랫 칼라의 끝이 둥글게 처리된 칼라로 소설 주인 공 피터 팬이 이 칼라의 옷을 착용했기 때문에 이런 이름이 붙었다.

- 세일러 칼라(Sailor Collar) : 어린이의 단체복이나 여학생의 세일러복에 쓰이고 있는 칼라로 앞이 V자형으로 트여있다. 앞에서 이어져 어깨에서 등으로 넘어가면 뒤 쪽이 네모진 패널형으로 된 칼라를 말한다. 바다의 해군이나 해병의 유니폼 칼라에서 유래된 것으로 미디 칼라(middy collar)라고도 한다.

- 로 플랫 칼라(Low Flat Collar) : 목둘레선이 많이 파이고 낮으며, 바로 젖혀지는 스탠분이 없는 칼라이다.

롤 칼라(roll collar) 유형

칼라의 폭 넓이에 상관없이 한 장 칼라의 아랫부분에 서있는 부분(스탠분)이 있어 칼라의 안쪽에 말려지는 부분이 생기는 칼라로 목에 따라서 세워졌다가 접어 젖혀지는 모양의 칼라 유형을 롤 칼라 유형으로 분류하였다. 칼라 꺾임선이 있으며, 앞부분은 목에 따라 직선적으로 접혀있고 앞중심에서 칼라가 서로 맞닿는 칼라이다.

- 컨버티블 칼라(Convertible Collar) : 대표적인 셔츠 칼라로 칼라의 앞부분을 열어 입을 수도 있고, 단추 따위를 채워 입을 수도 있게 되어 있는 칼라이다. 셔츠 칼라 등에서 볼 수 있듯이 맨 위의 단추를 여미거나 풀어서 두 가지 느낌으로 착용할 수 있는 칼라이다.

- 수티앵 칼라(Soutien Collar) : 컨버티블 칼라의 일종으로 칼라 꺾임선이 있으며, 앞부분은 목에 따라 직선적으로 접혀있고 앞중심에서 칼라가 서로 맞닿는 칼라이다. 현장에서는 스텡 칼라 또는 스텐 칼라로 불린다.

- 이탈리안 칼라 : 브이넥이 약간 아래까지 내려오고 끝이 네모진 칼라로 스웨터나 블라우스 등에서 볼 수 있다. 컨버티블 칼라의 변형으로 이해하면 된다.

- 풀 롤 바이어스 칼라(Full Roll Bias Collar) : 바깥쪽으로 접은 형태로, 목 주위를 싼 듯 서있는 칼라로 서있는 부분의 높이에 따라 하이 롤 칼라, 하프 롤 칼라 등으로 나뉘는데 터틀 칼라라고도 한다.

테일러드 칼라(Tailored Collar) 유형

테일러드 칼라는 몸판의 일부가 라펠 형태로 접히고, 네크 라인에 별도의 칼라를 붙인 형태이다.
라펠이란 재킷의 아래 칼라로 옷의 앞길이 꺾여서 칼라가 된 부분을 말한다. 여밈 양에 따라 싱글 여밈과 더블 여밈이 있고 칼라의 모양에 따라 노치트 칼라, 피크드 칼라, 숄칼라 등이 있다.

- 노치드 칼라(Notched Tailored Collar) : 노치란 V자형으로 새긴 금이나 벤 자리를 말한다. 즉 V자형으로 새긴 칼라의 총칭. 테일러드 칼라처럼 윗깃과 아래깃 사이를 V자형으로 새긴 것으로 대표적인 노치드 칼라이다.

- 피크드 칼라(Peaked Collar) : 라펠의 끝이 칼모양으로 뾰족하며, 라펠의 각도를 칼라 패널 위쪽으로 크게 올린 형태를 가진 테일러드 칼라이다. 이 칼라는 칼(Knife) 칼라라고도 한다. 샤프한 느낌의 칼라로써 더블 여밈 정장에 자주 사용된다.

- 라펠 칼라(Lapel Collar) : 재킷이나 코트 등에 라펠만 활용하여 여러 가지 형태를 만들 수 있다. 라펠 위로 칼라가 없는 것이 특징이다.

- 숄 칼라(Shawl Collar) : 뒤쪽부터 접힘선 끝까지 절개없이 둥글게 연결된 칼라이며 목에 숄을 두르는 것 같이 보인다. 스탠드분이 높은 하이 숄 칼라와 딱딱한 느낌의 테일러드 숄 칼라, 쇼트 숄 칼라, 빅 숄 칼라 등이 있다.

후드 칼라 (Hood Collar) 유형

후드의 역사는 오래되었으며, 고대 이집트에 이미 후드라고 여겨지는 것이 보였다고 전해진다. 그 이후 18세기, 19세기에 걸쳐서 영국과 프랑스에서는 부인들의 머리 모양이 커지고 그것을 포장하는 것으로써 레이스와 네트 등의 소재가 많이 이용되었다고 한다. 현대에는 예배식용으로 특별한 용도로 쓰인 경우가 있는가 하면 바람막이, 비막이 등 실용적인 용도로도 많이 사용한다. 대부분 후드를 머리에 쓰는 용도로만 생각하지만 패턴의 구조로 보면 칼라의 구조와 크게 다르지 않다. 따라서 후드를 칼라의 일부로 분류하였다.

하이 네크라인 칼라 (High Neck Line Collar) 유형

하이 네크라인 칼라는 업 네크라인 또는 빌트 네크라인이라고 부른다. 이 칼라는 몸통에 스탠드 칼라가 연결되어 있는 구조로 생각하면 된다. 그러나 둥근 목둘레선과 일자의 칼라를 절개선 없이 하나로 연결하여 제도하면 칼라가 놓이지 않는다. 이를 해결하기 위해 가슴 다트와 견갑골 다트를 활용하여 처리해 준다. 그러나 원형의 네크라인 즉 목에서 멀리 멀어진 하이 네크라인의 경우엔 목 다트 처리없이 자연스럽게 세워서 제도해 주면 된다.

노 칼라 (No Collar) 네크 라인 (Neck Line) 유형

노 칼라는 명칭처럼 별도의 칼라가 없고, 몸통의 목둘레선 형태가 디자인에 따라 변화된다. 형태는 원형 그 자체인 것부터 옆으로 넓어지거나, 길이 방향으로 트임이 있는 형태 등 다양하다.
노 칼라의 형태 구분은 목둘레선의 모양에 따라 다양하게 분류할 수 있다.

네크라인을 편의상 형태에 따라 아래와 같이 크게 6가지로 분류했으나 더 세분화시켜 보면 모양과 형태에 따라 더 많은 명칭이 있다. 이외에도 형태에 디자인적 테크닉이 더해진 다양한 네크라인 유형의 칼라들이 있다. 중요한 것은 명칭이 아니라, 목둘레선의 형태에 따라 어떻게 제도해야 하는지를 이해하는 것이다.

- 라운드 네크라인(Round Neck line) : 기본 원형의 목둘레선을 깊고 넓게 판 디자인으로 둥글게 파인 목둘레선의 명칭이다.

- 브이 네크라인(V Neck line) : 앞중심을 V형으로 깊게 혹은 얕게 판 목둘레선이다.

- 스퀘어 네크라인(Square Neck line) : 사각모양으로 작게 파이거나, 어깨 부분까지 넓게 파인 목둘레선이다.

– 스위트 하트 네크라인(Sweet Heart Neck line) : 하트형 모양으로 깊게 파인 목둘레선의 명칭이다.

– 다이아몬드 네크라인(Diamond Neck line) : 다이아몬드 모양에서 유래된 것으로 마름모꼴로 파인 목둘레션이다.

– 보트 네크라인(Boat Neck line) : 마치 보트 모양같이 얇고 넓게 판 목둘레션이다.

그 밖의 특징있는 칼라

– 프릴 칼라(Frill Collar) : 잔잔한 주름으로 물결진 칼라를 말한다.

– 타이 칼라(Tie Collar)와 리본칼라(Ribbon Collar) : 타이 칼라의 타이는 넥타이를 말하는 것으로 칼라에 타이를 달아 앞에서 묶어 늘어뜨리는 형태이며, 나비처럼 묶기도 하여 리본 칼라라고도 불린다. 또 여자의 긴 숄을 말아 놓은 것 같은 스톨(Stole) 칼라 등도 모두 이 유형에 속하는 칼라이다. 타이 칼라의 응용은 플랫 칼라인 피터팬 칼라와 세일러 칼라 등의 끝자락을 타이 칼라와 같이 끈처럼 길게 만들어 응용할 수 있다.

– 보 칼라(Bow Collar) : 보(bow) 띠, 끈 형식의 긴 칼라로 리본으로 묶은 형태의 칼라이다.

– 패틀 칼라(Petal Collar) : 꽃잎 모양으로 커트 된 칼라이다.

– 애시매트 칼라(Asymmetry Collar) : 디자인을 착상할 때, 좌우를 불균형하게 한 비대칭 구조를 말한다. 계획적으로 균형을 깨트려 허점을 찌름으로써 재미있고 신선한 감각을 가진 칼라이다.

– 탈착(교체) 칼라 : 탈착이 가능한 칼라이다.

– 스카프 칼라 : 목에 스카프를 맨 것처럼 겹치게 묶는 형태의 칼라이다.

– 드레이프 칼라(drape collar) : 드레이프(drape)는 자연스럽게 생기는 주름으로 드레이프 칼라는 고정된 것과 고정되지 않은 것이 있다.

02
칼라원형 패턴

스탠딩 칼라(Standing Collar) 유형

스탠딩 칼라는 형태에 따라 크게 두 가지로 정리할 수 있다. 스탠드 칼라 만으로 이루어진 형태와 스탠드 칼라 위에 새로운 칼라가 덧붙여진 형태인 와이셔츠 칼라로 구분할 수 있다. 스탠드 칼라 제도 시, 중요한 점은 몸통의 목둘레선이다. 목둘레선의 파임 정도에 따라 목둘레선과 합봉되는 칼라의 구조가 달라지기 때문이다.

와이셔츠 칼라

넥타이를 매는 클래식한 와이셔츠 칼라의 경우, 목둘레 사이즈가 자신의 목에 딱 맞아야 한다. 그래서 와이셔츠를 구입할 때, 내 목에 맞는 목둘레 치수를 가장 우선 시 하여 선택한다.

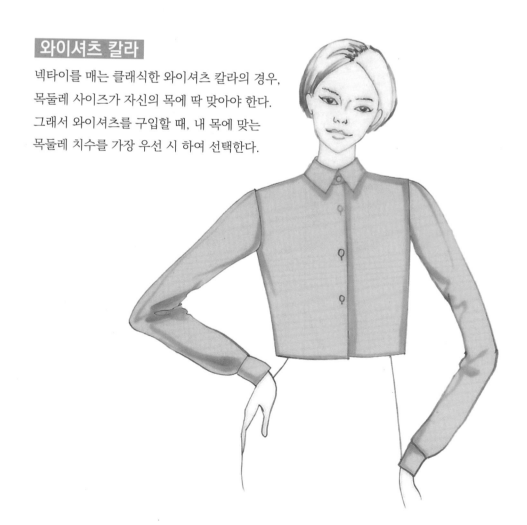

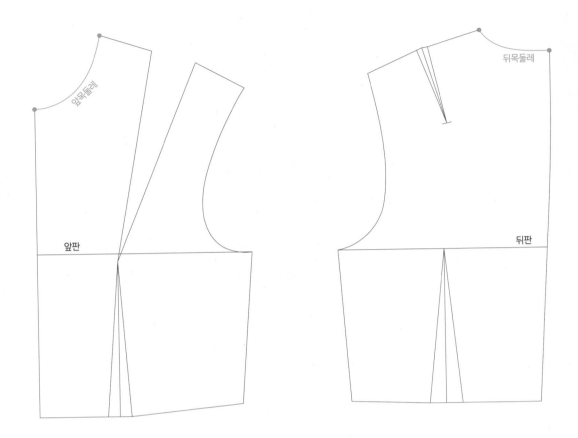

원형 목둘레선 설정

분할패턴 몸통원형의 목둘레선은 표준 인체의 목둘레선에 따라 제도한 원형이므로
와이셔츠 칼라의 경우 원형의 목둘레선을 그대로 사용하거나 디자인을 고려하여 목
둘레 존에서 벗어나지 않을 정도의 사이즈만 가감하여 제도해 준다. 하지만 넥타이를
매지 않는 캐쥬얼한 셔츠인 경우, 디자인에 따라 목둘레선을 자유롭게 넉넉히 파서
제도할 수 있다.

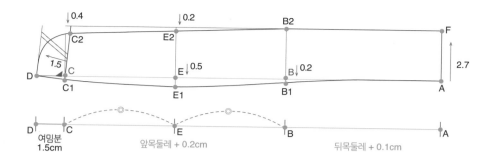

스탠드 칼라 제도

A~B 뒤목둘레 + 0.1cm 나간 선.

B~C 앞목둘레 + 0.2cm 나간 선.➕

C~D 여밈분(낸단분) : 여밈분은 기본적으로 단추의 크기에 의해 정해지지만 디자인
을 고려해서 제도해 준다.

C에서 1.5cm 나간 점.

A~F 스탠드 칼라 높이(디자인에 따라 설정)

A에서 2.7cm 수직으로 올라간 점.

E 앞목둘레 이등분 점.

B1 새로운 옆목점

B에서 0.2cm 가량 내려간 점.

E1 E에서 0.5cm 가량 내려간 점.

C1 새로운 앞중심 선

C점과 (D~E1)곡선이 교차 되는 점을 C1이라 하고, C1점에서 (D~E1)선의 직각
선을 제도한다.

D~C1~E1~B1~A 스탠드 칼라 목 둘레 완성선

각 점을 자연스러운 곡선으로 제도한다.

B2 B점에서 수직으로 F선의 수평선과 교차하는 점.

E2 E1점에서 수직으로 F선의 수평선과 교차하는 점에서 0.2cm 내려온 점.

C1 새로운 앞중심 선

C점과 (D~E1)곡선이 교차 되는 점을 C1이라 하고, C1점에서 (D~E1)선의 직각
선을 제도한다. (C1~C2)

C2 새로운 앞 중심선이 F선과 교차 되는 점에서 0.4cm 내려온 점.

새로운 여밈분(D) 새로운 앞중심(C1)에서 여밈분 1.5cm 평행으로 나간 선.

C2~E2~B2~F 스탠드 칼라 완성선

각 점을 자연스러운 곡선으로 제도한다.

D~C2 여밈 완성선

D점에서 수직을 유지하면서 곡선으로 제도한다.

➕ 칼라의 길이는 몸통원형의 목
둘레선을 기준으로 같거나 길게
또는 짧게 할지를 결정을 해야 한
다. 스탠드 칼라의 경우에는 몸통
원형의 목둘레선보다 칼라의 길이
를 더 길게 제도해야 한다.

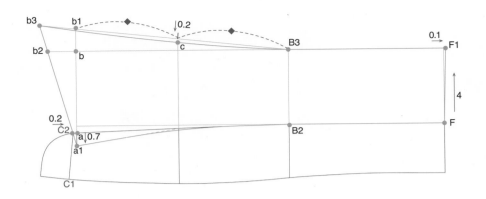

칼라 제도

a 칼라 시작점

C2점에서 0.2~0.3cm 가량 들어온 점.

a1 a에서 수직으로 0.7cm 가량 내려온 점.

칼라폭
스탠드 칼라폭(2.7cm) + 롤 분량(0.8cm ✚) + 스탠드 칼라 덮는 분량(0.5cm) = 4cm

✚ 롤 분량은 소재의 두께에 따라 달라진다. 그 양은 0.8~1.5cm 정도이다.

▲0.1cm 나간 것은 칼라의 바깥 둘레 길이를 늘이기 위함이다.

★ 칼라폭은 옆목점 위치까지 평행하게 유지해야 한다.

F1 칼라폭

F에서 수직으로 칼라폭(4cm) 만큼 올라간 뒤, 0.1cm가량 나간 점.▲

B3 B2에서 수직으로 칼라폭(4cm) 만큼 올라간 점.★

a1~B2 칼라 완성선

각 점을 자연스러운 곡선으로 제도 한다.

칼라 깃 제도 칼라 깃은 디자인에 따라 달리 제도 한다.

b a점의 수직선과 (F1~B3)수평선과 교차하는 점.

b1 b에서 수직으로 1.2cm 올라간 점.

b2 b에서 수평으로 1.5cm 나간 점.

b3 (a1~b2)선의 연장선과 (B3~b1)선의 연장선이 교차 하는 점.

c (B3~b1)선의 이등분 점에서 0.2cm 내려온 점.

B3~c~b1~b3 칼라 깃 완성 제도

각 점을 자연스러운 곡선으로 제도한다.

스탠드 칼라(Stand Collar)

원형의 목둘레선에서 벗어나지 않는 유형인 경우, 위 와이셔츠 칼라의 제도에서 스탠드 칼라만 그대로 활용하면 된다. 그러나 원형의 목둘레선보다 더 파진 넉넉한 목둘레선 칼라인 경우, 아래와 같은 방법으로 제도하면 된다.

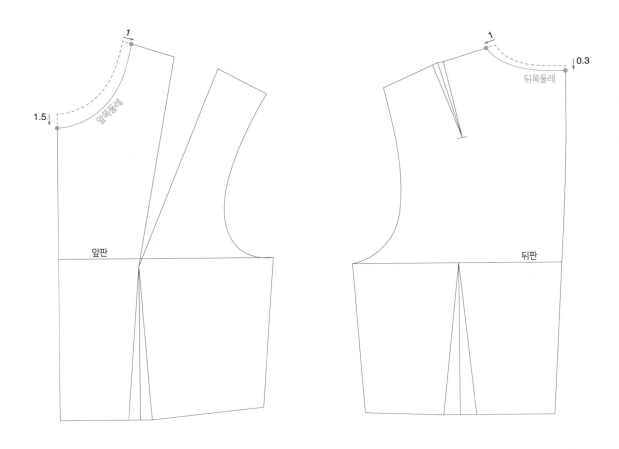

원형 목둘레선 설정

3cm 여유량을 가진 다트 원형의 목둘레를 활용한다.

새로운 옆목점

앞·뒤옆목점에서 1cm 들어간 점. (디자인을 고려하여 제도한다.)

새로운 앞목점+

기본 원형 앞목점에서 1.5cm 내려온 점.

새로운 뒤목점▲

기본 원형 뒤목점에서 0.3cm 내려온 점.

각 지점을 자연스러운 곡선으로 제도 후, 앞·뒤 목둘레 치수를 잰다.

+ 옆목점이 옮겨진 양보다 좀 더 내려온다.(디자인에 따라서)

▲ 옆목점이 옮겨진 양의 1/3~ 1/2 가량 내려온다.

스탠드 칼라 제도

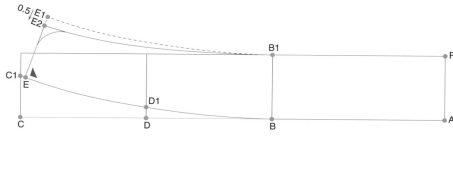

A~B 뒤목둘레 +0.1cm 나간 선.

B~C 앞목둘레 + 0.2cm 나간 선.

A~F 스탠드 칼라 높이

　　A에서 3.5cm 수직으로 올라간 점.

D 앞목둘레 이등분 점.

✚목밑둘레선이 많이 파일수록 칼라가 목둘레선과는 멀어지기 때문에 칼라의 기울기를 더 크게 주어 목둘레선에 가깝게 가도록 제도해 줘야 한다.

C1 C에서 (A~C)선의 1/10 만큼 올라간 점.✚

D1 D에서 (C~C1)선의 1/4 만큼 올라간 점.

A~B~D1~C1 스탠드 칼라 목 둘레선

　　각 점을 자연스러운 곡선으로 제도한다.

E (B~D1~C1)선상에서 앞목둘레(B~C)길이만큼 나간 점.

E1 E에서 (B~D1~C1)선의 직각선으로 스탠드 칼라폭(3.5cm)만큼 올라간 점.

E2 E1에서 0.5cm가량 내려간 점.

B1~E 스탠드 칼라 완성선

각 점을 자연스러운 곡선으로 제도 한다.

▲ 디자인에 따라 곡선이나 직선으로 제도해주면 된다.

스탠드 칼라 앞중심 부분은 자연스러운 곡선으로 굴려준다.▲

나폴레옹 칼라

나폴레옹 칼라는 구조면에서 보면 와이셔츠 칼라의 확대된 유형이라고 할 수 있다. 그러나 두 유형의 다른 점은 와이셔츠 칼라가 원형의 목둘레선을 그대로 활용한 유형이라면 나폴레옹 칼라는 코트류에 주로 활용되는 칼라로 원형의 목둘레선에서 넉넉하게 파진 유형이다. 또한 몸판의 커다란 라펠과 칼라가 한 세트로 달려있는 디자인이다. 따라서 코트에 적합하도록 목둘레선을 더 크게 파서 제도해야 한다. 제도의 원리만 이해하면 되므로 앞서 제도한 스탠드 칼라에서 윗 칼라의 제도 원리 방법만 설명하였다.

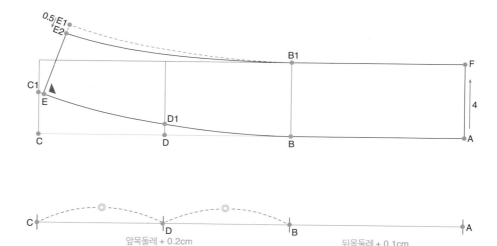

앞목둘레 + 0.2cm   뒤목둘레 + 0.1cm

✚스탠드 칼라와 동일한 제도 방법

밴드 칼라 제도✚

A~B 뒤목둘레 +0.1cm 나간 선.

B~C 앞목둘레 + 0.2cm 나간 선.

A~F 스탠드 칼라 높이

    A에서 4cm 수직으로 올라간 점.

D 앞목둘레 이등분 점.

C1 C에서 (A~C)선의 1/10 만큼 올라간 점.

D1 D에서 (C~C1)선의 1/4 만큼 올라간 점.

A~B~D1~C1 스탠드 칼라 목둘레선

    각 점을 자연스러운 곡선으로 제도한다.

E (B~D1~C1)선상에서 앞목둘레(B~C)길이만큼 나간 점.

E1 E에서 (B~D1~C1)선의 직각선으로 스탠드 칼라폭(4cm)만큼 올라간 점.

E2 E1에서 0.5cm가량 내려간 점.

B1~E2 밴드 칼라 완성선

    각 점을 자연스러운 곡선으로 제도 한다.

나폴레옹 칼라 제도-1

부족한 칼라의 바깥둘레 길이를 칼라의 뒤중심 쪽에서만 늘려주는 제도 방식이다.

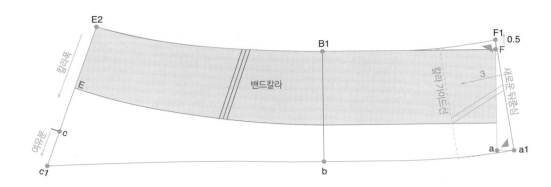

F1 F에서 선보정값 0.5cm가량 올라간 점.

칼라폭
밴드 칼라폭(4cm) + 롤 분량(1.5cm) + 스탠드 칼라 덮는 분량(0.5cm) = 6cm

a 칼라폭

F1에서 칼라폭(6cm) 만큼 내려온 점.

칼라 바깥둘레 분량
칼라폭(6cm) 1/10 + 고정값(0.3cm) = 0.9cm

a1 칼라 바깥둘레 분량

a에서 칼라 바깥둘레 분량(0.9cm) 만큼 수평으로 나간 점.

F1~a1 새로운 칼라 뒤 중심선

B1~b B1에서 수직으로 (F1~a1)선과 같은 폭인 선.

E2~c (E~E2)의 연장선에서 칼라폭(6cm)만큼 나간 점.

c~c1 (E2~c)의 연장선에서 칼라 깃 여유분(2cm)만큼 나간 점.

칼라의 모아지는 정도나 크기는 디자인에 따라 자유롭게 제도해 주면 된다. 이 부분은 디자인 영역이라고 생각하면 된다.

+뒤중심을 곬로 펼쳤을 시, 각지 지 않게 하기 위해서 뒤중심기준 으로 직각 유지를 해준다.

칼라 가이드선 (F1~a1)선에서 3cm 평행하게 제도한다.+

F1~B1~E2 칼라 완성선

F1에서 직각을 유지하면서 각 점을 자연스러운 곡선으로 제도한다.

a1~b~c1 칼라 완성선

a1에서 직각을 유지하면서 각 점을 자연스러운 곡선으로 제도한다. 그리고 칼라 의 옆목에서 앞쪽 부분은 디자인에 따라 자연스럽게 제도해 준다.

나폴레옹 칼라 제도-2

부족한 칼라의 바깥둘레 길이를 절개하여 벌려주는 방식이다.

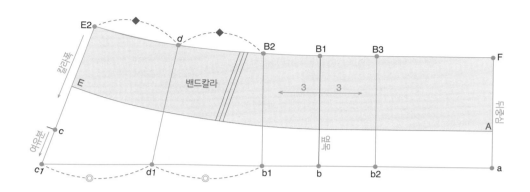

칼라폭
밴드 칼라폭(4cm) + 롤 분량(1.5cm) + 스탠드 칼라 덮는 분량(0.5cm) = 6cm

a 칼라폭

　(F1~A)연장선에서 칼라폭(6cm) 만큼 내려온 점.

B1~b B1에서 수직으로 (F~a)선과 같은 폭인 선.

E2~c (E~E2)의 연장선에서 칼라폭(6cm)만큼 나간 점.

c~c1 (E2~c)의 연장선에서 칼라 깃 여유분(2cm)만큼 나간 점.✚

F~B1~E2 칼라 가이드선

　F1에서 직각을 유지하면서 각 점을 자연스러운 곡선으로 제도 한다.

a~b~c1 칼라 완성선

　a에서 직각을 유지하면서 각 점을 자연스러운 곡선으로 제도 한다.

✚칼라 깃 여유분은 디자인에 따라 변동된다.

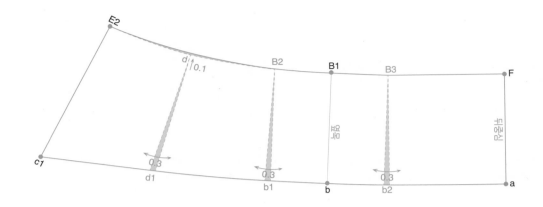

칼라 바깥 둘레 분량

칼라 바깥둘레 분량
칼라폭(6cm) 1/10 + 고정값(0.3cm) = 0.9cm

B2~b1, B3~b2 칼라 절개 가이드선

(B1~b)에서 양족으로 평행하게 각 3cm 나간 선.

d~d1 칼라 절개 가이드선

(E2~B2)선의 이등분 점d와 (c1~b1)선의 이등분 점d1을 연결하여 제도.

칼라 바깥둘레 분량 B2, B3, d 각 점을 고정한 뒤, b1, b2, d1 각 점에서 (칼라 바깥둘레 분량 ÷ 절개선 개수(3개) = 0.3cm)씩 벌려준다.

F~B1~E2 칼라 완성선

F점에서 직각선을 유지하면서 d점에서 미세하게 배 살리듯이 나가서 자연스러운 곡선으로 제도한다.

a~b~c1 칼라 완성선

각 점을 자연스러운 곡선으로 제도한다. 이때 칼라의 옆목점에서 앞쪽으로 향한 부분이 칼라의 허리에 해당하는 부분이므로 (d1~b1) 부분을 날씬하게 제도해 준다.

참고로 와이셔츠 칼라도 디자인에 따라 나폴레옹 칼라의 제도법으로 제도해주는 것이 더 용이하다. 중요한 것은 윗 칼라가 잘 놓일 수 있도록 윗 칼라의 바깥둘레 사이즈의 늘려주어야 할 양을 찾아 제도해 주는 것이다.

플랫 칼라(Flat Collar)

플랫 칼라는 디자인에 따라 목둘레선을 제도한 후, 원하는 칼라의 모양을 제도하는 간단한 구조로 되어있다. 그러나 칼라가 서 있는 스탠드 분량이 없다면 축 늘어져 생기 없는 형태의 칼라로 보이게 된다. 따라서 플랫하게 보일지라도 약간의 스탠드 분량을 주어 제도해야 한다.

플랫 칼라의 스탠드 분량은 칼라의 바깥둘레 길이를 줄이면서 형성되는데, 플랫 칼라의 바깥 둘레 길이는 몸통원형의 앞·뒤어깨선을 겹쳐서 제도하면 쉽게 구할 수 있다. 즉, 플랫 칼라의 스탠드 분량은 몸통원형의 앞·뒤 겹침 분량에 의해서 결정된다. 스탠드 분량이 너무 높은 경우, 목둘레선 구조가 변형되므로 플랫 칼라의 스탠드 분량은 1cm 미만의 형태로 적용하는 것이 좋다. 플랫 칼라의 스탠드 분량은 대략 앞·뒤어깨 겹친분의 1/4 정도가 칼라의 스탠분이 된다.

케이프 칼라(Cape Collar)

케이프와 같이 어깨를 덮는 칼라의 유형으로 여성용 망토나 코트에 사용한다.

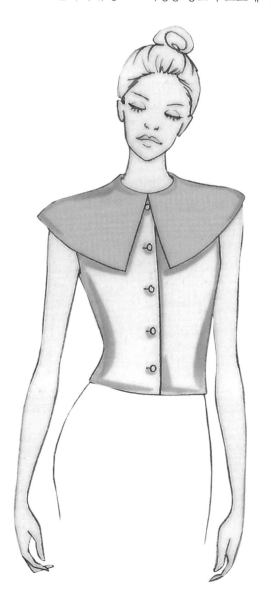

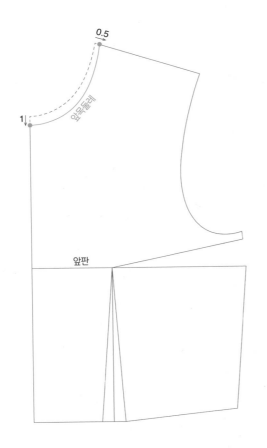

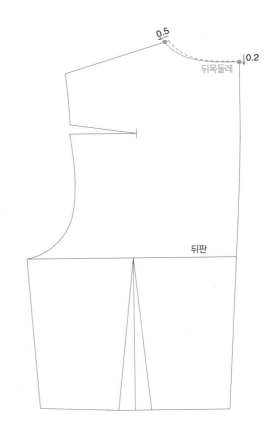

원형 목둘레선 설정

3cm 여유량을 가진 다트 원형의 목둘레를 활용한다.

네크 라인도 디자인선이므로 원하는 만큼 자연스럽게 목둘레선을 완성해 주고 그 목둘레선을 기준으로 칼라를 디자인해준다.

새로운 옆목점

앞·뒤옆목점에서 0.5cm 들어간 점.

새로운 앞목점✚

기본 원형에서 1cm 내려온 점.

새로운 뒤목점▲

기본 원형 뒤목점에서 0.2cm 내려온 점.

✚ 옆목점이 옮겨진 양보다 좀 더 내려오며 디자인에 따라 제도해 준다.

▲ 옆목점이 옮겨진 양의 1/3가량 내려온다.

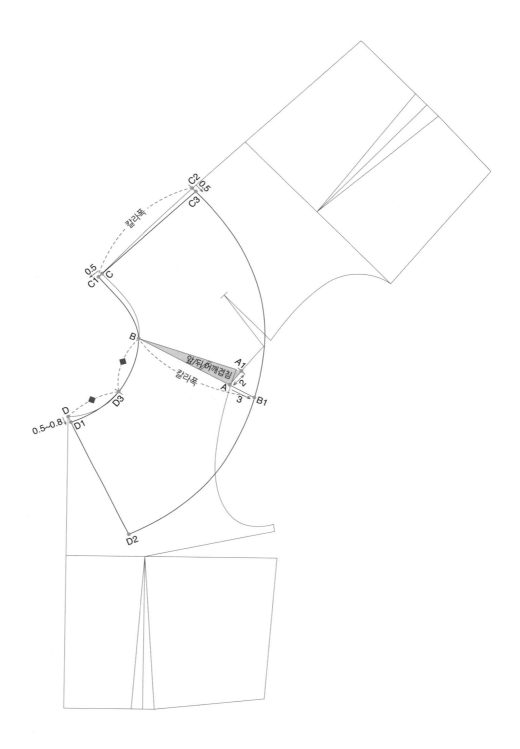

케이프 칼라 제도

A1 어깨 겹침분

뒤어깨 끝A점에서 2cm 내려온 점.

앞·뒤 옆목B점을 고정하고, 뒤어깨 끝A점에서 2cm 내린 A1점과 앞·뒤어깨선을
겹친다.

B1 어깨끝A선의 연장선에서 3cm 나간 점.

B~B1 케이프 칼라폭

✚ 옆목의 겹침 분량은 앞·뒤 중심
까지의 영향은 미치지 못하므로
약간의 보정이 필요하다.

C1 뒤목점C에서 0.5cm 올라간 점.✚

C1~C2 케이프 칼라폭(B~B1) 만큼 나간 점.

C3 C2에서 직각으로 0.5cm 가량 들어온점.

C1~C3 케이프 칼라 뒤중심선

▲ 앞목을 내려주면 칼라의 앞부분
을 보다 생동감 있게 만들어 준다.

D1 앞목D점에서 0.5~0.8cm가량 내려간 점.

이때 케이프 칼라의 앞부분 제도는 디자인에 따라 제도해 주면 된다.▲

D2 D1에서 칼라폭(B~B1)만큼 나간 점.

D3 D~B선의 이등분 선

D1~D3~B~C1 케이프 칼라 목둘레선

각 점을 자연스러운 곡선으로 제도한다.

C3~B1~D2 케이프 칼라 완성선

각 점을 자연스러운 곡선으로 제도한다.

피터팬 칼라(Peter pan Collar)

제임스 배리(James Matthew Barrie)의 소설 주인공 피터 팬이 이 칼라의 옷을 착용했기 때문에 붙여진 이름이다. 플랫 칼라의 끝이 둥글게 처리된 것이 디자인의 특징이다.

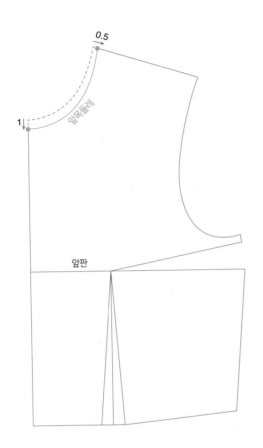

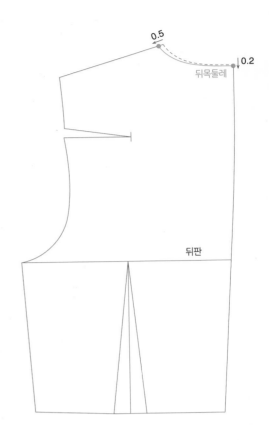

원형 목둘레선 설정

3cm 여유량을 가진 다트 원형의 목둘레를 활용한다.
네크 라인도 디자인선이므로 원하는 만큼 자연스럽게 목둘레선을 완성해 주고 그 목
둘레선을 기준으로 칼라를 디자인해준다.

새로운 옆목점

앞·뒤옆목점에서 0.5cm 들어간 점.

새로운 앞목점

기본 원형에서 1cm 내려온 점.

새로운 뒤목점✚

기본 원형 뒤목점에서 0.2cm 내려온 점.

✚옆목점이 옮겨진 양의 1/3가량
내려온다.

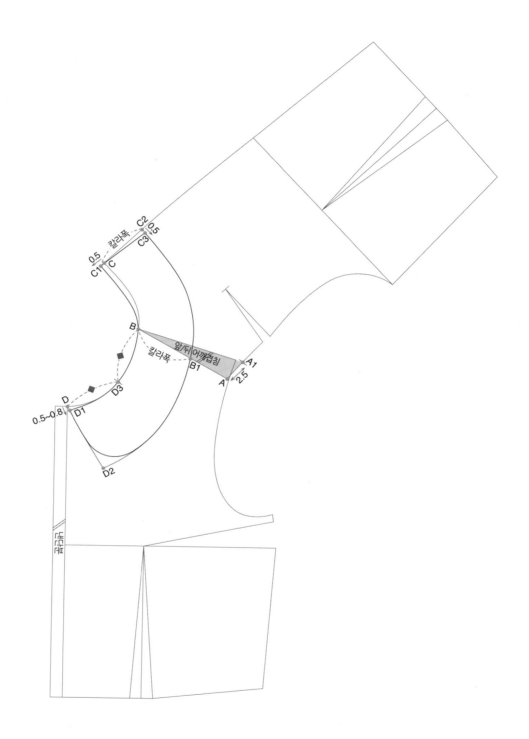

앞/뒤 어깨겹침

칼라폭

0.5

C2

0.5

C3

칼라폭

C1

C

B

B1

A1

A

2.5

D

D3

D1

D2

0.5~0.8

꺾임선

피터팬 칼라 제도

어깨 겹침

A1 어깨 겹침분

뒤어깨 끝A점에서 2.5cm 내려온 점.

앞·뒤 옆목B점을 고정하고, 뒤어깨 끝A점에서 2.5cm 내린 A1점과 앞·뒤어깨선을 겹친다.

B1 옆목B점에서 6cm 나간 점.

B~B1 피터팬 칼라폭

C1 뒤목점C에서 0.5cm 올라간 점.

C1~C2 피터팬 칼라폭(B~B1) 만큼 나간 점.

C3 C2에서 직각으로 0.5cm가량 들어온 점.

C1~C3 피턴팬 칼라 뒤 중심선

D1 앞목D점에서 0.5~0.8cm가량 들어온 점.

이때 피터팬 칼라의 앞부분의 각도는 디자인에 따라 제도해주면 된다.

D2 D1에서 7.5cm가량 나간 점.✚

✚디자인에 따라 변동된다.

D3 (D~B)선의 이등분 선

D1~D3~B~C1 피터팬 칼라 목둘레선

각 점을 자연스러운 곡선으로 제도한다.▲

▲몸통의 목둘레선 곡선을 팔 경우, 피터팬 칼라의 목둘레선에서 D3부분 까지 배를 살려서 제도 하는 것이 좋다. 그렇게 해야 칼라가 좀 더 부드럽게 놓인다.

C3~B1~D2 피터팬 칼라 가이드선

각 점을 자연스러운 곡선으로 제도한다.

D2 피터팬 칼라의 디자인에 따라 앞 코부분을 곡선으로 굴려 제도 한다.

앞 여밈분 단추 크기에 따라 앞중심에서 여밈분을 제도한다.

세일러 칼라(Sailor Collar)

해군 병사들이 입는 제복 스타일의 칼라로 앞은 'V' 자 모양으로 파이고 뒤로 갈수록 점점 넓어져 등에는 큰 사각형의 천이 달려 있다. 보통 깃의 가장자리에는 띠 장식이 있는 것이 특징이다.

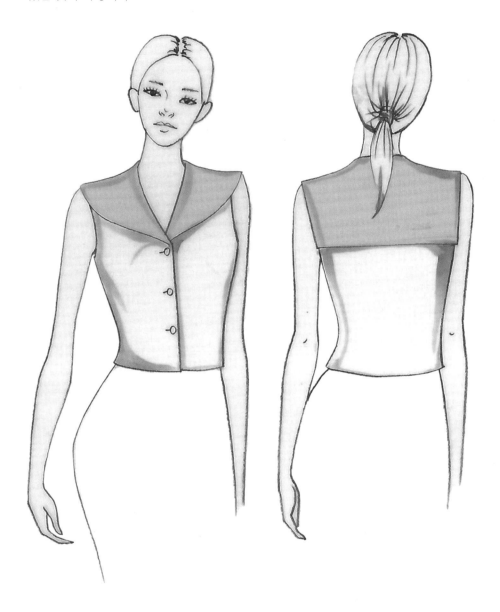

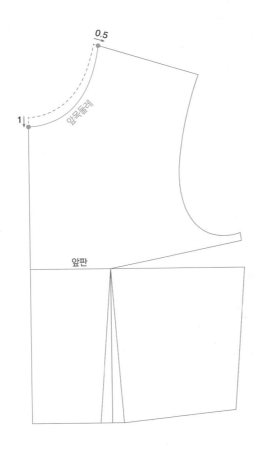

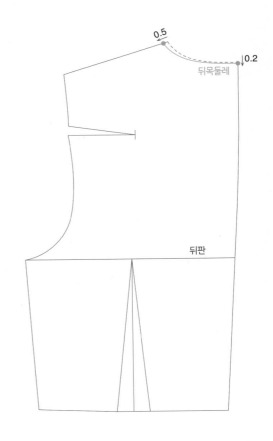

원형 목둘레선 설정

3cm 여유량을 가진 다트 원형의 목둘레를 활용한다.

네크 라인도 디자인선이므로 원하는 만큼 자연스럽게 목둘레선을 완성해 주고 그 목둘레선을 기준으로 칼라를 디자인해준다.

새로운 옆목점
　　앞·뒤옆목점에서 0.5cm 들어간 점.

새로운 앞목점
　　기본 원형에서 1cm 내려온 점.

새로운 뒤목점✛
　　기본 원형 뒤목점에서 0.2cm 내려온 점.

✛옆목점이 옮겨진 양의 1/3가량 내려온다.

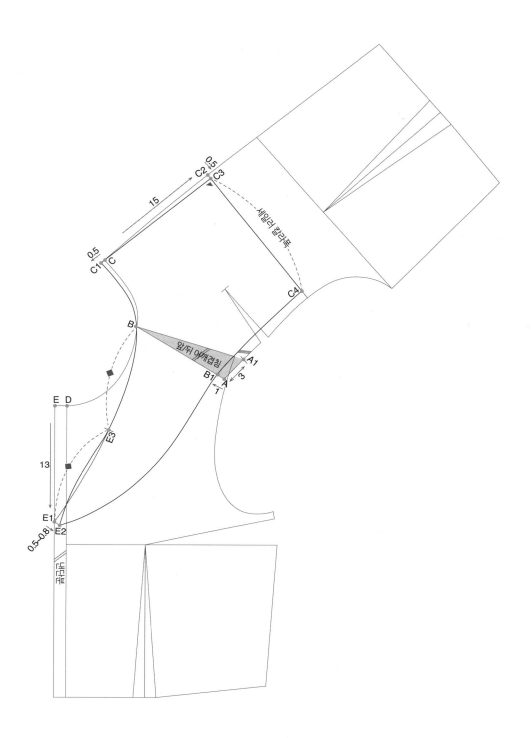

어깨 겹침

A1 어깨 겹침분

뒤어깨 끝A점에서 3cm 내려온 점.

앞·뒤 옆목B점을 고정하고, 뒤어깨 끝A점에서 3cm 내린 A1점과 앞·뒤어깨선을 겹친다.

B1 어깨끝A점에서 1cm 들어온 점.

B~B1 세일러 칼라폭

C1 뒤목점C에서 0.5cm 올라간 점.

C2 C1에서 15cm 내려간 점.

C3 C2에서 직각으로 0.5cm가량 들어온 점.

C1~C3 세일러 칼라 뒤 중심선

E 앞 여밈분

단추 크기에 따라 앞중심D에서 여밈분을 제도한다.

E1 E점의 여밈분에서 13cm 내려간 점.

E2 E1점에서 0.5~0.8cm가량 들어온 점.

E3 (E1~B)선의 이등분 점.

E2~E3~B~C1 세일러 칼라 목둘레선

(E2~E3)지점에서는 배를 살려서 제도하면서 각 B, C1점은 자연스러운 곡선으로 제도한다.

C4~B1~E2 세일러 칼라 가이드선

각 점을 자연스러운 곡선으로 제도한다. 이때 (C4~B1)선을 제도할 때는 뒤암홀선과 비슷하게 제도해주는 것이 좋다.✚

✚디자인에 따라 달리 제도 한다.

롤 칼라(Roll Collar) 유형

롤 칼라는 기본적으로 한 장으로 구성된 칼라이며, 몸판과 합봉되는 칼라의 목붙임선과 칼라 꺾임선, 칼라 바깥둘레선이 함께 있는 구조로 되어 있다. 이때 롤 칼라의 스탠드 분량을 결정하는 것은 칼라의 바깥 둘레선이다. 따라서 컨버티블 칼라, 스탱 칼라 등 어떤 이름의 칼라든 롤 칼라의 핵심은 원하는 스탠드 분량을 결정하고 스탠드 분량에 적합한 바깥둘레 길이를 찾아주는 것이다.

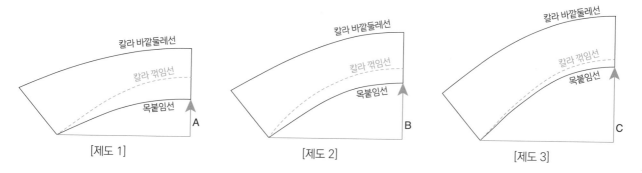

[제도 1]　　　　　　　[제도 2]　　　　　　　[제도 3]

칼라의 스탠드 분량과 바깥둘레선과의 관계의 이해를 돕기 위해 롤 칼라의 제도를 비교해 정리하였다. [제도 1]에서 [제도 3]쪽으로 갈수록 칼라의 바깥둘레선은 길어지고 스탠드 분량이 낮아지는 걸 볼 수 있다. 반면 [제도 3]에서 [제도 1] 쪽으로 갈수록 바깥둘레는 짧아지고 스탠드분은 높아지는 것을 알 수 있다. 제도시 칼라의 스탠드분을 먼저 설정해 주고 제도하지만 스탠드분을 결정하는 건 결국 칼라의 바깥둘레선이다. 따라서 스탠드분에 따른 바깥둘레를 찾아주는 것이 롤 칼라의 핵심이다.

채움형 롤 칼라

롤 칼라 유형 중, 가장 많이 알려진 수티앵(스탱) 칼라로 불리는 칼라의 제도법이다.
물론 롤 칼라의 구조를 가진 컨버티블 칼라의 경우도 동일하게 제도해 주면 된다.
특히 컨버티블 칼라처럼 첫 번째 단추를 주로 채워서 착용할 지, 아니면 단추를 채우지 않고 오픈해서 착용할 지에 따라 칼라의 모양이 달라져야 한다.
먼저 첫 번째 단추를 채워서 착용하는 유형의 칼라이다.
하지만 꼭 채워 입어야만 하는 건 아니다. 다만 채웠을 때 칼라의 놓임이 더 맵시가 나는 칼라의 형태라고 이해하면 된다.

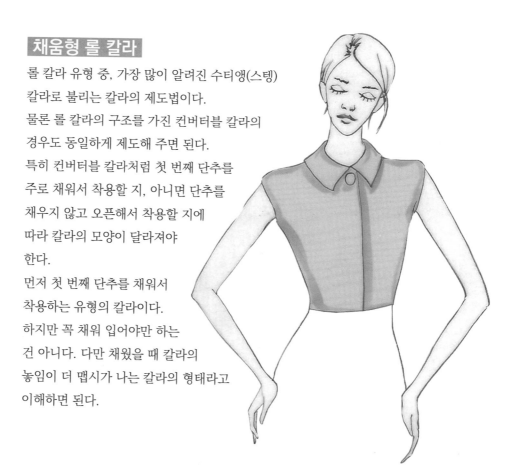

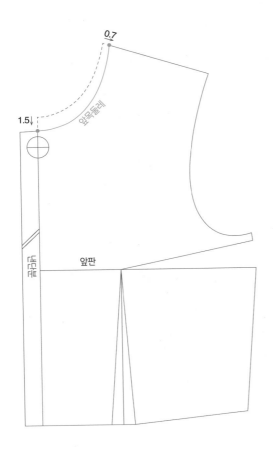

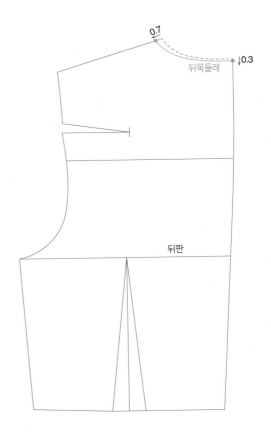

원형 목둘레선 (목둘레) 설정
3cm 여유량을 가진 다트 원형의 목둘레를 활용한다.

새로운 옆목점
앞·뒤옆목점에서 0.7cm 들어간다.

✚옆목점이 옮겨진 양보다 좀 더
내려온다.

새로운 앞목점✚
기본 원형 앞목점에서 1.5cm 내려온 점.

▲옆목점이 옮겨진 양의 1/3가량
내려온다.

새로운 뒤목점▲
기본 원형 뒤목점에서 0.3cm 내려온 점.

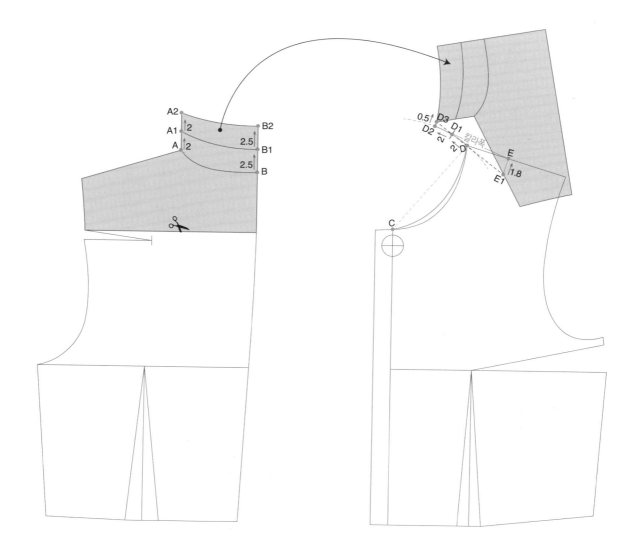

뒤목

A1, A2 뒤옆목점에서 수직으로 2cm씩 올라간 점.

B1, B2 뒤목 중심점에서 수직으로 옆목 스탠분량(2cm) + 0.5cm = 2.5cm씩 올라
간 점.

A1~B1, A2~B2 각 점을 자연스러운 곡선으로 제도한다.

앞목

C~D연장선 C점을 기준으로 (C~D)길이 만큼 컴퍼스로 연장선을 제도한다.

D1, D2 앞옆목점(D)에서 2cm씩 (C~D)연장선과 교차하는 점.

D3 D2점에서 직각으로 0.5~0.8cm 나간 점.✛

✛몸통원형의 목둘레선과 같은 길
이가 되도록 미리 보정해주는 분
량이다.

칼라폭 설정

E 롤 칼라폭

D2에서 칼라폭 8.5cm 만큼 어깨선과 교차하는 점.

E1 어깨 겹침분

E에서 수직으로 1.8cm 내려간 점. 이 양이 칼라의 바깥둘레의 길이를 결정하게 된다.

앞·뒤어깨 겹침 뒤(A2)점과 앞(D3)점을 고정한 뒤 앞어깨선을 뒤(E1)점과 겹친다.

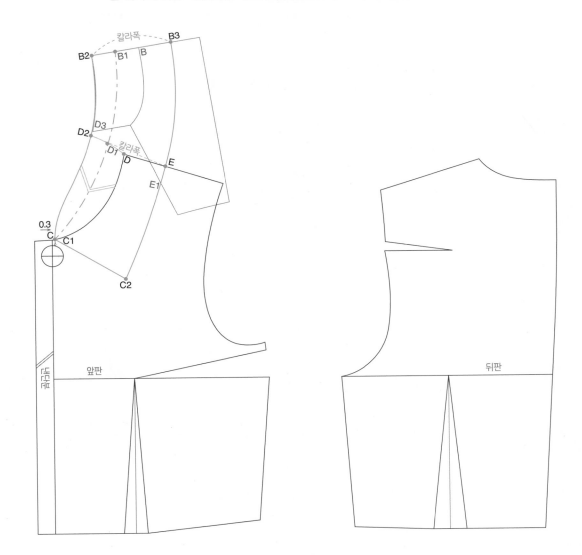

B3 롤 칼라폭

B2에서 (D2~E)칼라폭 8.5cm 만큼 나간 점.

C1 칼라 시작점

C에서 0.3cm 들어간 점.

C2 칼라 깃 제도

C1에서 디자인에 따라 C2점을 제도 한다.

B1~D1~C1 칼라 꺾임선

(D1~C1)지점은 칼라의 꺾임선 기준으로 네크라인을 최대한 목이 파이지 않도록 느슨하게 제도한 뒤, B1점 까지는 자연스러운 곡선으로 제도한다.

B2~D2~C 칼라 목둘레선

(B2~D2)까지 자연스러운 곡선으로 제도하면서 (D2~C)까지는 꺾임선 기준으로 (D~C1)선과 비슷하게 제도해준다. 왜냐하면 몸통의 앞목 목둘레선과 칼라의 목 붙임선이 합봉되는데 채워입는 롤칼라의 경우 이 부분의 칼라가 부족하게 되면 칼라부분이 목쪽으로 당겨와 칼라가 잘 놓이지 않게 된다.

B3~E~C2 칼라 완성선

각 점을 자연스러운 곡선으로 연결한다.

오픈형 롤 칼라

오픈형 롤 칼라의 제도법은 채움형 칼라의 제도 방식과 동일하지만 앞판의 목둘레선과 봉제 되는 칼라의 앞목 부분의 목 붙임선이 달라야 한다. 그래야 오픈시 보다 더 맵시있는 칼라가 된다.

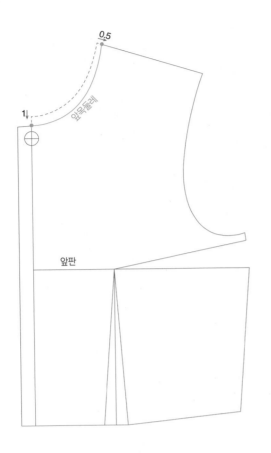

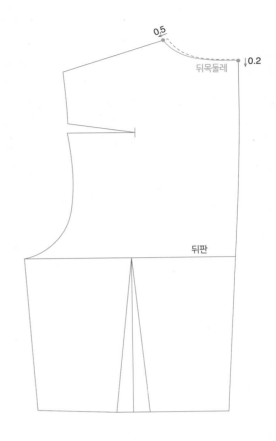

원형 목둘레선 설정

3cm 여유량을 가진 다트 원형의 목둘레를 활용한다.

새로운 옆목점

앞·뒤옆목점에서 0.5cm 들어간 점.

새로운 앞목점 ✚

기본 원형 앞목점에서 1cm 내려온 점.

새로운 뒤목점 ▲

기본 원형 뒤목점에서 0.2cm 내려온 점.

✚ 옆목점이 옮겨진 양보다 좀 더
내려온다.

▲ 옆목점이 옮겨진 양의 1/3가량
내려온다.

뒤목

A1, A2 뒤옆목점에서 수직으로 1.5cm씩 올라간 점.

B1, B2 뒤목중심점에서 수직으로 옆목 스탠분량(1.5cm) + 0.5cm = 2cm씩 올라간
점.

A1~B1, A2~B2 각 점을 자연스러운 곡선으로 제도한다.

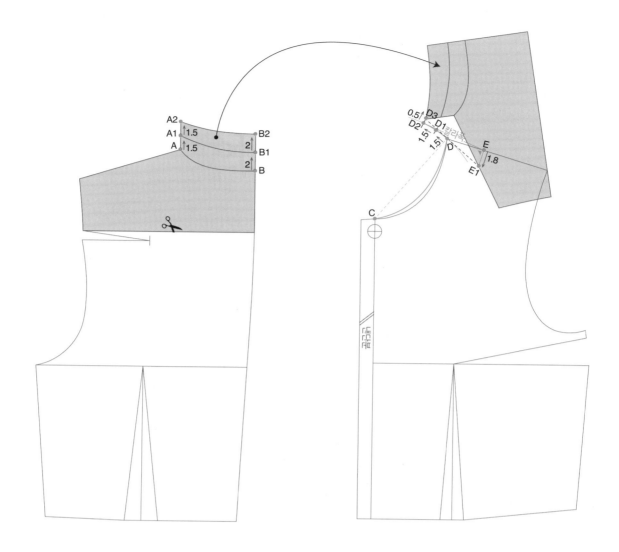

앞목

C~D 새로운 앞목선을 느슨하게 풀어 제도한다. 위의 채움형 칼라처럼 칼라의 배를
살리면 첫 단추를 오픈 했을 때 그것이 남는 양이되어 늘어져서 생기없는 칼라
로 보이게 된다.

C~D연장선 (C~D)길이를 컴퍼스로 연장선을 제도한다.

D1, D2 앞옆목점(D)에서 1.5cm씩 (C~D)연장선과 교차하는 점.

D3 D2점에서 직각으로 0.5~0.8cm 나간 점.

칼라폭 설정

E 롤 칼라폭

　D2에서 칼라폭 7cm 만큼 어깨선과 교차하는 점.

E1 어깨 겹침분

　E에서 수직으로 1.8cm 나간 점.

앞·뒤어깨 겹침 뒤(A2)점과 앞(D2)점을 고정한 뒤 앞어깨선을 뒤(E1)점과 겹친다.

B3 롤 칼라폭

　　B2에서 (D2~E)칼라폭 만큼 나간 점.

C1 칼라 시작점

　　C에서 0.3cm 나간 점.

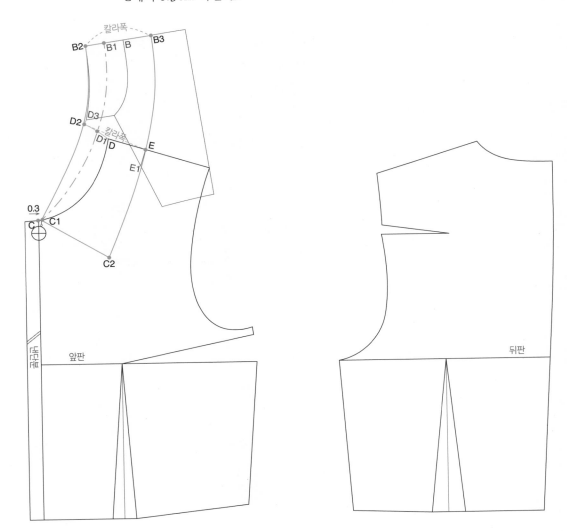

C2 칼라 깃 제도

　　C1에서 디자인에 따라 C2점을 제도 한다.

B1~D1~C1 칼라 꺾임선

　　(D1~C1)지점은 칼라의 꺾임선 기준으로 네크라인을 최대한 목이 파이지 않도록

　　느슨하게 제도한 뒤, B1점 까지는 자연스러운 곡선으로 제도한다.

B2~D2~C1 칼라 목둘레선

　　(B2~D2)까지 자연스러운 곡선으로 제도하면서 (D2~C1)까지는 직선에 가깝게

　　제도해준다.

B3~E~C2 칼라 완성선

　　각 점은 자연스러운 곡선으로 제도한다.

응용형 롤 칼라

몸통원형의 목둘레선에서 많이 벗어난 유형은 롤 칼라 제도 방법으로 제도하면 쉽게 제도할 수 있다.

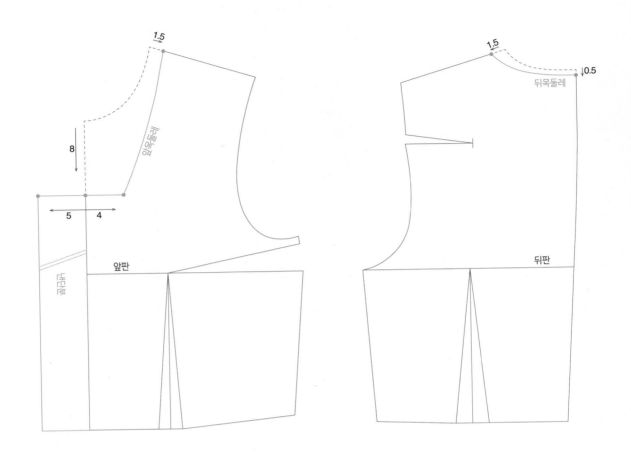

원형 목둘레선 설정

3cm 여유량을 가진 다트 원형의 목둘레를 활용한다.

새로운 옆목점

앞·뒤옆목점에서 1.5cm 들어간 점.

✚ 디자인에 따라 제도한다.

새로운 앞목점 ✚

기본 원형 앞목점에서 8cm 내려온 점.

앞 여밈분

앞 중심선에서 5cm나간 점.

앞 칼라 시작점

앞중심에서 4cm 들어온 점.

▲ 옆목점이 옮겨진 양의 1/3가량 내려온다.

새로운 뒤목점 ▲

기본 원형 뒤목점 0.5cm 내려온 점.

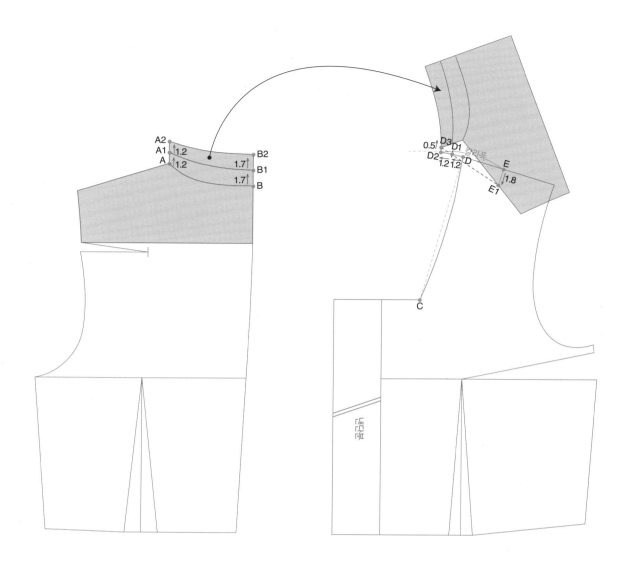

응용 롤 칼라 제도

뒤목

A1, A2 뒤옆목점에서 수직으로 1.2cm씩 올라간 점.

B1, B2 뒤중심점에서 수직으로 옆목 스탠분량(1.2cm) + 0.5cm = 1.7cm씩 올라간
점.

A1~B1, A2~B2 각 점을 자연스러운 곡선으로 제도한다.

앞목

C~D연장선 (C~D)길이를 컴퍼스로 연장선을 제도한다.

D1, D2 앞옆목점(D)에서 1.2cm씩 (C~D)연장선과 교차 하는 점.

D3 D2점에서 직각으로 0.5~0.8cm 나간 점.

칼라폭 설정

E 롤 칼라폭

　　D2에서 칼라폭 6.8m 만큼 어깨선과 교차하는 점.

E1 어깨 겹침분

E에서 수직으로 1.8cm 나간 점.

앞·뒤어깨 겹침 뒤(A2)점과 앞(D3)점을 고정한 뒤 앞어깨선을 뒤(E1)점과 겹친다.

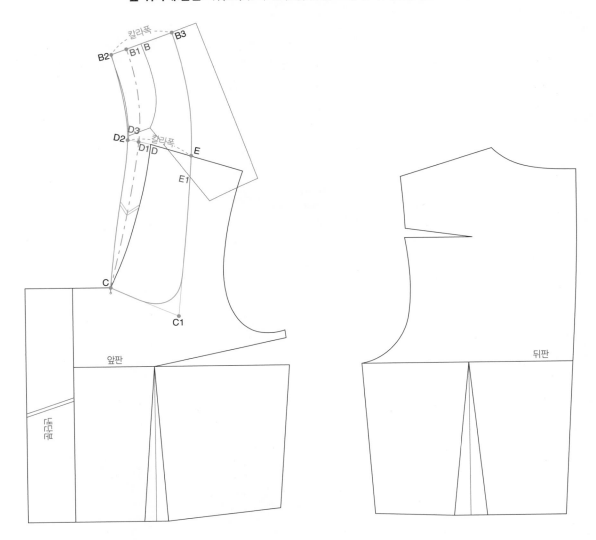

B3 롤 칼라폭

B2에서 (D2~E)칼라폭 6.8cm 만큼 나간 점.

C1 칼라 깃 제도

C에서 디자인에 따라 C1점을 제도 한다.

B1~D1~C 칼라 꺾임선

각 점을 자연스러운 곡선으로 제도한다.

B2~D2~C 칼라 목둘레선

B2~D2까지 자연스러운 곡선으로 제도하면서 (D2~C1)까지는 꺾임선 기준으로 (D~C)선과 비슷하게 제도해준다.

B3~E~C1 칼라 완성선

각 점은 자연스러운 곡선으로 제도한다.

C1 디자인에 따라 앞 코부분을 곡선으로 굴려 제도 한다.

테일러드 칼라(Tailored Collar)

테일러드 칼라는 신사복을 상징하는 칼라로 V존의 라펠이나 싱글여밈, 더블여밈 등 다양한 형태로 변화 시킬 수 있다. 테일러드 칼라의 경우도 스탠드 높이에 적합한 칼라의 바깥 둘레길이를 찾아주는 것이 제도의 핵심이다. 테일러드 한 장 칼라인 경우, 착용시 옆목 부분이 벌어지는 구조로 되어 있어 옆목이 벌어지고 칼라의 꺾임선의 롤 부분에 군주름이 생겨 부자연스러운 현상이 생긴다. 이를 보안하는 방법으로 윗칼라와 밴드 칼라로 분리하여 두 장 칼라로 제도해주면 된다. 그렇게 밴드 칼라를 넣어 제도하면 벌어지는 옆목 부분을 목쪽으로 붙여주면서 칼라의 꺾임선이 군주름 없이 부드럽게 돌아가도록 해준다.

싱글여밈 기본 테일러드 칼라

테일러드 칼라는 플랫 칼라와 롤 칼라의 구조가 합쳐진 형태의 구조로 되어 있으며, 테일러드 칼라 역시 칼라의 폭에 맞는 칼라의 바깥둘레 길이를 찾아주는 것이 칼라 제도법의 핵심이다.

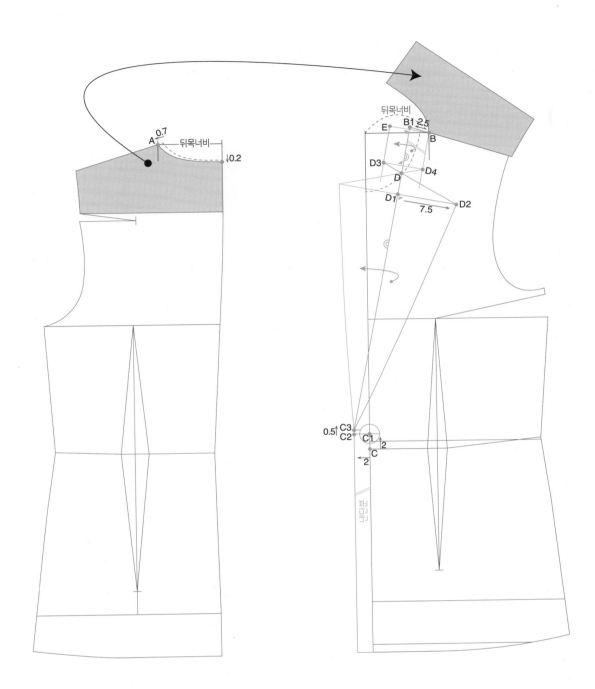

원형 목둘레선 설정

3cm 여유량을 가진 다트 원형의 목둘레를 활용한다. 이때 칼라의 디자인을 제도하기
용이하도록 가슴 다트와 어깨 다트를 이동시켜 준다.

새로운 목너비

+디자인과 소재의 두께를 감안하
여 옆목을 넓혀서 제도한다

A 뒤옆목점에서 0.7~0.8cm 들어간 점.+

B 앞 중심선에서 뒤목너비만큼 들어간 새로운 점.

+ 옆목점이 옮겨진 양의 1/3가량
내려온다.

새로운 뒤목점+

기본 원형 뒤목점에서 0.2~0.3cm 내려온 점.

각 지점을 자연스러운 곡선으로 제도 후, 뒤목둘레 치수를 잰다.

앞·뒤어깨 겹침 뒤(A)점과 앞(B)점을 고정한 뒤, 뒤어깨선을 앞어깨선과 겹친다.

테일러드 칼라 가이드선

B1 칼라 스탠드분

+ 스탠드분은 디자인에 따라 달라
진다.

B점에서 스탠드분 2.5cm만큼 어깨선의 연장선에서 나간 점.+

C1 단추위치

▲ 현재 제도된 위치가 싱글여밈
재킷에서 가장 기본적인 단추 위
치이다. 하지만 디자인에 따라 그
위치는 달라진다.
★ 디자인에 따라 첫 단추 위치와
같은 위치이거나 더 위로도 설정할
수 있다.

허리선(C)에서 2cm 올라간 점.▲

C2 C1에서 여밈분 2cm 평행하게 나간 선.

C3 라펠 시작점

C2에서 0.5cm올라간 점.★

C3~B1 라펠 꺾임선

라펠 가이드선♣

♣ 라펠 가이드선 제도 방식은 하
나의 예시일 뿐, 디자인에 따라 자
유롭게 제도해주면 된다.

D (C3~B1)선을 기준으로 B1점에서 6cm 내려간 점.

D1 (C3~B1)선을 기준으로 D점에서 2.8cm 내려간 점.

D2 D1점에서 (C3~B1)선과 직각으로 7.5cm 나간 점.

B평행선 라펠 꺾임(C3~B1)선을 기준으로 (B)점까지 평행선을 제도한다.

E평행선 라펠 꺾임(C3~B1)선을 기준으로 (B)선과 같은 길이만큼 나가 평행선을 제
도한다.

라펠 제도 C3~B1선을 기준으로 접어서 같은 위치에 표시하여 제도하거나, 대칭되도
록 라펠을 제도해준다.

D3 (D2~D)선의 연장선과 E선이 교차하는 점.

D4 (C3~B1)칼라꺾임선 기준으로 접어 D3점을 표시한다.

B~D4~라펠 몸통 칼라 봉제 완성선

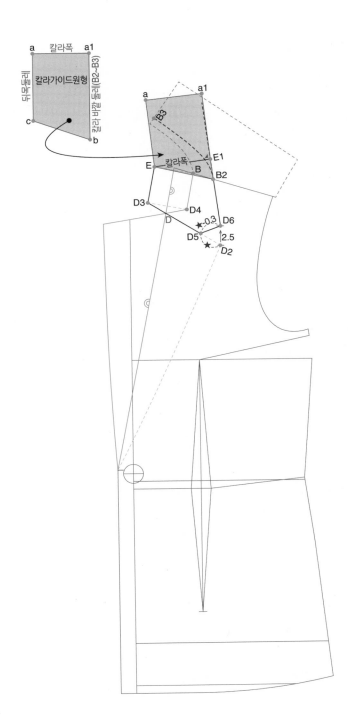

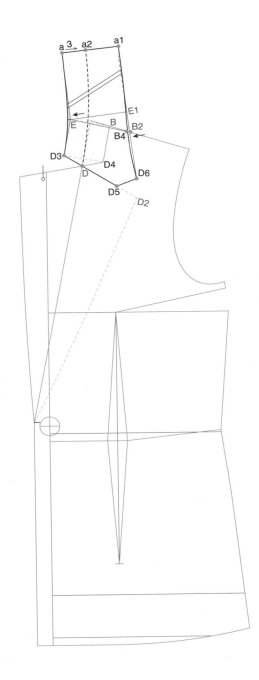

테일러드 한 장 칼라 제도

D5 D2점에서 3cm 들어간 선.

D6 D2점에서 2.5cm 올라간 선과 (D5~D2) − 0.3cm = 2.7cm 길이가 교차 하는
점.

✚ 몸통 어깨와 칼라의 디자인에
따라 설정해준다.

B2 어깨(B)점에서 2.6cm가량 나간 점.✚

테일러드 한 장 칼라 바깥둘레 값 찾기

B3 뒤목점에서 칼라 겹침 양(B~B2) ÷ 3 만큼 들어간 점.

B3~B2 칼라 바깥둘레

각 점을 자연스러운 곡선으로 제도한다.

칼라폭 길이 값 찾기

D6~B2연장선 각 점을 직선으로 연결 후 연장선을 제도한다.

E1 E점에서 (D6~B2)연장선과 수직으로 교차하는 점.

칼라 가이드 원형

a~a1 칼라폭 (E~E1)

a~c 뒤목둘레

a1~b 칼라 바깥둘레(B2~B3)

칼라·몸통 겹침 칼라 가이드원형(c~b)선과 몸통(E~B2)선과 겹친다.

칼라 완성선 제도

a~D3 칼라 목둘레선 완성선

각 점에서 연결할 때 옆목점(E)점에서 꺾이지 않게 자연스러운 곡선으로 제도한다.

B4 B2는 칼라의 허리에 해당되는 부분이다. 따라서 테일러드 칼라 제도시 가장 날씬하게 제도해 준다. 또한 이부분은 테일러드 칼라가 옆목을 돌아 앞쪽으로 향하는 지점으로 돌면서 밀어내어 실제보다 밖으로 나와 보이므로 특히나 제도시 유의하여야 한다.

a1~B4~D6 칼라 바깥둘레 완성선

각 점을 연결할 때 옆목점 위치까지는 칼라폭으로 동일하게 평행선으로 제도한 뒤, (B4~D6)점에서 자연스러운 곡선으로 제도한다.

a2 a점에서 스탠분(2.5) + 롤분량 (0.5) = 3cm 나간 점.

a2~D 칼라 꺾임선

각 점을 자연스러운 곡선으로 제도한다.

더블여밈 목다트 피크드 테일러드 칼라

테일러드 칼라의 목 다트 처리는 옷의 착용감을 좋게하는 매우 중요한 테크닉이다. 이때 목 다트는 가슴 다트를 목 다트로 이동해서 처리하는 것과는 전혀 다른 의미의 다트이다. 따라서 테일러드 칼라 제도 시 목 다트와 목 숨김다트를 적절히 사용하는 테크닉을 구현할 수 있어야 한다.

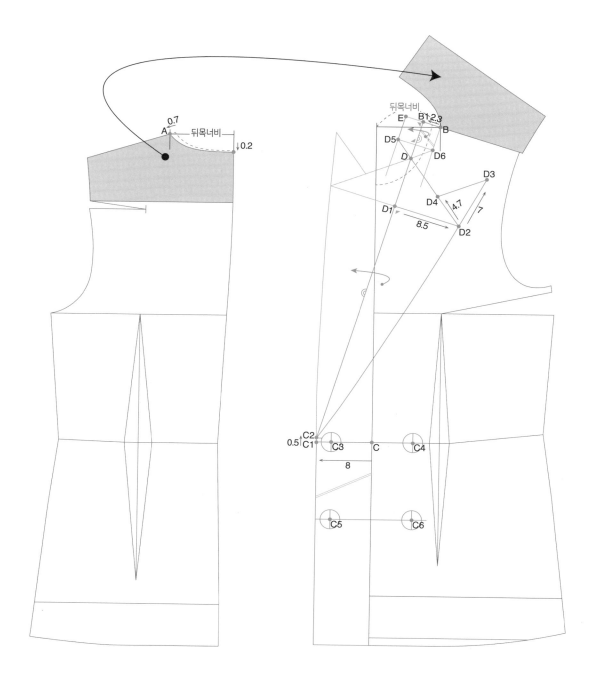

원형 목둘레선 설정

3cm 여유량을 가진 다트 원형의 목둘레를 활용한다.

새로운 목너비

+디자인과 소재의 두께를 감안하
여 옆목을 키워서 제도한다.+

A 뒤옆목점에서 0.7~0.8cm 들어간 점.+

B 앞 중심선에서 뒤목너비만큼 들어간 점.

새로운 뒤목점▲

▲옆목점이 옮겨진 양의 1/3가량
내려온다.

기본 원형 뒤목점에서 0.2cm 내려온 점.

각 지점을 자연스러운 곡선으로 제도 후, 뒤목둘레 치수를 잰다.

앞·뒤어깨 겹침 뒤(A)점과 앞(B)점을 고정한 뒤, 뒤어깨선을 앞어깨선과 겹친다.

테일러드 칼라 가이드선

B1 칼라 스탠드분

B점에서 스탠드분 2.3cm만큼 어깨선의 연장선에서 나간 점.✚

✚스탠드분은 디자인에 따라 달라진다.

C 단추 위치 가이드

허리둘레(C)선으로 진행한다.▲

▲디자인에 따라 달라진다.

C1 C선에서 더블 여밈분 8cm 평행하게 나간 점.

C2 라펠 시작점

C1에서 0.5cm 올라간 점.

C2~B1 라펠 꺾임선

더블 여밈 단추 위치

C3 C1점에서 0.7+(단추지름÷2)만큼 들어온 점.

C4 C점(앞중심)~C3길이만큼 들어온 점.

C5, C6 C3,C4 각점에서 평행하게 10cm 내려온 점.

피크드 라펠 가이드선

D (C2~B1)선을 기준으로 B1점에서 5cm 내려간 점.

D1 (C2~B1)선을 기준으로 D점에서 6.5cm만큼 내려간 점.

D2 D1점에서 (C2~B1)선과 직각으로 8.5cm 나간 점.

D3 D2선의 연장선에서 7cm가량 연장된 점.

D4 (D2~D)선을 기준으로 D2점에서 4.7cm가량 나간 점.

B평행선 라펠 꺾임(C2~B1)선을 기준으로 (B)점까지 평행선을 제도한다.

E평행선 라펠 꺾임(C2~B1)선을 기준으로 (B)선과 같은 길이만큼 나가 평행선을 제도한다.

피크드 라펠 복사 (C2~B1)선을 기준으로 접어서 같은 위치에 표시하여 제도하거나, 대칭되도록 라펠을 반대쪽으로 표시하여 제도한다.

D5 (D2~D)선의 연장선과 E선이 교차하는 점.

D6 (C2~B1)칼라 꺾임선 기준으로 접어 D6점을 표시한다.

B~D6~라펠 몸통 칼라 봉제 완성선

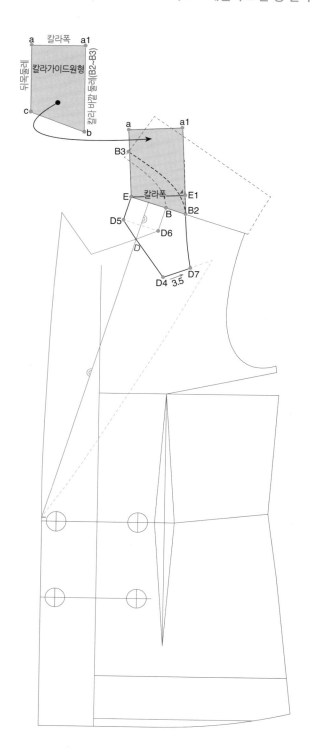

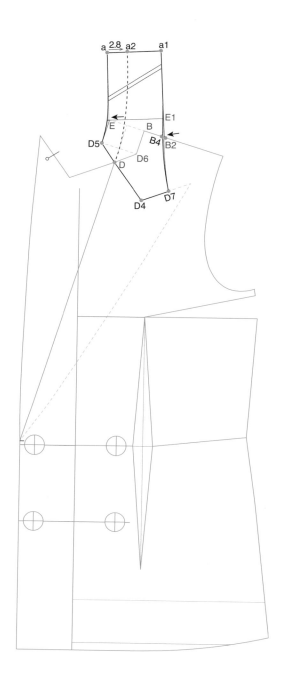

D7 D4점에서 3.5cm 나감 점.

✚ 몸통 어깨와 칼라가 겹치는 양을 디자인에 따라 설정해준다.

B2 어깨(B)점에서 칼라 겹침 양 2.6cm가량 나간 점.✚

테일러드 칼라 바깥둘레 값 찾기
B3 뒤목점에서 칼라 겹침 양(B~B2) ÷ 3 만큼 들어간 점.
B3~B2 칼라 바깥둘레 길이
　각 점을 자연스러운 곡선으로 제도한다.

칼라폭 길이 값 찾기
D7~B2연장선 각 점을 직선으로 연결 후, 연장선을 제도한다.
E1 E점에서 (D7~B2)연장선과 수직으로 교차하는 점.▲

▲ 최소 칼라폭 = (뒤목 스탠드량 + 0.3) × 2 + 칼라 롤 분량 (0.5 + 0.5) + 칼라 덮는 분량 (0.6)

한 장 칼라 가이드 원형
a~a1 칼라폭 (E~E1)
a~c 뒤목둘레
a1~b 칼라 바깥둘레 (B2~B3)
칼라·몸통 겹침 칼라 가이드원형(c~b)선과 몸통(E~B2)선과 겹친다.

한 장 칼라 완성선 제도
a~D5 칼라 목둘레선 완성선
　각 점에서 연결할 때 옆목점(E)점에서 꺾이지 않게 자연스러운 곡선으로 제도한다.
B4 B2은 칼라의 허리에 해당되는 부분이다. 따라서 테일러드 칼라 제도 시 가장 날씬하게 제도해 준다. 또한 이부분은 테일러드 칼라가 옆목을 돌아 앞쪽으로 향하는 지점으로 돌면서 밀어내어 실제보다 밖으로 나와 보이므로 특히나 제도시 유의하여야 한다.
a1~B4~D7 칼라 바깥둘레 완성선
　각 점을 연결할 때 옆목점 위치까지는 칼라폭으로 동일하게 평행선으로 제도한 뒤, (B4~D7)점에서 자연스러운 곡선으로 제도한다.

a2 a점에서 스탠분(2.3) + 롤분량(0.5) = 2.8cm 나간 점.
a2~D 칼라 꺾임선
　각 점을 자연스러운 곡선으로 제도한다.

목다트

앞목 다트는 테일러드 칼라 유형 뿐만 아니라 상의류에서의 매우 중요한 의미가 있다. 특히 앞목 다트는 앞어깨를 만들기 위한 테크닉으로 다트의 크기 만큼 앞어깨가 밖으로 나가게 되는데, 이는 착용 시 앞품이 벗어나지 않고 몸에 안기게 하는 역할을 한다.

많은 경우 목다트를 가슴 다트로 분산하여 처리하는 방식으로만 생각하지만 가슴 다트와 상관없이 목다트를 처리 해주는 것이 매우 중요하다.

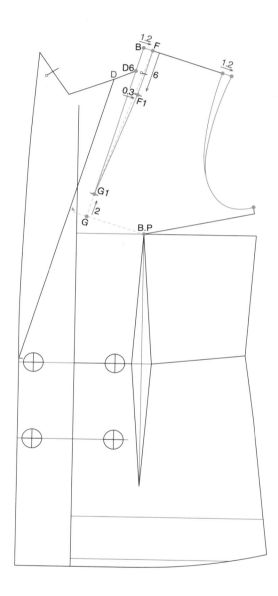

F B점에서 목다트량 1.2cm 나간 점.

G B점에서 라펠 꺾임선과 평행하게 직선을 제도하고 라펠 꺾임선에서 직각으로 B.P 점과 연결된 선과 (B~D7)선의 연장선이 교차하는 점.

G1 G점에서 2cm가량 올라온 점.

D6~G1~F 목다트 가이드 선

F1 (F~G1)선의 F점기준으로 6cm 내려와 0.3cm가량 나간 점.

D6~G1~F1~F 목다트 완성선

새로운 어깨끝점 기존 어깨선을 유지하면서 기본 어깨끝점에서 목다트량 만큼 나
간 점.

새로운 앞암홀선 새로운 어깨끝점에서 자연스럽게 기존 앞암홀선과 연결하여 제도해
준다.

밴드 칼라

한 장 칼라의 구조를 보면 칼라의 붙임선보다 꺾임선 부분이 더 넓기 때문에 옆목에
서 벌어지는 역커브의 형태를 가지고 있다. 또한 한 장 칼라는 소재에 따라 다르지만
보편적으로 칼라의 꺾임선이 부드럽게 넘어가지 않는다. 이를 보안하는 방법으로 남
성복에서는 꺾임선 부분을 옆목쪽으로 붙이기 위해 비접착 테이프를 활용해 최대한
줄여 일자 형태나 커브 형태가 되도록 자리를 잡게 한다. 하지만 이 방식은 대량으로
생산하기엔 비효율적이기 때문에 대부분 칼라를 윗부분과 아랫부분으로 분리하여 한
장 칼라의 단점을 보완한다.

밴드 칼라를 분리하는 방법은 벌어지는 꺾임선 부분을 줄여 작업하면 된다.

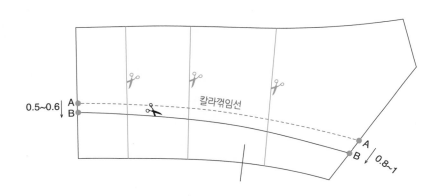

한 장 칼라에서 밴드 칼라를 분리하기 위해서는 착용 시 절개선이 보이지 않으면서 칼
라가 잘 넘어갈 수 있도록 칼라의 꺾임선(A)보다 조금 아래에서 절개를 해줘야 한다.
밴드 칼라 절개선(B) 위치는 보편적으로 뒤중심쪽에선 0.5~0.6cm가량, 라펠과 합봉
되는 칼라 쪽은 0.8~1cm가량 아래로 내려주어 절개해준다. 또한 분리된 윗 칼라와
밴드 칼라가 옆목에 잘 붙을 수 있도록 세 군데 정도에 절개를 주어 (B)선에서 줄임
분량을 아래와 같이 분배해주면 된다.

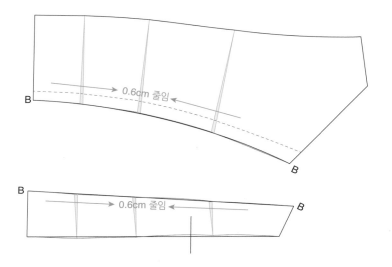

한 장 칼라에서 이미 칼라의 바깥둘레 길이를 찾아 제도해 주었기 때문에 윗 칼라의 바깥둘레 길이가 변하지 않도록 (B)선을 기준으로 절개하여 줄임분량(0.5~0.6cm)을 나누어 줄여준다.

밴드 칼라에서도 이미 칼라 목둘레선 길이를 맞춰 제도하기 때문에 (B)선에서만 줄임 분량을 분배해준다.줄임 분량을 주게 되면 밴드 칼라의 경우, 거의 일자에 가까운 형태로 나오게 된다.

이렇게 칼라를 분리해서 밴드 칼라와 윗 칼라를 각각 제도해도 되지만 밴드 칼라의 줄이는 분량을 감안하여 바로 제도하게 되면 보다 쉽게 제도할 수 있다.

밴드 칼라 제도

아래 제도방식은 위에서 설명한 이론을 바탕으로 앞서 제도된 한 장 칼라에서 밴드 칼라를 바로 제도하는 방법이다. 꺾임선과 평행한 앞판의 옆목선을 연장하여 뒤목둘레선 길이 만큼 제도하게 되면, 밴드 칼라를 분리하여 밴드 칼라의 윗부분을 0.5~0.6cm 정도 줄여주는 정도의 양이된다.

목의 너비를 크게해서 밴드 칼라의 윗 부분을 목에 더 붙게 하여 줄이고 싶을 때는 밴드 칼라의 아래 부분의 기울기를 옆목쪽으로 더 붙여 줄 수도 있다. 디자인에 따라 옆목의 붙는 정도를 감안하여 제도해주면 된다.

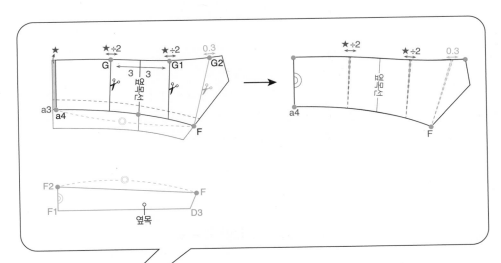

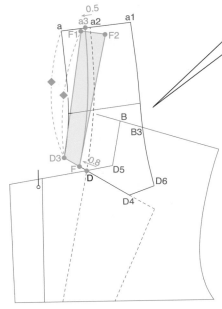

칼라 절개선

a3 a2에서 칼라 시접 겹침 보정 분(0.5cm) 내려온 점.

F D점에서 0.8cm가량 들어온 점.✚

a3~F 칼라 절개선

각 점은 자연스러운 곡선으로 제도한다.

D3~F1 (D3~a)선의 옆목점을 기준으로 직선으로 제도 후, (D3~a)

길이 만큼 나간 점.

F2 F1에서 수직으로 스탠분(2.5cm) 만큼 나간 점.

a4 (F~a3)선상에서 (F~F2)길이만큼 나간 선.

G, G1 칼라 절개선

옆목선에서 각 3cm씩 나간 선.

✚칼라가 접힐 때 절개선이 보이
지 않게 하기 위함이다.

칼라 완성

★ a3~a4양

G, G1 (a4~F)선 부분을 고정한 뒤, G, G1 절개하여 각 (★ ÷ 2) 만큼 벌려 준다.

G2 칼라 절개선

F점을 고정한 뒤, 0.3cm가량 벌려 준다.▲

칼라 바깥둘레 완성선

벌어진 부분들을 각진 부분 없이 자연스러운 곡선으로 연결한다.

a4~F 칼라 안둘레 완성선

각진 부분 없이 자연스러운 곡선으로 제도한다.

▲G2절개선 부분은 옆목에서 멀
리 떨어져 있어 칼라의 바깥둘레
가 영향을 미치지 못해 칼라 깃이
들리는 현상이 생기게 된다. 이를
보완하기 위해 F~G2선을 절개하
여 칼라 깃이 들리지 않고 잘 안착
되도록 추가로 0.3cm가량 벌려
준다.

후드 칼라 (Hood Collar) 유형

맨투맨과 점퍼, 아우터 의류등 캐쥬얼한 의류에 주로 사용되는 후드는 머리를 따뜻하게 보호 하는 기능적인 요소와 후드를 벗었을 때, 칼라처럼 보여지는 디자인적인 요소를 동시에 가지고 있다. 머리를 감싸는 후드는 모양을 보면 칼라 유형과 전혀 다른 모양처럼 보이지만 몸통 목둘레선에 합봉되는 칼라와 같은 구조를 가지고 있다. 후드 칼라의 구조는 플랫 칼라에서 시작하여 점점 스탠드분을 높여서 롤 칼라를 지나 스탠드 칼라의 구조로 연결된다. 후드는 머리에 착용해야 하기 때문에 후드를 제도하기 위해서는 머리둘레 치수와 머리높이 치수가 필요하다.

후드 제도에 필요한 치수 측정

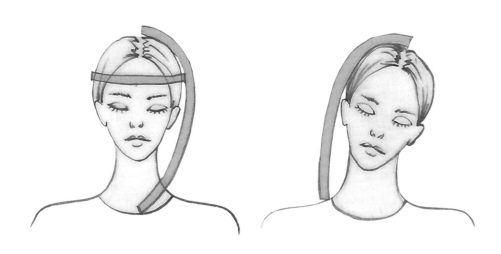

후드를 제도할 때, 필요한 치수는 그림과 같이 머리를 감싸는 머리둘레 치수와 옆목에서 정수리 머리높이까지의 길이를 측정한다. 이때 활동하지 않는 상태의 머리높이 치수와 활동하기 필요한 머리높이 치수까지 고려하여 측정해야 한다.

머리둘레 : 머리둘레는 머리의 가장 두꺼운 곳에 줄자를 수평으로 둘러 잰다.
옆목점~(머리 정수리) : 활동을 고려해 머리를 옆으로 젖힌 채 머리의 꼭대기에서 옆목점까지의 길이를 잰다. 혹은 옆목에서 정수리까지 체촌한 다음 여유량을 주어 제도한다.

후드 제도에 필요한 치수	
머리둘레	55cm
머리높이	60cm

후드 칼라의 스탠드 분량과 바깥 둘레선

후드 칼라는 다른 칼라들처럼 칼라의 스탠드 분량과 바깥 둘레선이 눈에 보이지 않지만 후드에서도 이 두 가지가 존재한다. 특히 후드의 스탠드 분량은 후드를 쓰지 않은 상태에서 어깨에 놓이게 될 때 플랫 칼라나 롤 칼라처럼 실루엣을 결정한다. 후드 칼라의 스탠드 분량은 플랫 칼라처럼 어깨선을 겹쳐서 스탠드분을 결정하는 플랫 패턴의 구조로 이해하면 된다.

후드 칼라와 플랫 칼라의 관계

후드 칼라의 구조는 스탠드 분량이 거의 없는 플랫 칼라로부터 시작된다.

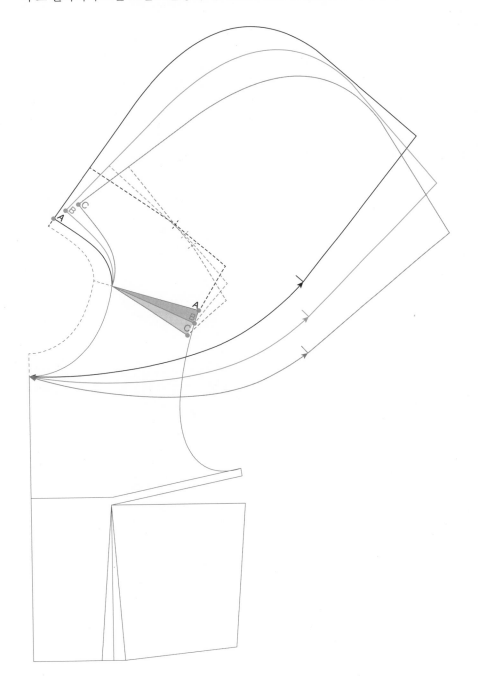

몸통원형의 어깨를 겹치는 형태로 보면 (C)와 같이 어깨가 많이 겹쳐질수록 바깥둘레가 점점 작아져 스탠드 분량이 높아지고 반대로 (A)와 같이 어깨가 덜 겹쳐질수록 바깥둘레가 커져 스탠드 분량이 낮아진다. 이는 플랫 칼라와 같은 구조로 이해하면 된다.

후드 칼라와 롤 칼라의 관계

위 그림을 제도방식으로 정리하게 되면 다음과 같은 구조로 나타난다.

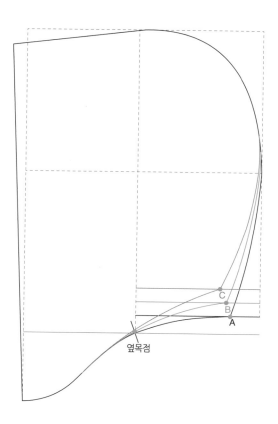

롤 칼라의 구조로 이해하면 옆목점을 기준으로 (A)와 같이 낮아 질수록 칼라의 바깥둘레선이 커지기 때문에 스탠드 분량은 낮아진 형태가 되고 반대로 (C)와 같이 높아질수록 칼라의 바깥둘레선이 작아지기 때문에 스탠드 분량은 높아지는 형태가 된다. 즉, 롤 칼라 구조로 보면 후드 칼라의 바깥둘레선이 눈에 보이지는 않지만 후드 목둘레선의 제도된 높이에 따라 후드 칼라의 숨겨진 바깥둘레선이 결정이 되며 스탠드 분을 어느 정도 알 수 있다. 이러한 구조로 후드 칼라를 이해하게 된다면 쉽게 이해할 수 있다.

옆목 다트형 후드

후드의 목 둘레가 답답하지 않도록 앞·뒤 목둘레를 파서 넓혀준다. 이때 앞판의 목너비를 답답하지 않게 뒤목너비와 같게 보정해 주는 것이 좋다. 목을 넉넉히 파지 않으면 목에서 후드 칼라가 바로 나와 답답하고 예쁘지 않다.
옆목 다트형 후드는 스탠드 분량이 낮아 후드를 벗었을 때 맵시 있는 모양으로 놓이게 하고 싶을 때 사용할 수 있는 디자인이다.

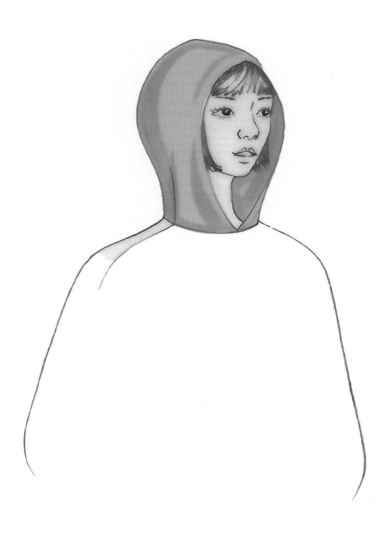

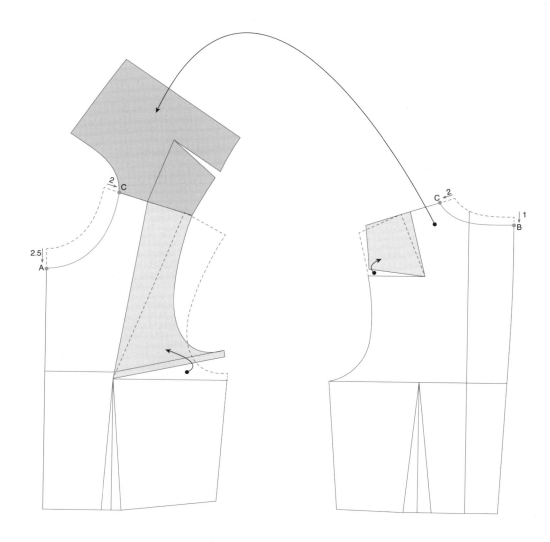

원형 목둘레선 설정

3cm 여유량을 가진 다트 원형의 목둘레를 활용한다.

A 새로운 앞목점

  기본 원형 앞목점에서 2.5cm 내려온 점.

B 새로운 뒤목점

  기본 원형 뒤목점에서 1cm 내려온 점.

새로운 뒤목너비

C 앞·뒤옆목점

  기본 원형 옆목점에서 2cm 들어간 점.

기본 원형 숄더 다트 M.P

제도에 용이하도록 각 앞·뒤 원형의 어깨 다트를 다른 곳으로 옮겨준다.

각 지점을 자연스러운 곡선으로 제도 후, 뒤 목둘레 치수를 잰 뒤, 앞·뒤어깨선을 붙여준다.

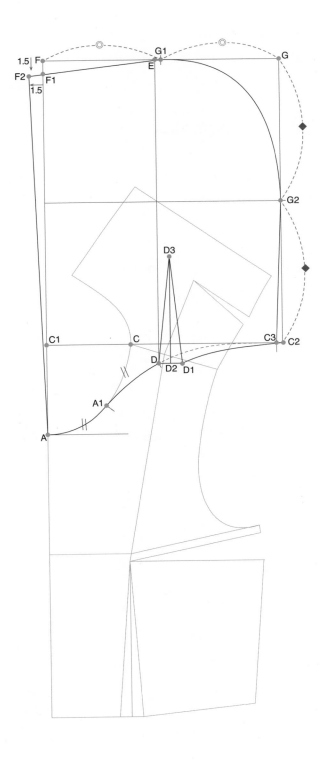

후드 가이드선

C1 C점의 수평선과 A점 수직선과 교차하는 점.

C2 후드 폭

C1에서 수평으로 후드폭(25cm)만큼 나간 점.

A1 (A~C)선의 이등분 점.

A~A1~C2 후드 목둘레선 가이드 선

  (A~A1)선에서 자연스러운 곡선으로 C2점까지 제도한다.

D 후드 옆목점

  (A~C2)선상에서 앞목둘레와 같은 길이인 점.

E 후드 높이

  옆목점(D)점에서 수직으로 후드 높이(33cm)만큼 올라간 점.

후드 가이드 박스

F A점 수직선과 E점 수평선이 교차 하는 점.

G C2점 수직선과 E점 수평선이 교차 하는 점.

G1 (F~G)선의 이등분 점.

G2 (C2~G)선의 이등분 점.

후드 옆목 다트

D1 D점에서 수평으로 후드 다트량(2.5.cm) 만큼 나간 점.

D2 다트 중심선, (D~D1)선의 이등분 점.

D3 D2점에서 수직으로 다트높이(11.5cm)만큼 올라간 점.

D~D3~D1 후드 옆목 다트

D1~C2 각점에서 자연스러운 곡선으로 제도한다.

C3 (D1~C2)선상에서 뒤목둘레와 같은 길이인 점.

F1 F점에서 1.5cm 내려온 점.

F2 F1점에서 직각으로 1.5cm 나간 점.

후드 완성선

A~F2 각 점을 직선에 가까운 곡선으로 연결하여 제도한다.

F2~G1, C3~G2 각 점을 직선으로 연결하여 제도한다.

G1~G2 각 점을 뾰쪽하지 않게 자연스러운 곡선으로 연결하여 제도한다.

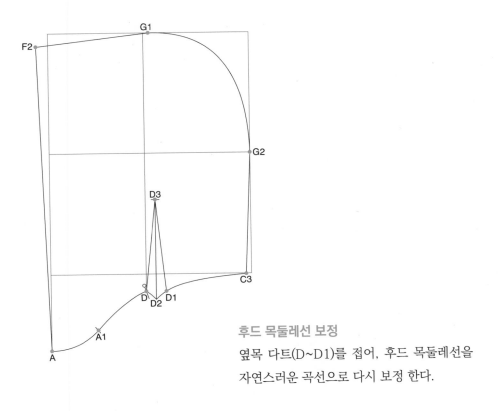

후드 목둘레선 보정
옆목 다트(D~D1)를 접어, 후드 목둘레선을
자연스러운 곡선으로 다시 보정 한다.

뒤중심 패널형 후드

뒤중심 패널이 없는 후드 디자인은
맨투맨 티셔츠나 간편한 바람막이 점퍼 등
캐쥬얼한 디자인에 주로 사용한다.
반면 맵시 있는 후드 디자인을 원할
경우엔 뒤중앙에 패널이 있어야 한다.

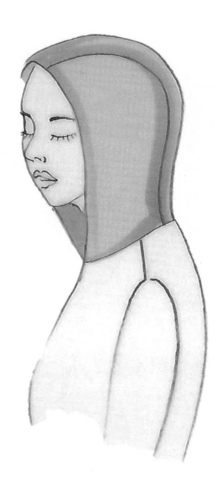

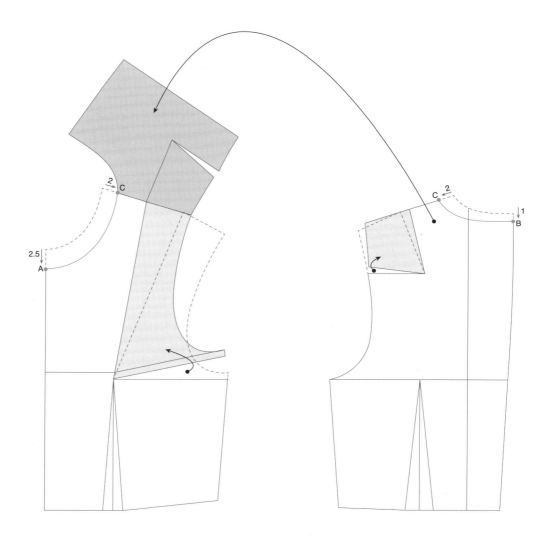

원형 목둘레선 설정

3cm 여유량을 가진 다트 원형의 목둘레를 활용한다.

A 새로운 앞목점

기본 원형 앞목점에서 2.5cm 내려온 점.

B 새로운 뒤목점

기본 원형 뒤목점에서 1cm 들어온 점.

새로운 뒤목너비

C 앞·뒤옆목점

기본 원형 옆목점에서 2cm 들어간 점.

기본 원형 숄더 다트 M.P

각 앞·뒤 원형의 어깨 다트를 다른 곳으로 옮겨준다.

각 지점을 자연스러운 곡선으로 제도 후, 뒤목둘레 치수를 잰 뒤, 앞·뒤어깨선을 붙여준다.

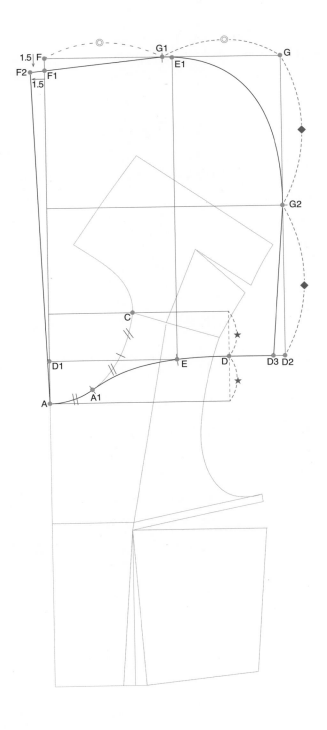

후드 가이드선

D선 C점의 수평선과 A점 수평선의 이등분 선.

D1 D선과 A점 수직선이 교차하는 점.

D2 후드 폭

　　D1에서 수평으로 후드 폭(25cm)만큼 나간 점.

A1 (A~C)선의 3등분 점.

A~A1~D~D2 후드 목둘레선 가이드 선

A~A1선에서 자연스러운 곡선으로 D2점까지 제도한다.

E 후드 옆목점

A~D2선상에서 앞목둘레와 같은 길이인 점.

E1 후드 높이

후드 옆목점(E)점에서 수직으로 후드 높이(33cm)만큼 올라간 점.

후드 가이드 박스

F A점 수직선과 E1점 수평선이 교차 하는 점.

G D2점 수직선과 E1점 수평선이 교차 하는 점.

G1 F~G선의 이등분 점.

G2 D2~G선의 이등분 점.

D3 E~D2선상에서 뒤목둘레와 같은 길이인 점.

F1 F점에서 1.5cm 내려온 점.

F2 F1점에서 지각으로 1.5cm 나간 점.

후드 완성선

A~F2 각 점을 직선에 가까운 곡선으로 연결하여 제도한다.

F2~G1, D3~G2 각 점을 직선으로 연결하여 제도한다.

G1~G2 각 점을 뾰쪽하지 않게 자연스러운 곡선으로 연결하여 제도한다.

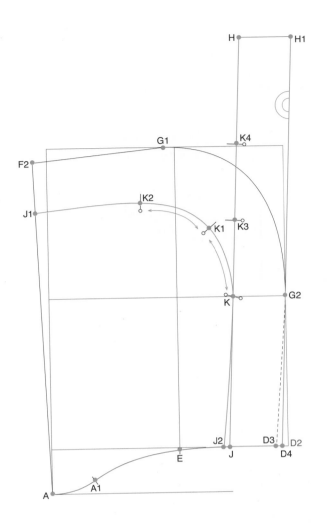

후드 패널 가이드

J D3에서 5.5cm 들어온 점.

J1 F2에서 5.5cm 들어온 점.

J~J1 (F2~G1~G2~D3)선에서 5.5cm 평행하게 들어와 제도한다.

K (J~J1)선과 G2점의 수평선이 교차하는 점.

J~K 뒤중심 패널 가이드 선

　각 점을 직선으로 연결하여 연장선을 제도한다.

K1 (J~J1)선상의 K에서 8cm 나간 점.

K2 (J~J1)선상의 K1에서 8cm 나간 점.

뒤중심 패널 가이드

K3 (J~K)연장선상의 K에서 (K~K1) + 0.3(늘림량) = 8.3cm만큼 나간 점.

K4 (J~K)연장선상의 K3에서 (K1~K2) + 0.3(늘림량) = 8.3cm만큼 나간 점.

H (J~K)연장선상의 K4에서 (K2~J1)길이 만큼 나간 점.

H1 H에서 직각으로 5.5cm 나간 점.

뒤중심 다트 분산

D4 (D2~D3)선의 이등분 점.

J2 J에서 (D3~D4)길이만큼 들어 온 점.

J2~K~K1~K2~J1 후드 패널 완성선
J~K~K3~K4~H~H1~G2~D4 뒤중심 패널 완성선

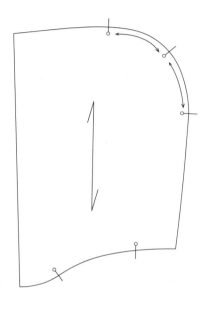
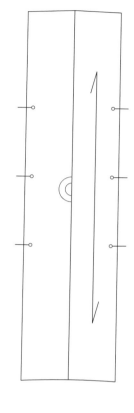

여밈형 후드

여밈형 후드 디자인은 목을 따뜻하게
감싸 주는 디자인으로 아웃도어 점퍼나
겨울용 코트류 등에 주로 쓰인다.

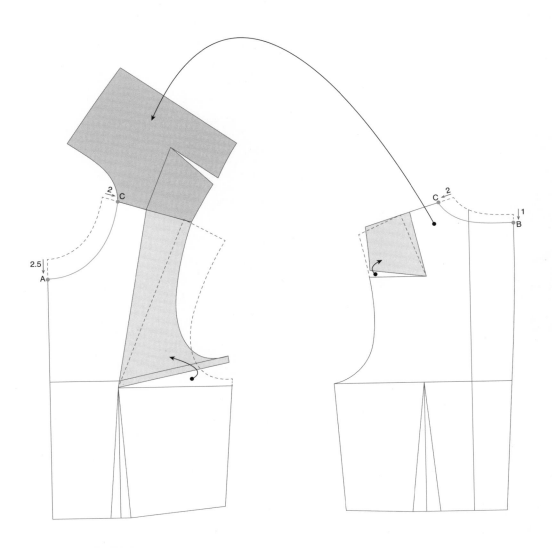

원형 목둘레선 설정

3cm 여유량을 가진 다트 원형의 목둘레를 활용한다.

A 새로운 앞목점

　　기본 원형 앞목점에서 2.5cm 내려온 점.

B 새로운 뒤목점

　　기본 원형 뒤목점에서 1cm 내려온 점.

새로운 뒤목너비

C 앞·뒤옆목점

　　기본 원형 옆목점에서 2cm 내려온 점.

기본 원형 숄더 다트 M.P

제도에 용이하도록 각 앞·뒤 원형의 어깨 다트를 다른 곳으로 옮겨준다.

각 지점을 자연스러운 곡선으로 제도 후, 뒤 목둘레 치수를 잰 뒤, 앞·뒤어깨선을 붙여준다.

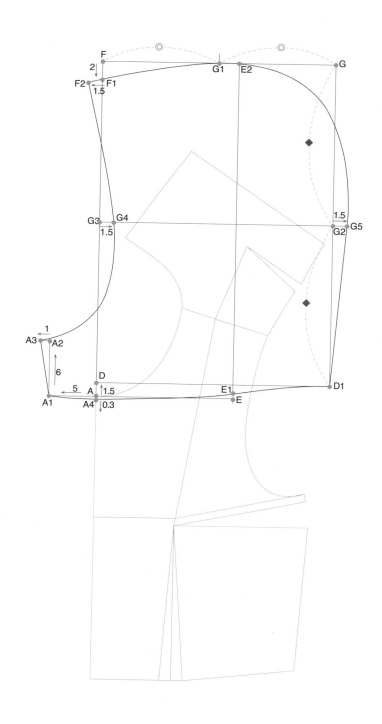

후드 가이드선

D선 A점에서 1.5cm 올라간 수평선

E 후드 옆목점 가이드

    A선상에서 앞목둘레와 같은 길이인 점.

D1 E점에서 뒤목둘레와 같은 길이인 점.

E1 후드 옆목점
E점에서 수직으로 0.5cm 올라간 점.

E2 후드 높이
후드 옆목점(E1)점에서 수직으로 후드 높이(36cm)만큼 올라간 점.

후드 여밈

A1 A점에서 수평으로 여밈분(5cm) 나간 점.

A2 A1점에서 6cm 올라간 점.

A3 A2점에서 1cm 나간 점.

A4 후드 목둘레선 가이드 점
A점에서 0.3cm 내려간 점.

A1~A4~E1~D1 후드 목둘레선 완성선

후드 가이드 박스

F A점 수직선과 E2점 수평선이 교차하는 점.

G D1점 수직선과 E2점 수평선이 교차하는 점.

G1 (F~G)선의 이등분 점.

G2~G3 (D1~G)선의 이등분 선

G4 G3점에서 1.5cm 안으로 들어온 점.

G5 G2점에서 1.5cm 밖으로 나간 점.

F1 F점에서 2cm 내려온 점.

F2 F1점에서 지각으로 1.5cm 나간 점.

후드 완성선

A3~G4~F2 각 점을 자연스러운 곡선으로 연결하여 제도한다.

F2~G1~G5~D1 (F2~G1)점까지는 직선으로 연결한 후, 각 점을 뾰쪽하지 않게 자연스러운 곡선으로 연결하여 제도한다.

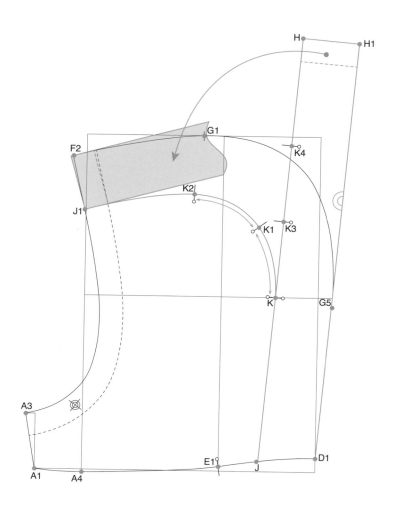

후드 중앙 패널 가이드

J D1에서 6cm 들어온 점.

J1 F2에서 6cm 들어온 점.

J~J1 (F2~G1~G5~D1)선에서 6cm 평행하게 들어와 제도한다.

K (J~J1)선과 G5점의 수평선이 교차하는 점.

J~K 뒤중심 패널가이드 선

각 점을 직선으로 연결하여 연장선을 제도한다.

K1 (J~J1)선상의 K점에서 8cm 나간 점.

K2 (J~J1)선상의 K1점에서 8cm 나간 점.

뒤중심 패널 가이드

K3 (J~K)연장선상의 K에서 (K~K1) + 0.3(늘림량) = 8.3cm만큼 나간 점.

K4 (J~K)연장선상의 K3에서 (K1~K2) + 0.3(늘림량) = 8.3cm만큼 나간 점.

H (J~K)연장선상의 K4점에서 (K2~J1)길이 만큼 나간 점.

H1 H에서 직각으로 6cm 나간 점.

J~K~K1~K2~J1 후드 패널 완성선

J~K~K3~K4~H~H1~D1 뒤중심 패널 완성선

이때 후드 패널(J1)과 뒤중심 패널(H~H1) 부분을 붙여 꺾인 부분이 없는지 확인한다.
만약 꺾인 부분이 있다면 선을 자연스럽게 연결되도록 제도해준다.

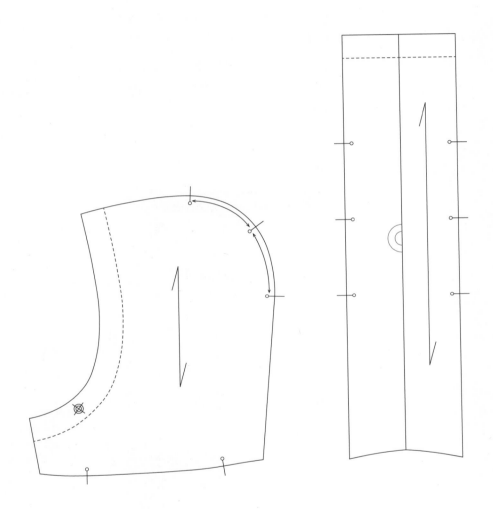

하이 네크라인 칼라(High Neckline Collar)

하이 네크라인 칼라는 스탠드 칼라가 몸통원형에 붙어 절개선 없이 앞판과 뒤판의 목둘레선에 각각 연결된 것처럼 보인다. 그러나 패턴의 구조면에서 살펴보면 단순하게 앞·뒤 몸통원형의 목둘레선에 칼라만 갖다 붙인 것이 아닌 기본 목둘레선 위로 연장되는 구조이다. 따라서 하이 네크라인 칼라를 제도하기 위해서는 목의 구조와 패턴의 구조 원리를 이해해야 한다.

칼라의 목둘레선은 착용 시 인체의 목둘레선과 연관이 크다. 절개선 없이 몸통원형과 칼라가 하나로 연결되어있기 때문에 그대로 제도 될 경우, 목에 채여서 칼라는 제대로 놓이지 않아 착용하지 못하게 된다. 따라서 이 칼라 유형에서는 칼라를 세우기 위해서 칼라의 바깥둘레선의 길이가 최소한 칼라가 놓일 인체의 목둘레선의 길이가 나와야 한다. 몸통원형에서 연장하여 제도 시 인체의 목둘레선 길이가 절개 없이 나오기 힘들기 때문에 다트를 활용하여 그 길이만큼 나오게 제도해야 한다. 앞판은 가슴 다트를 활용하여 제도하고, 뒤판은 견갑골 다트를 활용하여 제도해 준다. 반면 원형의 네크라인 즉 목에서 멀리 멀어진 하이 네크라인의 경우엔 목 다트 처리 없이 디자인에 따라 자연스럽게 세워서 제도해 주면 된다.

기본 하이 네크 칼라

기본 몸통원형의 네크라인에서 크게 벗어나지 않는 네크라인존의 하이넥 칼라의 제도법이다. 이 디자인의 경우엔 가슴 다트와 견갑골 다트를 활용해서 목둘레선의 길이를 보완해서 제도해야 한다.

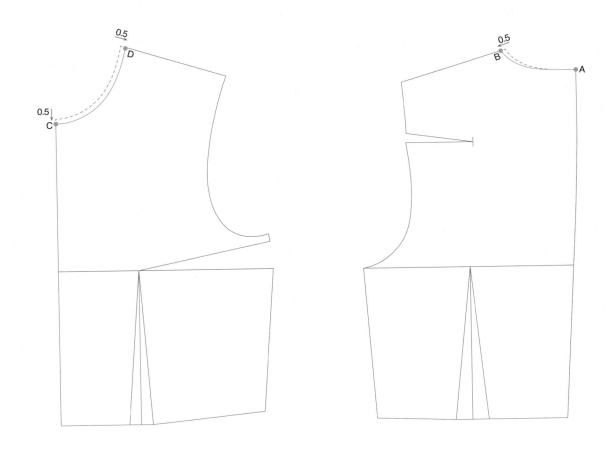

원형 목둘레선 설정

3cm 여유량을 가진 다트 원형의 목둘레를 활용한다. 이때 하이 네크 칼라 제도에 용이하도록 가슴 다트와 견갑골 다트를 이동시킨다.

A 뒤목점

기본 원형 뒤목점 그대로 진행한다.

B 새로운 뒤목너비

뒤 옆목점에서 0.5cm 들어간 점.

C 앞목점

기본 원형 앞목점에서 0.5cm 내려온 점.

D 새로운 앞옆목점

앞 중심선에서 새로운 뒤목너비 만큼 들어간 점.

각 지점을 자연스러운 곡선으로 제도한다.

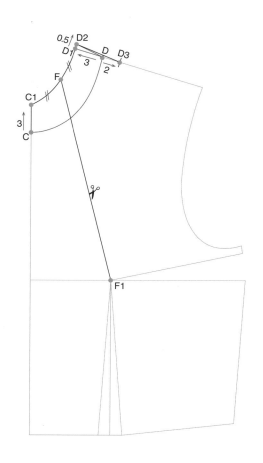

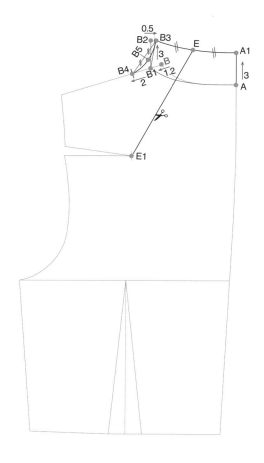

뒤판

A1 하이 네크 칼라 스탠분

A점에서 수직으로 스탠분 3cm만큼 올라간 점.

B1 B에서 1.2cm 들어간 점.✚

B2 하이 네크 칼라 스탠분

B1점에서 수직으로 스탠분 3cm만큼 올라간 점.

B3 B2점에서 0.5cm 들어간 점.

B4 B1에서 2cm 들어간 점.

B5 (B4~B3)선의 이등분 점에서 0.5cm가량 들어온 점.

B4~B5~B3 하이 네크 칼라 옆목선

자연스러운 곡선으로 제도한다.

B3~A1 자연스러운 곡선으로 연결한다.

뒤 다트선 제도

E (B3~A1)선의 이등분 점.▲

E1 뒤암홀 다트 끝 점

E~E1 견갑골 다트 M.P절개선

✚ 뒤목너비를 더 넓게 제도해주는 것이 하이 네크 칼라 제도의 핵심 이다.

▲ 디자인선이므로 디자인에 따라 달리 제도해주면 된다.

앞판

C1 하이 네크 칼라의 스탠분

C점에서 수직으로 스탠분 3cm만큼 올라간 점.

D1 하이 네크 칼라 스탠분

어깨선을 연장하여 제도한 후, D점에서 3cm 목쪽으로 나간 점.

D2 D1점에서 0.5cm 나간 점.

D3 D점에서 2cm 어깨쪽으로 들어간 점.

D2~D3 하이 네크 칼라 옆목선

D2~C1 자연스러운 곡선으로 연결한다.

앞 다트선 제도

F (D2~C1)선의 이등분 점.✚

F1 앞 옆선 다트 끝 점

F~F1 앞 가슴 다트 M.P 절개선

✚ 디자인선이므로 디자인에 따라 달리 제도해주면 된다.

F~F1, E~E1 다트 M.P

각 선을 절개하여 다트를 M.P시켜 다트량을 옮겨준다.

F2 (F~F1)선과 앞목둘레선이 교차하는 점.

F3 F점에서 직각으로 0.7cm가량 나간 점.✚

E2 (E~E1)선과 뒤 목둘레선이 교차하는 점.

E3 E점에서 직각으로 0.25cm가량 나간 점.▲

✚ 앞목둘레 부족 분량을 보정해주는 것으로 양이 전체 1.8cm가량 이지만 다트에서 처리해 줄 수 있는 양은 1.4cm가량이기 때문에 보정값이 필요하다.
▲ 뒤목둘레 부족량을 보정해주기 위함이다.

D4 하이 네크 옆목선

D3점에서 뒤 하이 네크 옆목(B3~B4)선 길이 만큼 나간 선.

A1~D4~C1 앞·뒤 하이 네크라인 정리

앞·뒤 절개선 앞(F2~F3), 앞(D4~D3), 뒤(B3~B4), 뒤(E2~E3)를 연결한 뒤, 각 점을 자연스러운 곡선으로 제도한다.

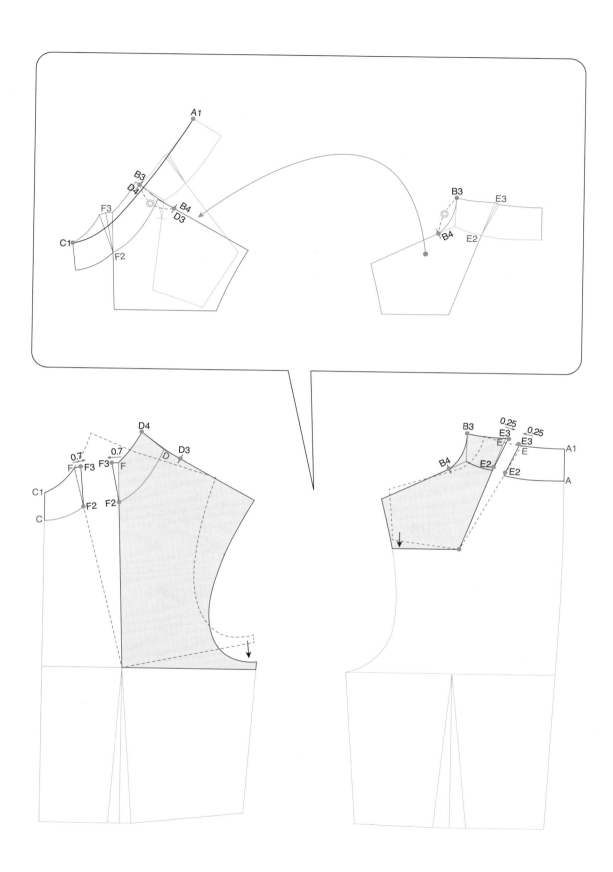

기본 하이 네크 완성선

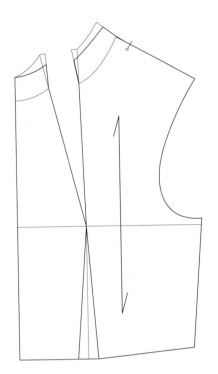
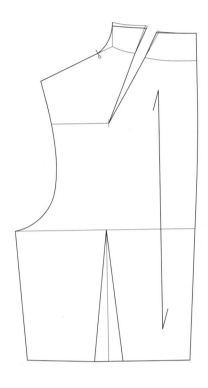

V라인 하이 네크 칼라

기본 하이 네크 칼라 디자인은 비교적 목이 짧은 여성들이 입기엔 부담스러운 측면이 있다. 그러나 V라인 하이 네크 칼라 디자인은 목이 조금 굵고 짧더라도 맵시 있게 입을 수 있다.

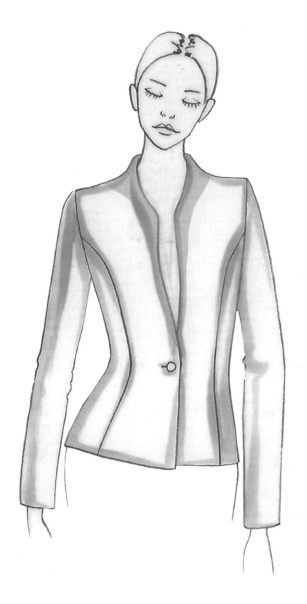

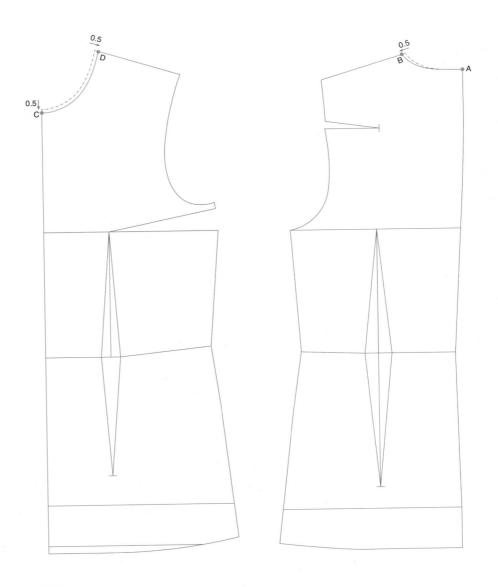

원형 목둘레선 설정

3cm 여유량을 가진 다트 원형의 목둘레를 활용한다. 이때 하이 네크 칼라 제도에 용이하도록 가슴 다트와 견갑골 다트를 이동시킨다.

A 뒤목점

기본 원형 뒤목점 그대로 진행한다.

B 새로운 뒤목너비

뒤 옆목점에서 0.5cm 들어간 점.

C 앞목점

기본 원형 앞목점에서 0.5cm 내려온 점.

D 새로운 앞옆목점

앞 중심선에서 새로운 뒤목너비 만큼 들어간 점.

각 지점을 자연스러운 곡선으로 제도 후, 뒤 목둘레 치수를 잰다.

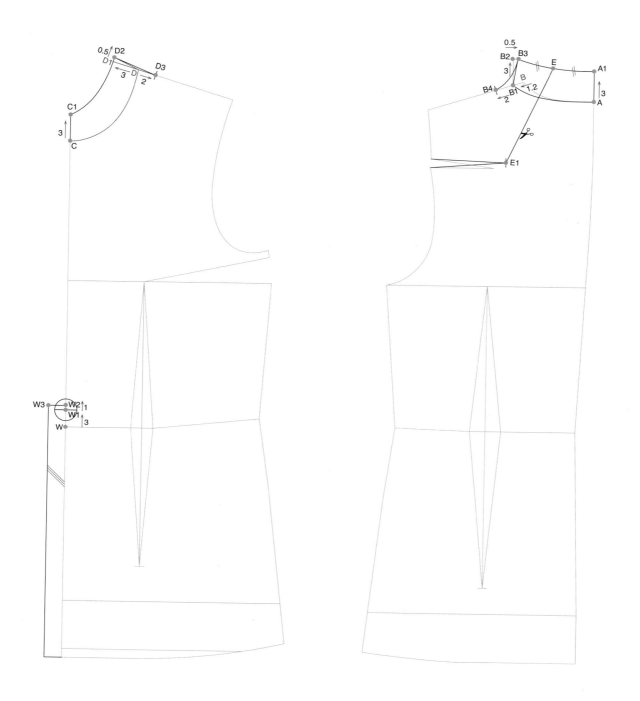

뒤판

A1 하이 네크 칼라 스탠분

　　A점에서 수직으로 스탠분 3cm만큼 올라간 점.

B1 B에서 1.2cm 들어간 점.

B2 하이 네크 칼라 스탠분

　　B1점에서 수직으로 스탠분 3cm만큼 올라간 점.

B3 B2점에서 0.5cm 들어간 점.

B4 B1에서 2cm 들어간 점.

B4~B3 하이 네크 칼라 옆목선

　　각 점을 B4~B3선의 이등분 점에서 0.5cm가량 들어온 점과 자연스러운 곡선으로
　　제도한다.

B3~A1 자연스러운 곡선으로 연결한다.

E (B3~A1)선의 이등분 점.

E1 뒤암홀 다트 끝✛

E~E1 견갑골 다트 M.P 절개선

✛견갑골 다트를 활용할 수 있도록 범위 안에서 디자인에 따라 제도한다.

앞판

C1 하이 네크 칼라 스탠분

　　C점에서 수직으로 스탠분 3cm만큼 올라간 점.

D1 하이 네크 칼라 스탠분

　　어깨선을 연장하여 제도한 후, D점에서 3cm 나간 점.

D2 D1점에서 0.5cm 나간 점.

D3 D점에서 2cm 들어간 점.

D2~D3 하이 네크 칼라 옆목선

각 점을 자연스러운 곡선으로 연결한다.

D2~C1 자연스러운 곡선으로 연결한다.

여밈분(낸단분)

W 허리선

W1 단추 위치

　　W점에서 3cm올라간 점.

W2 W1에서 1cm 올라간 점.

W3 여밈분

　　W2선에서 단추 반지름 + 0.7~0.8cm(여유량) = 2cm 만큼 평행하게 나간 선.

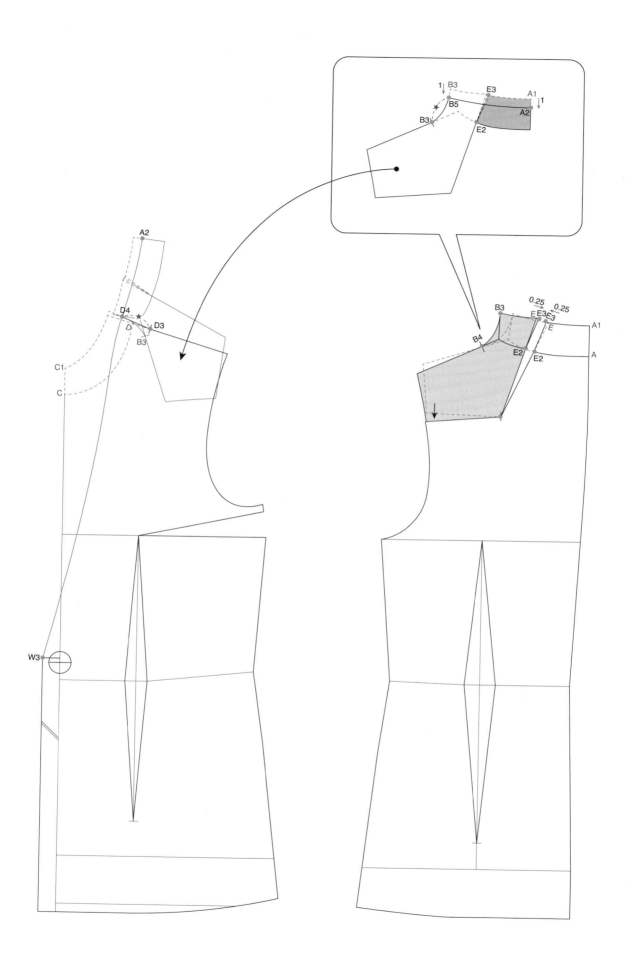

E~E1 다트 M.P

　　각 선을 절개하여 다트를 M.P시켜 다트량을 옮겨준다.

E2 (E~E1)선과 뒤 목둘레선이 교차하는 점.

E3 E점에서 직각으로 0.25cm가량 나간 점.✦

✦ 뒤목둘레 부족량을 보정해주기
위함이다.

뒤 하이 네크라인 정리

　　뒤 절개선 각 (E2~E3) 부분을 연결한다.

A2 A1점에서 1cm 내려간 점.

B5 B3점에서 1cm 내려간 점.

A2~B5 뒤 하이 네크라인 가이드 선

D4 앞 하이 네크 옆목선 가이드 선

　　D3점에서 뒤 하이 네크 옆목(B3~B5)길이 만큼 나간 점.

D4~W3 도식화에 따라 노 칼라로 제도한다.

A2~D4(B5)~W3 앞·뒤 하이 네크라인 완성선

　　옆목점을 기준으로 연결한 뒤, 각 점을 자연스러운 곡선으로 제도한다.

하이 네크 칼라 완성선

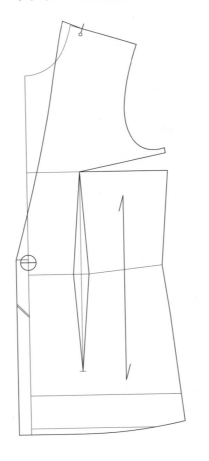
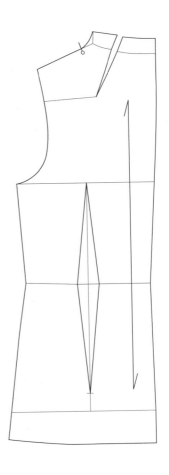

네크라인(Neck Line) 디자인 유형

네크라인(Neck Line)과 인체

사람의 얼굴은 그 사람의 개성이 집약된 것으로 그 개성을 더욱 돋보이게 하는 네크라인(Neck Line)과 칼라(Collar)의 역할은 매우 중요하다. 네크라인과 칼라는 디자인 요소로 얼굴과 가장 가까이에 위치한다. 따라서 그 형태는 얼굴 생김새, 목의 굵기, 목의 길이, 옷과의 조화 등을 고려하여 디자인해야 한다. 특히 네크라인 디자인은 별도로 옷의 목둘레선에 칼라가 달리지 않은 형태이기 때문에 목둘레선을 변형시키는 것만으로도 다양한 분위기를 연출 할 수 있다.

네크라인 디자인은 크게 둥근형, 브이형, 사각형, 삼각형, 보트형으로 나눌 수 있으며 이외에도 더 다양한 유형으로 디자인이 가능하다. 그런데 이런 다양한 네크라인 디자인을 제도하기 위해선 목둘레선과 B.P점 사이의 숨은 다트를 이해해야 한다.

– 옆면에서 관찰한 인체

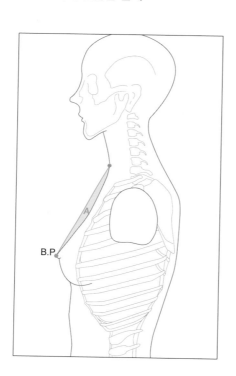
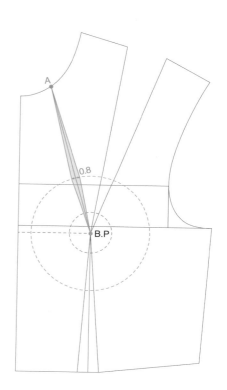

상반신 인체를 옆면에서 관찰해보면, 앞목점에서 B.P점을 직선으로 연결할 때 인체 굴곡의 영향으로 나타나는 (A)공간이 생기게 된다.

(A)공간은 옷을 착용 시, 공간이 생기는 부분으로 네크라인이 놓일 때 앞목이 들뜨는 형상이 나타난다. 따라서 패턴 제도할 때, 네크라인 디자인에 따라 생기는 (A)공간을 반영하여 제도해야 한다.

네크라인 디자인 가이드 원형

네크라인 디자인 유형을 제도하기 위해서는 가슴 위로 생기는 숨은 다트를 처리해 주어야 한다.

네크라인 디자인의 경우 네크라인이 디자인되는 위치에 따라 처리해 주는 다트량이 달라지므로 이를 고려하여 제도해야 한다.

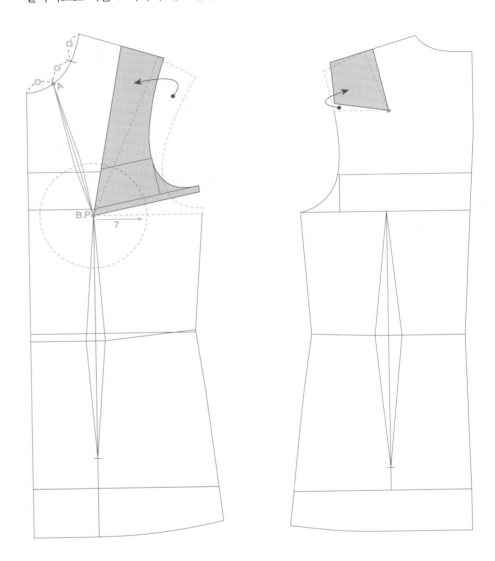

원형 숄더다트 M.P

3cm 여유량을 가진 다트 원형을 활용한다.

네크라인 디자인을 원활하게 제도하기 위해서 앞·뒤 몸통원형의 숄더다트를 제도하기에 용이하도록 M.P 시켜 이동한다.

네크라인 공간 다트

A 원형 목둘레선에서 3등분 한 지점.

가슴존 B.P점에서 7cm반지름으로 제도한다.

A~B.P 네크라인 공간 다트

각 점을 연결한 뒤, 가슴존위치에서 1cm가량 다트를 잡아준다.

네크라인(Neck Line) 베리에이션(Variation)

– 라운드형 네크라인 (Round Neck line)

원형 목둘레선을 이용하거나 원형 목둘레선보다 넓고 깊게 파줄 수 있으며 기존 원형의 네크라인에서 디자인에 따라 앞목점, 옆목점, 뒤목점에서 필요한 만큼 파주면 된다. 이때 중요한 점은, 네크라인이 파질수록 M.P 처리해야 할 앞판의 네크라인 공간 다트량이 점점 커진다는 것이다. 이 부분을 제대로 처리하지 않으면 앞목쪽이 남아 들뜨는 현상이 생긴다. 또 앞판과 뒤판의 네크라인이 여밈이 없는 곬선인 경우, 옷을 입고 벗기에 불편함이 없는지 확인하여야 한다. 특히 네크라인의 둘레 사이즈가 머리 부분이 불편함 없이 착용할 수 있는지 확인하여 작으면 트임이나 여밈 방법으로 처리해야 한다.

라운드형 네크라인 제도

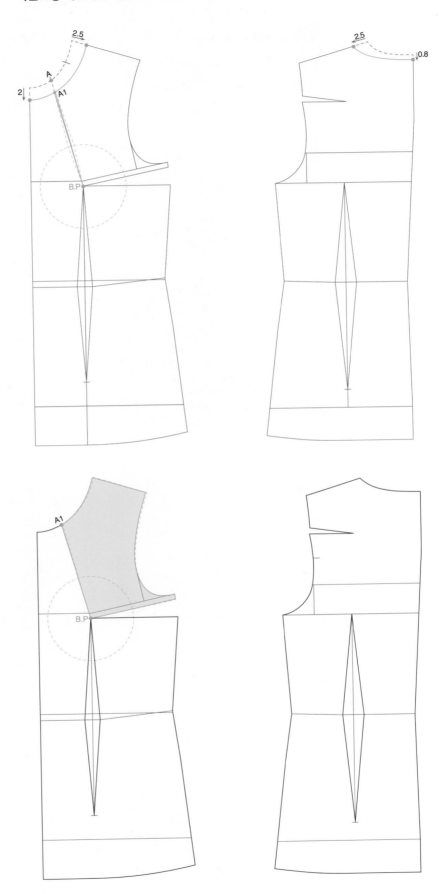

– 브이형 네크라인 (V Neck line)

브이형 네크라인 (V Neck line)도 위의 라운드형 네크라인(Round Neck line)과 모양만 다를 뿐 제도 원리는 똑같다. 다만 브이형 네크라인(V Neck line) 제도 시 한가지 더 유의할 것은 가슴 위의 네크라인 공간 다트 부분을 직선으로 처리하지 않고, 약간 밖으로 볼록하게 나오게 제도해야 한다.

그 이유는 가슴의 돌출 때문에 안으로 당겨 들어가 보이는 것을 미리 보완해 주는 것이다.

브이형 네크라인 제도

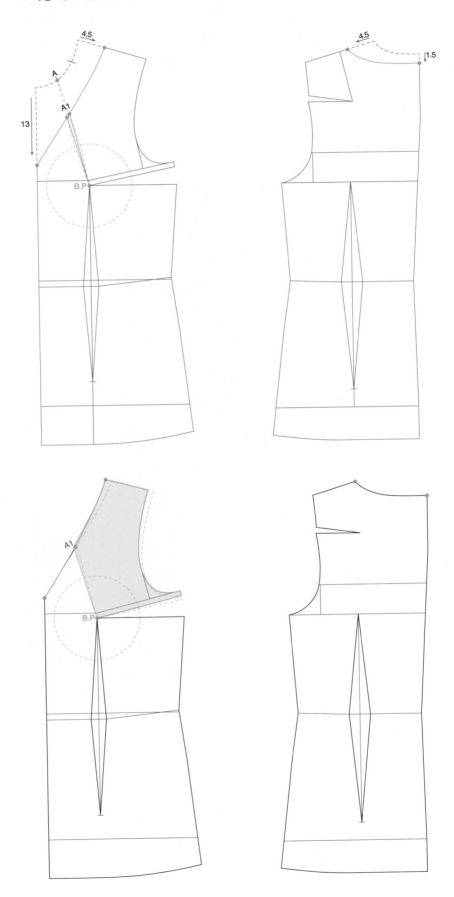

– 스퀘어형 네크라인(Square Neck line)

네모형은 깊게 파면 목이 길고 가늘어 보이며, 옆으로 넓게 파면 목을 강조하게 된다. 패턴 제도 방법은 모양만 다를 뿐 위의 라운드형 네크라인(Round Neck line)이나 브이형 네크라인(V Neck line)과 똑같다. 이때 앞옆목점과 뒤옆목점을 붙여 스퀘어 네크라인이 꺾이지 않게 제도해주는 것이 좋다.

스퀘어형 네크라인 제도

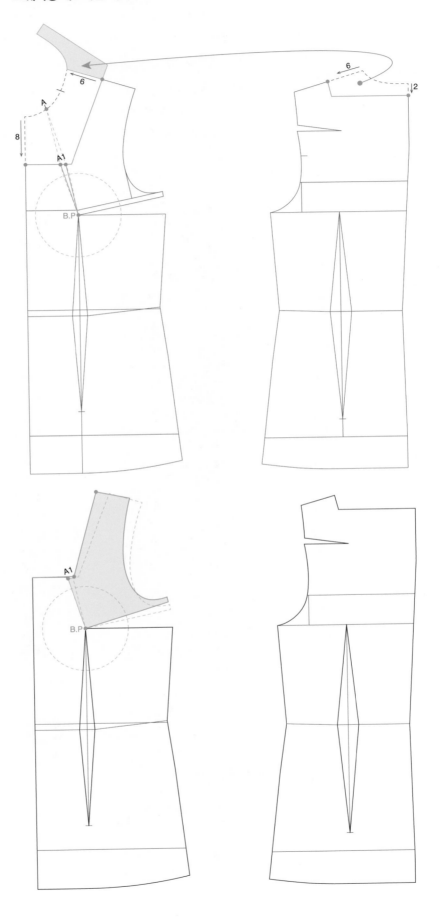

보트 네크라인은 어깨를 강조하고 목을 짧게 보이게 하므로 목이 굵고 둥근 얼굴에
는 어울리지 않는다. 옆목이 어깨점에 가깝게 넓게 파인 보트 네크라인(Boat Neck
line)의 경우엔 네크라인이 점점 커질수록 그에 따라 커지는 M.P량의 변화 외에도 앞
서 [목둘레선(Neck Line)과 인체] 편에서 살펴 보았듯이 옆목점에서 어깨점까지 직
선으로 연결했을 때 어깨의 중간에서 약간 안으로 들어가 있는 걸 볼 수 있었다. 따
라서 어깨선 제도시 체형에 따라 이 오목한 부분을 처리해 주어야 한다.

보트 네크라인 제도

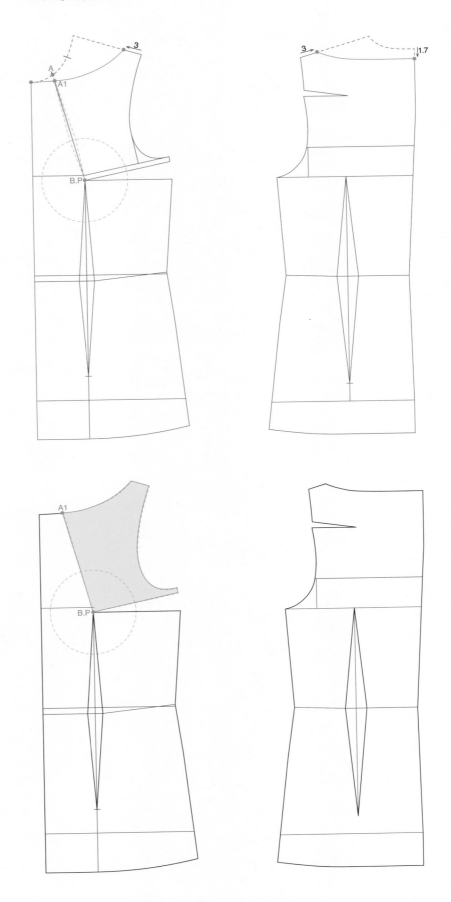

다트의 활용 가이드

제5부에서는 여성의 인체에 의해 생겨나는 가슴 다트와 견갑골 다트를 디자인에 따라 어떻게 활용 가능한지 다양한 측면에서 정리하였다. 가슴은 여성의 상징이며 여성복 패턴을 제도하는데 있어서 중요한 요소이다. 여성복에서는 가슴의 돌출 때문에 가슴을 감싸기 위한 다트가 필요하며 이 때문에 일어나는 많은 변화를 깊이 있게 이해해야 한다.

가슴 다트는 디자인에 상관없이 여성의 입체적인 인체의 형태 때문에 존재하므로 어떤 방식으로든 처리해 주어야 한다. 따라서 다트의 이동과 분산 등 다트 머니플레이션에 대한 공부가 필요하다. 다트 머니플레이션의 원리를 이해하게 되면 디자인 활용 및 프린세스라인, 암홀라인 등 패널 라인을 제도 할 때도 디자인을 구현하기에 용이하다.

다트선이든 절개선이든 그것이 어떤 선이든 패턴을 제도하는데 있어서 선들은 디자인 선이 된다. 따라서 이때 절개선이 옷을 완성하고 착장 했을 때 어떻게 보여지는지 예측하는 것은 매우 중요하다.

01

다트^{Dart}의 이해

체형 다트(Dart)와 실루엣 다트(Dart)

다트란? 평면적인 옷감을 입체적인 구조의 인체에 맞추기 위해 인체 굴곡을 따라 남는 공간의 일정 부분을 줄여서 입체화시켜주는 것을 의미한다. 패션 디자인과 패턴의 구성 측면에서 다트의 속성과 기능을 이해하는 것은 매우 중요하다. 다트를 용도에 따라 분류해 보면 다음과 같다.

1) **체형 다트** : 상의류의 가슴 다트와 견갑골 다트처럼 인체의 돌출 때문에 생겨나는 다트로 패턴 제도 시 디자인과 상관없이 반드시 처리해주어야 하는 다트이다. 하의류의 경우엔 허리선 다트도 체형 다트에 속한다.

2) **실루엣 다트** : 상의류의 허리 다트처럼 옷의 실루엣에 따라, 잡아도 되고 잡지 않아도 되는 다트이다.

3) **기능적 다트** : 앞목 숨김 다트나 옷의 수평을 잡아주는 다트, 팔꿈치나 무릎 다트 등 기능적인 용도의 다트를 의미한다.

4) **디자인 다트** : 패션 디자인은 모든 선이 결국엔 디자인 선이라고 할 수 있다. 디자인의 요소로 선이 필요한 경우, 다트를 이용하여 선을 디자인할 수 있다.

상반신을 감싸는 상의류의 경우, 패턴의 구성 측면에서 가슴 돌출 때문에 생겨나는 가슴 다트와 허리선 다트를 구분하고 이를 다른 성질의 다트로 이해해야 한다. 뒤판의 견갑골 다트와 허리선 다트도 같은 원리로 이해하면 된다. 따라서 상의류의 경우, 크게 체형 다트와 실루엣 다트로 구분하여 개념 정리를 하는 것이 필요하다.

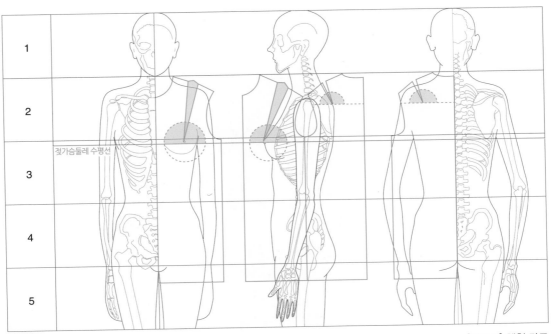

[제도 1] 체형 다트

위의 그림처럼 가슴 다트와 견갑골 다트는 체형 다트로 디자인에 상관없이 반드시 처리해 주어야 한다. 물론 반드시 다트로만 처리해야 하는 것은 아니다. 디자인에 따라 분할하고 이동하는 등 테크닉을 통해 분산 처리하거나 디자인으로 활용하기도 하고 이즈로 처리할 수도 있다.

몸판에 절개선이나 다트가 없는 박스 유형의 옷들은 가슴 다트와 견갑골 다트를 어떻게 효율적으로 분산시켜 아름다운 실루엣을 만들어야 할지를 연구 주제로 삼아야 한다.

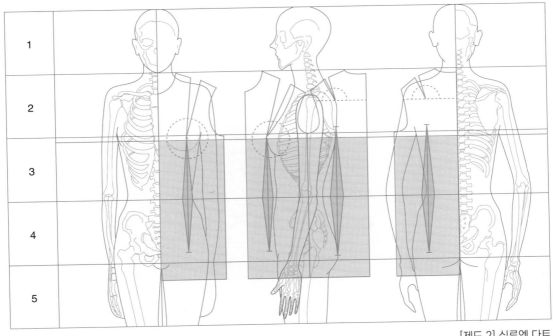

[제도 2] 실루엣 다트

반면 앞·뒤 허리선 다트는 디자인에 따라 다트를 잡거나 잡지 않아도 되는 실루엣 다트라고 할 수 있다. 이때 허리 위치에서 앞과 뒤의 공간이 다르므로 앞·뒤 허리의 다트양도 인체 균형에 맞게 각각 다르게 줘야 한다.

– 다트 머니플레이션(Dart Manipulation)

다트 머니플레이션이란? 패턴 제도시 가슴 다트와 견갑골 다트를 이동하거나 분산하는 등, 다트를 디자인에 따라 적용하여 처리해주는 패턴 테크닉이다. 즉, 디자인에 따라 다트를 절개하거나 접어 다른 위치로 이동하여 다트, 턱, 개더 등으로 디자인하는 것을 의미한다.

여성의 가슴이 원의 형태는 아니지만, 가슴둘레 수평선을 기준으로 가슴다트는 B.P점을 기점으로 어느 방향으로든 이동이 가능하다. 중요한 점은 가슴 다트의 양이며 가슴 다트의 방향은 디자인 따라 이동할 수도 있고 또 분산시켜 처리할 수도 있다. 뒤 견갑골 역시 어깨 선상에서 다트를 잡든 암홀 옆으로 잡든 방향이 중요한 것이 아니라 양이 중요하다.

반면 가슴둘레 수평선을 기준으로 아래쪽인 앞·뒤 허리 다트는 옷을 몸에 밀착시키는 정도에 따라 다트의 양을 줄여주거나 생략할 수 있다. 아래 제도의 점선들은 각 다트에 따라 가장 대표적인 이동 방향선을 제도한 것이다. 가슴 다트는 B.P점을 기점으로 방향선을 제도했으며, 뒤판의 견갑골 다트는 견갑골의 돌출점을 기점으로 방향선을 제도하였다. 또한 앞·뒤 허리선 다트는 각각 다트의 끝점을 기점으로 방향선을 제도하였다.

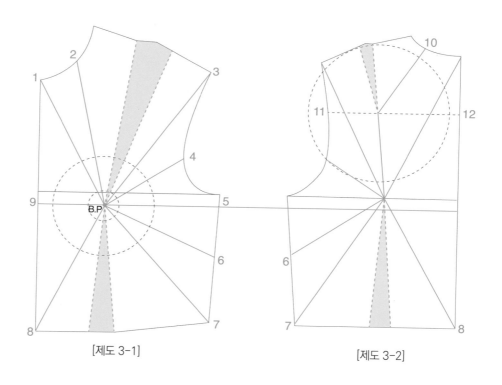

[제도 3-1]   [제도 3-2]

앞판 가슴 다트와 앞 허리선 다트 [제도 3-1]

– 다트(dart)의 이동에 따른 명칭

1. 앞목 다트(Center front Neck Dart)
2. 목 다트(Neckline Dart)
3. 어깨점 다트(Shouder Point Dart)
4. 암홀 다트(Armhole Dart)
5. 옆 다트(Underarm Dart) - 가로올선-
6. 옆 다트(Underarm Dart)
7. 옆허리 다트(Side Waist Dart)
8. 앞중심 허리 다트(Center Front Waist Dart)
9. 앞중심 다트(Center Front Dart)

앞판의 가슴 다트와 허리 다트는 위치에 상관없이 가슴의 정점(B.P점)을 향해 어느 방향으로든 옮길 수 있다. 즉, 앞판의 경우에는 B.P점이 앞판 원형 다트의 회전 기준점이 된다.

각 다트를 이동하는 방법은 크게 회전시키는 방법과 절개시키는 방법이 있다. 회전법은 B.P점을 기준으로 원형을 고정하고 어디든 원하는 곳으로 다트를 돌려서 이동시키는 방법이며, 절개법은 원하는 곳에 절개선을 제도하여 절개하고 다트를 접어 처리해주는 방법이다.

한 개의 다트를 처리할 때는 회전법이 효과적이며 두 개 이상의 다트를 처리할 때는 절개법을 이용하는 것이 바람직하다. 다트 분량이 너무 많을 때는 여러 개의 작은 다트로 분산시킬 수 있다.

뒤판 견갑골 다트와 뒤 허리선 다트 [제도 3-2]

– 다트(Dart)의 이동에 따른 명칭

10. 목 다트(Neckline Dart)
11. 암홀 다트(Armhole Dart)
12. 뒤중심 다트(Center back Dart)

뒤판 원형의 다트는 견갑골에 의한 견갑골 다트와 허리선에서 시작되는 허리선 다트가 있다.
뒤판은 앞판과 같이 돌출 기준점(B.P점)이 없어 앞판의 가슴 다트와 허리 다트처럼 서로 합치거나 이동하기가 어렵다. 즉, 견갑골 다트를 허리선으로 이동하거나 허리 다트를 목둘레선이나 어깨선으로 이동할 수 없다.

다트(Dart)의 이동과 분할

여성복의 가슴 다트량은 옷의 여유량에 따라 처리해주는 양이 달라진다. 옷의 여유량이 많을수록 다트량은 적게 잡아주고 여유량이 적을수록 다트량은 더 많이 잡아주어야 한다. 특히 인체에 밀착되는 옷일수록 가슴 다트나 하리선 다트를 이동시키거나 분산처리 하는 등 디자인에 따라 다양하게 활용할 수 있다. 따라서 다트의 구조를 이해하고 다트의 이동과 분할에 따른 변화를 이해해야 한다.

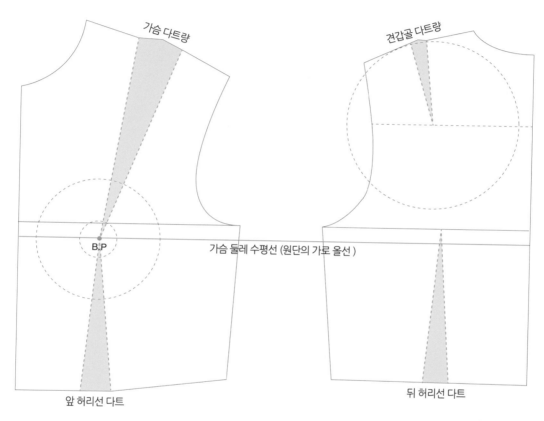

[제도 1-1]

[제도 1-1]을 보면 B.P점을 기준으로 반지름이 약 2cm~2.5cm인 원과 약 7cm인 원을 제도했다. 우리가 제도하는 B.P점 위치는 표준체형의 B.P점으로, 사람마다 B.P점 위치가 다르기 때문에 표준 B.P점을 기준으로 반지름 2cm~2.5cm원의 구역이 B.P존이 된다. B.P존은 어느 지점이든 넓은 범위의 B.P점이라 이해하면 된다. 반면 반지름이 약 7cm인 원은 우리나라 표준체형 여성의 가슴 크기를 원으로 표시한 것이다. 인체의 가슴 모양이 완전한 원 형태는 아니지만 원 형태로 가정하면 가슴 다트량의 이동과 분할을 더 쉽게 이해할 수 있다. 물론 7cm로 설정한 반지름도 가슴의 크기에 따라 달라진다. 우리나라보다 가슴이 발달하여 비교적 큰 유럽의 경우에는 반지름 7.5~8cm 정도의 원을 기준으로 제도한다.

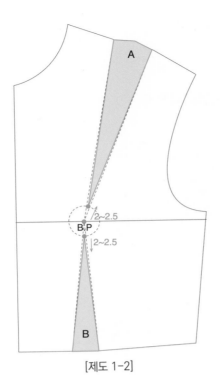

[제도 1-2]

[제도 1-2]에서 앞몸판 가슴 다트량은 (A)로 표기하였고 앞몸판 허리 다트량은 (B)로 표기하였다. 여기서 다트 끝점을 B.P점에 그대로 두게 되면 봉제했을 때 가슴의 볼륨이 실제 위치보다 더 높거나 낮은 위치에 형성된다. 따라서 이를 보완하기 위해 다트의 끝점은 B.P점이 아니라 B.P존인 2~2.5cm 떨어진 곳으로 옮겨주는 것이 좋다.

다트 머니플레이션은 기본적으로 가슴 다트에 관한 것이지만 박시한 스타일이 아니라면 허리 다트가 있어서 허리 다트를 같이 활용해 줄 수 있다.

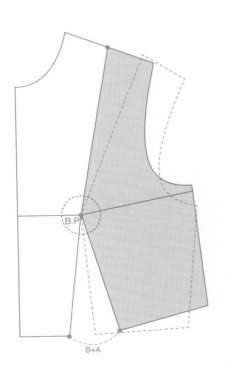

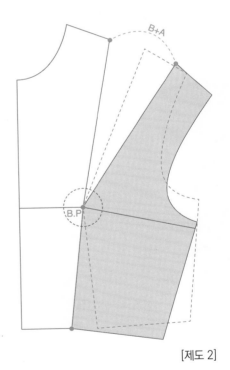

[제도 2]

그런데 위의 [제도 2]처럼 가슴 다트와 허리 다트를 어느 방향이든 한 곳으로 더하여 처리하게 되면, 일반적인 여유량을 가진 옷의 경우 다트량이 너무 많아서 봉제 했을 때 다트가 뿔처럼 솟아나 옷의 실루엣을 망치게 된다. 따라서 일반적인 여유량을 가진 옷의 경우에는 가슴 다트를 1/2만 분산하여 절반만 처리해주는 것이 좋다.

이제 가슴 다트 머니플레이션과(M.P)와 허리 다트(dart)의 이동과 분할에 대해 알아
보자.

암홀(Armhole) 방향 다트 이동

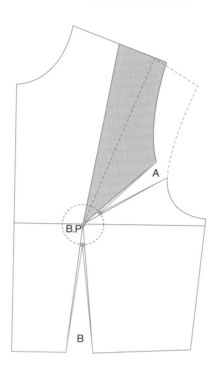

목둘레 방향 다트 이동

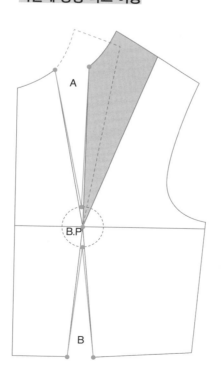
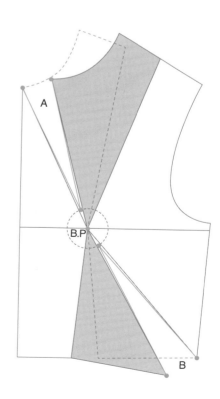

옆 솔기선 방향 다트 이동

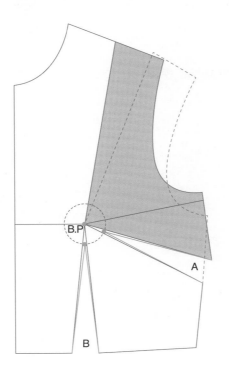

앞 중심선 방향 다트 이동

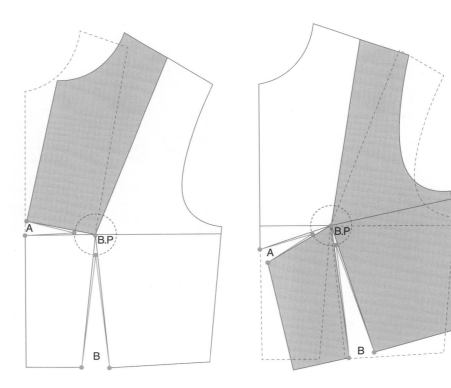

다트의 이동과 분할

디자인에 따라 가슴다트와 허리선 다트를 함께 활용할 수도 있지만, 다트의 이동과 분할 편에서는 가슴 다트만을 활용하여 제도하였다.

어깨 방향 다트 이동과 분할

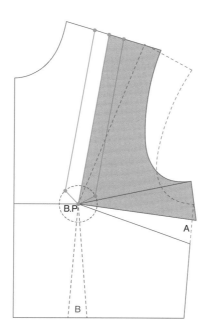
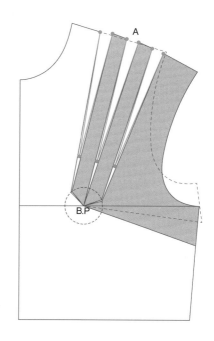

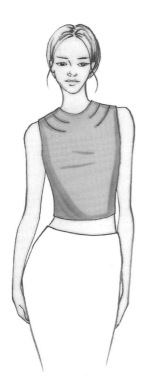
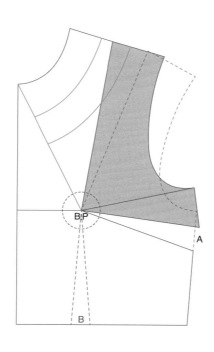
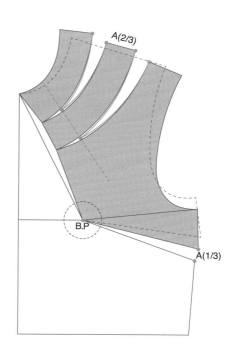

목둘레 방향 다트 이동과 분할

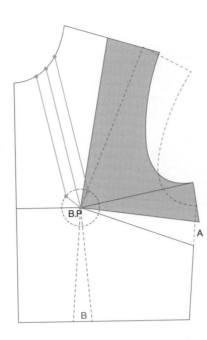
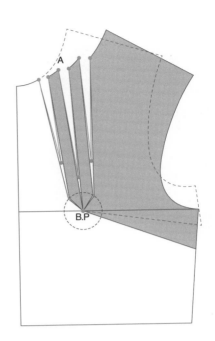

네크라인과 어깨 방향 다트 이동과 분할

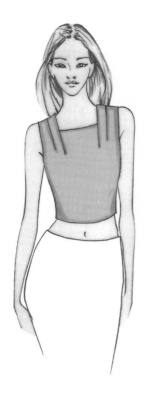
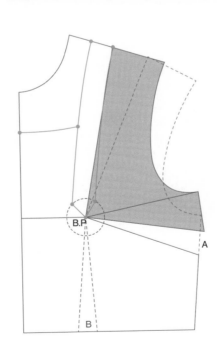
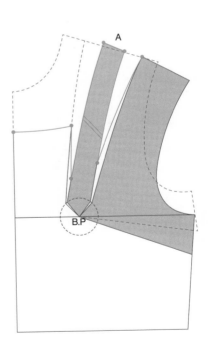

앞 중심선 방향 다트 이동과 분할

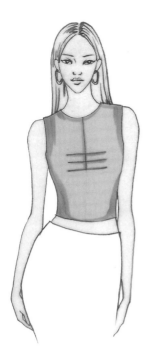

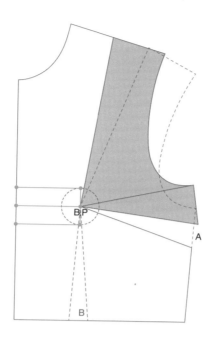

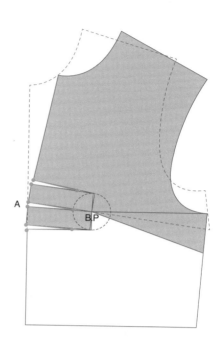

암홀 방향 다트 이동과 분할

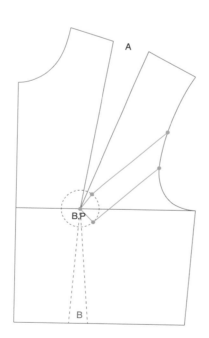

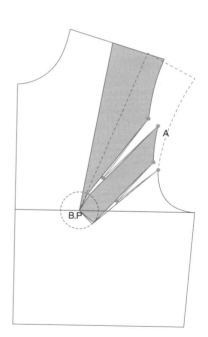

옆 솔기선 방향 다트 이동과 분할

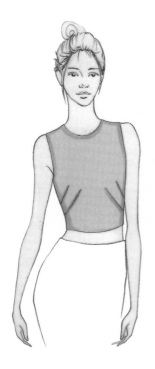
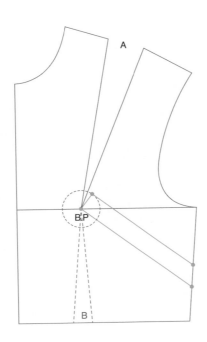
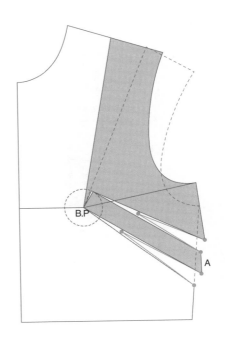

허리선 방향 다트 이동과 분할

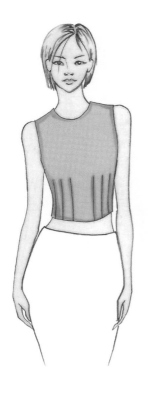
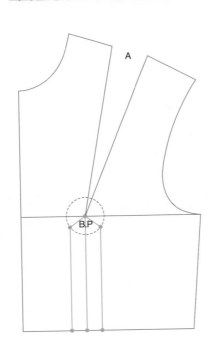
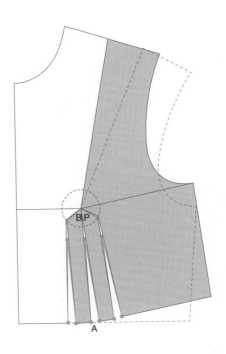

허리선 방향 비대칭 다트 이동과 분할

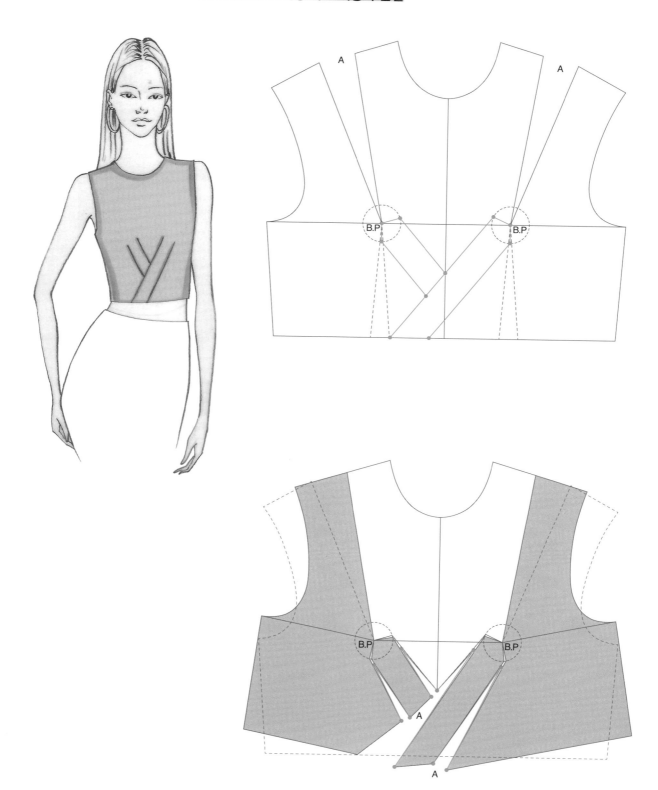

비대칭 다트 이동과 분할

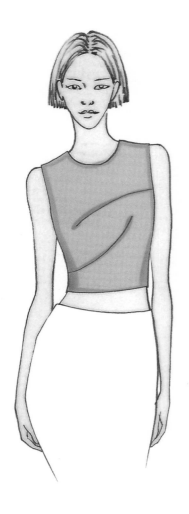

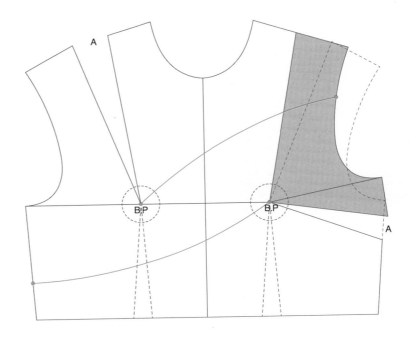

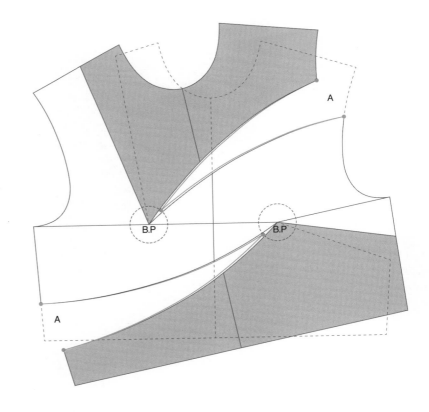

솔기선 비대칭 다트 이동과 분할

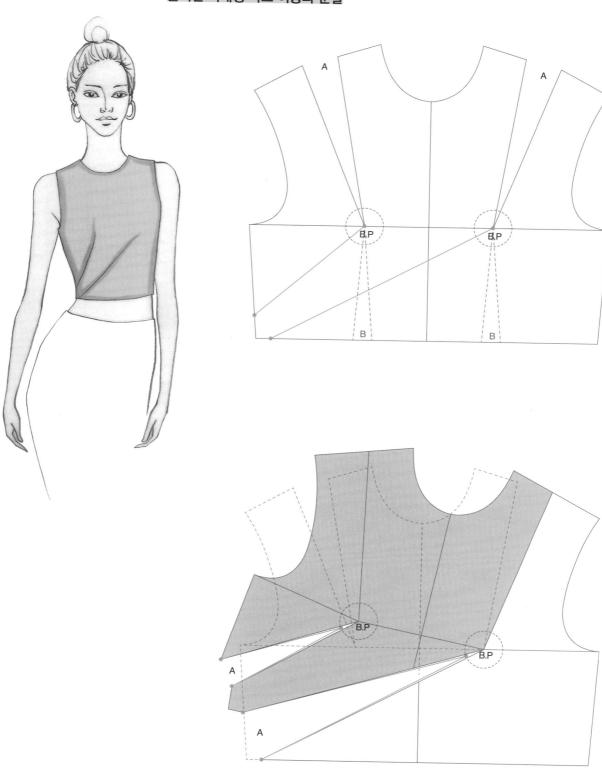

뒤암홀 다트 이동

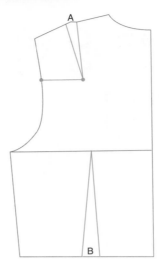
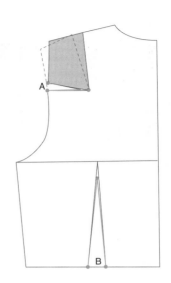

뒤목 다트 이동

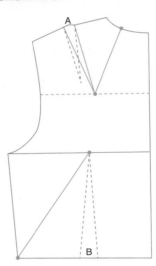
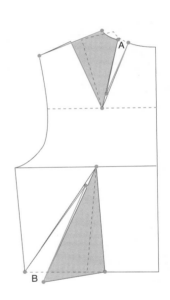

뒤요크 다트 이동

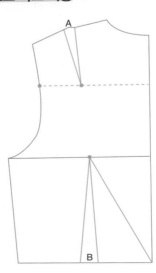
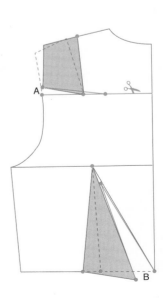

02

다트^{Dart}를 활용한 디자인 라인

네크라인과 슬리브리스 디자인

우리가 일반적으로 처리하는 가슴 다트와 허리 다트량은 둘레로 3~4cm 여유량이 들어가 있는 원형 기준의 다트량이다. 민소매와 네크라인 칼라 디자인의 경우, 몸에 밀착되는 정도와 디자인 선에 따라 숨어 있는 다트량을 처리해주는 게 중요하다. 우리 인체의 어디에 숨은 다트가 있는지 살펴보자.

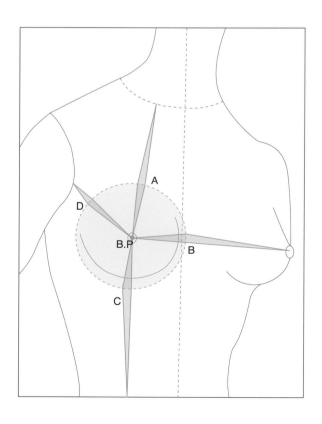 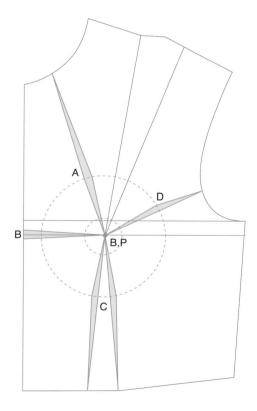

[그림 1]

[그림1]은 이해를 돕기 위해 몸에 밀착되는 옷의 숨은 다트를 제도한 것이다.

A : 원형의 네크라인이 아니라 원목에서 벗어난 디자인의 경우 B.P점에서 앞목이나
　　앞어깨쪽의 가슴의 반지름이 끝나는 곳에 0.8~1cm가량의 숨은 다트를 처리해
　　준다.

B : 브레지어처럼 좌우 B.P점 사이 가로 절개선이 있는 경우 B.P점 사이 수평선과 앞
　　중심선이 교차하는 곳에 0.8~1cm가량의 숨은 다트를 처리해 준다.

C : B.P존에서 허리선까지 세로 절개선이 있거나 가슴 아래쪽에 가로 절개선이 있는
　　경우 B.P점에서 수직으로 허리선쪽으로 가슴 반지름이 끝나는 곳에 0.8~1cm가
　　량의 숨은 다트를 처리해 준다.

D : 소매가 없는 민소매의 경우 B.P점에서 암홀의 앞품점을 향한 가슴의 반지름이 끝
　　나는 곳에 0.8~1cm가량의 숨은 다트를 처리해 준다.

이처럼 다트(Dart)를 활용한 디자인의 경우, 다트량을 이용하여 디자인에 따라 다양
하게 응용할 수 있다.

목둘레선 방향 셔링(Shiring)이나 주름으로 응용

어깨선 방향 셔링(Shiring)이나 주름으로 응용

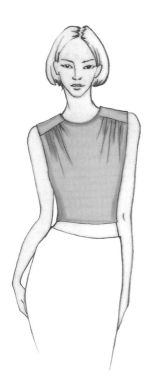

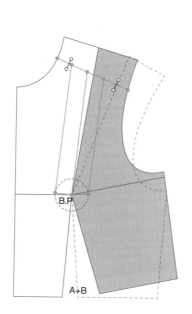

A+B

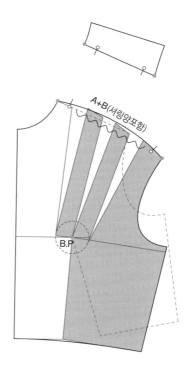

A+B(셔링양포함)

가슴선 밑 셔링(Shiring)이나 주름으로 응용

A+B

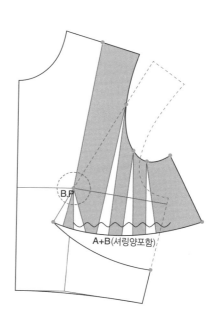

A+B(셔링양포함)

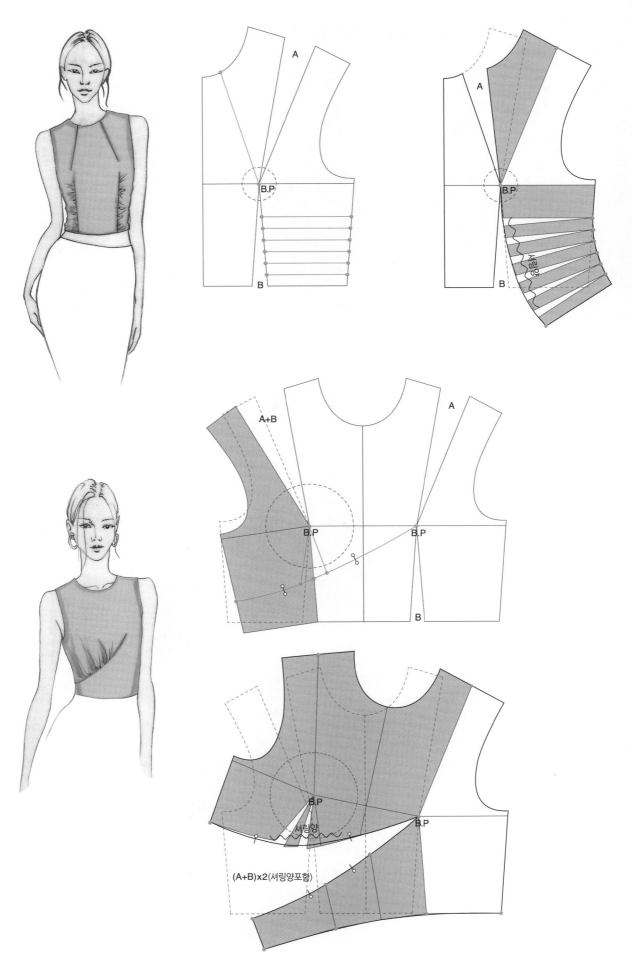

암홀방향 밑 셔링(Shiring)이나 주름으로 응용

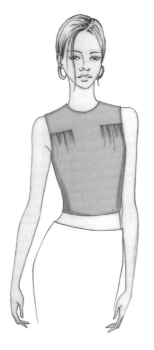

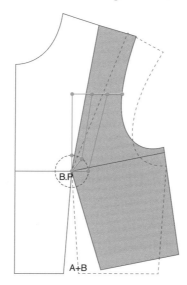

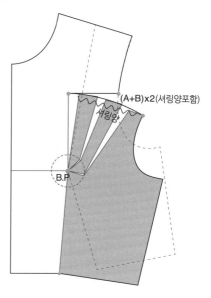

(A+B)x2(셔링양포함)

셔링양

B.P

B.P

A+B

비대칭 셔링(Shiring)이나 주름으로 응용

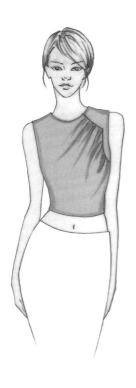

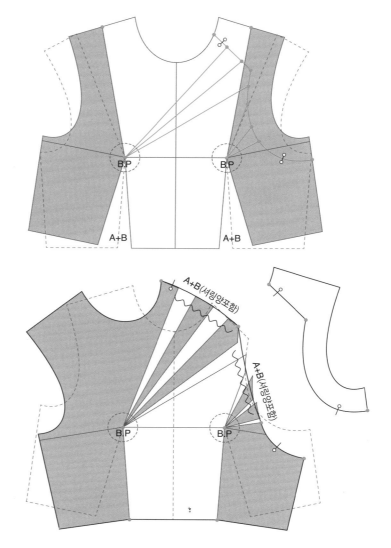

B.P   B.P

A+B   A+B

A+B(셔링양포함)

A+B(셔링양포함)

B.P   B.P

비대칭 솔기선 셔링(Shiring)이나 주름 응용

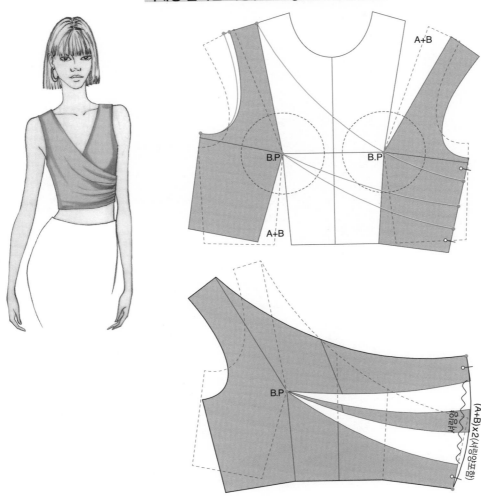

네크라인 셔링 칼라로 응용

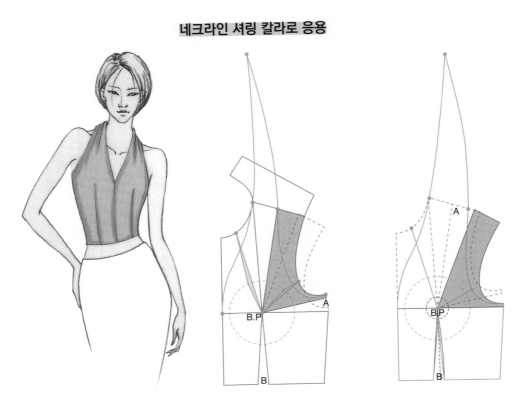

비대칭 어깨 셔링 디자인 응용

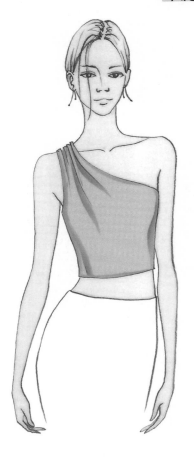

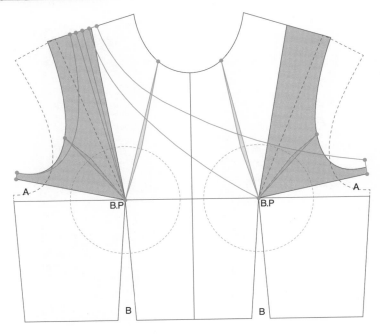

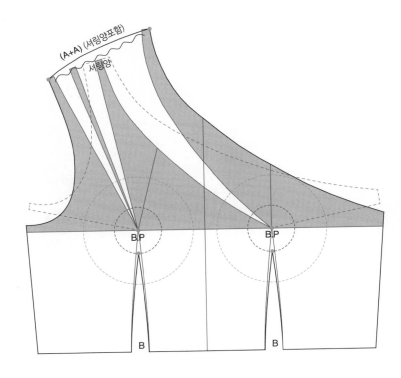

가슴밑 셔링 디자인 응용

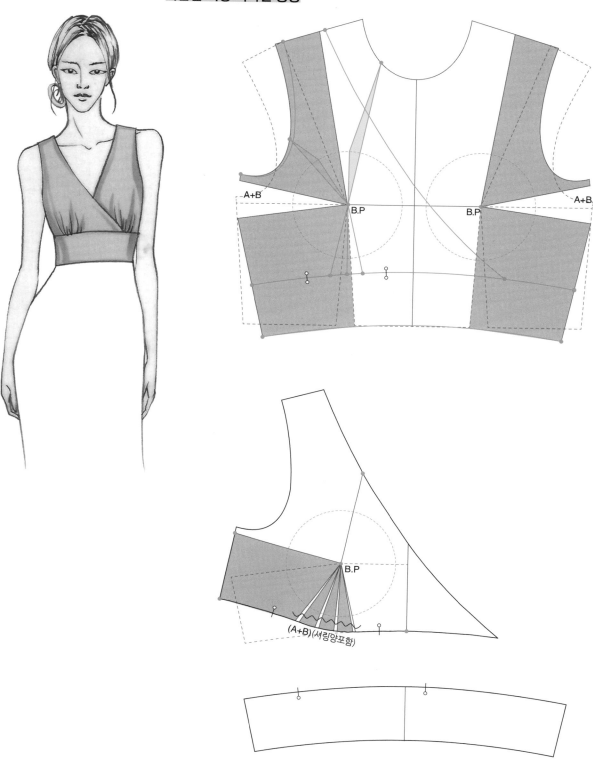

A+B

B.P   B.P

A+B

B.P

(A+B)(셔링양포함)

가슴밑 다트 디자인 응용

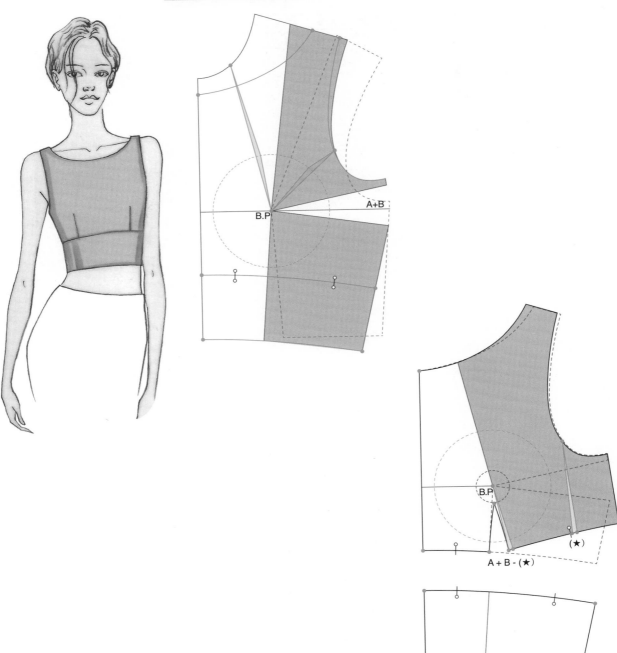

B.P

A+B

B.P

(★)

A + B - (★)

03

다트^{Dart}를 활용한 패널 라인

앞서 설명했듯이 디자인이 아무리 바뀌어도 옷을 입는 여성의 인체는 바뀌지 않는다. 따라서 디자인을 해석하고 패턴을 제도할 때 가슴 다트를 어떻게 활용하고 어떻게 처리할지 파악하는 것은 매우 중요하다. 앞판의 디자인 라인을 제도할 때는 B.P점을 기점으로 B.P존 부분에서 얼마큼 떨어져 있는지에 따라 가슴 다트를 처리하는 방법이 달라진다. 뒤판의 견갑골 다트 처리는 가슴 다트에 비하면 다트의 양이 많지 않기 때문에 가슴 다트보다는 처리하기에 더 쉽다. 패널 라인의 디자인에 따라 다트를 어떻게 활용해야 하는지 B.P점을 기점으로 널리 쓰이는 디자인 라인을 다음과 같이 정리하였다.

숄더 프린세스 라인(Shoulder Princess Line)

숄더 프린세스 라인은 B.P존을 지나는 가장 대표적인 패널 라인이다. 이 라인은 여성 인체의 특징을 잘 나타내며 가슴의 가장 돌출된 부분인 B.P존을 통과하는 라인으로 다트를 가장 효율적으로 M.P 처리해줄 수 있다. 이 라인의 앞판은 어깨 솔기선부터 B.P존을 지나면서 가느다란 허리선과 함께 엉덩이로 가면서 넓어지는 라인을 하나의 구성선으로 제도하여 우아한 실루엣을 표현할 수 있다. 뒤판 역시, 견갑골의 돌기를 지나 가느다란 허리선 그리고 둥근 엉덩이의 곡선과 밑단 실루엣의 표현까지 하나의 구성선으로 우아하게 표현할 수 있다.

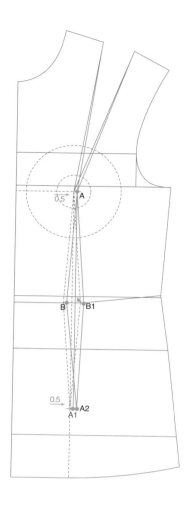
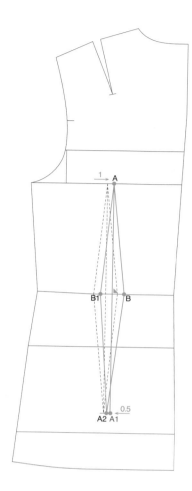

몸통원형 카피

디자인 라인을 제도하기 위해 3cm원형을 카피 제도한다.

앞다트 이동

앞A~앞A1 앞다트 이동

다트 중심을 옆선쪽으로 0.5cm가량 이동시켜 다트를 옮긴다.

다트를 이동하는 이유는 B.P점을 기준으로 두 개의 패널로 나뉘게 되면 앞쪽 패턴이 좁아 보이고 왜소해 보인다. 따라서 B.P존 안에서는 디자인을 고려하여 옆쪽으로 조금 옮겨 주는 것이 좋다.

뒤다트 이동

뒤A~뒤A1 다트 중심을 뒤중심 쪽으로 1cm 이동시켜 다트를 옮긴다.

뒤판 패널라인은 앞판과 반대로 중심쪽 패널이 조금 넓어 보일 수 있어 옮겨 주었다. 그러나 이러한 것은 디자인에 적합한 라인을 찾아주는 것이기 때문에 자유롭게 제도해 준다.

다트 보정

앞A2 앞다트 끝 위치 변경

앞A1점을 옆선쪽으로 0.5cm 이동한 점.✚

앞B~앞B1 앞A 다트 중심선과 허리선이 교차되는 직각선

뒤A2 뒤다트 끝 위치 변경

뒤A1점을 옆선쪽으로 0.5cm 이동한 점.▲

뒤B~뒤B1 뒤A 다트 중심선과 허리선이 교차되는 직각선

✚ 시각적으로 허리 부분이 날씬해 보이게 된다. 또한 허리의 위치는 변함이 없지만, 엉덩이 부분을 조금 넓혀주면 상대적으로 허리가 더 강조되어 날씬한 라인이 된다.

▲ 뒤판 역시 시각적으로 허리부분이 날씬해 보이게 하기 위해서이다.

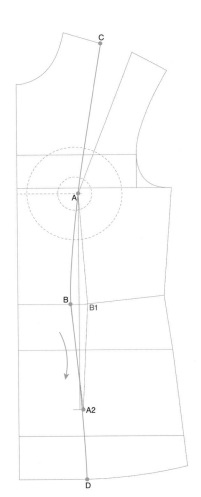
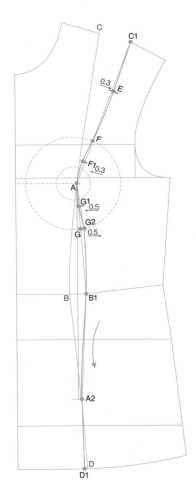
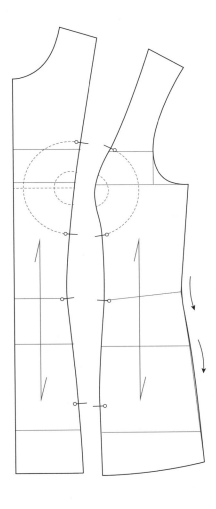

앞판 디자인 라인 제도

디자인 라인은 옷을 만들었을 때 완성선으로 보이는 라인이다. 따라서 이 라인이 어떻게 보여지는지 항상 고려하여 제도해야 한다.

C~A~B 기존 다트선을 활용하여 각 점을 자연스럽게 연결하여 제도한다.

B~A2~D B에서 A2를 연결할 때, 배가 나온 형태의 자연스러운 곡선으로 제도한다.

A2~D 연결 할 때는 D지점이 뻗쳐 보이지 않게 제도한다.✚

✚ 인체의 앞부분에서 배가 나온 지점을 고려하여 제도한다.

앞판 보정 라인 제도✚

E (C1~A)선의 이등분 점에서 0.3cm 안으로 들어온 점.▲

F (C1~A)선에서 가슴존과 교차되는 점.

F1 (F~A) 이등분 점에서 0.3cm 나간 점.

G (A~B1)선에서 가슴존과 교차되는 점.

G1 (G~A)선에서 0.5cm 나간 점.

G2 G점 0.5cm 나간 점.

C1~E~F 각 점을 자연스러운 곡선으로 제도한다.

F~F1~A~G1~G2~B1 각 점을 연결할 때 가슴 형태의 곡선을 따라 자연스럽게 제도한다.

D1 D점에서 0.3~0.5cm 가량 나간 점.

B1~A2~D1 B1에서 A2를 연결할 때, 배가 나온 형태의 자연스러운 곡선으로 제도한다.

A2~D1 연결 할 때는 D1지점이 뻗쳐 보이지 않게 제도한다.

완성선 정리

옆선을 각지지 않게 자연스러운 곡선으로 제도한다.

너치

가슴선, 허리, 다트끝점에 너치를 잡아준다.

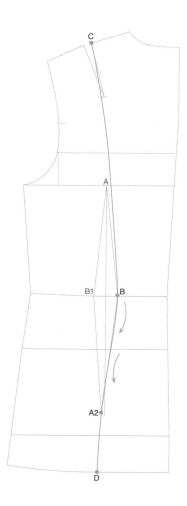
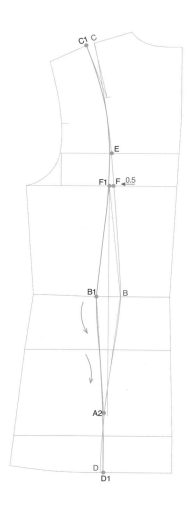
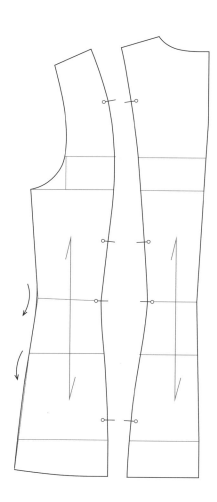

♣ 완성 시 시각적으로 보이는 라인

▲ 기존 다트선은 가이드 라인일 뿐 무시하고 디자인에 따라 제도하면 된다.

★ 인체의 허리선 아래의 라인은 엉덩이 모양을 고려하여 허리선 아래에서는 오목하게 들어가게 시작해서 중간 엉덩이 아래 부분부터 곡을 살려 제도해 준다.

♣ 인체 형태를 고려하여 제도한다.

뒤판 디자인 라인 제도♣

C~B 각 점을 자연스러운 곡선으로 연결한다.▲

B~A2 C에서 A2를 연결할 때, C점에서 중간 엉덩이선까지는 안으로 들어오도록 하며, 중간 엉덩이선에서 A2점까지는 볼록 나오게 자연스러운 곡선으로 제도한다.★

A2~D 각 점을 연결할 때는 D지점이 뻗쳐 보이지 않게 제도한다.

뒤판 보정 라인 제도♣

E 디자인 라인과 품점이 교차하는 점.

F 디자인 라인과 가슴둘레선이 교차하는 점.

F1 F점에서 0.5cm가량 나간 점.

C1~E~F1~B1 각 점을 자연스러운 곡선으로 제도한다.

D1 D점에서 0.3~0.5cm 가량 나간 점.

B1~A2~D1 B1에서 A2를 연결할 때, B1점에서 중간 엉덩이선까지는 안으로 들어오도록 하며, 중간엉덩이선에서 A2점까지는 볼록 나오게 자연스러운 곡선으로 제도한다.

B1~A2 B1에서 A2를 연결할 때, 배가 나온 형태의 자연스러운 곡선으로 제도한다.

A2~D1 각 점을 연결 할 때는 D1지점이 뻗쳐 보이지 않게 제도한다.

완성선 정리

옆선을 각지지 않게 자연스러운 곡선으로 제도한다.

너치

견갑골, 허리, 다트끝점에 너치를 잡아준다.

B.P존을 지나는 암홀 프린세스 라인 (Armhole Princess Line)

B.P존을 지나는 암홀 프린세스 라인은 B.P존을 벗어나지 않으면서 최대한 예쁜 디자인 라인을 제도해 주면 된다. 이때 그냥 라인을 제도하기 보다는 원하는 만큼 기존 다트선을 평행 이동하여 라인의 가이드선으로 활용해 제도하면 보다 쉽게 할 수 있다.

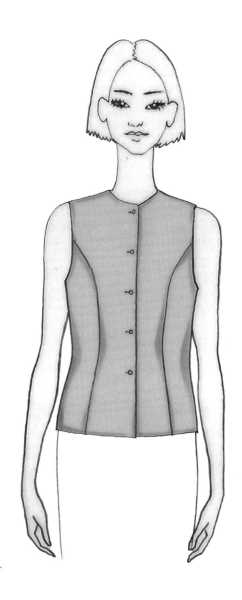

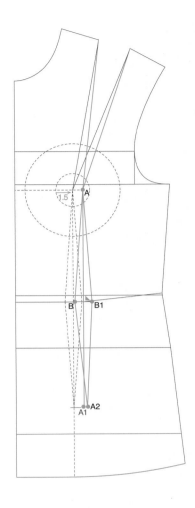
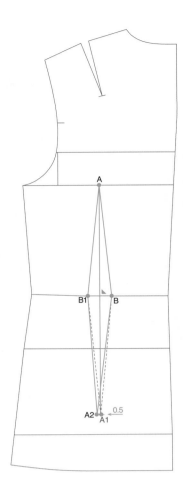

몸통원형 카피

디자인 라인을 제도하기 위해 3cm원형을 카피 제도한다.

앞다트 이동

앞A~앞A1 다트 중심을 옆선쪽으로 1.5cm 이동시켜 다트를 옮긴다.

　　(디자인 라인에 따라 원하는 만큼 옮겨준다. 이때 디자인 라인이 B.P점을 벗어나
　　지 않게 이동 시켜주어야 한다.)

뒤다트 이동

✚ 앞판의 패널 라인을 고려하여
원하는 만큼 옮겨도 된다.

뒤A~뒤A1 기존 다트를 활용한다.✚

다트 보정

앞A2 앞다트 끝 위치 변경

　　앞A1점을 옆선쪽으로 0.5cm 이동한 점.

앞B~앞B1 앞A 다트 중심선과 허리선이 교차되는 직각선

뒤A2 뒤다트 끝 위치 변경

뒤A1점을 옆선쪽으로 0.5cm 이동한 점.

뒤B~뒤B1 뒤A 다트 중심선과 허리선이 교차되는 직각선

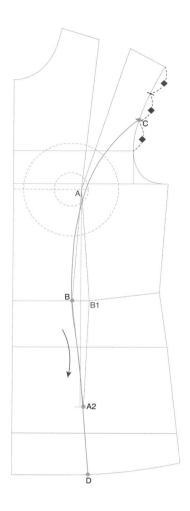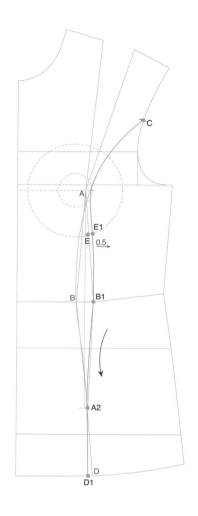

✚ 완성 시 시각적으로 보이는 라
인이다.

앞판 디자인 라인 제도✚

C 암홀 라인 시작점

품점 위 암홀 라인의 1/3지점인 점이 시작점인데 위치에 구애받지 않고 원하는
디자인으로 그려도 된다.

C~A~B 다트선을 활용하여 각 점을 자연스럽게 연결하여 제도한다.

B~A2 B에서 A2를 연결할 때, 배가 나온 형태의 자연스러운 곡선으로 제도한다.

▲ 인체의 앞부분에서 배가 나온
지점을 고려하여 제도한다.

A2~D 연결 할 때는 D지점이 뻗쳐 보이지 않게 제도한다.▲

★ 인체 형태를 고려하여 제도한
다.

앞판 보정 라인 제도★

E (A~B1)선과 가슴존이 교차되는 점.

E1 E에서 0.3~0.5cm 나간 점.

C~E1~B1 각 점을 자연스러운 가슴 형태의 곡선으로 제도한다.

D1 D점에서 0.3~0.5cm 가량 나간 점.

B1~A2~D1 B1에서 A2를 연결할 때, 배가 나온 형태의 자연스러운 곡선으로 제도
한다.

A2~D1 연결 할 때는 D지점이 뻗쳐 보이지 않게 제도한다.

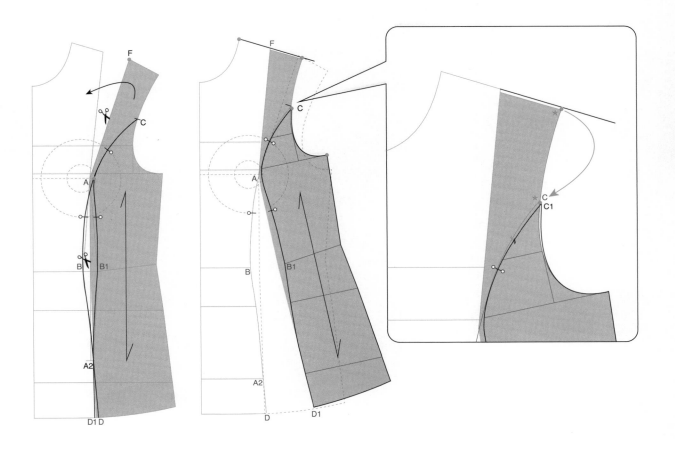

가슴 너치 추가

M.P하기전 가슴의 크기(가슴둘레 원)가 끝나는 위아래 부분에 너치를 표시해준다.

앞 숄더에 있는 가슴 다트 M.P 처리

B.P존을 최대한 활용해서 B.P존이 끝나는 부분과 디자인 라인이 만나는 곳에 다트 끝
점을 이동해서 그 점을 기점으로 다트를 닫아준다.

(다트 끝점은 B.P존 디자인 라인에 직각을 잡았을 때 B.P 점과 교차하는 점이다.)

어깨 경사도 유지

기존 어깨 경사도를 유지한 상태로 연장하여 제도한다.

암홀선 보정

커진 암홀선의 (★)만큼 암홀 프린세스 라인 부분의 암홀선에서 (★)양만큼 빼준다.

C1 몸판 패널 너치에서 C길이 만큼 옆(사이바) 패널 너치에서 나간 점.

새로운 암홀선 C1을 기준으로 옆 패널의 새로운 암홀 라인을 제도한다.

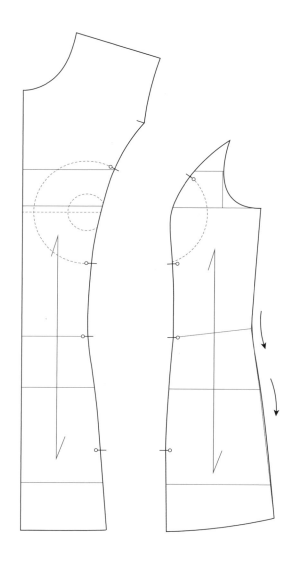

완성선 정리

옆선이 각지지 않게 자연스러운 곡선으로 제도한다.

너치

가슴선 위아래, 허리, 다트 끝점에 너치를 잡아준다.

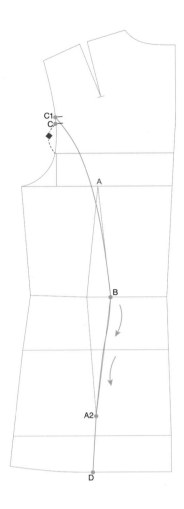
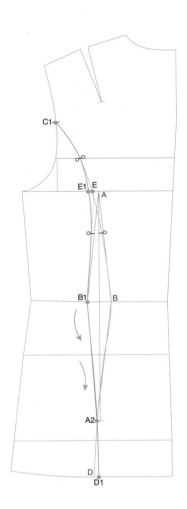
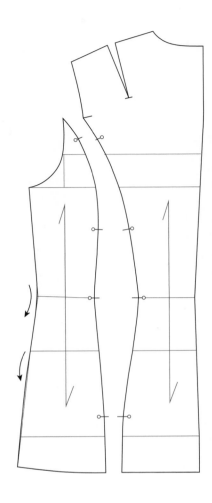

✚ 완성 시 시각적으로 보이는 라인이다.

▲ 이 시작점도 위치에 구애받지 않고 원하는 디자인으로 그려도 된다.

★ 인체 형태를 고려하여 제도되어야 한다.

뒤판 디자인 라인 제도✚

C 품점에서 앞암홀라인 시작 점 만큼 올라간 점.

C1 뒤암홀 라인 시작 점

C점에서 1cm 올라간 점.▲

C1~B 각 점을 자연스러운 곡선으로 연결한다.

B~A2 B에서 A2를 연결할 때, B점에서 중간 엉덩이선까지는 안으로 들어오도록 하며, 중간 엉덩이선에서 A2점까지는 볼록 나오게 자연스러운 곡선으로 제도한다.

A2~D 연결 할 때는 D지점이 뻗쳐 보이지 않게 제도한다.

뒤판 보조 라인 제도★

E B1에서 진동선까지 (C1~B)선상과 교차하는 점.

E1 E점에서 0.3~0.5cm 가량 나간 점.

C1~E1~B1 뒤판 디자인 라인(C1~B)선을 활용하여 각 점을 자연스러운 곡선으로 제도한다.

D1 D점에서 0.3~0.5cm 가량 나간 점.

B1~A2 B1에서 A2를 연결할 때, B1점에서 중간 엉덩이선까지는 안으로 들어오도록 하며, 중간엉덩이선에서 A2점까지는 볼록 나오게 자연스러운 곡선으로 제도한다.

B1~A2 B1에서 A2를 연결할 때, 배가 나온 형태의 자연스러운 곡선으로 제도한다.

A2~D1 연결 할 때는 D1지점이 뻗쳐 보이지 않게 제도한다.

완성선 정리

옆선을 각지지 않게 자연스러운 곡선으로 제도한다.

너치

견갑골, 허리, 다트끝점에 너치를 잡아준다.

B.P존에서 벗어난 암홀 라인

B.P존에서 벗어난 암홀 라인의 경우, 가슴 다트를 이즈량으로 처리해 줄 수 있다. 이때 멀어진 정도가 가슴 다트를 이즈량으로 처리할 수 있는 양인지를 먼저 판단해야 한다. 여기서 한 가지 중요한 점은 기존 다트량이 B.P 점에서 멀어진 거리와 비례해 달라지는 다트량을 확인하여 처리해 주어야 한다.

만약 B.P점에서 멀어졌는데도 기본 다트량과 같은 다트량을 처리하게 되면 옮겨진 곳에 비해 다트량이 너무 많아 새로운 가슴이 형태가 생기게 되면서 시각적으로 보기에 좋지 않다.

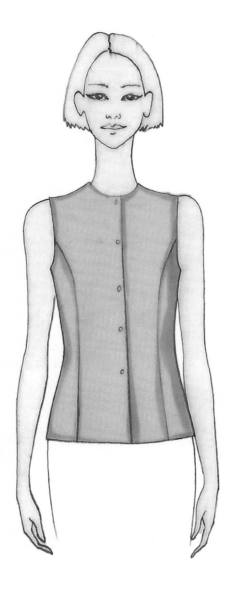

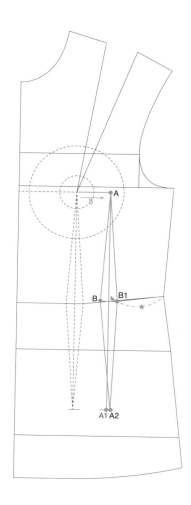
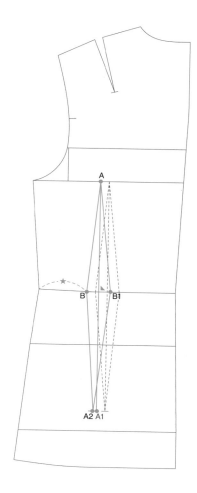

몸통원형 카피

디자인 라인을 제도하기 위해 3cm원형을 카피 제도한다.

앞다트 이동

앞A~앞A1 다트 중심을 옆선쪽으로 4~5cm 이동시켜 다트를 옮긴다.

(디자인과 이즈량을 고려하여 원하는 만큼 자유롭게 옮겨준다.)

뒤다트 이동

뒤A~뒤A1 앞 옆패널(★)양만큼 뒤 옆패널 나간 지점에서 다트를 제도한다.✚

✚앞 옆 패널과 비례하여 자유롭게 이동해 준다.

다트 보정

앞A2 앞다트 끝 위치 변경

앞A1점을 옆선쪽으로 0.5cm 이동한 점.▲

앞B~앞B1 앞A 다트 중심선과 허리선이 교차되는 직각선

▲시각적으로 허리 부분이 날씬해 보이게 한다.

뒤A2 뒤다트 끝 위치 변경

뒤A1점을 옆선쪽으로 0.5cm 이동한 점.★

★시각적으로 허리 부분이 날씬해 보이게 한다.

뒤B~뒤B1 뒤A 다트 중심선과 허리선이 교차되는 직각선

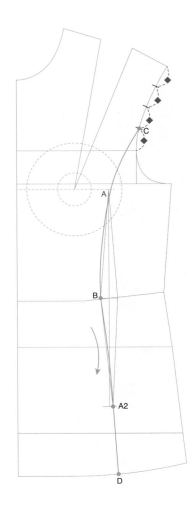
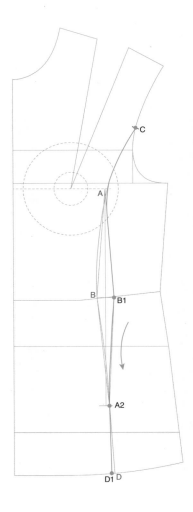

✚ 완성 시 시각적으로 보이는 라인이다.

앞판 디자인 라인 제도✚

C 암홀 라인 시작점

　　품점 위 암홀 라인의 1/4지점인 점.

　　(이 시작점도 위치에 구애받지 않고 원하는 디자인으로 그려도 된다.)

C~B 다트선을 활용하여 각 점을 자연스럽게 연결하여 제도한다.

B~A2 B에서 A2를 연결할 때, 배가 나온 형태의 자연스러운 곡선으로 제도한다.

▲ 인체의 앞부분에서 배가 나온 지점을 고려하여 제도한다.

A2~D 연결 할 때는 D지점이 뻗쳐 보이지 않게 제도한다.▲

★ 인체 형태를 고려하여 제도되어야하는 라인이다

앞판 보조 다트 라인 제도★

C~B1 각 점을 자연스러운 가슴 형태의 곡선으로 제도한다.

D1 D점에서 0.3~0.5cm 가량 나간 점.

B1~A2 B1에서 A2를 연결할 때, 배가 나온 형태의 자연스러운 곡선으로 제도한다.

A2~D1 연결 할 때는 D지점이 뻗쳐 보이지 않게 제도한다.

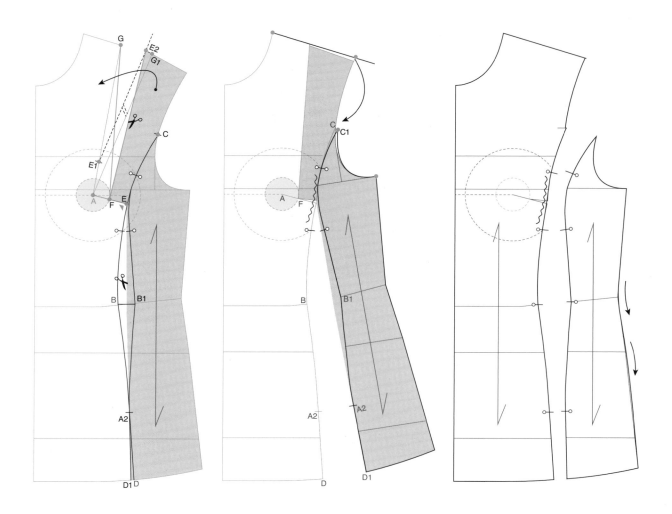

가슴존 너치 추가

가슴 다트를 M.P시키기전 가슴의 크기(가슴둘레 원)가 끝나는 위아래 부분에 너치를
표시해준다.

솔더 다트 보정

E A점 기준으로 (C~B)선상에서 직각으로 만나는 점.

　　새로운 다트량은 B.P점 A에서 E까지의 길이를 A에서 E1에 제도한다.

E1 A점 기준으로 기존 다트(G~A)선에서 A~E만큼 올라간 점.

E1~E2 E1에서 (A~G1)선의 평행하게 나간 선.

F (A~E)선에서 B.P존과 교차하는 점.

G~F~E2 새로운 가슴 다트

앞 가슴 다트 M.P 처리

(E2~F~E)선을 절개하여 F점을 기준으로 고정 후, 절개한 뒤, M.P 처리 한다.

솔더 다트를 M.P하면서 생긴 다트량은 이즈로 처리해준다.

어깨 경사도 유지

기존 어깨 경사도를 유지한 상태로 연장하여 제도한다.

(왜냐하면 어깨 경사도는 변함이 없어야 한다)

암홀선 보정

앞어깨선 아래 커진 암홀선의 양만큼 암홀 라인 부분의 암홀선에서 빼준다.

C1 몸판 패널 너치에서 C길이 만큼 옆(사이바) 패널 너치에서 나간 점.

새로운 암홀선 C1을 기준으로 옆 패널의 새로운 암홀 라인을 제도한다.

완성선 정리

옆선을 각지지 않게 자연스러운 곡선으로 제도한다.

몸판 패널의 이즈량 부분은 이즈를 처리하게 되면 볼륨이 생기면서 안으로 빨려 들어가게 된다. 이때 이즈 볼륨 때문에 들어가는 양만큼 약간 볼록하게 제도한다.

너치

가슴, 허리, 다트 끝점에 너치를 잡아준다.

뒤판의 패널 라인은 B.P존을 지나는 암홀 프린세스 라인과 동일한 방법으로 제도해준다.

B.P존에서 멀어져 가슴 다트가 있는 암홀 라인

B.P존에서 많이 멀어진 다트는 이즈량으로 처리할 수 없는 양이다.

따라서 디자인에 따라 어떻게 처리해야 할지 결정해야 한다.

저자는 가장 일반적이고 단순한 다트로 처리하는 방법으로 제도하였다.

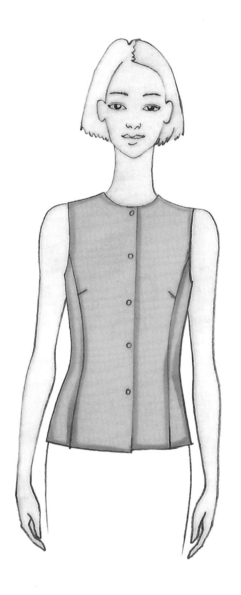

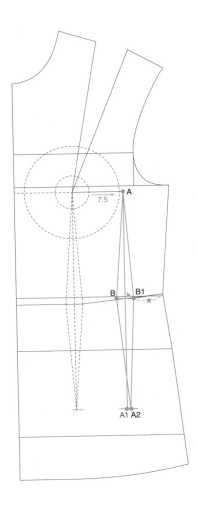

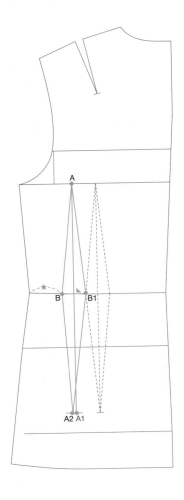

몸통원형 카피

디자인 라인을 제도하기 위해 3cm원형을 카피 제도한다.

앞다트 이동

앞A~앞A1 다트 중심을 옆선쪽으로 7.5cm 이동시켜 다트를 옮긴다.
(디자인에 따라 원하는 만큼 이동시켜도 된다.)

뒤다트 이동

뒤A~뒤A1 앞 사이드 패널(★)양만큼 뒤 사이드 패널 나가서 지점에서 다트를 제도한다.✚

✚ 앞 패널과 비례해서 디자인에 따라 원하는 만큼 이동해서 제도한다.

다트 보정

앞A2 앞다트 끝 위치 변경
앞A1점을 옆선쪽으로 0.5cm 이동한 점.▲

▲ 시각적으로 허리부분이 날씬해 보이게 보정한다.

앞B~앞B1 앞A다트중심선과 허리선이 교차되는 직각선.
뒤A2 뒤다트 끝 위치 변경
뒤A1점을 옆선쪽으로 0.5cm 이동한 점.★

★ 시각적으로 허리부분이 날씬해 보이게 보정한다.

뒤B~뒤B1 뒤A다트중심선과 허리선이 교차되는 직각선.

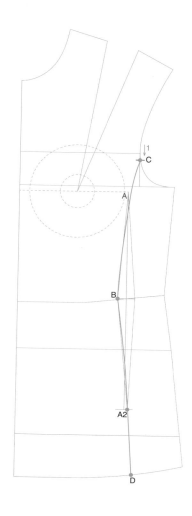
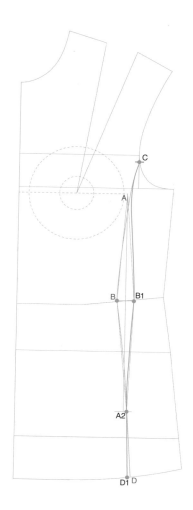

＋ 완성 시 시각적으로 보이는 라
인이다.

▲ 이 시작점도 위치에 구애받지
않고 원하는 디자인으로 그려도
된다.

★ 인체의 앞부분에서 배가 나온
지점을 고려하여 제도한다.

♣ 인체 형태를 고려하여 제도한
다.

앞판 디자인 라인 제도 ＋

C 암홀 프린세스 시작점

품점 아래로 1cm내려간 점.▲

C~B 다트선을 활용하여 각 점을 자연스럽게 연결하여 제도한다.

C~A2 C에서 A2를 연결할 때, 배가 나온 형태의 자연스러운 곡선으로 제도한다.

A2~D 연결 할 때는 D지점이 뻗쳐 보이지 않게 제도한다.★

앞판 보정 라인 제도 ♣

C~B1 각 점을 자연스러운 가슴 형태의 곡선으로 제도한다.

D1 D점에서 0.3~0.5cm 가량 나간 점.

C1~A2 B1에서 A2를 연결할 때, 배가 나온 형태의 자연스러운 곡선으로 제도한다.

A2~D1 연결 할 때는 D지점이 뻗쳐 보이지 않게 제도한다.

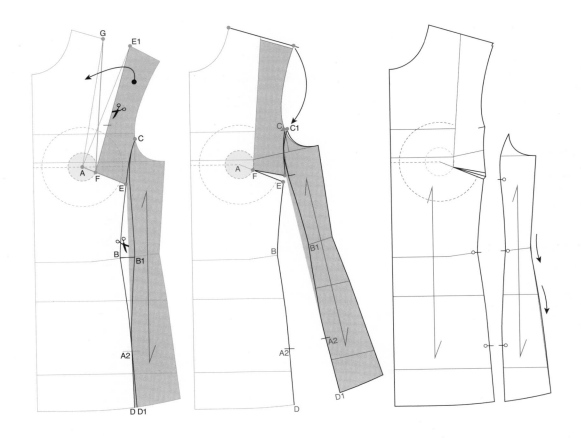

숄더 다트 보정

E A점 기준으로 (C~B)선상과 만나는 점을 제도한다.✚

F A~E선에서 B.P존과 교차하는 점.

G~F~E1 새로운 앞 숄더 다트

✚어깨선에서 다트를 닫으면 다트는 절개선 위로 생성되므로 그것을 감안하여 제도한다.

앞가슴 다트 M.P 처리

(E1~F~E)선을 절개하여 F점을 기준으로 고정 후, 절개한 뒤, M.P처리 한다.

어깨 경사도 유지

기존 어깨 경사도를 유지한 상태로 연장하여 제도한다.

암홀선 보정

앞어깨선에서 커진 암홀선의 양만큼 암홀 프린세스 라인 부분의 암홀선에서 빼준다.

C1 몸판 패널 (E~C)선 길이 만큼 옆(사이바) 패널 너치에서 나간 점.

새로운 암홀선 C1을 기준으로 옆 패널의 새로운 암홀라인을 제도한다.

완성선 정리

옆선을 각지지 않게 자연스러운 곡선으로 제도한다.

너치

가슴선, 허리, 다트 끝점에 너치를 잡아준다.

가슴밑 다트가 있는 암홀 라인

가슴 밑 다트가 있는 패널 라인은 포멀하고 슬림한 여성 재킷에 널리 사용되는 라인이다.
가슴 아래에 다트가 들어가면 보다 입체적으로 가슴의 형태를 표현할 수 있으며, 다트를 보다 효율적으로 분산 처리할 수 있다.

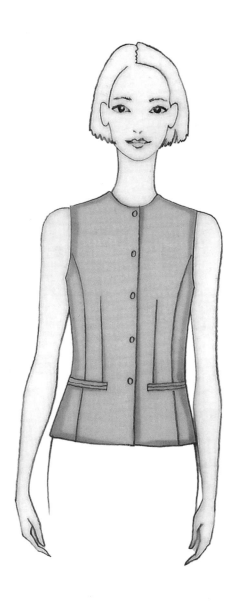

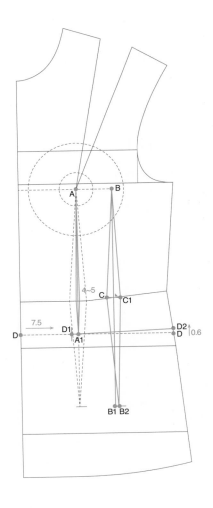

몸통원형 카피

디자인 라인을 제도하기 위해 3cm원형을 카피 제도한다.

가슴밑 다트 분할

가슴 밑 다트를 제도하기 전에 디자인에 따라 주머니 위치를 먼저 정하는 것이 좋다.
왜냐하면 주머니 가로선을 따라 절개가 되어 주머니가 만들어지고 가슴 및 다트가 끝
나는 점이 필요하기 때문이다.

앞주머니 입구 위치 선정

D선 앞주머니 위치 선정

　　허리선에서 5cm가량 내려온 선을 기준으로 주머니 위치를 잡아준다.✚

D1 앞주머니 시작점

　　앞중심에서 7.5cm 안으로 들어온 점.▲

D2 D선 옆선에서 0.6cm가량 올라간 점.★

D1~D2 앞주머니 입구 위치 가이드선

✚ 주머니의 위치는 옷의 기장 및
디자인에 따라 밸런스 맞게 정해
주면 된다.
▲ 가장 기본적인 위치이고 디자인
을 고려하여 제도한다.
★ 솔기선쪽을 좀 더 올려서 제도
하는 것은 옷을 만들었을 때 여유
량에 따라 암홀 아래 부분의 솔기
선이 아래로 처지기 때문에 입었
을 때 수평이 되도록 하기 위함이
다.

A1 새로운 다트 끝점

D1~D2선과 A다트 중심선이 교차하는 점.

A다트끝을 A1으로 옮기고 기존 다트량에서 0.5cm다트로 새로 제도한다.

B~B1 새로운 다트

허리선에서 기준 가슴 밑 다트에서 옆 솔기선 쪽으로 4~5cm(디자인에 따라 간격을 정함.) 이동시켜 0.5cm 뺀 2cm 다트로 새로 제도한다.

B2 새로운 다트 끝점

B1점에서 0.5cm 옆선쪽으로 이동한 점.

허리선을 강조하기 위해 다트끝을 솔기선쪽으로 이동한다.

C~C1 B다트 중심선과 허리선이 교차되는 직각선

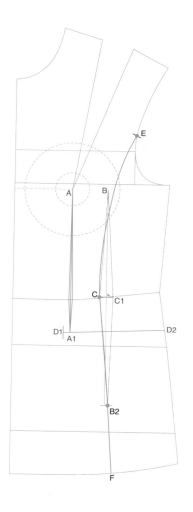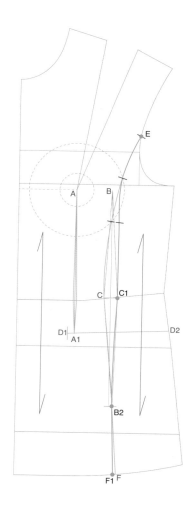

앞판 디자인 라인 제도✚

✚완성 시 시각적으로 보이는 라인이다.

E 암홀 라인 시작점

앞암홀선 1/4 지점에서 아래로 1cm내려간 점.

(이 시작점도 위치에 구애받지 않고 원하는 디자인으로 그려도 된다.)

E~C 다트선을 활용하여 각 점을 자연스럽게 연결하여 제도한다.

C~B2 C에서 B2를 연결할 때, 배가 나온 형태의 자연스러운 곡선으로 제도한다.

B2~F 연결 할 때는 D지점이 뻗쳐 보이지 않게 제도한다.✢

✢인체의 앞부분에서 배가 나온 지
점을 고려하여 제도해 줘야 한다.

▲ 인체 형태를 고려하여 제도한
다.
★ B.P점에서 멀어지기 때문에 가
슴형태와 상관없이 자연스러운 라
인으로 제도한다.

앞판 보정 라인 제도▲

E~C1 각 점을 자연스러운 곡선으로 제도한다.★

F1 F점에서 0.3~0.5cm 가량 들어온 점.

C1~B2 C1에서 B2를 연결할 때, 배가 나온 형태의 자연스러운 곡선으로 제도한다.

B2~F1 연결 할 때는 D지점이 뻗쳐 보이지 않게 제도한다.

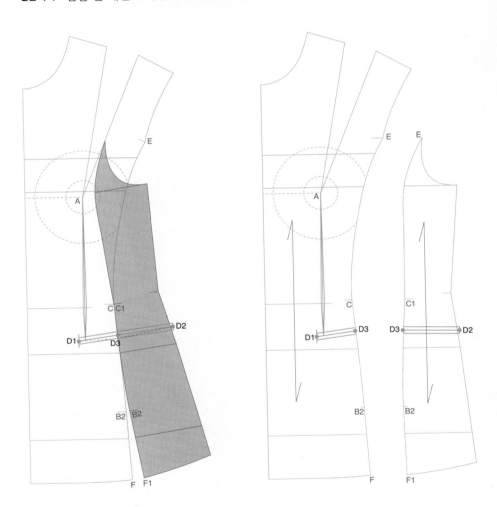

D~D2 주머니 입구 선 보정

　　처음 제도할 때 다트 관계없이 제도했기 때문에, 허리선 아래 부분을 커팅하고 주
머니 부분을 맞붙인 (D1~D2)을 직선으로 다시 연결하여 제도한다.

D3 주머니선 위치에서 몸판과 사이드 패널이 만나는 점.

몸판 주머니선 절개

주머니선 D3에서 주머니 입구 가이드선 제도 후, 각 패널을 절개한다.

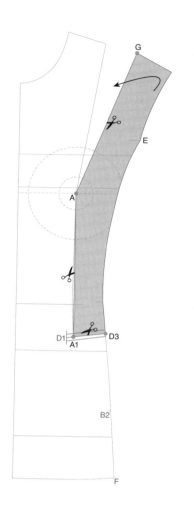
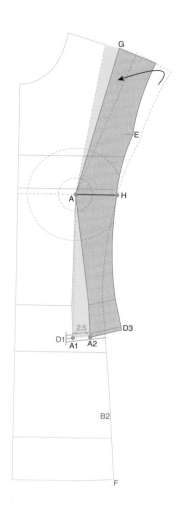

몸판 주머니선과 가슴 밑 다트 절개

주머니선 D3에서 A1까지 절개하고 가슴 밑 다트도 절개한다.

1차 앞 숄더 다트 M.P

숄더 부분에서 가슴 다트를 B.P점을 기점으로 분산 처리한다.

G~A~A1~D3 각 선를 B.P기준으로 고정 후, 어깨선에서 다트를 닫아준다.

A1~A2 A1에서 가슴다트를 2.5cm~3cm가량의 다트를 잡아준다. 다트량을 너무
많이 잡으면 가슴이 돌출되므로 재킷 등의 다트량은 적당량을 처리해 주는 것이
좋다.

A~H B.P연장선

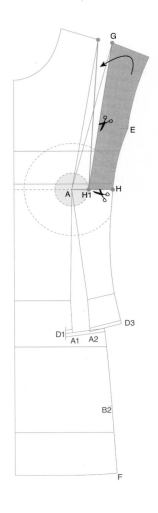
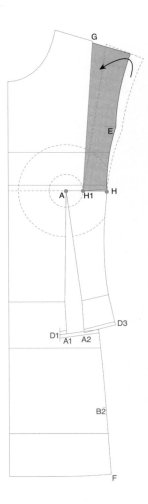

2차 앞 숄더다트 M.P

어깨선에 남아 있는 나머지 가슴 다트를 M.P시킨다.

H1 새로운 가슴 다트 끝점

앞서 B.P존에서 벗어난 프린세스 라인에서 제도했던 것처럼 나머지 다트양을 처리해준다.

(A~H)선과 B.P존과 교차되는 점.

남은 가슴 다트의 끝점을 H1점으로 옮겨준다.

G~H1~H H1기준으로 고정 후, 각 선을 절개한다.

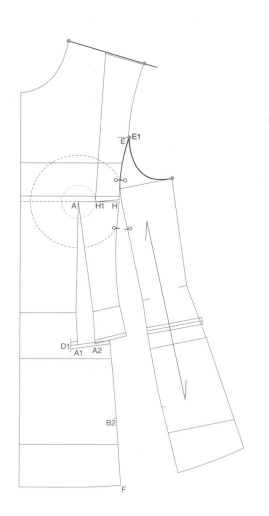

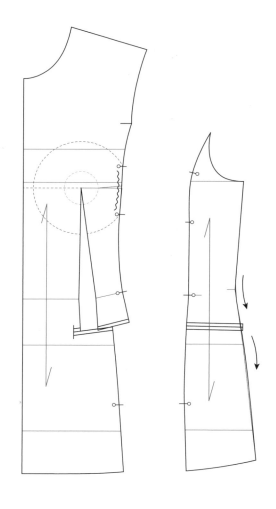

어깨 경사도 유지

기존 어깨 경사도를 유지한 상태로 연장하여 제도한다.

암홀선 보정

앞어깨선에서 커진 암홀선의 양만큼 암홀 라인 부분의 암홀선에서 빼준다.

E1 몸판 패널 (E~C)선 길이 만큼 옆(사이바) 패널 너치에서 나간 점.

새로운 암홀선 C1을 기준으로 옆 패널의 새로운 암홀라인을 제도한다.

완성선 정리

B.P존에서 벗어난 패널 라인에서처럼 옆선이 각지지 않게 자연스러운 곡선으로 제도한다.

너치

가슴선, 허리, 다트끝점에 너치를 잡아준다.

앞·뒤 솔기선 한 장 패널 라인 (통사이바)

여성복 재킷 라인의 경우, 일반적으로 앞판과 뒤판 그리고 앞판과 뒤판의 사이드 패턴이 각각 나뉘어 총 4패널로 만들어진다. 반면 남성복 재킷은 전형적으로 앞판과 뒤판 그리고 앞·뒤 사이드 패턴에서 옆 솔기선이 절개선 없이 연결되어 총 3패널로 이루어져 있다. 허리를 강조하는 여성스런 라인을 원하는 경우엔 4개 패널 이상인 것이 좋다. 그러나 3패널로 이루어진 스타일은 남성복처럼 허리선 여유가 넉넉한 매니쉬한 실루엣의 디자인에 적합한 라인이다.

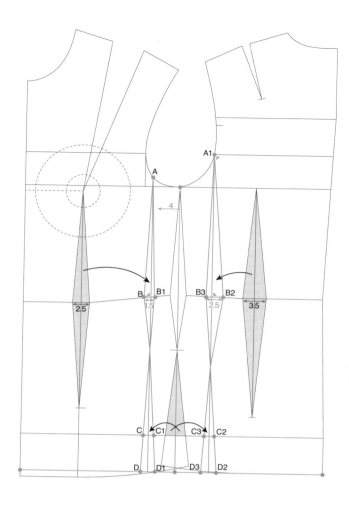

몸통원형 카피

디자인 라인을 제도하기 위해 3cm원형을 복사하여 앞뒤 솔기선을 붙여서 제도한다.

앞다트 분할 이동

A선 옆선에서 약 4cm 이동시켜 다트의 중심선을 옮긴다.

앞다트를 이동하면서 앞다트(2.5cm) - 1cm = 1.5cm만큼 새로운 다트량으로 제도한다.

B A선에서 새로운 다트량(1.5cm)의 2/3의 만큼 들어온 점.

B1 A선에서 새로운 다트량(1.5cm)의 1/3의 만큼 나간 점.

C A선에서 엉덩이 다트량(1.5cm)의 1/2의 만큼 들어온 점.

C1 A선에서 엉덩이 다트량(1.5cm)의 1/2의 만큼 나간 점.

뒤다트 분할 이동

A1선 뒤품점의 수직선을 다트의 중심선으로 활용한다.

뒤 다트을 이동하면서 뒤다트(3.5cm) - 1cm = 2.5cm만큼 새로운 다트량으로 제도한다.

B2 A1선에서 새로운 다트량(2.5cm)의 2/3의 만큼 들어온 점.

B3 A1선에서 새로운 다트량(2.5cm)의 1/3의 만큼 나간 점.

C2 A1선에서 엉덩이 다트량(1.5cm)의 1/2의 만큼 들어온 점.

C3 A1선에서 엉덩이 다트량(1.5cm)의 1/2의 만큼 나간 점.

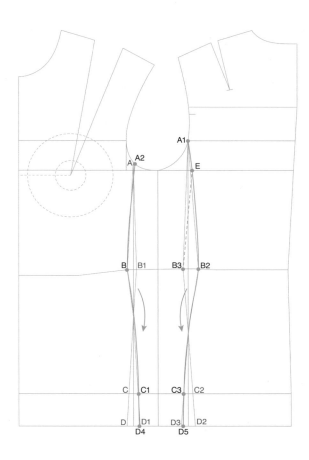 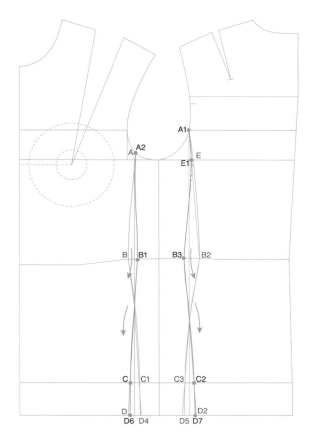

앞판 디자인 라인 제도✚

A2 B점에서 A지점으로 제도 할 때, 자연스러운 디자인선이 암홀선과 만나는 점.

B~C1 B에서 C1을 연결할 때, 배가 나온 형태의 자연스러운 곡선으로 제도한다.

C1~D4 각 점을 연결 할 때는 D4지점이 뻗쳐 보이지 않게 제도한다.▲

✚완성 시 시각적으로 보이는 라인이다.

▲인체의 앞부분에서 배가 나온 지점을 고려하여 제도해 줘야 한다.

뒤판 디자인 라인 제도

A1~B2 각 점을 연결할 때, 자연스러운 곡선으로 제도한다.

B2~C3 B2에서 C3을 연결할 때, 배가 나온 형태의 자연스러운 곡선으로 제도한다.

C3~D5 각 점을 연결 할 때는 D5지점이 뻗쳐 보이지 않게 제도한다.

앞판 보정 라인 제도

A2~B1~C B1에서 C을 연결할 때, 배가 나온 형태의 자연스러운 곡선으로 제도한다.

C~D6 각 점을 연결 할 때는 D6지점이 뻗쳐 보이지 않게 제도한다.

뒤판 보정 라인 제도

E   A1~B2선과 가슴둘레선이 교차되는 점.

E1   E점에서 0.5cm 가량 나간 점.

A1~E1~B3   각 점을 연결할 때 자연스러운 곡선으로 제도한다.

B3~C2   B3에서 C2을 연결할 때, 배가 나온 형태의 자연스러운 곡선으로 제도한다.

C2~D7   각 점을 연결 할 때는 D7지점이 뻗쳐 보이지 않게 제도한다.

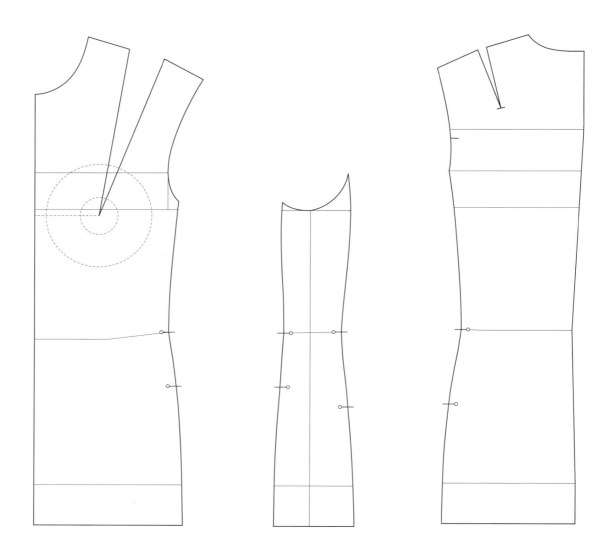

완성선 정리

각 선들이 각지지 않게 제도 해준다.

너치

가슴선, 허리선 등의 너치를 잡아준다.

3패널 숄더 프린세스 라인

앞판과 뒤판 그리고 앞·뒤 사이드 솔기선이 한 장으로 연결되어 3패널로 되어있는 디자인이다. 허리선에 여유량이 많은 3패널이지만 실루엣이 다른 3패널 숄더 프린세스 라인은 여유가 있는 실루엣인데도 불구하고 여성의 상징인 가슴 곡선 라인을 강조하는 라인이다.

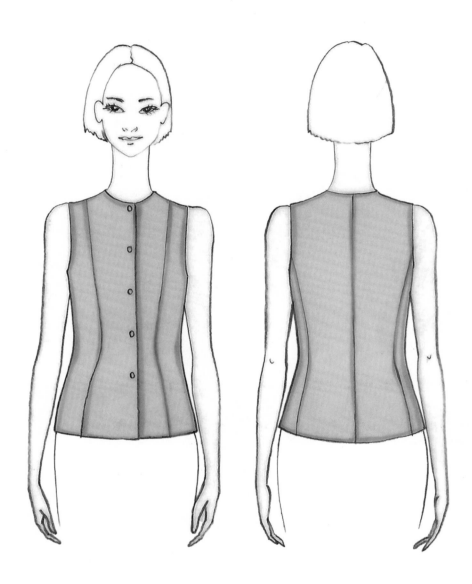

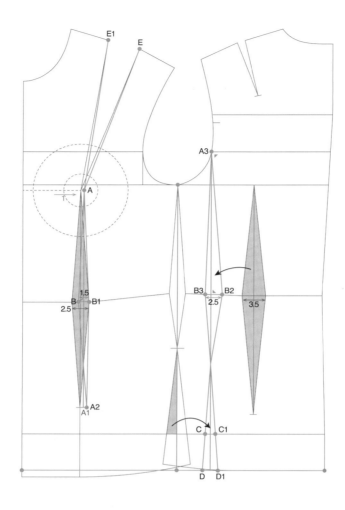

몸통원형 카피

디자인 라인을 제도하기 위해 3cm원형을 복사하여 앞뒤 솔기선을 붙여서 제도한다.

앞다트 분할 이동

A선 기존 다트 중심선에서 1cm 이동시켜 새로운 다트 중심선을 옮긴다.

　　앞다트를 이동하면서 앞다트(2.5cm) -1cm =1.5cm만큼 새로운 다트량으로 제도한다.

B A선에서 새로운 다트량(1.5cm)의 1/2의 만큼 들어온 점.

B1 A선에서 새로운 다트량(1.5cm)의 1/2의 만큼 나간 점.

뒤다트 분할 이동

A3선 뒤품점의 수직선을 다트의 중심선으로 활용한다.

　　뒤 다트을 이동하면서 뒤다트(3.5cm) -1cm =2.5cm만큼 새로운 다트량으로 제도한다.

B2 A3선에서 새로운 다트량(2.5cm)의 2/3의 만큼 들어온 점.

B3 A3선에서 새로운 다트량(2.5cm)의 1/3의 만큼 나간 점.

C2 A3선에서 엉덩이 다트량(1.5cm)의 1/2의 만큼 들어온 점.

C3 A3선에서 엉덩이 다트량(1.5cm)의 1/2의 만큼 나간 점.

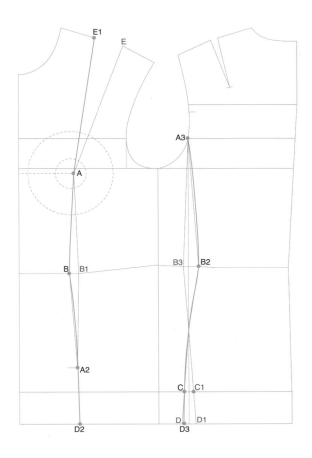 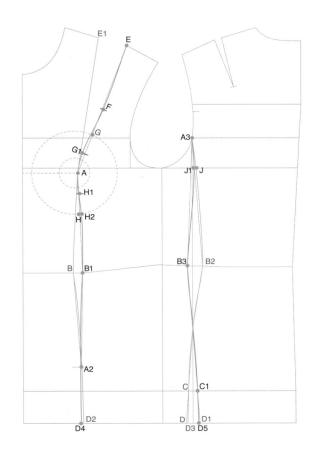

✚완성 시 시각적으로 보이는 라인이다.

▲인체의 앞부분에서 배가 나온 지점을 고려하여 제도한다.

앞판 디자인 라인 제도✚

E1~A~B 각 점을 각지지 않게 자연스러운 곡선으로 제도한다.

B~A2 B에서 C1을 연결할 때, 배가 나온 형태의 자연스러운 곡선으로 제도한다.

A2~D2 각 점을 연결 할 때는 D2지점이 뻗쳐 보이지 않게 제도한다.▲

뒤판 디자인 라인 제도

A3~B2 각 점을 연결할 때, 자연스러운 곡선으로 제도한다.

B2~C B2에서 C을 연결할 때, 배가 나온 형태의 자연스러운 곡선으로 제도한다.

C~D3 각 점을 연결 할 때는 D3지점이 뻗쳐 보이지 않게 제도한다.

앞판 보정 라인 제도✚

F (A~E)선의 이등분 점에서 0.3cm가량 안으로 들어온 점.▲

G (A~E)선에서 가슴존과 교차되는 점.

G1 (A~G)선의 이등분 점에서 0.3cm가량 나간 점.

H (A~B1)선에서 가슴존과 교차되는 점.

H1 (A~H)선의 이등분 점에서 0.2~0.3cm가량 나간 점.

H2 H점 0.3~0.5cm가량 나간 점.

E~F~G1~A~H1~H2 각 점을 연결할 때 가슴 형태의 곡선으로 자연스럽게 제도한다.

D4 D2점에서 0.3~0.5cm 가량 나간 점.

B1~A2~D4 B1에서 A2를 연결할 때, 배가 나온 형태의 자연스러운 곡선으로 제도한다.

A2~D4 연결 할 때는 D4지점이 뻗쳐 보이지 않게 제도한다.

뒤판 보정 라인 제도

J A3~B3선과 가슴둘레선이 교차되는 점.

J1 J점에서 0.3~0.5cm가량 나간 점.

A3~J1~B3 각 점을 연결할 때 자연스러운 곡선으로 제도한다.

B3~C1 B3에서 C1을 연결할 때, 배가 나온 형태의 자연스러운 곡선으로 제도한다.

C1~D5 각 점을 연결 할 때는 D5지점이 뻗쳐 보이지 않게 제도한다.

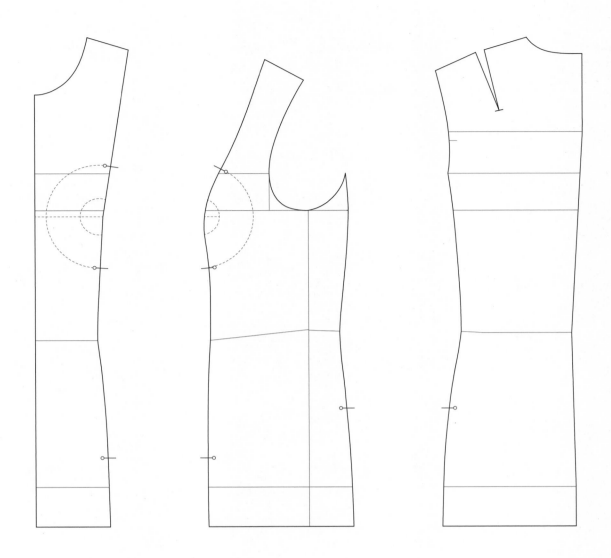

완성선 정리
각 선들이 각지지 않게 제도한다.

너치
가슴선, 허리 등의 너치를 잡아준다.

무다트 몸통원형과 소매원형 가이드

제6부에서는 다트 원형이 어떻게 무다트 원형이 되었는지 그 과정을 이해해야 한다. 그 과정을 이해해야 무다트 원형이 다트 원형과 다르지 않다는 것을 알 수 있다. 무다트 원형의 경우 대부분 박시한 스타일의 디자인을 제도할 경우에 사용한다. 박시한 스타일의 디자인을 제도할 때 일어나는 현상을 예측할 수 있으면 디자인을 구현할 때 미리 보정할 수 있다.

여러 가지 측면에서 보정이 필요하지만 크게 세 가지 측면에서 미리 보정할 수도 있다. 첫째, 어깨선을 앞쪽으로 넘겨준다. 둘째, 솔기선과 앞뒤품도 여유량에 비례해서 뒤쪽을 앞쪽보다 더 크게 제도한다. 셋째, 뒤중심 부위가 들리는 것처럼 보이게 되므로 뒤 진동길이를 늘려준다. 특히 무다트에 여유량이 많은 박시한 디자인의 경우 구조적으로 옷이 무너져 내려 앞·뒤중심으로 모이는 된다. 따라서 디자인 구현시 이런 현상을 어떻게 보완할지 깊이 있는 연구가 필요하다.

허리선 다트의 경우 실루엣에 따라 다트를 잡을 수도 있고 잡지 않을 수도 있지만 다트를 잡는 경우엔 앞허리와 뒤허리의 사이즈 밸런스를 유지해 제도해야 한다. 무다트 소매원형의 경우 다트 원형 소매와 다른 점은 소매 품점 위치에서 소매 품의 여유량이 더 커지는 것이 가장 큰 차이이고 그 외 소매의 구성은 다르지 않다.

01

상의류
무다트 몸통원형 패턴

무다트 몸통(torso)원형의 이해

무다트 몸통원형이라고 하면 몸판에 다트가 없다고 생각하지만 그렇지 않다. 무다트 원형은 박시한 스타일의 디자인을 구현하기에 편리하도록 가슴 다트를 미리 분산하여 이동시켜 놓은 원형이다. 따라서 무다트 원형을 활용하여 디자인을 구현할 때는 항상 숨겨진 가슴 다트를 어떻게 처리할지 고려하여 제도해야 한다. 왜냐하면 여성의 가슴 때문에 생기는 가슴 다트는 어떤 유형의 옷을 입더라도 항상 가슴의 영향을 받기 때문에 몸통원형의 가슴 다트가 사라지는 것은 아니다. 이해를 돕기 위해 몸통 다트 원형을 가지고 어떻게 다트를 분산 처리하여 무다트 원형으로 만들었는지 정리하였다. 여기서 중요한 점은 어디에 얼마만큼의 가슴 다트를 숨겨 놓았는지를 이해하는 것이다.

가슴 다트 암홀로 숨김

앞에서 제도한 여유량 6cm 다트 원형을 활용하여 무다트 원형으로 제도하고자 한다. 가슴 다트를 암홀로 숨긴 무다트 원형은 가슴 다트를 목쪽으로 조금 분산시키고 나머지는 암홀 쪽으로 분산하여 숨긴 원형이라고 할 수 있다.

[제도 1]은 6cm 다트 원형에서 다트를 분산할 목적으로 옆목쪽과 암홀 쪽에 절개 가이드 라인을 제도한다. 이때 암홀 절개 가이드 라인은 품점을 기점으로 제도한다. 옆 솔기선 허리선 다트는 진동 솔기선과 엉덩이둘레선 각 끝점을 직선으로 연결하여 제도하고, 가슴 밑 허리 다트는 생략한다.

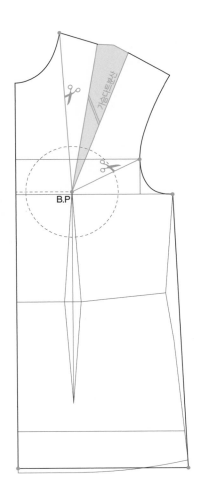 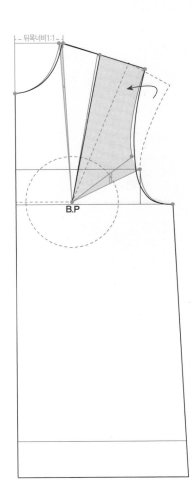 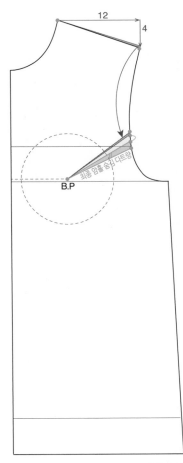

[제도 1]

이해를 돕기 위한 [제도 1]의 과정은 다음과 같다.

① 가슴 다트를 옆목 쪽으로 0.4cm가량 분산 처리하여 앞목너비와 뒤목너비를 같게 제도해 준다. 남은 가슴 다트는 암홀 쪽으로 다 이동시킨다.

② 앞어깨 경사도에서 0.3cm가량 내려준다. 그리고 그 양만큼 암홀 쪽으로 보낸 가슴 다트량에서 빼준다. 이렇게 처리한 최종 어깨 경사는 옆목에서 12cm 나가서 4cm로 무다트 원형의 어깨 경사도가 된다.

③ 여유량이 많은 박시한 스타일은 암홀 쪽으로 여유가 더 있어도 되기 때문에 암홀 쪽 가슴 다트량에 0.5cm 정도 여유량을 준다.

④ 여기서 남은 암홀 쪽 다트량이 무다트 몸통원형의 최종 숨김 가슴 다트량이다. 이 숨김 가슴 다트는 디자인에 따라 언제든 활용하여 제도할 수 있어야 한다.

⑤ 가슴 다트를 암홀 쪽으로 보내면 품점 기준으로 기존 암홀선이 1cm가량 벌어지게 된다. 이때 벌어진 두 암홀선의 중간 정도를 지나도록 새로운 암홀선을 제도한다. 이로 인해 기존 원형의 앞품보다 0.5cm가량 커지게 된다. 따라서 무다트 원형의 앞품 공식은 [가슴둘레 2/5 - 1cm]으로 새롭게 정리된다.

가슴 다트 앞목으로 숨김

가슴 다트를 앞목 쪽으로 숨긴 무다트 원형은 가슴 다트를 앞목 쪽으로 최대한 분산하고 남은 다트를 다시 암홀 쪽으로 분산시킨 무다트 원형이다. 위 제도와 같이 6cm 가슴 다트 원형을 활용하여 옆 솔기선 허리 다트와 가슴 밑 허리 다트를 없애는 것은 동일하다.

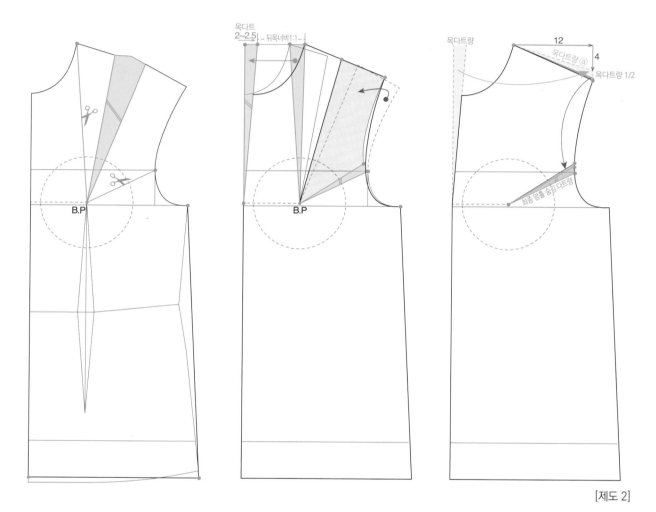

[제도 2]

이해를 돕기 위한 [제도 2]의 과정은 다음과 같다.

① 가슴 다트를 앞목 쪽으로 2cm가량 분산한 뒤 남은 가슴 다트는 암홀 쪽으로 옮겨 준다. 이때 암홀 절개선이 품점 아래로 내려오지 않도록 한다.

② 이 때 중요한 점은 앞목 쪽에 목 다트를 처리하게 되면 반드시 앞목 다트의 1/2양을 어깨 경사도에서 처리해 주어야 한다는 것이다. 그렇게 제도해야 옆목점이 제 자리로 돌아오면서 원래의 어깨 경사도를 유지하게 된다. 따라서 원래 경사도에서 앞목 다트의 1/2양을 내린 뒤, 위 [제도 1]과 같이 0.3cm가량 더 내려준다. 그리고 0.3cm만큼 암홀 쪽으로 보낸 가슴 다트량에서 빼준다.

③ 여유량이 많은 박시한 스타일은 암홀 쪽으로 여유가 더 있어도 되기 때문에 암홀 쪽 가슴 다트량에 0.5cm 정도 여유량을 준다.

④ 여기서 남은 암홀 쪽 다트량이 무다트 몸통원형의 최종 숨김 가슴 다트량이다. 이
  숨김 가슴 다트는 디자인에 따라 언제든 활용하여 제도 할 수 있어야 한다.

⑤ 가슴 다트를 암홀 쪽으로 보내면 품점 기준으로 기존 암홀선이 1cm가량 벌어지게
  된다. 이때 벌어진 두 암홀선의 중간 정도를 지나도록 새로운 암홀선을 제도한다.
  이로 인해 기존 원형의 앞품보다 0.5cm가량 커지게 된다. 따라서 무다트 원형의
  앞품 공식은 [가슴둘레 2/5 − 1cm]로 새롭게 정리된다.

뒤판 어깨 다트의 분할

6cm 다트 원형에서 견갑골 다트를 이동할 암홀 쪽으로 절개 가이드 라인을 제도한다.
이해를 돕기 위한 [제도 3]의 과정은 다음과 같다.

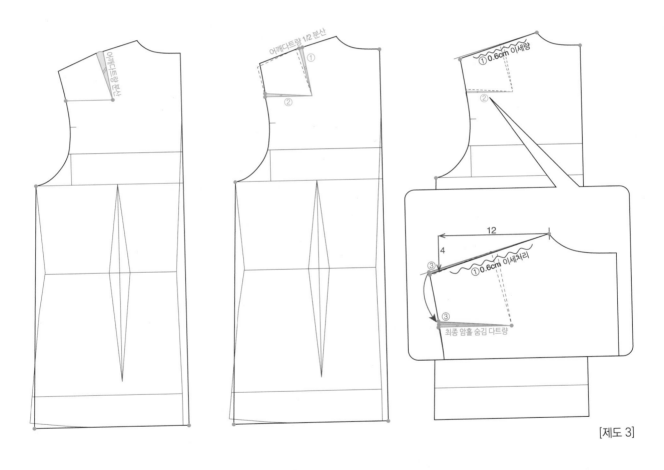

[제도 3]

6cm 가슴 다트 뒤 원형을 활용하여 뒤중심 다트를 곬로 작업하기 위해 각 끝점을 직
선으로 연결하여 제도한다. 여기서 뒤중심이 곬이므로 엉덩이둘레선 기준으로 뒤중
심 쪽에 있었던 다트량 1cm를 옆 솔기선에서 줄여서 직선으로 제도한다. 가슴 밑 허
리 다트는 생략한다.

① 견갑골 다트 1.2cm 중에서 절반인 0.6cm는 암홀 쪽으로 분산시키고, 남은 0.6cm는 이즈로 처리한다.

② 암홀 쪽으로 보낸 견갑골 다트 0.6cm의 절반인 0.3cm가량을 어깨 경사도에서 처리한다.

③ 이렇게 처리한 최종 뒤판의 어깨 경사는 옆목에서 12cm 나가서 4cm로 무다트 원형의 어깨 경사도가 된다.

어깨 견갑골 다트 역시 암홀 쪽에 총 0.3cm가량 숨어 있어 디자인에 따라 효율적으로 활용할 수 있다.

암홀 숨김 무다트 원형

암홀 숨김 무다트 원형은 앞판의 중심이 곬인 네크라인 디자인이나 스트라이프 원단처럼 앞 중심선이 수직선인 디자인에 활용하기에 적합한 원형이다. 박시한 스타일의 원형으로 여유량은 디자인에 따라 원하는 만큼 주어 제도하면 된다. 그러나 여유량이 커지면서 생겨나는 현상들을 정확히 파악하여 미리 보정 하는 등 예측 가능한 패턴을 제작하는 것이 중요하다.

단위 : cm

신장	가슴둘레	젖가슴둘레	어깨	허리둘레	엉덩이둘레	여유분
160	41	42.5	뒤품선에서 +1~1.5내외	33.5	45.5	6

기초 라인 제도

길이 분할

A 뒤 목의 위치. A를 기준으로 길이 분할을 시작한다.

A~B 진동길이✚

(신장 1/16) + (가슴둘레 ÷ 4.1) + (여유량 2/5 + 0.1) = 22.5cm

A~C 등길이

(신장 1/8) × 2 - 2cm =38cm

A~D 엉덩이길이

(신장 1/8) × 3 - 1cm =59cm

A~E 몸통길이

(신장 1/8) × 3.2 + 0.5cm = 64.5cm

A~A1 옆목점길이

(가슴둘레 ÷ 20) + 0.3 = 2.4cm

✚진동길이의 여유량은 등품의 여유분보다 같거나 조금 크게 제도해준다.

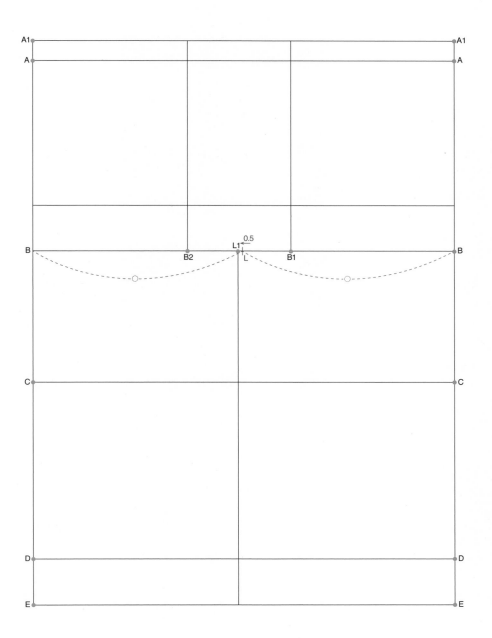

둘레 분할

뒤B~앞B 전체둘레

젖가슴둘레 + 여유량 = 48.5cm

뒤B~B1 뒤품

(가슴둘레 × 2/5) + (여유량 2/5) = 18.8cm

앞B~B2 앞품

(가슴둘레 × 2/5 − 1) + (여유량 2/5) = 17.8cm

L 솔기선 분할 가이드

(앞B~뒤B)선의 이등분 점.

L1 솔기선 분할

L점에서 앞쪽으로 0.5cm 나간 점.

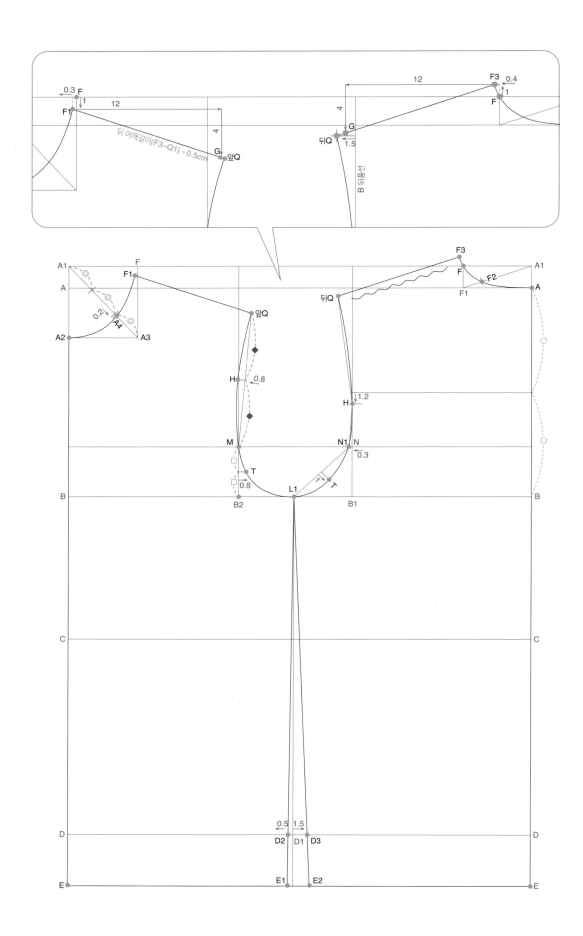

뒤판 제도

F 뒤목너비

A1에서 (가슴둘레 ÷ 10) + 3.1 = 7.2cm 나간 점.

F2 뒤목둘레선 가이드 점

(F1~A1)선상의 F1점에서 (가슴둘레 ÷ 20 = 2cm)만큼 나간 점.

F3 어깨선 넘기기

F에서 1cm 올린 후, 0.4cm 나간 점.

무다트 원형이라고 해서 반드시 어깨선을 앞쪽으로 넘겨주어야 하는 건 아니다. 그러나 박시한 원형의 경우 어깨선을 앞쪽으로 넘겨 놓고 제도하는 것이 디자인을 활용하기에 보다 더 용이한 측면이 있어 원형 상태에서 앞쪽으로 넘겨서 제도했다. 원형은 넘기지 않고 제도하고 디자인을 활용하면서 원하는 양만큼 넘겨주어도 된다.

F3~F~F2~A 뒤목둘레 완성선

각 점을 자연스러운 곡선으로 연결하여 뒤 목둘레선을 제도한다.

뒤어깨 가이드선

G 뒤어깨의 경사 기울기

F3에서 12cm나가고 4cm 내린 점.

뒤Q 뒤어깨너비

뒤품선(B1)을 기준으로 약 1.5cm 나간 점과 (F3~G)연장선이 교차하는 점.

뒤암홀 가이드 점

H 진동(A~B)선의 이등분 점에서 1.2cm가량 내려온 점.

N B1에서 진동(A~B)선 ÷ 4.2만큼 올라간 점.

N1 뒤품점

N에서 0.3cm✚ 나간 점.

✚여유량이 클수록 비례해서 좀더 나간다.

뒤암홀 완성선

T (N1~ L1)선의 이등분 점에서 직각으로 1cm 들어간 점

뒤Q~H~N1~T~L1 뒤암홀 완성선

각 점을 자연스러운 곡선으로 연결하여 뒤암홀선을 제도한다.

A~E 뒤중심

E~E1 뒤 밑단선

뒤 솔기 완성선

D1 L1점의 수직선과 엉덩이선(D)선이 교차하는 점.

D2 D1에서 0.5cm 나간 점.▲

E1 (L1~D2)연장선과 몸통길이선(E)과 교차하는 점.

L1~D2~E1 뒤 솔기선

▲ 뒤중심이 골선일 경우, 엉덩이선(D)에 앞판보다 뒤판이 1cm 더 여유량이 있다. 따라서솔기선 기준 앞판보다 적게 나가야 한다.

앞판 제도

A1 앞판 패턴의 시작점이고, 가로 수평선은 앞옆목점길이이다.

A1~F 앞목너비

＋뒤목너비와 같은 너비로 제도한다.

A1에서 (가슴둘레 ÷ 10) + 3.1 = 7.2cm 나간 점.＋

A2 앞목깊이

A1에서 앞목너비(A1~F1) + 0.5cm 내려온 점.

F1 어깨선 넘기기

F에서 1cm 내린 후, 0.3cm 나간 점.

A4 앞목둘레 가이드 점

(A1~A3)선의 1/3점에서 0.2cm 들어온 점.

F1~A4~A2 앞목둘레 완성선

각 점을 자연스러운 곡선으로 연결하여 앞목둘레선을 제도한다.

앞어깨

G 앞어깨 경사 기울기

F1에서 12cm나가고 4cm 내린 점.

앞Q 앞어깨너비

(F1~G)연장선에서 뒤어깨 길이(F3~뒤Q1) - 0.6cm(뒤어깨 이즈량)만큼 나간 점.

앞암홀 완성선

M 앞품점

▲뒤품점과 같은 위치

B2에서 진동(A~B)선 ÷ 4.2만큼 올라간 점.▲

H (앞Q~M)의 이등분 점에서 0.5~0.8cm가량 직각으로 들어간 점.

T (M~B2)의 이등분 점에서 0.8cm 나간 점.

앞Q~H~M~T~L1 앞암홀 완성선

각점을 자연스러운 곡선으로 연결하여 제도한다.

앞 솔기 완성선

D3 D1에서 1.5cm 나간 점.

E2 (L1~D3)선의 연장선과 몸통길이선(e)선이 교차하는 점.

L1~D3~E2 앞 옆 솔기선

앞목 숨김 무다트 원형

앞목 숨김 무다트 원형은 박시한 스타일의 디자인을 구현하기에 매우 용이한 원형이다. 여유량이 많은 박시한 스타일의 경우 솔기선 쪽의 여유량이 무너져 앞·뒤중심으로 쏠리게 된다.

이때 앞판의 경우, 앞목 다트가 그것은 보완해 주는 역할을 한다. 반면 뒤판의 경우, 뒤중심이 곬일 경우, 그것을 디자인으로 활용하는 때도 있고, 곬이 아닌 뒤중심에 선이 들어가는 경우엔 뒤중심으로 고이는 양을 절개해서 없애 주는 방법도 있다.

단위 : cm

신장	가슴둘레	젖가슴둘레	어깨	허리둘레	엉덩이둘레	여유분
160	41	42.5	뒤품선에서 +1~1.5내외	33.5	45.5	8

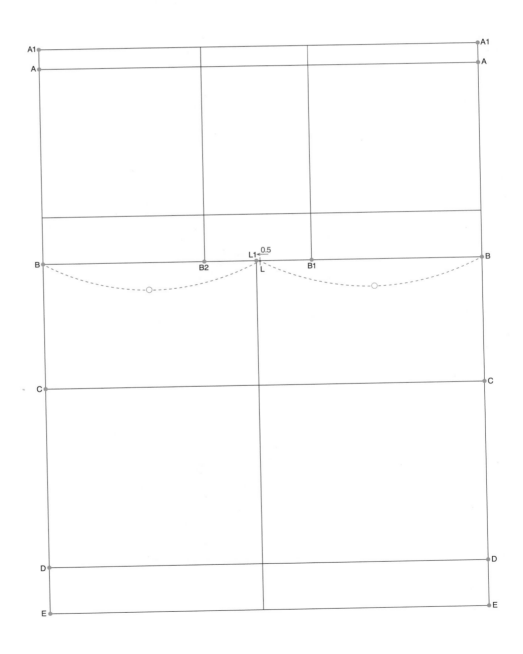

길이 분할

A 뒤목의 위치. A를 기준으로 길이 분할을 시작한다.

A~B 진동길이

(신장 1/16) + (가슴둘레 ÷ 4.1) + (여유량 2/5 + 0.1) = 23.3cm✛

A~C 등길이

(신장 1/8) × 2 - 2cm = 38cm

A~D 엉덩이길이

(신장 1/8) × 3 - 1cm = 59cm

A~E 몸통길이

(신장 1/8) × 3.2 + 0.5cm = 64.5cm

A~A1 옆목점길이

(가슴둘레 ÷ 20) + 0.3 = 2.4cm

둘레 분할

뒤B~앞B 전체둘레

젖가슴둘레 + 여유량 = 50.5cm

뒤B~B1 뒤품

(가슴둘레 × 2/5) + (여유량 2/5) = 19.6cm

앞B~B2 앞품

(가슴둘레 × 2/5 – 1) + (여유량 2/5) = 18.6cm

L 솔기선 분할 가이드

(앞B~뒤B)선의 이등분 점.

L1 솔기선 분할

L점에서 앞쪽으로 0.5cm 나간 점.

뒤판 제도

F 뒤목너비

A1에서 (가슴둘레 ÷ 10) + 3.1 = 7.2cm 나간 점.

F2 뒤목둘레선 가이드 점.

(F1~A1)선상의 F1점에서 (가슴둘레 ÷ 20 = 2cm)만큼 나간 점.

F~F2~A 뒤목둘레 완성선.

각 점을 자연스러운 곡선으로 연결하여 뒤목둘레선을 제도한다.

✛진동길이의 여유량은 등품의 여유분보다 같거나 조금 크게 제도해준다.

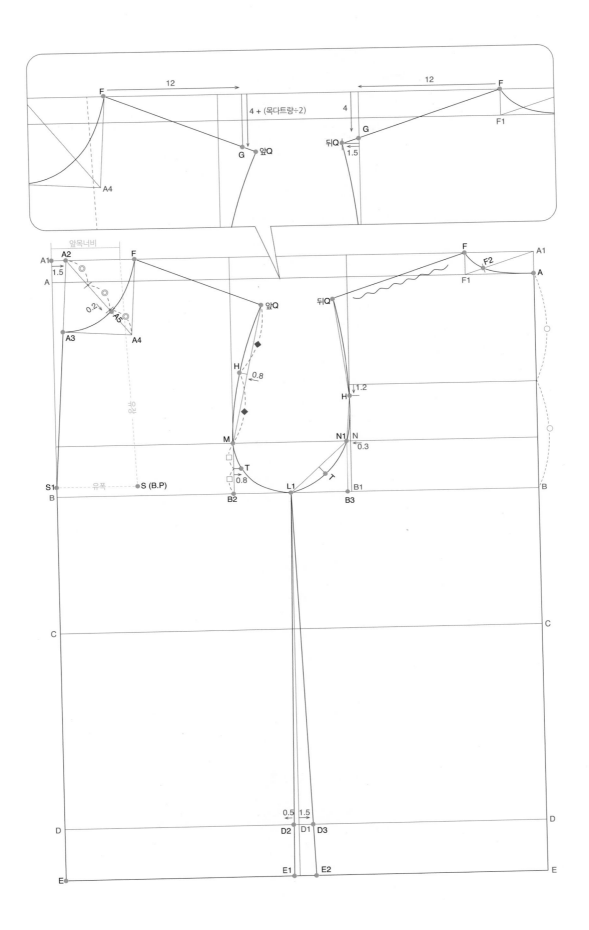

G 뒤어깨의 경사 기울기

　　F에서 12cm나가고 4cm 내린 점.

뒤Q 뒤어깨너비

　　뒤품선(B1)을 기준으로 약1.5cm 나간 점과 (F~G)연장선이 교차하는 점.

뒤암홀 가이드 점

H 진동(A~B)선의 이등분 점에서 1.2cm가량 내려온 점.

N B1에서 진동(A~B)선 ÷ 4.2만큼 올라간 점.

N1 뒤품점

　　N에서 0.3cm 나간 점.✚

✚여유량이 클수록 비례해서 조금 더 나간다.

뒤암홀 완성선

T (N1~L1)선의 이등분 점에서 직각으로 1cm 들어간 점.

뒤Q~H~N1~T~L1 뒤암홀 완성선

　　각 점을 자연스러운 곡선으로 연결하여 뒤암홀선을 제도한다.

A~E 뒤중심

E~E1 뒤 밑단선

뒤 솔기 완성선

D1 옆 솔기점(L)에서 수직으로 내려와 엉덩이선(D)과 만나는 점.

D2 D1에서 0.5cm 나간 점.

E1 (L1~D2)연장선과 몸통길이선(E)과 교차하는 점.

L1~D2~E1 뒤 옆 솔기선

앞판 제도

앞목 다트

A1 앞판 패턴의 시작점이고, 가로 수평선은 앞옆목점길이이다.

A2 앞목 다트

　　A1에서 1.5cm 앞목 다트를 제도한다.▲

▲BP점이 지나는 수평선을 기준으로 목다트를 처리한다.

S B.P점

　　앞중심(B)선에서 유폭/2 (8.5cm)너비 평행선과 앞목 다트 제도 전의 원래 옆목점 위치인 곳에서 시작된 유장(24.5cm)길이가 교차하는 점.

S1 앞목 다트 끝점

　　앞 중심선에서 B.P점(S)과 수평으로 교차하는 점.

A2~S1 앞목 다트

✚ 뒤목너비와 같은 너비로 제도한
다.

새로운 앞 네크 라인 제도

A2~F 앞목너비

A2에서 (가슴둘레 ÷ 10) + 3.1 = 7.2cm 나간 점.✚

A3 앞목깊이

A2를 기준으로(S1~A2)선에서 뒤 목너비(A2~F) + 0.5cm만큼 내려간 점.

A4 앞목 가이드 점

F에서 (A2~A3)선과 평행선으로 제도한 뒤, A3점과 수직으로 교차하는 점.

A5 앞목 가이드 점

(A2~A4)선의 1/3점에서 0.2cm 내려간 점.

F~A5~A3 앞목 완성선

각 점을 자연스러운 곡선으로 연결하여 제도한다.

앞어깨

Q 앞어깨 경사 기울기

F에서 12cm나간 뒤, 4cm + (목다트량 ÷ 2)만큼 내린 점.

앞Q 앞어깨너비

(F~앞Q)연장선에서 뒤어깨길이(F~뒤Q) - 0.6cm(뒤어깨 이즈량)만큼 나간 점.

앞암홀 완성선

M 앞품점

B2에서 진동(A~B)선 ÷ 4.2만큼 올라간 점.

H (앞Q~M)의 이등분 점에서 0.5~0.8cm가량 직각으로 들어간 점.

T 품점(M~B2)의 이등분 점에서 직각으로 0.8cm 나간 점.

앞Q~H~M~T~L 앞암홀 완성선

각점을 자연스러운 곡선으로 연결하여 앞암홀선을 제도한다.

앞 솔기 완성선

D3 D1에서 1.5cm 나간 점.

E2 (L1~D3)선의 연장선과 몸통길이선(E)선이 교차하는 점.

L1~D3~E2 앞 옆 솔기선

무다트 소매원형 패턴

무다트 원형 한 장 소매원형

무다트 원형의 한 장 소매는 박시한 스타일에 적합한 제도법이라고 할 수 있지만, 꼭 박시한 스타일에만 사용하는 것은 아니다. 소매의 품점부터 품점 윗부분이 좀 더 넉넉한 디자인의 패턴을 제도할 때도 사용할 수 있다. 따라서 가슴다트가 있는 기본 원형에서도 이 소매 제도 방법으로 제도해도 된다.

몸통원형 카피

소매는 몸판에서 바로 제도하거나 앞·뒤 몸통원형의 진동선을 같은 수평선상에 배치하여 카피하여 제도한다. 소매를 제도하기 위해선 몸통원형의 암홀선이 필요하기 때문이다.

가이드 분할 제도

소매산 제도

어깨를 앞쪽으로 넘기기 전인 원래 어깨점에서 제도를 시작한다. 어깨선을 넘겼다고 해서 어깨점이 변한 건 아니다. 따라서 소매 제도시 어깨는 어깨점 기준으로 제도해 주어야 한다.

앞Q 앞어깨점

뒤Q 뒤어깨점

a (앞Q~뒤Q)선의 이등분 점.

b a점에서 수직선으로 진동선과 교차하는 점.

c 기본 소매산 위치

   a에서 암홀깊이(a~b) ÷ 6 내려온 점.

c1 한 장 소매산 위치

   c에서 0.5cm내려 온 점.

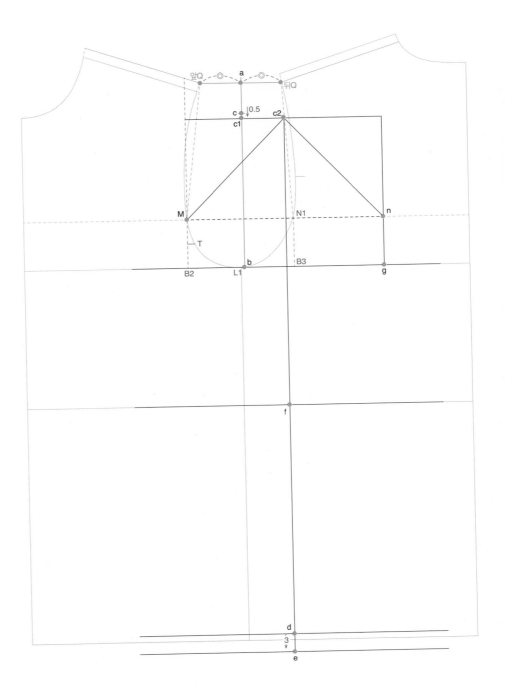

+ 이즈량 조절값은 소매 이즈량에
따라 조절해 주면 된다.

어깨점 위치 설정

c2 어깨점

M에서 {M~앞Q직선길이 + 0.5cm(이즈량 조절값)} 길이만큼 c1점의 수평선과 교
차하는 점.+

길이 분할

d 팔길이

c2에서 (신장 ÷ 8) × 2.9 = 58cm

e 소매기장

c2에서 팔길이(c2~d) + 2~3cm(여유분)

f 팔꿈치길이

    c2에서 (팔길이(c2~d) ÷ 2) + 2.5~ 3cm

n 소매 뒤품점

    c2에서 {뒤Q~N1직선길이 + 0.5cm(이즈량 조절값)} 길이만큼 품점의 수평 연장선(M)과 교차하는 점.

    무다트 원형 소매의 경우 소매는 디자인에 따라 이즈양이 없는 게 보통이지만, 래글런 소매를 제도 할 때는 포멀한 소매의 이즈량을 주어 제도해주는 게 좋다 왜냐하면 소매산의 이즈량이 다트로 처리되어야 하기 때문이다.

g n점에서 수직으로 내려와 진동선과 교차하는 점.

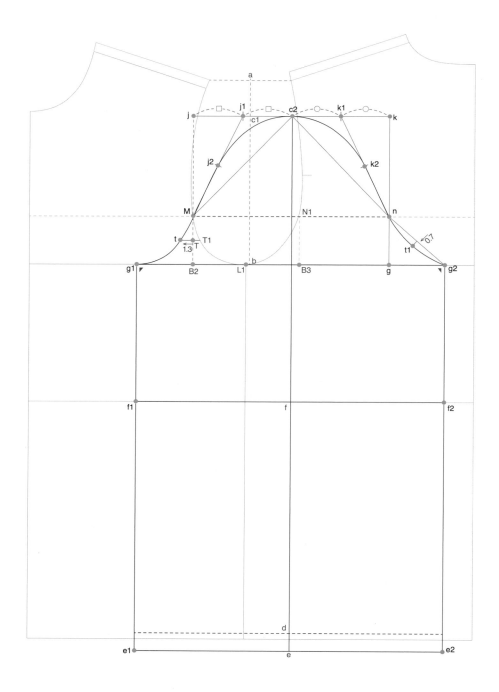

한 장 소매 제도

g1 앞 솔기 시작점

　　B2에서 (B2~L1) + 0.5cm(여유량)만큼 나간 점.

g2 뒤 솔기 시작점

　　g에서 (B3~L1) + 0.5cm(여유량)만큼 나간 점.

앞암홀

j 앞품선(M 수직선)과 c2점의 수평선이 교차하는 점.

j1 (c2~j)선의 이등분 점.

j2 (M~j1)선의 이등분 점.

t T점에서 (T~T1) + 0.5cm(여유량)만큼 나간 점.

g1~t~M~j2~c2 앞암홀 완성선

　　각 점을 자연스러운 곡선으로 연결하여 앞암홀을 제도한다.

뒤암홀

k 뒤품선(n의 수직선)과 c2점의 수평선이 교차하는 점.

k1 (c2~k)선의 이등분 점.

k2 (n~k1)선의 이등분 점.

t1 (n~g2)선의 이등분 점에서 0.7cm만큼 들어온 점.

g2~t1~n~k2~c2 뒤암홀 완성선

　　각 점을 자연스러운 곡선으로 연결하여 뒤암홀을 제도한다.

소매 솔기선

f1 g1에서 수직선으로 팔꿈치선(f)과 교차하는 점.

e1 g1에서 수직선으로 소매기장 선(e)과 교차하는 점.

g1~f1~e1 앞소매 솔기선

f2 g2에서 수직선으로 팔꿈치선(f)과 교차하는 점.

e2 g2에서 수직선으로 소매기장 선(e)과 교차하는 점.

g2~f2~e2 뒤소매 솔기선

1차 회전

제도방법은 앞서 제시한 [다트 원형의 한 장 소매 1차 회전]과 동일하다.

2차 회전

2차 회전도 [다트 원형의 한 장 소매 2차 회전]과 동일하지만, 래글런과 돌먼을 제도할 때 활용하기 위해서 그 부분에 맞춰 회전량을 조절하여 사용할 수 있다.

래글런과 돌먼 소매의 경우 소매 중앙의 회전 라인을 기준으로 절개되고, 그 선이 어깨 솔기선이 된다. 따라서 2차회전량이 너무 많으면 래글런과 돌먼의 어깨솔기선이 앞쪽으로 너무 돌아가 보이기 때문에 2차회전량은 1.2cm가량만 준다.

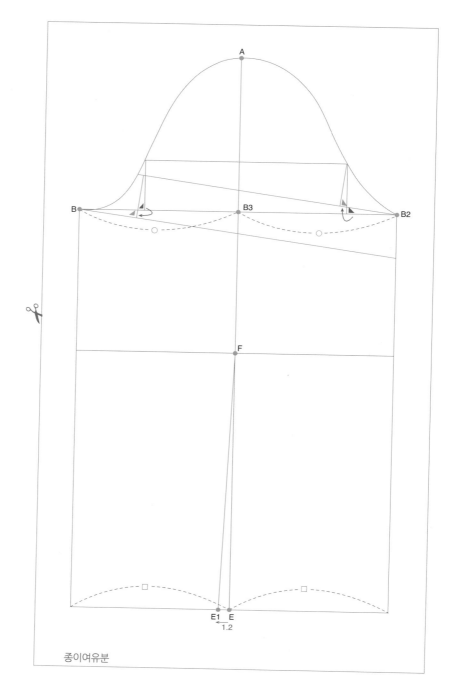

새롭게 제도된 1차 회전 소매원형의 소매산 아래 부분을 2차 회전해 준다.

B3 (B~B2)선의 이등분 점.

F B3점의 수직선이 팔꿈치선과 교차하는 점.

E B3점의 수직선이 소매 밑단선과 교차하는 점.

✚2차 회전량은 팔꿈치 아래 부분이 앞쪽으로 향하게 하는 값을 말한다. 따라서 이 회전량은 체형과 실루엣에 따라 조절하여 적용하면 된다.

E1 E점에서 2차 소매 회전량(1.2cm)만큼 나간 점.✚

E1~F 팔꿈치 2차 회전

그림과 같이 종이 여유분을 주고 패턴을 잘라준다.

이 다음 제도는 다트 원형의 [한 장 소매 2차 회전]과 동일하다.

약식 2차 회전

래글런 소매나 돌먼 소매 등 디자인에 따라 2차 회전시 다트를 M.P 처리하여 약식으로 간단하게 제도하는 경우가 많다. 정식 2차 회전을 한 후 다트를 분산시켜도 되지만 그렇게 하지 않아도 디자인의 용도에 맞게 합리적으로 간편하게 제도하는 것도 나쁘지 않다.

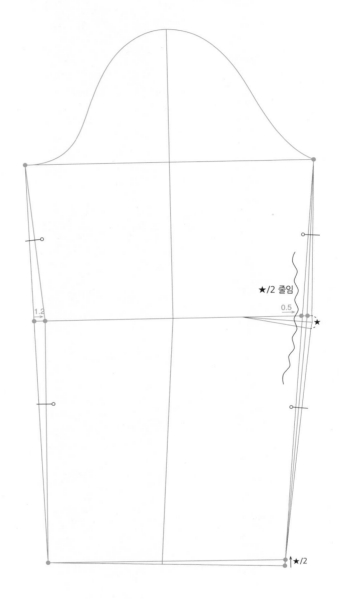

소매 팔꿈치 다트 M.P 처리

① 소매 솔기선을 각각 직선으로 제도한다.

② 앞 솔기선 팔꿈치선에서 각 1.2~1.5cm가량 들어가서 제도해준다.

③ 뒤 솔기선 팔꿈치 다트량(★) ÷ 2을 밑단에서 쳐준다.

④ 뒤 솔기선 팔꿈치에 남은 다트량은 이즈량으로 처리한다.✚

✚이때 0.5cm가량 나간 뒤, 자연스러운 곡선으로 제도해준다.

래글런 소매와 돌먼 소매 가이드

제7부에서는 래글런 소매(Raglan Sleeve)와 돌먼 소매(Dolman Sleeve)의 구조 원리를 크게 두 가지 관점에서 이해 할 수 있도록 하였다. 첫째, 소매의 기울기의 높낮이가 맵시 있는 소매가 될지 활동적인 소매가 될지를 결정한다. 소매의 기울기란 어깨점에서 소매가 아래쪽으로 기울게 하는 정도이다. 셋인 소매와 비교하자면 소매산을 의미한다. 셋인 소매가 그렇듯 래글런 소매와 돌먼 소매도 소매 기울기의 각도에 따라 소매의 편안함과 맵시가 달라진다.

둘째, 앞소매와 뒤소매의 기울기 차이가 소매의 착용감과 맵시를 다르게 한다. 래글런 소매의 경우 품점을 활용한 래글런 소매든, 어깨점을 이용한 래글런 소매든, 앞판과 뒤판의 소매 기울기와 이격을 소재와 디자인에 따라 적절하게 조절하여 제도 할 수 있어야 한다. 반면 돌먼 소매의 경우엔 앞판과 뒤판의 옆 솔기선이 같은 라인으로 제도되어 앞뒤판 소매 이격의 차이를 조절하는데 한계가 있지만 그럼에도 불구하고 가능한 범위 안에서 처리해 주어야 한다.

래글런 소매는 미적인 부분과 활동적인 부분을 동시에 고려하며 제도할 수 있다. 그러나 돌먼 소매의 경우 편안한 소매를 제도하기에 용이하지만, 몸에 잘 맞으면서 맵시있는 소매를 제도하기엔 어려움이 있다. 맵시있는 돌먼 소매의 활동성을 부분을 보완해 주는 것이 무의 역할이다. 따라서 무를 잘 활용할 수 있어야 한다.

01

래글런 소매 Raglan Sleeve

품점을 활용한 다트 원형 래글런 소매

팔의 기능성 측면에서 보면 래글런 소매는 다른 어떤 유형의 소매보다 활동하기에 편안한 소매이다. 반면 시각적인 측면에서 보면 셋인 소매처럼 어깨선이 분명하게 드러나지 않아, 어깨를 왜소해 보이게 하거나 너무 커 보이게 하는 등 왜곡시켜 보이게 할 수도 있다. 래글런 소매의 제도 방법은 다양하지만 이미 잘 만들어진 한 장 소매를 활용한다면 미적이면서도 기능적인 래글런 소매를 제도 할 수 있다.

특히 1차 회전과 2차 회전이 된 포멀한 셋인 소매를 활용하여 래글런 소매를 제도하면 셋인 소매와도 같은 맵시 있는 래글런 소매를 제도 할 수 있다.

다트 원형 래글런 소매

앞서 제도한 여유량 3cm 가슴다트 몸통원형과 한 장 소매원형을 활용하여 포멀한 래글런 소매를 제도한다.

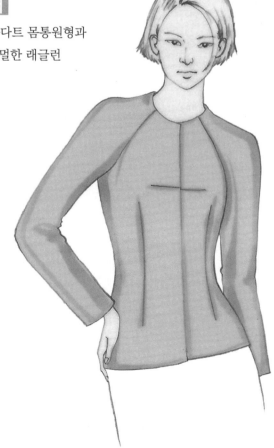

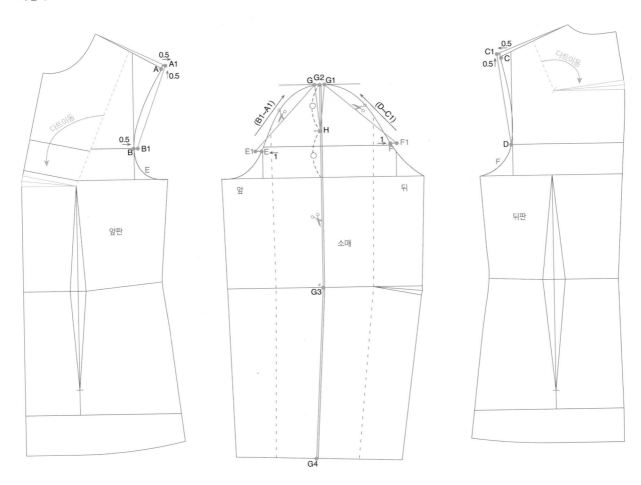

래글런 소매의 어깨 솔기선이 소매단 부분에서 너무 앞쪽으로 향하게 되면 소매부리의 앞뒤 균형이 안맞아 보일 수 있기 때문에 2차 회전량을 조금 적게 주는 것이 좋다.

원형 보정

가슴다트가 있는 3cm여유량 몸통원형과 1차 회전과 2차 회전이 된 한 장 소매를 준비한다. 이때 래글런이나 돌먼 소매의 2차 회전량을 1~1.2cm가 되도록 다시 보정해 준다. 왜냐하면 이 선이 래글런 소매의 어깨 솔기선좌 소매 솔기선이 되기 때문이다.✚

다트 이동

몸판에 래글런 선을 제도하기 용이하도록 앞 몸판의 가슴 다트를 중심쪽으로 M.P시켜 이동시킨다. 뒤판 어깨 다트의 경우, 뒤 래글런 디자인선이 견갑골 존을 지나가기 때문에 옮기지 않아도 된다.

뒤판 보정

C1 어깨 끝점(C)에서 뒤품선과 수직으로 0.5cm 올라가고, 수평으로 0.5cm 나간 점. 어깨너비의 경우, 현재 활용하고 있는 다트 원형은 딱 맞게 제도되었기 때문에 따로 수정 없이 그대로 활용하면 된다. 하지만 어깨너비가 크거나 작을 때는 어깨너비에 맞춰 보정한 뒤 활용해야 한다.▲

D 뒤품점

옆목점~C1~D 래글런 보정선

▲어깨의 기본 너비는 3~4cm 여유량의 몸통원형의 어깨너비를 말한다. 3~4cm 여유량의 기본 어깨너비는 37~38cm 이다.

앞판 보정

A1 어깨 끝(A)점에서 앞품선과 수직으로 0.5cm 올라가고, 수평으로 0.5cm 나간 점.

B1 앞품점

품점(B)에서 0.5cm 나간 점.✚

✚ 품점을 활용한 래글런 소매의 경우 소매의 품점과 연결된 앞 품점과 뒤 품점을 이동하면서 앞·뒤 소매 기울기의 이격을 자유롭게 조절하여 앞·뒤소매의 균형을 원하는 대로 제도할 수 있다. 이때 중요한 것은 앞·뒤소매 기울기의 이격이 크면 클수록 소매의 착용감은 좋아지지만, 소재의 특성에 따라 앞어깨 쪽 부분이 튀어나와 옷의 맵시가 떨어져 보일 수도 있다는 점이다. 따라서 이런 래글런 소매의 구조적인 테크닉을 이해하고 앞·뒤품점을 조절하면서 앞·뒤소매 이격을 고려하여 제도할 수 있어야 한다.

소매 보정

소매산점을 기준으로 수평선 제도한다.

E 새로운 앞품점 앞몸판 암홀선에서 앞품까지의 E길이와 같은 길이를 소매원형에 표시.

F 새로운 뒤품점 뒤몸판 암홀선에서 뒤품까지의 F길이와 같은 길이를 소매원형에 표시.

E1, F1 새로운 품점인 E, F에서 각각 1cm씩 수평으로 나간 점.

E1~G 앞소매 절개선

E1에서 (B1~A1)길이만큼 소매산 수평선과 교차하는 점.

F1~G1 뒤소매 절개선

F1에서 (D~C1)길이만큼 소매산 수평선과 교차하는 점.

G2 새로운 소매 중심선

(G~G1)선의 이등분 점.

G3 G2에서 팔꿈치선까지 수직선으로 내려온 선.

G4 가이드 원형의 중심선에서 G3만큼 나간 선.

H (G2~진동선)의 이등분 점.

G~H, G1~H 소매산 다트

소매 절개

(G2~H~G3~G4)선을 절개하여 나눈 뒤, 앞소매(E1~G), 뒤소매(F1~G1)를 절개한다.

몸판과 소매 연결

래글런 소매를 제도할 때, 뒤판을 먼저 제도한 후, 앞판을 제도한다.

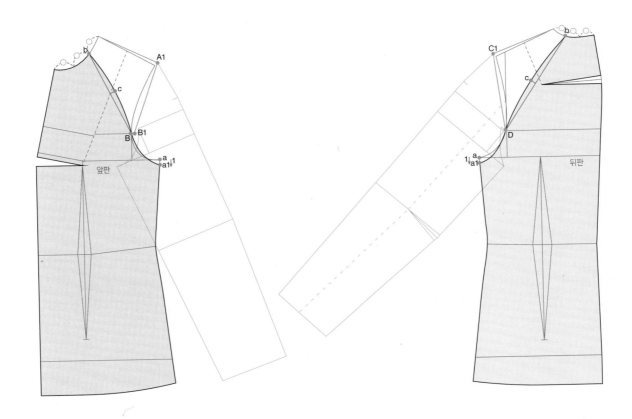

+ 이때 연결된 앞·뒤소매의 기울기는 몸판 품점에서 조절이 가능하다. 즉, 소매 기울기를 설정할 때, 몸판의 품점에서 조절하여 활용하면 된다.

▲ 품선 위 디자인선은 자유롭게 제도해줘도 된다.

몸판 소매 연결

절개한 앞소매와 뒤소매를 몸판 앞(A1~B1), 뒤(C1~D)부분에 연결한다.**+**

래글런 몸판

a1 앞·뒤 몸판 진동선(a)점에서 1cm 내려온 점.

b 앞목둘레·뒤목둘레의 1/3지점.

c 뒤(b~D)선과 앞(b~B1)선의 이등분 점에서 1cm가량 나간 점.**▲**

b~c~D~a1 뒤몸판 래글런 절개선

각 점을 자연스러운 곡선으로 제도한다.

b~c~B1~a1 앞몸판 래글런 절개선

각 점을 자연스러운 곡선으로 제도한다.

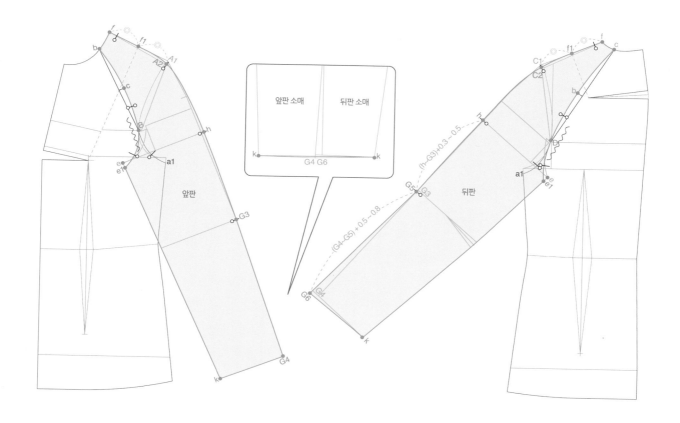

래글런 소매

e1 앞·뒤소매 진동선(e)점에서 1cm 내려온 점.

B~e1 앞소매

앞몸판(B~a1)선의 길이보다 0.3~0.5cm가량 짧게 제도한다.✚

✚ 이것은 봉제시 몸판에 이즈가 들어가는 것을 의미한다.

b~c~B~e1 앞소매 래글런 절개선

각 점을 자연스러운 곡선으로 제도한다.

D~e1 뒤소매

뒤몸판(D~a1)선의 길이보다 0.3~0.5cm가량 짧게 제도한다.

c~b~D~e1 뒤소매 래글런 절개선

각 점을 자연스러운 곡선으로 제도한다.

몸판 너치와 이즈량

앞판의 경우 암홀 숨은 다트 위치에서의 숨은 다트의 일부를 이즈로 처리해주는 것이 필요하다. 또한 앞뒤판 래글런 몸판에 이즈량을 주는 이유는 몸판의 품선 부근에서 바이어스 결이 되기 때문에 늘어나 그 부근이 들뜨는 현상이 더 생기기 때문이다. 이 부분을 이즈로 처리해줘야 하는데, 앞판의 경우, B,P점을 향한 위치에서 이즈처리 하며, 뒤판은 바이어스 구간이 제일 강한 위치에서 이즈 처리를 해준다. 이렇게 몸판의 암홀라인에 이즈 처리를 하게 되면, 넉넉한 여유량으로 인해 무너진 가슴둘레 수평선을 보완해 주는 역할도 한다.

앞소매 너치 앞품(B)점을 기준으로 위·아래로 5cm가량 나간 부분에서 너치 표시.

앞몸판 너치 몸판에 이즈를 처리할 수 있도록 소매 래글런 길이보다 0.3cm~0.5cm 가량 크게 너치 표시.

뒤소매 너치 뒤품(D)점을 기준으로 위 5.5cm 아래 5cm 가량 나간 부분에서 너치 표시.

뒤몸판 너치 몸판에 이즈를 처리할 수 있도록 소매 래글런 길이보다 0.3cm~0.5cm 가량 크게 너치 표시.

앞 래글런 소매 바깥 솔기선

f1 (f~A1)선의 이등분 점.

A2 A1에서 0.5cm내외로 들어온 점.

h 소매 진동선에서 0.3~0.5cm가량 나간 점.

f~f1~A2~h~G3~G4 앞 래글런 소매 바깥 솔기 완성선
각진 곳이 없도록 자연스러운 곡선으로 제도한다.

뒤 래글런 소매 바깥 솔기선

f1 (f~C1)선의 이등분 점.

C2 C1에서 0.5cm내외로 들어온 점.

h 소매 진동선에서 0.1~0.2cm가량 나간 점.

h~G5 앞소매 솔기선(h~G3)선 길이에 +0.3~0.5cm가량 이즈량을 준다.

G5~G6 앞소매 솔기선(G3~G4)선 길이에 +0.5~0.8cm가량 이즈량을 준다.

f~f1~C2~h~G5~G6 뒤 래글런 소매 바깥 솔기 완성선
각진 곳이 없도록 자연스러운 곡선으로 제도한다.

소매 밑단 정리

앞소매(G3~G4),와 뒤소매(G5~G6)의 바깥 솔기선 끼리 맞춰 앞(k)점과 뒤(k)점을 직선으로 연결하여 제도한다.

소매 바깥 솔기선 너치

어깨 너치 앞·뒤 옆목점에서 2cm가량에서 시작 너치를 표시, 앞(A2) ,뒤(C2)점에 너치 표시.✚

✚ 래글런 소매의 경우, 어깨에 이즈량을 주지 않는 것이 좋다.

소매 너치

앞·뒤 (h)점에 너치 표시.

앞(G3), 뒤(G5) 너치 표시.

가슴 다트와 견갑골 다트의 처리

이동시킨 가슴 다트와 견갑골 다트는 디자인에 적합하도록 처리해 주면 된다.

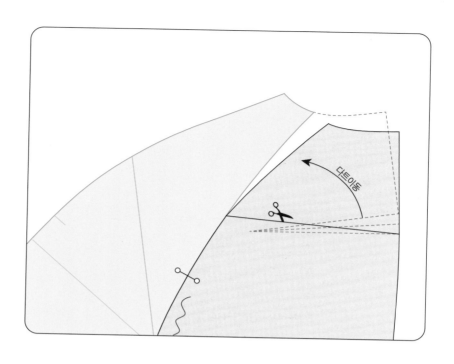

앞 가슴 다트의 경우, 디자인에 따라 이동하거나 분산 처리해 준다.
뒤 견갑골 다트는 래글런 절개선을 활용하여 M.P시키는 것이 효과적이다.

래글런 완성 패턴

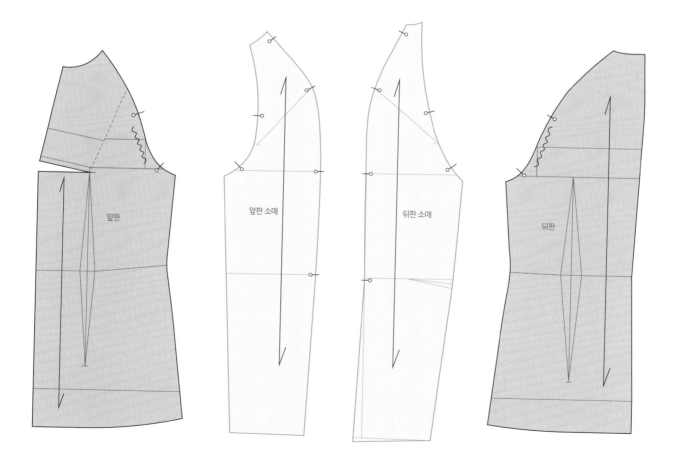

무다트 원형 래글런 소매

가슴 둘레에 여유량이 많은 박시한 스타일이라고 해서 래글런 소매의 어깨선 각도가 낮은 캐쥬얼 유형의 소매만 제도해야 하는 것은 아니다. 품점을 활용한 제도법은 포멀한 셋인 소매처럼 잘 떨어지는 재킷이나, 코트류의 래글런 소매를 제도할 때도 용이하다. 특히 한 장 소매의 팔꿈치 다트를 활용하면 보다 더 입체적인 래글런 소매를 제도 할 수 있다.

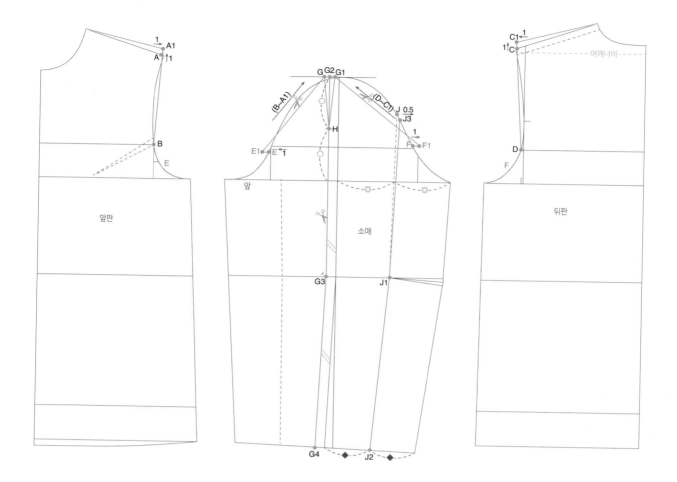

원형 보정

6cm여유량을 가진 무다트 원형과 2차 회전이 된 한 장 소매를 준비한다.✚
이때 몸판원형은 어깨선이 앞쪽으로 1cm 넘긴 원형으로 활용하는 것이 좋다.

✚ 8cm 여유량의 원형이든 10cm 여유량의 원형이든 제도법은 동일하다.

어깨 이즈량 확인

무다트의 원형의 경우, 뒤판에 약 0.6cm가량 이즈량이 존재하기 때문에 래글런 소매 제도 후, 이 부분을 고려하여 처리해준다.

▲ 어깨 사이즈(39~40cm 기준)

뒤판 어깨점 제도▲

C 새로운 어깨점

래글런의 어깨점은 기본 어깨점 보다 조금 더 넓게 제도한다.

뒤중심에서 어깨너비(40cm) ÷ 2 = 20cm 나가서 어깨선과 교차하는 점.

C1 새로운 어깨(C)점에서 뒤품선과 수직으로 1cm 올라간 점.

D 뒤품점

옆목점~C1~D 래글런 보정선

A 새로운 어깨점

　뒤판 새로운 어깨점과 맞춰서 제도한다.

A1 새로운 어깨(A)점에서 수직으로 1cm 올라간 점.

B 앞품점

소매 보정

래글런 소매를 제도하기 위해 소매산 점과 품점을 수평으로 연장하여 그려준다.

E 새로운 앞품점 앞몸판 암홀선에서 앞품까지의 E길이와 같은 길이를 소매원형에
　　　　　　　　표시.

F 새로운 뒤품점 뒤몸판 암홀선에서 뒤품까지의 F길이와 같은 길이를 소매원형에
　　　　　　　　표시.

E1, F1 새로운 품점인 E, F에서 각각 1cm씩 수평으로 나간 점.

E1~G 앞소매 절개선

　E1에서 (B~A1)길이만큼 소매산 수평선과 교차하는 점.

F1~G1 뒤소매 절개선

　F1에서 (D~C1)길이만큼 소매산 수평선과 교차하는 점.

G2 새로운 소매 중심선

　(G~G1)선의 이등분 점.

G3 G2에서 팔꿈치선까지 수직선으로 내려온 선.

G4 가이드 원형의 중심선에서 G3만큼 나간 선.

H (G2~진동선)의 이등분 점.

G~H, G1~H 소매산 다트

뒤소매 절개선 가이드선 제도

J~J1~J2 뒤소매에서 이등분 선.

J3 J점에서 0.5cm 나간 점.

J~J1~J3 뒤소매 절개 가이드선

소매 절개

(G2~H~G3~G4)선을 절개하여 나눈 뒤, 앞소매(E1~G~H), 뒤소매(F1~G1~H)를 절
개한다.

몸판과 소매 연결

래글런 소매를 제도할 때 뒤판을 먼저 제도 후, 앞판을 제도한다.

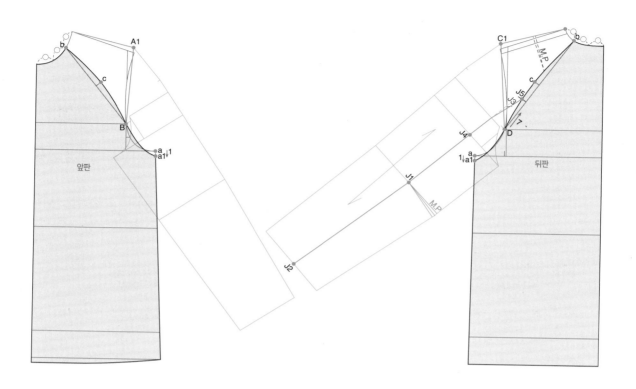

몸판 소매 연결

절개한 앞소매(E1~G)와 뒤소매(F1~G1)를 몸판 앞(A1~B), 뒤(C1~D)부분에 연결한다. ✚

✚ 이때 연결된 앞·뒤소매의 기울기는 몸판 품점에서 조절이 가능하다.

래글런 몸판

a1 앞·뒤 몸판 진동선(a)점에서 1cm 내려온 점. ▲

b 앞목둘레·뒤목둘레의 1/3지점

  (베이직한 디자인의 기준일 뿐 디자인에 따라 제도하면 된다.)

c 뒤(b~D)선과 앞(b~B)선의 이등분 점에서 1cm나간 점.

b~c~D~a1 뒤몸판 래글런 절개선

  각 점을 자연스러운 곡선으로 제도한다.

b~c~B~a1 앞몸판 래글런 절개선

  각 점을 자연스러운 곡선으로 제도한다.

▲ 몸판의 진동선을 내려주는 이유는 몸통원형이 셋인 소매의 원형이므로 래글런 소매 제도 시에는 여유가 있게 진동선을 내려서 제도하는 것이 좋다.

뒤소매 절개 가이드선

J4 기존 뒤소매 절개 가이드선과 소매원형의 진동선과 교차하는 점.

J5 D점에서 몸판 래글런 선상으로 7cm 올라간 점.

J5~J4~J1~J2 뒤소매 절개 가이드선

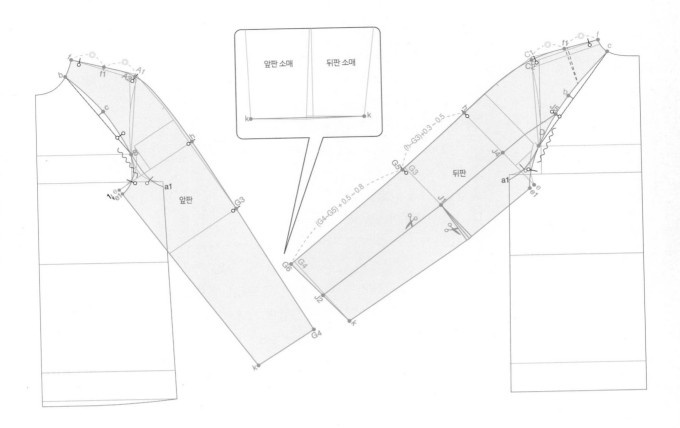

래글런 소매

e1 앞·뒤소매 진동선(e)점에서 1cm 내려온 점.

B~e1 앞소매

앞몸판(B~a1)선의 길이보다 0.3 ~ 0.5cm가량 짧게 제도한다.

b~c~B~e1 앞소매 래글런 절개선

각 점을 자연스러운 곡선으로 제도한다.

D~e1 뒤소매

뒤몸판(D~a1)선의 길이보다 0.3 ~ 0.5cm가량 짧게 제도한다.

c~b~D~e1 뒤소매 래글런 절개선

각 점을 자연스러운 곡선으로 제도한다.

몸판 너치

✚앞판의 경우, B·P점을 기준으로
이즈량이 잡혀야 한다.

앞소매 너치 앞품(B)점을 기준으로 위·아래로 5cm가량 나간 부분에서 너치 표시.✚

앞몸판 너치 몸판에 이즈를 처리할 수 있도록 소매 래글런 길이보다 0.3cm~0.5cm
가량 크게 너치 표시.

뒤소매 너치 J5점과 뒤품(D)점에서 아래로 5cm가량 내려간 부분에 너치 표시.

뒤몸판 너치 몸판에 이즈를 처리할 수 있도록 소매 래글런 길이보다 0.3cm~0.5cm
가량 크게 너치 표시.

앞 래글런 소매 바깥 솔기선

f1 (f~A1)선의 이등분 점.

A2 A1에서 0.5cm내외로 들어온 점.

h 소매 진동선에서 0.3~0.5cm가량 나간 점.

f~f1~A2~h~G3~G4 앞 래글런 소매 완성선
　　각진 곳이 없도록 자연스러운 곡선으로 제도한다.

뒤 래글런 소매 바깥 솔기선

f1 (f~C1)선의 이등분 점.

C2 C1에서 0.5cm내외로 들어온 점.

h 소매 진동선에서 0.1~0.2cm가량 나간 점.

h~G5 앞소매 솔기선(h~G3)선 길이에 +0.3~0.5cm가량 이즈량을 준다.

G5~G6 앞소매 솔기선(G3~G4)선 길이에 +0.5~0.8cm가량 이즈량을 준다.

f~f1~C2~h~G5~G6 뒤 래글런 소매 완성선
　　각진 곳이 없도록 자연스러운 곡선으로 제도한다.

소매 밑단 정리

앞소매(G3~G4)와 뒤소매(G5~G6)의 바깥 솔기선 끼리 맞춰 앞(k)점과 뒤(k)점을 직선으로 연결하여 제도한다.

소매 바깥 솔기선 너치

어깨 너치 앞·뒤 옆목점에서 2cm가량에서 시작 너치를 표시, 앞(A2) ,뒤(C2)점에 너치 표시.

소매 너치

앞·뒤 (h)점에 너치 표시.
앞(G3), 뒤(G5) 너치 표시.

뒤소매 절개

래글런 소매를 제도 후, 뒤소매에서 위 패널과 아래 패널을 절개한다.✛

✛일반적인 래글런 소매의 경우, 어깨 솔기선만 있어 입체적인 구조의 래글런 소매를 제도하기에 용이하지 않다. 하지만 팔꿈치 다트를 활용하여 뒤소매를 두 장 소매로 분리하여 제도하게 된다면 일반 래글런 소매와 다르게 입체적인 래글런 소매를 제도할 수 있다. 또한 디자인적으로 소매 뒤 팔꿈치 부분의 볼륨량을 과장되게 표현할 수도 있어 입체적이면서 미적인 소매로 구현 할 수도 있다.

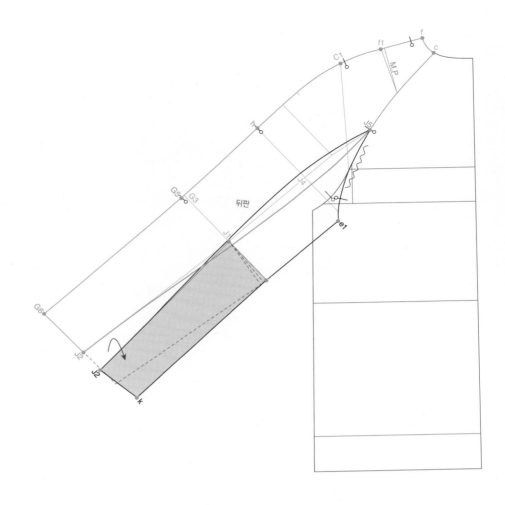

팔꿈치 다트 M.P (J1~J2)선을 절개하여 팔꿈치 위치에 남아있는 다트를 M.P시켜
준다.

J2~J5 위 패널 절개선

각 점을 연결할 때, 가이드선을 활용한다. 이때, J4지점에서 1.5~1.8cm가량 나
가 자연스러운 곡선 제도해 준다.

J2~J5 뒤소매 아래 패널 절개선

각 점을 연결할 때, 가이드선을 활용한다. 이때, J4지점에서 0.8~1.2cm가량 나
가 자연스러운 곡선으로 제도해 준다.✚

각 부분을 분리할 때 각진 선이 없는지 확인한다.

✚ J4에서 살려주는 부분은 사이
즈에 연연하지 않고 디자인에 따
라 자연스럽게 제도해 주면 된다.

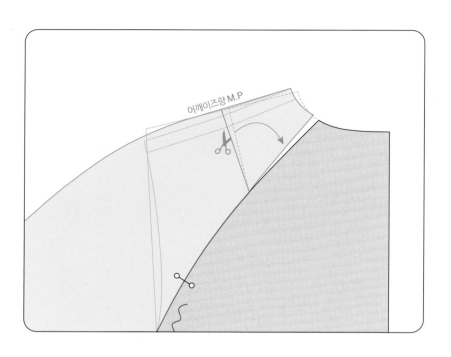

어깨 이즈량 M.P

앞서 말했듯이 무다트 원형인 경우, 뒤어깨에 약 0.6cm가량 이즈량이 존재하기 때문에 절개선을 활용하여 이 부분을 M.P시켜 처리한다.

래글런 완성 패턴

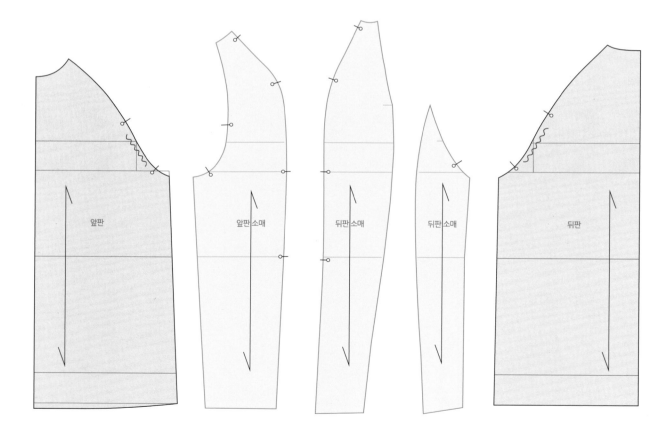

앞판

앞판소매

뒤판소매

뒤판소매

뒤판

기울기 조절 래글런 소매

셋인 소매를 활용한 래글런 소매라고 해서 셋인 소매처럼 소매 경사각이 큰 래글런 소매만 제도하는 것은 아니다. 소매와 몸판을 연결할 때, 몸판의 품점과 소매의 품점을 이용하여 얼마든지 소매 경사각을 조절할 수 있다. 즉, 각도식 래글런 제도법으로 제도하지 않아도 셋인 소매를 활용해서 소매산 높이를 조절하면서 제도할 수 있다. 이때 중요한 부분은 1차 회전과 2차 회전이 이루어진 소매를 활용하면 각도식으로만 제도하는 래글런 소매보다 더 섬세하고 미적인 래글런 소매를 제도할 수 있다.

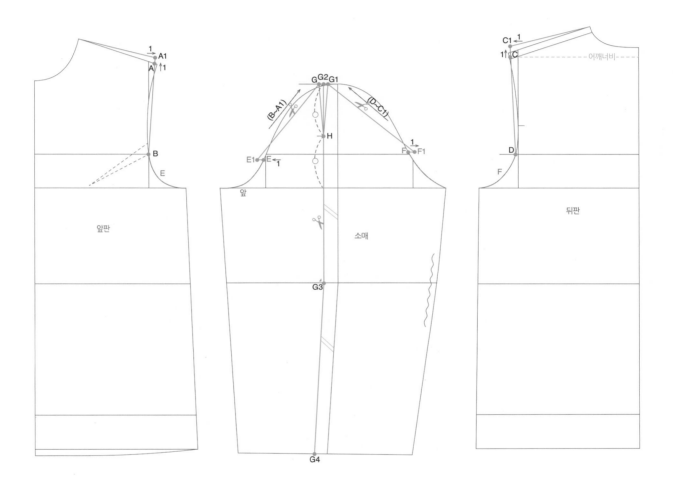

원형 보정

6cm여유량을 가진 무다트 원형과 약식 2차 회전 된 한 장 소매를 준비한다.
이때 몸판원형은 어깨선이 앞쪽으로 1cm 넘긴 원형으로 활용하는 것이 좋다.

어깨 이즈량 확인

무다트의 원형의 경우, 뒤판에 약 0.6cm가량 이즈량이 존재하기 때문에 래글런 소매 제도 후, 이 부분을 고려하여 처리해준다.

뒤판 보정✚

C 새로운 어깨점

　　뒤중심에서 어깨너비(40cm) ÷ 2 = 20cm 나가서 어깨선과 교차하는 점.

C1 새로운 어깨점에서 뒤품선과 수직으로 1cm 올라간 점.

D 뒤품점

옆목점~C1~D 래글런 보정선

앞판 보정

A 새로운 어깨점

　　뒤판 새로운 어깨점과 맞춰서 제도한다.

A1 새로운 어깨(A)점에서 수직으로 1cm 올라간 점.

B 앞품점

소매 보정

래글런 소매를 제도하기 위해 소매산 점과 품점을 수평으로 연장하여 그려준다.

E 새로운 앞품점 앞 몸판 암홀선에서 앞품까지의 E길이와 같은 길이를 소매원형에
　　　　　　　　표시.

F 새로운 뒤품점 뒤 몸판 암홀선에서 뒤품까지의 F길이와 같은 길이를 소매원형에
　　　　　　　　표시.

E1, F1 새로운 품점인 E, F에서 각각 1cm씩 수평으로 나간 점.

E1~G 앞소매 절개선

　　E1에서 (B~A1)길이만큼 소매산 수평선과 교차하는 점.

F1~G1 뒤소매 절개선

　　F1에서 (D~C1)길이만큼 소매산 수평선과 교차하는 점.

G2 새로운 소매 중심선

　　(G~G1)선의 이등분 점.

G3 G2에서 팔꿈치선까지 수직선으로 내려온 선.

G4 가이드 원형의 중심선에서 G3만큼 나간 선.

H (G2~진동선)의 이등분 점.

G~H, G1~H 소매산 다트

소매 절개

(G2~H~G3~G4)선을 절개하여 나눈 뒤, 앞소매(E1~G~H), 뒤소매(F1~G1~H)를 절
개한다.

몸판과 소매 연결

래글런 소매를 제도할 때, 뒤판을 먼저 제도 후, 앞판을 제도한다.

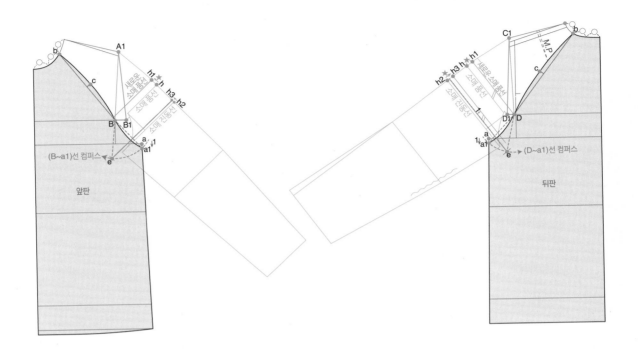

몸판 소매연결

D1 D에서 1.5cm 나간 점.

뒤판 연결 절개한 뒤소매를 (C1~D1)부분에 연결한다.

B1 B에서 2.5cm 나간 점.

앞판 연결 절개한 앞소매를 몸판 앞(A1~B1) 부분에 연결한다.✚

✚이때 연결된 앞, 뒤소매 기울기는 몸판 품점에서 조절이 가능하다.

래글런 몸판

a1 앞·뒤 몸판 진동선(a)점에서 1cm 내려온 점.

b 앞목둘레·뒤목둘레의 1/3지점.

c 뒤(b~D)선과 앞(b~B)선의 이등분 점에서 1cm 나간 점.

b~c~D~a1 뒤몸판 래글런 절개선

　　각 점을 자연스러운 곡선으로 제도한다.

b~c~B~a1 앞몸판 래글런 절개선

　　각 점을 자연스러운 곡선으로 제도한다.

래글런 소매

뒤 새로운 품선

h 소매원형의 소매 품선

h1 새로운 소매 품선

　　소매원형 소매 품선(h)선과 평행하게 뒤품(D)점과 교차하는 선.

뒤 새로운 진동선

h2 소매원형의 진동선

h3 h2에서 (h~h1)간격 만큼 나간 점.

e 새로운 소매통

(D~a1)까지 길이를 컴퍼스로 표시한 뒤, 그 선상에서 (h3)선에서 평행하게 1cm 내려온 점과 교차하는 점.

앞 새로운 품선

h 소매원형의 소매 품선

h1 새로운 소매 품선

소매원형 소매품선(h)선에서 평행하게 뒤(h~h1)간격 만큼 나간 선.

앞 새로운 진동선

h2 소매원형의 진동선

h3 h2선과 평행하게 뒤(h2~e) 간격만큼 나간 선.

e 새로운 소매통

(B~a1)까지 길이를 컴퍼스로 표시한 뒤, 그 선상에서 (h3)선과 교차하는 점.

소매통

e1 앞·뒤(e)점에서 0.3~0.5cm가량 들어 온 점.

b~c~B~e1 앞소매 래글런 절개선

각 점을 자연스러운 곡선으로 제도한다.

b~c~D~e1 뒤소매 래글런 절개선

각 점을 자연스러운 곡선으로 제도한다.

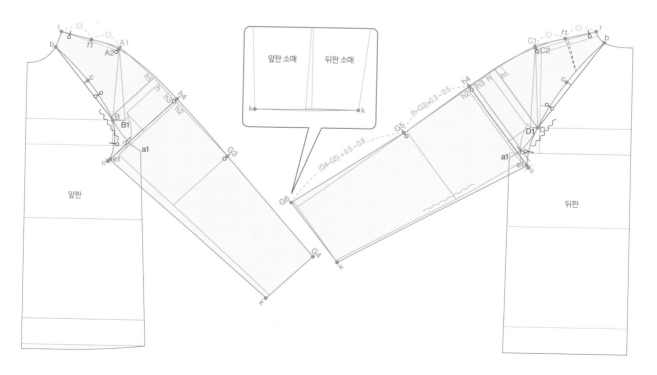

몸판 너치

앞소매 너치 앞품(B)점을 기준으로 위·아래로 5cm가량 나간 부분에서 너치 표시.

앞몸판 너치 몸판에 이즈를 처리할 수 있도록 소매 래글런 길이보다 0.3cm~0.5cm 가량 크게 너치 표시.

뒤소매 너치 뒤품(D)점을 기준으로 위 5.5cm 아래 5cm 가량 나간 부분에서 너치 표시.

뒤몸판 너치 몸판에 이즈를 처리할 수 있도록 소매 래글런 길이보다 0.3cm~0.5cm 가량 크게 너치 표시.

앞 래글런 소매 바깥 솔기선

f1 (f~A1)선의 이등분 점.

A2 A1에서 0.5cm내외로 들어온 점.

h4 새로운 소매 진동(h3)선에서 0.3~0.5cm가량 나간 점.

f~f1~A2~h4~G3~G4 앞 래글런 소매 완성선
각진 곳이 없도록 자연스러운 곡선으로 제도한다.

뒤 래글런 소매 바깥 솔기선

f1 (f~C1)선의 이등분 점.

C2 C1에서 0.5cm내외로 들어온 점.

h4 새로운 소매 진동(h3)선에서 0.1~0.2cm가량 나간 점.

h4~G5 앞소매 솔기선(h4~G3)선 길이에 +0.3~0.5cm가량 이즈량을 준다.

G5~G6 앞소매 솔기선(G3~G4)선 길이에 +0.5~0.8cm가량 이즈량을 준다.

f~f1~C2~h4~G5~G6 뒤 래글런 소매 완성선
각진 곳이 없도록 자연스러운 곡선으로 제도한다.

소매 밑단 정리

k 밑단 안솔기 끝점에서 앞·뒤 각각 (기본 소매원형의 소매 진동 끝점)~(e1)점까지의 간격의 1/2만 나간 점.
앞소매(G3~G4)와 뒤소매(G5~G6)의 바깥 솔기선 끼리 맞춰 앞(k)점과 뒤(k)점을 직선으로 연결하여 제도한다.

소매 바깥 솔기선 너치

어깨 너치 앞·뒤 옆목점에서 2cm가량에서 시작 너치를 표시, 앞(A2) 뒤(C2)점에 너치 표시.✚

✚ 래글런 소매의 경우 어깨에 이즈량을 주지 않는 것이 좋다.

소매 너치

앞·뒤 (h4)점에 너치 표시.

앞(G3) 뒤(G5) 너치 표시.

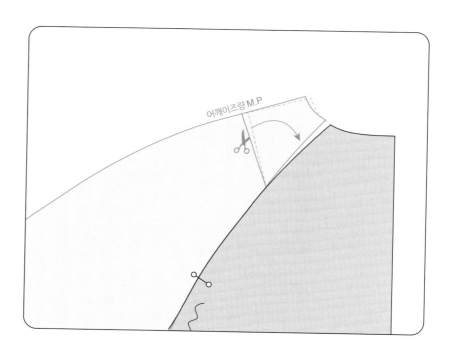

어깨 이즈량 M.P

앞서 말했듯 무다트 원형인 경우, 뒤어깨에 약 0.6cm가량 이즈량이 존재하기 때문에
절개선을 활용하여 이 부분을 M.P시켜 처리한다.

래글런 완성 패턴

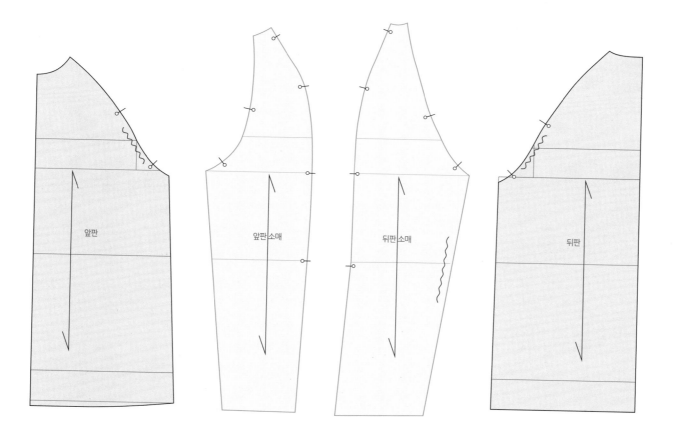

어깨점을 활용한 각도식 래글런 소매

래글런 소매의 가장 일반적인 제도법은 각도식 제도법이다. 이 제도법은 점퍼류나, 맨투맨 티셔츠 등 편안하게 입을 수 있는 옷의 래글런 소매를 제도하기에 용이하다. 각도식 래글런 소매 제도법의 특징은 앞·뒤 몸판을 한 방향으로 겹친 다음 소매 기울기의 각도를 결정하는데, 이때 소매 기울기의 각도는 디자인과 소재를 고려하여 결정하면 된다. 소매 기울기는 앞판과 뒤판의 소매 경사 차이가 크면 클수록 소매의 착용감은 점점 좋아진다. 그러나 앞·뒤소매 경사의 이격 차이가 너무 크게 되면 앞어깨가 솟아오르는 현상이 생겨 옷의 맵시가 떨어지게 된다. 따라서 소재의 특성을 고려하면서 소재가 흡수할 수 있을 정도의 이격으로 조절하여 제도하면 된다.

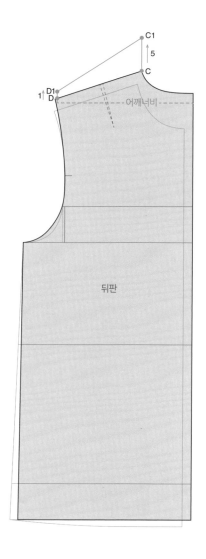

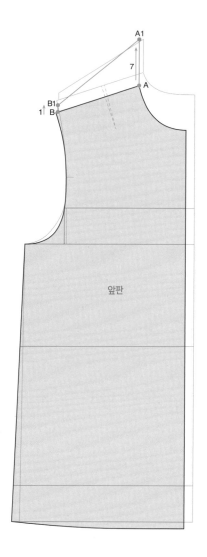

원형 카피

6cm여유량을 가진 무다트 원형을 준비한다. 이때 몸통원형은 어깨선을 앞쪽으로 1cm 넘긴 원형으로 활용하는 것이 좋다.

그리고 앞·뒤 진동선을 수평으로 맞추고 솔기선쪽을 동일하게 놓고 카피한다.

어깨 이즈량 확인

무다트의 원형의 경우, 뒤판에 약 0.6cm가량 이즈량이 존재하기 때문에 래글런 소매 제도 후, 이 부분을 고려하여 처리해준다.

어깨 경사도 설정

각도식 래글런 소매는 다양한 방법으로 제도할 수 있지만, 저자는 앞·뒤옆목점을 기준으로 앞·뒤어깨 경사도를 활용해 앞·뒤소매의 기울기를 조절하여 제도하고자 한다.

각 앞·뒤옆목점에서 수직으로 가이드선을 제도한 후, 3~9cm 사이에서 경사도를 설정한다. 여기서 중요한 점은 앞·뒤 경사도에 따라 앞·뒤소매 경사도가 결정되기 때문에 이를 고려하여 디자인에 따라 조절해 제도하면 된다.

가장 일반적인 경사도는 6cm 내외로 대략 45° 내외의 경사각과 비슷하다고 이해하면 된다.
또한 착용하기 편안한 래글런 소매를 제도하기 위해선 앞·뒤판의 소매 이격 차이가 있어야 하므로 대략 앞판의 경사도는 6cm보다 1cm가량 크게 기울기를 설정하고, 뒤판의 경사도는 6cm보다 1cm가량 적은 기울기를 설정하여 소매의 이격 차이를 주어 다음과 같이 제도하고자 한다.

✚어깨너비(40cm 기준)

뒤 래글런 경사도 설정✚

C 뒤옆목점

C1 뒤 옆목(C)점에서 수직으로 5cm 올라간 점.

D 새로운 뒤어깨점
  뒤중심에서 어깨너비(40cm) ÷ 2 = 20cm 나가서 어깨선과 교차하는 점.

D1 D점에서 1cm에서 올라간 점.

앞 래글런 경사도 설정

A 앞옆목점

A1 앞옆목점에서 수직으로 7cm 올라간 점.

B 새로운 앞어깨점
  뒤어깨 끝점에서 새로운 어깨(D) 길이만큼 앞어깨 끝점에서 들어온 점.

B1 B에서 직각으로 1cm 올라간 점.

소매 설정

E 소매장
  앞(A1~B1), 뒤(C1~D1)선의 연장선에서 소매기장(1/8신장×2.9+3cm=61cm)만큼 나간 점.

F 팔꿈치선
  앞(A1~B1), 뒤(C1~D1)선의 연장선의 팔꿈치(소매장÷2+2.5~3cm)위치에서 직각으로 나간 선.

소매 2차 회전

E2 앞(E)점에서 1cm 들어온 점.

E1 뒤(E)점에서 1cm 나간 점.

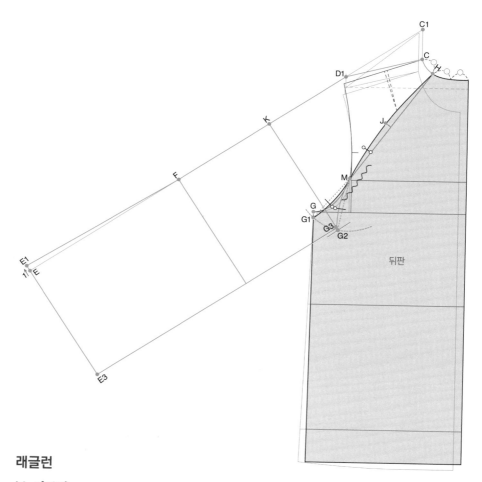

래글런

M 뒤품점

N 앞품점

G1 앞·뒤 몸판 진동선(G)점에서 1cm 내려온 점.

H 앞목둘레·뒤목둘레의 1/3지점.

뒤 래글런

J 뒤(H~M)선 이등분 점에서 1cm가량 나간 점.

H~J~M~G1 뒤몸판 래글런 절개선

각 점을 자연스러운 곡선으로 제도한다.

G2 소매 진동선

M점에서 컴퍼스를 고정하고 (M~G1)까지의 길이를 몸판쪽으로 제도한다. 그 선 상에서 소매통을 고려하여 G2점을 제도한다.

K 소매 진동선

소매 솔기선(D1~F)에서 G2와 직각으로 교차되는 점.

G3 (K~G2)선상에서 (M~G1)길이보다 0.3~0.5cm가량 짧게 제도한다.

E3 G3점에서 수직선으로 내려와 E1선과 교차하는 선.

H~J~M~G3 뒤소매 래글런 절개선

각 점을 자연스러운 곡선으로 제도한다.

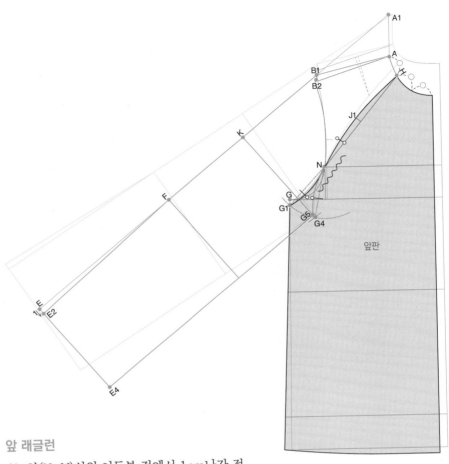

앞 래글런

J1 앞(H~N)선의 이등분 점에서 1cm나간 점.

H~J1~N~G1 앞몸판 래글런 절개선

각 점을 자연스러운 곡선으로 제도한다.

G4 소매 진동선

(N~G1)까지 길이를 컴퍼스로 표시한 뒤, 그 선상에서 (A1~B1)연장선과 직각선
으로 교차하는 점.

K 소매 진동선

(A1~B1)연장선과 G4점이 교차하는 점.

G5 (K~G4)선상에서 (N~G1)길이보다 0.3~0.5cm가량 짧게 제도한다.

E4 G4점에서 수직선으로 내려와 E2선과 교차하는 선.

H~J1~N~G5 앞소매 래글런 절개선

각 점을 자연스러운 곡선으로 제도한다.

몸판 너치

앞소매 너치 앞품(N)점을 기준으로 위·아래로 5cm가량 나간 부분에서 너치 표시

앞몸판 너치 몸판에 이즈를 처리할 수 있도록 소매 길이보다 0.3cm~0.5cm가량 크
게 너치 표시.

뒤소매 너치 뒤품(M)점을 기준으로 위5.5cm 아래5cm 가량 나간 부분에서 너치 표시.

뒤몸판 너치 몸판에 이즈를 처리할 수 있도록 소매 길이보다 0.3cm~0.5cm가량 크
게 너치 표시.

앞 래글런 소매 바깥 솔기선

W (A~B1)선의 이등분 점.

B2 B1에서 0.5cm내외로 들어온 점.

K1 앞소매 진동(K)선에서 0.3~0.5cm가량 나간 점.

A~W~B2~K1~F~E2 앞 래글런 소매 완성선

각진 곳이 없도록 자연스러운 곡선으로 제도한다.

뒤 래글런 소매 바깥 솔기선

W1 (C~D1)선의 이등분 점.

D2 D1에서 0.5cm내외로 들어온 점.

K2 뒤소매 진동(K)선에서 0.1~0.2cm가량 나간 점.

K2~F1 앞소매 솔기선(K1~F)선 길이에서 +0.3~0.5cm가량 준다.

F1~E3 앞소매 솔기선(F~E2)선 길이에서 +0.5~0.8cm가량 준다.

C~W1~D2~K2~F1~E5 뒤 래글런 소매 완성선

각진 곳이 없도록 자연스러운 곡선으로 제도한다.

소매 밑단 정리

앞소매(F~E2)와 뒤소매(F1~E5)의 바깥 솔기선 끼리 맞춰 앞(E4)점과 뒤(E3)점을 직선으로 연결하여 제도한다.

소매 바깥 솔기선 너치

어깨 너치 앞·뒤옆목점에서 2cm가량에서 시작 너치를 표시, 앞(B2) ,뒤(D2)점에 너
치 표시.

소매 너치

앞(K1), 뒤(K2)점에 너치 표시.
앞(F), 뒤(F1) 너치 표시.

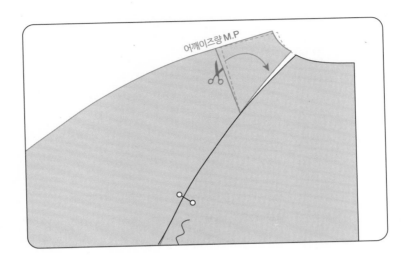

어깨 이즈량 M.P

무다트 원형인 경우, 뒤어깨에 약 0.6cm가량 이즈량이 존재하기 때문에 절개선을 활
용하여 이부분을 M.P시켜주는 것이 좋다.

래글런 완성 패턴

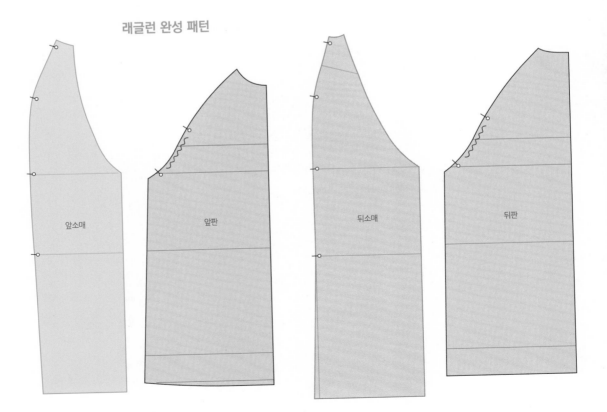

02

돌먼 소매 Dolman Sleeve 와
돌먼 무 소매 Dolman Gusset Sleeve

품점을 활용한 돌먼 무 소매 (Dolman Gusset Sleeve)

돌먼 무 소매는 돌먼 소매처럼 몸판과 소매가 하나로 연결되어 있는 형태이다.

몸판과 소매가 한 몸인 경우, 어깨 끝점에서 소매를 맵시 있게 떨어지게 하려고 소매의 기울기를 크게 하면 착용했을 시 활동하기에 불편한 소매가 된다. 반면 소매 기울기를 작게 하면 소매의 활동은 자유롭지만 팔을 차렷 자세로 내렸을 때 겨드랑이 부분에 군주름이 생기게 된다. 따라서 맵시 있고 활동적인 소매를 제도하기 위해서는 소매 기울기를 크게 주고 대신 겨드랑이 밑에 활동하기에 용이한 무를 만들어 제도해야 한다.

무는 형태에 따라 삼각 무, 사각 무, 오각 무 등이 있다. 제도 방법은 무 소매도 래글런 소매처럼 이미 제도한 소매원형을 활용하여 제도하면 된다. 소매 솔기선의 경우도 [한 장소매의 2차 회전]처럼 팔꿈치 아랫 부분을 앞쪽으로 향하게 돌려주면 보다 더 아름다운 실루엣의 무 소매를 제도 할 수 있다.

삼각 무 소매

6cm 여유량의 무다트 몸통원형과
소매원형을 준비한다.

원형 보정

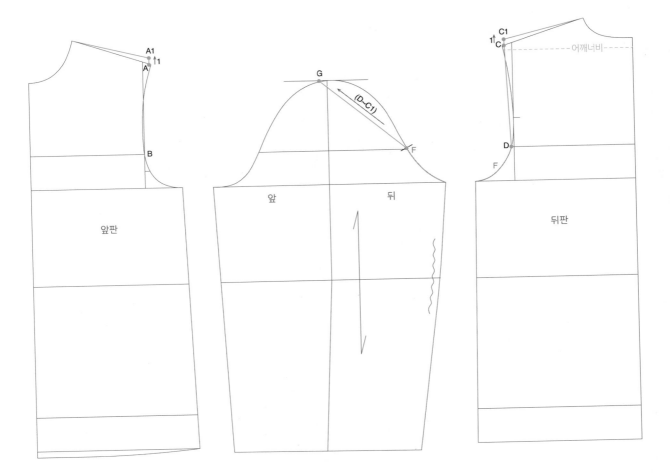

✚어깨너비(40cm 기준)

뒤판 보정✚

C 새로운 어깨점

뒤중심에서 어깨너비(40cm) ÷ 2 = 20cm 나가서 어깨선과 교차하는 점.

C1 새로운 어깨(C)점에서 수직으로 1cm 올라간 점.

D 뒤품점

옆목점~C1~D 래글런 보정선

앞판 보정

A 새로운 어깨점

뒤판 새로운 어깨점과 맞춰서 제도한다.

A1 새로운 어깨(A)점에서 수직으로 1cm 올라간 점.

B 앞품점

소매 보정

소매산점과 품점을 기준으로 수평선을 제도한다.

F 새로운 소매 뒤품점

뒤 몸판 암홀선에서 뒤품까지의 F길이와 같은 길이를 소매원형에 표시.

G F에서 (D~C1)길이만큼 소매산(G) 수평선과 교차하는 점.

F~G 뒤소매 절개선

뒤소매(F~G)를 절개한다.

보정한 원형은 **1) 삼각 무 소매**와 **2) 오각 무 소매**에도 활용된다.

몸판과 소매 연결

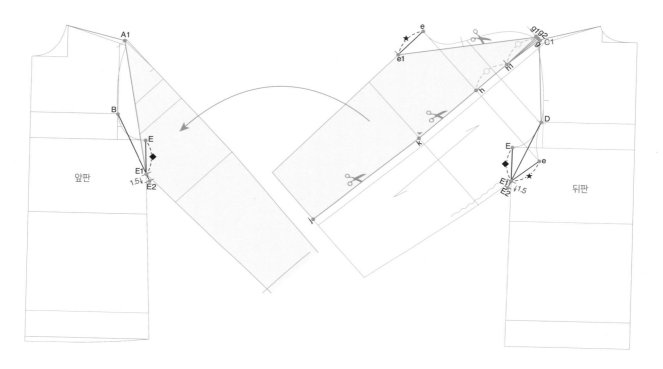

+이때 연결된 뒤소매 기울기는 몸판 뒤품점에서 조절이 가능하다.

뒤소매 뒤판과 연결

절개한 뒤소매를 몸판 뒤(C1~D)부분에 연결한다.**+**

뒤 E1 뒤소매와 몸판을 연결하면 몸판의 솔기선과 소매 솔기선이 교차하게 된다.

앞소매 앞판과 연결 후 앞뒤 분리

앞소매 절개선은 뒤소매와 뒤몸판을 연결하면서 겹쳐진 부분과 같은 값을 주어 제도한다.

앞E1 앞몸판 절개 위치

앞E에서 뒤(E~E1)과 같은 길이만큼 내려간 점.

A1~E1 앞몸판 소매 연결 위치

앞e1 앞소매 절개 위치

　　앞소매(e)에서 (뒤e~뒤E1)과 같은 길이만큼 내려간 점.

e1~g1 앞소매 절개선

　　e1에서 앞몸판(E1~A1)길이만큼 소매산 수평선과 교차하는 점.

g2 새로운 소매 중심선

　　g~g1선의 이등분 점.

h g2에서 진동선까지 수직선으로 내려온 선.

k 가이드원형의 중심선에서 h선만큼 평행하게 나간 선.

h1 (h~g2)의 이등분 점.

g~h1, g1~h1 소매산 다트

앞소매 절개 연결

(g1~h~k~j)선을 절개하여 나눈 뒤, 앞소매(e1~g1)를 절개한다.

몸판 소매연결　절개한 앞소매를 몸판 앞(E1~A1)부분에 연결한다.

삼각 무 절개 가이드 선

삼각무는 앞뒤 품점 부분을 향하게 하고, 무는 진동선 부분까지 제도해 준다.

앞E1~B 앞판 삼각 무 절개 가이드선

뒤E1~D 뒤판 삼각 무 절개 가이드선

뒤E2, 앞E2 시접 여유량 가이드

　　앞(E1~B), 뒤(E1~D)의 연장선에서 1.5cm 내려온 선.

　　(절개선 사이로 무가 봉제되어야 하기 때문에 봉제하기에 필요한 시접 감안하여

　　제도해야 한다.)

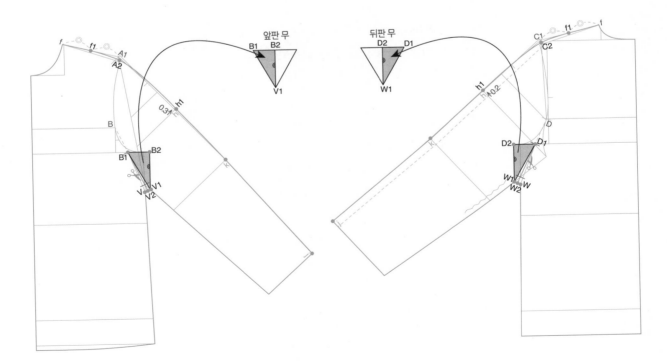

뒤몸판 절개선

D1 (뒤E1~D)선에서 몸판 진동선과 교차하는 점.

W, W1 최소 시접량을 고려해서 몸판쪽 W, 소매쪽 W1를 제도한다.
그리고 D1점과 연결하여 완성한다.

W2 (W~W1)선의 이등분 점.

앞몸판 절개선

B1 (앞E1~B)선에서 몸판 진동선과 교차하는 점.

V, V1 최소 시접량을 고려해서 몸판쪽 V, 소매쪽 V1를 제도한다.
그리고 B1점과 연결하여 완성한다.

V2 (V~V1)선의 이등분 점.

무 완성선

D2 진동선(D1)선의 연장선과 (W1)점에서 수직으로 교차하는 점.

D1~D2~W1 뒤판 무
따로 카피한 뒤, (D2~W1)선의 수직으로 곬로 펴준다.

B2 진동선(B1)선의 연장선과 (W1)점에서 수직으로 교차하는 점.

B1~B2~V1 앞판 무
따로 카피한 뒤, (B2~V1)선의 수직으로 곬로 펴준다.
이때 앞뒤 무의 폭이 다를 땐 서로 같게 보정해 주면 된다.

앞몸판 어깨 및 소매 바깥 솔기선 완성

f1 (앞f~A1)선의 이등분 점.

A2 A1에서 0.5cm내외로 들어온 점.

h1 소매 진동(h)선에서 0.3~0.5cm가량 나간 점.

앞f~앞f1~A2~h1~k~j 앞 몸판 소매 완성선
각진 곳이 없도록 자연스러운 곡선으로 제도한다.

뒤몸판 어깨 및 소매 바깥 솔기선 완성

f1 (뒤f~C1)선의 이등분 점.

C2 C1에서 0.5cm내외로 들어온 점.

h1 소매 진동(h)선에서 0.1~0.2cm가량 나간 점.

뒤f~뒤f1~C2~h1~k~j 뒤 몸판 소매 완성선
각진 곳이 없도록 자연스러운 곡선으로 제도한다.

삼각 무 와 다이아몬드 무

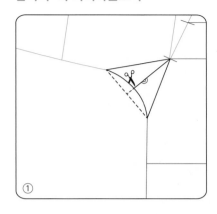 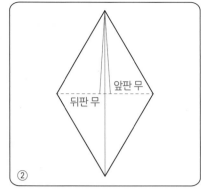

① 제도한 삼각 무는 아래 그림처럼 무가 달렸을 때 겨드랑이 부분이 각지지 않고 부드럽게 봉제 될 수 있도록 보정해 주는 것이 좋다.

② 앞판과 뒤판의 삼각 무를 곬로 붙여 다이아몬드 모양의 무로 제도하여도 된다. 앞·뒤 무의 폭은 같게 맞춘 뒤 제도한다.

삼각 무의 경우 컬렉션이나 특별한 경우가 아니면 봉제 시접처리가 용이하지 않아 잘 사용하지 않는 무이다. 그러나 삼각 무의 제도 원리를 이해하게 되면 뒤에 제도하는 오각 무나 기타 다른 모양의 무를 이해하는데 도움이 된다.

소매 오각 무 소매

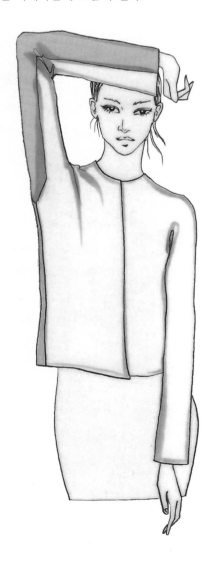

원형 보정

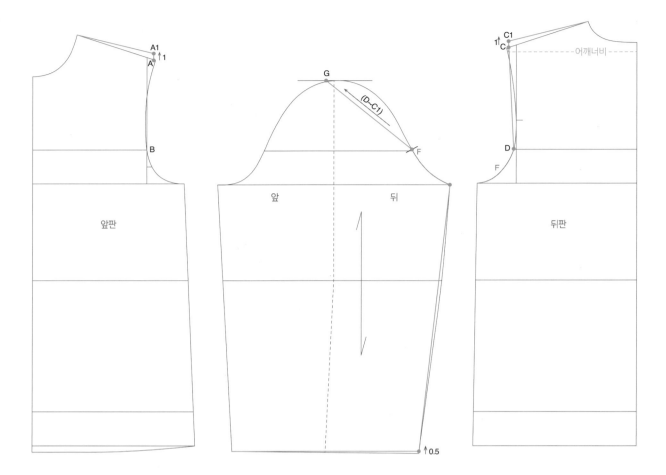

6cm 여유량을 가진 무다트 원형을 준비한다.

앞 뒤판과 몸판과 소매를 보정하고 앞뒤소매를 몸판에 연결하여 제도하는 과정은 위의 삼각무 제도법과 동일하다.

✚ 어깨너비(40cm 기준)

뒤판 보정✚

C 새로운 어깨점

　　뒤중심에서 어깨너비(40cm) ÷ 2 = 20cm 나가서 어깨선과 교차하는 점.

C1 새로운 어깨(C)점에서 뒤품선과 직각으로 1cm 올라간 점.

D 뒤품점

옆목점~C1~D 래글런 보정선

앞판 보정

A 새로운 어깨점

　　뒤판 새로운 어깨점과 맞춰서 제도한다.

A1 새로운 어깨(A)점에서 앞품선과 수직으로 1cm 올라간 점.

B 앞품점

소매 보정

소매산점과 품점을 기준으로 수평선을 제도한다.

F 새로운 소매 뒤품점

　(몸판 뒤품점 아래 암홀(F)길이와 같은 길이를 소매원형에 표시)

G F에서 (D~C1)길이만큼 소매산(G) 수평선과 교차하는 점.

F~G 뒤소매 절개선

　소매 솔기선 보정 뒤소매 솔기선에 있는 이즈량을 밑단에서 쳐낸 뒤, 직선으로 연
　결하여 제도 한다. 앞·뒤소매 솔기선이 곬로 제도되므로 길이가 같아야 한다.

뒤소매(F~G)를 절개한다.

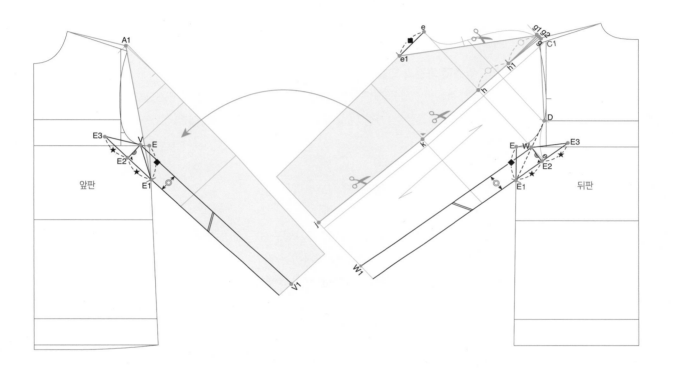

몸판과 연결

✚이때 연결된 뒤소매 기울기는 몸
판 뒤품점에서 조절이 가능하다.

뒤몸판과 뒤소매 연결✚

절개한 뒤소매를 몸판 뒤(C1~D)부분에 연결한다.

뒤 E1 뒤소매와 몸판을 연결하면 몸판의 솔기선과 소매 솔기선이 교차하게 된다.

앞소매 절개선 제도

앞소매 절개선은 뒤소매와 뒤몸판을 연결했을 때 겹쳐진 부분과 같은 값을 주어 제도
한다.

앞E1 앞몸판 절개 위치

　앞E에서 뒤(E~E1)과 같은 길이만큼 내려간 점.

A1~E1 앞몸판 소매 연결 위치

e1 앞소매 절개 위치

앞소매 솔기선 e에서 (뒤e~뒤E1)과 같은 길이만큼 내려간 점.

e1~g1 앞소매 절개선

e1에서 앞(E1~A1)길이만큼 소매산 수평선과 교차하는 점.

g2 새로운 소매 중심선

(g~g1)선의 이등분 점.

h G2에서 진동선까지 수직선으로 내려온 선.

k 가이드원형의 중심선에서 h선만큼 평행하게 나간 선.

h1 (h~g2)의 이등분 점.

g~h1, g1~h1 소매산 다트

앞소매 몸판과 연결

(g1~h~k~j)선을 절개하여 나눈 뒤, 앞소매(e1~g1)를 절개한다.

몸판 소매연결 절개한 앞소매를 몸판 앞(E1~A1)부분에 연결한다.

소매 오각 무 절개선

뒤판 소매 오각 무를 먼저 제도한다.

뒤E1~D 뒤판 소매 오각무 절개 가이드선은 품점 부분을 향하게 제도한다.

W (뒤E1~D)선과 진동선이 교차하는 점.

뒤E2 소매 솔기선을 연장하고 연장선에서 W와 직각으로 교차하는 점.

E2에서 W까지의 길이가 뒤판무의 폭이다. 이때 무의 폭을 디자인에 따라 조절할 수 있으며 품점을 향한 무의 끝선이 품점에서 조금 벗어나도 된다.

뒤E3 (뒤E1~E2)연장선의 (뒤E2)에서 (뒤E1~E2)길이만큼 올라간 점.

뒤E1~뒤E3~W~W1 뒤소매 오각 무

앞E2 앞소매 솔기선을 연장하고 앞E1에서 (뒤E1~E2)길이만큼 올라간 점.

앞E3 (앞E1~E2)연장선의 앞E2점에서 (뒤E1~E2)길이만큼 올라간 점.

V~V1앞 소매 오각 무 가이드선

(앞E2)에서 (뒤E2~W)폭만큼 들어온 평행선과 수직으로 교차하는 선.

앞E1~앞E3~V~V1 앞소매 오각 무

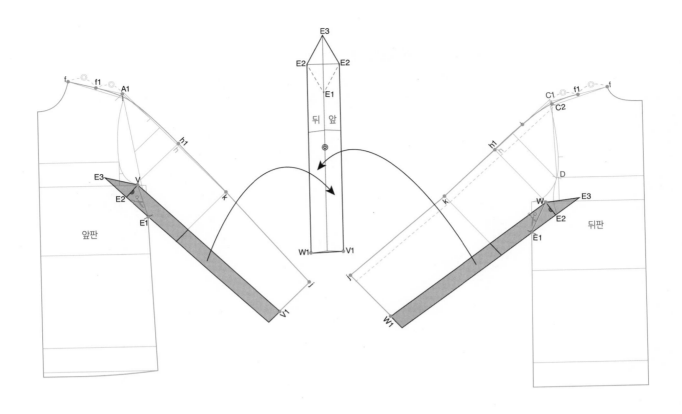

앞몸판 소매 완성선

f1 (앞f~A1)선의 이등분 점.

A2 A1에서 0.5cm내외로 들어온 점.

h1 소매 진동(h)선에서 0.3~0.5cm가량 나간 점.

앞f~앞f1~A2~h1~k~j 앞 몸판 소매 완성선

각진 곳이 없도록 자연스러운 곡선으로 제도한다.

뒤몸판 소매 완성선

f1 (뒤f~C1)선의 이등분 점.

C2 C1에서 0.5cm내외로 들어온 점.

h1 소매 진동(h)선에서 0.1~0.2cm가량 나간 점.

뒤f~뒤f1~C2~h1~k~j 뒤 몸판 소매 완성선

각진 곳이 없도록 자연스러운 곡선으로 제도한다.

소매 오각 무

앞E1~V~V1 앞소매 오각 무

뒤E1~W~W1 뒤소매 오각 무

앞·뒤소매 오각 무 분리 후, 옆선을 기준으로 붙여 준다.

V1~W1 각 점을 직선으로 연결하여 오각 무 밑단을 제도한다.

몸통 오각 무소매

몸판원형 보정과 소매 연결은 소매 오각 무
제도 방법과 동일하므로 그 이후부터 제도한다.

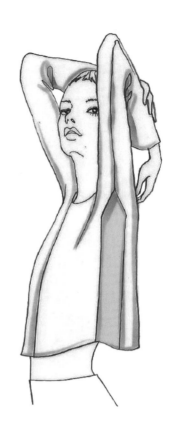

몸판과 소매연결

뒤몸판과 뒤소매 연결

✚이때 연결된 뒤소매 기울기는 몸
판 뒤품점에서 조절이 가능하다.

절개한 뒤소매를 몸판 뒤(C1~D)부분에 연결한다.✚

뒤 E1 뒤소매와 몸판을 연결하면 몸판의 솔기선과 소매 솔기선이 교차하게 된다.

몸판 소매 연결 절개한 뒤소매를 몸판 뒤(C1~D)부분에 연결한다.

뒤판을 먼저 제도한다.

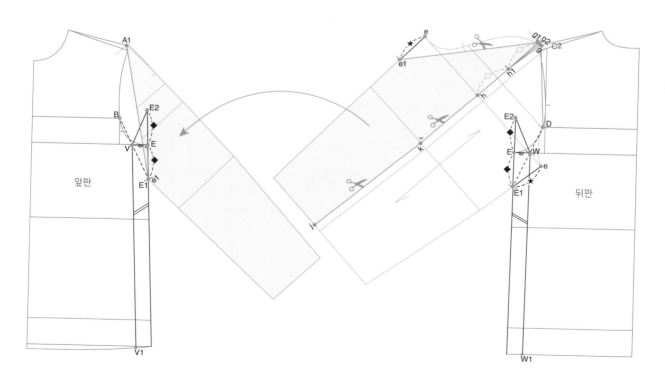

앞소매 절개선 제도

앞소매 절개선은 뒤소매와 뒤몸판을 연결할 때 겹쳐진 부분과 같은 값을 주어 제도한다.

앞E1 앞몸판 절개 위치

앞E에서 뒤(E~E1)과 같은 길이만큼 내려간 점.

A1~E1 앞몸판 소매 연결 위치

e1 앞소매 절개 위치

앞소매통 e에서 (뒤e~뒤E1)과 같은 길이만큼 내려간 점.

e1~g1 앞소매 절개선

e1에서 앞(E1~A1)길이만큼 소매산 수평선과 교차하는 점.

g2 새로운 소매 중심선

(g~g1)선의 이등분 점.

h g2에서 진동선까지 수직선으로 내려온 선.

k 가이드 원형의 중심선에서 h선만큼 평행하게 나간 선.

h1 (h~g2)의 이등분 점.

g~h1, g1~h1 소매산 다트

앞소매 몸판과 연결

(g1~h~k~j)선을 절개하여 나눈 뒤, 앞소매(e1~g1)를 절개한다.

절개한 앞소매를 몸판 앞(E1~A1)부분에 연결한다.

뒤판 몸통 오각 무를 먼저 제도한다.

뒤E1~D 뒤판 몸통 오각 무 절개 가이드선

W E1~D선과 진동선이 교차하는 점.

E 몸판 솔기선을 연장하고 W점과 직각으로 교차하는 점.

뒤E2 (뒤E~E1)연장선에서 (뒤E~E1)길이만큼 올라간 점.

W1 몸판 옆 솔기선에서 (뒤E~W)폭 만큼 평행하게 나간 선. W1은 디자인에 따라 자유롭게 제도해도 된다.

뒤E2~W~W1 뒤 몸통 오각 무

앞E1~B 앞판 몸통 오각 무 절개 가이드선

앞E, E2 몸판 솔기선을 연장하고 뒤(뒤E1~E) (뒤E~E2)길이 만큼 앞도 동일하게 제도한다.

V 몸판 솔기선 E점에서 직각으로 나가고 뒤판 (E-W) 폭과 같은 길이로 교차하는 점.

V1 몸판 옆 솔기선에서 (앞E~V)폭 만큼 평행하게 나간 선. V1은 디자인에 따라 자유롭게 제도해도 된다.

뒤E2~V~V1 앞 몸통 오각 무

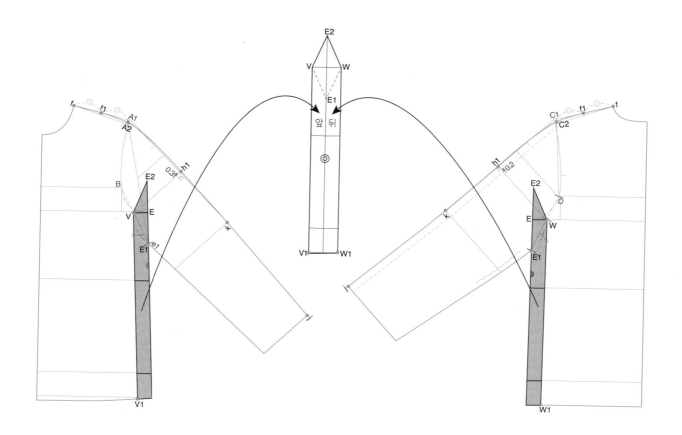

앞몸판 소매 완성선

f1 (앞f~A1)선의 이등분 점.

A2 A1에서 0.5cm내외로 들어온 점.

h1 소매 진동(h)선에서 0.3~0.5cm가량 나간 점.

앞f~앞f1~A2~h1~k~j 앞몸판 소매 완성선

　　각진 곳이 없도록 자연스러운 곡선으로 제도한다.

뒤몸판 소매 완성선

f1 (뒤f~C1)선의 이등분 점.

C2 C1에서 0.5cm내외로 들어온 점.

h1 소매 진동(h)선에서 0.1~0.2cm가량 나간 점.

뒤f~뒤f1~C2~h1~k~j 뒤몸판 소매 완성선

　　각진 곳이 없도록 자연스러운 곡선으로 제도한다.

몸통 오각 무

앞E1~V~V1 앞 몸통 오각 무

뒤E1~W~W1 뒤 몸통 오각 무

　　앞·뒤 몸통 오각 무 분리 후, 옆선을 기준으로 붙여 준다.

V1~W1 각 점을 직선으로 연결하여 오각 무 밑단을 제도한다.

어깨점을 활용한 돌먼 소매(Dolman Sleeve)

돌먼 소매나 기모노 소매의 특징은 몸판과 소매가 분리되는 일반적인 셋인 소매유형과 달리 몸판과 소매가 하나로 연결된 구조로 되어 있다. 가장 기본적으로는 앞·뒤어깨선을 연장하여 돌먼소매 또는 기모노 소매를 제도한다. 이때 앞·뒤소매의 경사 기울기를 조절하면서 제도할 수도 있다. 그러나 어깨선이 연결된 돌먼·기모노 소매 유형은 활동하기에 편안한 소매이지만 정자세를 취할 때, 겨드랑이 부분에 활동분이 고스란히 고이게 된다. 따라서 이러한 요소들을 디자인의 요소로 활용하거나, 앞·뒤소매의 경사 기울기 고려하여 활동량을 조절해주면 된다.

돌먼 소매

가장 기본적인 돌먼 소매는 앞·뒤판의 옆 솔기선을 일치시키고 앞·뒤 디자인에 따라 어깨선을 적절하게 제도하는 비교적 쉬운 형태의 제도법이다.

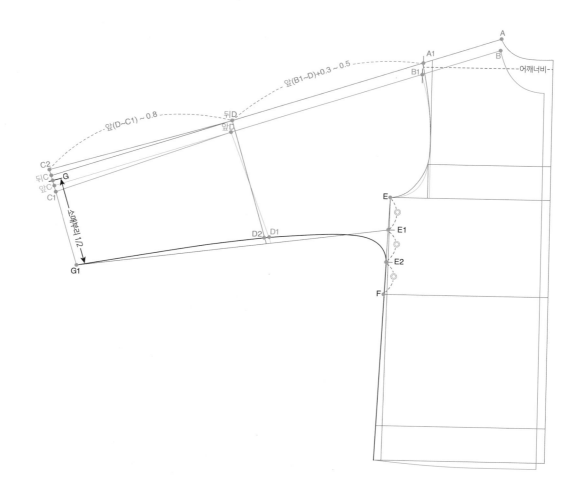

원형 카피

6cm 여유량을 가진 무다트 원형을 활용하여 앞·뒤 진동선을 수평으로 맞추고 솔기선 쪽을 동일하게 놓고 카피한다.

＋어깨너비(40cm 기준)

어깨선 돌리기＋

A1 새로운 뒤어깨점

뒤중심에서 어깨너비(40cm) ÷ 2 = 20cm 나가서 어깨선과 교차하는 점.

B1 새로운 앞어깨점

새로운 뒤어깨점(A1)과 동일하게 앞어깨점을 제도한다. 이때 필요에 따라 어깨끝 점을 앞쪽으로 오도록 이동해서 제도할 수 있다.

몸판 바깥 솔기선

돌먼 소매의 몸판 앞·뒤 바깥 솔기선은 같이 사용해도 된다.

소매 설정

앞C 앞소매장

앞(B~B1)선의 연장선에서 소매기장(1/8신장×2.9+3cm=61cm) 만큼 나간 선.

앞D 앞팔꿈치선

　앞(B~B1)선의 연장선에서 (소매장÷2+2.5~3cm)만큼 나가서 직각으로 제도.

뒤D 뒤팔꿈치선

　뒤(A~A1)선의 연장선에서 앞(B1~D)+0.3~0.5cm 만큼 나가서 직각으로 제도.

뒤C 뒤소매장

　뒤(A~A1)선의 연장선에서 앞(C1~D)+0.5~0.8cm 만큼 나간 선.

소매 2차 회전

C1 앞C점에서 1cm 들어온 점.

C2 뒤C점에서 1cm 나간 점.✚

소매부리

G (앞C~뒤C) 이등분 점.

G1 (C2~G1)선상의 G점에서 (소매부리 ÷2)만큼 나간 점.

겨드랑이선 위치

E1 몸판 진동선(E)와 등길이(F)의 1/3인 점.

E2 몸판 진동선(E)와 등길이(F)의 2/3인 점.

G1~E1 소매 안 솔기 가이드선

바깥 솔기선

B~B1~D~C1 앞소매 바깥 솔기 완성선

　각진 곳이 없도록 자연스러운 곡선으로 제도한다.

A~A1~D~C2 뒤소매 바깥 솔기 완성선

　각진 곳이 없도록 자연스러운 곡선으로 제도한다.

안 솔기선

D1 앞팔꿈치(D)선과 (G1~E1)선이 교차하는 점에서 1cm 들어온 점.

D2 뒤팔꿈치(D)선과 (G1~E1)선이 교차하는 점에서 1cm 들어온 점.

G1~D1~E2, G1~D2~E2 소매 안 솔기 완성선

　각진 곳이 없도록 자연스러운 곡선으로 제도한다. 이때 앞·뒤판 안 솔기선은 동일하게 나오게 제도한다.

돌먼 소매 기울기 조절

돌먼 소매의 경우에도 래글런 소매와 같이 소매 기울기를 조절하여 편안하면서 맵시 있는 소매를 제도 할 수 있다. 이때 잊지 말아야 할 것은 계속 강조했듯 앞판과 뒤판의 소매 기울기의 이격 차이에 따른 장·단점을 잘 활용하여 적절하게 앞판과 뒤판의 기울기를 조절하여 제도하는 것이다.

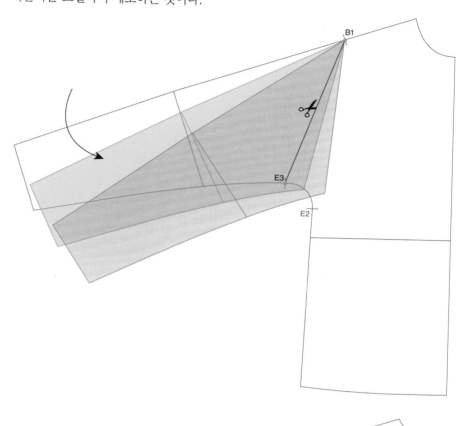

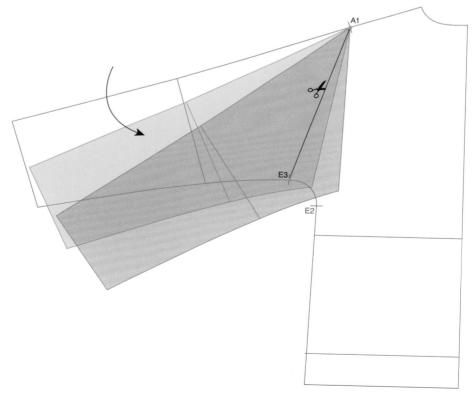

박쥐 유형 소매

박쥐 유형 소매는 박쥐가 하늘을 날 듯한 형태로 활동이 매우 편안한 소매를 의미한다. 이 소매는 겨드랑이에 고이는 군주름을 오히려 디자인으로 부각시켜 편안하고 드레이프성이 있는 소매로 활용할 수 있다.

뒤 박쥐 소매 제도

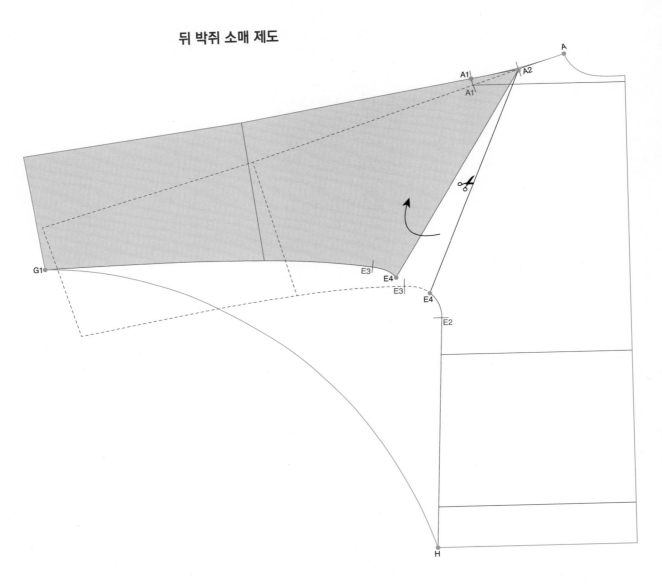

뒤 돌먼 소매 카피

위에서 제도한 뒤 돌먼 소매 패턴을 그대로 카피한다.

뒤 박쥐 소매 설정

E4 (E2~E3)선의 이등분 점.

A2~E4 박쥐 소매 절개 가이드선

　　A2점을 기점으로 A2~E4선을 절개한 뒤, 디자인에 따라 벌려준다.

뒤 박쥐 소매 솔기선
G1~H 디자인에 따라 자연스러운 곡선으로 제도한다.

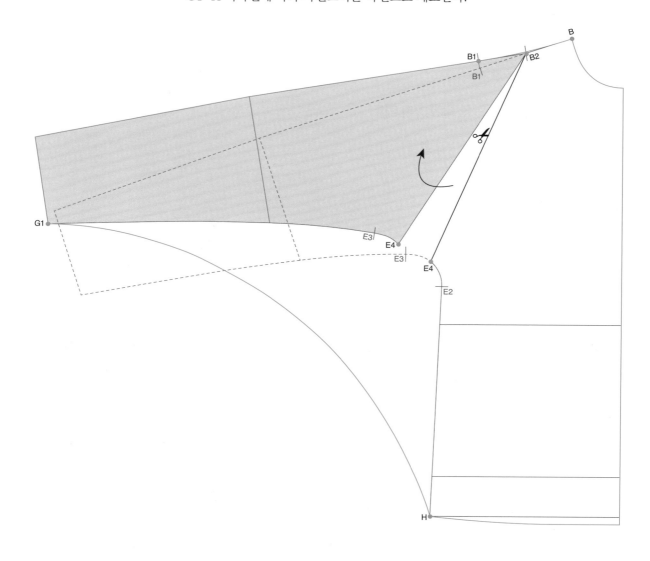

앞 돌먼 소매 카피

위에서 제도한 앞 돌먼 소매 패턴을 그대로 카피한다.

앞 박쥐 소매 설정

E4 (E2~E3)선의 이등분 점.

A2~E4 박쥐 소매 절개 가이드선

　　A2점을 기점으로 (A2~E4)선을 절개한 뒤, 디자인에 따라 벌려준다.

앞 박쥐 소매 솔기선

G1~H 디자인에 따라 자연스러운 곡선으로 제도한다.✚

✚뒤 박쥐 소매 솔기선과 봉제되
기 때문에 뒤 박쥐 소매 솔기선과
같거나 비슷한 곡선으로 제도해
주는 것이 좋다.

망토 유형

가장 기초적인 돌먼 소매 제도법으로 간단하게 기본적인 망토를 제도 할 수도 있다.

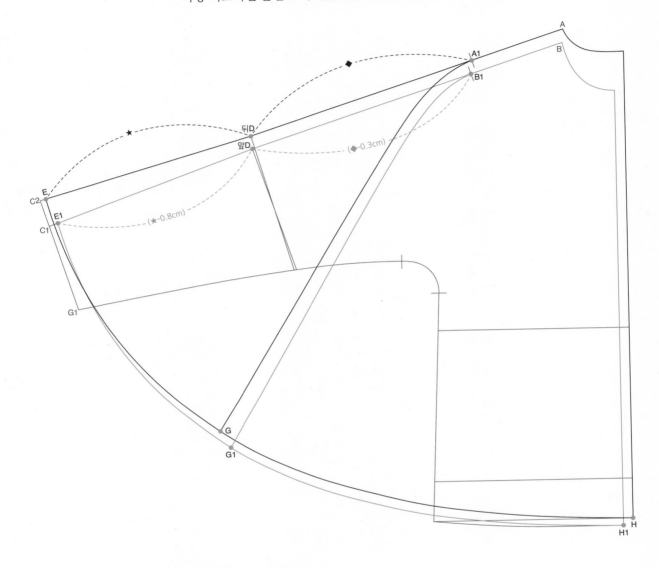

앞·뒤 돌먼 소매 카피

위에서 제도한 앞·뒤 돌먼 소매 패턴을 그대로 카피한다.

뒤 망토 제도

E A1선상에서 소매기장 58cm만큼 나간 점.

E~H 자연스러운 곡선으로 제도한다.

앞 망토 제도

앞D B1선상에서 뒤◆(A1~뒤D)-0.3cm 만큼 나간 점.

E1 앞D에서 뒤★(뒤D~E)-0.8cm 만큼 나간 점.

E1~H1 자연스러운 곡선으로 제도한다.✚

✚디자인에 따라 망토 완성선을 G
와 G1과 같이 제도해 주면 된다.

상의류
베이직 디자인 가이드

제8부에서는 앞장에서 공부한 몸통원형과 소매원형, 칼라원형 등을 활용하여 주어진 디자인의 패턴을 구현할 수 있도록 한다. 제1부에서 제7부까지는 패턴의 부분적인 테크닉을 공부했다면 제8부에서는 디자인을 해석하고 그것을 바탕으로 실제 패턴을 제작하는 과정이다.

원형은 원형일 뿐이고 실제로 주어진 디자인을 분석하고 그것을 제도하여 완성할 수 있어야 한다. 상의류 디자인 중에서 다양한 패턴 테크닉을 공부할 수 있고, 기본적이면서 트렌디한 디자인으로 3가지 아이템을 선정하였다.

주어진 디자인을 분석하고 디자인을 전개 할 때도 일정한 순서에 따라 제도하는 것이 좋다. 크게 보면 순서가 중요하지 않을 수도 있지만 우리가 봉제시 순서가 바뀌면 일이 더디게 진행 되는 것처럼 패턴을 제도 할 때 순서가 바뀌면 완성이 더디게 진행되므로 이점을 고려하여야 한다.

01
베이직 재킷Basic Jacket

디자인 해석

패턴을 제도하기 위해서는 먼저 패션 일러스트를 보고 디자인에 대한 해석을 해야 한다. 디자인은 멀리서부터 가까이, 총체적인 것에서 디테일로, 외곽에서부터 내부로, 이런 순으로 관찰하고 해석하는 것이 중요하다. 여유량은 얼마를 주어야 할지, 기장 밸런스는 어떻게 제도할지, 가슴 다트는 어떻게 처리 할지 디자인을 보며 패턴 전개도를 머릿속으로 한번 그려보는 것이다. 그리고 디자인을 구현하기에 다트 원형이 용이한지, 무다트 원형이 용이한지에 따라 원형 제도 방법을 선택하여 제도를 시작한다.

제시한 디자인은 가슴 밑 허리선 다트와 앞뒤판에 각각 암홀 패널 라인이 있는 가장 일반적이고 베이직한 여성 재킷 유형이다. 패턴을 제도하기 위해서는 제도 치수가 필요한데 우리는 분할패턴 표준체형 치수를 사용하여 제도한다.

| **키** : 160cm |
| **가슴둘레** : 41cm |
| **젖가슴둘레** : 42.5cm |
| **허리둘레** : 33.5cm |
| **엉덩이둘레** : 45.5cm |
| **여유량** : 4cm |

여유량은 소재와 실루엣에 따라 달라진다.

몸통원형과 소매원형 제도

디자인 해석에 따라 디자인의 몸통원형은 4cm 여유량의 다트원형으로 제도하고 소매는 기본 재킷에서 보편적으로 많이 사용되는 두 장 소매원형을 제도한다. 소매는 반드시 원형 상태에서 제도한다.

> **몸통원형 제도** : [제2부. 인체의 구조와 상의류 몸통원형]의 [제2장. 상의류 원형 패턴]에서
> **[2. 몸통(toroso) 원형 패턴1(3cm)]** 부분을 참고하여 원형을 제도한다. (p074~081)
> 이때 제도 수치 및 여유량(4cm)은 디자인에 따라 적용하여 제도해야 한다.

> **소매원형 제도** : [제3부. 팔의 구조와 소매원형]의 [제2장. 소매원형 패턴]에서
> **[5. 포멀한 두 장 소매원형 패턴]** 부분을 참고하여 원형을 제도한다. (p133~137)
> 이때 제도 수치 및 소매 이즈량(2.5~3cm)은 디자인에 따라 적용하여 제도해야
> 한다.

디자인 구현

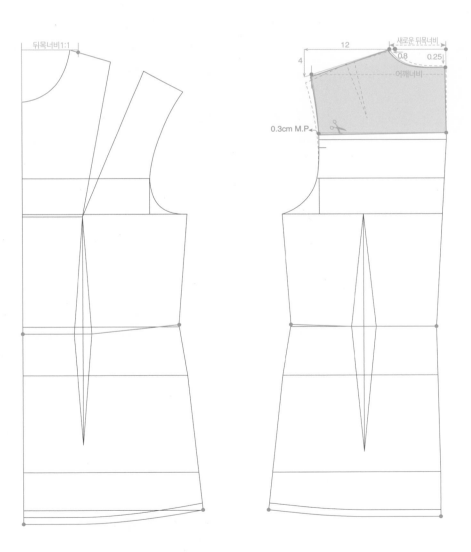

새로운 앞·뒤목 제도와 옷기장 및 옷의 길이 관련 위치 설정

새로운 네크라인 제도
새로운 뒤옆목점 0.8cm가량 나간 점.

　뒤목너비는 칼라 디자인과 원단의 특성을 고려하여 결정한다.

새로운 뒤목 중심점 새로운 뒤옆목점 (0.8cm)양의 1/3분량만 내려간 점.

　새로운 두점을 자연스러운 곡선으로 제도한다.

새로운 앞목너비 설정

앞목너비 뒤목너비와 동일하게 제도한다.

옷기장 제도
새로운 뒤목 중심점에서 디자인에 따라 몸통길이 부근 65.5cm로 제도한다.

TIP 옷의 허리선 위치 설정

신체의 허리선은 변함없지만 옷의 허리선은 디자인의 실루엣과 길이에 따라 허리존 범위 안에서 자유롭게 조절할 수 있다. 예를 들어 짧은 기장의 상의류인 경우 허리선의 위치를 인체의 허리선 보다 위로 제도해야 신체가 더 길어 보이는 효과가 있다. 따라서 옷의 허리선은 옷기장과 실루엣을 고려하여 제도해야 한다. 위 디자인의 허리선은 인체의 허리선과 같게 제도했다.

새로운 뒤어깨선 제도
새로운 어깨 경사도 새로운 옆목 점에서 12cm 나가고 4cm 내린 점.

TIP 무다트 원형에서 처럼 견갑골 다트를 분산 처리한 어깨 경사각이다.

새로운 뒤어깨선 새로운 어깨 경사도 선상에서 어깨너비만큼 나간 점.

견갑골 다트 처리 뒤목 중심점과 진동선의 이등분 선에서 1cm가량 올라간 선을 절개하여 암홀 쪽에서만 0.3cm가량 M.P처리를 해준다. 뒤암홀의 숨긴 다트량의 일부를 처리해준 것이다.

라펠 및 칼라 제도
뒤 네크라인 및 어깨선 패턴을 제도 한 다음 앞판의 옆목 네크라인을 제도하고 칼라의 스탠드 분량을 설정 한다. 그리고 앞 여밈분과 단추 위치 등을 정하고 칼라를 제도한다.

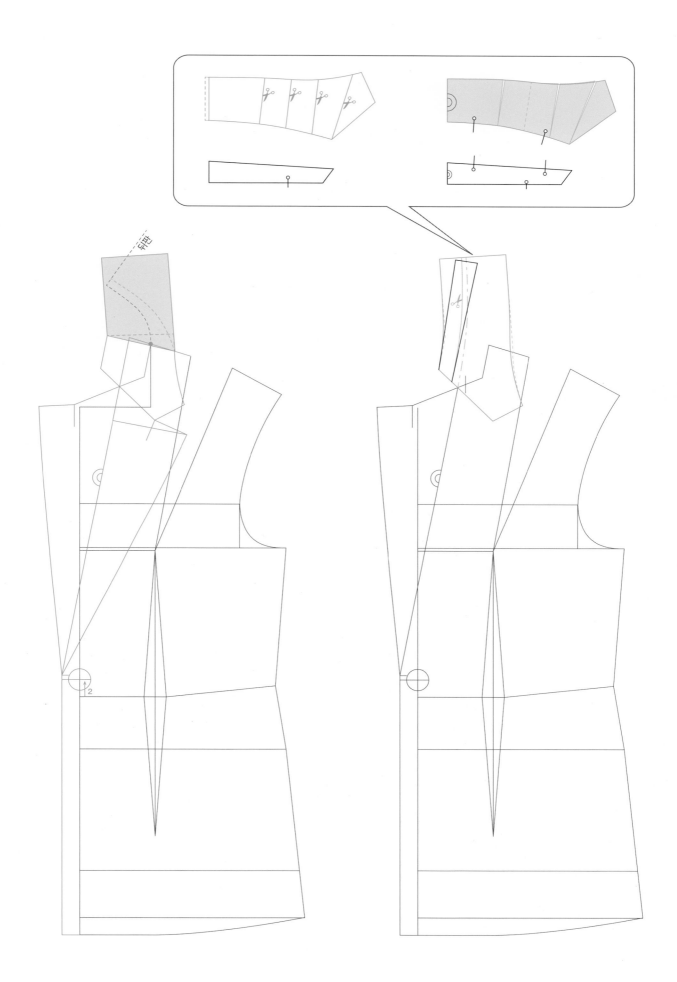

라펠 및 테일러드 칼라 제도

[제4부 목의 구조와 칼라원형]의 [제2장 칼라원형 패턴]에서

[5. 테일러드 칼라 유형], **[1) 싱글 여밈 기본 테일러드 칼라]** 부분을 참고하여 제도한다. (p194~198) 이때 제도 수치는 디자인에 따라 적용하여 제도해야 한다.

윗 칼라 및 밴드 칼라 제도

[제4부 목의 구조와 칼라원형]의 [제2장 칼라원형 패턴]에서

[5. 테일러드 칼라 유형], **[3) 밴드 칼라]** 부분을 참고하여 제도한다. (p205~207)

칼라 너치

밴드 칼라 뒤목둘레 위치에 너치표시를 한다.

윗 칼라와 밴드 칼라 각 패널의 양끝에서 3~4cm가량 들어온 곳에 너치 표시한다.

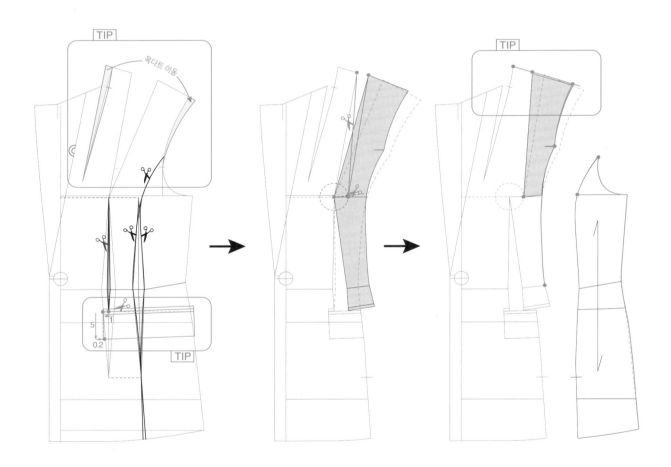

앞목 다트와 앞·뒤판 패널 라인 제도

앞목 다트 제도

[제4부 목의 구조와 칼라원형]의 [제2장 칼라원형 패턴]에서
[5. 테일러드 칼라 유형], [2) 더블 여밈 목다트 피크드 테일러드 칼라]의 [목다트] 부분을 참고하여 제도한다. (p204~205)

TIP 이때 제도 수치는 디자인에 따라 적용하여 제도하며, 이동한 목다트량 만큼 암홀쪽에서 조절한다. 앞목다트량 만큼 앞어깨가 커져서 착용감을 좋아지게 한다.
앞어깨 길이는 [뒤어깨선 길이 – 0.6cm(줄임양)]

앞 패널 디자인 라인 제도

[제 5부 다트를 활용한 디자인 라인]의 [제 3장 다트를 활용한 패널 라인]에서
[5. 가슴밑 다트가 있는 암홀 라인] 부분을 참고하여 제도한다. (p298~304)
이때 제도 수치는 디자인에 따라 적용하여 제도해야 한다.

TIP **주머니 덮개(후다)제도**

덮개 시작점 앞중심쪽 다트에서 1cm가량 앞으로 나간 점.

덮개 디자인 수평선에서 주머니 덮개 끝쪽을 0.5cm가량 올려준 선을 기준으로 덮개 폭(5cm)과 크기(13~15cm)는 디자인에 따라 결정해주면 된다. 이때 덮개 시작점에서 수직으로 덮게 폭만큼 내려준 선에서 0.2~0.3cm가량 들어간 점과 연결하여 제도한다.➕

➕주머니 덮개의 앞쪽을 조금 들어가게 해주는 이유는 주머니 봉제 완성 후 뻗치는 분량을 미리 보정해 주기 위해서이며, 덮개의 뒤쪽은 앞 솔기선의 밸런스에 맞게 모양을 제도하는 것이 좋다.

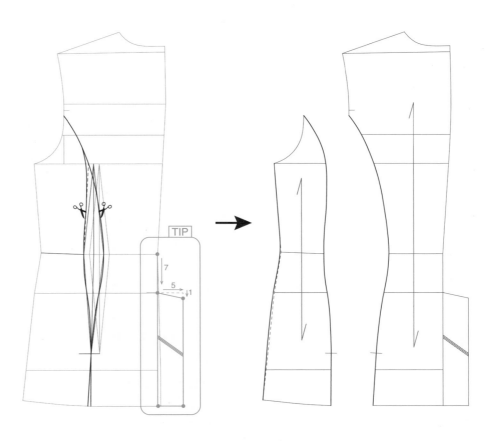

뒤 패널 디자인 라인 제도

[제5부 다트를 활용한 디자인 라인]의 [제3장 다트를 활용한 패널 라인]에서
[2. B.P존을 지나는 암홀 프린세스 라인]의 **[뒤판 디자인 라인 제도]** 부분을 참고하여
제도한다. (p287~288) 이때 제도 수치는 디자인에 따라 적용하여 제도해야 한다.
특히 뒤판 패널 폭은 앞판 패널 폭과 비교하면서 디자인을 확인한 뒤, 제도법을 적용
하여 제도해야 한다.

> **TIP 뒤트임 제도**
>
> **뒤 트임선** 허리선에서 수직으로 밑단까지 제도한다.
> 　　뒤 트임이 없을 땐 기존 다트를 유지하면 되지만 트임이 있는 디자인의 경우 트임
> 　　이 겹치는 현상이 생기므로 허리선에서 일자로 제도해 준다. 그리고 줄어든 분량
> 　　은 솔기선에서 늘려준다.
> **트임 시작점** 허리선에서 7cm가량 내려온 점.
> 　　(기장 밸런스에 맞게 트임 위치를 설정하면 된다.)
> **트임 여밈분** 트임선에서 5cm가량 평행으로 나간 선에서 1cm가량 내려온 지점까지
> 　　연결하여 제도한다.

완성선 제도

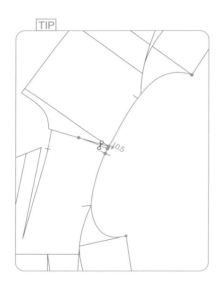
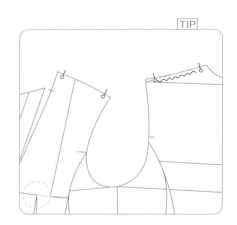

> **TIP 새로운 어깨끝점**
>
> 앞뒤어깨선의 이등분 점에서 각각 앞쪽으로 0.5cm가량 돌려주고 앞·뒤어깨끝점을
> 붙여준 다음 각지지 않도록 자연스러운 곡선으로 제도한다.✚

✚기존 어깨끝점은 착용 시, 뒤쪽
으로 돌아간 것처럼 보이게 된다.
따라서 어깨끝점을 0.5cm가량
앞으로 돌려주어 착용 시, 어깨끝
점이 앞으로 향해 보이도록 보정
해주는 것이다.

> **TIP 1차 완성 암홀선 확인**
>
> 앞·뒤어깨끝점을 기준으로 붙인 상태에서 각 패널을 암홀선 기준으로 붙인 뒤, 각지
> 는 부분이 없도록 자연스러운 곡선으로 제도한다.

✚ 우리 인체는 대부분 앞어깨 지점이 튀어 나와 있는데, 옷을 착용했을 때 그 부분이 넓어 보이지 않고 들어가 보이도록 제도하기 위해서이다.

이때 새로운 어깨끝점에서 앞쪽으로 1cm가량 나간 지점이 어깨끝점이라 생각하고 암홀선을 제도해준다.✚

어깨선 너치

앞·뒤판 어깨선 양 끝에서 1.5cm가량 부분에서 너치를 표시한다.

뒤쪽 어깨선에 있는 이즈량은 봉제로 처리한다.

TIP 2차 완성 암홀선 확인

옆 솔기선 기준으로 앞뒤 패널들을 붙인 상태에서 각진 부분이 없도록 자연스러운 곡선으로 정리해준다.

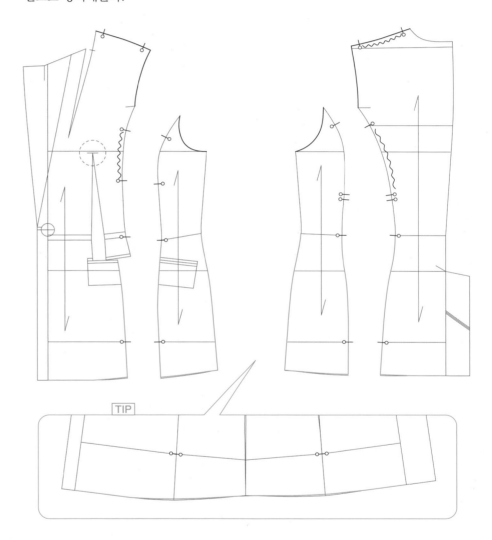

TIP 앞·뒤 밑단 정리

전 패널의 밑단을 붙인 상태에서 각진 부분이 없게 자연스러운 곡선으로 제도한다.

몸판 너치 표시

앞판 너치 앞 중심쪽 패널의 B.P존 위치에서 위 아래로 6~7cm 나간 위치에 너치 표시한다. 앞 사이드 패널은 앞 중심쪽 패널의 양끝을 기준으로 같은 위치에 너치 표시를 해준다. 앞중심쪽 패널에 생기는 이즈량은 봉제에서 처리해준다.

뒤판 너치 뒤중심쪽 패널과 뒤 사이드 패널의 암홀 끝쪽에서 5cm가량 내려온 위치와 허리선에서 위로 6~7cm 올라간 위치에 너치 표시한다. 이때 앞판과 구별하기 위해 뒤판에는 0.7~1cm위로 너치를 하나 더 표시해준다.

뒤중심쪽 패널과 뒤암홀 라인 패널 사이의 길이 차이는 뒤중심쪽 패널에 이즈로 처리해준다.

소매

소매원형 제도 : [제3부. 팔의 구조와 소매원형]의 [제2장. 소매원형 패턴]에서

[**5. 포멀한 두 장 소매원형 패턴**] 부분을 참고하여 제도한 원형에서 시작한다. (p 133~137)

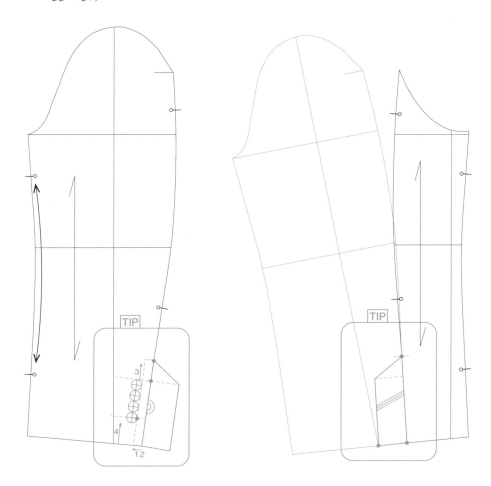

TIP 소매단 여밈 단추

단추 위치 큰소매단에서 4cm 올라가고, 완성 솔기선에서 1.2cm떨어진 위치에 첫 단추가 달린다. 첫 단추에서 일정한 간격으로 4개의 단추를 달아준다. 이때 단추와 단추 사이 간격은 디자인으로 단추끼리 맞닿게 할 수도 있고, 약간 겹치게 할 수도 있다. 여성복에서는 일반적으로 단추 사이의 간격을 조금 떨어지게 한다.

트임 위치 맨위 단추 위치에서 3cm가량 올라간 점.

큰소매 여밈 안단 큰소매 절개선에서 4cm가량 나가서 제도해준다.

작은소매 여밈분 작은소매 절개선에서 큰소매 트임 위치만큼 올려준 뒤, 여밈분분 4cm가량 제도해준다. 이때 여밈분의 밑단선은 큰소매를 붙인 상태에서 큰소매 밑단선과 겹치게 제도한다.

소매 너치 표시

안 솔기선 너치 큰소매와 작은소매의 암홀선 끝에서 6~7cm 내려간 위치와 밑단쪽에 서 10~11cm가량 올라간 위치에 너치 표시한다. 작은소매 패널을 기준으로 큰소 매의 길이가 짧은 부분을 늘림으로 봉제 할 수 있도록 제도해준다.

바깥 솔기선 너치 큰소매와 작은소매의 암홀선 끝에서 6~7cm 내려간 위치와 트임 위 치에서 10~11cm가량 올라간 위치에 너치 표시한다.

완성 패턴

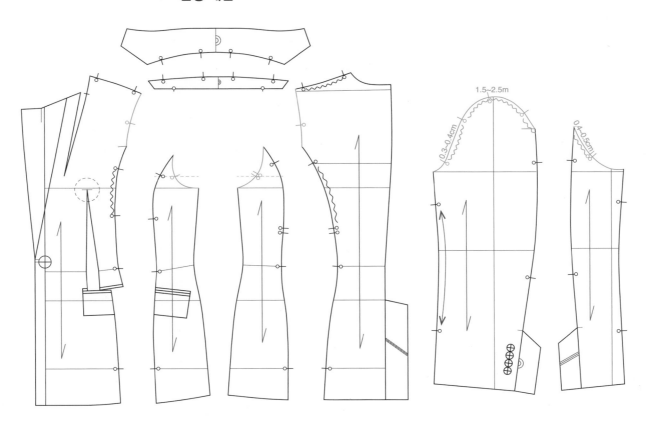

몸판 및 소매 암홀 너치 표시

몸판 암홀 너치 앞·뒤 겨드랑이쪽 너치는 품점의 이등분 선 위치에 너치를 표시한다. 이 때 뒤판에는 0.7~1cm 간격으로 하나 더 표시해주어 앞판과 뒤판을 구분해준다. 앞·뒤어깨 끝쪽에는 6~7cm가량 들어간 점을 너치 표시한다.

소매 암홀 너치 소매 패널에는 겨드랑이쪽은 몸판과 같은 양을 너치 표시하고, 앞판 중간 지점에는 0.3~0.4cm가량, 뒤판 중간 지점에는 0.4~0.5cm가량 이즈량을 주어 너치 표시한다. 어깨점 앞 뒤로는 앞·뒤 합쳐서 1.5~2.5cm가량 이즈량을 준다.

02

셔츠블라우스 Shirt blouse

디자인 해석

제시한 디자인은 레귤러핏 셔츠블라우스이다. 이 셔츠블라우스는 뒤판에 요크가 있고 어깨선을 앞쪽으로 넘어오게 한 디자인이다. 어깨선을 앞쪽으로 넘길 때는 단순히 선을 이동하는 것이 아니라 넘기는 위치에 따라 뒤어깨선의 경사각과 뒤목너비를 다르게 해야 한다. 또 뒤 요크선 아래에 중심선이나, 양쪽에 주름을 잡을 때는 디자인에 따라 다르게 적용해 주어야 하지만 보편적으로 밑단에서는 주름량의 1/2 정도 처리해 준다. 소매단에 커프스, 턱주름, 견보루가 있는 디자인으로 이 부분도 고려하여 제도한다.

키 : 160cm	
가슴둘레 : 41cm	
젖가슴둘레 : 42.5cm	
허리둘레 : 33.5cm	
엉덩이둘레 : 45.5cm	
여유량 : 4cm	

여유량은 소재와 실루엣에 따라 달라진다.

몸통원형과 소매원형 제도

디자인 해석에 따라 위 디자인의 몸통원형은 6cm 여유량의 암홀 숨김 무다트 원형으로 제도하고 소매는 보편적으로 많이 사용되는 한 장 소매원형을 제도한다. 소매는 반드시 원형 상태에서 제도한다.

몸통원형 제도 : [제6부. 무다트 몸통원형과 소매원형]의 [제1장. 무다트 몸통원형]에서
[2. 무다트 암홀 숨김다트 원형] 부분을 참고하여 원형을 제도한다. (p320~324)
이때 제도 수치 및 여유분(6cm)은 디자인에 따라 적용하여 제도해야 한다.

소매원형 제도 : [제6부. 무다트 몸통원형과 소매원형]의 [제2장.무다트 소매원형]에서
[1. 무다트 한 장 소매원형]의 **[1차 회전 제도법]**과 같은 방법으로 소매를 제도한다. (p330~334)

TIP 소매산 위치를 제도할 때, (암홀깊이 ÷ 6)에서 1.5cm가량 내려 소매산을 조금 낮게 하고, 소매 이즈량은 0이 되도록 제도한다. 패드를 넣지 않는 셔츠의 경우 소매산에 따라 이즈량이 없거나 오히려 길이를 짧게 하여 늘려서 봉제 할 수 있도록 제도해야 한다.

디자인 구현

새로운 앞·뒤목 제도와 옷 길이 설정

새로운 뒤 네크라인 제도
새로운 뒤옆목점 0.3cm가량 나간 점.
뒤목너비는 칼라 디자인에 따라 결정한다.
새로운 뒤목 중심점 새로운 뒤옆목점 (0.3cm)양의 1/2~1/3분량만 내려간 점.
새로운 점을 자연스러운 곡선으로 제도한다.

새로운 앞 네크라인 제도
앞목너비 뒤목너비와 동일하게 제도한다.
앞목깊이 0.5cm 내려간 점.

옷기장 제도
새로운 뒤목 중심점에서 옷기장(62.5cm)정도 제도한다. 셔츠 기장의 경우 하의류의 속으로 넣어서 입을지 아니면 겉으로 나오게 하여 입을지 고려하여 기장을 정해준다.

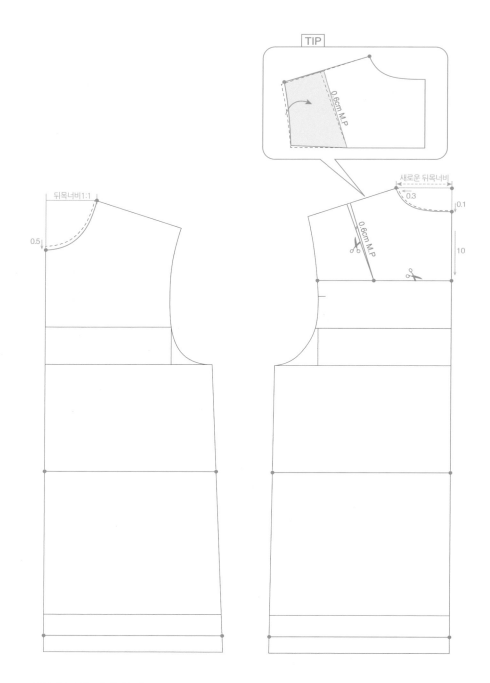

옷의 허리선 위치 설정

신체의 허리선은 변함없지만 옷의 허리선은 디자인의 실루엣과 길이에 따라 허리존
범위 안에서 자유롭게 조절할 수 있다.

요크선 제도

새로운 뒤목 중심에서 10cm가량 내려온 선을 제도한다.

TIP 뒤어깨 이즈량 처리

절개된 요크선에서 뒤어깨에 남은 이즈량 0.6cm가량 M.P시켜 처리해준다.

이때, 뒤어깨선이 꺾이지 않게 끝점끼리 직선으로 연결해준다.

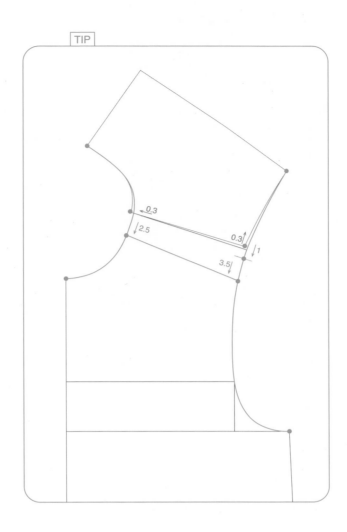

요크 제도

TIP 요크 패널 제도

앞·뒤어깨선 붙임

앞·뒤어깨선을 붙일 때, 뒤옆목점 위치는 앞옆목점보다 0.3cm가량 밖으로 나가고, 뒤어깨끝점은 0.3cm가량 띄어서 붙여준다.✤

앞·뒤목 완성선 제도

각지지 않게 자연스러운 곡선으로 제도한다.
이때 어깨끝점에서 1cm 앞으로 나간 위치를 어깨끝점이라고 생각하고 제도해준다.

요크선 제도

옆목점에서 앞목둘레로 2.5cm 나간 점과, 어깨끝점에서 앞암홀쪽으로 3.5cm 나간 점을 직선으로 제도한다.

✤ 어깨선을 1cm이상 앞으로 넘길 때, 뒤 옆목의 견갑골 부분이 들뜨는 형상이 생기게 된다. 이 부분을 보정하기 위해선 뒤목둘레를 키우고 어깨를 풀어줘서 보정한다.

앞·뒤판 제도 및 칼라 제도

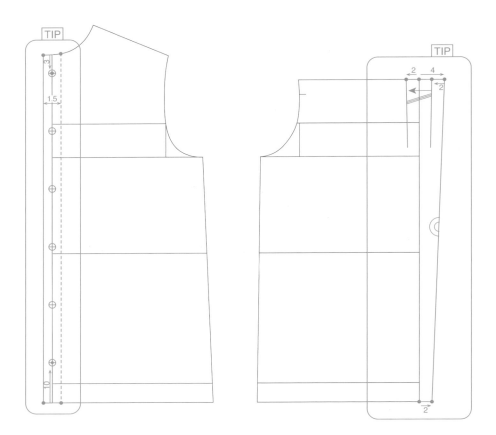

앞 여밈 설정

앞 여밈은 단추 크기에 의해 결정 된다. 따라서 단추 사이즈를 고려하여 여밈 단작 폭을 결정한다. 이 디자인은 앞중심 기준으로 1.5cm 양쪽으로 제도하였다.

앞판 단추 제도

첫 단추 위치 앞목 중심선에서 3cm 내려온 점.

마지막 단추 위치 앞 밑단의 앞 중심선에서 10cm 올라간 점.

첫 단추위치와 마지막 단추 위치를 기준으로 단추 갯수(6개)대로 균등하게 분할하여 제도한다.

새로운 뒤중심선 제도 기존 뒤중심선 기준으로 상단 주름량 4cm 나간 점과 밑단 주름량 2cm 나간 점과 연결하여 새로운 뒤중심선을 제도한다.

TIP 뒤중심의 주름량은 실루엣에 따라 추가해주면 된다. 이때 요크선에서의 주름량과 밑단에서의 주름량을 같게 하면 아래가 너무 넓어 보이므로 밑단에서는 위쪽 주름량의 절반 정도만 주는 것이 좋다.

역방향 맞주름 제도 새로운 뒤중심선을 기준으로 상단에서 2cm 들어온 선에서 주름량 4cm 들어온 선을 제도한 뒤, 턱을 접어서 절개선을 정리한다.

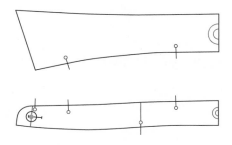

Y셔츠 칼라 제도

[제4부 목의 구조와 칼라원형]에서 [제2장 칼라원형 패턴]의 **[1. Y셔츠 칼라]** 부분을 참고하여 제도한다.

밴드 칼라 단추제도

앞중심의 이등분 점에 단추를 제도해준다.

칼라 너치

윗 칼라와 밴드 칼라의 절개선에서 같은 양으로 너치 표시한다.

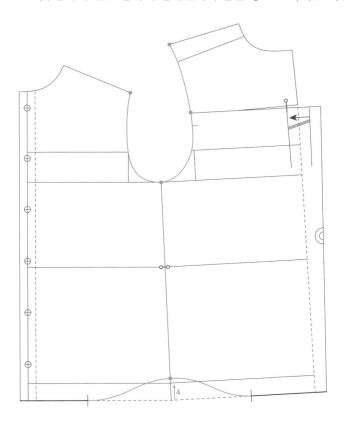

앞·뒤 밑단선 디자인 제도

앞·뒤판의 옆 솔기선을 붙인 상태에서 밑단 끝에서 4cm가량 올린 뒤, 디자인에 따라 각지지 않게 자연스러운 곡선으로 제도한다.

옆 솔기선 너치

앞·뒤 동일한 위치에 너치 표시하다.

소매

[제6부. 무다트 몸통원형과 소매원형]의 [제2장. 무다트 소매원형]에서
[1. 무다트 한 장 소매원형]의 **[1차 회전 제도법]**과 같은 방법으로 제도한 소매에서 시
작한다. (p330~334)

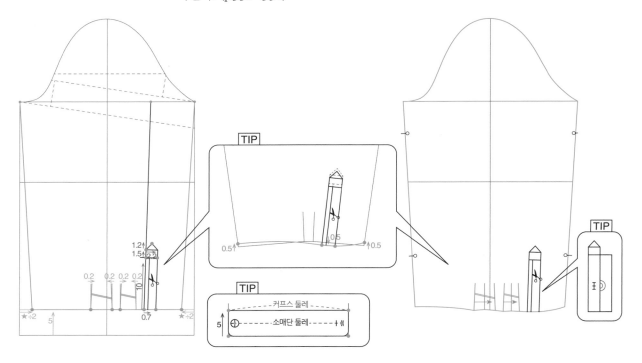

TIP 커프스 제도

커프스 높이 5cm (디자인에 따라 결정)

커프스 길이 22.5cm (여밈분이 포함된 길이로 단추를 채웠을 때 완성 길이는 20cm
정도이다.)

✚ 소매단쪽에 턱주름이 있는 경우
소매의 2차 회전을 하지 않고 턱
주름을 이용하여 2차 회전의 효과
를 줄 수 있다.

소매 턱 및 소매 밑단 제도✚

소매 밑단에서 커프스 폭만큼 올려준다.

> 기존 소매단 둘레 – { 커프스 길이(22.5cm) + 턱주름량(7cm) – 겹침분(견보루 폭–0.5cm) } = ★

소매 밑단 양쪽에서 (★ ÷ 2) 값만큼 빼준다.

견보루 제도

뒤소매 밑단의 이등분 선에서 뒤쪽으로 향하게 견보루를 제도한다.

견보루 절개선

견보루 시작점에서 0.7cm 들어간 선.

TIP 봉제를 위한 시접이며 견보루 폭이 좁은 경우엔 이보다 작은 0.5cm 들어가서
제도해 줄 수 있다. 그러나 더 들어가서 제도하게 되면 견보루에 단추가 달리는 경우
문제가 될 수 있으므로 이점을 고려해 주어야 한다.

견보루에서 1.5cm 나가서 3cm 턱을 제도한 뒤, 또 1.5cm를 띄어서 4cm턱을 제도
한다.

턱 부분을 견보루 방향으로 접은 뒤, 앞 솔기선 쪽은 0.5cm 올려주고 뒤 솔기선 쪽은
0.5cm가량 내려주어 자연스러운 곡선으로 완성선을 제도한다.

소매 솔기선 양쪽에 같은 양으로 너치를 표시한다.

완성 패턴

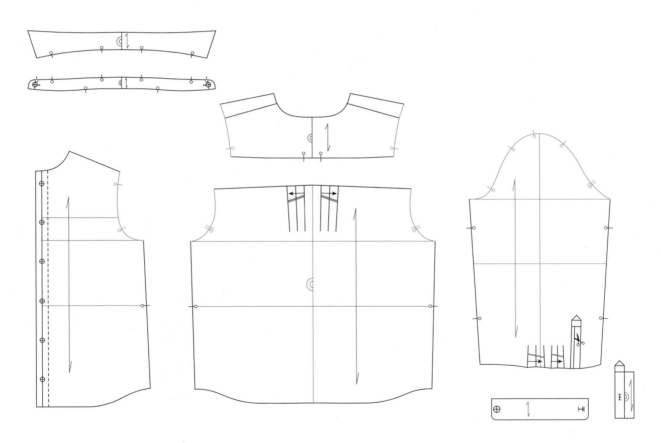

몸판 암홀 너치 앞·뒤 겨드랑이쪽 너치는 품점과 진동선의 이등분 지점에 너치를 표시
한다. 이때 뒤판에는 0.7~1cm 간격으로 하나 더 표시해주어 앞판과 뒤판을 구분
해준다.

앞·뒤어깨 끝 6~7cm가량 들어간 점에 너치 표시한다.
소매 암홀 너치 몸판 패널 너치와 같은 양의 너치를 표시한다.

03

매니시 재킷 Mannish Jacket

1. 디자인 해석

제시한 디자인은 여유량이 넉넉한 매니시한 재킷이다. 여유량이 많은 옷 일수록 패턴을 구성하며 고려해줄 것들이 많아진다. 여유량이 많을 수록 인체와 옷과의 공간 즉 공극량이 커져서 상의류 구성시 첫 번째 기준선인 가슴둘레 수평선이 무너지기 때문이다. 앞 뒤 솔기선이 무너져 앞뒤 중심으로 쏠릴 수밖에 없는 이 구조적인 문제를 예측하여 미리 보정할 수 있어야 한다. 앞판의 경우엔 앞목으로의 다트를 최대한 활용해 주고 뒤판의 경우엔 뒤 중심선의 기울기와 등높이 길이를 조정하여 보완해 줄 수 있다.

키 : 160cm	
가슴둘레 : 41cm	
젖가슴둘레 : 42.5cm	
허리둘레 : 33.5cm	
엉덩이둘레 : 45.5cm	
여유량 : 12cm	

여유량은 소재와 실루엣에 따라 달라진다.

2. 몸통원형과 소매원형 제도

디자인 해석에 따라 위 디자인의 몸통원형은 12cm 여유량의 앞목 숨김 무다트 원형으로 제도하고 소매는 기본 재킷에서 보편적으로 많이 사용되는 한 장 소매원형을 제도한다. 소매는 반드시 원형 상태에서 제도한다.

몸통원형 제도 : [제6부. 무다트 몸통원형과 소매원형]의 [제1장. 무다트 몸통원형]에서
[3. 무다트 앞목 숨김다트 원형] 부분을 참고하여 원형을 제도한다. (p325~329)
이때 제도 수치 및 여유량(12cm)은 디자인에 따라 적용하여 제도해야 한다.
TIP 목다트 양을 2cm로 제도한다.

소매원형 제도 : [제6부. 무다트 몸통원형과 소매원형]의 [제2장.무다트 소매원형]에서
[1. 무다트 한 장 소매원형]을 **[2차 회전]**하여 소매를 제도한다. (p330~335)
TIP 이때 소매산 위치를 제도할 때, (암홀깊이 ÷ 6)만 내려주고 소매 이즈량은
재킷 소매에 적당한 2.5~3cm가량을 주고 제도하는 것이 좋다.

디자인 구현

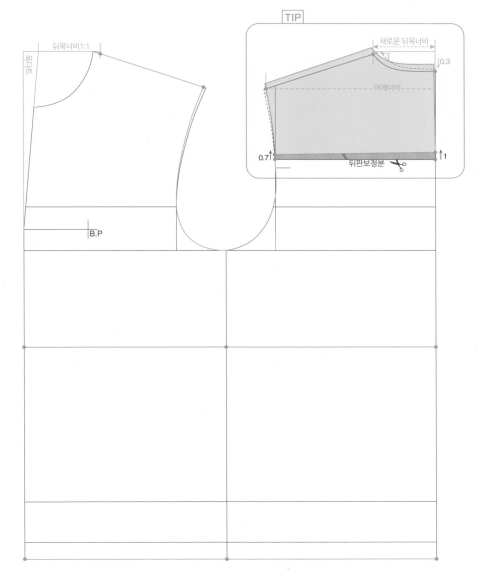

새로운 앞·뒤목 제도와 옷기장 및 옷의 허리선 설정

새로운 뒤 네크라인 제도
새로운 뒤옆목점 1cm가량 들어간 점.

　뒤목너비는 칼라 디자인에 따라 결정한다.

새로운 뒤목중심점 새로운 뒤옆목점 (1cm)양의 1/3분량만 내려간 점.

　새로운 두 점을 자연스러운 곡선으로 제도한다.

새로운 앞 네크라인 제도
앞목너비 뒤목너비와 같은 1cm만큼 들어가 제도한다.

TIP 뒤판 보정(뒤 들림분 보정)
진동깊이의 이등분 선에서 뒤중심쪽으로 1cm가량, 앞홀쪽으로 0.7cm가량 키워 제도한다. 뒤암홀의 숨긴 다트량의 일부를 처리해준 것이다.✚

옷기장 제도
새로운 뒤목 중심점에서 디자인에 따라 몸통길이 보다 조금 긴 67.5cm로 제도한다.

옷의 허리선 위치 설정
원형은 인체의 허리선을 고정된 치수로 제도한 것으로 디자인 구현을 하기 위해서는 이를 고려하여 옷의 허리선으로 다시 제도해 주어야 한다.

위 디자인의 옷의 허리선은 인체의 허리선과 비슷하여 그대로 진행하였다.

어깨선 및 어깨 사이즈
어깨 경사는 원형의 경사각을 그대로 사용한다. (그러나 패드의 유무, 두께에 따라 경사각을 조절해 주어야 한다.)

어깨 사이즈는 뒤품에서 1.2cm 나가서 제도했다. (어깨는 디자인 따라 키우고 줄일 수 있다.)

✚박시한 디자인에서 옷기장이 짧거나 하프 기장인 경우에 많이 나타는 현상으로 보정 없이 제도된 경우에는 착용시 뒤중심이 들떠 보이고 기장이 짧아 보인다. 따라서 이 부분을 보완하기 위해 키워서 제도한다.

라펠 및 칼라 제도

뒤 네크라인 및 어깨선 패턴을 제도 한 다음 앞판의 옆목 네크라인을 제도하고 칼라의 스탠드 분량을 설정 한다. 그리고 앞 여밈분과 단추 위치 등을 정하고 칼라를 제도한다.

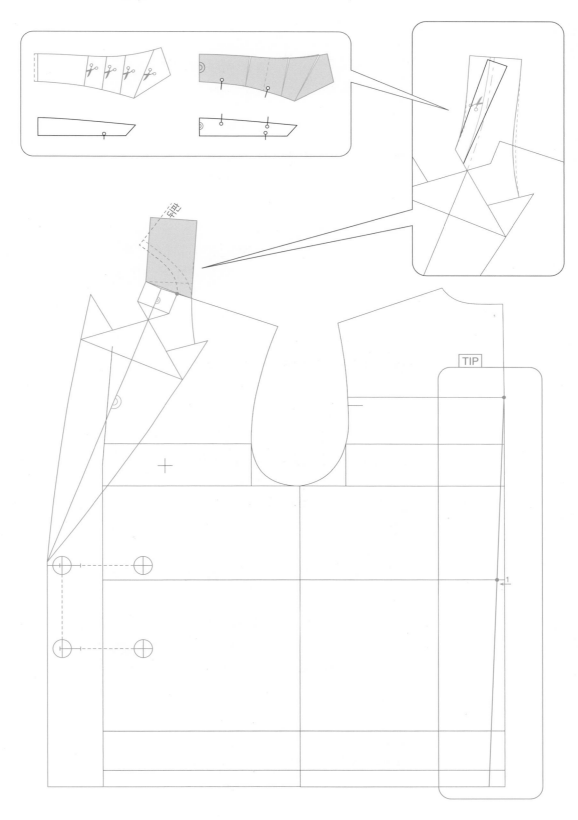

라펠 및 피크드 테일러드 칼라 제도

[제4부. 목의 구조와 칼라 원형]의 [제2장. 칼라원형 패턴]에서

[5. 테일러드 칼라 유형] **[2) 더블 여밈 목다트 피크드 테일러드 칼라]** 부분을 참고하여 제도한다. (p199~203) 이때 제도 수치는 디자인에 따라 적용하여 제도해야 한다.

윗 칼라 및 밴드 칼라 제도

[제4부. 목의 구조와 칼라원형]의 [제2장. 칼라원형 패턴]에서

[5. 테일러드 칼라 유형] **[3) 밴드 칼라]** 부분을 참고하여 제도한다. (p205~207)

칼라 너치

밴드 칼라 뒤목둘레 위치에 너치표시 한다.

윗 칼라와 밴드 칼라 각 패널의 양끝에서 3~4cm가량 들어온 곳에 너치표시 한다.

TIP 뒤중심선 보정

디자인에 뒤트임이 있는 경우에는 뒤중심에서 진동선의 이등분 점과 허리선에서 1cm가량 들어온 점을 연결하여 밑단선까지 연장선으로 제도한다.✚

✚박시한 스타일에 뒤트임이 있는 경우, 원형 그대로 사용하게 되면 뒤중심 틈 부분이 쏠려 겹쳐지는 현상이 생긴다. 따라서 이 부분을 위와 같이 보정해 주면 겹치는 문제를 보완해 줄 수 있다.

앞·뒤판 패널라인 제도

앞·뒤 패널 디자인 라인 제도

[제5부. 다트를 활용한 디자인 라인]의 [제3장. 다트를 활용한 패널 라인]에서

[6. 앞·뒤 솔기선 한 장 패널 라인 (통사이바)] 부분을 참고하여 제도한다. (p305~307)

TIP 이때 무다트 원형이기 때문에 다트가 없어 다트를 분산하여 제도할 때 어려움이 있지만, 기본 다트원형의 앞·뒤 다트 비율을 그대로 적용하여 분산해주면 된다.

> 뒤 총 다트량(4.5cm) − 2.5~3cm = 앞 총 다트량(1.5~2cm)

또한 앞판 B.P점에서 1.5cm가량 나간 위치를 기준으로 [가슴 밑 다트가 있는 암홀 라인]처럼 가슴 밑으로 0.5cm가량의 다트를 제도하며, 다트 끝점은 허리선 기준으로 8cm가량 내려온 점으로 제도한다. 그리고 품점에서 1cm가량 위로 절개선을 주어, 무다트 원형의 숨은 암홀 다트 중 0.7cm가량만 허리선 쪽으로 M.P 처리해준다.

TIP 주머니 덮개(후다) 제도

덮개 시작점 앞중심쪽 다트에서 1.2cm가량 앞으로 나간 점.

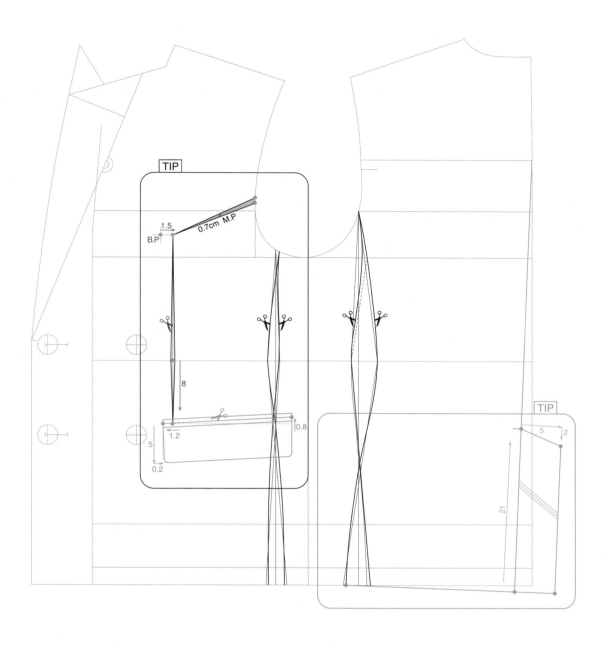

덮개 디자인 수평선에서 주머니 덮개 끝쪽에 0.8cm가량 올려준 선을 기준으로 덮개 폭(5cm)과 크기(13~15cm)는 디자인에 따라 결정해주면 된다. 이때 덮개 시작점 에서 수직으로 덮게 폭만큼 내려준 선에서 0.2~0.3cm가량 들어간 점과 연결하여 제도한 선.✚

✚주머니 덮개의 앞쪽을 조금 들 어가게 해주는 이유는 주머니 봉 제 완성 후 뻗치는 분량을 선 보정 해 주는 것이며, 덮개의 뒤쪽은 앞 솔기선의 밸런스에 맞게 모양을 제도하는 것이 좋다.

TIP **뒤트임 제도**

트임 시작점 뒤중심선 밑단에서 21cm가량 올라온 점.

트임 여밈분 트임선에서 5cm가량 평행으로 나간 선에서 2cm가량 내려온 지점까지 연결하여 제도한다.

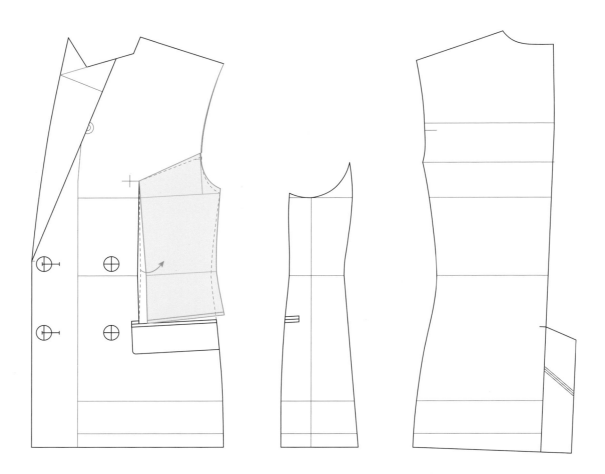

각 패널 부분을 절개하여 분산시킨다. 이때 앞판 암홀 다트 부분을 M.P처리 한 후, 앞
암홀선 정리를 해준다.

완성선 제도

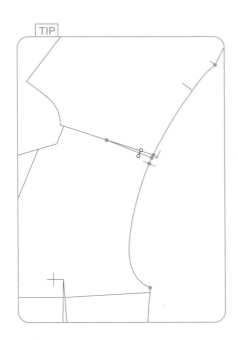

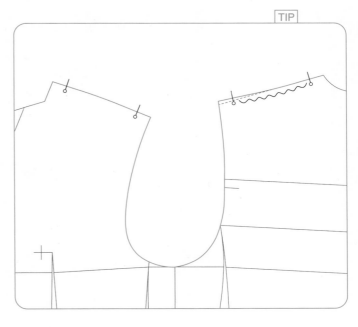

➕기존 어깨끝점은 착용 시, 뒤쪽으로 돌아가 보이게 된다. 따라서 어깨끝점을 0.5cm가량 앞으로 돌려주어 착용 시, 어깨끝점이 앞으로 향해 보이도록 보정해주는 것이다.

TIP 새로운 어깨끝점

앞·뒤어깨끝점을 기준으로 붙여준 뒤, 어깨선의 이등분 점에서 앞쪽으로 0.5cm가량 돌려주어 각지지 않도록 자연스러운 곡선으로 제도한다.➕

TIP 1차 완성 암홀선 확인

앞·뒤어깨끝점을 기준으로 붙인 상태에서 각 패널을 암홀선 기준으로 붙인 뒤, 각지는 부분이 없도록 자연스러운 곡선으로 제도한다.

이때 새로운 어깨끝점에서 앞쪽으로 1cm가량 나간 점을 기점을 어깨끝점이라 생각하고 암홀선을 제도해준다.

어깨선 너치

앞·뒤판 어깨선 양 끝에서 1.5~2cm가량 부분에서 너치를 표시한다.

뒤쪽 어깨선에 있는 이즈량은 봉제로 처리한다.

TIP 2차 완성 암홀선 확인

옆 솔기선 기준으로 앞뒤 패널들을 붙인 상태에서 각지는 부분이 없도록 자연스러운 곡선으로 정리해준다.

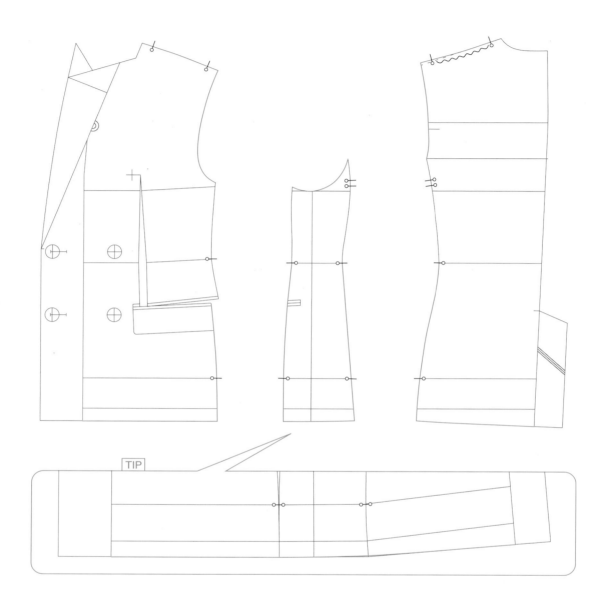

TIP 앞·뒤 밑단 정리

전 패널의 밑단을 붙인 상태에서 각진 부분이 없게 자연스러운 곡선으로 제도한다.

몸판 너치 표시

앞판과 한 장 패널 너치 각각 암홀쪽에서 3~5cm아래에 시작 너치를 줄 수 있고 기본
너치인 허리선 너치와 엉덩이선 너치를 표시한다.

뒤판과 한 장 패널 너치 각각 암홀쪽에서 3~5cm아래에 시작 너치를 줄 수 있고 기본
너치인 허리선 너치와 엉덩이선 너치를 표시한다. 이때 앞판과 구별하기 위해 뒤
판에는 암홀쪽에서 너치 위치에서 0.7~1cm아래로 너치를 하나 더 표시해준다.

소매

[제6부. 무다트 몸통원형과 소매원형]의 [제2장. 무다트 소매원형]에서

[1. 무다트 한 장 소매원형]을 **[2차회전]**하여 제도한 소매에서 시작한다. (p131~132)

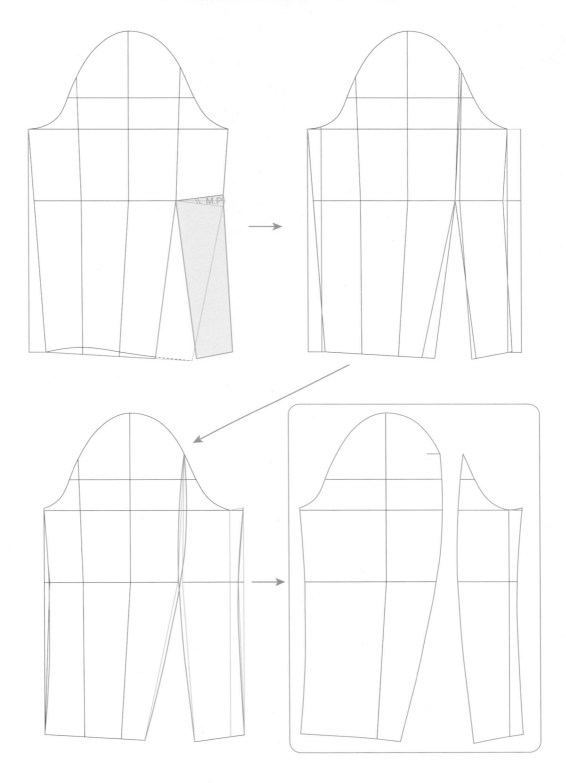

한 장 소매 변형

[제3부 팔의 구조와 소매원형]의 [제2장 소매원형 패턴]에서 [4. 한 장 소매 변형(두 장소
매)]의 **[4-2 포멀한 두 장 소매로 변형]** 부분을 참고하여 제도한다. (p131~132)
이때 제도 수치는 디자인에 따라 적용하여 제도해야 한다.

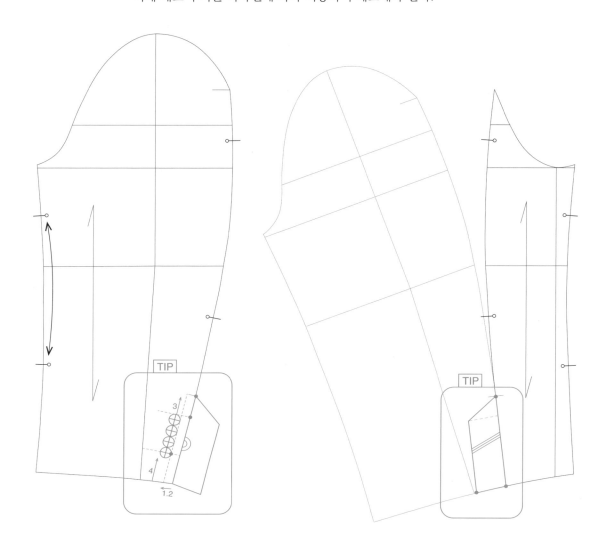

TIP 소매단 여밈 단추

단추 위치 큰소매단에서 4cm올라가고, 완성 솔기선에서 1.2cm떨어진 위치에 첫 단
추가 달린다.
첫 단추에서 일정한 간격으로 4개의 단추를 달아준다.

트임 위치 맨위 단추 위치에서 3cm가량 올라간 점.

큰소매 여밈 안단 큰소매 절개선에서 4cm가량 나가서 제도해준다.

작은소매 여밈분 작은소매 절개선에서 큰소매 트임 위치만큼 올려준 뒤, 여밈분 4cm
가량 제도해준다. 이때 여밈분의 밑단선은 큰소매를 붙인 상태에서 큰소매 밑단
선과 겹치게 제도한다.

안 솔기선 너치 큰소매와 작은소매의 암홀선 끝에서 6~7cm 내려간 위치와 밑단쪽에
서 10~11cm가량 올라간 위치에 너치 표시한다. 작은소매 패널을 기준으로 큰소
매의 길이가 짧은 부분을 늘림으로 봉제 할 수 있도록 제도해준다.

바깥 솔기선 너치 큰소매와 작은소매의 암홀선 끝에서 6~7cm 내려간 위치와 트임 위
치에서 13~15cm가량 올라간 위치에 너치 표시한다.

완성 패턴

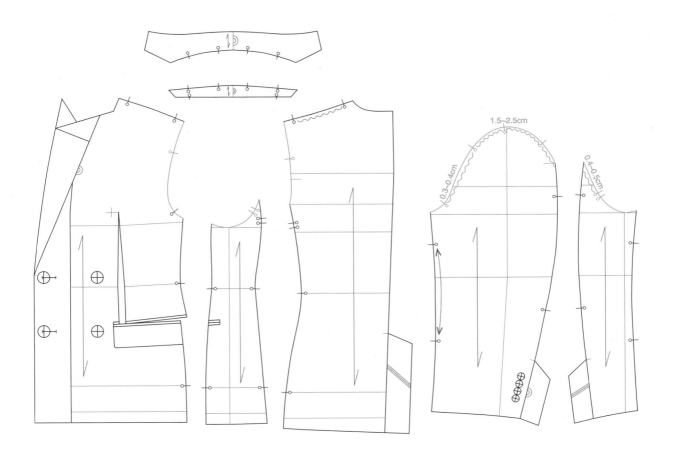

몸판 및 소매 암홀 너치 표시

몸판 암홀 너치 앞·뒤 겨드랑이쪽 너치는 품점의 이등분 선 위치에 너치를 표시한다. 이
때 뒤판에는 0.7~1cm 간격으로 하나 더 표시해주어 앞판과 뒤판을 구분해준다.
앞·뒤어깨 끝쪽에는 6~7cm가량 들어간 점을 너치 표시한다.

소매 암홀 너치 소매 패널에는 겨드랑이쪽은 몸판과 같은 양을 너치 표시하고, 앞판
중간지점에는 0.3~0.4cm가량, 뒤판 중간 지점에는 0.4~0.5cm가량 이즈량을 주
어 너치 표시한다.
어깨점 쪽은 앞·뒤 합쳐서 2~2.5cm가량 이즈량을 준다.

참고 문헌

국내문헌

수잔네 다이허, 주은정 역, <피트 몬드리안>, 서울 : 마로니에북스, 2007

장 장제르, 김교신 역, <르 꼬르뷔지에 인간을 위한 건축>, ㈜시공사, 2009

안드레 보겐스키, 이상림 역, <르 꼬르뷔지에의 손>, ㈜공간사, 2006

새러 심블릿, 최기득 역, <예술가를 위한 해부학>, 서울 : 도서출판 예경, 2009

Donald A. Neumann, 채윤원 외 역, <뉴만 KINESIOLOGY>, 서울 : 범문에듀케이션, 2018

Louise Gordon, 윤관현 역, <움직이는 인체>, 경기도: 도서출판 아트나우, 2000

Victor Perard, <미술 해부학과 드로잉>, 서울 : 도서출판 이종, 2012

앤드류 루미스, 서지수 역, <인체 드로잉>, 서울: 봄봄스쿨, 2020

미사와 히로시, 조민경 역, <인물을 그리는 기본>, 서울 : ㈜에이케이커뮤니케이션즈, 2016

아틀리에 21, 조민경 역, <인물 크로키의 기본>, 서울 : ㈜에이케이커뮤니케이션즈, 2017

하야시 하카루, 문성호 역, <여성의 몸 그리는법>, 서울 : ㈜에이케이커뮤니케이션즈, 2019

비브 포스터, 홍지석 역, <해부학과 인체 드로잉 바이블>, 서울 : 마로니에북스, 2005

라이프에이드 연구소, <13가지 체형교정법>, 서울 : ㈜용감한컴퍼니

토비 레스터, 오숙은역, <다빈치 비투루비우스 인간을그리다>, 서울 : 도서출판 부리와이파리, 2014

마리오 리비오, 권민역, <황금비율의 진실>, 서울 : 공존, 2013

지오르지오 바자리, 이근배역, <그네상스의 미술가 평전>, 서울 : 한명출판, 2000

최병길, <미술해부학>, 서울 : 미진사, 2011

코바야시 모리타, 김동역 역, <건축미의 과학적 탐구>, 서울 : 보문당, 2004

Marilyn Revell DeLong, 금기숙 역, <복식조형의 보는 시각>, 서울 : 도서출판 이즘, 1997

김도식 외 11인, <LE CORBUSIER 건축작품읽기>, 서울 : 기문당, 2002

김개천, <미의신화>, 서울 : 컬처그라퍼, 2012

이은영,<복식디자인론>, 서울 : 교문사, 2007

김민자,<복식미학>, 서울 : 교문사, 2013

안동진,<TEXTILE SCIENCE 섬유기초지식>, 서울 : (주)한올출판사, 2021

고이케 지에, 이정임역, <복장조형론>, 서울 : 예학사, 1998

三吉 滿智子, 옹혜정 외3명 역, <복식조형학>, 서울 : 교학연구사, 2002

나가자와 스스무, 나미향 외1명 역, <의복과 체형>, 서울 : 예학사, 1999

Brown, P, 김용숙 역, <기성복분석>, 서울 : 경춘사, 1999

뮐러 부자, 현대기술서적편찬역, <여성복재단의 완성>, 서울 : 현대문화사, 1978

국내문헌

고이케지에, 이효진, <입체재단>, 서울 : 예학사, 2003

곤도렌코, 라사라 교육개발연구원, <입체재단의 원리>, 서울 : 도서출판라사라, 1993

김혜경 외 7명, <피복인간공학 실험설계방법론>, 서울 : 교문사, 1997

심부자, <피복 인간 공학>, 서울 : 교문사, 1996

박혜숙 외3명, <피복구성학>, 서울 : 교학연구사, 1998

강순희 외1명, <의복의 입체구성>, 서울 : 교문사, 2004

유송옥 외2명, <패션디자인>, 서울 : 수학사, 2012

강여선 외1명, <여자 기성복 기본패턴설계>, 서울 : 수학사, 2015

조덕남, <체형학 룰 패턴>, 서울 : 경춘사, 2004

임병렬, <팬츠 제도법>, 서울 : 전원문화사, 2003

Size Korea 한국인 인체치수조사, <제7차 한국인인체치수조사자료>, 2015

Size Korea 한국인 인체치수조사, <제8차 한국인인체치수조사자료>, 2022

국외문헌

Carlo Secoli, <Modellistica basi Donna>, Milano: Istituto Carlo Secoli, 2008.

HELEN JOSEPH ARMSTRONG, <DRAPING for apparel design>, New york : Bloomsbury Publishing Inc, 2013

Burgo, P, <IL MODELLISMO>, Milano: Isutituto di Moda Burgo, 2009

Antonio Donnanno, <la Tecnica dei Modelli>, Milano: Settimo milanese, 2002

Sistem M. Muller & Shon, <Skirt and Trouser>, Munich: muellersohn , 2012

Dominique PELLEN, <WOMENSWEAR COLTHING>, Belgique: dp studio, 2014

Guido Hofenbitzer, <Bekleidung>, Dusselberger: Verga Europa Lehrmittel, 2009

Teresa Gilewska, <Le modeleisme de mode>, paris: Editions Eyrolles, 2008

Elizabeth Liechty외2명, <FITTING and PATTERN ALTERATION>, New York: 3rd Edition, 2016

Thomas von Nordbien, <Vintage Couture Tailoring>, wiltshire: The Crowood Press, 2012

Sylvie 외1명, <COUTURE passion>, paris: HACHETTE, 1997

국외문헌

Santo Zumbino, <Manuali di SARTORIA ARTIGIANALE>, Milano: Edizioni LSWR, 2017

Anntte Duburg 외1명, <IL Moulage>, italia: promopress editions, 2017

Winifred Aldrich, <METRIC PATTERN CUTTING>, UK: Blackwell Pulishing, 2004

Jansen 외1명 <Systemschnitt>, Berlin:Schiel & schon, 1994

Sarah Thursfield, <The Medieval Tailor's Assistant>, USA:Costume&Fashion Press, 2001

Lily Silberberg, 외1명, <The art of Dress Modelling>,Dunstable: Shoben Fshion Media, 1998

Martin M. shoben 외1명, <PATTENG CUTTING and MAKING UP>, London: Revised Editio,1987

Dawn Cloake, <Cutting and Draping Special Occasion Clothes>, London:B.T.Batsford, 1998

小野喜代司, <PATTERN MAKING>, 東京: 学校法人文化学園 文化出版局 , 2011

인터넷 자료

https://sizekorea.kr/ (한국인 인체치수조사)

보건복지부 한약처방 100가지에 들어가는 약초 수록

올컬러
약초약재

쉽게 풀어 쓴

본초학

한국학자료원

저자와의
협의로 인지
생략함

쉽게 풀어 쓴 본초학

초판 1쇄 발행 - 2021년 06월 05일
지은이 - 동의보감 약초사랑
편집 기획 - 행복을만드는세상

발행인 - 윤영수
발행처 - **한국학 자료원**
출판등록 - 제312-1999-074호
서울시 구로구 개봉본동 170-30
　　　02)3159-8050
특판부 02)3159-8051
　　　010-4799-9729
graphity@naver.com

ISBN 979-11-91175-17-2 (13510)

보건복지부 한약처방 100가지에 들어가는 약초 수록

올컬러
약초약재

쉽게 풀어 쓴

본초학

한국학자료원

약초는 자연에서 얻어지는 식물약재, 동물약재, 광물약재 등을 말하며, 이 중 식물약재가 가장 많이 쓰이므로 예부터 '약재는 초草가 본本이다' 라는 뜻으로 본초本草라고 하였다. 신농본초경, 본초강목 등의 고서에서 볼 수 있는 본초라는 말은 이미 고대어가 되었고 현재는 한약, 한약재가 같은 뜻으로 쓰이고 있다. 지금까지 발견된 한약재는 무려 4,000종이 넘으나 통상 조제에 사용되는 한약재는 200~400종 내외이다. 본초강목에서는 1,892종의 약물과 11,000여 가지 의 처방전을 기록하여 두었으나 현재 국내에서 의서로 널리 이용되는 동의보감이나 방약합편과 민방으로 자주 쓰이는 약제는 대략 200~300여 가지가 있고 새로운 검증에 의하여 자꾸만 늘어나고 있다.

식물이나 동물, 광물 등에서 약초로서 인식된 것은 주위환경에 적응하려는 천부적인 능력에 의해서 시행착오의 여러 경험을 통해 유독·무독의 성능을 알게 되고, 식이 여부와 약물로서의 효능과 작용을 알게 된 과정을 통해서이다.

생약 중 가장 광범하게 응용되고 있는 것은 주로 식물성 약물로서 뿌리, 뿌리줄기, 나무껍질, 잎, 꽃, 씨 및 전초 등이다. 예를 들어 현대의학에서 강심제로 사용하는 디기탈리스는 스코틀랜드의 민간약에서 유래되었고, 카밀레꽃의 진경(경련을 가라앉힘) 및 발한제와 하제로 쓰이는 센나잎은 유럽의 민간약에서 유래된 것이라는 사실이다.

　이와 같이 많은 사람이 직접 먹어보거나 맛을 보아 물질에 대한 특수작용을 시험하였고, 발생한 질병의 시기나 절기, 기후에 대해서 경험적인 근거를 이용하였으며, 앞에서 말한 것처럼 인간의 자연에의 적응과정에서 여러 시행착오를 통한 경험의 집적에서 유래된 물질들을 질병의 치료에 사용하였다.

　이러한 것을 직접 치료에 사용해 봄으로써 여러 경험을 통한 실증을 얻게 되었다. 이로 인하여 어떠한 물질을 가지고 질병을 치료할 수 있는 약물로 삼게 된 것이며, 이렇게 함으로써 인류가 의약에 대한 지식을 알게 되었고, 또 생활 속에서 실천하는 동안이나, 같은 질병을 여러 차례 치료하는 동안 부단한 창조와 풍부한 경험을 쌓아서 전해져 내려온 것이다.

쉽게 풀어 쓴 본초학

차 례

희렴초 • 186

제5장 방향화습약

곽향 • 188

백두구 • 190

사인 • 191

창출 • 192

초과 • 194

후박 • 196

패란 • 198

제6장 이수삼습약

금전초 • 200

동규자 • 201

동과피(박) • 202

등심초 • 204

복령 • 206

의이인 • 208

인진호 • 210

저령 • 212

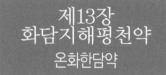

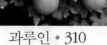

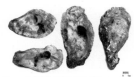

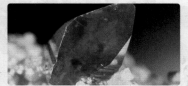

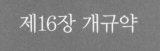

제17장 보허약
보기약

감초 • 362

교이 • 364

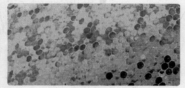
꿀 • 365

대조 • 366

백출 • 368

백편두 • 370

산약 • 372

인삼 • 374

황기 • 376

보양약

녹용 • 378

두충 • 380

보골지 • 382

선모 • 383

속단 • 384

쇄양385

육종용 • 386

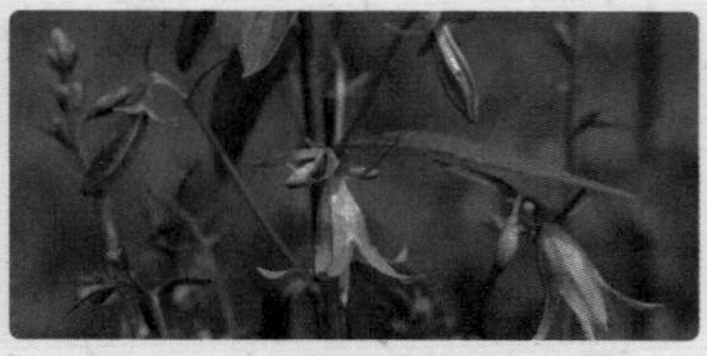

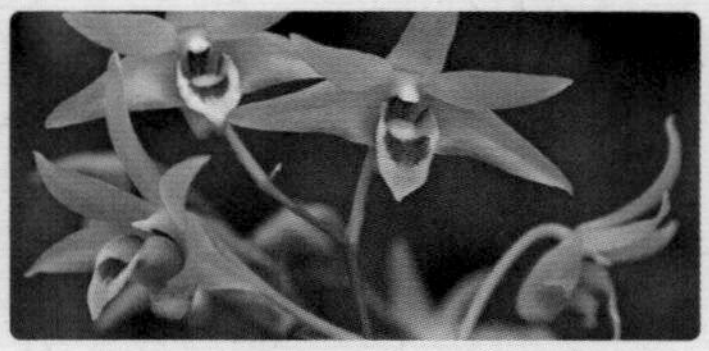

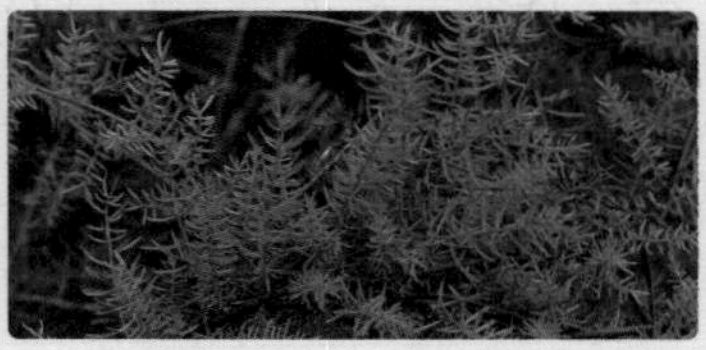

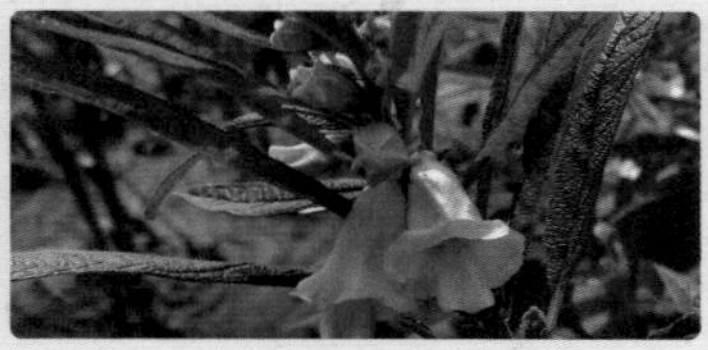

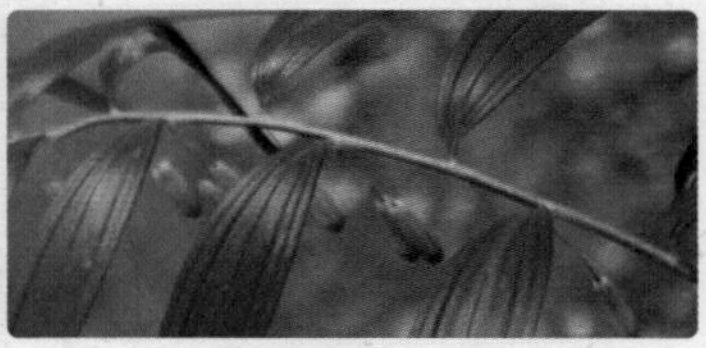

제18장 수삽약

고표지한약

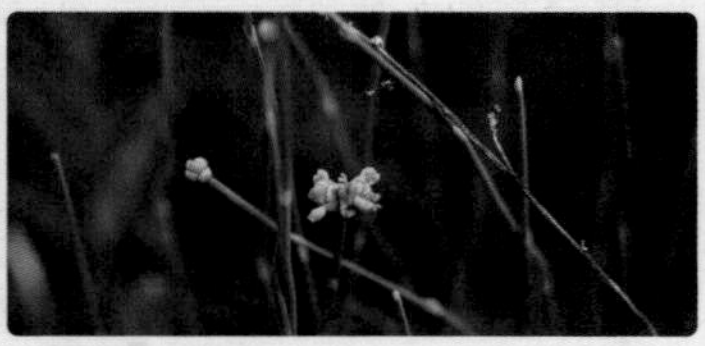

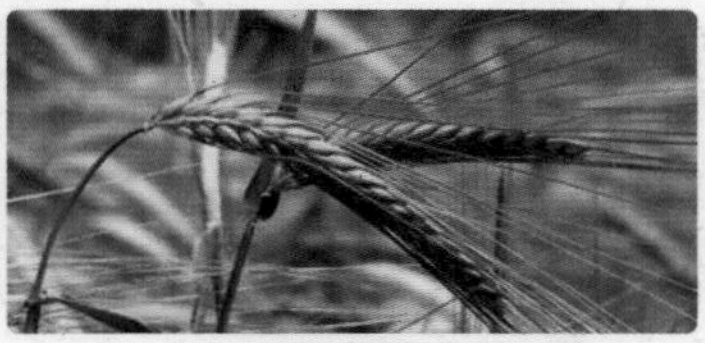

염폐지해약

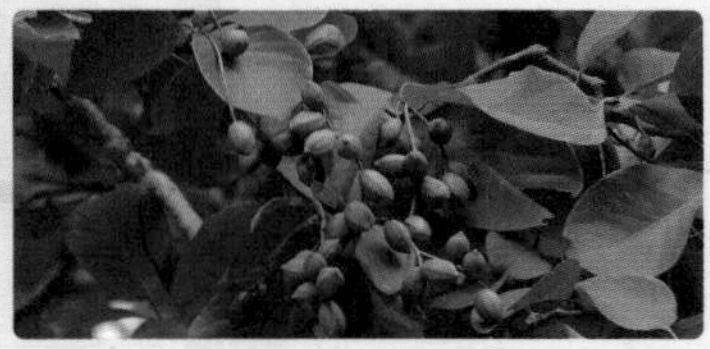

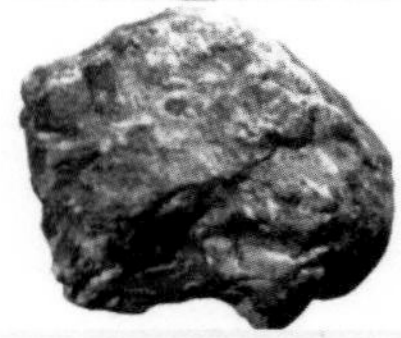

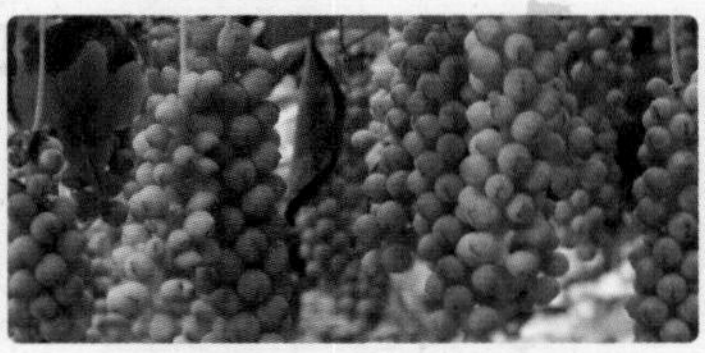

삽장지사약

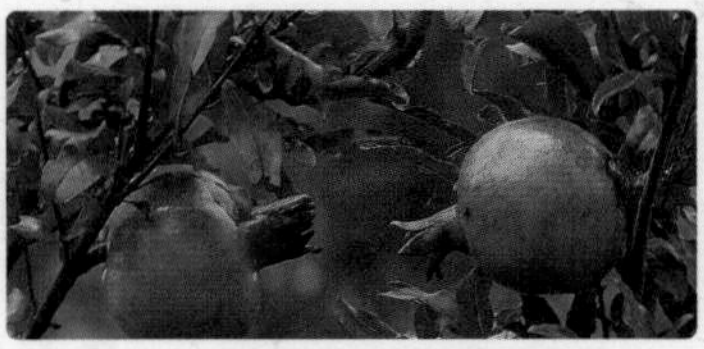

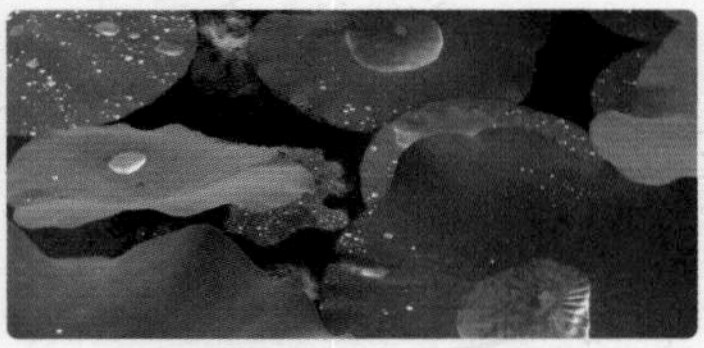

삽정지유약

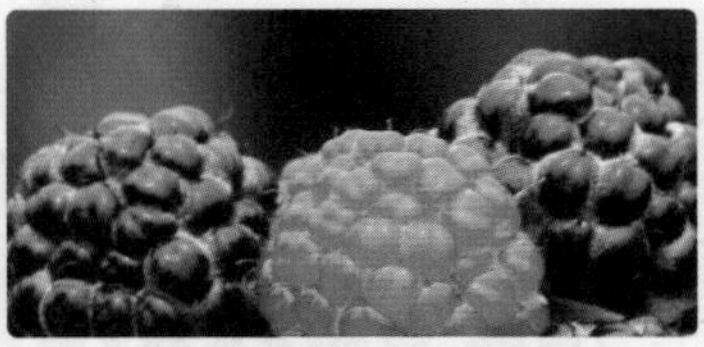

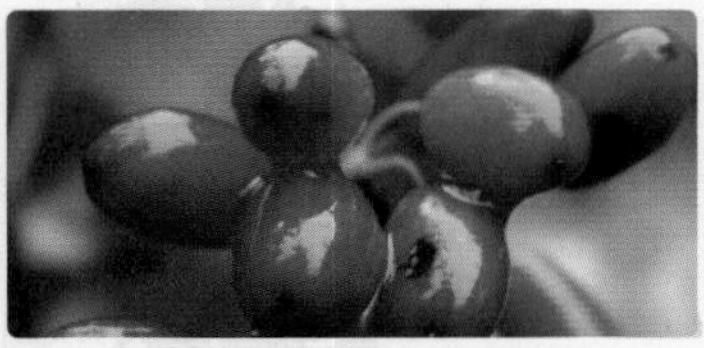

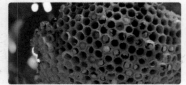

본초학 총론

1. 본초학의 기본 개념

한약재는 자연에서 얻어지는 식물약재, 동물약재, 광물약재 등을 말하며, 이중 식물약재가 가장 많이 쓰이므로 예부터 '약재는 초草가 본本이다' 라는 뜻으로 본초本草라고 하였다. 신농본초경, 본초강목 등의 고서에서 볼 수 있는 본초라는 말은 이미 고대어가 되었고 현재는 '한약', '한약재'가 같은 뜻으로 쓰이고 있다. 지금까지 발견된 한약재는 무려 12,000종이 넘으나 통상 조제에 사용되는 한약재는 200~300종 내외이다. 본초강목에서는 1,892종의 약물과 11,001가지 처방전을 기록하여 두었으나 현재 국내에서 의서로 널리 이용되는 동의보감이나 방약합편과 민방으로 자주 쓰이는 약제는 대략 400여 가지가 있고 새로운 검증에 의하여 자꾸만 늘어나고 있는 실정이다.

모든 한약재는 각기 편성偏性을 가지고 있다. 이 편중된 성질, 즉 약성藥性을 이용함으로써 질병이 나타내는 불균형 상태를 바로잡을 수 있다. 약성의 내용에는 사기四氣 오미五味, 승강昇降 부침浮沈, 귀경歸經, 배합配合, 금기禁忌 등이 있다.

2. 사기四氣와 오미五味

• 사기四氣

사기四氣는 한寒, 열熱, 온溫, 량凉의 네 가지 약성을 말하며, 사기이론은 약물이 인체에 작용하여 생기는 반응과 치료효과를 개괄하여 나온 것이다. 석고, 지모, 치자 등과 같이 열증을 치료하는 것은 한량 약물이고, 부자, 육계, 건강 등과 같이 한증을 치료하는 것은 온열약물이다. 이외에 미한微寒 또는 미온微溫의 평성平性약물이 있으나 역시 사기의 범위에 포함된다. 사기는 한약재의 응용에 있어서 가장 중요시되는 약성이다.

• 오미

오미는 산酸, 고苦, 감甘, 신辛, 함鹹의 기본적인 다섯 가지 맛을 말하며, 오미이론은 입으로 맛을 보는 것과 인체에 작용하여 생기는 반응을 종합하여 나온 것이다. 이외에도 담淡, 삽澁 등이 있으나 통칭하여 오미라고 부른다. 오미의 치료작용은 다음과 같다.

• 신미辛味	발산, 행기行氣, 행혈行血의 작용이 있고, 대개 표증表證이나 기혈氣血조체阻滯증에 사용된다. 마황, 박하, 목향, 천궁 등
• 감미甘味	보익補益, 화중和中, 완급緩急지통止痛의 작용이 있고, 대개 허증虛證이나 통증, 해독에 사용된다. 숙지황, 만삼, 이당, 감초 등
• 산미酸味	수렴收斂, 고삽固澁의 작용이 있고, 대개 허한虛汗이나 설사, 유정遺精 등에 사용된다. 오미자, 오매(烏梅), 오배자, 산수유 등
• 고미苦味	청열清熱, 강기降氣, 통변通便, 조습燥濕의 작용이 있고, 대개 열증熱證, 천식, 변비, 습증濕證 등에 사용된다. 황금, 치자, 행인, 대황, 용담초, 황련 등
• 함미鹹味	통변通便, 연견軟堅산결散結의 작용이 있고, 대개 변비, 영류, 적취積聚 등에 사용된다. 망초, 모려, 해조, 별갑 등
• 담미淡味	삼습, 이뇨利尿의 작용이 있고, 대개 수종水腫, 각기脚氣, 소변 불리 등에 사용된다. 백복령, 저령, 택사, 의이인 등
• 삽미澁味	산미酸味와 비슷하게 수렴, 고삽의 작용이 있고, 허한虛汗, 설사, 빈뇨頻尿, 출혈 등에 사용된다. 연자육, 용골, 오적골 등

3. 승강昇降부침浮沈

질병에 따라서는 그 병세가 위를 향하든가(구토, 기침 등), 아래를 향하든가(설사, 탈항 등), 밖을 향하든가(자한, 도한 등), 안을 향하든가(표증이 이증으로) 하는 일정한 방향성을 나타낸다. 따라서 한약에도 병세의 방향성에 맞추어 이를 치료하기 위한 승강昇降부침浮沈이라는 약물이 작용하는 방향성이 있다. 승昇은 위로 올리고, 강降은 아래로 내리고, 부浮는 밖으로 발산하고, 침沈은 안으로 수렴하는 작용을 말한다.

승강昇降부침浮沈은 약물 자체의 사기와 오미 및 수치법과 밀접한 관계가 있다. 승昇, 부浮하는 약물은 대개 온溫열熱성, 신辛감甘미를 가지고 있고, 침沈,강降하는 약물은 대개 한寒량凉성, 산酸고苦함鹹삽澁미를 가지고 있다. 또한 같은 약물이라도 수치법修治法에 따라서 주초酒炒를 하면 상승하게 되고, 강즙초薑汁炒를 하면 발산하게 되고, 초초醋炒를 하면 수렴하게 되고, 염초을 하면 하강하게 된다.

4. 귀경 歸經

귀경歸經은 약물이 인체 어떤 부위에 대하여 선택적인 작용을 하는 것을 말한다. 즉 어떤 약물은 일정한 장부, 경락에 대하여 특수한 친화작용이 있기 때문에 특정한 부위의 병변에 대하여 특수한 치료 작용을 나타내게 되며, 귀경이 다르면 치료 작용도 없거나 적게 된다.

귀경은 약물이 병을 고치는 적용범위를 가리키며, 약효가 어디에 듣는지를 말해준다. 예를 들어, 청열淸熱약이라도 폐肺열에 듣는 약과 위胃열에 듣는 약이 다르고, 보약補藥이라도 폐를 보하는 약과 비脾를 보하는 약이 다르다.

귀경歸經이론은 장부臟腑경락經絡학설을 기초로 하고, 약물이 치료효과를 나타내는 구체적인 병증을 근거로 해서 장기간의 임상경험을 통하여 형성된 것이다.

5. 배합 配合

한약 발전의 초기에는 질병치료에 단방單方약 위주였으나, 약물의 품종이 점점 많아지고 질병의 양상도 복잡하게 변함에 따라 여러 약물을 배합하여 응용하는 방법이 나오고, 점차 배합配合용약用藥의 규율이 형성되었으며, 그 규율에는 단방약을 포함한 일곱 가지가 있다.

1) 단행單行

한가지 약물로 비교적 단순한 병증을 치료하는 것을 말한다.

독삼탕獨蔘湯, 청금산淸金散, 단삼편丹蔘片 등.

2) 상수相須

효능이 비슷한 약물을 배합하여 원래의 치료효과를 증강 시키는 것을 말한다.

마황과 계지, 부자와 건강, 지모와 패모 등.

3) 상사相使

어떤 약물을 주主로하고 다른 약물을 보補로 하여 주약主藥의 효과를 높이는 것을 말한다. 대황과 망초, 구기자와 국화 등.

4) 상외相畏

어떤 약물의 독부毒副작용이 다른 약물에 의해 억제되는 것을 말한다.

반하 외畏 생강, 숙지황 외畏 사인 등.

5) 상살相殺

어떤 약물이 다른 약물의 독부毒副작용을 없애는 것을 말한다.

생강 살殺 반하, 남성의 독, 녹두 살殺 파두의 독 등.

6) 상오相惡

어떤 약물이 다른 약물의 효능을 떨어뜨리거나 상실토록 하는 것을 말한다.

인삼, 나복자, 생강 오惡 황금 등.

7) 상반相反

두가지 약물을 함께 쓰면 독부毒副작용이 생기는 것을 말한다.

감초와 감수, 패모와 오두 등 '18반反', '19외畏' 중 일부.

6. 금기 禁忌

치료효과를 확보하고, 독부毒副작용을 피하며, 안전하게 한약을 활용하기 위하여 반드시 금기禁忌사항에 주의를 기울여야 한다. 금기禁忌에는 배합금기, 증후금기, 임신금기, 음식금기 등 네 가지가 있다.

1) 배합 금기

 배합해서는 안되는 상오相惡와 상반相反을 말하며, 금金원元시기에 '18반反', '19외畏'로 정리되었다.

 18반反 : 오두 반反 패모, 과루, 반하, 백급, 백렴 감초 반反 감수, 대극, 해조, 원화 여로 반反 인삼, 단삼, 고삼, 현삼, 사삼, 세신, 작약.

 19외畏 : 유황 외 박초, 수은 외 비상, 낭독 외 밀타승, 파두 외 견우, 정향 외 울금, 천오 초오 외 서각, 아초 외 삼릉, 관계 외 적석지, 인삼 외 오령지.

 단 18반, 19외 중 일부는 임상에서 치료효과를 거둔 예도 있다.

2) 증후 금기

 모든 약물은 다 장단점이 있고 적응 범위가 있기 때문에 임상에서는 증후證候에 따라 사용을 주의해야 하는 금기가 있다. 예로써 마황은 외감外感풍한風寒의 표실表實증에 쓰지만, 표허表虛자한自汗증이나 음허陰虛도한盜汗증에는 사용을 금지한다.

3) 임신 금기

 어떤 약물은 태아를 손상하여 유산시키는 부작용이 있기 때문에 임신부에게는 사용을 금지하여야 하며, 정도에 따라 신용愼用과 금용禁用으로 나눈다. 신용愼用 약물은 도인, 홍화, 대황, 지실, 부자, 육계, 목통, 동규자 등과 같이 거어祛瘀, 파기破氣, 활리滑利하는 약물들이며, 금용禁用약물은 파두, 대극, 사향, 삼릉, 수질, 반묘 등과 같이 독성이 강하거나 약성이 맹렬한 약물들이다.

4) 음식 금기

 한약을 복용하는 동안은 일반적으로 찬 음식, 기름진 음식, 비린 음식, 자극성 음식의 섭취를 금지한다. 또한 증후에 따라서도 각기 다른 음식금기가 있다. 열성熱性병에는 맵고 기름진 음식, 볶은 음식을 금지하고, 한성寒性병에는 찬음식, 청량음료를 금지한다. 흉비胸痹환자는 고기, 지방, 동물내장, 술, 담배 등을 금지하고, 비위脾胃허약자는 기름에 볶고 끈적끈적한 음식, 차고 딱딱한 음식, 소화가 잘 안 되는 음식을 금지하며, 피부병환자는 어류, 새우, 게 등 비린음식과 맵고 자극성 있는 음식을 금지한다.

방제학 총론

1. 방제의 개념

한약요법의 기본체계는 이理, 법法, 방方, 약藥으로 요약할 수 있다. 이理는 원리의 뜻으로서 환자의 증후證候를 판별하여 병인病因 병기病機를 밝혀내는 변증辨證을 말하며, 법法은 변증에 맞추어 수립하는 치법治法을 말한다. 즉 변증론치辨證論治의 주요부분이다.

방제方劑는 변증론치를 원칙으로 하는 한약요법의 중요한 구성 부분으로서 변증辨證과 치법治法의 지도하에 약(한약재)을 선택하여 처방處方을 구성하는 것을 말한다.

한약요법이 치료효과가 있으려면 먼저 변증辨證이 정확해야 하고, 이에 따른 올바른 치법治法이 수립되어, 이를 바탕으로 구체적인 치료수단인 방제方劑와 약재藥材가 사용되어야 한다.

2. 상용 치법 治法

처방處方의 원칙이 되는 치법治法에는 현재 상용되는 '팔법八法'이 있다. 팔법은 청나라시대에 정종령이 저서 '의학심오醫學心悟'에서 역대의 각종 치법들을 한汗, 토吐, 하下, 화和, 온溫, 청淸, 소消, 보補의 8가지 치법으로 총정리 한 것이다.

1) 한법汗法

피부를 열고 땀을 내서 체표에 있는 외감外感사기邪氣를 밖으로 몰아내는 치료법으로서, 땀은 나되 한열寒熱이 풀리지 않는 병증, 상반신 수종水腫, 학질, 이질의 한열 표증表證 등에도 응용된다.

2) 토법吐法

인후, 흉격, 위완에 정체된 담연痰涎, 숙식宿食 혹은 독물毒物을 입으로 토하게 하는 치료법으로서, 위기胃氣를 손상하기 쉬우므로 허약한 환자나 임산부에게는 신중하게 응용하여야 한다.

3) 하법下法

위장의 숙식宿食, 건조한 변, 냉적冷積, 어혈, 수습水濕 등을 설사를 시켜서 아래로 제거하는 치료법이다.

4) 화법和法

화해和解, 조화調和시키는 치료법으로서, 반표半表반리半裏증이나 장부, 음양, 표리의 실조증 등 비교적 광범위하게 응용된다.

5) 온법溫法

속을 덥게 하여 한寒을 제거하는 치료법으로서 이한裏寒증에 적용된다. 양허陽虛인 경우는 보법補法과 배합, 운용된다.

6) 청법淸法

열熱을 내리는 치료법으로서 이열裏熱증에 적용된다. 열증의 후기에는 상음傷陰하기 쉬우므로 자음滋陰법을 병용한다.

7) 소법消法

기氣, 혈血, 담痰, 식食, 수水, 충蟲 등이 점점 쌓이고 뭉쳐서 형성된 유형의 사기邪氣를 소식消食도체導滯, 행기行氣활혈活血, 화담化痰이수利水, 구충驅蟲 등의 방법으로 완만하게 소산消散시키는 치료법이다.

8) 보법補法

인체의 기氣, 혈血, 음陰, 양陽을 보익하는 치료법으로서 각종 허약증후에 적용된다. 정기正氣가 약하여 사기邪氣를 제거할 수 없는 경우, 다른 치법과 배합하여 간접적으로 거사祛邪할 수 있다. 단 사기邪氣를 가두어 두는 폐단이 생길 수 있으므로, 보법補法은 가능하면 사기邪氣가 없는 경우에 사용하여야 한다.

3. 방제 方劑의 구성 構成

약재의 효능에는 각기 장, 단점이 있으므로 여러 약재를 합리적으로 처방 하면 그 장, 단점을 조정하고 독성을 제거하며, 원래의 효능을 증강시키거나 변화시킬 수가 있다.

인체의 질병은 단순하지가 않기 때문에 이에 맞도록 장기간의 의료경험을 통하여 '변증辨證론치論治'와 함께 여러 약재를 동시에 활용하는 '방제方劑'가 발달하였으며 군君, 신臣, 좌佐, 사使라고 하는 방제를 구성하는 기본원칙이 형성 되었다.

1) 군약君藥

주병主病이나 주증主證에 대한 치료 작용을 하는 약물로서, 방제의 구성에서 불가결한 주약主藥이다.

2) 신약臣藥

군약을 보조하여 주병, 주증의 치료를 보강하는 약물이며, 또한 겸증)에 대한 주요 치료 작용을 하는 약물이다.

3) 좌약佐藥

좌약은 세 가지 의미가 있다. 첫째, 좌조佐助약, 즉 군약 신약을 보좌하여 치료효과를 강화하거나, 부차적인 증상을 직접 치료하는 약물이다. 둘째, 좌제佐制약, 즉 군약 신약의 독성을 없애거나 약화시키는 약물이다. 셋째, 반좌反佐약, 즉 병이 중하여 약을 잘 받아들이지 못할 때, 군약과 성미가 상반되게 배합하는 약물이다.

4) 사약使藥

사약은 두지 의미가 있다. 첫째, 인경引經약. 방제속의 모든 약물을 이끌고 병이 있는 부위로 가는 약물이다. 둘째, 조화調和약, 방제속의 모든 약물을 조화시키는 작용을 하는 약물이다.

군君, 신臣, 좌佐, 사使는 모든 처방에 다 구비되는 것은 아니며, 병증病證의 대소大小와 치료의 강약强弱에 따라 다르게 응용될 수 있다. 다만 군약君藥은 모든 방제에 반드시 있어야 하는 주약主藥이다.

4. 제형劑型

방제를 구성한 후에는 질병의 상태와 약물의 특징에 따라 일정한 형태로 만들어야 하는데 이를 제형劑型이라 한다. 방제의 제형에는 수십 가지가 있으나, 현재 상용하는 제형은 대부분 탕제湯劑, 산제散劑, 환제丸劑, 고제膏劑 등이다.

1) 탕제湯劑

약재를 물로 끓여서 즙을 짜내어 만드는 액체液體 제형으로서, 흡수가 빠르고 치료효과가 신속히 나타나며, 각 개인의 질병상태에 맞추어 가감하기 편리한 특징이 있으며, 현재 가장 많이 쓰이는 제형이다.

2) 산제散劑

약재를 빻아서 고르게 혼합한 분말 제형으로서, 내복산제와 외용산제가 있다. 산제의 특징은 제작사용이 빠르고, 흡수도 비교적 빠르며, 복용과 휴대가 편리하다.

3) 환제丸劑

약재를 빻아서 꿀, 풀 등을 이용하여 원형의 알약으로 만든 고체 제형으로서, 복용과 휴대가 편리하고, 흡수가 완만하여 약력이 오래가는 특징이 있다.

4) 고제膏劑

약재를 물로 끓여서 농축하고, 꿀이나 설탕을 넣어 달여서 만든 반액체 제형으로서, 체적이 작고 함량이 높으며, 복용이 편리하고, 장기 복용에 적합한 특징이 있다.

5. 방제의 복용법

1) 복용 시간

한약을 복용하는 시간은 약물의 흡수를 빠르고 좋게 하기 위하여 식사 전 1시간이 유리하나, 위장에 대한 자극을 고려하여 일반적으로 식사 후 1~2시간에 복용하면 부작용을 예방할 수 있다. 보약위주인 경우는 공복에 복용하고, 안신安神방제인 경우는 자기 전에 복용한다. 급증急證이나 중병인 경우는 시간에 구애받지 않고 복용하며, 만성병인 경우는 시간을 지켜서 복용하여야 한다.

병증의 상태에 따라서는 하루에 여러 차례 복용할 수도 있고, 차처럼 달여서 수시로 마실 수도 있다. 개별 방제에 따라서 드물게 특수한 복용법을 요구하는 경우도 있다. 각기脚氣에 사용하는 계명산鷄鳴散은 새벽닭이 울 때 복용하여야 효과가 좋다고 되어 있다.

2) 복용 방법

탕제는 통상 하루에 2첩을 초탕, 재탕 다린 후 섞어서 2~3번에 나누어서 복용한다. (20첩 10일분이 1제) 단, 상황에 따라서 이틀 치를 하루에 복용할 수도 있고, 하루치를 이틀에 나누어서 복용할 수도 있다. 환제나 산제는 증세와 정량에 따라 하루에 2~3회 복용한다. 이 밖에 여러 가지 상황에 따른 탕제의 복용법이 있다.

발한發汗해표解表약의 복용은 뜨거울 때 마신 후 이불을 쓰고 전신에 땀이 촉촉이 살짝 날 정도로 따뜻하게 하여야 한다. 열증熱證에 한량寒凉약의 복용은 차게 해서 복용하고, 한증寒證에 열약熱藥의 복용은 뜨겁게 해서 복용한다. 만약 복약 후 구토를 하는 경우는 사전에 생강즙을 약간 마시거나 생강편으로 혀를 문지르거나 진피를 약간 씹은 후에 다시 탕약을 마시도록 한다.

본초약초의
법제

1. 약초 약재의 법제 목적

- 독성을 제거한다.
- 성질을 완화 및 변화 시킨다.
- 약성이 다른 경락으로 미치게 한다.
- 불용성 약성을 용성으로 바꾼다.
- 약제의 순수성을 유지한다.
- 제재, 복용, 저장을 편하게 한다.

법제의 방법에 따라서 효과는 다음과 같다.

- 술로 법제 하는 것은 약기운이 잘 돌도록 하기 위해서이다.
- 생강즙 법제 하는 것은 몸을 덥게 하기 위해서다.
- 소금 법제 하는 것은 짠맛에 의하여 약효가 신장으로 가도록 하기 위해서다.
- 식초 법제 하는 것은 신맛에 의하여 약효가 간장으로 가고 수렴하게 하기 위해서다.
- 동변 법제 하는 것은 약기운을 약하게 하고 아래로 가게 하기 위해서다.
- 쌀뜨물 법제 하는 것은 조(마른)한 성질을 완화하고 속을 고르게 하기 위해서다.
- 젖으로 법제 하는 것은 마른것을 녹이고 보혈하게 하기 위해서다.
- 꿀 법제 하는 것은 단맛으로 완화 시키며 원기를 보하기 위해서다.
- 밀누룩 법제 하는 것은 약의 맹렬한 성질을 완화 시키기 하기 위해서다.
- 검정콩, 감초 달인물 법제 하는 것은 독기를 풀어주기 위해서다.
- 열매의 속을 버리고 쓰는 것은 예방하기 위해서다.
- 심을 버리고 쓰는 것은 답답한 증세가 완화되기 위해서다.

2. 약초의 채취 방법

약을 캐는 시기는 대체로 음력 2월과 8월이다. 이때에 채취하는 이유는 다음과 같다. 이른 봄에는 뿌리에 있는 약물이 오르려 고는 하나 아직 가지와 잎으로는 퍼지지 않고 제대로 다 있기勢力淳濃 때문이다. 그리고 가을에는 가지와 잎이 마르고 약물이 다 아래로 내려오기 때문이다. 실지 체험한 바에 의하면 봄에는 될수록 일찍 캐는 것이 좋고 가을에는 될수록 늦게 캐는 것이 좋다. 꽃, 열매, 줄기, 잎은 각각 그것이 성숙되는 시기에 따는 것이 좋다.

절기가 일찍 오고 늦게 오는 때가 있으므로 반드시 음력 2월이나 8월에 국한되어 채취하지 않아도 된다.[본초]

약초는 사용 부위에 따라서 채취 적기는 각각 다르며 구분하면 다음과 같다.

껍질의 채취

껍질의 채취는 식물에 따라서 다르다. 대개는 목질부에서 분리하기 쉬운 5~7월경이나 혹은 발아 및 개화 후에 하는데 이때가 식물의 장액이 비교적 많고 약효도 충분할 뿐만 아니라 껍질이 잘 부서진다.

합환피, 오가피, 황백, 해동피, 화피, 저근백피, 상백피, 지골피, 목단피, 백선피, 고련피 등이다.

잎의 채취

잎의 채취 시기는 꽃이 피기 시작 하거나 활짝 피었을 때가 좋다. 이때가 식물이 완전히 성장하고 잎도 가장 건실하기 때문이다.

소엽, 곽향, 상엽, 박하, 다엽, 죽엽 등이다.

꽃의 채취

꽃의 채취 시기는 일반적으로 완전히 피지 않은 봉오리나 혹은 활짝 핀 무렵이며 떨어지기 전에 채취 하여야 한다.

금은화, 신이화, 괴화, 홍화, 갈화, 완화 등이다.

전초의 채취

 전초는 꽃필 무렵이나 완전히 핀 다음 채취 하여야 좋으며 방법에 있어서 지면에서 근접한 경부를 자르거나 혹은 뿌리 채 뽑아서 사용하며 이물질이 없도록 깨끗이 씻는다.

 박하, 형개, 용아초, 포공영, 익모초 등이다.

종자와 과일의 채취

 이는 보통 종자가 완전히 익었을 때 채취 하는 것이 좋지만 탱자는 지실처럼 몇몇은 미숙된 상태나 어린것이 좋은 것도 있다. 동일한 과수에서 익은 것을 채취함이 좋으나 성숙되면 자연 낙과하는 경우도 있어 미성숙과를 채취하는 경우도 있고 어떤 것은 즙이 많아 손상되기 쉬우므로 새벽이나 저녁에 채취 함이 좋다.

근경(뿌리)의 채취

 보통 가을에 지상물이 마르기 전으로 시작 후 봄에 새싹이 나기 전에 채취한다. 특히 2년생 근경의 초본인 경우는 봄철 줄기가 피기 전에 채취하고 노후한 근경은 채취하지 않는다.

 남성, 사삼, 길경, 하수오, 작약, 당귀, 천궁, 백지, 강활, 지유, 현삼, 현호색 등이다.

3. 약초약재를 건조하는 방법

약제를 건조시켜 가공하는 방법도 여러 가지이며 간략히 설명하면 다음과 같다.

양건법陽乾法

 직사광선을 이용하여 온도와 옥외의 기류를 이용하여 건조하는 방법으로 과실류, 택사, 강활, 작약, 백두구, 계피, 석류피, 감초 등 무수히 많다.

음건법陰乾法

 일광 없이 통풍과 온도에 의하여 건조하는 방법으로 방향성 약제나 잎, 꽃은 양건하면 향기가 휘발하고 색상도 버리므로 약효의 손실이 적은 음건을 이용한다.
 금은화, 곽향, 박하, 자소엽, 등이 꽃과 잎은 거의 모두다.

증건법蒸乾法

 증기에 쪄서 말리는 것으로 대개 전분 함량이 많은 경우에 사용 한다.
 버섯, 여정실, 남정실, 목천료, 충영, 등도 벌레가 생기는 것을 미리 방지하기 위하여 증건한다.

탕건법湯乾法

 삶아서 사용하는 경우이며 약제는 증건법과 비슷하다.

화건법火乾法

 화력을 이용하여 볶아서 건조 시키거나 태워서 가루 내어 쓰는 경우를 말한다.

 이 외에도 순 백색으로 제조코자 하면 석회분을 발라서 건조 시키는 방법 등 다양하다.

4. 약초약재의 저장방법

 일반 가정에서 약제를 저장함은 매우 드문 일이나 대략 1년이 되면 그 약효는 서서히 상실되어 통상의 유효기간은 3년으로 본다. 이와 반대로 6진양약이라 하여 오래두어 좋은 약제는 낭독(오독도기), 지실, 진피, 반하, 마황, 오수유 등이 있고 근래에 와서 형개, 노야기도 여기에 포함 한다.

 유의할 점은 대략 다음과 같다.

 습도가 높으면 당연히 부패함으로 가급적 건조하고 시원한 곳에 두어야 한다.

 직사광선이 쪼이면 약성에 변화가 오며 색소가 파괴되어 채색이 나빠짐으로 음지에 보관함이 좋다.

 좀이나 여러 해충이 발생됨으로 장기간 보관이 필요하면 때때로 훈증 하거나 얕은 불에 볶아서 보관하는 것이 좋다.

본초학 제 **1** 장
해표약

신온해표약
해표약 중 한 분류. 성질은 대체로 맵고 따뜻하여, 발산시키는 성질과 차가운 삿된 기를 제거하는 특징이 있다.

신량해표약
성질은 시원하며, 맛은 매운 경우가 많다. 해표하는 성질이 비교적 완만하지만, 풍열을 소산하므로 온병 초기, 발진 초기에 주로 사용한다.

강활(독활, 땃두릅)

학명: Heracleum moellendorffii
이명: 독활, 강활, 멧두릅, Angelicae pubescentis radix

두릅나무과의 독활의 뿌리

●식물의 형태

꽃을 제외한 전체에 짧은 털이 드문드문 있다. 잎은 어긋나고 양면에 털이 드문드문 있으며 표면은 녹색이며 뒷면은 흰빛이 돌고 가장자리에 톱니가 있다. 꽃은 가화로서 7-8월에 피고 연한 녹색이며 열매는 9-10월에 익는다.

●약초의 성미와 작용

맵고 쓰며 약간 따뜻하며 신장과 방광에 작용한다.

●약리 효과와 효능

인체의 허리 아래쪽에 작용하여 허리나 대퇴부 등의 근골이 저리고 아픈 데에 효과가 있다. 류머티즘, 관절통 등 각종 신경통에 통증과 경련을 진정시키는 빠질 수 없는 약초이다.

●주요 함유 성분과 물질

정유에는 Limonene, Sabinene, Myrcene, Humulene, 뿌리에는 1-Kaur-16-en-19-oic acid가 함유되어 있다.

■ ■ ■ 전문가의 한마디

주로 인체의 허리 아래쪽에 작용하여 허리나 대퇴부 등의 근골이 저리고 아픈 데에 효과가 있다. 류머티즘, 관절통 등 각종 신경통에 통증과 경련을 진정시키는 빠질 수 없는 약초이다. 스테로이드 호르몬의 복합물질을 함유하고 있어 신경 중추를 마비시키는 진통작용을 한다.

56

●채집가공과 사용법

봄과 가을에 채취하여 절편한 후 그늘에서 말려 사용한다.

●효과적인 용량과 용법

3~9g을 끓여 복용한다.

●사용시 주의사항

기미가 농열하여 과량을 사용하면 구토를 일으키므로 비이가 허약한 사람에게는 상용하지 않는것잉 좋다. 기나 혈이 부족한 이의 각기증에는 조심해서 써야 한다.

●임상 응용 복용 실례

감기, 두통, 치통, 해열, 강장, 거담, 위암, 당뇨병 등 사용한다.

강활, 방풍, 백지, 천궁 등과 배합하여 오한이 들면서 열나고 두통이 있고 몸이 아프면서 무거운 증상을 다스린다.

●참고사항

산풍의 효력은 방풍보다 강하다.

【간단하게 풀어쓴 임상응용】

산한해표

• 발한해열뿐만 아니라 풍습을 제거하고 통증도 멎게 한다. 임상에서는 한열의 표증이 있고 관절이나 근육에 나른한 통증이 따르는 경우에 가장 좋다. 특히 겨울철이나 봄철의 감기에 많이 쓴다. 악한이 심하지만 땀은 나지 않고 관절에 동통이 있으면 강활, 방풍, 형개를 쓰면 땀도 나고 열도 내린다. 그래도 땀이 나지 않으면서 악한이 있으면 마황과 계지를 가하여 발한력을 강화할 필요가 있다. 풍한 감기로 악한발열, 두통, 일신동통에는 천궁, 방풍, 세신, 백지 등을 함께 쓴다.(구미강활탕)

거습지통

• 풍습의 제거에 상용약으로 쓴다. 특히 상반신의 통증에 효과가 우수하다. 50견은 경추퇴화를 수반하여 일어나는 증상으로 이때에는 해동피와 강황을 가하여 군약으로 하고 당귀, 천궁, 백작을 가한 것을 복용하면 잘 듣는다. 급성 견관절주위염으로 견관절에 격통이 일어나고 오한을 수반하면 방풍, 적작, 세신을 가하고 달여서 따뜻할 때 복용하고 땀을 내면 지통효과가 아주 좋다.

계지

학명: Chnnamomum cassia, C, loureiri, C, zeylanicum
이명: 계피나무, 유계, Cinnamomi ramulus

상록교목식물인 계피나무의 어린 가지

■ ■ ■ 전문가의 한마디

위를 튼튼하게 하고, 중풍을 억제하며 진통, 강심작용이 있고 피부혈관을 확장시키고 한선을 자극하여 땀을 내어 해열작용을 하며 바이러스의 억제작용을 한다.

●식물의 특성과 형태

긴 원주형으로 많은 가지가 있으며 길이는 30-70cm, 굵은 쪽의 지름은 0.3-1cm이다. 표면은 홍갈색이나 갈색으로 세로의 능선이 있고 가는 주름과 작은 덩어리 모양의 잎과 가지가 붙어있던 흔적이 있다. 질은 단단하고 부서지기 쉬우며 절단하기 쉽다.

●약초의 성미와 작용

맵고 달며 성질은 따뜻하고 심과 폐와 방광에 작용한다.

●약리효과와 효능

위를 튼튼하게 하고, 중풍을 억제하며 진통, 강심작용이 있고 피부혈관을 확장시키고 한선을 자극하여 땀을 내어 해열작용을 하며 바이러스의 억제작용을 한다.

●주요 함유 성분과 물질

주성분은 계피유, 정유에는 Cinnamic aldehyde, Camphene, Cineol,

Linalool, Eugenol 등이 함유되어 있다.

●채취시기와 사용부위

여름부터 가을 사이에 껍질은 벗기고 그늘에서 말린다.

효과적인 용량과 용법

1회 3~10g을 달여서 복용한다.

●사용상 주의사항

몸이 뜨거운 열병 있거나 음액이 부족하여 몸이 뜨거운 경우와 출혈이 있을 때는 사용하지 말아야 한다.

●임상응용 복용실례

발한작용, 해열작용, 진통작용, 강심작용, 항알레르기작용, 항바이러스작용, 억균작용 등이 발혀 졌다. 마황과 배합하여 땀을 내는데 사용하며 작약과 배합하여 영위를 조화시켜 땀을 멈추게 한다.

【간단하게 풀어 쓴 임상응용】

발한해기
• 계지는 마황과 마찬가지로 발한해표작용이 있다. 마황과 다른 점은 땀이 나도 쓸 수 있다는 점이다. 풍한 감기로 인한 신열두통, 악한, 오풍 등에 활용한다. 표허유한에는 백작, 생강을 가하여 조화영위고(계지탕), 표실무한에는 마황을 가하여 마황의 발한력을 도와 준다(마황탕). 만약 풍한상폐로 인한 상기, 해역, 미천에는 후박, 행인을 같이 쓴다(계지가후박행자탕).

온통경맥
• 온통경맥, 활혈지통의 작용이 좋기 때문에 한이 쌓여 혈행 불순으로 일어나는 통증에 사용한다. 풍습이 한습으로 전화된 관절염에는 황기, 당귀, 위령선, 천오(부자) 등을 가하여 사용한다. 관절에 통증이 멎지 않고 통처가 고정되어 있는 경우에는 부자, 독활, 강활, 속단(원래는 상기생이나 진품을 구할 수 없어 임상에서는 강활과 속단으로 대용한다) 등을 가하여 쓰면 좋다. 또 풍습성 관절염의 초기에 써도 좋다. 풍한습으로 어깨나 팔, 사지관절이 시큰거리면서 아플 때는 강활, 방풍 혹 작약, 지모 등을 함께 쓰고 (계작지모탕), 풍습이 표에 머물러 있어 표양이 부족하면 부자를 가하여 쓰며(계지부자탕), 영위부족, 혈비에는 황기, 작약 등을 가하여 쓴다(황기계지오물탕).

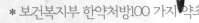

＊보건복지부 한약처방100 가지 약초

고본

학명: Angelica tenuissima, Ligusticum sinense, L. jeholense
이명: 미경, 지신, Ligustici rhizoma

고본의 뿌리나 근경을 건조한 것

■■■**전문가의 한마디**

진통효과가 있으며 사지관절의 통증, 복통, 두통에 약리 효과가 있다. 강활, 백지, 천궁, 창출 등을 배합하여 감기로 인한 두통을 다스리는데 사용된다.

●식물의 특성과 형태

불규칙한 결절상의 원주형으로 길이 3-10cm, 지름 1-2cm정도이며 표면은 자갈색 또는 암갈색으로 거칠고 세로 주름이 있으며 체는 가볍고 질은 비교적 단단하나 절단하기 쉽고 단면은 황색이나 황백색이다.

●주요 함유 성분과 물질

Angelic acid, 고미질(a bitter extractive), resins 등이고 Butylphthalide, Cnidilide, Ligustilide, Methyleugenol 등이 함유되어 있다.

●약초의 성미와 작용

맵고 성질은 따스하며 방광경에 작용한다.

●약리효과와 효능

감기에 쓰며 주로 진통효과를 나타내므로 사지관절의 통증, 복통, 머리 윗부분의 두통에 좋다.

●채취시기와 사용부위

봄, 가을에 채취하여 햇볕에 말려 사용, 열로 인한 두통에는 금한다.

●효과적인 용량과 용법

4~12g을 복용한다.

●사용상 주의사항

혈이 부족한 이는 피해야 된다.

【간단하게 풀어쓴 임상응용】

발표산한

• 고본은 백지와 유사한 효과를 갖는다. 감기에 고본을 쓰는 것은 일반적인 두통 및 지체통이 있을 경우에 특히 좋고, 통증이 없을 때는 사용할 필요가 없다. 고본이 가장 잘 듣는 것은 전정부통이고 그 다음이 전액부, 편두통, 후두부통 순이다. 전정부통에는 강활, 형개와 같이 쓰면 땀이 나면서 통증이 멎는다.

거습지통

• 거습지통의 효능이 있으므로 갑자기 풍한병이 발작하여 두통이 극심하고, 온몸이 무겁고 나른하며, 가슴이 답답한 증상이 있을 때 고본을 군약으로 하고 방풍, 백지, 창출을 가하여 쓰면 좋다. 단 모두 신온약에 속하므로 장기간 쓰는 것은 피해야 한다. 강한 불로 10분 정도 끓여 뜨거울 때 복용하고 땀을 내면 통증이 멎는다.

• 발작성격통을 보이며 통증부위가 일정하지 않고 심한 편두통 증상이 나타나는 혈열두통에는 고본에 천궁, 도인, 시호를 가하여 쓰면 잘 듣는다.

3. 좀처럼 치료되지 않는 삼차신경통에도 좋다. 일반적으로 백지, 천오, 오공과 같이 가루 내어 뜨거운 물을 부어 매일 1첩씩 복용한다.

• 신경성 두통으로 통증부위가 일정하지 않을 때도 사용할 수 있다. 단 장기간 통증이 멎지 않고 몸이 약할 때는 고본을 적게 써야 한다. 대량으로 쓰면 더욱 몸이 약해지고 통증이 심해진다. 고본을 2전에서 시작하여 효과가 있으면 3전까지 올려 써도 된다. 보통 천궁, 하수오, 천마와 같이 쓴다. 그래도 낫지 않을 때는 고본 3전에 시호 1전, 당귀 3전을 가루 내어 충복시킨다.

해독지양

• 피부습진이나 외음부 습진에 고본 1양을 진하게 달여 환부에 바르거나 씻어주면 좋다. 단 조석으로 행하며 치료되려면 1개월 이상 계속해야 한다.

• 소아 두부백선으로 머리가 빠지고 가려우며 진물이 많이 나는 경우에는 고본 2양과 백반 1양을 진하게 달여 1일 2~3회 환부를 씻거나 달일 때 김을 쐬면 좋다.

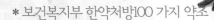

* 보건복지부 한약처방100 가지 약초

마황

학명: Ephedra sinica, E. equisetina
이명: 초마황, 목적마황, 비염, Ephedrae herba

마황과의 다년생 관목양 초본식물

62

■■■**전문가의 한마디**

발열과 오한 감기, 기침, 천식, 관절통증 등에 사용, 부종, 마비, 소양감 등에도 사용한다. 당귀, 황기 등을 배합하여 가만히 있어도 땀나는 증상을 다스린다.

●식물의 특성과 형태

줄기는 가늘고 길며 원주형으로 약간 가늘고 편평하며 밑에서부터 많은 가지로 갈라지며 꽃은 비늘이 모여 작은 공 모양의 꽃차례를 이룬다. 잎은 퇴화하여 비늘만 남아있고 녹색 줄기가 잎의 역할을 한다.

●약초의 성미와 작용

맛이 달고 성질은 평하며 심장과 폐에 작용한다.

●약리효과와 효능

양이 허하여 나타나는 자한증이나 음이 허하여 나타나는 도한증 모두 응용이 가능하며, 이 외에도 땀이 너무 과도하게 나와 다른 병증을 유발할 때는 원인을 살펴 본 약을 응용하면 좋은 효과를 거둘 수 있다.

●주요 함유 성분과 물질

강압작용이 약한 maokonine과 강압작용이 현저한 ephedradine A.B.C를 동시에 함유하고 있다.

●채취시기와 사용부위

가을에 채취하여 햇볕에 말려 사용하거나 꿀에 볶아서 사용한다.

●효과적인 용량과 용법

한 번에 12~20g을 복용한다.

●효과적인 복용방법

추분전후에 녹색의 가는 가지를 베어, 그늘에 말린 후 썰어 쓰거나 볶거나 찧어서 사용하며, 1회에 3-10g을 달여서 복용한다. 생것을 쓰면 발한력이 강하고 꿀로 볶거나 찧어서 쓰면 발한력이 약해진다.

●사용상 주의사항

체력이 약하고, 땀이 많고, 고혈압 환자는 조심해서 써야 한다.

감기환자는 땀을 내야 하는데, 땀이 나오지 못하게 하므로 사용해서는 안 된다.

【알기 쉽게 풀어쓴 임상응용】

발한해표
• 마황에는 강한 발한작용이 있으므로 감기로 인한 악한, 발열, 두통, 비색, 무한, 맥부긴 등 표실증에는 계지를 가하여 발한해표력을 증강한다.(미황탕) 성인에게 2전을 사용하면 발한작용이 강해진다.

선폐평천
• 마황에 함유되어 있는 Ehedrine은 기관지 평활근의 경련을 완화시켜주므로 폐기불선에 의한 해수천식에는 행인, 감초를 가하여 지해평천 작용을 증강한다(삼요탕), 한음해수에는 세신, 건강, 반하 등을 가하여 온폐화음한다.(소청룡탕)

이수소종
• 마황에 포함된 알칼로이드에는 이뇨 및 배뇨량을 증강시키는 작용이 있기 때문에 급성신염에도 사용한다. 눈두덩이 붓고 몸이 무거우며 소변이 줄어들거나 혈뇨가 보이는 수종실증에 표증을 겸하면 백출, 석고를 가하여 이수설열 한다.(월비탕)

거습지통
• 마황은 각종 류머티즘의 초기에 증상을 치료하는 효과가 있다. 이때는 주로 계지, 강활, 독활, 진교 등과 배합하여 쓴다.

* 보건복지부 한약처방100 가지 약초

방풍(갯기름나물)

학명: Ledebouriella seseloides, L, divaricata
이명: 중국방풍, 회초, 병풍, Ledebouriellae radix

다년생초본인 방풍의 뿌리

■■■전문가의 한마디

뿌리에는 해열, 진통, 발한, 거담, 해독 등 효능이 있고, 감기몸살, 두통, 뼈마디 통증, 중풍에 사용한다.

●식물의 특성과 형태

7~8월이 개화기이며 꽃 색은 흰색으로 전체에 털이 없으며 가지가 많이 갈라지고 특이한 향이 난다. 이 약은 긴 원추형이거나 원주형이며 아래쪽은 점점 가늘어지면서 구부러져 있으며 길이는 15~30cm이다. 표면은 회갈색으로 거칠고 세로주름이 있으며 많은 구멍과 가는 뿌리자국이 있다.

●약초의 성미와 작용

맵고 달며 성질은 따뜻하고 독은 없고, 방광과 간과 비장에 작용한다.

●약리효과와 효능

추위로 인한 감기와 사지가 저리고 아픈 것을 호전시키며, 두통,

뼈마디 쑤시는 것, 목 뒷덜미가 뻣뻣한 것, 사지가 오그라드는 것 등에 사용한다.

●주요 함유 성분과 물질

휘발성 정유, 페놀성 물질, 고미배당체, Mannitol, 다당류, 유기산 등이 있으며 주성분은 Ligustilide와 n-Butyliden phthalide 등이 함유되어 있다.

●채취시기와 사용부위

봄과 가을에 이년생 뿌리를 채취하여 햇볕에 말리고, 생용하거나 지사용은 볶고, 지혈용은 까맣게 볶아 사용한다.

●효과적인 용량과 용법

1회 3~10g을 달여서 복용한다.

●사용상 주의사항

혈이 부족한사람과 몸에 붉은 색깔의 증상이 있는 환자 등은 복용하지 못한다.

●임상응용 복용실례

형개 등과 배합하여 감기에 열나면서 춥고 두통, 신체가 아픈 증상이 있는 것을 다스린다.

백지(구릿대)

학명: Angelica dahurica
이명: 백지, 백채, 향백지, Angelicae dahuricae radix

해표약 (신온해표약)

66

산형과의 2~3년생 초본인 구릿대의 뿌리

● 식물의 특성과 형태

높이 1~2m, 꽃은 6~8월에 흰색의 윤산화서로 작은 꽃대가 20~40 개, 열매는 분과로 편평한 타원형이다.

● 약초의 성미와 작용

백지의 매운 맛은 발산시키는 작용과 풍을 몰아내는 작용이 있으며, 따뜻하고 건조한 성질은 습기를 없애는 작용을 하며 또한 방향성이 있어 막힌 것을 뚫어주고 통증을 감소시키는 작용도 있다.

● 약리효과와 효능

감기로 인해 머리와 이마가 아프거나, 치통, 콧물 등 얼굴에 나타나는 증상들을 다스리는 효과가 있으며 또한 대하나 피부의 창양, 피부병과 소양감 등을 다스리는 효과도 있다.

● 주요 함유 성분과 물질

뿌리에는 byak-angelicin, byak-angelicol, oxypeucedanin, imperatorin 등과 함께 일종의 angelic acid, 경련을 유발할 수 있는 독소인

■■■전문가의 한마디

진정, 진경, 항균, 거풍, 진통 작용이 있고, 주로 감기 두통, 치통, 대하, 피부의 창양, 피부병과 소양감이 있다. 형개, 방풍, 강활 등을 배합하여 감기로 인한 두통과 코 막힘을 다스린다.

angelicatoxin이 함유되어 있다.

● 채취시기와 사용부위

여름과 가을에 잎이 누렇게 될 때, 그 뿌리를 채취하여 줄기와 잎, 잔뿌리를 제거하고 햇볕에 말려서 사용한다.

● 효과적인 용량과 용법

하루에 4~12g을 복용한다.

● 사용상 주의사항

과다하게 사용하면 구토 증상이 나타날 수 있으므로 주의하여야 하며 평소 허열이 있거나 피부병에 이미 농이 생긴 사람은 그 양을 줄여서 사용하여야 한다.

【알기 쉽게 풀어쓴 임상응용】

발산지통

• 해표산한 효과가 있어 주로 풍한 감기로 코가 막히고 머리가 아프며 아픈 부위가 앞이마에 치우치면 강활, 방풍 등을 가한다.(구미강활탕) 사계를 통한 감기증상에는 백지를 쓰는 것이 좋다. 유행성 감기의 치료에도 좋고 총백, 감초, 생강, 대조와 배합하여 복용하면 신한퇴열에 좋은 효과가 있다. 백지는 감기에 대한 예방과 치료 효과가 있다.

• 두통, 아통 및 위완통 등에 활용한다. 두통에는 단독으로 쓰거나(도량환), 천궁, 국화를 가하거나(천궁다조산), 고본, 만형자, 강활, 방풍 등을 가하여 쓰면 좋다. 단 백지에는 소량의 독소가 함유되어 있기 때문에 상복해서는 안 된다. 풍냉아통에는 세신과 함께 쓰고, 풍화아통에는 생석고를 가한다. 위완통에는 감초를 가하여 달여 복용하거나 가루로 만들어 복용한다.

해독배농

• 내복으로도 티푸스, 파라티푸스, 적리균의 성장을 억제하고, 물에 담갔다가 외용하면 피부진균을 억제한다.

• 종기 초기에 발적, 종창으로 통증이 있는 경우에는 금은화, 황금과 달여 씻거나 복용해도 좋다. 또 잘 찧어서 대황을 섞어 환부에 발라도 좋다.

기타응용

• 대하증에 활용한다. 한습대하에는 백출, 복령, 오적골 등을 가하고, 습열대하에는 황백 등 청열조습약을 같이 쓴다. 적대하가 오래 계속되는 경우에는 비해, 백연수를 가하여 가루 내고 꿀을 가하여 환약으로 만들어 매일 2전씩 복용하면 좋다.

＊ 보건복지부 한약처방100 가지 약초

생강

학명: Zingiber officinale
이명: 자강, 모강, Zingiberis rhizoma recens

다년생 초본인 생강의 근경

68

■■■**전문가의 한마디**

건위, 혈압상승, 항균 작용이 있으며 감기 와 기침, 속이 찬데 사 용한다. 계지 등과 배 합하여 감기로 인하 여 오한과 함께 열이 나는 증상을 다스린 다.

●식물의 특성과 형태

높이 30~50cm, 뿌리줄기는 굵은 육질, 연한 노란색의 매운 맛, 잎 은 바늘 모양, 원산지에서는 노란 꽃이 핀다.

●약초의 성미와 작용

맛은 맵고 성질은 따뜻하다. 폐와 비장, 위에 작용한다.

●약리효과와 효능

속을 따뜻하게 하여 구토를 멎게 하고 부종을 없애는 효과를 가지 고 있다. 가벼운 감기와 기침, 속이 차면서 구토를 하고 담이 많을 때 등에 주로 이용된다.

●주요 함유 성분과 물질

주요성분으로 Zingiberol, Zingiberene, Phellandrene, Camphene, Citral, Methylhepteone, Kinalool, Asparagin, Pipecolic acid, Glutamic acid, Asparagin acid, Serine, Glycine 등이 함유되어 있다.

● 채취시기와 사용부위

가을과 겨울에 채취하여 잔뿌리와 흙 등을 제거한 후 이용한다.

● 효과적인 용량과 용법

하루에 4~12g을 복용한다.

● 사용상 주의사항

인체에 진액이 부족하여 허열이 뜨거나 또는 진액이 부족하여 기침과 함께 피를 토하는 사람은 복용을 피해야 한다.

【알기 쉽게 풀어쓴 임상응용】

• 역대의 풍한발산약에는 거의 생강이 보조약으로 배합되어 있다. 상한론에 생강으로 감기치료에 대한 상세한 언급이 있고, 후세에서 이것을 답습하여 현재에 이르고 있다. 특히 초기 감기에 생강편 적당량과 소엽 5전을 달여 다처럼 복용하면 한선을 자극하여 땀을 내고 열을 내리는 효과를 얻을 수 있다.

• 풍한 감기로 구토, 복통, 설사할 때 곽향, 소엽, 후박, 진피를 가하여 투약하면 산한지통, 지사의 효과를 얻을 수 있다. 감기로 코가 막히고 두통, 해수, 담다 증상이 있을 때는 전호, 형개, 행인, 반하를 가하여 쓰면 기침도 멎게 하고 담을 제거하는 효과도 있다. 감기에 단독으로 쓰기에는 효능이 약하므로 보조품으로 활용한다.

온위지구

• 생강의 주성분 Gingeol은 구강점막 및 위점막을 자극하여 소화액의 분비를 촉진시키고 위산억제를 하므로 건위, 식욕증진의 효과를 얻을 수 있다. 그러므로 평소 식욕이 좋고, 소화가 잘 되며 더워하는 사람은 구태여 쓸 필요가 없다. 또 소화기능이 둔화되어 있을 때 사용하면 위의 연동을 강화하고 이상발효를 억제하여 가스배출을 촉진한다.

항균해독

• 생강에는 항균작용이 있으므로 세균성이질, 급성장염, 황달성간염, 학질 등을 치료할 때 쓰면 치료율이 높아진다.

• 원형탈모증에는 껍질을 벗긴 생강을 환자가 달아올라 따끔거릴 때까지 반복 마찰하여 10일 정도 지속하면 모발이 다시 난다. 또는 탈모가 된 부위를 쑥으로 뜸을 해도 모발이 난다.

• 생강은 약독을 제거하는 작용이 있어 반하, 남성 및 어해중독을 해독한다. 반하와 남성은 유독하므로 생강으로 포제하여 해독하여야 하고 만약 반하와 남성을 먹어 중독이 되면 후설마비를 느끼므로 생강을 찧어 충복하거나 3~5전을 달여서 복용해도 해독효과가 빨리 나타난다.

세신(쪽도리풀)

학명: Asarum sieboldii(족도리풀), Asarum maculatum(개족도리풀)
이명: 세신, 소신, 세초, Asari herbacum radice

족도리풀이나 민쪽도리풀의 지상부와 뿌리

●식물의 특성과 형태

뿌리줄기는 육질로 매운맛, 줄기 끝에서 2개의 잎이 나오며 심장형, 꽃은 4~5월에 검은 자주색, 열매는 장과이다.

●약초의 성미와 작용

맛은 맵고 성질은 따뜻하다. 심장과 폐, 신장에 작용한다.

●약리효과와 효능

감기로 인한 두통과 몸살, 가래가 많이 끓으면서 기침을 할 때, 맑은 콧물이 흐를 때 등에 효과를 나타낸다.

●주요 함유 성분과 물질

정유가 약 3% 함유되어 있는데, 그 주성분은 methyleugenol, safrole, β-pinene, phenol성 물질, eucarvone 등이 들어 있다.

●채취시기와 사용부위

5~7월에 뿌리를 채취하여 진흙을 제거한 후 물에 담그었다가 그늘에 말려서 사용한다.

■ ■ ■ 전문가의 한마디

해열작용, 항알러지작용, 국소마취작용, 항균작용이 있다. 강활, 방풍 등과 배합하여 감기로 인한 오한발열, 두통과 콧물이 흐르는 증상을 다스린다.

● 효과적인 용량과 용법

하루에 2~4g을 복용한다.

● 사용상 주의사항

몸이 허해서 식은땀을 흘리는 사람과 몸에 진액과 혈액이 부족하여 두통과 함께 기침을 하는 사람은 복용을 피해야 한다.

【알기 쉽게 풀어쓴 임상응용】

• 감기 초기의 악한발열에 쓰면 발한, 해열의 효과가 있다. 특히 겨울철에 감기에 걸렸을 경우 형개, 방풍을 가하여 쓰면 발한작용이 강해져 좋은 효과를 낸다. 풍한 감기로 두통이나 몸살이 심하면 강활, 방풍 등을 함께쓰고(구미강활탕), 양허외감으로 악한이 심하고 발열이 가벼우며 맥침에는 마황, 부자를 가하여 조양해표한다.(마황부자세신탕)

• 온폐화음 효과가 있으므로 해수 발작이 반복되고 많은 담을 뱉어내며 흉통을 호소할 경우에 아주 좋다. 마황, 계지, 건강, 오미자 등을 같이 쓴다.(소청룡탕) 또는 행인, 형개, 전호를 가하여 써도 좋다. 기침이 있고 묽은 백색담에 거품이 섞여 있으며 갈증이 없을 때는 악한발열이나 땀의 유무에 관계없이 소량 사용하면 좋다.

• 비연으로 코가 막히고 머리가 아프며 맑은 콧물이 흐르면 백지, 박하, 신이 등을 같이 쓴다.

소염지통

• 확실한 항균작용이 있으므로 구강점막의 염증(구설생창) 및 치은염에 황련을 가하여 쓰거나(겸금산) 가루로내어 1일 1회 1.5~2g 정도를 입에 넣고 함수하면 소염지통의 효과가 있다. 또 적당량의 온수와 소량의 글리세린을 가해서 그릇에 넣고 젓가락으로 반죽하여 풀처럼 만든 다음 거즈에 발라 배꼽에 반찬고로 부착시켜 4일간을 방치하고, 낫지 않으면 2~4일간을 반복한다. 만약 반찬고에 피부가 약해서 헐 때는 복대로 눌러두면 된다. 또 물로 반죽하여 풀처럼 만들어 소량의 참기름(꿀도 좋다)을 잘 섞은 다음 환부에 발라도 염증을 없애고 상처를 빨리 낫게 하는 효과가 있다.

• 화농성 감염증으로 환부가 헐지는 않으나 깊은 곳에 농종이 생기고 국소에 종창, 동통, 열감이 있을 때는 세신 가루에 참기름을 섞어 환부에 도포하면 농종을 빨리 없애는 효과가 있다. 또 수술이나 주사 후에 근육종창이 생기고 굳어서 통증이 있을 때도 세신 가루를 바르면 좋다.

• 차게 하면 항상 복통이 일어나는 경우 세신 가루 1전을 꿀과 함께 풀처럼 만들어 거즈에 발라 배꼽에도 붙이고 통증부위에도 붙이면 통증이 멎는다. 3일에 한 번씩 교환한다.

* 보건복지부 한약처방 100 가지 약초

0 1cm

신이(목련)

학명: Magnolia liliflora, M. denudata, M. kobus
이명: 신이, 후도, 망춘화, Magnoliae flos

목련의 꽃봉우리

■■■**전문가의 한마디**

홍분, 발산, 강압, 산풍, 국부수렴, 혈압강하, 항진균 효능이 있고, 코막힘, 축농증, 두통, 오한, 발열, 전신통, 가래 기침에 사용한다. 창이자, 백지 등과 배합하여 콧물, 코막힘 등을 다스린다.

●식물의 특성과 형태

털 많은 겨울눈, 잎은 어긋나며 꽃은 4~5월 잎보다 먼저 흰색으로 핌, 열매는 적갈색 원통형, 종자는 적색이다.

●약초의 성미와 작용

맛은 맵고 성질은 따뜻하다. 폐와 위에 작용한다.

●약리효과와 효능

감기로 인하여 코가 막히고 콧물이 나는 증상에 효과가 있다.

●주요 함유 성분과 물질

백목련의 꽃봉오리에는 정유가 함유되어 있으며, 그 속에는 citral, eugenol, 1,8-cineol이 함유되어 있다.

●채취시기와 사용부위

이른 봄에 아직 피지 않은 꽃봉오리를 채취하여 그늘에서 말려서 이용한다.

●효과적인 용량과 용법

하루에 4~12g을 복용한다.

●사용상 주의사항

몸에 음액이 부족하여 열이 나는 사람과 기가 허약한 사람, 위에 열이 있어서 치통이
발생한 사람 등은 복용을 피해야 한다.

【알기 쉽게 풀어쓴 임상응용】

• 풍한 감기로 인한 두통, 비색 특히 비연으로 인한 두통, 비색에 사용하며, 냄새를 맡지 못하고 자주 탁한
콧물을 흘릴 때 사용하는 요약이다. 신이는 거풍산한의 효능을 가지며, 상행하여 비규를 통하게 한다. 추
위하는 모습이 보이면 보통 세신, 백지, 방풍, 고본, 천궁 등과 배합하여 사용하고(신이산), 더워하는 모습
이 보일 때는 박하, 황금, 창이자초 등과 함께 사용한다.

• 풍한 감기로 두통, 비색, 발열, 골절통 등의 증상을 보일 때는 마황, 형개, 방풍, 금은화, 연교에 신이를넣
어 쓰면 열도 내리고 통증도 없어진다.

• 급성 비염에는 신이 2전, 박하 1전, 금은화 8전을 달여 복용하면 좋다. 하지만 비후성비염이나 축농증에
는 보조약으로 작용할 뿐 근본 치료는 안 된다.

• 신이에는 고혈압을 치료하는 작용이 있다. 신경성 고혈압에는 신이 5전, 조구등 5전, 천마 1전, 감국 3전
을 달여 복용하면 아주 좋은 효과가 있다. 고혈압과 함께 두통이 있으면 신이와 조구등을 각각 8전까지 올
려 쓰면 먼저 두통을 멎게 하고 혈압까지 정상화할 수 있다.

• 혈관경화에 의하여 일어난 고혈압은 죽는 날까지 약을 계속 복용하지 않으면 안 된다고 주의를 준다.
이럴 경우 두충 8전, 신이 5전, 천마 1전, 조구등 8전을 달여 1개월 간 계속 복용하면 혈압을 정상화시킬 수
있다.

• 신이에는 지통효과도 있다. 신경이 긴장되어 항상 두통이 일어나면 백지, 우슬, 만형
자와 같이 달여 5일간복용하면 효과가 있다.

• 신이는 치통에도 효과가 있다. 충치로 인한 통증에는 빻은 신이를 입에 넣고 씹
으면 통증이 멈춘다.

• 신이는 탕제로 사용하는 외에 세신, 압불식초 등과 산제로 코 안에 뿌리는 외
용방으로 이용하고, 혹 유제, 유제, 연고제로 만들어 국부에 바른다.

* 보건복지부 한약처방100 가지 약초

자소엽(차조기)

학명: Perilla frutescens var, acuta, P. frutescens var, crispa
이명: 소자, 자소자, Periliae semen

차조기의 잎과 가지

■■■**전문가의 한마디**

행인, 길경, 전호 등과 배합하여 감기로 오한과 발열, 땀이 안나고 기침하는 증상을 다스린다.

●식물의 특성과 형태

높이 50~80cm, 꽃은 8~9월에 연한 자줏빛으로 핀다.

●약초의 성미와 작용

맛은 맵고 성질은 따스하다. 폐와 비장에 작용한다.

●약리효과와 효능

발한, 해열, 진통, 위장염, 소화촉진, 어육 중독의 해독이나 아토피성 피부염 등 알러지 반응 또는 태동불안에 사용한다.

●주요 함유 성분과 물질

Iinolenic acid, 정유, Oil, Vit. B1, αPinene, αTerpineol, βPinene, Geraniol, Linalool, Perilla alcohol, Perillaldehyde 등이 함유되어 있다.

●채취시기와 사용부위

9월 상순에 채취하여 말린다.

● 효과적인 용량과 용법

한번에 4~12g을 복용한다. 방향성이 있으므로 20분 이상 달이면 좋지 않다.

● 사용상 주의사항

열병이나 기운이 없는 사람이 땀을 많이 흘리는 경우에는 피한다.

【알기 쉽게 풀어쓴 임상응용】

화담평천

· 소자는 기관지의 분비를 억제하고 기관지평활근의 경련을 이완시키기 때문에 소담평천의 요약이다. 천식, 해수, 호흡촉박, 객출하기 힘든 점조다담, 흉민감에는 백개자, 나복자를 넣어 쓴다.(삼자양친탕)

· 노인의 만성기관지천식은 증상이 완고하여 치료가 곤란하고 동계에 발작하기 쉽다. 발작시에는 담이 아주 많아져서 점조한 백색담이 좀처럼 객출되지 않고 해천기급증상이 보이는데는 소자를 군으로 하고 반하, 전호, 후박, 당귀, 육계를 배합한 소자강기탕을 쓰면 좋다.

· 기관지확장증으로 해수, 호흡촉박에 점조한 백색담이 다량 객출될 경우에는 길경, 반하, 행인을 넣어 쓰면 좋다. 증상이 심하여져 점조한 황색담이 다량 객출될 때는 자완, 관동화, 전호를 넣어 쓰면 좋다.

윤장통변

· 소자는 다량의 지방유가 들어 있어 윤장하며 그 작용은 마자인, 행인과 유사하다. 소자는 급, 만성해천으로변비를 수반하는 경우에 쓰면 좋다. 해천에 구인건조, 복부팽만, 변비가 수반될 때는 현삼, 맥문동, 행인, 비파엽을 넣어 쓰면 좋다.

· 평소 몸이 약하여 빈혈, 변비가 있거나, 산후혈허로 변비가 보일 때는 고한사하약을 쓰지 않고 윤장약을 써서 통변을 용이하게 하는 것이 좋다. 이 경우 소자는 1회에 2~3전을 찧어 설탕을 약간 넣고 물로 복용하면 좋다. 단독으로 써서 효과가 나지 않을 때는 마자인 2전이나 행인, 지각을 넣어 쓴다. 제생방에 있는 자소마인죽은 이 두 약으로 죽을 만들어 먹는 것이다.

기타응용

· 소자는 거습지통, 소종의 효능이 있어 목과, 오수유를 배합하면 각기치료에 좋다. 이 것은 계명산에 소엽을 쓰는 것과 동일한 이치이다.

· 추위지면 증상이 심해지는 풍습성관절염에는 독활, 우슬, 오가피를 넣어 쓰면 거습지통의 효과가 있다. 노인으로 발이 아파 보행이 곤란할 때는 소자 5전에 유향말 3전, 제천오말 3전을 넣고 찧어 환부에 바르고 붕대로 감아두면 거습지통의 효과가 있다.

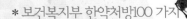

75

정류

학명 : Tamarix chinensis
이명 : 서하류

위성류의 어린가지와 잎

■■■전문가의 한마디

소풍, 해표, 이뇨, 해독의 효능이 있다. 마진의 불투진, 풍진소양, 감모, 해수, 단기, 소기, Rheumatism성 골절통을 치료한다.

●식물의 특성과 형태

수고 5m이고 수피는 회색 또는 검은 색을 띤 회색으로 세로로 갈라진며 잔 가지에 껍질눈이 있다. 잎은 어긋나며 바늘처럼 가늘며 비늘조각처럼 되어 있다. 꽃은 5~7월에 피며 옅은 붉은색의 총상화서로 1년에 두 번피며 오래된 가지에 핀 꽃은 봄에 피고 크지만 열매는 맺지 않고 새가지에 핀 꽃은 여름에 피며 작고 열매를 맺는다. 꽃잎은 달걀모양이고 꽃잎은 원모양으로 각각 5개이며 수술은 5개이고 자방은 3개이다. 열매는 삭과로 10월에 피며 종자에 털이 있다.

●약초의 성미와 작용

맛이 달고 성질이 평하다.

●약리효과와 효능

풍습성 관절염, 소변량이 줄거나 잘 나오지 않거나 심지어 막혀서 전혀 나오지 않는 병. 외용 시에는 풍진으로 전신의 피부가 가려운 증상에 효능이 있다.

●주요 함유 성분과 물질

수지에는 quercetin이 나무껍질에는 수분 19.6%, tannin 5.21%가 함유되어 있다.

●채취시기와 사용부위

5~6월 꽃이 필 때 햇가지를 채취한 다음 절단해 응달에서 말린다.

4-7월 꽃이 피기 전에 햇가지의 잎을 따서 그늘에서 말린다.

●효과적인 용량과 용법

30-60g을 달여서 복용한다. 또는 가루 내어 산제로 하여 복용한다.

●외용 전액으로 씻는다.

●임상응용 복용실례

성류화는 중풍을 다스리고 청열, 마진을 투발하게 하는 효능이 있다. 3-9g을 달여서 복용한다.

창이자(도꼬마리)

학명: Xanthium strumarium
이명: 창이자, 호침자, 창자, Xanthii fructus

국화과에 속한 일년생 초본인 도꼬마리의 성숙한 과실

78

■■전문가의 한마디

축농증 코가 막힌데, 비염, 두통, 발열, 기침, 사지동통마비, 굴신, 피부가려움증, 중이염에 활용된다. 축농증 코가 막힌데, 비염, 두통, 발열, 기침, 사지동통마비, 굴신, 피부가려움증, 중이염에 활용된다. 백지, 신이 등과 배합하여 두통, 콧물 나는 것을 다스린다.

●식물의 특성과 형태

방추형이나 난원형으로 길이 1-1.5cm이다. 표면은 황갈색이거나 황녹색으로 전체에 가시가 있다. 질은 단단하면서 질기고 횡단면의 중앙에는 격막과 2개의 방이 있다. 이삭은 약간 방추형으로 한쪽 면은 비교적 평탄하고 과피는 얇고 회흑색이며 세로주름이 있다.

●약초의 성미와 작용

맛은 맵고 쓰며 성질은 따뜻하고 독성이 있다. 폐에 작용한다.

●약리효과와 효능

창이자는 따뜻하고 매운 약으로 풍한을 잘 없애준다. 풍한이 인체에 침입하면 두통, 오한, 발열, 콧물, 기침, 등이 생기는데 창이자는 이러한 증상들을 개선시켜 주는 데 효과가 있다. 특히 풍한으로 인한 콧물, 코막힘, 축농증, 비염 등의 증상을 개선하는데 좋은 효과가 있다. 피부 소양감이나 몸이 무거우면서 저린 듯 한 것 등에도 효과가 있다.

●주요 함유 성분과 물질

열매에 Xanthostr5umarine, 수지, 요드염, 씨에 수지, 40%까지의 기름(Linoleic acid 63.4%, Oleic acid 27%, 포화지방산 8.2%)이 있다.

●채취시기와 사용부위

가을철에 과실이 성숙하였을 때 채취한다.

●효과적인 용량과 용법

하루에 4~12g을 복용한다.

●사용상 주의사항

몸에 혈이 부족한 사람의 두통과 저린 감에는 쓰지 않는다.

【알기 쉽게 풀어쓴 임상응용】

거습지통

• 창이자는 풍습을 제거하고 통증을 억제하는 효능이 있으며, 급성으로 발작이 일어났을 때가 비교적 효과가 좋다. 통증이 유주성을 나타내고 관절에 발적이나 종창이 보이지 않을 때는 방풍, 강활, 독활, 적작을 넣어 쓰면 좋다. 만성적인 관절통증에는 보익기혈약과 같이 써야 한다.
• 창이자는 발한시키는 작용이 있으므로 풍한에 의한 감기로 가벼운 발열, 관절이나 근육의 통증, 땀이 나지 않고 요량이 적을 경우 등에 형개, 방풍, 두시 등을 넣어 쓰면 좋다.

비염치료

• 창이자는 급, 만성비염에 쓸 수 있다. 비염이 돌발적으로 일어났을 때 쓰면 효과가 확실히 나타난다.(창이자산) 용량은 3~5전이나 증상이 심할 때는 8전까지 쓸 수 있다. 알레르기성 비염에는 자초, 한련초, 목단을 넣어 쓴다. 축농증에는 별 효과가 없으나 백지, 황금을 넣어 쓰기도 한다. 화농되어 있으면 금은화, 황금, 조각자를 넣어 일시적인 치료제로 쓴다.

소염해독

• 모든 피부의 습진에는 창이자를 보조약으로 하여 지부자, 방풍 등을 넣어 쓴다. 씻을 때는 백반을 더 넣고 달인 액을 쓴다.
• 유행성이하선염에는 창이자에 생지황, 적작을 넣고 진하게 달인 액에 청대말 3전을 넣고 잘 섞어 환부에 바르면 좋다.

* 보건복지부 한약처방100 가지 약초

0   1cm

총백(파의 뿌리)

학명: Allium fistulosum
이명: 총경백, 총백두, 파뿌리, Allii radix

백합과에 속하는 여러해살이 풀인 파의 인경

■ ■ ■ **전문가의 한마디**

오심, 회충증, 감기에
땀을 내고 복부냉통,
소화불량, 사지냉증,
맥박미약, 종기, 피부
발진에 사용한다.

● 식물의 특성과 형태

높이 60cm, 매운 냄새, 수염뿌리, 꽃은 6~7월에 흰색, 열매는 삭과
로 3개의 삼각형 능선이 있고, 종자는 검은색이다.

● 약초의 성미와 작용

맛은 맵고 성질은 따스하다. 폐와 위에 작용한다.

● 약리효과와 효능

총백은 요리에 양념으로 들어가는 파의 흰 부분이다. 맵고 따뜻한
성질을 지녀 몸을 따뜻하게 하고 추위를 타지 않게 하며, 피를 맑
게 한다. 위액의 분비를 촉진시켜 소화를 잘 되게 하고 땀을 잘 나
게 하며 살충, 살균 작용과 항암 작용, 염증이나 종기를 삭이는 작

용도 한다.

●주요 함유 성분과 물질

알리신, 디알릴 모노설파이드 등이 함유되어 있다. 그 밖에 Malic acid, Vit C, B, E, 철, 염 등이 함유되어 있다.

●채취시기와 사용부위

약으로 사용할 때는 꼭 굵은 겨울에 나오는 파를 사용해야 한다.

●효과적인 용량과 용법

하루 6~12g을 달여 먹거나 기름 또는 술에 끓여 먹는다.

외용약으로 사용할 때는 짓찧어 붙이거나 데워서 찜질한다. 달인 물로 씻기도 한다.

81

●사용상 주의사항

땀이 많은 사람은 복용에 주의하셔야 한다.

●임상응용 복용실례

오심, 회충증, 감기에 땀을 내고 복부냉통, 소화불량, 사지냉증, 맥박미약, 종기, 피부 발진에 사용한다.

두시 등과 배합하여 감기로 인해 나타나는 오한, 발열, 두통을 다스린다.

* 보건복지부 한약처방100 가지 약초

0 1cm

향유

학명: Elsholtzia ciliata E. splendens
이명: 향유, 향채, 향용, 노야기, Elsholtziae herba

82

●식물의 특성과 형태 높이 30cm~60cm, 꽃은 8~9월에 홍자색, 열매는 분과로 난형이다. 약재는 특이한 방향이 있다.

●약초의 성미와 작용 맛은 맵고 성질은 약간 따뜻하다. 폐와 위에 작용한다.

●약리효과와 효능

여름철의 감기나 또는 습기가 몸에 쌓여 오한, 발열, 가슴이 답답하고 복통, 구토 등의 증상이 생긴 것을 다스린다.

●주요 함유 성분과 물질 terpene군, alcohol군, aldehyde군, ester군, ktone군, phenol군, coumarin군, oxide군 등이 함유되어 있다.

●채취시기와 사용부위

늦은 가을에 이삭이 나온 다음 채취하여 불순물을 제거하고 건조하여 사용한다.

●효과적인 용량과 용법 하루에 4~12g을 복용한다.

●사용상 주의사항 몸에 열이 있으면서 땀이 많이 나는 사람과 원기가 허약한 사람은 복용을 피해야 한다.

●임상응용 복용실례 발한, 해열, 지혈 작용 등이 있다. 후박, 백편두 등과 배합하여 여름철 감기와 함께 소화불량 등을 동반한 증상을 다스린다.

해열, 발한촉진, 혈액순환촉진, 진경, 소화, 항균 작용 등이 있는 약초

형개

학명: Schizonepeta tenuifolia var. japonica
이명: 향형개, 선개, 가소, Schizonepetae herba

83

●식물의 특성과 형태 높이 60cm, 원줄기는 네모지고, 잎은 마주나며 꽃은 8~9월에 피며 원줄기 윗부분에는 층층으로 달린다.

●약초의 성미와 작용 맛은 맵고 성질은 따뜻하다. 간과 폐에 작용한다.

●약리효과와 효능

풍한이 인체에 침입하면 열과 오한이 나고 두통, 인후통 등의 증상에 효과가 있다.

●주요 함유 성분과 물질 정유를 함유하며 그 성분은 d-methone, dl-methone, d-limonene이다.

●채취시기와 사용부위

여름과 가을에 꽃이 피고 이삭이 파랄 때 채취하여 햇볕에 말려서 이용한다.

●효과적인 용량과 용법 하루에 4~12g을 복용한다.

●사용상 주의사항

땀이 많은 사람과 열이 심하면서 오한은 약한 사람, 진액이나 혈이 부족하여 발생하는 두통에는 복용을 피해야 한다.

●임상응용 복용실례 해열, 발한촉진, 혈액순환촉진, 진경, 소화, 항균 작용 등이 있다. 방풍, 강활, 백지 등과 배합하여 오한, 발열, 땀이 안 나면서 두통 있는 것, 몸이 아픈 것 등을 다스린다.

* 보건복지부 한약처방100 가지 약초

갈근(칡뿌리)

학명Pueraria thunbergiana(SIEB,et ZUCC) BENTH
이명건갈, 감갈, 분갈, 야갈, 칡, 칡뿌리, 계제근, 녹곽, 황근, 칡뿌리

칡의 주피를 제거한 뿌리

84

■■■**전문가의 한마디**

뿌리추출물은 뚜렷한 해열작용을 나타내고 성분 중 다이드제인은 파파베린과 비슷한 진경작용을 나타내며 총플라보노이드는 뇌와 관상혈관의 혈류량을 늘린다는 것이 밝혀졌다.

●식물의 특성과 형태

들이나 산에 자생하며 덩굴을 뻗으면서 자라는데 여름부터 가을에 걸쳐 적갈색의 꽃을 피운다.

●약초의 성미와 작용

달고 매우며 성질은 평하다. 비장과 위에 작용한다.

●약리효과와 효능

살과 근육에 작용하여 근육이 뭉친 것을 풀어주니 특히 머리 아프면서 목덜미가 당기는 데 좋고 피부병에 쓰며 진액을 보충해 주는 효능이 있어 구갈과 소갈에 좋다.

●주요 함유 성분과 물질

Flavonoid, 전분 및 소량의 정유 성분이 들어 있다.

●채취시기와 사용부위

봄과 가을에 채취하여 햇볕에 말려 굽거나 생것을 약으로 사용한다.

●효과적인 용량과 용법

10~15g을 사용한다.

●사용상 주의사항

소화기가 안 좋으면서 구토하거나 땀이 많은 자는 복용하지 말아야 된다.

●임상응용 복용실례

시호 황금 석고와 배합하여 감기에 열나고 땀은 나지 않고 두통에 목이 당기는 증상을 치유한다.

【알기 쉽게 풀어쓴 임상응용】

발산풍열

• 갈근에는 발한해열작용이 있는데 발한력은 마황이나 계지, 방풍에 비하여 약하고 해열작용은 강하다. 주로 감기로 두통, 무한하고 목이 뻣뻣하면서 아플 때 활용한다. 풍한 감기로 고열이 나거나 열은 그렇게 심하지 않고 땀이 나지 않으면 마황과 형개를 가하여 쓰면 발한해열의 효능이 강화된다. 또는 마황, 계지, 백작과 같이 쓴다.(마황탕)

• 갈근에는 마진을 솟아나게 하는 작용이 있으므로 마진이 빨리 솟아나지 않고 고열이 지속되며 기침을 할 때는 형개, 선퇴, 행인을 가하여 쓰면 마진을 균등하게 솟게 하는 효과가 있다.

생진지사

• 갈근은 양기를 발산시키고 설사를 멎게 하는 작용이 있으므로 여름철의 급성장염으로 심한 물 설사를 하고 항문에 작열감을 느낄 때는 갈근을 군약으로 쓰면서 황련, 황금, 복령을 가하면 이습지사에 좋은 효과를 얻을 수 있다. 장에 습열이 있어 소화불량이 생기고 설사를 해도 뒤가 시원치 않을 때는 황금, 황련, 목향, 지각, 신곡 등을 가하여 쓰면 좋다. 이것은 세균성 이질에도 효과가 있다.

활혈화어

• 갈근에는 활혈화어의 효능이 있다. 약리 연구에서도 혈관의 저항을 약화시켜 뇌혈관 및 관상동맥의 순환을 촉진하고 심근의 산소소모를 감소시키는 작용이 보고되어 있다. 뇌혈전이나 뇌일혈에서 오는 반신불수에 사용하면 혈전을 용해하고 뇌혈관의 혈류량을 증가시키는 작용을 하는데 이때는 단삼, 계혈등, 천궁 등과 같이 쓰면 이 작용이 훨씬 증가된다. 이럴 때 갈근은 혈압강하작용도 겸한다.

열을 내려주므로 두통, 어지럼증, 고혈압에 좋은 약초

국화(감국)

학명: Chrysanthemum indicum, C. morifolium
이명: 진국, 금정, 절화, Chrysanthemi indici flos

감국 및 국화의 꽃

■■■**전문가의 한마디**

눈의 정혈, 해열 효과, 폐렴, 기관지염, 두통, 어깨결림, 혈압상승 등이 밝혀졌다. 상엽 박하와 배합하여 감기로 발열, 두통이 있는 것을 다스린다.

●식물의 특성과 형태

감국은 높이는 1~1.5m, 줄기는 곧고 잎은 어긋난다. 꽃은 9~10월에 노란색으로 핀다.

●약초의 성미와 작용

달면서 쓰고 약간 차며 폐와 간에 작용한다.

●약리효과와 효능

열을 내려주므로 두통, 어지럼증, 고혈압, 눈이 빨개지면서 아픈 것에 좋다.

●주요 함유 성분과 물질

Adenine, stachydrine, choline, 정유

●채취시기와 사용부위

약이 되는 국화는 서리 내리기 전 9~10월 산기슭이나 들판에서 자라는 노란 색의 둥근 꽃이삭의 들국화(산국)나 감국화를 이용한다.

●효과적인 용량과 용법

6~12g을 복용한다.

●사용상 주의사항

두통에는 황국화를 쓰고, 눈이 충혈 되거나 캄캄할 때는 백국화를 쓰며 뾰두라지가 붓고 아플 때 들국화를 사용하여야 한다. 기운이 없고 소화기가 약하며 설사하는 이는 피해야 한다.

【알기 쉽게 풀어쓴 임상응용】

• 국화는 발한력은 약하지만 청열작용은 상당히 강하므로 풍열 감기나 온병 초기로 고열을 보이고 바람을 싫어하며 약간 땀이 있을 경우에 상엽, 연교, 박하와 함께 쓰면 좋다. 기성방인 상국음은 치료에도 예방에도 자주 쓴다.

• 국화에는 청간명목의 효능이 있어 두부의 염증을 없애는 작용이 우수하므로 각막염, 결막염 혹은 인후염 등에 차처럼 만들어 복용하면서 박하, 목적, 곡정초 등을 달여 먹으면 더욱 좋다.

• 국화를 차처럼 만들어 연중 복용하면 더위를 물리치고 갈증을 풀어 주는 좋은 음료가 된다. 설탕을 약간 넣으면 맛도 더욱 좋아진다. 또 고혈압 환자는 평소에 국화와 하고초, 황금을 차처럼 끓여 먹어도 혈압 조절에 아주 좋다.

• 이외 국화에는 해독효능이 있으므로 정창(근이 깊이 박히는 종기)종독에 감초를 배합하여 활용한다.(국화감초탕)

강압안신

• 동맥경화에 따른 고혈압의 치료나 협심증의 예방 또 뇌혈관순환장해 등의 치료에 좋은 효과가 있다. 고혈압의 초기에 두통, 두부팽창통, 이명, 안면홍조 등이 보이면 하고초와 조구등을 함께 끓여 차대신 마시면 강압효과가 빨리 나타나며 효과도 지속된다.

• 동맥경화나 고지혈증인 사람은 국화와 산사를 차로써 복용시키고, 가지(가자)를 부식으로 먹이면 동맥을 연화시키고 경화의 진행을 방지하는 효과가 있다. 가지를 반찬으로 자주 복용하는 지역의 주민은 동맥경화나 고혈압을 앓는 경우가 거의 없다고 보고되어 있다. 그러므로 국화산사차를 복용하면서 가지(가자)를 부식으로 먹으면 더욱 정상 혈압으로 유도하는 효과를 얻을 수 있다. 국화와 산사는 콜레스테롤을 감소시키고, 가지는 혈관경화를 예방하는 작용이 있으면서 아무런 부작용이 없으므로 안심하고 복용할 수 있는 민간 장수약이다.

●참고 품종에 따라 효능이 약간 다르다

＊ 보건복지부 한약처방100 가지 약초

0   1cm

담두시(약콩)

학명: Glycine max
이명: 담시, 향시, Santali albae lignum

약은 콩의 씨를 발효시킨 것

■■전문가의 한마디

가볍게 땀을 내는 약으로 복용, 감기에 걸렸거나 가슴이 답답할 때, 불면증 등에 사용한다.

●식물의 특성과 형태

만드는 방법은 여름에 대두를 깨끗이 씻어 찐 다음 널판대에 펴놓고 상엽과 청호로 덮어 발효시킨다. 발효되어 황색이 되면 상엽과 청호를 걷어내고 맑은 물로 반죽하여 항아리에 넣어 두껑을 덮고 노천에서 3주간 볕에 둔 후 다시 꺼내어 말린것을 약으로 사용한다.

●약초의 성미와 작용

쓰고 매우며 성질은 차며 폐와 위에 작용한다.

●약리효과와 효능

가볍게 땀을 내는 약으로 감기가 걸렸거나 가슴이 답답하거나 잠을 잘 못 자는 증상을 다스린다.

● 주요 함유 성분과 물질

Acetaldehyde, βAmyrin, Choline, Daidzin, 7-Dehydroavenasterol 등이 함유되어 있다.

● 채취시기와 사용부위

콩을 가공하며 발효시켜 건조하여 사용, 분말 등으로 만들어 사용한다.

● 효과적인 용량과 용법

8~16g을 내복한다. 특히 상엽과 청호로 발효시킨 것은 풍열감모, 열병에 효과가 있고 마황과 자소로 발효시킨 것은 풍한감모, 두통에 효과가 있다.

89

● 사용상 주의사항

열이 안 나고 오한기가 있는 사람은 피해야 한다.

● 임상응용 복용실례

박하, 금은화, 연교 등을 배합하여 감기나 열병 초기를 다스린다.

*보건복지부 한약처방100 가지 약초

0   1cm

만형자

학명: Vitex rotundifolia
이명: 만형자, 만형실, 만형자나무, Viticis fructus

순비기나무의 열매

90

■■■**전문가의 한마디**

진정시키고 통증을 멈추게 하는 작용이 있어 신경성두통과 고혈압으로 인한 두통에 효과가 있으며, 또한 체온중추를 진정시켜 열을 물러가게 하는 작용이 있다고 보고되고 있다. 국화, 방풍 등과 배합하여 감기에 두통이 심한 것을 다스린다. 고본, 천궁 등을 배합하여 두풍통을 치료한다.

●**식물의 특성과 형태**

높이 30~50cm, 꽃은 7~9월에 가지 끝에서 나오는 원추화서로 피고, 꽃받침잎은 술잔 모양이며, 꽃통은 벽자색이다.

●**약초의 성미와 작용**

쓰고 매운 맛이면서 성질은 약간 차며 독은 없다. 방광과 간과 대장에 작용한다.

●**약리효과와 효능**

감기로 인한 두통, 어지럼증, 눈이 빨개지고 아픈 증상에 좋다. 습으로 인한 저림증과 근육이 떨리는 증상에도 사용하면 좋은 효과가 있다.

●**주요 함유 성분과 물질**

열매와 잎에 정유가 있으며 Camphene, Pinene, 미량의 Alkaloid, Vit. C, Vitexicarpin (Casticin)이 있다.

●채취시기와 사용부위

가을에 과실이 성숙하면 채취하여 햇볕에 말려서 사용하거나 황색이 될 때까지 볶아서 사용한다.

●효과적인 용량과 용법

그대로 술에 불려 찌거나 볶아서 하루 6~9g을 탕약, 알약, 가루약 형태로 복용한다.

●사용상 주의사항

빈혈로 머리 아픈 사람과 소화기가 약한 사람은 피해야 한다.

【알기 쉽게 풀어쓴 임상응용】

청열지통

• 만형자는 풍열을 끄고 두통을 멈추는 작용이 있으므로 풍열 감기로 열이 있고 두통 특히 전두통이 심한 경우 방풍, 백지, 시호를 가하여 쓰면 해열지통의 효과를 얻을 수 있다. 만형자는 혈압을 내리는 작용을 보조하므로 고혈압으로 인한 두통에는 국화, 조구등을 가하여 쓰면 강압지통의 효과를 얻을 수 있다. 이때는 천마를 넣어 써도 좋다.

• 동맥경화로 인한 고혈압은 현훈, 두통, 안홍, 열감 등을 보이는데, 이 경우에는 뇌졸중을 예방하기 위해 만형자 5전에 결명자, 목단, 죽여를 함께 달여 복용하면 좋다. 뇌일혈에 의한 갑작스런 중풍 후에는 만형자에 백미, 백작을 가하여 쓰면 혈압을 안정시키고 재발을 방지하는 효과가 있다.

소염명목

• 만형자는 약성이 차므로 안과의 각종 염증 치료에 사용하면 좋다. 안막의 혈관파열, 각막의 염증, 안검의 염증성 궤양에 목적과 곡정초를 넣어 쓰면 소염청열의 효과를 얻을 수 있고, 파열된 혈관을 유합시켜 혈액을 서서히 흡수시킬 수 있다.

오발지독

• 만형자에 하수오, 숙지황, 여정자를 가하여 쓰면 두발이 검어지고 광택이 나게 된다. 또 탈모증상이 아주 심하면서도 두피의 모공에 아직 경피가 형성되지 않았을 경우에는 만형자를 복용하면 대머리를 방지할 수 있다고 한다.

기타응용

• 거풍승습하므로 풍습비통, 근맥구련에 강활, 독활, 방풍, 진교 등을 같이 쓴다. 현재 임상에서는 이 부분은 거의 활용하지 않고 있다.

【수치】 초황색이 될 때까지 초한 후 자루에 넣고 비비거나 절구에 찧어 백막을 제거하고 사용하여야 약효의 추출이 쉬워진다.

【참고】 만형자, 고본, 백지는 두통에 유효하다.

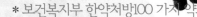

* 보건복지부 한약처방100 가지 약초

0   1c

선태(매미탈피)

학명: Cryptotympana pustulata, C. atrata
이명: 선태, 선퇴, 선의, Cicadae periostracum

매미의 껍질

■■**전문가의 한마디**

우방자, 박하, 갈근 등과 배합하여 피부병 초기에 발진이 심하지 않을때 이용한다.

●식물의 특성과 형태

매미 탈피 껍데기, 약 2.5cm, 지름 2cm, 바깥면은 황백색~황갈색으로 반투명이고 광택, 등쪽은 십자로 갈라진다.

●약초의 성미와 작용

맛은 달고 성질은 차갑다. 폐와 간에 작용한다.

●약리효과와 효능

풍열을 제거하여 피부의 두드러기 등을 없애주고 경련을 멈추게 하는 작용이 있으며, 목이 아프거나 목소리가 나오지 않을 때, 눈이 충혈될 때, 경풍 등에 효과를 나타낸다.

●주요 함유 성분과 물질

키틴질(β1-04,04-Polyacetylglucosamine)로 그 중에 단백질, 아미노산, 유기산회분(33%) 등이 함유되어 있다.

● 채취시기와 사용부위

여름과 가을 사이에 수집하여 잘 씻은 후 햇볕에 말려서 이용한다.

● 복용방법

3 - 6g, 전복한다. 파상풍에는 15 - 30g 을 사용한다.

● 사용상 주의사항

임신부는 복용을 피해야 한다.

【알기 쉽게 풀어쓴 임상응용】

소산풍열

• 선퇴는 풍열을 없애고 두목을 청리하므로(국화와 배합) 감기 및 초기 열병으로 열이 지속되어 성대가 붓고 충혈되어 목이 잠기고 목소리가 잘 나오지 않을 때 선퇴 8분에 박하, 길경, 행인을 가하여 쓰면 효과가 있다. 소아가 감기에 걸려 열이 나서 가만히 있지 못하고 뒤척이며, 기침도 하여 목이 잠겼을 경우에는 선퇴 6분에 연교, 금은화, 산조인, 현삼, 조구등, 죽엽, 감초를 넣어 달여 복용하면 열도 내리고 잠도 잘 자며 목소리도 잘 나오게 된다. 또 풍열 감기 및 온병 초기에 표증을 겸하면 박하, 감초, 석고 등을 가하여 소풍청열하고(청해탕), 만약 풍열로 인한 인통, 음아에는 반대해, 우방자, 길경 등과 사용한다.(해선산)

• 간경 풍열로 인한 목적, 예막차정, 다루 등에는 국화, 목적, 곡정초, 백질려 등을 가하여 쓴다.(선의산)

해경정경

• 선퇴에는 항경궐작용이 있으므로 소아가 고열로 경기를 하여 구금불언, 눈을 위로 치켜 뜨고, 사지에 경련을 일으킨 경우에는 백강잠, 형개, 방풍 등을 가하여 쓰면 해열지경의 효과가 있다.

• 선퇴에는 경련진정작용이 있고 근육을 이완시키는 효과가 있기 때문에 신경계질환의 후유증으로 근육의 긴장력이 증대되었을 때 치료 보조약으로 쓴다. 소아는 2전, 성인은 4전씩 가루나 환으로 만들어 사용한다.

해독지양

• 중이염으로 농이 많고 냄새가 고약할 때는 선퇴를 볶아 가루 내고 귀 안에 넣어 두면 소염배농의 효과가 있다.

• 알레르기성 비염에 목단과 선퇴를 함께 가루 내어 매일 3회, 1회 1전씩 복용하면 항알레르기 작용을 나타낸다.

명목

• 선퇴에는 예막을 없애는 작용이 있으므로 백내장으로 눈이 충혈되어 붓고 아프며, 뚜렷하게 보지 못할 때는 국화, 금은화, 목적을 가하여 쓰면 좋다. 특히 노인성 백내장에도 선퇴는 치료를 보조한다.

박하

학명: Mentha arvensis var piperascens
이명: 소박하, 집박하, Menthae herba

박하의 잎과 지상부

■■■**전문가의 한마디**

건위, 정장, 해열, 치통완화, 흥분, 건위, 진통 등 효능이 있다. 길경, 형개, 우방자, 국화 등과 배합하여 두통, 인후통을 다스린다.

●식물의 특성과 형태

높이 50cm, 꽃은 7~9월에 연한 자줏빛으로 피며 줄기 윗부분과 가지의 잎겨드랑이에 달려 층을 이룬다.

●약초의 성미와 작용

맛이 맵고 성질은 서늘하며, 폐와 간에 작용한다.

●약리효과와 효능

인체상부에 작용하며 열을 발산시키므로 감기 초기의 두통, 눈이 붉어지는 것, 인후통, 반진에 사용하면 좋은 효과를 거둘 수 있다.

●주요 함유 성분과 물질

박하 잎의 정유 중 77~78%가 멘톨이고, 그 외에 초산, 수지, 소량의 타닌이 함유되어 있다.

●채취시기와 사용부위

여름 5~9월에 채취하여 그늘에서 말려서 사용한다.

●복용방법

1회에 3~10g를 복용하는데, 신선한 것은 10~30g을 달여서 복용한다.

●사용상 주의사항

오래 달이지 말아야 하며, 기를 소모하고 땀이 나게 할 수 있기 때문에 기가 허하고 피가 부족하거나, 몸이 허하며 땀이 자주나는 경우는 쓰지 말아야 한다.

【알기 쉽게 풀어쓴 임상응용】

소산풍열

• 박하에는 휘발유가 함유되어 있으며 주성분은 멘톨이다. 박하를 소량 쓰면, 중추신경을 흥분시키고 이것이 간접적으로 말초신경에 전달되어 피부의 모세혈관을 확장하고 한선분비를 촉진하여 생체의 열방산을 증가시키므로 청량해열작용이 나타난다. 주로 외부 자극에 의한 감기에 쓰는데 특히 두통이나 인후종통이 있을 때 좋다.

• 외감풍열, 발열악한, 두통, 무한 및 온열병 초기에 표증이 있으면 금은화, 연교 등을 가하고(은교산), 열이 심하면 석고를 가한다.

• 더위를 먹어 현훈, 발열, 구갈, 소변단적에는 향유, 상엽, 활석을 가하여 쓰면 풍사와 열사를 동시에 제거할 수 있다.

• 풍열의 사기가 인체의 상부를 침범하여 발생하는 두통, 목적, 인후종통 등의 증후에 형개, 감국, 길경, 상엽, 백강잠 등을 가하면 상초의 풍열사를 소산할 수 있다.

• 일기가 좋지 않거나 공기가 오염된 도심지역을 차량으로 여행하면 현훈, 오심, 구토가 일어날 수 있는데 이럴 때는 박하에 뜨거운 물을 부어 복용하면 좋다.

• 박하유를 분무하면 공기 중의 바이러스를 억제하는 효과가 있으므로 이것으로 공기를 소독하면 전염병의 예방도 된다.

기타응용

• 풍열에 의한 두통을 치료하므로 백지, 천궁, 감국과 같이 쓴다.

• 지해작용이 있어 담의 객출을 쉽게 하므로 감기로 기침을 하거나 급성 기관지염으로 기침이 심하고 가래가 많으며 목안이 근질근질 할 때는 길경, 행인, 감초를 가하여 쓰면 좋다.

• 인후종통에도 쓰면 좋다. 급성 편도염에는 우방자, 사간, 길경을 가하여 쓰면 좋고, 급성 인두염 및 인두의 화농성 감염증에도 박하를 활용하면 좋다.

• 치통치료에도 사용된다. 이때는 박하를 빙편, 세신과 함께 가루 내어 통증 부위에 뿌리면 좋다.

【참고】 박하엽은 발한작용이 강하고, 박하경은 이기통락작용이 강하다.

95

상엽(뽕나무잎)

학명: Morus alba
이명: 상엽, 철선자, 경상상엽, Mori folium

96

뽕나무의 잎을 건조한 것(가을에 첫서리 맞은 것이 효과적이다)

■■■ **전문가의 한마디**

국화, 박하, 연교 등과 배합하여 감기 등으로 인한 발열, 두통, 기침 등을 다스린다.

●식물의 특성과 형태

뽕나무, 가새뽕, 산뽕나무(M. bombycis)의 잎을 모두 사용한다.

●약초의 성미와 작용

맛은 달고 쓰며 성질은 차갑다. 폐와 간에 작용한다.

●약리효과와 효능

인체의 풍열을 몰아내고 간의 화기를 내리는 작용이 있어 감기로 인해 발열이 심하면서 기침을 하거나 마른기침을 할 때, 눈이 충혈되거나 아플 때 등에 효과를 나타낸다.

●주요 함유 성분과 물질

성분은 Rutin, Quercetin, Isoquercetin, Moracetin C-D, 미량의 β Sitosterol, Lupeol, Campesterol, Inokosterone, Myoinositol, Hemolysin 등이 함유되어 있다.

●채취시기와 사용부위

첫 서리가 내린 후에 따서 햇볕에 말려서 사용한다.

●복용방법

하루에 6~12g을 복용한다.

●사용상 주의사항

폐가 약하거나 감기로 인해서 오한이 나면서 기침을 하는 사람은 복용을 피해야 한다.

【알기 쉽게 풀어쓴 임상응용】

소산풍열
• 상엽의 해열효과는 강하지 않으므로 풍열 감기로 두통과 눈의 충혈이 있거나, 온병 초기에 발열, 해수 등이 있을 때 감국, 연교, 박하, 행인 등을 가하여 활용한다.(상국음)
• 상엽에는 청폐열, 윤폐조의 효능이 있으므로 발작성 기침이 멈추지 않고 다량의 누런 담이 나오며 인통이 있으면 행인, 패모, 맥문동, 석고 등과 같이 쓰거나(청조구폐탕), 비파엽, 행인, 관동화와 같이 쓰면 좋다.

청간명목
• 상엽에는 비타민 A, D가 함유되어 있으므로 나이가 들어 시력이 약해졌을 때는 호마인, 석곡, 산수유 등 자음보익약을 가하여 쓰면 좋다. 급성 결막염으로 충혈이나 통증이 있으면 목적, 곡정초 등을 가하여 쓴다. 또 시신경염, 시신경망막염의 초기에 상엽을 대량 쓰면 소염 효과를 얻을 수 있다. 눈곱이 많이 끼고 잘 보이지 않으며 각막에 충혈이 있을 때 내복해도 좋고 끓여서 씻어도 좋다.

혈압강하
• 신경성 고혈압으로 혈압이 불규칙한 것은 정신불안이 원인이다. 이때는 조구등과 상엽 각 5전을 함께 달여 차대신 복용하면 5~6회로 혈압이 일정하게 된다.
• 기타 고혈압증에도 증상에 따라 사용하는데 일반적으로 2~3전이면 된다. 상엽의 혈압강하 작용은 완만하고 지속성이 없기 때문에 국화, 조구등을 가할 필요가 있다. 또 관상동맥경화에 의한 고혈압이나 뇌일혈로 혈압이 장기간 내리지 않을 때 쓰면 좋은 효과를 얻을 수 있다.
• 상엽에는 혈당을 저하시키는 작용도 있다. 단 3~6개월 간 계속 복용해야 한다.

이뇨소종
• 상엽은 비타민 B1을 풍부하게 함유하여 이뇨소종작용을 가지므로 각기, 신경염을 억제하고 식욕증진 및 신진대사촉진작용이 있다. 보고에 의하면 이뇨약을 써도 효과가 없는 부종은 대부분 각기가 원인인 경우가 많으므로 이것을 치료하는 데는 비타민 B1을 많이 함유한 것을 사용할 필요가 있다.

기타응용
• 양혈작용이 있으므로 혈열로 인한 토혈, 뉵혈에 단독으로 쓰거나 기타 처방에 넣어 이용한다. 단 효력은 약하다.

【참고】 늦가을 서리 맞은 것을 채취한 상엽이 효과가 뛰어나고, 찌거나 밀자한 증 상엽은 명목작용이 우수하다.

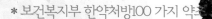

승마

학명: Cimicifuga hetacleifolia, C. simplex
이명: 주승마, 계곡승마, Cimicifugae rhizoma

승마의 뿌리줄기

■■■전문가의 한마디

해열작용과 항균작용, 진정작용, 강심작용, 이뇨작용, 혈압강하작용이 있다 갈근과 배합하여 피부병에서 아직 발진이 생기지 않은 증상을 다스린다.

●식물의 특성과 형태

뿌리는 굵고 흑자색, 꽃은 8~9월에 흰색으로 피며, 원줄기 윗부분에 많은 꽃이 달린다.

●약초의 성미와 작용

맛은 맵고 약간 달며 성질은 약간 차갑다. 폐와 비장, 위, 대장에 작용한다.

●약리효과와 효능

감기로 인한 두통, 치통, 구내염, 목이 붓고 아플 때, 두드러기, 발진, 탈항, 자궁하수 등에 이용된다.

●주요 함유 성분과 물질

Cimicigugine, Salicylic acid, Tannin, 수지, Caffeic acid, Ferula acid 등이 있고, 눈빛승마에는 Cimitin, Alkaloid, 당류, 유기산, 수지, 배당체,

Isoferulic acid, Ferulic acid 및 Caffeic acid가 있다.

●채취시기와 사용부위

가을에 채취하여 진흙을 제거한 후 깨끗이 씻어 햇볕에 말려 이용한다.

●효과적인 용량과 용법

하루에 4~12g을 복용한다.

●사용상 주의사항

신장이 약하거나 몸의 하반신에 기운이 없는 사람, 허열이 있는 사람과 피부병에서 이미 발진이 생긴 사람은 복용을 피하여야 한다.

99

【알기 쉽게 풀어쓴 임상응용】

발표투진

• 승마에는 발한해열작용이 있어 풍열 감기로 인한 두통, 발열, 악한, 인통 등에 갈근, 박하, 상엽, 국화 등과 같이 쓰면 좋다. 몸이 약한 사람이 감기로 미열이 내리지 않을 때는 시호와 함께 청보약과 같이 쓰면 좋다. 마진의 초기에 발진이 자연스럽게 솟지 않으면 보통 갈근을 가하여 쓰지만(승마갈근탕) 형개와 우방자를 넣어 쓰면 청열의 효과뿐만 아니라 발진도 촉진하는 효과가 있어 빨리 솟게 한다.

• 승마는 해독의 작용이 있으므로 열독으로 인한 두통, 치은종통, 인통, 구설생창에 활용한다. 두통에는 석고, 백지 등을, 구창치통에는 석고, 황련 등을 가하며(청위산), 인통에는 현삼, 우방자, 길경 등을 같이 쓴다. 또 금은화, 연교, 포공영과 같이 쓰면 열독에 의한 피부병과 피부소양증에도 쓸 수 있다.

승제

• 승마에는 승제작용이 있어 중기가 약하여 나타나는 하함증상 즉 단기, 체권, 탈항, 자궁하수, 붕루 등에 기혈을 보하는 황기, 당삼, 백출, 산약 등과 함께 쓰면 좋다. 여기에는 보중익기탕, 거원전 등이 쓰이며 모든 기허하함의 증상을 조정할 수 있다. 보중익기탕에서 승제작용이 있는 승마와 시호를 빼고 쓰면 승제의 효과가 나타나지 않음이 실험적으로 증명되고 있다.

• 위하수가 심하면 항상 위부위에 팽만감을 느끼는데 과식하지 않도록 주의하고, 1일 3회의 식사를 6회로 나누어 먹으면서 당귀, 황기, 백출, 계지 등을 가하여 계속 복용하면 위를 상승시키는 효과가 있다.

• 만성장염으로 연변이나 물 설사를 하며 복통이 있을 때는 백출, 산약, 당삼 등과 같이 쓰면 좋다.

＊ 보건복지부 한약처방100 가지

시호

학명: Bupleurum falcatum, B. longiradiatum, B. euphorbioides
이명: 자호, 시초, 죽엽시호, 북시호, 뫼미나리, Bupleuri radix

시호의 뿌리를 말린 것

■■■전문가의 한마디

표증을 풀어 열을 내려준다. 간을 편하게 해주고 울체된 것을 풀어준다. 주로 감기, 열, 춥고 더운 증세가 반복될 때, 학질, 간기가 울체되어 옆구리와 유방 등에 통증이 올 때, 두통, 어지러움, 월경 불순, 기운이 없어서 나타난 탈항, 자궁하수, 위하수 등을 치료한다.

● 식물의 특성과 형태

높이 40~70cm, 뿌리줄기는 굵고 매우 짧으며, 줄기잎은 바늘모양, 꽃은 8~9월에 원줄기 끝과 가지 끝에서 노란색으로 핀다.

● 약초의 성미와 작용

맛은 쓰고 약간 차갑다. 간과 담에 작용한다.

● 약리효과와 효능

스트레스로 울체된 것을 풀어주고 발열과 오한이 교대로 반복되는 증상과 가슴과 옆구리가 결리는 증상, 생리가 순조롭지 않은 증상 등에 이용된다.

● 주요 함유 성분과 물질

정유 및 Bupleurumol, Oleic acid, Linolenic acid, Palmitic acid, Stearic acid, Lignoceric acid, 포도당 및 Saponin 등이 함유되어 있다.

채취시기와 사용부위

봄과 가을에 채취하여 가지와 잎, 진흙 등을 제거한 후 깨끗이 씻어 햇볕에 말려서 이용한다.

●효과적인 용량과 용법

하루에 4~12g을 복용한다.

●사용상 주의사항

진액과 혈이 부족한 사람과 간의 양기가 치솟은 사람은 복용을 피해야 한다.

【알기 쉽게 풀어쓴 임상응용】

화해퇴열

• 시호는 감기로 인한 왕래한열, 흉협고만, 구고, 인건, 목현 등에 좋으며 특히 이장열(열의 고저가 일정치 않고 조석으로 1℃ 이상 변동)과 왕래한열에 좋다. 또 감기로 악한과 발열이 심할 때도 잘 듣는다. 감기 발열에는 갈근을 가하여 투설표열하고(시갈해기탕), 소양증을 치료하는 요약으로 소양경(반표반리)에 사기가 들어가한열왕래를 보이면 황금을 가하여 화해퇴열 한다.(소시호탕)

해울안신

• 시호에는 현저한 해울작용이 있으므로 우울로 지리멸렬한 말을 하고 잠을 못 이루는 등 히스테리 특유의 증상에는 사역산을 쓰면 좋다. 심인성 우울병에는 남성, 몽석, 울금을 가하여 쓴다. 또 정신분열로 우울이나 조울을 보일 때도 쓸 수 있다. 갑자기 광조 상태가 되어 큰 소리를 지르고 잠을 못 자며 충격적인 행동을 할 때는 시호를 5~8전 정도 쓸 필요가 있으며, 거담안신하는 몽석, 대황, 용담, 모려를 가하면 정신을 안정시키는 작용이 나타난다. 의식이 흐려지거나 기이한 행동을 보일 때도 시호를 대량 쓰면서 활혈화어약을 배합한다.

소염퇴황

• 간염으로 피부와 눈이 황색이 되고 가벼운 악한과 발열을 보이며 협하에 압통이 있고 전신 무력감이 있으면 인진, 울금, 지각과 같이 쓰면 좋다. 알코올 중독이나 신생아황달에도 인진과 차전자를 가하여 쓰면 효과가 있다.

보익승제

• 시호를 밀자하면 약간의 보익승제의 효능을 갖게 되므로 몸이 약한 사람의 하수증 치료에 쓰면 좋다. 기허하함으로 인한 탈항, 자궁하수, 위하수 등의 증후에는 당삼, 황기, 승마, 감초 등을 가하여 보기승양거함한다.(보중익기탕) 단 용량을 적게 써야 한다.

【참고】 일반적으로 생용함. 시호는 배합의 차이에 따라 효능이 달라지며 응용의 범위가 넓음. 시호와 갈근은 경청승산하는 작용이 있어 해표퇴열에 같이 쓴다.

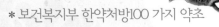

우방자(우엉)

학명: Arctium lappa
이명: 오실, 편복자, 서점자, 우엉씨, Arctii fructus

102

우방의 성숙한 열매

■■■**전문가의 한마디**

약리실험 결과 항염 작용, 이뇨작용, 항균 작용 등이 밝혀졌다. 또한 최근에는 강심 작용이 있다는 보고 도 있다. 길경, 상엽, 절패모, 감초 등과 배 합하여 감기로 인해 기침과 함께 가래가 끓으면서도 잘 뱉어 지지 않는 증상을 다 스린다.

●식물의 특성과 형태

높이 1.5m, 뿌리는 길고 굵음, 꽃은 7월에 두화가 산방상으로 핌, 열매는 둥근 삭과, 씨앗은 갈색 관모가 있다.

●약초의 성미와 작용

맛은 맵고 쓰며 성질은 차갑다. 폐와 위에 작용한다.

●약리효과와 효능

체내의 풍열을 몰아내고 해열과 해독작용을 가지고 있어 유행성 감기로 인한 발열, 기침과 함께 가래가 많이 끓을 때, 두드러기와 종기 등의 피부 질환, 목이 붓고 아플 때 등에 효과가 있다.

●주요 함유 성분과 물질

arctiin을 함유하고 있는데, 가수분해에 의해 arctigenin, glucose를 생성하며, 지방유 25~30%가 함유되어 있다.

●채취시기와 사용부위

8~9월에 과실이 성숙할 때 채취하여 햇볕에 말려서 이용한다.

●효과적인 용량과 용법

하루에 4~12g을 복용한다.

●사용상 주의사항

기가 허하여 두드러기가 희게 돋아나고 설사가 있거나 종기가 이미 화농된 사람, 변비가 있는 사람은 복용을 피해야 한다.

【알기 쉽게 풀어쓴 임상응용】

소산풍열

• 우방자는 소산풍열과 소염해독의 작용이 있어 인후종통에 쓰면 좋다. 또 외과의 종양류에도 효과를 얻을 수 있는데 이것은 우방자에 균의 억제능력이 있기 때문이다. 특히 열독을 제거하는 작용이 있어 이하선염, 편도선염, 단독, 종양, 화농성 감염증 등에 금은화, 연교, 황금 등을 가하여 쓰면 좋다.

• 우방자는 두통이나 후두부가 당기고 아플 때 백지, 천궁, 강활을 가하여 쓰는 것이 좋고, 또는 우방자를 잘 찧어서 손에 발라 환부를 안마하면 좋다. 안마할 때는 국소를 약간 따뜻하게 해 주면 더욱 좋다.

지해투진

• 우방자는 급성 기관지염 초기에 심한 기침과 다량의 담, 인통을 보일 때 쓰면 기침을 멎게 하고 담을 제거하며 인통도 제거한다. 이때는 박하, 행인, 반하, 길경 등을 가하여 쓴다. 폐염으로 해수, 다량의 담, 흉통을 보이면 길경, 관동화, 자완, 패모, 과루인을 가하여 쓰면 좋다. 또 우방자는 만성 기관지염에도 쓸 수 있다.

통대편

• 우방자에는 많은 지방산이 함유되어 있어 인체의 열에너지 수요를 충족시킨다. 발열성 질환으로 대변이 건조하여 굳은 경우에 대변에 윤기를 주어 배설하는 작용을 하면서 염증도 예방하고, 발한을 촉진하며 장내의 적체물을 배설한다. 마자인과 행인을 같이 쓰면 더욱 좋다.

기타응용

• 열성질환으로 배뇨가 순조롭지 못할 때는 소엽, 감초와 같이 달여 복용하면 소변이 잘 나온다. 특히 우방근(우엉)은 우방자보다 이뇨작용이 뛰어나므로 식이요법으로 곁들이면 더욱 좋다.

• 급성 신우신염으로 소변이 줄고 배뇨회수가 많으며 부종이 있으면 복령, 택사, 계지를 가하여 쓰면 소염리뇨에 좋은 효과가 있다.

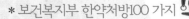

* 보건복지부 한약처방100 가지 약

눈물이 나고 충혈된데, 하혈, 혈변성 이질, 탈항 등을 사용하는 약초

목적(속새)

학명: Equisetum hyemale
이명: 목적, 절절초, Equiseti hiemalis herba

●식물의 특성과 형태 높이 30~60cm, 줄기는 곧고 짙은 녹색, 잎은 퇴화되어 비늘모양, 포자낭 이삭은 줄기 끝에 원추형으로 난다.

●약초의 성미와 작용 달고 쓰며 성질은 평하며 간과 담과 폐에 작용한다.

●약리효과와 효능 눈이 충혈되고 눈물이 나며 뭔가가 가린 듯한 느낌이 나는 것과 하혈, 혈성 이질, 탈항 등을 다스린다.

●주요 함유 성분과 물질

다량의 규산염, Saponin, Resin 및 glucose를 함유, 전초에는 회분(거의 규산염) 17%, 아미노산 12% 정도 들어있다.

●채취시기와 사용부위 봄과 가을에 채취하여 햇볕에 말려서 사용한다.

●복용방법

한번에 6~12g을 복용한다.

●사용상 주의사항

화를 잘 내는 사람이나 혈이 부족한 사람의 눈병에는 피해야 한다.

●임상응용 복용실례

괴화, 지각 등을 배합하여 치질로 인한 부스럼이나 출혈증을 치료한다.

0 1cm

본초학 제 ❷ 장
청혈약

청열사화약

기분의 열을 치료하는 약물. 대체로 달고 차거나 쓰고 찬 약들이며, 폐경과 위경의 기분 실열증을 다스린다. 심열, 서열을 치료하거나 청간명목하는 작용도 있다.

청열조습약

성미가 대체로 차고 쓰다. 습열이 내부에 쌓인 것이나, 습한 사기가 열로 변한 증상에 이용한다.

청열양혈약

영분과 혈분의 열을 끄는 약물의 총칭이다. 혈열망행증, 발진, 발반, 토혈, 뉵혈, 변혈, 번조, 신혼, 섬어 등의 증상에 적용한다.

청열해독약

열을 내리고 독을 제거하는 한약이다. 열독이나 화독을 없애는 약효를 나타낸다.

청허열약

허열을 끄는 약의 총칭. 보음약으로 본치하고 청허열약으로 표치한다.

결명자

학명: Casssia tora
이명: 결명자, 결명씨, 초결명, 결명초, Cassiae semen

결명자의 씨

■ ■ ■ **전문가의 한마디**

국화, 석결명을 배합하여 눈이 붓고 아픈 것을 다스린다.
약리실험 결과 결명씨에 들어있는 안트라키논 화합물이 대장의 연동운동을 세게 하여 설사를 일으킨다는 것이 밝혀졌다.

●식물의 특성과 형태

높이는 1미터 내외이며 6~8월에 노란색 꽃이 핀다.

●약초의 성미와 작용

달고 쓰며 짜고 성질은 약간 차고 독은 없으며 간과 대장에 작용한다.

●약리효과와 효능

눈이 충혈되어 붓고 아프며 햇빛을 꺼리고 눈물이 흐르는 데나 시력감퇴, 야맹증이나 기타 두통, 어지럼증 가슴이 답답한 증상, 또는 변비에 좋다.

●주요 함유 성분과 물질

에모딘, 토라크리손, 단백질, 지방, 점액질 등이 포함되어 있다.

●채취시기와 사용부위

가을에 씨가 여문 다음 줄기채로 베어서 말려 씨를 털어 사용하거나 볶아서 쓴다.

●효과적인 용량과 용법

하루 6~12g을 탕약, 가루약 형태로 복용한다.

●사용상 주의사항

변이 무른 자와 혈이 부족하여 어지럼증이 있는 사람은 복용해서는 안된다.

【알기 쉽게 풀어쓴 임상응용】

청간명목
• 바이러스로 인한 급성결막염에는 목적, 적작, 금은화, 생지황, 치자와 같이 쓰면 좋다. 유행시기에 미리 사용하면 예방에도 효과가 있다.
• 노인의 각막혼탁은 일종의 만성진행성질환으로 중년부터 노년에 발생하는데 이 경우에는 육미에 결명자, 목적, 석곡, 밀몽화, 복분자, 국화 등을 넣어 장기간 복용하면 좋다.

혈압강하
• 혈압이 상승하여 일정치 않고, 강압제를 써도 장기간 효과가 지속되지 않는 경우 간혹 심장혈관이나 뇌혈관에 병변이 병발하는 수가 있는데 이때는 택사, 갈근, 산수유 등과 같이 달여 복용하면 관상동맥을 확장하여 혈류저항을 감소시키는 작용을 하므로 강압효과 얻을 수 있다.
• 본태성 고혈압으로 장기간 혈압약을 복용해도 효과가 없을 때 장에 문제가 없다면 1회 결명자 5~8전을 달여 매일 1회씩 1개월 간 복용하면 좋고, 여정자와 한련초를 같이 쓰면 더욱 좋다.
• 뇌일혈로 인한 중풍으로 반신불수가 되어 혈압이 계속되고 변비가 있을 때는 알맞은 처방약을 쓰면서 결명자 5전과 여정자 3전을 따로 달여 먹으면 혈압도 내리고 변비도 방지하는 효과가 있다.
• 결명자의 강압작용은 완만하지만 안정적이므로 장에 문제만 없으면 장기간 지속해도 좋다.

콜레스테롤 저하
• 고콜레스테롤 혈증에도 결명자를 쓰면 좋다. 임상실험에서도 결명자가 콜레스테롤 저하작용이 있다는 것을 증명하고 있다. 복용 중에 가벼운 설사가 나는 수가 있는데 방치하여도 무방하며, 산사와 여정자를 같이 쓰면 98% 이상 효과가 있다고 한다.
• 관상동맥경화로 인한 협심증에는 단삼, 강향과 같이 쓰면 통맥진통의 작용을 가진다. 또 이것은 콜레스테롤을 내리는 효과가 있고, 많지 않은 경우에는 예방도 된다.

변비치료
• 고혈압은 아니나 진액부족으로 입이 마르며 변비로 복부가 팽만하고 수면불량일 경우에는 결명자 5전, 현삼, 맥문동 각3전을 진하게 달여 천천히 먹으면 좋고, 혹은 기존의 처방에 마자인, 욱리인 등을 같이 써도 좋다.

* 보건복지부 한약처방100 가지 인용

열을 없애고 진액을 만드는 작용을 하는

노근(갈대뿌리)

학명: Phragmites communis
이명: 노모근, 노고근, 노근, Phragmitis rhizoma

갈대 뿌리를 건조한 것

■ ■ ■ **전문가의 한마디**

구갈, 구토, 폐에 종양
이 생겨 농을 토하는
증상을 다스린다.

●식물의 특성과 형태

다년생 높은 초본 식물이며 높이는 1~3m이다. 지하의 줄기는 굵고 옆으로 자란다. 줄기는 직립하고 속이 비어 있다. 개화기와 결실기는 7~10월이다. 강가에서 자란다.

●약초의 성미와 작용

맛은 달고 차가운 성질이 있다. 폐경과 위경에 속한다.

●약리효과와 효능

열을 내려주고 체액의 분비를 촉진시키고 답답한 것을 없애고 구토를 그치게 한다. 그리고 이뇨 효과도 있다. 주로 열병 갈증, 위에 열이 나서 토할 때, 폐에 열이 나서 기침할 때, 폐렴으로 고름을 토할 때, 임증 등을 치료한다.

열을 없애고 진액을 만드는 작용을 하므로 구갈, 구토, 폐에 종양이 생겨 농을 토하는 증상을 다스린다.

● 주요 함유 성분과 물질
Coixol, 단백질 5%, 지방 1%, 탄수화물 51% 및 Asparagine, Tricin, Vit. B1, B2 등이 함유되어 있다.

● 채취시기와 사용부위
사계절 모두 캘 수 있다. 채취 후에 싹과 잔뿌리 그리고 잎을 제거하여 신선할 때 사용하거나 햇볕에 말린다.

● 복용방법
20~40g을 복용한다.
말린 약제 15~30g에 물 800ml를 넣고 약한 불에서 반으로 줄 때까지 달여 하루 2~3회로 나누어 마신다. 생것은 2배를 사용한다. 즙을 내어 마실 수도 있다.

● 사용상 주의사항
소화기가 약한 사람은 피해야 한다.

【금 기】
비위가 허한할 경우는 사용하지 않는 것이 좋다.

● 임상응용 복용실례
구갈, 구토, 폐에 종양이 생겨 농을 토하는 증상을 다스린다.
죽여, 생강즙을 배합하여 위에 열이 있어 구토하는 것을 다스린다.

109

죽엽(솜대)

학명: Sasa borealis var. henonis
이명: 담죽엽, 기주조릿대, Bambusae folium

솜대의 눈엽

■ ■ ■ 전문가의 한마디

두통과 목마름 증상, 소아경기, 심한 기침, 소변이 적고 붉은 증상에 사용한다. 석고, 맥문동 등과 배합하여 열병과 이로 인한 갈증, 발열 등을 다스린다.

●식물의 특성과 형태

솜대 높이 15~20m, 죽순대 다음으로 크며, 줄기는 처음에는 녹색이지만 황록색으로 변한다.

●약초의 성미와 작용

맛은 맵고 쓰며 성질은 차갑다. 심장과 폐, 담, 위에 작용한다.

●약리효과와 효능

심장과 폐, 위에 주로 작용하여 열병에 가슴이 답답하고 갈증나는 것, 심장의 열로 오줌이 잘 나오지 않고 붉은 것,폐의 열로 기침하면서 피를 토하거나 코피나는 것 등을 효과가 있다.

●주요 함유 성분과 물질

Arundoin, βSitosterol, Campesterol, Cylindrin, Friedelin, Stigmasterol, 14-Taraxeren-3-ol 등이 함유되어 있다.

●채취시기와 사용부위

여름에 1년이상 된 잎을 채취하여 채집, 건조하여 사용한다.

●복용방법

하루에 8~16g을 복용한다.

●사용상 주의사항

복용에 대한 특별한 금기는 없다.

【알기 쉽게 풀어쓴 임상응용】

청열화담

• 상한으로 고열이 나면 바로 담죽엽과 석고를 쓰면 좋다. 죽엽석고탕이 이것으로 고열을 끄는 작용이 있다. 만일 열세가 물러가지 않고 일어나서 떠들거나 돌아다니면 황련, 황금, 대황과 같이 쓸 필요가 있다.

• 모든 발열질환으로 심번하고 물을 마셔도 갈증이 멎지 않을 때도 담죽엽을 쓰면 좋다. 열이 상당히 높을 때는 석곡, 맥문동과 같이 쓰면 퇴열생진의 효과를 얻을 수 있다.

• 출혈성 뇌졸중으로 위험한 상태가 되면, 의식불명과 인후에 가래가 차서 막히고, 사람을 알아보지 못하며, 반신불수, 구안왜사, 구각류연, 설강경, 언어불청 등의 증상이 나타난다. 고열을 수반하는 경우에는 죽력을 자주 복용시켜 환자로 하여금 대량의 담을 토하게 할 필요가 있으며, 이렇게 하면 고열도 내릴 수 있다. 동시에 담죽엽, 용담, 황금, 황련, 석고를 써서 열을 내리면 통변의 효과도 얻을 수 있다. 증상이 비교적 가벼울 때는 이로써 의식이 회복되지만 반신불수는 단기간에 정상으로 돌아오지 않는다. 열이 내리고 의식이 돌아오면 계속 활혈화어약을 쓰고 침구를 병용해야 한다.

기타응용

• 담죽엽에는 이뇨작용이 있으므로 방광이나 요도에 열이 있어 요량이 적고 요의 색이 붉은 경우에 담죽엽 5전을 달여 음료로 대용하면 소변이 잘 나오고 염증의 진행을 막을 수 있다. 혈뇨의 치료에는 소계, 백모근을 같이 쓰면 좋다.

• 담죽엽은 구강궤양의 치료에 중요한 약물이다. 심화로 인한 구설생창에 생지황, 목통, 치자, 석고 등을 가하고(도적산), 등심이나 차전자도 같이 쓰면 좋으며, 석고, 천축황, 치자 등을 같이 써도 좋다.

• 소아가 심열이 많아 밤에 울면 조구등, 박하, 선퇴, 등심 등을 같이 쓴다.

석고(황산 칼륨)

학명: Gypsum
이명: 세석, 세리석, 백호, Gypsum Fibrosum

유산염 광물에 속한 석고를 채취한 것

■■■**전문가의 한마디**

극심한 발열에 해열제로 사용한다. 주로 폐와 위의 열을 내리고, 심한 갈증을 치료한다. 지모 등과 배합하여 열병 시 열이 내려가지 않고 계속 지속되고, 갈증이 있으며 가슴이 답답한 증상을 다스린다.

●식물의 특성과 형태

길죽한 판상의 불규칙한 덩어리, 백색 또는 회백색의 반투명한 특징이 있으며 체는 무거우나 그 질은 가볍다.

●약초의 성미와 작용

맛은 맵고 달며 성질은 매우 차갑다. 폐와 위에 작용한다.

●약리효과와 효능

고열과 함께 갈증이 나고 가슴이 답답하며, 기침을 심하게 할 때 효과가 있다.

●주요 함유 성분과 물질

주성분은 함수유산칼슘으로 구성되어 있으며, 사분, 유기물, 황화물 등의 혼입되어 있다.

●채취시기와 사용부위

채취한 후 진흙을 제거하고 분쇄하여 이용한다.

●복용방법

하루에 15~60g을 복용한다.

●사용상 주의사항

소화기가 약하고 속이 찬 사람이나 몸에 진액과 혈이 부족한 사람은 복용을 피해야 한다.

【알기 쉽게 풀어쓴 임상응용】

퇴열해갈

• 모든 열병으로 고열이 지속되고, 구갈번조, 심번, 신혼, 섬어, 발광, 구갈, 인건 등의 증상이 나타나는 경우에는 석고에 죽엽을 배합한 죽엽석고탕을 쓴다. 이 죽엽석고탕은 온열병의 후기에 심흉번민, 구갈희음, 설홍소태, 맥삭 등의 여열이 남아 있는 증상(염증이 거의 종식되었을 때)에도 활용하면 좋다. 또 석고에 황련, 용담, 황금을 같이 쓰면 해열작용이 크게 증강된다.
• 고열로 인한 두통이나 피부에 작열감을 느끼면 죽엽, 상엽, 조구등을 같이 쓰면 청서해열의 효과를 얻을 수 있다.
• 고열로 피부가 가려울 때는 하석고 분말을 바르면 좋다. 석고를 소하면 수렴작용이 있기 때문에 피부의 가려움이 멎는 효과를 얻을 수 있다.

해독소종

• 피부에 갑자기 홍종동통이 있을 때는 생석고의 분말을 바르면 염증과 부기를 없애고 화농을 예방할 수 있다. 소아에게 하계에 자주 발생하는 옹종에도 좋다.
• 종기가 생겨 터진 환부가 아물지 않을 때는 하석고를 쓰면 좋다. 단, 표면이 붉지 않고 부기도 없을 때는 효과가 없다.

기타응용

• 위장병에 이열상승으로 인한 구설이 건조하고 인후가 붉게 부었을 경우에는 천축황, 황금, 황백을 같이 쓰면 좋다.
• 급성유선염을 '유옹'이라고 하는데 이때 홍종통이 있으면 석고 분말을 물에 개어 반죽한 것을 바르면 좋다. 유방에 멍울이 있으나 붉지도 붓지도 않은 것은 '유저증'이라고 하는 것에는 효과가 없으며, 악성종류에도 효과가 없다.
• 야간에 수면시간이 짧으면 잇몸이 위축되어 출혈이 나는 수가 있는데 이때는 죽엽과 같이 음료를 만들어 계속 복용하면 출혈이 멎는다.
• 체력이 강하고 두통, 변비, 심번, 맥유력이 보이는 고혈압에도 사용하며, 하하여 가루로 만들어 창상(열창), 궤양, 습진, 수화탕상 등에 바르면 수렴, 청열, 지통, 생기의 효능이 있다.

113

담죽엽(조릿대)

학명: Lophatherum gracile
이명: 담죽엽, 조릿대풀, Lophatheri herba

청열약 (청열사화약)

114

● **식물의 특성과 형태** 길이 25~75cm, 줄기는 원주형으로 마디가 있고, 속이 비어 있음, 잎은 피침형, 바깥면은 엷은 녹색~황록색이다.

● **약초의 성미와 작용** 달고 담담하며 성질은 차며 심과 위와 소장에 작용한다.

● **약리효과와 효능** 구갈이나 가슴 두근거리는 것, 소변이 잘 안 나오는 것, 소변이 탁한 것을 다스린다.

● **주요 함유 성분과 물질**

Arundoin, β-Sitosterol, Campesterol, Cylindrin, Friedelin, 14-Taraxeren-3-ol, Stigmasterol 등이 함유되어 있다.

● **채취시기와 사용부위** 5~6월에 채취하여 쪄서 말려서 사용한다.

● **복용방법** 4~12g을 복용한다.

● **사용상 주의사항**

임신부는 피해야 한다.

● **임상응용 복용실례** 심, 위, 소장에 작용 구갈이나 가슴 두근거림, 배뇨 곤란, 소변이 탁한데 사용한다. 백모근 등과 배합하여 오줌에 피나는 것을 다스린다.

눈이 충혈되거나 아프고 눈에 뭔가 끼어 잘 보이지 않는데 효과

청상자(개맨드라미)

학명: Celosia argentea
이명: 청상자, 우미화자, Celosiae semen

●식물의 특성과 형태 높이 40~80cm. 잎은 어긋나고 침상, 꽃은 7~8월에 연한 적색 수상 화서, 열매는 짧으며 종자는 여러 가지다.

●약초의 성미와 작용 맛은 쓰고 성질은 약간 차갑다. 간에 작용한다.

●약리효과와 효능

간에 열이 있으면 눈이 충혈되거나 아프고 눈에 뭔가 끼어 잘 보이지 않게 되는데 청상자는 이러한 증상에 효과가 있다. 이외에도 고혈압, 코피 등을 다스린다.

●주요 함유 성분과 물질 지방유, 소산카리움, 니코틴산이 함유되어 있다.

●채취시기와 사용부위 가을에 성숙한 종자를 채취하여 건조하여 사용한다.

●복용방법 하루 12~20g을 복용한다.

●사용상 주의사항

간과 신장이 안좋은 사람이나 동공이 산대된 사람은 복용을 피해야 한다.

●임상응용 복용실례

결명자, 밀몽화, 국화 등과 배합하여 눈이 충혈되고 아픈 증상과 함께 시력이 약해지는 것을 다스린다. 청상자는 안과질환에 상용하는 약재로 고혈압, 코피를 치료한다. 혈압강하, 동공산대, 항균 작용이 있다.

지모

학명: Anemarrhena asphodeloides
이명: 야료, 기모, 창지, Anemarrhena rhizoma

지모의 뿌리줄기

■■■전문가의 한마디

해열, 진정, 혈당량강하, 항균 작용이 있으며 발열, 소갈, 갈증, 변비, 소변불리, 마른기침 등에 사용한다. 석고 등과 배합하면 열병이 오래도록 낫지 않는 것을 다스린다.

●식물의 특성과 형태

뿌리줄기는 굵으며 끝에서 잎이 모여 난다. 잎은 바늘모양이고, 꽃은 6~7월에 피고, 열매는 긴타원형 삭과이다.

●약초의 성미와 작용

맛은 쓰고 달면서 성질은 차갑다. 폐와 위, 신장에 작용한다.

●약리효과와 효능

열을 내리고 진액이 부족해진 것을 촉촉하게 적셔주는 효능이 있다.

●주요 함유 성분과 물질

뿌리줄기에 Asphonin, Sarasapogenin, Pantothenic acid, 점액, Tannin 질이 있고, 잎에는 Mangiferin, Timsaponin A-I 등이 함유되어 있다.

●채취시기와 사용부위

가을에 채집하여 수근을 버리고, 햇볕에 말려 쓰기 좋게 가공한 약재를 물에 담가 수분을 가한 다음 털을 깎아 버리고 썰어서 그대로 쓰거나 소금물로 볶아서 사용한다.

●복용방법

하루에 3~15g을 달여서 복용한다.

●사용상 주의사항

소화기가 약하고 속이 찬 사람이나 변이 묽고 설사를 하는 사람은 복용을 피해야 한다.

【알기 쉽게 풀어쓴 임상응용】

청열양음

• 대부분 성미가 고한인 약은 정도와 성질에 차이는 있지만 거의 항균작용을 갖고 있다. 하지만 지모의 항균작용은 다른 약에 비해 약한 편이다.

• 지모는 영양성분이 함유되어 있으므로 고열성발병 후에 별갑과 같이 쓰면 좋다.

• 몸이 허약하여 미열이 있는 환자는 사삼, 별갑, 현삼을 넣어 쓰면 좋다.

• 지모는 자음강화의 효능이 있으므로 허열 즉 음허화왕로 인한 오후미열, 골증조열, 노열, 도한, 성욕과다로 인한 몽유에는 항상 황백과 함께 쓴다.(지백지황환) 지모와 황백을 같이 쓰면 (성)신경진정과 자음강화(소염)의 효과가 증강한다.

• 빈혈, 현훈, 언어불명, 돌연혼도, 두훈부지 등의 증상에는 천마, 반하, 하수오, 당귀, 시호를 넣어 쓰면 좋다.

지혈사화

• 잇몸, 구강점막출혈, 요도출혈 및 구취에는 어느 경우든 지모에 목단, 지골피, 석고를 넣어 쓰면 좋다.

• 임부가 정서불안으로 불면이 계속될 때는 지모, 황백, 생지황, 산조인, 상기생을 같이 쓰면 좋다.

이뇨소종

• 방광습열이 심하고 요가 붉고 잘 나오지 않을 때, 배뇨통이 심할 때는 오령산에 지모와 비해를 넣어 쓰면 소변이 잘 나온다. 지모는 전립선비대로 인한 급성요폐에도 효과가 있다. 이때는 차전자, 복령, 택사와 같이 쓴다.

• 지모는 이뇨소종의 효능이 있으므로 만성신염으로 부종이 좀처럼 빠지지 않고 빈뇨, 미열을 보일 때는 지모에 숙지황, 복령, 택사를 넣어 쓰면 좋다. 단 약성이 차기 때문에 장기간 사용하는 것은 좋지 않다.

기타응용

• 지모는 자음윤조, 생진지갈의 효능이 있어 허열을 제거하고 구갈을 치료하므로 음허소갈로 구갈, 다음, 다뇨 등을 보이면 천화분, 오미자 등을 넣어 쓰거나(옥액탕), 석곡, 맥문동, 갈근 등을 넣어 쓴다.

117

가슴이 답답하고 잠이 안 오는 것과 소갈에 좋은

치자

학명: Gardenia jasminoides for, grandiflora
이명: 목단, 산치자, 황치자, Gardeniae fructus

치자나무 열매

■■**전문가의 한마디**

가슴이 답답하고 잠이 안 오는 것과 소갈, 황달, 코피, 오줌이나 대변에 피가 섞여 나오는 증상 등을 다스린다. 담두시 등과 배합하여 가슴이 답답하고 잠을 못 이루는 증상을 다스린다.

●식물의 특성과 형태

높이 1.5~2m, 잎은 대생, 꽃은 6~7월에 흰색, 열매는 긴 타원형으로 9월에 노란빛을 띤 붉은색으로 익는다.

●약초의 성미와 작용

맛은 쓰고 성질은 차갑다. 심장과 간, 위, 폐, 삼초에 작용한다.

●약리효과와 효능

가슴부위에 번열이 있으면 가슴이 답답하고 불편하면서 잠이 잘 오지 않고 뒤척이게 되며 눈이 벌개지고 구강과 인후에 염증이 생기기도 하는데, 치자는 상초의 열을 내려주어 이러한 증상들을 개선시켜 준다.

●주요 함유 성분과 물질

주성분은 색소인 Crocin과 Iridoid 배당체인 Genipin, Geniposide,

Gardenoside이 있다.

●채취시기와 사용부위

여름과 가을에 잘 익은 열매를 채집하여 햇볕에 말린 후 약으로 하는데 생것을 쓰거나 볶아서 사용한다.

●효과적인 용량과 용법

하루에 3~10g을 달여서 복용한다.

●사용상 주의사항

식욕이 없이 속이 더부룩하면서 설사를 하는 사람은 복용을 피해야 한다.

【알기 쉽게 풀어쓴 임상응용】

청열해독

• 치자는 사화제번의 효능이 있으므로 열병으로 인한 심번, 울민, 조요부녕, 허번에 두시를 넣어 쓴다(치자시탕) 만약 화독이 심하여 고열번조, 신혼어가 있을 때는 황련, 연교, 황금 등을 넣어 쓴다.(청온패독음) 유행성뇌막염에도 상기의 증상이 잘 나타나는데 치자는 이때도 주요 약물이다.
• 치자는 세균성설사의 치료에 쓰이며 적리균, 대장균, 녹농균에 대한 항균작용이 있으므로 이질 초기에 황련, 황금을 넣어 쓰고 출혈이 많을 때는 치자를 많이 써야 한다.
• 유행성결막염으로 목적종통, 다루가 있을 때 쓰면 소염소종의 효과를 얻을 수 있다. 동시에 구건, 구고, 심번, 불면 등의 증상이 있을 때가 특히 좋다. 결막염 유행시에는 예방에도 좋은 효과를 나타낸다.

이습퇴황

• 치자는 청리습열, 이담퇴황의 효능이 있으며 담즙분비를 촉진하므로 간이나 담낭의 초기염증에 사용되는 약물의 하나이다.
• 방광습열로 배뇨곤난, 배뇨통을 보이고 심할 때는 혈뇨를 보이면 치자를 대량으로 쓰면 좋다. 또 차전자, 인진을 넣어 쓰면 더욱 좋다. 신우신염이나 요도염 등으로 인한 소변불리에는 감초초와 같이 쓰면 좋다.

지혈

• 치자는 혈열토혈, 뉵혈, 혈리, 하혈, 요혈, 배뇨통, 질타손상, 기름에 덴 화상 등에도 탁월한 효과가 있다. 혈열출혈에는 청열량혈약을 가하고, 질타손상, 혈어종통에는 가루를 초에 섞어 바르며(그냥 밀가루와 섞어 발라도 좋다), 기름에 덴 화상, 화상에는 가루를 난백과 혼합하여 바른다. 또 골절이나 탈구 후에 환부가 청자색이며 종창, 동통이 남아 있을 때는 치자에 도인, 홍화, 적작을 넣고 분말로 만들어 술을 섞고 볶아 뜨거울 때 환부에 바르면 활혈화어, 소종지통의 효과를 얻을 수 있다.

* 보건복지부 한약처방100 가지 약조

0 1cm

하고초

학명: Prunella vulgaris var, asiatica, P. vulgaris var, aleutica
이명: 석구, 유월건, 꿀방망이, 꿀풀, Prunella spica

청열약 (청열사화약)

120

●식물의 특성과 형태 높이 20~30cm, 꽃은 5~7월에 적자색, 열매는 분과로 황갈색이다. 약재는 화축이 많은 포엽 및 꽃받침이 붙어있다.

●약초의 성미와 작용 맛은 맵고 쓰며 성질이 차갑다. 간과 담에 작용한다.

●약리효과와 효능 유방의 종양이나 암, 기타 고혈압, 자궁염, 폐결핵, 간염, 구안와사, 갑상선종, 발열 등에 사용한다.

●주요 함유 성분과 물질 수용성 무기염이 들어 있는데 그 중 68%가 염화칼륨이다. 비타민 B1 및 Alkaloid 등도 함유하고 있다.

●채취시기와 사용부위

 여름에 이삭이 절반쯤 시들 때에 채집하여 햇볕에 말려 약으로 한다.

●복용방법 하루 10~20g을 달여 복용한다.

●사용상 주의사항

 몸이 허약한 사람이나 소화기가 약한 사람은 복용을 피해야 한다.

●임상응용 복용실례 혈압강하, 유방의 종양이나 암, 고혈압, 자궁염, 폐결핵, 간염, 구안와사, 갑상선종, 발열 등에 약용한다. 국화와 석결명 등과 배합하여 눈이 붓고 붉어지며 아픈 증상이나 두통, 어지럼증을 다스린

혈압상승작용, 항염작용, 이뇨작용, 혈액응고억제작용 등이 밝혀진

진피(물푸레나무)

학명 : Fraxinus rhynchophylla HANCE
이명 : 잠피, 진백피, 백심목피, 물푸레 껍질

121

●식물의 특성과 형태 높이 길이는 약 10~60cm이고 두께는 약 1.5~3mm이다. 외표면은 회백색이거나 회갈색등으로 평탄하거나 엉성하며 회백색의 원점상의 피공과 가는 주름 및 흔적이 있다.

●약초의 성미와 작용 맛은 쓰고 떫으며 성질은 차갑다. 간과 담, 대장에 작용한다.

●약리효과와 효능 진피는 차고 수렴하는 성질이 있어 습열을 없애주고 간담의 화를 내려 준다. 뇨산중, 이질, 장염, 여성의 대하 등 습열이 원인이 되는 질환과 간담의 화로 눈에 염증이 생겨 붓고 아픈 경우, 눈에 예막이 생겨 잘 보이지 않는 경우 등에 광범위하게 사용한다.

●주요 함유 성분과 물질 aesculin, aesculetin 등이 함유되어 있다.

●채취시기와 사용부위 봄과 가을에 채취하여 그늘에서 말린다.

●복용방법 6~12g을 복용한다.

●사용상 주의사항 소화기가 허약한 사람은 복용을 피해야 한다.

●임상응용 복용실례 장연동운동억제작용, 혈압상승작용, 항염작용, 이뇨작용, 혈액응고억제작용 등이 밝혀졌다. 백두옹, 황련, 황백 등과 배합하여 열성 이질로 변을 보고도 뒤가 무거운 증상을 다스린다.

고삼(도둑놈의 지팡이)

학명: Sophora flavescens, Echinosophora koreensis
이명: 고삼, 수괴, 지괴, 고골, Sophorae radix

도둑놈의 지팡이 주피를 벗긴 뿌리

청열약(청열조습약)

122

■■■전문가의 한마디

강심작용, 이뇨작용, 건위작용, 자궁수축작용, 항궤양작용, 억균작용, 살충작용 등이 밝혀졌다. 용담초, 치자 등과 배합하여 황달을 다스린다.

●식물의 특성과 형태

동아시아, 시베리아에 분포, 크기 0.8~1m, 잎은 홀수깃꼴겹잎으로 작은 잎은 15~40개, 가지 끝에 20cm 정도의 연한 노란색 총상화서로 핀다.

●약초의 성미와 작용

맛은 쓰고 성질은 차며 독은 없으며 습기와 열기를 제거하는 성질이 있다.

●약리효과와 효능

급성 세균성 이질, 만성 아메바성 이질, 소변을 잘 못보고 아픈데 사용하며, 그 외에 황달, 음부 소양증, 대하, 습진, 옴 등에도 사용한다.

●주요 함유 성분과 물질

알카로이드의 d-matrine, d-oxyma trine, d-sophoranol 등과 플라보노이드류인 xanthohumol, isoxanthohumol 등이 함유되어 있다.

● 채취시기와 사용부위

봄과 가을에 파내어 깨끗이 씻고 썰어서 햇볕에 말려 약으로 사용한다.

● 효과적인 용량과 용법

3~10g을 달여 복용한다.

● 사용상 주의사항

비장과 위가 좋지 않아 식사를 못하고 설사를 하는 환자는 쓰지 말아야 한다.

【알기 쉽게 풀어쓴 임상응용】

항균소염

• 고삼은 소화기질환중 세균성이질에 대한 항균력이 제일 좋고, 그 다음이 호흡기질환이다. 고삼만 단독으로써도 좋고, 복방으로 쓰거나, 관장을 해도 좋다. 급성 세균성이질에 고삼만 단독으로 쓸 때는 고삼5전~1양에 물 2공기를 가하여 1공기가 되도록 진하게 달여 따뜻할 때 복용하면 잘 듣는다. 복방으로 할 때는 고삼5~8전에 목향2전, 황금3전을 가하여 쓰면 좋다. 보통 2일 정도 복용하면 배변회수가 줄어들고 변이 굳어진다. 관장은 증상이 없어진 뒤에도 검사결과는 음성이 아닐 때나 복부수종이 아직 제거되지 않을 때 행하는데 고삼2양에 많은 물을 붓고 달여서 관장기로 5~7일간 계속해야 좋다.

• 고삼을 군약으로 쓰면 상기도의 급성, 만성염증을 치료하는 데 좋다. 단 배합하는 약은 적을수록 잘 듣는다. 소아의 폐렴 초기에는 마행감석탕에 넣어 쓰면 좋으나 고열로 탈수증상이 있을 때는 고삼은 조성이 강하므로 적합하지 않다.

• 만성기관지염으로 기침이 심할 때 고삼, 전호, 행인, 길경을 같이 쓰면 지해화담효과가 아주 좋다. 인후염증으로 붓고 화농이 되어 있을 때는 고삼에 길경, 산두근, 감초를 넣어 쓰면 소염배농효과가 있다.

살충해독

• 고삼에는 청열조습의 효능이 있으므로 습열로 인한 황달에는 용담, 치자와 같이 쓰고, 사리에는 단독으로 쓰거나 목향, 감초와 같이 쓰기도 한다.(향삼환) 황색의 점조한 대하 및 음부소양증에는 황백, 백지, 사상자를 가한다.

• 피부습진으로 소양, 농가진, 창개, 신경성피부염 등에도 고삼2양, 사상자1양을 진하게 달여 매일 자주 환부를 씻으면 좋고 장기간 써도 지장이 없다. 또 고삼과 고반, 관중을 가루로 만들어 환부에 발라도 살충지양효과가 있다.

이뇨소종

• 고삼에 함유된 알카로이드에는 이뇨작용이 있으므로 요도의 염증을 없애고, 요량을 증가시키며 소종작용도 한다. 고삼만 단독으로써도 되고 혹은 포공영, 석위 등 청열해독약이나 이뇨통림약과 같이 쓰면 좋다. 당귀와 패모가 배합된 당귀패모고삼환을 임신부의 소변불리 증상을 치료할 수 있다.

용담초

학명: Gentiana scabra var, buergeri, G triflora, G uchiyamai
이명: 용담, 고담, 초용담, 과남풀, Gentianae radix

용담의 뿌리 줄기

■ ■ 전문가의 한마디

위액 분비와 위의 운동을 촉진하는 작용, 간기능 촉진작용, 혈압강하작용, 진해작용, 해열작용, 항균작용 등이 있음이 밝혀졌다.
인진 치자, 황백 등과 배합하여 황달을 다스린다.

● 식물의 특성과 형태

높이 20~60cm, 뿌리줄기는 짧고 굵은 수염뿌리가 있다. 잎은 마주나며 꽃은 8~10월에 자줏빛, 열매는 삭과이다.

● 약초의 성미와 작용

맛은 쓰고 성질은 차갑다. 간과 담, 위에 작용한다.

● 약리효과와 효능

간과 담에 습열이 차 있어 나타나는 눈의 충혈과 두통, 귀가 울리는 증상과 가슴과 옆구리가 결리고 아픈 증상, 경련과 함께 팔다리가 움츠러들고 펴지지 않는 증상 등에 효과를 나타낸다.

● 주요 함유 성분과 물질

gentiopicrin 약 2%와 gentianine 약 0.15%, gentianose 약 4%를 함유하고 있다.

● 채취시기와 사용부위

봄과 가을에 뿌리를 채취하여 손질을 한 후 잘 씻어서 햇볕에 말려서 이용한다.

●효과적인 용량과 용법

하루에 4~6g을 달여서 복용한다.

●사용상 주의사항

소화기가 약하고 속이 찬 사람은 복용을 피해야 한다.

【알기 쉽게 풀어쓴 임상응용】

청열이습
• 용담은 장티푸스균에 대한 항균작용과 소염작용을 가지며, 특히 고열로 일어나는 의식불명, 섬어에 대하여 해열과 의식각성의 효과가 있는데 황련, 황백 등과 같이 쓰면 효과가 훨씬 증가된다.

2. 고열에서 볼 수 있는 목적, 의식불명 상태는 고열에 의한 중추신경의 교란에서 오는 것으로 빨리 저지하지 않으면 나은 후에도 좋지 못하므로 바로 용담 및 삼황사심탕을 써야 한다. 또 장티푸스, 말라리아, 유행성수막염 등에 용담1양을 진하게 달여 주야 4회로 나누어서 복용하면 24시간 이내에 의식이 회복된다. 또 고초열에도 용담을 군으로 쓰면 좋다.

• 급성중이염이나 방광염, 고환염, 외음부염 등에는 모두 용담에 황련, 황금을 가하여 군약으로 쓸 필요가 있다. 이 세 가지 약물들은 모두 항균작용을 가지고 있기 때문에 소염, 소종에 좋은 효과가 있다.

• 용담은 gentian violet 주성분이므로 구강점막의 궤양에도 진하게 달여 바르면 궤양면을 보호하고 건조시키는 효과가 있다.

• 간경에 열이 심하여 열극생풍이 발생하여 고열경기를 일으키고 경궐상태가 되었을 때는 용담에 석결명, 조구등, 우황, 청대 등과 같이 사용하면 병상의 진행을 억제할 수 있다. 또 뇌막염 초기에도 용담과 석고를 많이 쓰면 좋다.

• 인후종통은 용담에 우방자, 길경, 감초를 넣고 달여 서서히 복용하면 인후의 부기와 통증을 제거하는데 좋다.

기타응용
• 심한 고혈압으로 두훈, 두통, 이명의 증상이 있을 때는 용담을 군으로 쓰고 황금, 목단을 가하여 쓰면 좋다.

• 습열로 음부가 붓고 가렵거나 백대하, 습진 등의 증후에는 고삼, 황백, 차전자와 같이 쓰면 좋다.

• 야맹증 초기에는 용담 1양과 황련 1양을 가루 내어 1첩으로 만들어 이것을 3회로 나누어 복용하면 6~7첩에 효과를 얻을 수 있다.

• 녹내장으로 안압이 오를 때 용담 4전을 매일 복용하면서 양간을 먹으면 상당한 효과가 있다. 눈곱이 많이 끼고 심하면 농이 나올 때도 용담 2전을 달여 먹으면 좋다.

황금(속썩은 풀)

학명: Scutellaria baicalensis
이명: 내허, 편금, 황금초, Scutellariae radix

속썩은 풀의 주피를 벗긴 뿌리

■■■**전문가의 한마디**

해열작용, 소염작용, 이뇨작용, 위액분비 억제작용, 항균작용 등이 밝혀졌다. 작약 등과 배합하여 복통과 설사하는 증상을 다스린다.

●**식물의 특성과 형태**

황금은 60센티미터 정도 자라고, 잎은 마주 나고 양쪽 끝이 좁고 가장자리는 밋밋한다. 7~8월에 자주색의 꽃이 핀다.

●**약초의 성미와 작용**

맛은 쓰고 성질은 차갑다. 폐와 담, 위, 대장에 작용한다.

●**약리효과와 효능**

폐의 열로 인한 기침, 가래 등에 많이 사용한다. 또한 대장에 작용하여 이질과 설사를 치료한다.

●**주요 함유 성분과 물질**

뿌리에는 Bicalein, Bicalin, Wogonin, Wogonoside, Neobicalein 등이 함유되어 있다.

●**채취시기와 사용부위**

봄에서 가을에 재배 3~4년생 뿌리를 채취하여 사용한다.

●효과적인 용량과 용법

하루 4~12g을 복용한다.

●사용상 주의사항

상백피, 지모 등과 배합하여 폐의 열로 인한 기침, 가래를 다스린다.

【알기 쉽게 풀어쓴 임상응용】

청열조습(항균소염)

• 급성 장염으로 복통, 발열, 심한 물 같은 설사를 보이면 황금 5전에 갈근 3전을 가하여 3공기의 물로 1공기가 될 때까지 달여 1일 2첩씩 복용하면 1일만에 복통이 멎고 설사 회수도 줄어든다. 2일째에는 증상이 억제되어 설사가 멎고, 3일째는 대변이 정상이 된다.

• 황금은 간염에 나타나는 황달에도 좋다. 보통 황금을 군으로 하고 인진, 치자, 백작을 가하고 달여서 복용시킨다. 특히 간염 초기에는 황금을 다량으로 사용하면 이담소황의 효과를 얻을 수 있다.

조경안태

• 황금은 부인과 질환에도 광범위하게 이용된다. 빈발월경으로 경혈이 선홍색이고 양이 많은 경우에는 황금을 군으로 하고 천초근, 포황, 목단을 가하여 쓰면 월경주기를 정상화하는 효과가 있다.

• 월경기가 연장되어 소량의 출혈이 지속되면 초탄한 황금에 측백엽, 당귀, 백작을 가하여 쓰면 조경지혈의 효과를 얻는다.

혈압강하

• 각종 원인으로 일어난 혈압상승에 황금을 군으로 하고, 조구등, 석결명, 국화, 백질려, 하고초, 황련을 가하여 쓰면 강압효과가 빨리 나타나고 효과도 지속되어 좋다. 약을 복용하는 것만이 아니라 환자의 정신상태도 고려하여 조언을 해주어야 한다. 혈압이 오르는 것은 화난 마음의 연속일 때이므로 특히 화를 내지 않아야 한다. 화를 내지 않으려면 부딪혀오는 모든 일에 감사하면 된다.

• 황금에는 정신신경 안정작용이 있으므로 정신적 흥분에 의한 불면증에도 쓰면 좋다.

혈중지질감소

• 황금은 혈압 및 혈중지질을 내리는 작용이 뛰어난 약물로 알려져 있다.

기타응용

• 황금은 간장과 담낭의 기능을 높이는 작용이 있다.

• 황금에는 이뇨작용이 있어 요폐의 치료에 비해, 차전자 등과 같이 쓴다.

황련(깽깽이풀)

학명: Coptis chinensis, C, japonica
이명: 천련, 왕련, 지련, 깽깽이풀뿌리, Coptidis rhizoma

황련(깽깽이풀)의 뿌리를 제거한 뿌리 줄기

■■■전문가의 한마디

열이 나는 불면증, 갱년기 수족이 아픈데, 심장이 두근거리는 홍안, 혓바늘이 돋는 데 효과가 있다. 목향 등과 배합하여 설사에 복통이 있는 증상과 복통은 있지만 변이 잘 나오지 않는 증상을 다스린다.

●식물의 특성과 형태

뿌리줄기가 굵고 담황색이며 차츰 색이 짙어진다.

●약초의 성미와 작용

맛은 쓰고 성질은 차갑다. 심장과 간과 위와 대장에 작용한다.

●약리효과와 효능

열이 있으면서 가슴이 답답하고 잠을 못 이루는 증상과 코피나 피를 토하는 증상을 다스리고 위장에 작용하여 배가 더부룩하고 설사하면서 아픈 것에 효과가 있다.

●주요 함유 성분과 물질

berberine, coptisine, woorenine 등 여러가지 알칼로이드를 함유하고 있다.

●채취시기와 사용부위

가을에 채취하여 흙을 제거한 후 햇볕에 건조시켜 이용한다.

●효과적인 용량과 용법

하루 1~5g을 달여 복용한다.

●사용상 주의사항

소화기가 약한 사람은 복용을 피해야 한다.

【알기 쉽게 풀어쓴 임상응용】

조습해독

• 황련에는 항균작용이 있는데 특히 티푸스균에 강하므로 장티푸스로 고열이 내리지 않고 의식이 혼미할 때 쓰면 균을 죽임과 동시에 열을 빨리 내려 의식을 맑게 하는 효과가 있다. 중국에서는 식물성 항생물질로써 각광을 받는 약이다.(황련해독탕) 또한 간균에 대한 항균력도 강하기 때문에 세균성, 아메바성 이질의 치료에도 효과를 낼 수 있다.(향련환)
• 황련은 결핵균에도 항균효과가 있으므로 폐결핵의 조열을 내리게 한다. 또 소아가 만경풍으로 열이 내리지 않고 사지가 뒤틀리고, 정신을 차리지 못할 때도 좋으나 효과는 더디다. 이때에는 지골피, 생지황, 백작 등과 같이 쓸 필요가 있다.
• 황련은 폐염쌍구균에 대한 항균작용이 있으므로 폐염 초기에 고열이 내리지 않고 심한 기침으로 흉통이 있을 때 마황, 행인, 석고, 반하를 가하여 쓰면 좋다.
• 피부종기로 환부가 붓고 열이 나며 통증이 있을 때는 황련즙을 바르면 소염, 소종 및 화농을 방지하는 효과가 있다. 이때에 황금과 같이 식초로 끓여 쓰면 소염효과가 더욱 좋아진다.

기타응용

• 황련은 소화불량 및 위산과다에 의한 위부팽만감, 위통, 구토산수의 증상을 치료하는 작용이 있어 위장습열로 인한 설사, 이질, 구토, 탄산 등에 활용한다. 설사나 이질로 열이 있으면 갈근, 황금을 가하고(갈근금련탕), 이급후중을 보이면 목향을 같이 쓰며(향련환), 간화범위로 인한 탄산에는 오수유를 가하거나(좌금환) 혹은 반하, 죽여 등을 가한다.(황련귤피죽여반하탕) 흉중한사에는 건강을 가하고, 심하비에는 지실을 가한다.(실증의 심하비에 쓰고 허증이면 지각, 길경을 이용한다)
• 황련은 안저동맥경화로 인한 혈관파열을 방지할 수 있다. 파열된 후에도 황련과 결명자를 달여 자주 복용하면 혈관외의 조직내에 있는 어혈을 없애는 효과가 있다.
• 과도한 정신적 긴장으로 혈압이 올랐을 때 황련 3전을 달여 3회로 나누어 복용하면 강한 혈압강하 효과를 얻을 수 있다.
• 소량을 쓰면 건위작용이 있어 소화불량에 응용한다.

* 보건복지부 한약처방100 가지 약초

황백

학명: Phellodendron amurense, P. molle, P. insulare
이명: 황벽, 황경피, 황백피, Phellodendri cortex

황백나무의 줄기 껍질

■■■전문가의 한마디

신장에 허열이 생겨서 식은땀과 유정, 다리에 힘이 없는데 사용한다.

열을 내려주고 습을 제거해준다. 해독작용, 지혈, 안태 효과가 있다. 주로 습하고 더운 것으로 인한 가슴이 답답하고 구역질이 나는 증세, 습열, 이질, 황달, 폐열로 인한 기침, 고열, 갈증, 혈열, 코피, 종기, 태동불안 등을 치료한다.

●식물의 특성과 형태

다년생 초본 식물이며 높이는 30~80cm이다. 줄기는 사각형이며 녹색 혹은 자주색도 있고 세밀한 문양이 있다. 개화기는 6~9월이고 결실기는 8~10월이다. 주로 양지의 건조한 산비탈과 황무지에서 자란다. 길가에서 자주 볼 수 있다.

●약초의 성미와 작용

맛은 쓰고 성질은 차갑다. 신장과 대장, 방광에 작용한다.

●약리효과와 효능

설사와 이질, 방광의 습열로 인해 소변이 뿌옇게 나오는 것, 대하가 있는 것, 신장에 허열이 생겨서 식은땀이 흐르고 정액이 새며

청열약 (청열조습약)

다리가 약해지는 것 등을 다스린다.

●주요 함유 성분과 물질

berberine, palmatine 등이 함유되어 있다.

●채취시기와 사용부위

한여름 전후에 채취하여 수피를 벗기고 햇볕에 말려서 이용한다.

4월경에 수피를 벗기고 조피를 제거하여 양건한 것을 쓴다.

●효과적인 용량과 용법

하루에 3~10g을 복용한다.

말린 약제 5~10g에 물 800ml를 넣고 약한 불에서 반으로 줄 때까지 달여 하루 2~3회로

나누어 마신다.

●사용상 주의사항

소화기가 약해 설사를 할 때와 음식을 잘 먹지 못하는 사람은 복용을 피해야 한다.

●임상응용 복용실례

신장에 허열이 생겨서 식은땀과 유정, 다리에 힘이 없는데 사용한다. 외용

제로 습진이나 소양증에도 사용한다.

백두옹과 황연 등과 배합하여 설사, 복통과 배는 아픈데 막상 변

은 안 나오는 증상을 다스린다.

131

목단피(모란)

학명: Paeonia suffruticosa
이명: 목단피, 목작약, 모란뿌리껍질, Moutan cortex

목단의 뿌리 껍질

■■■전문가의 한마디

진정, 최면, 진통, 혈압강하, 부종억제, 항균 등 작용이 있고, 생리불순이나 생리통, 토혈, 코피, 혈반에 사용한다.

생지황, 서각 등과 배합하여 반진이 나거나 코피 나는 증상을 호전시키는 효과가 있다.

●식물의 특성과 형태

높이 1~1.5m, 꽃은 양성으로 5월에 붉은색으로 피며, 지름 15츠, 꽃받침잎은 5개, 꽃잎은 8개 이상으로 크기와 모양이 다르다.

●약초의 성미와 작용

쓰고 매운 맛이며 성질은 약간 차고, 심과 간과 신장에 작용한다.

●약리효과와 효능

생리불순이나 생리통, 멍든 것이나 토혈, 코피, 반점이 나타나는 증상에 사용한다. 기타 진정과 최면, 진통작용, 혈압 강하작용, 다리 부종을 억제하는 작용, 항균작용이 있다.

●주요 함유 성분과 물질

paeonol, Paeoniflorin, Paeonside, Paeoniflorin, 정유, 알카로이드 등을 함유하고 있다.

●채취시기와 사용부위

3~5년생 뿌리를 가을에 채취하여 속심을 제거하고 햇볕에 말린다. 생용하거나 술에 볶아 사용한다.

●효과적인 용량과 용법

한번에 6~12g을 달여서 복용한다.

●사용상 주의사항

혈이 부족한 사람이나 임신부, 월경량이 많은 사람은 피해야 한다.

【알기 쉽게 풀어쓴 임상응용】

항균소염
• 목단에는 상당한 항균작용이 있고 부작용은 없다. 단 몸이 냉한 사람에게 용량이 과하면 축 처진다는 호소가 있다.
• 콜레라균에도 치료효과가 있다고 한다.
• 폐염균에 대해서도 억제작용이 있으므로 다른 처방과 같이 쓰면 좋다.

청열화어
• 목단에는 청열량혈의 작용이 있으므로 온열병의 열사가 혈분으로 들어가 반진을 보이거나, 혈열망행으로 인한 출혈 증후에 서각, 생지황, 적작 등을 가하여 응용한다.(서각지황탕)
• 목단에는 통혈행어의 효능이 있으므로 어혈로 인한 경폐, 징하적취 및 타박, 섬상, 좌상에 응용한다. 전자에는 도인, 적작, 계지를 같이 쓰고(계지복령환), 후자에는 유향, 몰약, 적작, 택란, 소목, 홍화, 향부자, 도인 등을 같이 쓴다. 중국에서는 목단분제를 만들어 타박손상에 외용하는데 효과가 좋다고 한다.
• 목단은 원인이 무엇이든 고열로 일어나는 출혈에 대하여 치자, 백모근, 지유 등과 같이 쓰면 청열지혈작용을 발휘한다. 지혈후에도 쓰면 재출혈을 방지하고, 어혈이 남는 것의 방지에도 도움이 된다.
• 월경직전에 하복통이 있거나 과소희발월경으로 혈괴를 보일 때는 당귀, 작약, 홍화 등과 같이 쓰면 어혈을 없애고 복통을 멈추며 월경을 정상으로 회복시킨다.

기타응용
• 목단은 만성비염이나 비갑개의 종창에 백지와 같이 쓰면 효과적이다.
• 목단에는 항알레르기작용이 있으므로 알레르기성 비염에도 효과가 있다. 특히 시호, 황금과 같이 쓰면 항알레르기작용이 증가된다.
• 목단에는 강압작용이 있는데 단삼과 같이 쓰면 더욱 좋다.
• 류머티즘열의 초기나 중기에 적혈구혈침속도가 증가되어 통증이 심할 경우에 목단과 단삼을 같이 쓰면 혈침을 지연시켜 통증을 멎게 하는 효과가 있다.

133

0   1cm

신장을 보하고 혈액을 보충하여 주는

생지황

학명: Rehmanniaglutinosa, R. glutinosa f. hueichingensis
이명: 생지황, 원생지, 건지황, Rehmanniae radix

지황의 신선한 뿌리

■■■**전문가의 한마디**

현삼, 맥문동 등과 배합하여 열이 나면서 목이 마르고 헛소리를 하는 등의 증상을 다스린다.

●식물의 특성과 형태

높이 20~30cm, 꽃은 6~7월에 연한 홍자색, 줄기 끝에 총상화서, 열매는 삭과로 타원상 구형이다.

●약초의 성미와 작용

맛은 달고 성질은 차갑다. 심장과 간, 신장에 작용한다.

●약리효과와 효능

신장을 보하고 혈액을 보충하여 주며, 열을 내려주는 작용이 있어 각종 발열성 질환, 토혈이나 코피, 목이 붓고 아플 때 등에 일정한 효과를 나타낸다.

●주요 함유 성분과 물질

주요성분은 β-sitosterol 과 mannitol이며, 소량의 stigmasterol과 미량의 campesterol, rehmanin, alkaloid, 지방산 catalpol, glucose, vitamin A 등을 함유하고 있다.

●채취시기와 사용부위

봄과 가을에 채취하여 잘 씻은 후 천천히 불에 쬐어 말려서 이용한다.

●효과적인 용량과 용법

하루에 12~20g을 복용한다.

●사용상 주의사항

소화기가 약하고 뱃속이 그득하면서 변이 무른 사람은 복용을 피해야 한다.

●임상응용 복용실례

지혈촉진작용, 강심작용, 이뇨작용, 혈당량 강하작용 등이 있다.

【응용】숙지황 참조

* 보건복지부 한약처방100 가지 약초

자근(지치, 자초)

학명: Lithospermum erythrorhizon
이명: 자초, 자단, 자근, 자초용, Lithospermi radix

136

● 식물의 특성과 형태

봄이 되면 묵은 포기에서 연녹색을 띤 3,4개의 줄기가 나와 곧게 서는데, 윗부분에서 가지가 갈라져 위가 편평하게 넓어지는 형태를 취한다.

● 약초의 성미와 작용

맛은 달고 성질은 서늘하다. 심장과 간에 작용한다.

● 약리효과와 효능

반진의 색이 자홍색인 것이나 아직 심하지 않은 것이나 습진 등에 쓰고 대장에 열이 있어 변이 딱딱한 데에도 사용한다.

● 주요 함유 성분과 물질 지치에는 Lithospermic acid, octa 6,9,12,15-Tetraenoic acid와 Shikonin 등의 Naphthoquinone계의 자색색소, 탄수화물, 옥시산 등이 있다.

● 채취시기와 사용부위 봄, 가을에 뿌리를 캐서 물에 씻어 햇볕에 말려 쓴다.

● 복용방법 하루 6~12g을 달여 먹는다.

● 사용상 주의사항 설사하는 데는 사용하지 않는다.

● 임상응용 복용실례 해열, 해독 작용이 있고 피부병의 반진, 습진 및 외용제로 습진, 화상, 동상 등의 환부에 붙인다. 적작약, 선퇴 등과 배합하여 반진을 다스린다.

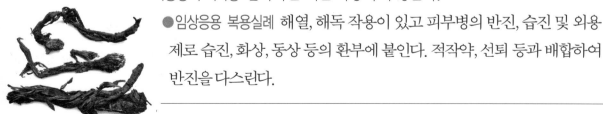

어혈로 인한 월경통, 옆구리 통증에 사용하는

적작약

학명: Paeonia lactiflora, P. veitchii
이명: 목작약, 홍작약, Paeonia radix rubra

●식물의 특성과 형태

높이 50~80cm, 뿌리는 방추형이며 자르면 붉은색, 뿌리잎은 1~2회 깃꼴로 3출엽, 꽃은 5~6월에 흰색 또는 붉은색으로 피고, 열매는 골돌과이다.

●약초의 성미와 작용 맛은 쓰고 성질은 약간 차갑다. 간에 작용한다.

●약리효과와 효능

어혈로 인한 월경통, 옆구리 통증, 배에 덩어리 있으면서 아픈 것, 타박상 등을 다스리며, 기타 반진이나 혈열로 인한 코피나 피를 토하는 것에 효능이 있다.

●주요 함유 성분과 물질 paeonol, paeonin, paeoniflorin, 안식향산, 정유, 지방유, 수지, 탄닌, 당, 전분 등이 함유되어 있다.

●채취시기와 사용부위 봄, 가을에 채취하여 쪄서 말린다.

●복용방법 8~16g을 복용한다.

●사용상 주의사항

허약하고 배가 찬 사람의 생리통이나 무월경에는 복용을 피해야 한다.

●임상응용 복용실례 진정, 진통, 진경, 해열, 항암, 항궤양, 혈압강하 작용이 있다. 당귀, 천궁 등과 배합하여 생리통, 무월경 등을 다스린다.

＊보건복지부 한약처방100 가지 약초

현삼

학명: Scrophularia buergeriana, S, koraiensis, S, kakudensis
이명: 중태, 정마, 녹장, 현태, Scrophulariae radix

현삼의 뿌리

■■■ 전문가의 한마디

해열, 혈압강하, 혈당량강하, 항균 작용이 있고, 변비, 갈증, 발진 및 눈의 충혈과 인후통 등에 좋다. 생지황, 맥문동 등과 배합하여 열병으로 진액을 상한 사람의 변비를 다스린다.

●식물의 특성과 형태

높이 80~150cm, 잎은 마주나며 긴 난형, 꽃은 8~9월에 황록색으로 피고, 열매는 삭과로 불규칙한 난형이다.

●약초의 성미와 작용

맛은 달고 쓰며 짜고 성질이 차갑다. 폐와 위, 신장에 작용한다.

●약리효과와 효능

열병으로 진액이 부족해진 것이나 가슴이 답답하면서 갈증이 있는 것, 발진 등에 효과가 있다.

●주요 함유 성분과 물질

알카로이드, 스테롤, 아미노산, linoleic acid 등이 함유되어 있다.

●채취시기와 사용부위

가을과 겨울에 채취하여 반복하여 햇볕에 말려 현삼의 속까지 흑색으로 변하게 한 다음 썰어서 이용한다.

●효과적인 용량과 용법

하루 9~12g을 복용한다.

●사용상 주의사항

몸이 허약하고 몸에 열이 없거나 소화기가 약하여 밥을 잘 먹지 못하고 설사를 하는 사람은 복용을 피해야 한다.

【알기 쉽게 풀어쓴 임상응용】

청열생진

· 현삼은 자양생진, 청열해독의 효능이 있으므로 고열로 진액이 소모되어 일어나는 신열, 구건, 설강, 신혼, 섬어 등의 증후에는 생지황, 맥문동, 황련, 연교 등을 가하여 쓴다.(청영탕) 열병을 심하게 앓고 난 후 번조불면증이 보일 때는 맥문동, 생지황, 천화분과 같이 쓰면 양음생진, 제번지갈의 효능을 얻을 수 있다. 만일 권태감이 있고 숨이 차면 사삼을 가하여 쓰면 좋다.

· 열이 심하면 진액이 손상되어 변비가 일어나는데 이때에는 생지황, 맥문동을 가하여 쓴다.(증액탕) 《온병조변》에도 현삼 1양에 맥문동, 생지황, 대황을 배합하여 열이 심하여 일어난 변비에 진액을 증기하여 변비를 치료한다고 기록되어 있다. 현삼은 맥문동과 배합될 때 양음생진의 효과가 가장 좋아진다.

· 현삼은 강압작용이 있으므로 뇌졸중에 의한 중풍에 하고초, 조구등, 백질려 등과 같이 쓰면 좋다.

연견해독

· 현삼에는 연견해독의 효능이 있어 경부임파절결핵의 치료에 요약이다. 이때는 자궤유무와 상관없이 현삼을 보통 1양으로 하고 패모, 생지황, 모려를 가하여 탕제로 하거나 환제, 고제로 만들어 복용하면 좋다. 또 고약처럼 만들어 환부에 발라도 좋은데 이때는 빙편, 유향을 가하면 더 좋다. 또 아직 터지지 않는 경부임파절결핵에는 현삼 1~2양에 모려 2양을 가하여 쓰면 종괴가 점차로 소퇴한다. 이미 터졌을 때는 다시 천산갑, 천화분을 넣어 쓰면 배농효과가 강화된다.

· 갑상선기능항진으로 종창이 클 경우에는 처음이든 만성이든 현삼을 쓰면 좋다. 일본에서는 여기에 나력가감방을 자주 쓴다.

· 현삼은 독을 제거하고 종양소퇴의 작용이 있으므로 종물이 붉게 부어오르고 통증이 있으면 금은화, 연교, 토복령, 생지황을 가하여 쓰고, 화농하면서 아직 터지지 않았을 때는 천산갑, 조각자, 포공영, 천화분을 가하여 쓴다. 한방의 해독고약에는 현삼과 생지황이 자주 쓰이고 있다. 또 옹종창독에는 금은화, 연교, 지정 등을 가하여 쓰고, 탈저에 이용할 때는 금은화, 감초, 당귀 등을 가하여 쓴다.(사묘용안탕)

· 유선염에는 포공영, 지정과 함께 쓰면 좋다.

139

금은화(인동덩굴)

학명: Lonicera japonica, L, japonica var, reoens for, Chinensis
이명: 금은화, 잔털인동덩굴, 인동화, 겨우살이덩굴, 능박나무, Lonicetae flos

인동덩굴의 꽃봉우리

■■ 전문가의 한마디

염증성 질병에 효과가 있어 대장염, 위궤양, 방광염, 인두염, 편도선염, 결막염 및 창양, 부스럼을 치료한다. 포공영, 야국화, 자화지정과 배합하여 피부의 창양, 종독을 다스린다.

●식물의 특성과 형태

잎은 마주나고, 타원형이다. 꽃은 6~7월에 잎겨드랑이에 1~2개가 달리며, 꽃통은 길이 3~4cm이고 흰색~노란색으로 겉에 털이 있고 끝이 5갈래이다.

●약초의 성미와 작용

달며 성질은 차며 폐와 위와 심에 작용한다.

●약리효과와 효능

대장염, 위궤양, 방광염, 인두염, 편도선염, 결막염 및 창양, 부스럼을 치료한다. 기타 열로 인하여 생긴 병이나 감기, 호흡기 질병, 매독 등에 효과가 있다.

●주요 함유 성분과 물질

Saponin, Tannin, 섬유당이 함유되어 있다.

●채취시기와 사용부위

꽃은 꽃송이가 피기 직전에 따서 그늘에 말리고 잎과 줄기는 가을철에 베어서 그늘에 말려 두고 사용한다.

●효과적인 용량과 용법

15~30g(열중독이 강한 환자에게는 60g까지 사용)을 달여서 복용한다.

●사용상 주의사항

몸이 허약하면서 설사하는 사람은 피해야 한다.

[알기 쉽게 풀어쓴 임상응용]

청열해독

• 금은화는 청열해독의 상용약으로 강한 항균작용을 가지고 있어 한방의 항생제라고 불린다. 약리 실험에서도 항균작용은 증명되어 있다. 그러므로 각종 염증성질환과 풍열 감기로 인한 발열 및 외과의 창용이나 절종 등에 적용한다. 금은화를 증류해서 얻은 금은화수(은화로)는 여름철에 청량음료수로 좋으며, 열성병의 예방과 치료에 효과가 있다. 단독으로 응용할 때는 1~2양을 쓰는데 청열해독작용이 현저하다. 복방으로 쓸 때는 연교, 생지황, 황금과 같이 쓴다.

• 금은화는 바이러스 억제작용이 있으므로 유행성 감기나 악성 유행성 감기에는 군약으로 쓴다. 또 열이 그다지 높지 않을 때에 써도 좋다. 열이 심할 때는 시호, 황금, 형개와 같이 쓰고, 열이 가벼우면 연교, 박하, 행인과 같이 쓰면 좋다.

• 금은화에는 해독량혈, 지리의 효과가 있으므로 열독으로 인한 사리, 하리농혈등의 증후에는 황금, 적작, 백두옹 등을 가하여 쓰거나 단독으로 진하게 달여 복용하는 것도 좋다.

• 유행성 이하선염으로 인한 고열에도 금은화를 대량으로 쓰면 좋다.

• 담마진으로 소양증이 있을 때는 연교, 생지황, 형개, 방풍과 같이 쓰면 혈열 및 습독을 제거하는 작용을 한다. 또 예방약으로 이용할 수 있고, 생지황, 목단과 같이 쓰면 항알레르기 작용을 한다.

• 옹저의 초기에는 금은화 반근을 10공기의 물을 붓고 2공기 정도로 달여 다시 당귀 2양을 넣고 1공기 정도로 달여 복용하면 좋다. 또 술과 함께 복용해도 된다.

• 깊은 부위에 생긴 화농성 농종에는 금은화 2양과 생지황 1양, 황금, 천산갑 각 5전을 달여서 복용하면 좋다. 각종 화농성 감염증에는 항상 금은화를 활용하면 좋다.

• 폐결핵으로 상기도감염을 겸하고 있을 경우에는 금은화를 군약으로 하고 지해화담약을 같이 쓰면 효과가 좋다.

• 자궁경부의 미란에도 금은화를 진하게 달여 씻으면 좋다.

대청엽

학명: Isatis indigorica
이명: 대청, 송람, 생약명: Isatidis folium

청열약 (청혈해독약)

142

● **식물의 특성과 형태** 높이 30~70cm로 털이 없으며 분백색, 근생엽에는 엽병이 있으나 경생엽에는 엽병이 없는 긴 타원형 또는 타원상 피침형이다.

● **약초의 성미와 작용** 쓰고 성질은 차며 심장과 폐와 위에 작용한다.

● **약리효과와 효능** 열이 나는 사람의 정신이 어지럽거나 반진이 나거나 설사, 황달 등의 증상이 있는 것을 다스린다.

● **주요 함유 성분과 물질** Istan, Daucosterol, Glucobrassicin, Hypoxanthine, Indigo, Tryptanthrin, Uracil, Uridine 등이 함유되어 있다.

● **채취시기와 사용부위** 여름과 가을에 채취하여 말려서 사용한다.

● **복용방법** 12~20g을 복용한다.

● **사용상 주의사항**

소화기가 약한 사람은 복용을 금지해야 한다.

● **임상응용 복용실례**

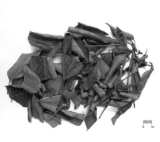

전염성이하선염, 부스럼, 단독, 입안염, 폐염, 일본뇌염, 설사, 황달 등에 사용한다. 금은화, 형계, 우방자 등과 배합하여 두통, 발열, 구갈이 있는 것을 다스린다.

열을 내리고 설사를 멈추는 효과가 뛰어나는

백두옹(할미꽃)

학명: Pulsatilla koreana
이명: 백두옹, 조선백두옹, 노고초, Pulsatillae radix

143

●식물의 특성과 형태 북반구에 30여 종이 분포하며 뿌리는 원주형으로 굵다. 작은 잎 5개인 우상복엽, 꽃은 4~5월에 피며 밑을 처짐, 꽃받침 조각은 6개, 적자색이다.

●약초의 성미와 작용 맛은 쓰고 성질은 차며 독은 없고, 위와 대장에 작용한다.

●약리효과와 효능 열을 내리고 설사를 멈추는 효과가 뛰어나다. 따라서 이질이나 혈성설사, 치질 출혈, 월경 이상 등에 사용하여 좋은 효과를 거둔다.

●주요 함유 성분과 물질 뿌리에는 Protoanemonin, Puchinenoside, Betulinic acid, Anemonin, Saponin(9%) 등이 함유되어 있다.

●채취시기와 사용부위

봄과 가을에 채취하여 뿌리를 잘라서 햇볕에 말려서 사용한다.

●복용방법 10~20g을 섭취하고 장기복용은 피해야 한다.

●사용상 주의사항 신체가 허약하고 속이 찬 사람의 설사에는 금해야 한다.

●임상응용 복용실례

항균, 진정, 진통, 피부점막자극, 심장독 작용 등이 있고, 이질, 아메바성 이질, 경부림프절염, 치질출혈, 혈성설사, 월경이상 등에 좋고, 독과 어혈을 풀어주어 신경통, 말라리아, 종기에 해독제, 수렴제로 사용한다.

열을 내려주고 해독작용과 함께 혈액순환을 촉진하는

사간

학명: Belamcanda chinensis
이명: 사간, 오선, 사간붓꽃, Belamcandae rhizoma

144

● 식물의 특성과 형태 높이 50~100cm, 꽃은 7~8월에 황적색 바탕에 짙은 반점, 열매는 난형 삭과, 종자는 검은색으로 윤채가 있다.

● 약초의 성미와 작용 맛은 쓰고 성질은 차갑다. 폐에 작용한다.

● 약리효과와 효능 사간은 열을 내려주고 해독작용과 함께 혈액순환을 촉진하고 종기를 없애는 작용이 있으며, 인후염이나 가래가 많으면서 기침을 할 때 효과가 있다.

● 주요 함유 성분과 물질 뿌리에는 Belamcandin, Iridin, Tectoridin, Tectorigenin, Isotectoridine Mangiferin 등이 함유되어 있다.

● 채취시기와 사용부위

봄과 가을에 채취하여 물에 담그었다가 햇볕에 건조하여 이용한다.

● 복용방법 하루에 4~12g을 복용한다.

● 사용상 주의사항 비위가 허한 사람은 복용을 피해야 하며 특히 임산부는 복용을 금해야 한다.

● 임상응용 복용실례 해열작용과 항염작용, 진통작용, 혈압강하작용, 항균작용 등이 있다. 우방자, 금은화, 길경, 감초 등과 배합하여 인후의 붓고 아픈 거나 가래가 많이 끓는 증상을 다스린다.

혈압강하작용, 항암작용, 혈중 콜레스테롤을 낮추는 작용이 있는

산두근(새모래덩굴)

학명: Sophora subprostrata, Indigofera kirilowii
이명: 산두근, 산대두근

●식물의 특성과 형태

덩굴성 초본으로 1~3m, 잎은 방패모양, 꽃은 6월에 연한 황색의 원추화서이다.

●약초의 성미와 작용 맛은 쓰고 성질은 차갑다. 폐와 위에 작용한다.

●약리효과와 효능

폐와 위의 열을 내려주고 해독작용과 함께 종기를 없애는 작용이 있어 인후가 붓고 아플 때, 치은염 등에 효과가 있으며 조기의 폐암과 인두암에도 일정한 효과가 있다.

●주요 함유 성분과 물질 Matrine, Oxymatrine, Anagyrine, N-Methylcytisine 등의 Alkaloid, Flavon Inducer, 고급알코올에테르 등이 함유되어 있다.

●채취시기와 사용부위 가을에 채취하여 잔뿌리를 제거한 뒤 건조시켜 이용한다.

●복용방법 하루에 4~12g을 복용한다.

●사용상 주의사항 소화기가 약하고 속이 찬사람, 조금만 먹어도 곧 설사를 하는 사람은 복용을 피해야 한다.

●임상응용 복용실례 혈압강하작용, 항암작용, 진경작용, 근육이완작용과 함께 혈중 콜레스테롤을 낮추는 작용이 있다. 사간, 판람근, 연교, 현삼 등과 배합하여 인후와 치은이 붓고 아픈 것을 다스린다.

연교(개나리)

학명: Forsythia koreana, F. saxatills, Abeliophyllum distichum
이명: 연교, 한련자, 대교자, Forsythiae fructus

146

개나리의 과실을 건조한 것

■ ■ ■ **전문가의 한마디**

강심작용, 이뇨작용, 항균작용, 항바이러스 작용이 있다. 금은화, 박하 등과 배합하여 열병 초기나 감기로 인해 열이 나고 머리가 아프면서 갈증이 있거나 목이 아픈 증상을 다스린다.

●식물의 특성과 형태

높이 3m, 잎은 마주나고, 꽃은 3~4월에 노란색, 열매는 난형으로 종자는 갈색이고 5~6mm 날개가 있다.

●약초의 성미와 작용

맛은 쓰고 성질은 약간 차갑다. 심장과 폐, 담에 작용한다.

●약리효과와 효능

해열작용이 있어 감기에 효과가 있으며, 급성 열성 전염병으로 인한 의식혼미, 피부 발진 등에 효과가 있다.

●주요 함유 성분과 물질

과실에는 forsythol, sterol 화합물, saponin, flavonol 배당체류, matairesinoside 등이 함유되어 있다. 껍질에는 oleanolic acid가 함유되어 있다.

●채취시기와 사용부위

가을에 과실이 익었을 때 채취하여 쪄서 햇볕에 말려서 이용한다.

　복용방법

하루에 6~12g을 복용한다.

●사용상 주의사항

소화기가 약한 사람이나 몸이 허약하여 열이 나는 사람, 종기가 이미 터져버린 증상
에는 복용을 피해야 한다.

【알기 쉽게 풀어쓴 임상응용】

청열해독
• 연교의 효능은 금은화와 비슷하여 발열증상 초기나 외과의 질환 치료에 배합하여 자주 쓴다. 연교는 청
열해독, 소종배농의 작용이 있고 약이 가벼워 약성이 위로 올라가므로 특히 상반신의 염증 치료에 좋다.
그러므로 '창양의 요약'으로 불린다. 연교는 발열성 병증에 대하여 해열효과가 있으며 소아의 발열이나
(뇌염에도 쓴다) 바이러스 감염에 의한 발열에도 적합하다. 금은화, 황금, 황련과 같이 쓰면 그 효능이 더욱
강해진다.
• 급성기관지염, 편도선염, 급성인두염 및 이들이 화농된 단계에 연교 2양을 진하게 달여 복용하면 아주
좋은 효과가 있다. 폐농양에는 연교 2양과 금은화 1양을 진하게 달여 복용하면 좋다.
• 연교는 해독작용이 강하므로 화농성 감염증의 치료에 자주 쓴다. 연교만 단독으로 쓸 때는 1~2양을 내
복이나 외용에 이용하는데 모두 효과가 좋다.
• 연교는 유선염의 발적과 종창을 치료하는 작용도 있다.

강심이뇨
• 연교의 과피에 강심, 이뇨작용을 한다.
• 연교는 방광의 습열을 제거하는 효과가 있으므로 비뇨기계의 각종 염증이나 결석의 치료에도 사용된
다. 특히 급성일 때 효과가 더욱 좋다. 또 백모근이나 차전자와 같이 써도 좋고, 결석에는 석위
와 같이 쓴다.
• 연교에는 이뇨를 돕고 요의 단백을 제거하는 작용이 있으므로 만성신염으로 요에
단백이 검출되면 염분을 삼가고 연교를 달여 음료로 하면 좋다. 또 신기능을 돕는
녹용, 육종용, 산약, 백출, 파고지 등과 같이 써도 좋으며 이때는 연교를 많이 쓸
필요는 없다.

어성초(약모밀)

학명: Houttuynia cordata
이명: 어성초, 자배어성초, Houttuyniae herba

148

●식물의 특성과 형태 높이 50cm, 잎은 심장형, 꽃은 5~6월에 흰색 수상화서, 열매는 삭과, 잎과 줄기에서 고기비린내가 난다.

●약초의 성미와 작용 맛은 맵고 성질은 약간 차갑다. 폐에 작용한다.

●약리효과와 효능

해열과 해독작용을 가지고 있으며 종기를 없애고 고름을 제거하고 모든 열독과 종기에 효과가 있으며 폐렴, 기침과 함께 피를 토하는 증상 등에도 효과가 있다.

●주요 함유 성분과 물질 정유 0.0049%가 함유되어 있으며 decanoyl acetaldehyde, methyl-n-nonylketone, myrcene, lauric aldehyde, capric acid 등이 함유되어 있다.

●채취시기와 사용부위 여름철에 가지와 잎이 무성하고 꽃이 많을 때 채취하여 햇볕에 말려서 이용한다.

●복용방법 하루에 12~20g을 복용한다.

●사용상 주의사항 몸이 허약하고 찬 사람은 복용을 피해야 한다.

●임상응용 복용실례 강심작용, 이뇨작용, 항균작용 등이 있다.

길경, 노근, 의이인, 과루 등과 배합하여 폐에 염증이 생겨 고름을 토하는 것을 다스린다.

모든 열로 인한 종기나 종양, 인후부가 붓고 아픈 증상에 사용하는

조휴(삿갓나물)

학명: Paris verticillata
이명: 조휴, 중루, 중태, 삿갓나물, Rhizoma paridis

149

●식물의 특성과 형태 뿌리줄기는 지름이 3~4mm로서 옆으로 길게 뻗고 끝에서 줄기가 나온다. 높이는 30~40cm, 잎은 긴 타원형으로 6~8개가 둘러 난다.

●약초의 성미와 작용 맛은 맵고 쓰며 성질은 차다. 독성이 있다. 심, 간, 폐에 작용한다.

●약리효과와 효능 소종지통, 식풍정경, 청열해독, 효능이 있으며 종기치료약으로 좋다. 모든 열로 인한 종기나 종양, 인후부가 붓고 아픈 증상, 독사 등의 뱀에 물린 상처, 타박상 등에 약용한다.

●주요 함유 성분과 물질 Pariphyllin, Dioscin, Dehydrotrillenogenin, 20-Hydroxyecdysone, Citric acid, Ecdysterone, L-Asparagine, Paridin, Piristicin 등이 함유되어 있다.

●채취시기와 사용부위 연중 혹은 가을과 겨울에 채취하여 수염뿌리를 제거하고 햇볕에 말려서 사용한다.

●복용방법 하루에 3~6g을 복용한다.

●사용상 주의사항 구토, 설사, 전신마비 등을 일으키기 때문에 반드시 주의해야 한다.

●임상응용 복용실례 임상보고는 만성기관지염에 한 번에 3g씩 하루에 2번, 식후에 복용하여 제 1단계의 174명에게서 유효율은 78%였다. 제 2단계의 122명에게서 유효율은 96.7%이고 3치료 기간을 경과한 92명에게서 유효율은 97.3%였다.

청대(야청수)

학명: Persicaria tinctoria
이명: 청항화, 청합분, Indigo naturalis

● 식물의 특성과 형태 높이 50~60cm, 꽃은 8~9월에 붉은색 또는 흰색으로 핀다. 열매는 수과로 흑갈색이고, 꽃 덮이로 싸여 있으며, 세모진 달걀 모양이다.

● 약초의 성미와 작용 맛은 짜고 성질은 차갑다. 간과 폐와 위에 작용한다.

● 약리효과와 효능 발진, 객혈, 토혈, 코피 등의 출혈증상과 발열, 인후동통, 경련 등을 풀어 주고 고열로 인한 소아들의 경련을 치료한다.

● 주요 함유 성분과 물질 식물전체 특히 잎에 indican(indoxyl-3-βglucoside) 산화반응으로 indigo와 indirubin이 함유되어 있다.

● 채취시기와 사용부위 봄과 여름에 채취하여 2~3일 동안 깨끗한 물에 담근 후 가지를 건져내고 잎과 석회를 10:1의 비율로 섞어서 그 침액이 붉은색으로 변하면 물위에 떠 있는 거품을 걷어내고 햇볕에 건조한다.

● 복용방법 하루에 2~4g을 다른 약재와 함께 환으로 만들어 복용한다.

● 사용상 주의사항 소화기가 약한 사람은 복용을 피해야 한다.

● 임상응용 복용실례 발진, 객혈, 토혈, 코피 등의 출혈증상과 발열, 인후동통, 경련 등을 풀어 준다.

석고, 생지황, 승마 등과 배합하여 발진을 다스린다.

패장

학명: Patrinia villosa, P. scabiosaefolia
이명: 마초, 녹장, 야고채, 말냉이, Patrinae radix

●식물의 특성과 형태 높이 1~1.5m, 꽃은 7~8월에 노란색, 열매는 타원상 구형, 약재는 원주형의 근경과 분지된 뿌리로 갈색이다.

●약초의 성미와 작용 맛은 맵고 쓰며 성질은 약간 차갑다. 위와 대장, 간에 작용한다.

●약리효과와 효능 장옹(충수돌기염)을 치료하며 폐농양과 간농양에도 효과가 있다.

●주요 함유 성분과 물질 Triterpenoid saponin, Volatile oils, Tannic Acid, Patrinoside, Coumarin, Scabioside 등이 함유되어 있다.

●채취시기와 사용부위

가을에 채집하여 깨끗이 씻어 그늘에 말려 토막 내어 썰어서 약으로 한다.

●복용방법 하루 10~30g 달여서 복용한다.

●사용상 주의사항 과량 복용 시 머리가 어지럽거나 오심 등의 증상이 나타날 수 있으므로 주의하여야 한다.

●임상응용 복용실례

급성 황달성 간염, 포도상구균, 연쇄상구균 및 바이러스 감염, 폐농양, 자궁부속기염, 난소낭종 등에 좋다.

의이인, 부자 등과 배합하여 이미 화농된 장옹을 다스린다.

백미(백미꽃)

학명: Cynanchum atratum
이명: 백미, 미초, 골미, Cynanchi atrati radix

●식물의 특성과 형태 박주가리과 초본으로 높이 30~60m, 줄기는 곧고 유즙이 있고, 원주형 긴 뿌리는 말꼬리 모양이다.

●약초의 성미와 작용 성질은 차고 맛은 쓰고 짜다. 위와 간에 작용한다.

●약리효과와 효능 열병 후나 산후에 인체의 기혈과 진액을 소모하여 미열이 가시지 않고 몸이 노곤한 증상을 치유한다. 또한, 폐의 열을 식혀서 기침을 없애는 작용과 이뇨작용도 가지고 있다.

●주요 함유 성분과 물질 Arsenic, Cynanchol, 방향성 정유, Cynatratosides, Atratosides, Cynaversicoside 등이 함유되어 있다.

●채취시기와 사용부위 봄과 가을에 채취하여 그늘에서 말린 후 사용한다.

●복용방법 하루에 6~15g을 복용한다.

●사용상 주의사항 감기나 열성 전염병 등으로 인해 땀이 많이 나고 오한을 느끼는 사람과 속이 허하고 찬 사람은 복용을 피하는 것이 좋다.

●임상응용 복용실례 약리실험 결과 해열작용과 강심작용, 이뇨작용, 혈압상승작용 등이 밝혀져 있다. 생지황, 청호, 지골피와 배합하여 열병에 열이 오래 지속되는 증상과 산후에 허하여 열이 뜨는 것을 다스린다.

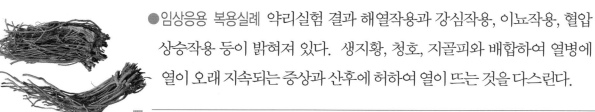

병이 오래되어 은근하게 열이 지속되는 증상에 주로 사용하는

은시호(대나물)

학명: Stellaria dichotoma var, lanceolata
이명: 은주시호, 호, 산채근, Stellariae radix

청열약 (청허열약)

153

●식물의 특성과 형태

흰색 꽃이 산방상 취산화서를 이루어 많이 달리고, 열매는 삭과로 둥글고 4개로 갈라
지며 8~9월에 익는다.

●약초의 성미와 작용 맛은 달며 성질은 약간 차며 독은 없다. 간과 위에 작용한다.

●약리효과와 효능

몸이 허해지거나 병이 오래되어 은근하게 열이 지속되는 증상에 주로 사용된다.

●주요 함유 성분과 물질 triterpenoid, saponins, gypsogenin 등이 함유되어 있다.

●채취시기와 사용부위 봄과 가을에 채취하여 그늘에서 말린다.

●복용방법

3~9g씩 복용한다.

●사용상 주의사항

추운 날씨로 감기 걸렸거나 혈이 허하나 열이 나지 않을 때는 쓰지 않는 것이 좋다.

●임상응용 복용실례 거담, 콜레스테롤강하, 해열 작용이 있으며 열병, 어린이
의 감기로 인한 저열, 수척, 조급 등에 사용한다. 청호, 별갑, 지골피등과 배
합하여 음이 허하여 열이 나거나 땀나는 증상을 개선한다.

몸이 허약하면 잇몸이 붓고 출혈의 증상에 좋은

지골피(구기자)

학명: Lycium chinense L, barbarum
이명: 지골, 구기근, 구기자뿌리껍질

구기자의 뿌리

■ ■ ■ **전문가의 한마디**

혈압강하, 혈당량강하, 해열, 항균 작용이 있다. 상백피, 감초 등과 배합하여 폐의 열로 인한 해수를 다스린다.

● 식물의 특성과 형태

구기자는 높이 1~2m, 꽃은 6~9월에 연한 자색, 열매는 붉은 타원상 구형이다. 약재는 구기자 뿌리이다.

● 약초의 성미와 작용

맛은 달며 성질은 차갑다. 폐와 간, 신장에 작용한다.

● 약리효과와 효능

강장, 해열제로 폐결핵, 당뇨, 간과 신의 허약증이나 신경통, 두통, 어깨통증, 근육통, 요통, 허리와 무릎의 무력감, 절상, 화상 등에 이용한다.

● 주요 함유 성분과 물질

Betaine, βsitosterol, Zeaxanthin, Physalien, Meliscic acid, Rutin, Kukoamine A, Steroid Saponin 등이 함유되어 있다.

● 채취시기와 사용부위

입춘이나 입추 후에 채취하여 근피를 벗겨 그늘에서 말린다.

● 효과적인 용량과 용법

하루에 9~15g을 끓여서 마신다.

● 사용상 주의사항

소화기가 약한 사람은 복용을 피해야 하며, 설사를 하거나 식욕부진이 있는 사람은
복용량을 줄여서 복용해야 한다.

【알기 쉽게 풀어쓴 임상응용】

퇴허열
• 폐결핵은 매일 오후에 미열이 난다. 초기일 때는 지골피 5전, 백미 4전을 진하게 달여 조석으로 복용하면서 결핵치료약과 병용해야 한다. 또 복방으로 쓸 때도 지골피를 쓰면 좋고 주로 별갑, 호황련, 석곡과 같이 쓴다. 또 모려를 같이 쓰면 도한을 멎게 하는 작용도 나타난다.
• 몸이 허약하면 결핵이 아니더라도 오후에 미열이 나는 수가 있다. 이때도 지골피에 인삼을 넣고 달여서 1개월 정도 지속하면 미열이 없어진다.

양혈지혈
• 몸이 허약하면 잇몸이 붓고 출혈의 증상이 발생하는데 이럴 때 상백피, 석고, 석곡을 달여 복용하면 좋다.
• 방광습열로 배뇨통이 있으면서 혈뇨가 보일 때는 지골피를 군으로 하고 비해, 백모근, 측백엽, 차전자, 황백, 목통을 같이 쓰면 소염지혈 효과가 있다.

기타응용
• 구강궤양 초기에 지골피 8전, 석고 1양 진하게 달여 양치질을 하면 즉각 낫는다. 궤양이 완전히 형성되어 있는 경우에는 황련, 금은화를 넣고 달여 계속 복용시킨다.
• 눈이 항상 충혈되고 소양감과 통증을 호소할 때는 목적, 감국과 같이 쓰면 소염퇴열 효과가 있다.
• 당뇨병으로 자주 물을 마시는 경우 천화분, 갈근과 같이 쓰면 갈증도 멎게 하고 당뇨병 치료에도 도움이 된다.
• 고혈압에도 지골피 2양을 달여 1일 4회로 나누어 먹으면 강압효과가 있다.
• 이내종양으로 농이 나오면 지골피와 오배자를 아주 미세한 가루로 만들어 귓속에 넣으면서 지골피탕을 복용하면 더욱 좋다.
• 뇌일혈에 의한 중풍으로 혈압이 떨어지지 않을 때는 지골피 5~8전에 희첨을 넣고 쓰면 좋다.

음이 허하여 생긴 발열, 황달 등에 사용하는

청호

학명: Artemisia annua
이명: 청호, 야란호, 제비쑥, Artemisiae annuae herba

●식물의 특성과 형태 높이 1~1.5m, 꽃은 6~8월에 녹황색으로 피고, 수과는 길이 0.7mm 정도이다. 약재는 잎이 거의 없는 꽃대가 줄기이다.

●약초의 성미와 작용 맛은 쓰고 매우며 성질은 차갑다. 간과 담에 작용한다.

●약리효과와 효능 혈의 열로 인한 증상, 여름에 더위를 먹었을 때, 학질로 인한 발열 및 소아의 하절기 발열, 음이 허하여 생긴 발열, 황달 등에 사용한다.

●주요 함유 성분과 물질 abrotanine, αpinene, artemisia ketone, daphnetin, 7-hydroxy-8-methoxy coumarin 등이 함유되어 있다.

●채취시기와 사용부위

여름과 가을에 꽃이 필 때 채집하는데 지상부분을 베어 그늘에서 말려 사용한다.

●복용방법 하루에 3~9g을 복용한다.

●사용상 주의사항

설사를 하는 사람과 땀이 많이 나는 사람은 주의하여 복용하여야 한다.

●임상응용 복용실례

위통, 각종암, 폐암, 간암, 위암, 유선암, 열내림약, 지혈약, 해독약, 악창, 말벌에 쏘인데 사용한다. 생지황, 별갑, 지모 등과 배합하여 한열왕래 등을 다스린다.

소화불량, 복부팽만감, 설사, 황달, 치질 등에 효과가 있는

호황련

학명: Picrorrhiza kurrooa
이명: 호황연, 호련, Picrorrhizae rhizoma

●식물의 특성과 형태 약재는 원주형, 길이 3~12cm, 색은 어두운 갈색, 질은 단단하면서도 부스러지기 쉽다. 맛이 매우 쓰다.

●약초의 성미와 작용 맛은 쓰고 성질은 차갑다. 심장과 간, 위, 대장에 작용한다.

●약리효과와 효능

허해서 생긴 열을 내리므로 열이 왔다 갔다 하는 것과 자다 땀나는 것을 없애며 장위의 열과 적체를 없애 소화불량, 복부팽만감, 설사, 황달, 치질 등에 효과가 있다.

●주요 함유 성분과 물질 kutkin, d-mannitol, vanillic acid, kutkiol 등이 함유되어 있다.

●채취시기와 사용부위 가을에 채취하여 수염뿌리를 제거한 후 건조하여 이용한다.

●복용방법 하루 4~12g을 복용한다.

●사용상 주의사항

소화기가 약하고 속이 찬 사람은 복용을 피해야 한다.

●임상응용 복용실례

피부사상균 억제작용, 항균작용 등이 밝혀졌다.

은시호, 지골피 등과 배합하여 몸에 진액이 부족하여 허열이 있거나 식은땀을 흘리는 증상을 다스린다.

가슴에 열감이 있으면서 입 안이 마르고 갈증이 나는 병에 좋은

서과(수박)

학명: Citrullus vulgaris
이명: 서과, 수과, 한과, 시과라고도 한다.

158

●식물의 특성과 형태

전신에 털이 나 있고 잎겨드랑이에는 덩굴손이 달려 있다. 잎은 하나씩 달리는데, 어긋나고 넓은 계란모양이다.

●약초의 성미와 작용 맛은 달고 싱거우며 성질은 차다. 심경, 위경에 작용한다.

●약리효과와 효능 서열로 인해 가슴에 열감이 있으면서 입 안이 마르고 갈증이 나는 병, 피하 결합 조직 중에 수분이 고인 상태에 효능이 있다.

●주요 함유 성분과 물질 껍질은 wax질, 과즙은 phosphoric acid, malic acid 등이다.

●채취시기와 사용부위

수박 속을 먹은 다음 외과 껍질과 남은 과육을 제거하고 절단해서 햇볕에 말려 사용한다.

●효과적인 용량과 용법 하루에 9~30g을 복용한다.

●임상응용 복용실례

성분 치트룰린과 아르기닌은 간에서 요소의 생성을 빠르게 하고 이뇨 작용을 하며 수박 속살은 혈압 강하 작용을 나타낸다는 것이 실험으로 밝혀졌다.

* 보건복지부 한약처방100 가지 약초

본초학 제 ❸ 장
사하약

대변을 묽게 하거나 설사를 일으키는 한약을 말한다.

공하약
설사작용이 센 약

윤하약
설사작용이 경미한 것

준하축수약
극렬한 복통과 설사를 일으켜 대량의 수분을 배출시키는 약. 개중에는 이뇨작용도 가진 것도 있다.

대황(장협대황)

학명: Rheum officinale, R. palmatum var. palmatum
이명: 대황, 황근, 약용대황, 장군풀

장군풀의 뿌리줄기

■■■전문가의 한마디

배변, 어혈과 노폐물 제거 효능과 월경이상, 퇴행성관절염, 열병, 각기, 종창, 화상 등에 약용한다. 일반적으로 감초 등과 함께 달여 복용하며 변비가 심할 땐 대황의 양을 증가시킨다.

●식물의 특성과 형태

노란색의 굵은 뿌리줄기가 있고, 높이 1m, 꽃은 7~8월에 피며 가지와 원줄기 끝에 원추화서, 황백색 꽃이 달린다.

●약초의 성미와 작용

쓰고 성질은 차며 독은 없고, 비장, 위, 대장, 간, 심포에 작용한다.

●약리효과와 효능

장관 내에 쌓인 것을 배변시켜 어혈과 노폐물을 제거시키고 열을 식혀주며, 월경이상, 퇴행성관절염, 열병, 열이 있으면서 헛소리하는 증상, 각기, 종창, 화상 등에 사용한다.

●주요 함유 성분과 물질

Emodin, Chrysophanol, Rhein, Aloe-emodin, Gludogallin, Sennoside A, B, C, D, E, F 등이 함유되어 있다.

●채취시기와 사용부위

가을에 3년 이상 된 뿌리줄기를 채취하여 껍질, 노두와 잔뿌리를 제거하여 풍건, 홍
건, 햇볕에 말린다. 법제로 생용 혹은 술로 볶거나 술에 쪄서 사용한다.

●효과적인 용량과 용법

4~16g을 복용하나 배변이 목적이면 오래도록 달이지 않도록 해야 한다.

●사용상 주의사항

오래 달여서는 안 되고 성질이 강하여 정기를 손상하기 때문에 임산부와 부인의 월경,
해산기, 포유기(수유하는 기간)에는 쓰지 못한다.

【알기 쉽게 풀어쓴 임상응용】

사하해열

• 대황은 열성변비를 치료하는 요약으로 응용범위가 광범위하다. 대편을 통하게 할 뿐만 아니라 항균, 이
담, 지혈, 항종양 등의 작용이 있다.
• 열성질병 때문에 체액의 소모로 변비가 계속되어 복창하고 심할 경우에는 40℃ 이상의 고열이 나며 의
식이 몽롱해져서 헛소리를 하게 된다. 이럴 때는 대량의 대황(3전)에 지실, 망초, 후박을 넣어 써서 열로 건
조된 대편을 소통시킬 필요가 있다.

항균소염

• 구내염, 구순미란, 후두염, 편도선염, 급성결막염 등으로 열이 나고 붉게 부어 아플 때는 변비유무를 가
릴것 없이 모두 황련해독탕에 대황을 넣어 쓰면 매우 좋다. 항균소염효과가 있어 더욱 좋다.

화어지혈

• 객혈, 비혈, 변혈, 위궤양의 출혈이 급성으로 일어났을 때는 소량의 대황과 지혈약을 같이 쓰면 지혈효
과가 더욱 빨라진다.
• 무월경 혹은 경혈량이 적고 혈괴가 나오는 경우에는 조경약에 대황 1전을 넣어 쓰면 통경효과를 강화시
킨다.

기타응용

• 대황은 외과의 상용약으로 창절이나 정독 등이 초기에 발적종통할 때 대황을 군약으로
한 금황산이 아주 좋은 외용약이다.
• 피부습진, 만성하퇴궤양, 피부화상에도 대황을 쓰면 좋다. 편법으로 삼황사심탕
을 물에 녹여 화상부위에 발라줘도 좋다. 또 기름에 대인 화상의 치료에는 가루 내
어 바르거나 지유말을 배합하여 참기름으로 섞어 바른다.

노회(알로에)

학명: Aloe vera, Aloe arborescens
이명: 노회, 상담, 눌회, 알로에, Aloe

162

●식물의 특성과 형태 줄기는 짧고, 잎은 줄기 끝에 모여나며 곧게 서고, 육즙이 많음, 잎은 길이 15~40cm, 너비 3~6cm, 꽃은 2~3월에 핀다.

●약초의 성미와 작용 맛은 쓰고 성질은 차며 독은 없고 간과 대장에 작용한다.

●약리효과와 효능 피부에 놀라운 보습력을 전달하여 인체에 면역조절과 항암작용을 하고 얼굴이 검은 사람은 알로에의 즙을 화장수로 자주 바르면 좋다.

●주요 함유 성분과 물질 알로인, 젤리질과 황색 수액층의 안트론 (Anthrone)계와 크로먼(Chromene)계성분이 함유되어 있다.

●채취시기와 사용부위 연중 채취하여 잎의 밑부분을 잘라 흘러내린 즙을 모아 끓여 엿처럼 졸여 분쇄하여 사용한다.

●사용상 주의사항

비위가 허약하여 소식하고 설사하는 사람과 임신부는 피해야 한다.

●임상응용 복용실례 변비와 기생충에 유효, 항균작용으로 위와 장의 염증 소멸시켜 위의 기능을 정상화, 장활동을 좋게 한다. 용담초, 치자, 청대 등과 배합하여 변비로 인하여 간에 열이 쌓여 생긴 두통이나 어지럼증을 치유한다.

딴딴한 것을 무르게 하며 열을 내리는 효과가 있는

망초(황산나트륨 박초)

학명: Mirabiite
이명: 박초, 분소, 망소, 마아초, 피초, Natrii sulfas

163

●식물의 특성과 형태 불규칙한 무색투명하거나 백색의 반투명한 덩어리, 단면은 유리 모양의 광택, 망초라고도 부른다. (황산나트륨 박초를 두 번 달여서 만든 약재)

●약초의 성미와 작용 맛이 짜고 쓰며 성질이 차고, 독은 없으며 위와 대장에 작용한다.

●약리효과와 효능 복용 후 쉽게 흡수되지 않고 장관을 자극하여 연동운동을 증강시켜 딴딴한 것을 무르게 하며 열을 내리는 효과가 있다.

●주요 함유 성분과 물질 Na_2SO_4(초산나트륨)이 96~98%로 대부분을 차지하며, 미량의 염화나트륨 염화마그네슘 초산마그네슘 초산칼슘 등이 함유되어 있다.

●채취시기와 사용부위 천연산의 망초를 뜨거운 물에 용해하고 상층액만 걸러내어 건조시키고, 복용시에는 분말로 만들어 사용한다.

●복용방법 9~15g을 내복하거나 외용하기도 한다.

●사용상 주의사항 소화기가 약한 사람이나 임산부는 이 약의 사하는 기운을 이기지 못하므로 피해야 한다.

●임상응용 복용실례 장의 연동운동 증가, 해열, 배변촉진 등의 효능이 있으며 외용제로 눈이 충혈되고 아픈데, 인후통 등의 치료에 사용한다.
　외용하여 눈이 붉어지고 아플 때나 인후통, 붕사와 함께 사용한다.

＊보건복지부 한약처방100 가지 약초

마자인(삼씨)

학명: Cannabis sativa
이명: 마자인, 화마인, 대마인, Cannabis fructus

삼의 성숙된 열매

■■■전문가의 한마디

혈압강하, 변비 특히 노인변비, 출산 후 변비 등에 좋다. 마약류로 유통이 금지되어 있다. 대황, 지실 등과 배합하여 변비를 다스린다.

●식물의 특성과 형태

크기는 3m 내외, 줄기는 세로 골이 지며 혁피질이다. 섬유길이는 3~10cm 정도, 잎은 5~9개 작은 잎이 있는 장상복엽이다.

●약초의 성미와 작용

맛은 달고 성질은 평하다. 비장과 위, 대장에 작용한다.

약리효과와 효능

화마인은 마약류의 일종인 대마초의 씨앗이다. 지방이 풍부하고 윤기가 있어 대장을 윤활하게 하여 진액이 부족하여 발생하는 변비를 다스린다. 화마인은 현재 유통이 금지되어 있는 약재이다.

●주요 함유 성분과 물질

지방유, 단백질, 버섯독소, Choline, 비타민 B1 등을 함유하고 있다.

채취시기와 사용부위

가을에 열매가 익었을 때 채취하여 햇볕에 말려 사용하고, 살짝 볶아 빻아서 사용한다.

● 복용방법

하루에 3~9g을 복용한다.

● 사용상 주의사항

변이 무른 사람은 복용을 피해야 한다. 또한 과량을 복용하였을 경우 구토, 설사, 사지마비, 번조불안, 정신착란 등의 중독증상이 나타난다.

【알기 쉽게 풀어쓴 임상응용】

윤장

• 만성질환 환자가 일상적인 변비나 소화불량을 일으켰을 때 사하약을 쓰면 다른 질병을 초래할 가능성이 있으나 마자인은 약성이 완만하고 영양분을 함유하고 있으므로 장을 부드럽게 하여 변비를 치료하는 이상적인 약이다. 일반적인 용량은 1~3전이며 계속 복용해도 이상이 없다. 또 꿀로 환을 만들어 매일 3전씩 복용해도 좋다.

• 노인이 변비로 번조불안을 보이면 마자인 3전을 자기 전에 복용하면 다음 날 아침 기상시에바로 대변이 나온다. 단 배변은 일정시간에 하도록 유도하고 음식 역시 정시에 정량을 먹도록 주의를 해야 한다.

• 중풍 후유증으로 변비를 보일 때는 마자인, 상엽 각 3전을 쓰면 혈압도 안정하고 변을 소통하는 효과가 있다.

• 열병 후 진액이 부족하여 생긴 변비에는 천화분, 현삼, 맥문동, 진피, 생지황을 넣어 쓰면좋다. 이것은 산후나 노인의 변비, 번조, 구갈이나 코로 냄새를 맡을 수 없을 때도 효과가 있다.

기타응용

• 마자인은 관상동맥경화성 심장질환으로 인한 고혈압에 현저한 강압작용을 한다. 환제로 만들어 자기 전에 2전을 복용시키거나 또는 상엽, 택사 각 3전, 갈근 2전을 넣어 써도 좋다. 또 장기간 복용하여도 해롭지 않고 강압효과도 안정된다.

• 해수가 낫지 않고 점액담이 많으며 변비가 있으면 천화분, 전호, 현삼, 행인을 넣어 쓰면 좋다. 만성기관지염일 경우에도 쓰면 좋다.

• 중국의 한 지방은 장수자가 많은데 그 비결은 마자인을 매일 3전씩 먹는다고 한다. 마자인을 자주 복용하면 신체를 자보하고 신진대사를 증진시키며 대편을 부드럽게 하는 작용을 일으킨다.

변비를 치료하고 오줌을 잘 누게 하고 덩어리진 것과 담을 삭이는 효능이 있는

감수(개감수의 뿌리)

학명: Euphorbia kansui
이명: 주전, 감택, 고택, Euphorbiae kansui sadix

●식물의 특성과 형태 높이 25~40mm, 유즙이 나옴, 둥근 뿌리줄기, 잎은 어긋남, 꽃은 6-9월에 피며, 잔모양의 취산화서 5-9개 줄기가 있다.

●약초의 성미와 작용 쓰고 성질이 차며 독이 있으며 신장에 작용한다.

●약리효과와 효능 변비를 치료하고 오줌을 잘 누게 하고 덩어리진 것과 담을 삭이는 효능이 있어 붓는다거나 가슴과 배에 물이 차거나 복강내에 덩어리가 만져지는 것과 변비, 종양 등에 사용한다.

●주요 함유 성분과 물질

괴근에 Kansuinin A와 B(독성분), γ-Euphorbol, Tirucallol (Triterpenoid, Euphol, Kauzuiol)

●채취시기와 사용부위 봄이나 늦가을에 채취하여 말리어 환이나 산제로 사용한다.

●복용방법 하루에 0.6~0.9g을 복용하고, 탕제로는 1.5~3g정도 복용 한다.

●사용상 주의사항

독이 있고 변을 내보내는 힘이 강하고 부작용이 비교적 크기 때문에 허증, 임신부에는 쓰지 못한다. 감수를 쓸 때는 감초, 원지와는 배합하지 않는다.

●임상응용 복용실례 견우자와 배합하여 부종이나 배에 물 찬 것을 다스린다.

소변과 대변을 소통시키는 효과가 강력한

대극(대극의 뿌리)

학명: Euphorbia pekinensis, E. esula
이명: 하마선, 버들옷, 공거, Euphorbiae pekinensis radix

●식물의 특성과 형태 높이 80cm, 줄기는 곧게 자람, 자르면 유액이 나옴, 잎은 어긋나며 꽃은 6월에 원줄기 끝에 달린다.

●약초의 성미와 작용 맛이 쓰고 성질이 차며 독이 있고, 폐, 비장, 신장에 작용한다.

●약리효과와 효능

소변과 대변을 소통시키는 효과가 강력하다. 덩어리인 적을 없애며 붓는데 배나 가슴에 수기가 있는 증상에 주로 쓰며, 변비, 정신분열증, 옹종, 습창에도 사용한다.

●주요 함유 성분과 물질 Euphorbon을 함유하며 대극은 여러 가지 Triterpenoid의 복합체이다.

●채취시기와 사용부위 가을에 뿌리를 캐서 물에 씻어 햇볕에 말려서 사용하며, 누렇게 볶거나 2시간 이상 쪄서 사용한다.

●복용방법 하루 2~3g을 알약, 가루약, 다리는 약 형태로 복용한다.

●사용상 주의사항 임신부와 몸이 약한 사람, 신장염 환자에게는 쓰지 않는다.

●임상응용 복용실례

소변과 대변을 소통, 변비, 정신분열증, 옹종, 습창에 약용한다.

감수, 원화 등과 배합하여 복수로 배가 부풀어 오른 증상을 개선시킨다.

원화(팥꽃나무)

학명: Daphnegenkwa Siebold
이명: 거수, 패화, 적화, Genkwa flos

●식물의 특성과 형태 꽃봉오리로 짧은 꽃대에 3~7개의 봉오리가 달려 있고, 꽃봉오리는 길이 1~1.7cm, 지름 약 0.2cm로 원통형이며 약간 눌려 있다. 겉면은 회황색~회갈색이며 짧고 부드러운 털로 덮여 있다.

●약초의 성미와 작용

맛은 맵고 쓰며 성질은 따뜻하며 독이 있다. 폐경, 비경), 신경에 작용한다.

●약리효과와 효능 심한 설사를 일으키고 소변을 잘 누게 하며 해독한다. 부종, 가슴이나 배에 물이 찬 데, 부스럼, 악성 종기(malignant boil), 물고기 중독 등에 쓴다.

●주요 함유 성분과 물질 전초에는 Genkwanin, Apigenin, Yuanhuanin, Genkdaphin가 있고, 꽃에는 Yuanhuacine, Genkwadaphnin가 함유되어 있다.

●채취시기와 사용부위 봄의 개화직전에 채취하여 식초를 넣고 약한 불로 충분히 볶아 그늘에서 건조하여 사용한다.

●복용방법 하루 1.5~3g(식초에 불려 노르스름하게 덖은 것)을 탕제나 산제, 환제 형태로 만들어 먹는다.

●임상응용 복용실례 이뇨 작용, 설사 작용, 항균 작용 등이 밝혀졌다. 담, 수종, 기침, 소변과 대변 잘 나오게 하는데 사용한다.

변비, 오줌이 잘 안 나오는 것, 복수가 찬 것 등을 다스리는

흑축(견우자)

학명: Pharbitis nil, P. purpurea
이명: 견우자, 견우, 나팔꽃씨, Pharbitdis semen

●식물의 특성과 형태 길이 4~8mm, 너비 3~5mm이며 표면은 흑색이나 담황백색으로 단단하고, 횡단면은 담황색 또는 황록색의 쭈그러진 자엽이 있으며 기름기를 띤다.

●약초의 성미와 작용 맛은 쓰고 성질이 차가워 폐와 신장과 대장에 작용한다.

●약리효과와 효능 변비, 오줌이 잘 안 나오는 것, 복수가 찬 것 등을 다스린다. 그 외에도 복통, 체한 것, 기생충으로 인한 통증 등에 사용된다.

●주요 함유 성분과 물질 pharbitin, gallic acid, nilic acid가 함유되어 있다.

●채취시기와 사용부위 가을에 완숙종자를 채취하여 햇볕에 말린다. 술에 버무려 6시간을 찌거나 볶아 익혀서 사용한다.

●복용방법 4~12g을 복용한다.

●사용상 주의사항 기운이 없는 이의 소화기증상에는 피하는 것이 좋다.

●임상응용 복용실례 변비, 배뇨, 복수가 찬데, 과량복용하면 혈뇨증, 복통, 설사, 파두유와 함께 복용하지 않는다.

 산사, 신곡, 맥아를 배합하여 체하여 트림이 나고 배가 아프며 대소변이 잘 안 나오는 것을 다스린다.

위염, 소화불량, 장염, 복부의 덩어리, 심한 붓기, 옴, 악창 등에 사용하는

파두

학명: Croton tiglium
이명: 강자, 노양자, 파숙, Tiglii semen

●식물의 특성과 형태

높이 5m, 잎은 어긋나며 꽃은 4~9월에 피며, 황백색의 작은 홑꽃이 많이 핀다.

●약초의 성미와 작용 맛은 맵고 성질은 뜨거우며 독성이 있다. 위와 대장에 작용한다.

●약리효과와 효능 속이 찬 사람의 한성 변비, 위염, 소화불량, 장염, 복부의 덩어리, 심한 붓기, 옴, 악창 등에 사용한다.

●주요 함유 성분과 물질 croton oil, glycerol, phorbol ester 및 crotin 등이 함유되어 있다.

●채취시기와 사용부위 가을에 채취하여 껍질을 제거하고 종자만 그늘에서 말린다.

●복용방법 보통은 0.07~0.375g, 중량은 0.4~0.7g, 대량은 0.9~1.5g을 사용하되, 반드시 한 의사의 지도하에 복용한다.

●사용상 주의사항 자극성과 독성이 세므로 쓸 때 반드시 기름을 짜버리고 사용한다. 견우자와 같이 쓰면 안된다.

●임상응용 복용실례

일본뇌염바이러스에 대한 억제, 적혈구용혈, 세포괴사 작용 등이 있다.

대황, 건강 등과 배합하여 속이 차면서 생긴 복통과 변비를 다스린다.

본초학 제 **4** 장
거풍습약

풍습사를 없애고 풍습사로 생긴 병증을 낫게 하는 한약. 거풍습약은 일 반적으로 맛이 맵거나 쓰고 성질이 따뜻하며 주로 간경, 신경에 작용한다. 거풍습약은 풍습사를 없애고 경맥이 잘 통하게 하며 통증을 멎게 하므로 주로 비증, 관절이 아픈 증세와 운동 장애, 반신 불수, 팔다리가 오그라드 는 데 쓴다.

저리고 움직임이 원활하지 않은 증상에 좋은

낙석등 (털마삭줄 줄기)

학명: Trachelospermum asiaticum var intermedium
이명: 낙석등, 털마삭줄, 마삭줄, Trachelospermi caulis

172

●식물의 특성과 형태

줄기덩굴은 원주형으로 지름 1~5mm, 잔가지가 많으며 구부러지며 바깥면은 적갈~

다갈색이며 세로 주름, 반연근 또는 점상으로 돌기한 뿌리의 자국이 산재한다.

●약초의 성미와 작용 쓰고 약간 차며 심장과 간에 작용한다.

●약리효과와 효능 저리고 움직임이 원활하지 않은 증상, 근육이 당기는 증상, 허리와

무릎이 시리고 아픈 증상, 타박상을 치료한다.

●주요 함유 성분과 물질 Dambonitol, Arctiin, Tracheloside 등이 함유되어 있다.

●채취시기와 사용부위

가을에 잎이 떨어지기 전에 채취하여 햇볕에 말려서 사용한다.

●복용방법 8~16g을 복용한다.

●사용상 주의사항 소화기가 약한 사람은 사용하지 말아야 된다.

●임상응용 복용실례

근육이 당기는 증상, 허리와 무릎이 시리고 아픈 증상, 타박상을 치료한다.

목과, 의이인, 독활, 위령선 등을 배합하여 사지가 저리고 근육이 땅기

는 증상을 다스린다.

모과(목과)

학명: Chaenomeles sinensis, C. speciosa
이명: 목과, 목과실, 철각리, Chaenomelis fructus

거풍습약

173

●식물의 특성과 형태 흔히 모과로 부르며 크기는 높이 7~10m, 잎은 어긋나며 턱잎은 바늘모양이고, 꽃은 연한 붉은색으로 5월에 핀다.

●약초의 성미와 작용 맛은 시고 성질은 따뜻하며, 간과 비장에 작용한다.

●약리효과와 효능 감기, 기관지염, 폐렴 등으로 기침을 심하게 하는 경우에 탁월한 효과가 있다. 또한 주독을 풀고 가래를 없애주며 울렁거리는 속을 가라앉힐 뿐 아니라 구워 먹으면 설사에 좋다.

●주요 함유 성분과 물질 Amygdalin, malic acid, tannin acid, stone cell 등을 함유하고 있다.

●채취시기와 사용부위 가을에 성숙한 과실을 채취하여 열수처리(5~10분)하여 건조하다가 4~5조각으로 잘라 완전히 말려서 사용한다.

●복용방법 하루 6~10g을 탕약, 알약, 가루약 형태로 복용한다.

●사용상 주의사항 많이 먹으면 치아와 골을 상하며, 소화가 안 되어 체한 증상이 있으면서 변비가 있는 사람은 피해야 한다.

●임상응용 복용실례

소화촉진, 구역질과 담을 삭인다. 감기, 기관지염, 폐렴 등으로 기침이 심할 때 효과가 좋다.

독활

학명: Heracleum moellendorffii
이명: 독활, 강활, 멧두릅, Angelicae pubescentis radix

독활(땃두릅의 뿌리)

■■전문가의 한마디

인체하부의 저리고 아픈데 효과적이고 류머티즘, 관절통 등 각종 신경통과, 위암, 당뇨병 등 사용한다.

●식물의 특성과 형태

높이 1.5m, 잎은 어긋나고 2회 깃꼴겹잎, 꽃은 7~8월에 가지와 원줄기 끝 또는 윗부분의 잎겨드랑이에 핀다.

●약초의 성미와 작용

맵고 쓰며 약간 따뜻하며 신장과 방광에 작용한다.

●약리효과와 효능

인체의 허리 아래쪽에 작용하여 허리나 대퇴부 등의 근골이 저리고 아픈 데에 효과가 있다. 류머티즘, 관절통 등 각종 신경통에 통증과 경련을 진정시키는 빠질 수 없는 약초이다.

●주요 함유 성분과 물질

정유에는 Limonene, Sabinene, Myrcene, Humulene, 뿌리에는 1-Kaur-16-en-19-oic acid가 함유되어 있다.

●채취시기와 사용부위

봄과 가을에 채취하여 절편한 후 그늘에서 말려 사용한다.

복용방법

3~9g을 끓여 복용한다.

사용상 주의사항

기나 혈이 부족한 이의 각기증에는 조심해서 써야 한다.

●임상응용 복용실례

강활, 방풍, 백지, 천궁 등과 배합하여 오한이 들면서 열나고 두통이 있고 몸이 아프면서 무거운 증상을 다스린다.

【알기 쉽게 풀어쓴 임상응용】

발한퇴열
• 독활의 발한작용은 약하고 거습작용은 강하다. 감기 초기에 열을 높지 않으나 좀처럼 내리지 않고 바람을 싫어하며 땀이 적고 전신의 근육이나 관절에 통증을 수반하는 경우 방풍, 강활, 생강과 같이 쓰면 땀을 내고 풍습을 제거하여 감기도 낫는다.

거습지통
• 독활은 한습에 요약이다. 풍한습사가 기육과 관절에 머무를 때 통증이 오고 수족에 쥐가 난다.(비증이라 함) 이때도 독활을 쓰면 자체에 거풍산습작용이 있으므로 비증을 제거할 수 있다. 특히 하부의 비증에 좋고 급, 만성을 가리지 않고 쓰며, 급성으로 극심한 통증이 올 때는 강활과 같이 쓰는 것이 좋다.(제병주약에 전신통에는 창출과 강활을 쓰도록 되어 있다)
• 근육 류머티스에도 독활은 아주 좋다. 급성으로 심한 통증이 있을 때는 독활 2전에 진교 3전, 오가피 1양, 창출 2전을 가하여 쓴다. 만성에서는 독활에 당귀, 위령선, 목과를 가하여 쓴다. 허리 근육의 손상에도 위의 방법을 쓰면 좋다.
• 각종 신경통에도 효과가 있으며 특히 좌골신경통에 쓸 기회가 많다. 급성에는 독활에 지룡, 위령선, 당귀미, 백작 등을 가하여 쓰고, 삼차신경통 치료에도 도움이 되므로 백지, 세신, 천오, 자충 등을 가하여 쓰면 좋다.

기타응용
• 혈압을 하강시키는 작용이 있으나 약하고 지속성이 없으므로 임상에서 자주 쓰이지는 않지만, 뇌일혈로 반신불수가 되면서 고혈압을 수반하면, 독활에 진교, 희첨, 적작을 가하여 쓰면 뇌의 혈액순환을 촉진하고 혈압을 내리는 데 도움이 된다. 또 독활은 동맥경화에 의한 고혈압으로 협심증이 수반될 경우에도 치료의 보조약으로 사용할 수 있다.

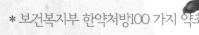

습열이 쌓여 일어나는 하지동통, 부종, 마목, 침중 등의 증상을 제거하는

방기

학명: Stephania tetrandria, S. acutun
이명: 목방기, 한방기, Stephaniae tetradrae radix

댕댕이덩굴, 목방기의 뿌리

■ ■ ■ 전문가의 한마디

다이어트에 방기차를 마시는데 방기 20g과 감초 3g을 깨끗하게 씻어 약 600cc의 물에 넣고 은은하게 30~40분간 끓인 후에 3등분해서 만들어, 하루에 3회 정도 식사하기 30분전에 마시면 식욕을 억제해 주고 소변 배출이 활발하게 해준다.

● 식물의 특성과 형태

길이 7m이며 잎은 어긋난다. 꽃은 암수 딴그루로 6월에 피는데, 잎겨드랑이에서 나오는 총상화서에 달린다. 열매는 핵과로 둥글며 10월에 검은색으로 익는다.

● 약초의 성미와 작용

성질은 평하고 따뜻하며 맛은 맵고 쓰며 독이 없다. 방광과 신장, 비장에 작용한다.

● 약리효과와 효능

찬바람을 쐬거나 하여 입과 얼굴이 비뚤어진 것, 손발이 아픈 것이나 열나고 추운 것을 치료한다.

● 주요 함유 성분과 물질

Trilobine, Isotrilobine, Trilobamine 등을 함유하고 있다.

● 채취시기와 사용부위

봄과 가을에 채취하여 코르크 껍질을 벗기고 햇볕에 말려서 사용한다.

복용방법

하루 6~12g을 탕약, 알약, 가루약형태로 복용한다.

●사용상 주의사항

신체가 허약하고 음이 부족한 사람과 비위가 허약한 사람은 피해야 한다.

【알기 쉽게 풀어쓴 임상응용】

거습지통

• 방기는 습열이 쌓여 일어나는 하지동통, 부종, 마목, 침중 등의 증상을 제거하는 작용이 우수하며 각기나 류머티즘열, 류머티스성관절염 등의 치료에 쓴다. 방기는 거습리뇨, 소종지통의 작용이 아주 우수하여 잠사, 창출, 의이인을 넣어 쓰면 더욱 좋다. 또 약성이 고한이므로 초기에 좋고, 만성일 때는 보신약을 배합하여 쓸 필요가 있다. 단 장기간 대량으로 쓰는 것은 바람직하지 않다.

• 관절염으로 환부에 열감, 통증, 발적, 종창이 나타나고 미열이 있으며 소변불리를 보이면 방기를 군으로 하여 창출, 황백, 의이인, 진교 등을 넣어 쓰면 좋다. 만약 국부에 열감과 통증이 심할 때는 석고를 더 넣어 쓴다. 방기에 석고를 배합하면 해열과 진통의 효과가 보다 강해진다.

• 풍습으로 인한 류머티스에 방기를 쓸 때는 주로 요슬에 편중하여 나타날 때 특히 좋다. 이런 통증은 침중감과 함께 종창을 수반하므로 독활기생탕에 방기를 넣어 쓰면 좋다. 방기를 쓸 때는 체력이 약한 사람에게 항상 보익약과 같이 쓰고 습사에 의한 증상이 명확할 때만 단기간 써야 한다.

• 방기는 좌골신경통의 치료에 오가피, 지룡, 위령선 등과 함께 쓰면 좋다.

이뇨소종

• 방기에는 이뇨소종의 효능이 있으므로 급성신염으로 빈뇨, 핍뇨, 부종이 있을 때 복령, 택사, 백출, 차전자를 넣어 쓰면 좋다. 임상경험으로 방기가 소염작용에 우수하다는 것이 알려져 급성신염에는 필수약으로 쓴다.

• 만성신염으로 부종이 반복하여 나타나고 단백뇨가 좀처럼 제거되지 않을 때 온보약에 방기를 넣어 쓰면 좋다. 또 산약, 백출, 황기와 같이 쓰면 더욱 좋다. 단 용량이 과다해서는 안 된다.

기타응용

• 방기는 이완작용이 있으므로 중풍후유증으로 지체의 구련, 근긴장의 항진 등이 있을 때 좋다. 보양환오탕에 넣어 써도 좋다.

강한 해독작용과 종기를 없애는 작용을 가지고 있는

백화사(살모사)

오보사 및 은환사의 내장을 제거한 몸체

●식물의 특성과 형태 성숙한 뱀의 전체 길이는 약 140㎝정도이다. 머리 부분은 타원형이고 앞에 홈니를 가지고 있다. 눈이 작고 코 비늘은 2개인데, 콧구멍이 그 사이에 있고 뺨의 비늘은 결상이며, 위아래 입술의 비늘이 각각 7개씩 있다.

●약초의 성미와 작용 풍사를 제거 하고, 낙맥을 소통시켜, 경련을 멈추게 한다 .

●채취시기와 사용부위 여름과 가을에 포획하는데, 포획한 후에는 내장을 제거하고 원형을 유지시키기 위해 대꼬챙이로 끼워 햇볕에 말린다.

●주요 함유 성분과 물질 독액 choline esterase, 단백질 분해효소, ATPase, 5-핵, 인산2에스테르, 인에스테르화 효소 A, 투명질산透明質酸 등의 효소.

●약초의 성미와 작용 맛이 달고 짜며, 성질이 따뜻하다. 독이 있다.

●복용방법 하루에 3~4.5g을 복용한다.

●임상응용 복용실례

중풍으로 입과 눈이 한쪽으로 비뚤어지는 것, 반신불수, 상처로 풍독사가 들어가 경련을 일으키는 병, 오래가면서 잘 낫지 않는 버짐에 사용한다.

오가피

학명: Acanthopanax sessiliflorus, A. seoulense, A. chiisanensis
이명: 남오가피, 엽목, Acanthopanacis cortex

거풍습약

179

●식물의 특성과 형태 높이 3~4m, 줄기 껍질은 회색, 잎은 3~5개 장상, 꽃은 8~9월에 자줏빛으로 피고, 열매는 장과로 타원형이다.

●약초의 성미와 작용 맛은 맵고 쓰며 성질은 따뜻하다. 간과 신장에 작용한다.

●약리효과와 효능 몸이 저리고 아픈 증상이나 근골이 약하고 힘이 없는 증상 등에 효과가 있다. 또한 부종과 각기 등에도 이용된다.

●주요 함유 성분과 물질 정유, acanthoside B, β-sitostanol, campesterol, daucosterol, savinin, sesamin, stigmasterol 등이 함유되어 있다.

●채취시기와 사용부위 여름과 가을에 채취하여 햇볕에 말려서 이용한다.

●복용방법 하루에 8~16g을 복용한다.

●사용상 주의사항

 음액이 부족하여 몸에 열이 나는 사람은 복용을 피해야 한다.

●임상응용 복용실례

 중추, 흥분, 비특이적 면역강화, 강심, 강장 작용 등이 있고, 몸이 저리고 아픈데, 부종과 각기 등에 이용된다. 우슬, 두충, 속단, 상기생 등과 배합하여 간과 신이 허약하여 근육과 뼈가 뒤틀리는 증상을 다스린다.

상기생

학명: Loranthus parasiticus
이명: 상기생, 기생초, 우목, 완동, 기설, Taxilli ramulus

뽕나무 겨우살이

■■**전문가의 한마디**

혈압강하작용, 혈중 콜레스테롤을 감소시키는 작용, 이뇨작용, 항균작용, 항바이러스작용 등이 있다.

●식물의 특성과 형태

키 30~60cm, 잎은 Y자 모양으로 마주나며, 이른 봄인 3월에 가지 끝에 연노란색 꽃이 핀다.

●약초의 성미와 작용

맛은 쓰고 달며 성질은 평하다. 간과 신장에 작용한다.

●약리효과와 효능

인체의 풍습을 제거하고 간과 신장의 기운을 보충하고 근골을 강하게 하는 작용이 있으며 혈압을 낮추는 효과도 있다.

●주요 함유 성분과 물질

βAmyrin, Inositol, Avicularin, Quercetin, Quercitrin, Viscotoxin, Viscine, Arabinose, Oleanolic acid 등이 함유되어 있다.

●채취시기와 사용부위

겨울부터 봄 사이에 채취하여 햇볕에 말려서 사용한다.

거풍습약

복용방법

하루에 12~24g을 복용한다.

●사용상 주의사항

풍습의 사기가 없는 사람은 복용을 피해야 한다.

●임상응용 복용실례

독활, 세신, 진구, 두충 등과 배합하여 풍습으로 팔다리가 저리고 아프거나 허리와 무릎이 시리고 아픈 증상을 다스린다.

【알기 쉽게 풀어쓴 임상응용】

거습강근
• 상기생은 거습진통, 강근장골의 효능이 뛰어나 주로 류머티즘 등 만성화된 풍습병에 쓴다. 체력이 허약할 때는 보신약과 같이 쓰면 풍습을 제거하는 작용이 증가된다. 장기간 복용하여도 해가 없으며 관절동통이나 발적종창, 열감이 없을 때는 당귀, 천궁, 황기, 당삼과 같이 산제나 환으로 써도 좋다.

안태지혈
• 상기생은 유산방지에 중요한 약으로 유산의 징조가 있으면 하수오, 당귀, 당삼 등과 같이 쓰면 유산방지와 지혈이 된다. 유산방지의 양약인 보태무우탕에 상기생을 넣어 쓰면 더욱 좋다. 간신부족이나 충임불고로 인한 태루, 태동불안에 황금, 백출, 속단, 토사자, 아교 등을 가하여 쓰면 좋다. 습관성유산이 있는 부인은 미연에 두충, 속단, 황기, 하수오, 당귀 등과 같이 환을 만들어 쓰면 아주 좋은 효과를 얻을 수 있다.
• 상기생은 혈소판감소에 의한 자반병, 만성위궤양 출혈, 폐결핵출혈 등 만성출혈증상을 치료하는 효과가 있으므로 증에 따라 가감하여 쓰면 좋다.

기타응용
• 상기생에는 강압효과가 있으나 곡기생(수기생)이 더욱 좋다. 동맥경화에 의한 심질환과 고혈압치료에 쓰며 또 콜레스테롤치를 내리는 효과도 있다. 강압효과는 완만하지만 지속되며 안정되어 있고 혈압상승이 반복되는 일은 적다. 간신음허로 인한 두통, 현운, 이명, 동계 등을 보이는 음허양항형 고혈압에는 생지황, 적작, 인동 등을 넣어 쓰면 좋다.
• 상기생은 관상동맥을 확장하고 혈류의 저항을 줄이며 혈류를 촉진하는 작용이 있으므로 협심증에 써도 좋다. 1회에 상기생 2전, 강향 5분을 복용시켜 지통효과를 얻을 수 있다.

* 보건복지부 한약처방100가지 약초

사지마비, 요통, 사지동통, 근육마비, 타박상을 치료하는

위령선

학명: Clematis manshurica
이명: 노호수, 능소, 영선, 위령선, 로선, 철선연, 소목통 등이 있다.

으아리의 뿌리와 줄기

182

■■■**전문가의 한마디**

혈압강하, 평활근 흥분, 이뇨작용, 혈당하강작용, 진통, 항균작용이 보고되었다.

●식물의 특성과 형태

길이 2m, 잎은 마주나며 깃꼴겹잎, 꽃은 6~8월에 흰색 취산화서, 열매는 수과로 난형 9월에 익는다.

●약초의 성미와 작용

냄새가 없고, 맛은 맵고 짜며 성질은 따뜻하다. 방광에 작용한다.

●약리효과와 효능

위령선은 풍습을 제거하고 관절굴신불리, 사지마비, 요통, 사지동통, 근육마비, 타박상을 치료한다. 오장의 기능 항진, 경락이 막혀 생기는 통증에 사용한다.

●주요 함유 성분과 물질

Anemonin, Anemol, Saponin, Clematoside, Hederagenin, Sitosterol, Oleanolic acid, 당류 등이 함유되어 있다.

●채취시기와 사용부위

으아리, 큰꽃으아리, 참으아리의 뿌리를 가을에 채취하여 말려서 사용한다.

복용방법

3-9g, 전복한다.

●사용상 주의사항

병이 풍습으로 인하지 않은 자, 기혈이 허한 사람은 사용을 하지 않는다.

【알기 쉽게 풀어쓴 임상응용】

거습지통

• 위령선은 만성관절염으로 유주성의 나른한 통증이 반복 발작할 경우의 치료에 뛰어난 효과가 있다. 성미가 신온하여 같은 거풍습약과 같이 쓰면 피부표면의 풍습을 제거하고, 또한 풍습이 신경이나 관절의 심부에까지 침투한 증상에 대해서도 효과가 있다. 병의 과정이 긴 경우에는 온보자양약과 같이 쓸 필요가 있다.

• 풍습성관절염의 발병 초기에는 방풍, 강활, 독활, 고본을 넣어 쓰면 좋다. 산통이 한 곳에만 고정되어 있을때는 부자, 현호색을 더 넣어 쓴다. 또한 산통은 그리 심하지 않으나 종창으로 압박감이 생길 때는 비해, 방기, 우슬을 넣어 쓰면 좋다. 만성단계가 되어 빈혈증상이 나타나면 당귀, 숙지황, 단삼을 넣어 쓴다. 관절 산통이 있고 항상 동계가 있을 때는 황기, 산조인, 원지를 넣어 쓴다.

기타응용

• 위령선은 인후통에도 효과가 있으므로 급성편도선염, 인두염에 쓴다.

• 위령선에는 경락소통의 효능이 있으므로 중풍 후유증으로 반신불수, 구안왜사 등의 치료에 쓴다. 특히 마비의 후기에 관절이나 근육에 구련이 있을 때는 적작, 도인 등을 넣어 쓰면 좋다.

• 자궁내막염, 자궁경부염, 질염에서 백대하의 증상이 보일 때 금앵자, 연자를 넣어 쓰면 좋다.

• 위령선은 평활근경련에 이완작용이 있으므로 생선뼈가 목에 걸렸을 경우 4전을 달여 서서히 삼키거나 식초와 함께 복용하면 빠진다.

• 흉격정담 혹은 숙음, 천해구역에 반하, 조각을 넣어 활용한다. 본초강목의 치정담숙음방이다.

* 보건복지부 한약처방100 가지 약초

진교

학명: Gentiana macrophylla
이명: 진교, 진규, Gentiana macrophyllae radix

진교의 뿌리

■■■**전문가의 한마디**

혈압강하, 장연동운동억제, 자궁수축 작용 등이 있으며 황달, 고혈압, 장출혈, 치통, 신경통, 두통에 사용한다.

●식물의 특성과 형태

높이 50~80cm, 자줏빛이 돌고, 뿌리잎은 원심형으로 5~7개로 갈라진다.

●약초의 성미와 작용

맛은 매우 쓰고 매우며 성질은 평하다. 위와 대장, 간, 담에 작용한다.

●약리효과와 효능

팔다리가 오그라들면서 아픈데, 마비감이나 감각이 둔화될 때나 황달, 오후에 미열 나는데, 고혈압, 장출혈 등에 쓴다.

●주요 함유 성분과 물질

리카코니틴, 미오스틴 등이 함유되어 있다.

●채취시기와 사용부위

거풍스뇌약

184

가을 또는 봄에 뿌리를 캐서 잔뿌리를 다듬어버리고 물에 씻어 햇볕에 말린다.

● 복용방법

하루 6~12g을 탕약, 가루약, 알약 형태로 먹는다.

● 사용상 주의사항

오랜 질환으로 몸이 허약해진 사람과 변이 묽은 사람은 복용을 피하는 것이 좋다.

● 임상응용 복용실례

강활, 독활, 방풍, 상지 등과 배합하여 사지가 저리거나 마비되고 관절이 아픈 증상을 개선한다.

거습지통
• 진교는 거습지통에 좋은 효과가 있어 '풍한습비 필용지약' 이다. 풍습으로 일어나는 관절통, 신경통, 근육통, 두통 등을 모두 치료할 수 있다. 거풍습약은 거의 온성이고 조하여 장기간 쓸 수 없으나 진교는 윤하므로 안심하고 쓸 수 있으며 허열을 제거하는 작용도 있어 허실과 한열을 가리지 않고 응용할 수 있다.
• 류머티스 초기에 견, 슬, 완, 발목 부위의 관절에 유주성의 통증이 있을 때는 방풍, 적작, 강활을 주로 하고 증상에 따라 가감하여 쓰면 좋다. 만약 관절이 아프면서 환부에 발적과 종창이 나타나면 대량의 진교에 미황기, 석고, 우슬, 방기를 넣어 쓰면 지통소종 효과가 아주 좋다.
• 풍한습비에는 독활, 상기생, 방풍 등을(독활기생탕), 열비로 관절이 붉게 붓고 열감이 있거나 혹은 열을 수반하면 방기, 지모, 금은화, 인동등 등을, 한을 수반하면 강활, 독활, 계지, 부자를 넣어 쓰면 좋다. 만약 풍을 경락에 맞아 수족을 쓰지 못하면 강활, 독활, 당귀, 천궁 등을 넣어 쓴다.
• 진교는 신경과질환에도 쓴다. 중풍 후유증으로 사지가 당기면 진교에 신근초, 야교등을 가하여 쓰면 좋다. 척수의 손상으로 일어나는 경련성 마비에는 진교를 대량으로 쓰면서 백작, 우슬, 생건지황등을 가한다.

퇴열소황
• 진교에는 허열을 제거하는 작용이 있으므로 풍습병으로 인한 미열이 장기간 내리지 않을 때는 진교를 군약으로 하고 우슬, 황백, 별갑 등을 가하여 1개월 이상 복용한다.
또 폐결핵으로 조열골증, 미열, 도한이나 소아가 감적으로 미열이 계속되는 증상에는 진교에 시호, 호황련, 청호, 별갑, 지모, 지골피 등을 가하여 쓰면 좋다.

하지무력 및 중풍으로 인한 반신불수 등에 사용하는

희렴초(진득찰)

학명: Sigesbeckia pubescens, S. glabresecenes
이명: 희렴, 희렴초, 화렴, 진득찰, Sigesbeckia herba

●식물의 특성과 형태

높이 30~60cm, 줄기는 네모지며 잎은 대생하며 난형, 열매는 난형 4각 능각이 있다. 약재는 잎이 많고 황록색이다.

●약초의 성미와 작용

특이한 냄새가 조금 있고 맛은 쓰며 성질은 차다.

●약리효과와 효능

풍습을 제거해 관절염, 사지동통마비, 굴신불리, 하지무력 및 중풍으로 인한 반신불수 등에 쓰고, 종기, 발진, 피부가려움증, 습진 등에 쓴다. 고혈압, 두통, 어지럼증, 급성간염 등에 사용한다.

●주요 함유 성분과 물질

βSitosterol, Darutigenol, Darutine, Darutinoside, Isodarutigenol, Diterpene-daturoside, Stigmasterol 등이 함유되어 있다.

●채취시기와 사용부위

여름 꽃이 개화할 무렵 채취하여 생용하거나 황주에 쪄서 사용한다.

●임상응용 복용실례

약리작용으로 관절부종억제, 혈압강하작용이 보고되었다.

본초학 제 5 장
방향학습약

 방향성과 온조한 성질을 가지고 있어 습을 없애고 비를 건강하게 하는 약물의 총칭. 방향성을 통해 비를 깨우고, 온조한 성질을 통해 습을 없앤다. 이에 의해 비의 운화 실조로 인한 복부의 비만감, 구토, 탄산, 묽은 대변, 입맛이 없고 몸에 힘이 없는 증상, 입이 달고 침이 많이 나오는 증상, 설태가 희고 점액성이 많은 상태 등에 응용한다. 대부분 신온하고 방향성이 있으며 건조한 성질이 있으므로, 기와 음을 손상시키기 쉽다. 따라서 음허한 자, 혈이 부족한 자, 기가 허한 자 등에는 신중하게 사용한다. 유효성분이 쉽게 날아가므로, 전탕할 때는 반드시 뒤에 넣어야 하며, 오래 달여서는 안 된다.

구토, 설사를 중지시키며 소화기능을증강하는 효능이 있는

곽향(배초향)

학명: Agastache rugosa
이명: 곽향, 토곽향, 배초향, Agastachis herba

배초향, 광곽향의 전초를 말린 것

■■■ 전문가의 한마디

입덧에 향부자, 곽향, 감초 각각 같은 양을 부드럽게 가루 내어 한 번에 5~6g씩 끓인 소금물(죽염수면 더욱 효과적)로 복용한다.

●식물의 특성과 형태

높이 1m, 향이 강하고 짧고 부드러운 털이 많다. 잎은 마주나고, 꽃은 자주색 7~9월에 윤상화서, 꽃잎은 자색으로 5개로 갈라진다.

●약초의 성미와 작용

맛은 맵고 성질은 약간 따듯하며 비장, 위, 폐에 작용한다.

●약리효과와 효능

소화불량, 설사 등의 증상이 있는 감기에 좋다.

●주요 함유 성분과 물질

정유를 약 1.5% 함유하고 주성분은 Methylchavicol이 80%이상을 차지하고 아울러 anethole, anisaldehyde 등을 함유하고 있다.

●채취시기와 사용부위

여름, 가을에 꽃이 필 때 채취하여 그늘에서 말려서 사용한다. 오래 달이면 약성이 약해진다.

● 복용방법

하루 6~12g을 달임약, 알약, 가루약 형태로 복용한다.

● 사용상 주의사항

 오래 달이면 약성이 경청하여 날아가므로 오래 달이지 말아야 하며, 위가 허하여 구토하는 사람, 열병으로 열이 있거나 음이 부족하여 열이 있는 사람에게는 쓰지 말아야 한다.

● 임상응용 복용실례

 소화기계통의 기능을 향진시켜 소화불량, 설사, 감기에 좋다.

【알기 쉽게 풀어쓴 임상응용】

화습건위
• 곽향은 방향성이 있고 위장의 습열을 제거하며 건위 및 식적을 없애고 구토, 설사를 중지시키며 소화기능을 증강하는 효능이 있어서 위장질환에 상용되는 약물이다. 몸이 허약하고 소화기능 감퇴를 보일 때는 온보약을 배합하여 쓰면 위액 분비를 촉진하므로 식욕을 증진시킬 수 있다.
5. 곽향은 위경련으로 인한 동통에 쓰면 경련과 통증을 멎게 하고 위산을 억제하여 식욕을 증진시킨다. 또 곽향정기산에 백두구, 천궁, 현호색을 넣어 쓰면 식욕을 증진하고 위경련을 덜하게 하는 효과가 있다.

발산해서
• 곽향은 여름철의 발열질환에 상용되는 약물로서 더위를 푸는 효과가 아주 좋다. 여름감기로 열이 내리지 않고 악한은 없으나 사지가 시큰거리고 가슴이 답답하여 시원치 않고 식욕이 없을 때는 곽향을 군으로 하고 형개, 방풍, 반하, 복령, 백두구 등을 넣어 쓰면 좋다. 여름철의 유행성감기 때도 위의 증상이 있으면 곽향을 넣어쓰면 좋다. 이외에 곽향 3전에 백두구 4분을 넣어 다처럼 복용하면 해열, 식욕증진을 돕는다.

기타응용
• 여름철에 주변 환경이 청결하지 못하면 학질을 일으키기 쉽다. 곽향은 말라리아를 억제하는 것을 보조하고 식욕과 소화를 촉진한다. 곽향산은 곽향과 양강 각 5전을 쓰는 것으로 여름철 말라리아에 양방이다.
• 곽향은 청위, 구취치료 효과도 있다. 위의 소화흡수력이 나빠 구취가 있을 때는 신선한 곽향 3전을 차와 같이 달여 복용하면 소화흡수를 보조하고 구취를 제거하는 효과가 있다.
• 임신중 구토를 하고 식욕이 떨어지는 경우가 있는데 이때는 백출, 반하, 상기생과 같이 쓰면 좋다.

기를 잘 돌게 하여 비위를 덥혀주는 효능이 있는

백두구

학명: Amomum cardamomum
이명: 다골, 백구, 각박, Amomi rotundus fructus

●식물의 특성과 형태 다년초로 뿌리줄기는 포복하고 굵고 크며 마디가 있고 목질이다. 줄기는 직립하고 원주상이며 높이는 2~3m, 잎은 2줄로 어긋나고 잎자루는 없다.

●약초의 성미와 작용 맛은 맵고 성질은 따뜻하며, 폐, 비장, 위에 작용한다.

●약리효과와 효능 기를 잘 돌게 하여 비위를 덥혀주는 효능이 있으므로 기체로 헛배가 부르며 아픈 데나 비위가 허한하여 소화가 잘 안되고 배가 아프며 트림이 나고 메스 껍거나 토할 때 딸꾹질 등에 쓸 수 있다.

●주요 함유 성분과 물질

정유 2.4%를 함유하며 주성분으로 d-borneol과 d-camphor 등을 함유하고 있다.

●채취시기와 사용부위

10~12월 사이 과실이 성숙하여 갈라지기 전에 채취하여 그늘에서 말려서 사용한다.

●복용방법 하루 2~4g을 탕약, 알약, 가루약 형태로 복용한다.

●사용상 주의사항 위의 기능이 항진되어 있으면서 토하는 경우에는 쓰지 않는다.

●임상응용 복용실례 방향성 건위, 구풍, 위액분비 촉진, 헛배부름, 소화불량, 구토, 딸꾹질에 약용한다. 후박, 진피, 창출 등을 배합하여 가슴이 답답하고 더부룩하며 배가 고픈 줄을 모르는 증상에 사용한다.

체하거나 속이 차면서 구토, 설사를 할 때 효과적인

사인(축사)

학명: Amomum xanthioides, A. villosum(양춘사0, A. longiligulare
이명: 축사인, 축사밀, 공사인, 축사씨, Amomi fructus

●식물의 특성과 형태 미얀마와 타이 원산, 크기는 90~120cm, 잎은 2갈래로 갈라짐, 꽃은 수상화서로 50~60개 과실이 달린다.

●약초의 성미와 작용 맛은 맵고 성질은 따뜻하다. 비장과 위, 신장에 작용한다.

●약리효과와 효능 비위의 작용을 돕고, 체하거나 속이 차면서 구토, 설사를 할 때 효과를 나타내며 또한 태아를 안정시켜 태동불안을 치료하는 작용도 있다.

●주요 함유 성분과 물질 양춘사의 종자에는 3% 이상의 정유가 함유되어 있고, 주성분은 borneol, bornyl acetate, linalool, nerolidol 등과 saponin 0.69%를 함유하고 있다.

●채취시기와 사용부위

여름과 가을 사이에 성숙한 과실을 채취하여 햇볕에 말려서 이용한다.

●복용방법 하루에 4~8g을 복용한다.

●사용상 주의사항 진액이 부족하면서 열이 나는 사람과 더위를 먹어 설사를 하는 사람, 몸에 열이 있으면서 태동이 불안한 임산부는 복용을 피해야 한다.

●임상응용 복용실례 건위 및 위장 자극 효능이 있으며 구토, 설사, 태아의 태동불안을 치료한다. 후박, 목향, 진피, 지실 등과 배합하여 배가 더부룩하고 식욕이 없는 것을 다스린다.

* 보건복지부 한약처방100 가지 약초

창출

학명: Atractylodes japonica
이명: 창출, 선출, 삽주, 산정, Atractylodis rhizoma

삽주의 덩이줄기를 건조한 것

■ ■ ■ 전문가의 한마디

소화불량이나 설사, 복부팽만, 발한, 감기, 발열, 중풍, 배뇨곤란, 결막염, 고혈압, 현기증, 노인의 천식 등에 사용한다.

● 식물의 특성과 형태

높이 30~100cm, 뿌리줄기가 굵고 마디가 있다. 줄기 잎은 긴 타원형, 열매는 수과로 긴털과 관모가 있다.

● 약초의 성미와 작용

맛은 쓰고 매우며 성질은 따듯하다. 비장과 위, 간에 작용한다.

● 약리효과와 효능

체온이 낮아져 생기는 모든 병과 기가 허해서 생기는 병, 발열, 중풍, 배뇨곤란, 결막염, 고혈압, 현기증, 노인의 천식 등에 사용한다.

● 주요 함유 성분과 물질

정유에는 Hinesol, βEudesmol, Elemol, Atractylodin, βSelinene, 2-Furaldehyde, Atractylon, Atractylodinol 등이 함유되어 있다.

● 채취시기와 사용부위

192

방향화습약

가을 또는 봄에 뿌리줄기를 캐서 흙을 털어 버리고 물에 씻어 햇볕에 말린다.

●복용방법

하루 6~12g을 탕약, 알약, 가루약, 약엿 형태로 먹는다.

●사용상 주의사항

기가 약하고 부족하여 땀이 나는 자와 음이 허하여 몸에 열이 나는 사람은 복용을 피해야 한다.

●임상응용 복용실례

후박, 진피 등과 배합하여 식욕이 부진하고 배가 더부룩하면서 설사하는 것을 다스린다.

【알기 쉽게 풀어쓴 임상응용】

이기건비

• 창출에는 건위, 제습, 이기, 소적의 효능이 있어 습도가 높아 일어나는 위장불량증상, 즉 위부팽만, 설태후니, 식욕감소, 두훈, 피로, 설사 등의 증상을 치료하는 효과가 있다. 창출은 위장에 습이 정체했을 때는 건위, 소화력을 발휘하고 습이 관절이나 하지에 머물렀을 때는 습을 제거하는 작용을 한다.

• 창출에는 지사작용이 있으므로 급성장염으로 물 같은 설사를 하며 탈수증상이 보일 때는 복령, 차전자, 신곡, 석류피를 넣어 쓰면 빨리 멈추게 할 수 있다. 평소에 대변이 묽고 복창복명이 있을 경우에는 백편두, 백출을 넣어 쓰면 좋다. 창출은 보통 1~2전 쓰면 좋고 황기, 후박을 넣어 쓰면 복창을 제거하고 식욕을 증진하며 만성장염을 치료하는 효과가 있다.

거습지통

• 창출은 신산온조하여 하지의 습열로 인한 수종을 없애는 작용을 한다. 다리가 무력하고 마비증상과 부종이 생기는 것은 수습이 모여 있기 때문이며 그로 인해 하지관절과 근육에 통증을 일으킬 수 있다. 발열종창을 보이면 황백을 넣은 이묘환을 쓴다. 종창이 심할 때는 후박, 비해, 복령, 차전자, 우슬, 의이인을 넣어 쓰면 거습효과가 더욱 강해진다.

• 각기에도 창출과 백출을 넣어 화습소종효과를 증기하면 좋고 우슬, 적소두, 의이인을 넣어 쓰면 소종효과가 더욱 좋아진다. 신진대사의 불량으로 인한 수종이나 영양불량성수종에도 창출을 넣어 쓰면 좋다.

기타응용

• 창출에는 비타민 A가 풍부하게 함유되어 있어서 야맹증이나 각막연화증의 치료에 쓴다. 단독으로도 효과를 얻을 수 있다.

초과

학명: Amomum tsao-ko
이명: 초과인, 초과자, Tsaoko fructus

초과(초두구와 비슷)의 익은 열매를 말린 것

■■■전문가의 한마디

방향, 소화촉진, 거담, 항학질 등 작용이 있고, 복통, 소화장애, 복부 팽만감, 구토, 묽은 설사 등에 사용한다.

●식물의 특성과 형태

높이 2~3m, 뿌리줄기는 짧고 굵은 녹백색, 매운 향기, 잎몸은 긴 타원형, 화관은 흰색, 열매는 삭과로 타원상 원형이다.

●약초의 성미와 작용

맛은 맵고 성질은 따뜻하다. 비장과 위에 작용한다.

●약리효과와 효능

비위에 습이 정체되고 허한하여 나타나는 복통, 소화장애, 복부 팽만감, 구토, 기가 허한 것 및 묽고 무른 설사 등에 사용한다.

주요 함유 성분과 물질

정유를 함유하는데 과실에는 1.6%, 종자에는 2.2%, 과피에는 0.38%를 함유하고 있다.

●채취시기와 사용부위

늦가을에 열매가 익기 시작하여 붉은 밤색으로 될 때 벌어지지 않은 것을 따서 햇볕에 말린다.

●효과적인 용량과 용법

하루 3~6g을 탕약, 가루약, 알약 형태로 먹는다.

●사용상 주의사항

기혈이 부족한 사람과 열이 있는 사람은 주의하여 복용하여야 한다.

●임상응용 복용실례

후박, 창출, 반하 등과 배합하여 복부가 팽팽하게 부풀고 혀에 설태가 많은 증상을 다스린다.

【알기 쉽게 풀어쓴 임상응용】

거담절학
• 초과는 완고한 담을 제거하는 작용이 있으므로 백색담이 많고 점조하여 뱉어내기 어려울 때는 기타 거담약에 넣어 쓰면 좋다.

난위산한
• 초과와 초두구는 같은 과 식물로 성미와 효능이 비슷하다. 난위산한의 효능이 있으므로 위산과다증에 쓰면 좋다. 또 위장이 습이나 냉의 침입을 받는 것을 배제하고 소창지통 및 구토와 설사를 멎게 한다.
• 초과는 위통을 멎게 하는 작용을 한다. 각종 만성위병으로 수한 또는 냉한 음식을 많이 먹고 통증이 발작할 경우에 쓰면 온난하여 통증을 서서히 없애준다.
• 초과는 위산과다를 멎게 하고 때로는 산액이나 청수를 토하는 증상을 멎게 하는 작용을 한다. 위궤양이나 위축성위염의 경우에는 온난약을 사용하여 위의 소화력을 증강하고 위의 연동력을 강화하면 구토를멎게 할 수 있다. 이 때는 오수유, 양강, 반하와 같이 쓰면 좋다.

소식화적
• 초과는 급, 만성의 장염치료에 쓴다. 갑작스런 복부창통, 복명이 있을 경우에 초과를 쓰면 소창지통, 지사에 좋다. 석류피와 같이 쓰면 지사효과는 더욱 강해진다. 만성이질에 초과를 써도 좋다. 증상이 장기화할 때는 초과를 보조약으로 타약과 같이 쓰면 좋다.
• 평소 소화기능감퇴, 위산과다, 흉복팽창, 식욕부진과 함께 설태가 두터우며 때처럼 낄 경우에는 패란, 곽향, 창출을 넣어 쓰면 좋다. 이 증상은 하추 2계절에 발생하기 쉬우며 몸도 나른하고 미열이 빨리 내리지 않으면 초과를 군약으로 하고 다른 약을 넣어 쓰면 좋다.

비위를 덮혀 주고, 습을 없애며, 담을 삭이는

후박

학명: Magnolia officinalis, M, obovata
이명: 중피, 후피, 적박, 열박, Magnoliae cortex

후박나무의 줄기 또는 뿌리껍질을 말린 것

■■전문가의 한마디

항균 및 이뇨작용 등이 있고, 장과 위의 음식 적체, 기침이 나고 숨이 찬데, 헛배와 토하고 설사하는데 좋다.

● 식물의 특성과 형태

높이 20m, 수피는 회백색, 잎은 새가지 끝에 모여 나며 꽃은 황백색으로 핀다. 열매는 긴 타원형, 홍자색으로 익는다.

● 약초의 성미와 작용

맛은 맵고 쓰며 성질은 따뜻하다. 비장과 위, 대장에 작용한다.

● 약리효과와 효능

기를 잘 돌게 하고 거꾸로 치솟은 기를 내려주며, 비위를 덮혀 주고, 습을 없애며, 담을 삭이고 대소변을 잘 소통시킨다.

● 주요 함유 성분과 물질

Magnolol, Honokinol, Machiol, α 및 βEudesmol, α 및 βPinene, Camphene, Limonene, Magnocur 등이 함유되어 있다.

● 채취시기와 사용부위

여름에 15~20년생 수피를 채취하여 생용하거나 생강즙과 같이 볶아서 사용한다.

196

●효과적인 용량과 용법

하루 3~9g을 복용한다.

●사용상 주의사항

임신부에게는 주의하여 써야 한다. 택사, 초석, 한수석과는 함께 쓸 수 없는 약이다.

●임상응용 복용실례

창출, 진피 등과 배합하여 복부가 더부룩하고 아픈 증상과 구토하고 설사하는 증상을 다스린다.

【알기 쉽게 풀어쓴 임상응용】

이기건위
· 후박은 위장의 적기를 통창시키고 건위소식하는 작용이 있어 위장질환의 상용약으로 소창, 지통, 통변, 식욕증진 등에 쓴다.
· 갑자기 위통이 일어났을 때 후박의 이기지통효과는 대단히 좋다. 위통, 토산, 트림, 식욕감소에는 곽향, 백두구, 오수유를 넣어 쓰면 좋다. 통증이 멎은 후에는 황기, 당귀, 백작 등을 넣고 환으로 만들어 복용시켜 강위지통을 도모한다. 또 위, 십이지장궤양, 위축성위염 등의 만성질환에도 좋다.
· 후박은 장내의 가스제거에 효과가 있다. 배에 가스가 정체하여 복창하는 증상은 소화기질환이나 복부 및 부인과 수술 후에 흔히 보이는데 후박 2전을 쓰면 복창을 줄일 수 있다. 수술 전에 복용하면 더욱 좋은 예방효과가 있다.
· 후박에는 건위산한의 효능이 있다. 위한에는 당삼, 황기, 건강 등과 같이 쓰면 건위산한, 소창의 효과가 있다. 소화기가 냉하여 일어난 통증에는 건강, 초두구, 목향 등과 같이 쓰면 좋다.

화담평천
· 후박은 가래가 많고 가벼운 천식을 치료하는 작용이 있으므로 가래가 많아 똑바로 눕기가 어려울 때 마황, 행인, 소자 등을 넣어 쓰면 좋다. 후박은 정천약을 배합할 때 화담평천의 효과를 발휘할 수 있다.

【참고】 생강으로 법제하면 온중산한하는 효능이 강해진다. 습체에는 창출을 도와 건비조습기체에는 목향을 도와 행기지통식체에는 지실을 보좌하여 소비제창담체에는 반하를 보좌하여 조습화담한응에는 건강을 도와 온중산한열결에는 대황을 도와 사열도체폐기옹체에는 마황, 행인을 보좌하여 하기 평천 우리나라에서는 예로부터 토후박(또는 후박)이라 하여 장과 식물의 수피를 사용해왔고 지금도 이를 계승하는 예가 적지 않다.

* 보건복지부 한약처방100 가지 약초

패란

학명: Eupatorium fortunei
이명: 패란, 수향, 목택란, 향등골나물, Eupatorii herba

● 식물의 특성과 형태

줄기는 원주형, 표면은 황갈색~황록색으로 마디와 세로로 능선이 있고, 맛은 맵고 성질은 평하다.

● 약초의 성미와 작용

맛은 맵고 성질은 평하다. 비장과 위, 폐에 작용한다.

● 약리효과와 효능

여름에 발열, 두통, 혈압강하작용과 생리를 고르게 하고 부종, 황달에도 사용한다.

● 주요 함유 성분과 물질 p-cymene, nerylacetate, 5-methyl thymol ether 등이 함유되어 있다.

● 채취시기와 사용부위 여름철 꽃이 필 때 전초를 베어 햇볕이나 그늘에서 말린다.

● 복용방법 하루 4.5~9g, 신선한 것은 9~15g을 달여 먹는다.

● 사용상 주의사항

진액이 부족한 사람이나 기가 허하고 약한 사람은 복용을 피해야 한다.

● 임상응용 복용실례 혈압강하, 생리조정하며 부종, 황달에 약용하고, 설태와 구취, 오심, 구토 증상에 좋다. 곽향, 박하, 후박 등과 배합하여 여름철 감기로 오한 발열이 있고 가슴과 머리가 답답한 증상을 다스린다.

본초학 제 **6** 장
이수삼습약

수도를 잘 통하게 하고 수습을 걸러내어 없애는 약으로 소변을 잘 통하
게 하고 소변량을 증가시키므로 이뇨약이라고도 부르며, 맛이 주로 감,
담하여 삼설하는 효능이 있기 때문에 담삼습약이라고도 부른다.

황달, 기관지천식, 만성기관지염, 이하선염, 부종, 옹종, 습진등에 사용하는

금전초(긴병꽃풀)

학명: Lysimachiae herba
이명: 백마편, 연전초, 적설초, Lysimachia christinae hance

●식물의 특성과 형태 줄기는 땅을 포복하며 담록색에 붉은색, 잎은 마주남, 잎몸은 심장형, 꽃은 노란색, 잎겨드랑이에 달렸다.

●약초의 성미와 작용

맛은 맵고 약간 쓰며 성질은 약간 차고, 간과 담, 신장, 방광에 작용한다.

●약리효과와 효능 신장 결석증, 방광 결석, 방광염 및 기타 황달, 기관지천식, 만성기관지염, 이하선염, 부종, 옹종, 습진등에 사용한다.

●주요 함유 성분과 물질

Sterol, Flavone, Amino Acid, Tannin, 정유, Glechoma 등이 함유되어 있다.

●채취시기와 사용부위 봄에 채취하여 햇볕에 말리거나 혹은 생용한다.

●복용방법 하루 15~30g을 탕약, 약술 형태로 복용한다.

●사용상 주의사항 소화기가 약해 설사하는 사람은 복용하지 말아야 한다.

●임상응용 복용실례 해열, 이뇨, 소염, 진해, 가래 삭이는 작용, 신장결석증, 방광결석, 방광염 및 황달, 기관지천식, 만성기관지염, 이하선염, 부종, 옹종, 습진 등에 사용한다. 해금사, 활석, 계내금 등과 배합하여 소변이 껄끄럽게 잘 안나오면서 아픈 것을 다스린다.

변비, 오줌이 시원찮은 것 및 부종, 젖이 잘 나오지 않는 것을 치유하는

동규자(아욱씨)

학명: Malva verticillata
이명: 동규자, 규채자, 규자, Malvae semen

●식물의 특성과 형태 높이 90cm, 잎은 어긋나고 둥글며, 3~7개로 얕게 갈라짐, 봄~가을까지 작은 꽃줄기에 연한 분홍색 꽃이 핀다.

●약초의 성미와 작용 달며 성질은 차며 대장, 소장, 방광에 작용한다.

●약리효과와 효능 이뇨작용과 통변시키는 작용이 있다. 변비, 오줌이 시원찮은 것 및 부종, 젖이 잘 나오지 않는 것을 치유한다.

●주요 함유 성분과 물질 Mucilage, Polysaccharides, Flavonoids 등과 씨와 전초에 점액질이 있다. 전초에 Vit. B, E, Octacosane, 꽃에 Malvidindl 함유되어 있다.

●채취시기와 사용부위

가을에 익은 종자를 채취하여 햇볕에 말려서 사용한다.

●복용방법 4~12g을 복용한다.

●사용상 주의사항 변이 무른 자와 임신부는 금해야 한다.

●임상응용 복용실례

이뇨, 통변 효능이 있어 변비, 부종, 젖이 잘 안 나오는데 사용한다.

차전자, 해금사 등과 배합하여 소변이 잘 나오지 않는 아픈 것을 치유한다.

동과피(박)

학명: Benincasa hispide
이명: 동과자, 과자, 동과인, 동아, Benincasae semen

박의 열매 껍질

▪▪▪전문가의 한마디

해열, 진해, 거담, 이뇨, 소종 효능이 있고, 오줌을 잘 나오게 하고, 폐나 장에 종양, 탁한 소변에 좋다.

●식물의 특성과 형태

줄기는 굵고 네모지며 황갈색의 날카로운 털로 덮여 있음, 덩굴손은 2~3개로 갈라진다.

●약초의 성미와 작용

맛은 달고 성질은 차며 간에 작용한다.

●약리효과와 효능

열을 내리고 기침을 멈추고 담을 삭이며 고름을 빨아내고 오줌을 잘 누게 하며, 폐나 장에 종양이 생긴 것, 소변이 잘 안 나오거나 뿌옇게 나오는 증상 외에 각기, 붓는 데 등에 사용한다.

●주요 함유 성분과 물질

사포닌, 지방, 요소, citrulline 등이 함유되어 있다.

●채취시기와 사용부위

가을철에 익은 과실을 채취하여 종자 모아 햇볕에 말리고 볶아서 사용한다.

동과피는 이뇨작용, 부종과 구갈에 사용, Resin이 많고, 가을에 과피를 건조하여 약용한다.

복용방법

하루 8~16g을 탕약, 가루약 형태로 복용한다.

●사용상 주의사항

가래가 묽고 투명할 때는 피해야 한다.

●임상응용 복용실례

절패모, 비파엽, 지각, 전호 등과 배합하여 기침하면서 누런 가래를 뱉는 것을 다스린다.

* 보건복지부 한약처방100 가지 약초

등심초

학명: Juncus effusus var. decipiens
이명: 등심초, 등초, 골풀속살, 등심, Junci medulla

골풀의 줄기 혹은 전초

■■전문가의 한마디

이뇨, 해열, 효능이 있고, 폐에 열기로 기침하는데, 후두염, 황달 등에 사용한다. 목통, 치자, 활석 등과 배합하여 열병에 소변이 적고 노랗고 불편한 것을 다스린다.

●식물의 특성과 형태

다년생 초본으로 높이 25~100cm 정도, 땅속줄기는 옆으로 뻗고 많은 짧은 마디가 있다. 잎은 없으며 줄기 밑에 비늘조각모양으로 엽초가 있다.

●약초의 성미와 작용

맛은 달고 성질은 차며, 심과 폐와 소장에 작용한다.

●약리효과와 효능

오줌을 잘 누게 하고 열을 내리므로 소변을 잘 못 누고 소변시 아프며 붓는 데에 사용한다. 기타 열로 가슴이 답답하고 잠을 자지 못하는 데, 폐에 열기로 기침하는데, 후두염, 황달 등에 사용한다.

●주요 함유 성분과 물질

속심에는 섬유질, 지방, 단백질 및 Flavonoid인 Glucoluteolin, Arabinose, Xylos 등과 줄기에는 다당류가 있다.

●채취시기와 사용부위

늦은 여름부터 가을 사이에 줄기를 베어 속살을 뽑아 햇볕에 말려서 사용한다.

●복용방법

하루 2~4g을 탕약으로 복용한다.

사용상 주의사항

허약한 사람은 피해야 한다.

【알기 쉽게 풀어쓴 임상응용】

• 등심은 청열리수의 효능이 있으므로 열증으로 인한 소변불리, 소변단적, 임력삽통에 치자, 활석, 감초 초등을 넣어 쓴다.
• 등심은 청심제번의 효능이 있으므로 심열번조, 소아야제, 경간에 죽엽을 같이 쓰거나 단독으로 끓여 다로 대용한다. 야제에는 탄하여 젖꼭지에 발라 젖을 물린다.

【수치】 가루로 만들기가 매우 힘들다. 그래서 쌀가루와 함께 물에 버무려 말려 가루를 낸 후 물에 넣으면 쌀가루는 가라앉고 등심은 떠오른다. 이것을 거두어 모으면 된다. 스펀지처럼 가벼워 탕제에 넣었을 때 둥둥 떠서 추출이 잘 되지 않으므로 활석을 등심에 발라 무겁게 해야만 달일 때 제대로 추출이 된다고 한다. 하지만 역시 추출기에서 추출할 때는 포에 넣어 달이므로 별 문제가 되지 않는다.

* 보건복지부 한약처방100 가지 약초

복령

학명: Poria cocos
이명: 복토, 복령, 운령, 복면, Poria

구멍쟁이버섯과에 속한 진균인 복령의 균핵

■■■전문가의 한마디

이뇨작용, 혈당량 강하작용, 진정작용 등이 밝혀졌으며, 또한 면역촉진작용, 항암작용을 가지고 있다는 보고가 있다. 계지, 백출 등을 배합하여 몸이 붓고 부종이 생기는 등의 증상을 다스린다.

● 식물의 특성과 형태

지하 소나무뿌리의 균핵으로 지름 10~30cm의 감자모양 또는 타원형 암갈색 덩어리, 표면은 주름이 많다.

● 약초의 성미와 작용

맛은 달고 담담하며 성질은 평하다.

● 약리효과와 효능

심장과 비장과 폐에 작용한다. 비장의 기능이 허약하고 인체의 수액대사가 원활하지 못하여 발생하는 여러 증상에 모두 응용되는 약재이다. 또한 가슴이 놀란 것처럼 뛰고 잠을 잘 이루지 못하는 증상에도 이용된다.

● 주요 함유 성분과 물질

β-Pacyman(7.5%), Triterpenoid 화합물인 Pachymic acid, Pinicolic acid, Ebricoic acid, Tumulosic acid, 3-β-Hydroxylanosta-7,9(11),24-trien-

21-oil acid 등이 함유되어 있다.

●채취시기와 사용부위 7월부터 다음 해 3월 사이에 소나무 숲에서 채취하여 이용한다.

●효과적인 용량과 용법 하루에 10~15g을 복용한다.

●사용상 주의사항

몸이 허약하고 차서 생긴 유정이나 또는 기가 약하여 소변이 자주 마려운 사람은 복용을 피해야 한다.

【알기 쉽게 풀어쓴 임상응용】

· 복령은 상용되는 보조적 장양약으로 이수삼습의 작용이 있어 습으로 인하여 일어난 병에 대하여 그 성이 한, 열 어느 쪽이든 활용할 수 있다. 또 모든 비뇨기계의 염증으로 인한 핍뇨, 빈뇨, 혈뇨, 배뇨통, 단백뇨 등의 증상이 나타날 때는 모두 복령을 사용하여 염증을 제거하고 요량을 증가시키며 배뇨력을 강화시키는 효과를 얻을 수 있다.
· 복령은 대사기능의 실조와 영양실조에 의하여 일어난 하지부종을 치료한다. 여성들에게 많이 보이며 월경불순을 수반하는 일도 있다. 이 경우에는 상당히 많은 용량을 필요로 하며 당삼, 백출, 산약 등을 넣어 쓴다. 빈혈성인 부종은 당귀, 하수오, 아교, 계혈등을 넣어 쓴다.

보기건비

· 만성위염, 위하수, 위궤양에서 많이 보이는 식욕부진, 무미, 완복창만에 통증이 있으며 찬 것을 먹으면 바로 재발하는 증상에는 황기, 백출, 당삼, 사인, 향부자를 넣어 쓴다. 복은 약성이 평하여 보하는 작용은 있으나 체하는 일이 없기 때문에 상복시킬 수 있다.
· 복령은 혈당치를 내리는 작용이 있으므로 당뇨병으로 혈당이 올랐을 때 보조약으로 쓰면 좋다. 매일 복령 5전, 택사, 산약 각 3전을 달여서 2~4개월 간 계속 복용하면 혈당을 줄이는 효과가 있다. (이렇게 쓰는 것은 소양인에 특히 좋을 것이다)

보신안신

· 복령에는 보신의 효능이 있으므로 신기능의 쇠퇴로 안면초췌, 현훈이명, 건망, 안화, 요슬산연, 남자정소, 여자경폐, 허열도한(만성신염, 결핵, 당뇨병, 신경쇠약 등에서 보인다)의 경우에 보조약으로 쓰면서 택사, 산수유, 여정자, 사삼을 넣어 쓰면 좋다. 또 안신의 효능이 있으므로 심계, 불면에 활용한다. 심비부족에 속하면 당삼, 원육, 산조인 등을 함께 쓰고(귀비탕), 담탁내요에 속하면 석창포, 원지 등을 넣어 쓰면 좋다.

* 보건복지부 한약처방100 가지 약조

의이인(율무)

학명: Coix lacryma-jobi var. mayuen, C. lacryma-jobi
이명: 의이인, 의인, 율무쌀, 율미, 울미, Coicis semen

율무의 건조된 씨앗

■■■**전문가의 한마디**

항염, 콜레스테롤강하, 항암, 진통, 진정, 소염, 해열 작용이 있고, 부종 소변불리, 설사, 폐나 장의 농양 등이 있다.

●식물의 특성과 형태

높이 1~1.5m, 꽃은 7월에 피고, 수꽃이삭은 암꽃이삭을 뚫고 위로 나와 3cm정도 자라며, 열매는 달걀 모양이다.

●약초의 성미와 작용

맛은 달고 담담하며 성질은 서늘하다. 비장과 위와 폐에 작용한다.

●약리효과와 효능

부종, 소변이 잘 나오지 않는 증상, 설사, 부으면서 근육의 움직임이 둔해지는 증상, 폐나 장의 농양 등을 다스린다.

●주요 함유 성분과 물질

단백질, 지방, 탄수화물, 소량의 비타민 B 등이 함유되어 있다.

●채취시기와 사용부위

가을에 과실이 성숙하였을 때 채취하여 쪄서 말린 다음 껍질을 제

이수삼습약

거한다.

●효과적인 용량과 용법

하루에 12~40g을 복용한다.

●사용상 주의사항

대변이 딱딱한 사람이나 소변 량이 적은 사람, 수분이 부족한 사람, 임신부는 피해야
한다.

●임상응용 복용실례

복령, 저령, 목과 등을 배합하여 부종성 각기나 소변이 잘 안 나오는 것을 다스린다.

【알기 쉽게 풀어쓴 임상응용】

이수삼습

• 의이인은 이뇨의 작용이 있으므로 주로 핍뇨 및 부종의 치료에 적용한다. 부종에 핍뇨를 수반하는 증상
에는 의이인을 군약 또는 보조약으로 쓴다. 의이인은 단순히 이뇨뿐만 아니라 영양보급의 효능도 겸하고
있어 많이 써도 부작용은 없다. 급성에 쓰면 더욱 좋고 만성에는 기타 보익약과 같이 쓰면 자보제가 되기
도 한다.

• 급성신염은 부종이 먼저 눈에 나타나고 이어 안면, 사지, 복부에 미치면서 요량이 감소된다. 이에는 복
령, 계지, 마황, 택사를 넣어 쓰면 좋다.

• 만성신염의 부종 및 심성부종이 소장을 반복하고 요복부 이하의 부종이 특히 심하여 손으로 누르면 움
푹 들어가며 요량이 감소되어 맑아지고 대변이 설사로 되는 것은 비허로 인하여 수습을 제어할 수 없기 때
문이다. 이런 경우에는 대량의 의이인에 부자, 건강, 백출, 복령을 넣어 쓰면 좋다. 의이인의 주된 작용은
건비에 있으며 이뇨작용은 비교적 약하다.

• 허약하고 빈혈을 보이는 백대하는 냄새도 심하지 않는데 비신의 기능이 약해져 습이 하초에 집중하기
때문이다. 이런 경우에는 귀비탕이나 보중익기탕에 의이인을 넣어 쓰면 좋다.

건비지사

• 의이인에는 지사효과가 있어 심한 하리나 만성하리에 적용된다. 급성하리에는 의이인 2양,
석류피 6전, 맥아, 신곡 각1양을 진하게 달여 복용하면 좋다. 하리가 멎으면 투약을 중지
하고 곽향, 후박, 신곡, 복령에 의이인 1양을 넣어 복용하면 좋다.

해독배농

• 의이인에는 해독배농의 효과가 뛰어나므로 폐옹, 장옹 등 내장의 농양에 상용
되며 외과적인 화농성염증에 쓰는 일은 드물다. 폐옹에는 위경, 도인, 동과인을
함께 쓰고(위경탕), 창옹에는 패장초, 목단, 도인 등을 넣어 쓴다.

* 보건복지부 한약처방100 가지 약초

인진호(사철쑥)

학명: Artemisia capillaris
이명: 인진, 면인진, 더위지기, Artemisiae capillaris herba

사철쑥을 건조한 것

■ ■ **전문가의 한마디**

이뇨, 해열 효능이 있고, 간과 담의 염증 질환에 두루 이용하며 간염, 지방간, 담낭염, 담낭 결석, 황달에 사용한다.

●식물의 특성과 형태

크기는 30~100cm, 잎이 가늘고 꽃이 없이 열매가 열린다. 겨울을 넘겨 봄에 마른 줄기에서 새순이 나온다.

●약초의 성미와 작용

맛은 쓰고 매우며 성질은 서늘하다.

●약리효과와 효능

열기와 습기를 제거하며 이뇨작용이 있다. 간염, 지방간, 담낭염, 담낭 결석, 황달에 효과가 있다.

주요 함유 성분과 물질

Abscisic acid(S-form), Aesculetin dimethyl ether, αCopaene, αPinene, αTerpineol, Apigenin, Arcapillin, Artemisia ketone 등이 함유되어 있다.

●채취시기와 사용부위

210

여름철 꽃이 핏기 전에 전초를 베어 그늘에서 말린다.

●효과적인 용량과 용법

하루 8~20g을 달여 먹는다. 엑기스를 뽑아 환약이나 알약에도 넣기도 한다.

●사용상 주의사항

간이 원인이 된 황달에만 사용한다.

●임상응용 복용실례

대황, 치자 등과 배합하여 황달을 다스린다.

[알기 쉽게 풀어쓴 임상응용]

황달소퇴

· 인진에는 우수한 이담작용이 있어 담즙의 분비를 촉진함과 동시에 담즙 중의 고형물질, cholic acid, billirubin의 배출을 증가하고, 현저한 해열작용이 있는 것이 과학적으로 증명되었다.
· 황달형전염성간염에 특히 좋으며 보통 인진 1양, 대황 2전, 치자, 황금, 울금 각 3전을 쓰면 좋다.
· 만성간염, 초기의 간경변 및 담도결석으로 눈과 피부가 누렇게 되고 안색이 나쁘며 소식해도 복창과 설사를 하면(즉 음황이면) 인진, 부자, 건강, 백출을 쓰는 것이 좋다. 단 황달이 소실된 뒤에는 인진을 쓰지 않는다.
· 인진은 간염예방에도 좋다. 단독으로는 1양을 복용시키고, 함께 쓸 때는 울금, 황금 각 3전과 쓰거나 금전초 1양, 시호 3전과 쓴다. 이것은 간염환자가 있는 가정이나 이웃에서 예방약으로 쓰면 좋다.

기타응용

· 인진은 습기가 많은 지역에 거주하여 감기에 걸려 열이 내리지 않고 흉민식소, 현훈, 피곤, 구점 등의 증상이 있어 보통의 감기약으로는 좀처럼 효과가 없을 때 쓰면 좋다.
· 인진은 이뇨작용이 있으므로 다른 감염으로 핍뇨, 빈뇨, 요혼탁, 배뇨통이 있는 경우에 쓰면 좋다.
· 인진에는 강압작용이 있어 일시적인 혈압 상승에는 효과가 있으나, 심장혈관에 의한 고혈압에는 효과가 없다.
· 인진은 모든 피부습진, 농가진, 절창 등의 초기에 소양증과 열통이 있을 때 내복하거나 달인 물로 환부를 씻으면 해독, 퇴열, 소염지양의 효과를 얻을 수 있다.

[참고] 고미가 있어 설, 하, 강하는 효능이 있고, 미한이어서 청열하는 효능이 있다.
따라서 한한 성미로 비위열을 청해하며, 또 간담의 울결을 풀어주어 이습청열하고 소변을 통리하여 퇴황한다. 습열이 해소되면 황달은 자연히 소퇴되므로 황달 치료의 요약이라 한다.

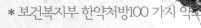

＊보건복지부 한약처방100 가지 약초

저령

학명: Polyporus umbellatus
이명: 지오도, 야저령, 야저뇨, 주령, Polyporus

단풍나무, 상수리나무, 떡갈나무의 기생하는 저령의 균핵

■■전문가의 한마디

이뇨, 혈압강하, 항암 작용이 있으며 부종, 설사, 소변이 혼탁한 데, 대하 등에 약용한 다.

●식물의 특성과 형태

균핵체는 가랑잎이 쌓인 땅 속에서 생김, 생강처럼 울퉁불퉁한 덩어리, 겉은 검은 밤색이다.

●약초의 성미와 작용

맛은 달고 담담하며 성질은 평하다. 신장과 방광에 작용한다.

●약리효과와 효능

습을 없애고 소변을 잘 보게 하여 수종과 배뇨장애를 치료하는 데 이뇨시켜 부종, 설사, 소변이 뿌옇게 나오는 것, 대하 등에 효능이 있다.

●주요 함유 성분과 물질

수용성 다당류인 α-hydroxy-tetracosanoic acid, ergosterol, Biotin 등이 함유되어 있다.

● 채취시기와 사용부위

봄과 가을에 채취하여 말린다.

● 효과적인 용량과 용법

하루에 8~16g을 복용한다.

● 사용상 주의사항

증상이 없으면 쓰지 않는다.

● 임상응용 복용실례

택사, 복령 등과 배합하여 소변이 잘 나오지 않는 것을 다스린다.

【알기 쉽게 풀어쓴 임상응용】

213

• 급성핍뇨, 요폐, 방광결석 등에 대하여 치료효과를 나타낸다. 단 허약한 자의 핍뇨에 사용하는 것은 좋으나 이뇨효과가 얻어지면 곧 투약을 중지해야 한다.
• 요로감염으로 급성염증을 일으켜 소변불창, 요도자통, 하복창통 등에 검사상 적혈구나 농세포 등이 검출되었을 때는 저령을 군약으로 하고 차전자, 구맥, 편축을 넣어 쓰면 좋다. 이것을 써도 혈뇨가 멈추지 않으면 호박을, 또 요의 혼탁이 낫지 않으면 비해, 목통을 더 넣어 쓴다.
• 비뇨기의 종양이나 결핵으로 빈뇨, 배뇨통, 요중에 혈사나 혈괴가 섞이거나 하복창통이 나타나면 대량의 저령에 대계, 생지황, 목단, 연근, 목통을 넣어 쓴다. 저령은 소염리뇨 및 목단과 연근의 지혈작용을 돕는 작용을 한다.
• 저령은 암치료에 추천할 만한 약이다.
• 신장결석, 방광결석, 요로결석으로 요중에 사석이 섞이거나 배뇨가 도중에 멈추며 허리와 배에 격통이 있을 때는 금전초, 계내금, 석위를 넣어 쓴다. 작은 결석은 흘러나오고 배뇨기능이 강화되며 다른 약과 같이 쓰면 결석을 세사로 만들어 소산시킬 수 있다.
• 전립선염, 치질수술후에 급성뇨폐가 있을 때는 즉시 저령 5전을 진하게 달여 복용하면 좋다.
• 저령은 임신기의 핍뇨, 빈뇨를 치료하는데 쓴다. 중증일 때는 저령, 애엽, 백출 각 3전을 달여 복용하면 좋다. 단 배뇨가 자연스럽게 되면 중단해야 한다.
• 복부의 수종, 하지부종에 수반되는 핍뇨 등 이뇨를 요하는 병증에는 신기능의 강화약과 소간리기약을 동시에 쓰면 효과가 있다.
• 습이 모여 생기는 대하에는 백출, 당삼, 황기, 차전자 등과 같이 쓰면 좋다.
• 단독으로 발이 빨갛게 붓고 열이 나며 통증과 함께 요가 황색으로 적어지고 배뇨할 때에 열감을 느끼는 증상에는 방기, 토복령, 황련, 황백, 빈랑과 함께 쓴다.

* 보건복지부 한약처방100 가지 약초

부종이 있어 몸이 부은 것, 고지혈증, 어지럼 등에 사용하는

택사

학명: Alisma canaliculatum, A, orientale
이명: 수사, 급사, 택지

214

택사의 덩이뿌리를 건조한 것

■■■**전문가의 한마디**

이뇨, 혈압강하, 혈당강하, 콜레스테롤저하, 항균 작용이 있고, 빈뇨, 설사, 부종, 고지혈증, 어지럼 등에 사용한다.

●식물의 특성과 형태

뿌리줄기는 짧고 둥글며 수염뿌리가 있음, 잎은 난상 타원형, 꽃은 7~8월에 흰색, 열매는 수과로 환상으로 배열되어 있다.

●약초의 성미와 작용

맛은 달고 성질은 차갑다. 신장과 방광에 작용한다.

●약리효과와 효능

소변이 잘 나오지 않는 것, 설사하고 소변 량이 적은 것, 배뇨시 소변이 잘 나오지 않으면서 아픈 것, 배가 그득하면서 붓는 것, 부종이 있어 몸이 부은 것, 고지혈증, 어지럼 등에 사용한다.

●주요 함유 성분과 물질

트리터페노이드화합물, 알리솔A 모노아세테이트, 알리솔B 모노아세테이트, 알리솔C 모노아세테이트 등이 함유되어 있다.

●채취시기와 사용부위

겨울에 채취하며 술에 축여서 볶거나 소금물에 넣고 볶아서 사용한다.

●효과적인 용량과 용법

하루 6~12g을 복용한다.

●사용상 주의사항

유정이 있거나 신장이 안 좋아 몸이 붓고 배뇨장애가 있는 사람은 복용을 피해야 한다.

●임상응용 복용실례

복령, 저령, 백출 등을 배합하여 소변이 잘 나오지 않는 것과 부종 등을 다스린다.

【알기 쉽게 풀어쓴 임상응용】

이수삼습
• 택사의 이뇨작용은 실험적으로 요량이 적고 배뇨횟수가 많을 때 요량을 증가시키고 요소의 배설을 증가한다는 것이 증명되었다. 택사의 이뇨작용은 함유된 대량의 칼륨염과 관계가 있다. 택사는 비뇨기계통의 염증 특히 신염에 대하여 현저한 효과를 발휘한다.
• 택사는 이뇨작용을 강화시키고 비뇨기계의 결석, 특히 신장 결석에 쓰면 결석을 용해하는 작용을 가진다. 이 경우는 저령, 차전자, 금전초, 계내금을 넣어 쓰면 작용이 한층 강화된다. 방광 및 요로 결석에도 쓰는데 이때는 양을 약간 많게 하여 다른 약과 같이 쓴다.
• 택사는 수분과 Na을 배설하는 우수하므로 신성부종이나 간성부종의 치료에도 효과가 있다. 이외 영양불량성 부종, 임신기의 부종, 대사성의 부종에도 증에 따라 적당한 약물과 같이 쓰면 좋다.

강압
• 택사는 지속적인 강압작용이 있으므로 동맥경화에 의한 심장병으로 나타나는 고혈압에 좋다. 이 경우는 단삼, 적작, 조구등을 넣어 환으로 만들어 복용하면 아주 좋다.
• 택사의 강압작용은 뇌일혈에 의한 반신불수에도 적합하며 혈압이 항상 높아 있을 때는 이를 강하시키고 뇌혈관의 체혈을 제거하는 데 도움이 된다. 보통 3~5전을 쓰는데 갈근을 넣어 쓰면 더욱 좋다.

콜레스테롤 저하
• 택사에서 근년에 혈청지질을 줄이는 작용을 발견하였다. 콜레스테롤과 중성지방을 감하는 효과가 우수하며, 지방간의 형성을 막는 효과도 현저하다. 단독 또는 복방으로 써도 효과에는 차이가 없다. 고혈압이나 변비를 수반할 때는 결명자와 같이 쓰면 콜레스테롤의 저하효과가 훨씬 강해진다.

*보건복지부 한약처방100 가지 약초

차전자

학명: Plantago asiatiea, P. depressa, P. major var japonica
이명: 차전자, 차전실, 하마의자, Plantaginis semen

질경이씨

■ ■ **전문가의 한마디**

이뇨작용, 거담작용, 진해작용, 항궤양작용, 항염작용, 지혈촉진작용, 콜레스테롤 강하작용 등이 밝혀졌다.

●식물의 특성과 형태

타원형이거나 불규칙한 긴원형으로 약간 납작하고 길이는 약 2mm정도이다.

●약초의 성미와 작용

맛은 달고 성질은 차갑다. 간과 신장, 폐, 소장에 작용한다.

●약리효과와 효능

소변이 잘 나오지 않는 증상, 간의 열로 눈이 침침하고 잘 보이지 않는 증상, 폐에 열이 있어 기침을 하면서 가래가 나오는 경우에 효과가 있다.

●주요 함유 성분과 물질

차전자에는 Disaccharide, Plantenolic acid, Succinic acid, Adenine 등이 함유되어 있다.

●채취시기와 사용부위

여름과 가을에 성숙한 종자를 채취하여 생용을 하거나 소금물에 담근 다음 약한 불로 볶아서 사용한다.

●효과적인 용량과 용법 12~20g을 복용한다.

●사용상 주의사항

스트레스성 무기력증이나 양기가 부족한 사람, 유정이 있는 사람은 복용을 피해야 한다.

●임상응용 복용실례

목통, 활석 등과 배합하여 소변이 잘 안 나오면서 아픈 것을 다스린다.

【알기 쉽게 풀어쓴 임상응용】

이수삼습

• 차전자에는 대단히 우수한 이뇨작용이 있어 모든 비뇨기계통의 염증에서 오는 핍뇨, 혈뇨, 요폐 등의 증상에 적용된다. 배합만 적절하면 허약한 경우에도 좋다.

• 차전자는 결석의 용해를 돕는 작용을 하므로 차전자 5~8전에 금전초 1양을 넣고 진하게 달여 계속 복용하면 좋다.

• 차전자는 전립선의 염증 또는 비대에 기인한 급성뇨폐에 대하여 소염리뇨의 작용을 한다. 이 경우에는 택사, 저령, 대황 등과 같이 쓴다. 만성이면 차전자3전을 육미에 넣어 쓰면 좋다. 약성이 차지만 자음약을 배합하면 계속 복용도 가능하다.

청열명목

• 차전자는 안과질환의 상용약으로 세균의 감염을 억제하는 작용을 한다. 이 경우에는 결명자, 상엽, 국화, 적작을 넣어 쓴다. 또 간열로 인한 목적종통에는 국화, 황금, 용담 등을 넣어 쓰고, 간신부족으로 인한 시물혼화에는 구기자, 숙지황, 토사자 등을 넣어 쓴다.(주경환)

기타응용

• 차전자는 유정, 소변불창, 황적색뇨의 경우에 비해, 복령, 택사, 연자 등을 넣어 쓰면 불면증도 방지하고 유정을 치료하는 데도 효과가 있다.

• 차전자는 강압작용이 있으므로 결명자, 여정자, 황금, 하고초, 국화 등을 넣어 쓰면 좋다. 이 완기압에 대한 효과가 수축기압에 대한 것보다도 우수하다. 상복해도 좋다.

【참고】 차전초는 무형의 습열을 통리시키며 청열해독, 양혈지혈의 특징. 포에 넣어 달여야 한다. 그렇지 않으면 약이 끓는 동안 전부 뚜껑에 달라 붙어 버린다. 하지만 요즘에는 전부 추출기로 달이므로 별 신경 쓸 필요는 없지만 가정에서 달일 때는 따로 포장하여 주어야 한다. 이뇨지사에는 초하여 사용하고, 화담지해에는 바로 쓴다. 대량 사용하면 발진이 생긴다.

가슴이 답답하고 갈증이 나는 것을 해소해 주는

활석

학명: Talc
이명: 액석, 탈석, 석냉, Talcum

활석의 덩어리

■■전문가의 한마디

방광의 열을 내려서 소변을 잘 나오게 하고, 여름철 더위 먹은 증상에 좋다. 외용으로는 습진 등에 사용한다.

●식물의 특성과 형태

백색이나 황백색 덩어리로 질은 연하고, 손으로 만지면 까끌까끌한 느낌이 있으며 수분을 흡수하는 성질이 없다.

●약초의 성미와 작용

맛은 달고 담담하며 성질은 차갑다. 방광과 폐, 위에 작용한다.

●약리효과와 효능

폐와 위에 열이 쌓이거나 더위를 먹었을 때 가슴이 답답하고 갈증이 나는 것을 해소해 준다. 외용으로 쓰면 습진에 효과가 있다.

●주요 함유 성분과 물질

규산마그네슘으로 이루어져 있다. 소량의 점토, 석회, 철 등을 함유한다.

●채취시기와 사용부위

충주에서 다량 생산되며 물속에서 갈아서 물에 떠오르는 미세 분말을 건져 내서 사용한다.

● 효과적인 용량과 용법

하루에 12~32g을 복용한다.

● 사용상 주의사항

소화기가 약하고 기운 없는 사람이나 열병을 앓은 후 진액이 고갈된 사람은 복용을 피해야 한다.

● 임상응용 복용실례

차전자, 목통 등과 배합하여 소변이 잘 나오지 않거나 찔끔거리면서 아픈 것을 다스린다.

【알기 쉽게 풀어쓴 임상응용】

이뇨화습

• 활석에는 이뇨작용이 있어 방광의 습열을 제거하는 것이 주된 효능이다.

• 활석은 방광과 요도의 염증에 좋다. 급성염증에는 차전자, 저령, 편축, 구맥 등을 넣어 쓰면 좋다. 특히 여름철의 더위에는 활석을 쓰는 것이 가장 적합하다.

• 활석은 급성전립선염의 요폐에 상용약으로, 차전자, 저령, 비해, 목통을 넣어 쓰면 좋다. 약량은 1양 이상을 요한다. 효과가 없을 때는 다른 치료법을 택해야 한다.

• 활석은 청열이습의 효능이 있으므로 황달성간염의 치료에 쓰면 황염증상을 소실하는 데 도움이 된다. 요가 적황색으로 소량이며 배뇨불창일 때는 인진, 택사, 복령을 도와 이뇨소황의 효과를 강화한다.

• 습열로 인한 각기, 하퇴단독이나 기타의 하지종창에 대하여 보조약으로 쓴다. 단 증상이 좋아지면 투약을 중지하고 건비리뇨약으로 바꿔야 한다.

청열소서

• 활석은 청열해서의 효능도 겸하고 있으므로 여름철 열성병에 상용약이다. 습도가 높은 지역에서 서열을 받아 신열소한, 두혼, 두통, 피로권태, 흉민불창 등을 보일 때 가벼우면 육일산 4전을 설탕에 섞어서 복용시키고, 중증이면 곽향, 패란, 청호, 향유 등을 넣어 쓰면 좋다. 육일산은 여름철에 서열을 풀고 체온을 내리는 효과가 대단히 좋은 약이다.

기타응용

• 활석은 혈분에 열이 있기 때문에 일어나는 코피의 치료에 쓴다. 주로 목단, 생지황, 괴화를 넣어 쓰면 지혈효과를 얻을 수 있다.

적소두(팥)

학명: Phaseolus calcaratus, P, angularis
이명: 홍소두, 주소두, 팥, Phaseoli semen

●**식물의 특성과 형태** 긴 원형이면서 조금 납작하고 길이 5~8mm이다. 표면은 홍갈색으로 광택이 없거나 조금 있다.

●**약초의 성미와 작용** 맛은 달고 시며 성질은 평하다. 심장과 소장에 작용한다.

●**약리효과와 효능** 독을 없애고 농을 잘 배출시켜 부종이 있으면서 배가 부푼 것, 각기, 황달, 소변이 진하게 나오는 것, 종기, 창양 등에 효능이 있다.

●**주요 함유 성분과 물질** 적소두의 54%가 당질, Saponin이 0.3%, 단백질은 21%(약80% Globulin), αGlobulin, Arginine 등이 함유되어 있다.

●**채취시기와 사용부위** 가을에 과실이 성숙할 때 채취한다.

●**복용방법** 하루에 12~20g을 복용한다.

●**사용상 주의사항**

혈이 부족한 이나 많이 마른 사람은 피하고 많은 양을 오래 복용하는 것은 좋지 않다.

●**임상응용 복용실례**

해독, 배농, 이수소종 효능이 있으며 각기, 황달, 소변불리, 종기, 창양, 수종 등에 좋다. 의이인, 동과피 등과 배합하여 부종, 각기, 소변이 잘 나오지 않는 것을 다스린다.

본초학 제 7 장
온리약

중초를 따뜻하게 하고 한사를 물리치며, 불을 더하고 양기를 돕는 약물. 구역, 설사, 복통, 냉통 등의 장한증에 응용한다. 심신의 양기가 허하여 발생하는 발한, 오한, 궐역 등의 망양증에도 응용한다.

건강

학명: Zingiber officinale
이명: 건생강, 백강, 균강, Zingiberis rhizoma

생강의 뿌리줄기를 말린 것

■■전문가의 한마디

약리실험 결과 구토를 멈추게 하고 소화작용, 억균작용, 트리코모나스를 죽이는 작용 등이 밝혀졌다.

●식물의 특성과 형태

높이 30~50cm. 뿌리줄기는 굵은 육질이고, 꽃은 8~9월에 노란색으로 핀다.

●약초의 성미와 작용

맛은 맵고 성질은 따뜻하며 비, 위, 폐에 작용한다.

●약리효과와 효능

지혈작용을 하고 배가 차고 아프며 설사하는 데, 손발이 찬 데, 기침이 나고 숨이 찬 데, 감기 등에 사용한다.

●주요 함유 성분과 물질

정유 성분으로 Zingiberene, Zingiberone, Camphene 등이 함유되어 있고, 매운맛으로 Gingerol, Shogaol, Asparagin Acid 등이 함유되어 있다.

●채취시기와 사용부위

온리약

222

가을에 뿌리줄기를 캐서 물에 씻어 햇볕에 말려 사용한다.

●효과적인 용량과 용법

하루 3~9g을 탕약으로 먹는다.

●사용상 주의사항

열성 질환을 앓고 있거나, 고혈압, 경련 등의 양기가 성한 질환에는 쓰지 않는다.

●임상응용 복용실례

인삼, 백출, 감초 각 4g과 건강 4g을 넣은 것을 이중탕 혹은 인삼탕이라고 하는데 속이 차서 자꾸 설사하고, 구토하는 증에 자주 쓰는 유명한 처방이다.

【알기 쉽게 풀어쓴 임상응용】

건위산한

• 건강은 온열성이 있어 주로 비위허한증, 부인과의 출혈, 허통에 쓴다. 평소에 맥지, 설담, 백태, 구담무미, 불갈, 외한, 무열의 증상이 보이면 건강을 써서 치료하면 좋다. 여기에 보신, 이기, 보혈의 약을 넣어 쓰면 더욱 좋다. 건강은 만성위통에 좋은 효과가 있다. 위에 동통이 있으며 뜨거운 음식을 좋아하고, 맑은 물을 토하거나 소화력이 떨어지고 설담, 맥침지의 경우에는 인삼, 백출, 감초를 넣어 쓴다.(이중탕) 비교적 증상이 심하면 여기에 부자를 넣은 부자이중탕을 활용한다. 궤양에는 오적골, 백작과 같이 쓰면 좋다. 하수증에는 당삼, 백출, 황기를 넣어 쓰고, 창기가 많은 때는 사인, 향부자를 넣어 쓴다. 또 비위허한이나 비위양허로 인한 완복냉통, 구토, 설사 등에도 쓴다. 비위수한하여 중앙이 부족할 때는 고량강을 넣어 쓴다.(이강환)

• 설사가 장기간 낫지 않고 복부냉통이 오며 복명이 있을 때는 백출, 당삼, 보골지, 오수유 등을 넣어 쓰면 좋다. 이 약은 과민성장염에도 효과가 있다. 만성이질, 장유착으로 복냉통이나 냉한이 나와서 안색이 창백하고 사지가 냉할 때도 증상에 따라 건강을 쓰면 좋다.

온난통맥

• 건강은 극도의 허약증상에 쓰면 온난통맥의 효과를 나타내며, 허탈증상이 있을 경우에는 부자와 같이 쓴다.(사역탕) 몸이 허약한 사람이 외한, 무한을 수반하는 감기에 걸려 신온해표약을 과용한 나머지 다한, 동계, 면청, 두혼, 지냉, 맥미무력 등을 보일 때도 사역탕으로 치료한다.

• 건강을 부자와 같이 쓰면 부자의 회양구역작용을 증강하고, 부자의 독성을 저하한다.

• 건강은 한냉의 자극으로 인한 천식을 치료하는 작용이 있다. 한음으로 인한 해천으로 담이 많고 희박하면 미황, 반하, 세신, 오미자 등을 넣어 쓰거나(온폐화음탕=소청룡탕), 이중탕을 기초로 진피, 복령, 반하를 넣어 쓰기도 한다.

만성위염을 치료하고, 식욕증진, 지통, 지구의 효과가 있는

고량강

학명: Alpinia officinarum
이명: 양강, 신강, Alpiniae officinarum rhizoma

양강의 뿌리줄기를 말린 것

■■■**전문가의 한마디**

양강은 온위산한하고 위의 소화기능을 증강하며 위액분비를 촉진하므로 만성위염을 치료하고, 식욕증진, 지통, 지구의 효과가 있다. 주로 당삼, 황기, 후박, 향부자와 같이 쓴다.

●식물의 특성과 형태

뿌리줄기는 옆으로 뻗고 자홍색을 띠며, 마디가 많다. 잎은 2줄로 배열되며, 꽃은 봄에서 여름에 걸쳐 줄기 끝에 원추화서로 핀다.

●약초의 성미와 작용

맛은 맵고 쓰며 성질은 따뜻하며 비, 위에 작용한다.

●약리효과와 효능

비위를 따뜻하게 하여 한사(찬 기운)가 위장에 정체되어 설사, 구토하며, 통증을 일으키는 것에 사용된다.

●주요 함유 성분과 물질

정유의 중요성분은 cineole, cinnamic acid, methyl ester 등이다.

●채취시기와 사용부위

늦여름~초가을에 4~6년 근경을 채취하여 햇볕에 말리거나 썰어서 기름에 볶아 사용한다.

● 효과적인 용량과 용법

하루 4~8g을 탕약, 환약, 가루약 형태로 복용한다.

● 사용상 주의사항

열성질환이나 음액이 부족하여 허열이 있는 데는 사용하지 않는다.

● 임상응용 복용실례

비위를 따뜻하게 하며 설사, 구토 등에 사용한다.

반하, 생강 등과 배합되어 위가 냉하여 일으키는 복통, 설사를 다스린다.

【알기 쉽게 풀어쓴 임상응용】

온위산한

• 양강만 단독으로써도 위경련으로 인한 통증을 멎게 할 수 있다. 대개 냉한 음식을 잘못 먹어 일어나므로 양강 2전에 백두구 4분을 넣고 다처럼 끓여 복용하면 효과가 좋다. 또 양강 2전에 곽향 3전, 오수유 4분을 넣고 끓여 복용해도 좋다.

• 구토가 오래 지속되면 얼굴은 파래지고 입술은 희어지며 정신이 피로해지면서 음식을 조금만 과식해도 즉시 구토가 일어나 토하다가 멎고 멎었다가 다시 토하며 따뜻한 것을 좋아하고 추워하며 연변을 보일 때는 양강 1.5전에 반하 3전, 지각 1전, 정향 8분을 넣고 달여 따뜻하게 복용하면 구토가 신속하게 멎는다. 멎은 후에는 백출, 반하, 후박, 향부자 등을 넣고 가루 내어 환으로 만들어 장기간 복용하면 이와 같은 위병은 근치할 수 있다. 위한으로 인한 심하지 않은 구토에는 대조와 달이거나 혹 반하, 생강, 진피 등을 넣어 쓰고, 한산복통에는 소회향을 넣어 쓴다.

• 양강은 신체허약과 장의 한냉으로 인한 설사를 치료한다. 예전에는 양강에 대조를 넣고 달여 멈추지 않는 설사를 치료했다고 한다. 또 양강만 써서 갑자기 일어난 설사와 복통을 치료했다고 한다. 대변이 물 같거나 연변이 반복발작하여 식욕부진하고 기름기를 섭취하면 설사의 회수가 증가하고 변중에 항상 미소화물이 섞여 있을 때는 삼령백출산에 양강을 넣어 쓰거나 혹은 부자, 육계를 넣어 쓰면 좋다.

이기지통

• 양강 8분~1전을 쓰면 장내의 팽만감을 없애고, 복부의 연동기능 감퇴에는 백두구, 곽향을 더 넣고 다처럼 복용하면 좋다. 분식을 과식했을 때도 양강을 맥아, 후박과 같이 쓰면 좋다. 위장수술 후에 장내의 창기발생을 억제하는 데는 양강 5분에 목향 1전을 넣어 쓰면 좋다.

• 차게 하여 일어난 복통으로 안색이 창백하며 땀이 날 때는 양강 1전에 천초 3분, 백두구 3분을 넣어 다처럼 마시면 좋다.

부자(바꽃)

학명: Aconitum carmichaeli
이명: 부자, 오두, 바꽃, Aconiti iateralis preparata radix

온리약

바꽃의 덩이뿌리

226

■■■**전문가의 한마디**

항염작용, 진통작용, 강심작용 등이 있다. 건강, 감초 등과 배합하면 사역탕이라 하여 심한 설사, 땀, 구토로 인한 탈수로 손발이 차가워지고 의식이 몽롱해지는 증상을 다스린다.

●식물의 특성과 형태

높이 60~120cm, 뿌리줄기는 흑갈색 방추형, 잎은 어긋나며, 꽃은 9~10월에 피며 꽃받침은 남자색으로 5개, 꽃잎은 2개로 긴 발톱모양으로 구부러져 있다.

●약초의 성미와 작용

맛이 맵고 달며 성질은 뜨겁고 독성이 강하다. 심장, 비장, 신장에 작용한다.

●약리효과와 효능

부자는 양기가 부족하여 손발이 차고 맥이 약하면서 기운이 없을 때, 허리와 무릎이 시리고 아프면서 음위증이 나타날 때 등에 효과를 나타낸다.

●주요 함유 성분과 물질

진통과 독성작용 Aconitine과 Mesaconitine, 강심작용 Higenamine

과 Coryneine, 그 외 Talatisamine 등이 함유되어 있다.

●채취시기와 사용부위

6월 말에서 8월 초에 부자의 덩이뿌리를 채취하여 잔뿌리 등을 제거한 후 물에 씻어 햇볕에 말려서 이용한다.

●효과적인 용량과 용법

하루에 4~12g을 복용한다. 단, 부자는 독성이 매우 강하므로 반드시 한의사나 한약사가 적절하게 법제(가공)한 것을 사용하여야 한다.

●사용상 주의사항

몸에 진액이 부족하여 허열이 뜨거나 열이 심한 사람, 임산부에는 절대 복용하여선 안된다.

227

【알기 쉽게 풀어쓴 임상응용】

온난구급

• 부자의 약성은 대신, 대열하며 온난, 산한, 강장의 효능이 있으므로 맥상이 침세, 침지, 허대하고 설질이 유하며 사지냉, 악한, 권태, 구토, 설사등에 쓴다. 이들 증상은 여러 허약증에서 보이는데 부자의 신열한 성질은 양기를 돋우어 위험한 고비를 피하게 해 준다. 2. 부자에는 강심작용이 있으므로 가벼운 심장기능쇠약을 치료한다. 양기가 미약하여 음한이 생기고, 대한, 대토, 대하에 기인한 사지궐냉, 냉한,

【참고】
부자는 독성이 강하기 때문에 일반적으로 가공, 서제한 것을 사용함. 회양구역에 활용하고, 망양허탈에는 잠깐 동안만 쓴다.

산초(초피나무)

학명: Zanthoxylum schinifolium
이명: 분자나무, 상초, 젠피나무, Zanthoxyli fructus

온리약

산초나무의 성숙한 과피

■■■**전문가의 한마디**

만성장염으로 설사나 하리가 장기간 멎지 않으면 육두구, 부자, 건강, 백출과 같이 쓰면 좋다.

●**식물의 특성과 형태**

전국 산기슭 양지쪽 자생, 키 3m 가시가 호생, 잎은 깃꼴겹잎, 작은 잎은 13~21장, 길이 1.5~5cm, 피침형, 가장자리에 톱니가 있다.

●**약초의 성미와 작용**

맛이 맵고 성질은 뜨겁고 약간 독성이 있다. 위, 비, 신에 작용한다.

●**약리효과와 효능**

과피를 복부냉증을 제거, 구토와 설사 치료, 회충, 간디스토마, 치통, 지루성피부염 등에 효과가 좋다.

●**주요 함유 성분과 물질**

과피에 Acid amide계인 Sanshool, 정유가 있고, 주요성분은 Geraniol, Hyperin, Sanshoamide 등, 열매에는 Xanthoxin(경련),

Xanthoxinic acid(마비) 독성분도 있다.

●채취시기와 사용부위

가을철 열매가 익을 때 채취하여 종자를 제거하고 과피만 건조하여 사용한다.

●효과적인 용량과 용법

하루에 1.5~4.5g을 복용한다.

【알기 쉽게 풀어쓴 임상응용】

온위지통

• 천초는 온위산한 하는 효능이 있어 위약 및 위한과다로 토산청수, 식욕감퇴, 체력허약에 당삼, 백출, 부자, 황기, 사인, 계지, 교이 등과 같이 쓰면 좋다.(대건중탕) 환제로 써도 좋다. 천초는 식욕을 촉진하고 위부 연동운동의 증가시키며, 위액분비를 촉진한다. 또 경련완화, 지통효과도 있으므로 갑자기 일어난 동통에 도 쓴다.

• 위산과다는 항상 새콤한 물이 상승하여 구토증상이 나타나는데 여기에도 천초를 소량 넣어 쓰면 위부를 따뜻하게 하며 식욕을 촉진하는 효과를 얻을 수 있다. 또 신경성 식욕부진에도 상당한 효과가 있다. 위축성위염, 위하수, 위절제술후에 때때로 구토할 때도 천초를 주초하여 온복하면 좋다. 혹은 천초를 초하여 밀가루와 혼합하고 작은 환을 만들어 식후에 10개씩 복용해도 좋다.

• 천초는 만성장염으로 설사나 하리가 장기간 멎지 않으면 육두구, 부자, 건강, 백출과 같이 쓰면 좋다. 보제방의 '초출환' 이란 방제는 천초와 창출의 2미로 구성되었으며 과민성장염에 아주 잘 듣는다.

구충

• 천초에 함유된 천초유에는 회충구제효과가 있다. 담도회충에는 오매환에 넣어 쓰면 좋다.

• 천초는 요충을 살멸하는 효과도 있으므로 요충으로 항문이 가려우면 천초 1양을 달인 물을 식혀 그것으로 항문을 씻으면 좋다. 이것을 관장으로 매일 1회씩 3일 정도 하면 요충을 없앨 수 있다.

• 트리코모나스질염으로 질구가 가렵고 소변이 빈삭할 때는 천초와 사상자, 백반을 끓여 씻으면 좋다. 외음부, 항문, 음낭, 피부 등의 습진에도 고삼, 지부자, 백반과 같이 끓여 씻으면 효과가 있다.

기타응용

• 산증 혹은 고환염이 경과가 오래되어 잘 낫지 않을 때는 오약, 현호색, 천련자 등과 같이 쓰면 좋다.

• 천초는 치아신경통을 치료하는 효과가 있으므로 천초 5분에 세신 5분을 같이 미세한 분말로 만들어 아픈 부위에 밀어 넣으면 좋다.

* 보건복지부 한약처방100 가지 약효

오수유

학명: Evodia officinalis, E. rutaecarpa
기원: 운향과 낙엽관목

오수유의 미성숙 과실을 약한 불로 건조한 것

■■■**전문가의 한마디**

위병이 오래되어 냉기를 받으면 새콤한 물이나 맑은 물을 토하는 일이 많고, 소화 불량을 일으키는 증상, 부녀의 월경통 등이 적응증이다. 단 고열이 있을 때는 쓰지 않는 것이 좋다.

●식물의 특성과 형태

높이 5m, 잎은 마주나고 홀수 1회 깃꼴겹잎, 꽃은 5~6월에 녹황색 산방화서, 열매는 둥근 삭과로 붉은색이다.

●약초의 성미와 작용

맛이 맵고 쓰며 성질은 뜨겁고 약간 독성이 있다. 간, 비, 위에 작용한다.

●약리효과와 효능

건위작용, 진통작용, 진토작용, 이뇨작용, 항균작용, 자궁수축작용, 혈압상승작용과 두통, 옆구리 통증 및 구토, 치통, 습진 등을 치료한다.

●주요 함유 성분과 물질

Evodene, Evodine, Evodiamine, Rutaecarpine, Evolitrine, Limonin, Evodol, Synephrine, Higenamine 등이 함유되어 있다.

●채취시기와 사용부위

가을에 미성숙한 과실을 채취하여 햇볕에 말려 사용하거나, 감초 달인 물에 침지하여 약하게 화건한다.

●효과적인 용량과 용법

하루에 1.5~4.5g을 복용한다. 혹은 환으로 만들어 사용한다.

●사용상 주의사항

음허증, 손기동화, 유열무한 사람, 한체유습이 없는 사람은 사용해서는 안된다.

【알기 쉽게 풀어쓴 임상응용】

난위지통

• 오수유는 난위산한의 효능이 있으므로 위산이나 한수과다, 음식물이 위액에 잠겨서 발생한 기포가 일으키는 위병을 치료하는 요약이다. 위병이 오래되어 냉기를 받으면 새콤한 물이나 맑은 물을 토하는 일이 많고, 소화불량을 일으키는 증상, 복부냉통과 설사를 자주 하는 증상, 부녀의 월경통 등이 적응증이다. 단 고열이 있을 때는 쓰지 않는 것이 좋다.

• 위에 상처가 있어 통증이 있을 때 오수유를 쓰면 난위, 이기, 지통의 효과가 나타난다. 위에 가벼운 통증이 있거나, 통증이 없어도 위액을 심하게 토하면 오수유로 위산을 억제해야 한다. 위가 부풀고 가슴이 답답하면서 트림을 할 때도 오수유로써 이기지통하면 좋을 때가 있다. 단 이상의 증상에는 제량을 반드시 조절해야 하고 배합 또한 정확을 기해야 한다.

• 복부의 냉통이 멎지 않아 그 부위에 습포를 하면 시원하게 느껴지는 증상은 만성장염이나 위장의 신경성수축증 및 장내 기생충으로 인한 것이다. 이때는 건강, 현호색, 정향, 육계, 백작을 넣어 쓰면 좋다.

• 오수유에는 각기를 치료하는 효능이 있다. 한습각기상역으로 인한 심한 복통으로 사람을 알아보지 못할 때는 목과, 빈랑 등을 넣어 쓴다.(오수목과탕) 이외 각기에 쓰이는 계명산도 오수유를 군약으로 한 방제이다.

• 오수유는 월경통을 치료하는 효능이 있다. 평소 체질이 허약하여 기체나 어혈이 있을 때는 증에 맞는 방제에 오수유 5~8분을 넣어 쓰면 지통의 효능이 증강된다.

기타응용

• 오수유에는 구충작용이 있다. 동물실험으로도 증명되어 있으며, 회충으로 인한 복통이나 담도회충에 의한 협늑의 격통에 이용한다.

• 오수유는 충치로 인한 통증에 세신, 정향과 같이 가루 내어 쓰면 좋다.

• 오수유를 가루 내어 초에 섞어 족심에 바르면 인화하행하여 구설생창을 치한다.(특히 소아에게 좋다)

* 보건복지부 한약처방100 가지 약초

육계(계피)

학명: Cinnamomum loureirii, C, cassia
이명: 계피, 모계, 대계, Cinnamomi Cortex

계피나무 줄기 껍질을 건조하여 말린 것

■■■전문가의 한마디

부자, 숙지황, 산약, 산수유, 택사, 복령, 목단피 등과 배합하여 신장의 양기 부족으로 인한 제반의 갱년기 장애와 퇴행성 관절염을 치료한다.

●식물의 특성과 형태

육계나무의 수피를 약용하며 계수나무의 수피는 약용하지 않는다. 얇은 나무껍질은 손상을 최소화하기 위해서 대롱모양으로 만다.

●약초의 성미와 작용

맛은 맵고 성질은 따뜻하다. 신장, 방광, 비장에 작용한다.

●약리효과와 효능

민간에서 수정과 만들 때 쓰이는 계피의 한약명이다. 손발이 찬데, 허리와 무릎이 시고 아픈데, 비위가 차고 소화가 안 되며 설사하는데 사용한다.

●주요 함유 성분과 물질

휘발성 정유성분이 1~2%, 주성분은 Cinnamic aldehyde가 75~90%

이고, 그 외 점액질, Tannine 등이 함유되어 있다.

●채취시기와 사용부위

8~10월 사이에 5~6년 이상 자란 나무의 줄기껍질을 벗겨 처음에는 햇볕에 말리다가 다음 그늘에서 말려서 사용한다.

●효과적인 용량과 용법

하루 1.5~6g을 탕약, 가루약, 알약의 형태로 복용한다.

●사용상 주의사항

더운 성질의 약이므로 열증이 있거나 임신부에게는 쓰지 않는 것이 좋다.

【알기 쉽게 풀어쓴 임상응용】

온난장양
• 육계는 산한지통의 효능이 있으므로 허한증상을 제거하고, 쇠퇴한 생리기능을 강장케 한다. 육계는 유질이 풍부하기 때문에 단독으로써도 효과가 충분하며, 유질의 손실을 방지하기 위한 방법으로 전제보다는 산제나 환제로 쓴다. 특히 만성질환에는 환제를 가장 많이 쓴다. 2. 육계에는 장양의 효능이 있어 성기능을 왕성하게 한다. 성기능감퇴에는 어떠한 증상에 써도 좋다. 노인에게는 녹용을 배합할 필요가 있으며, 대부분환으로 쓴다.

【참고】 육계와 계지의 비교 둘 다 온영혈, 조기화, 산한응하는 효능이 있음. 육계는 신감, 대열하고 작용이 강하여 온리지통하고, 신양을 보양하여 인화 귀원함. 계지는 신감, 온하고 작용이 완화하여 발표산한함 한다. 계심(육계의 cork층을 벗긴 것은 심비경에 들어가 보영활혈하므로 심복냉통에 적합. 외과의 옹저, 두창의 내탁에도 사용함. 육계와 부자의 비교 효능이 유사하여 병용하는 경우가 많음. 부자는 기분에 작용하고, 육계는 혈분에 작용한다.

* 보건복지부 한약처방100 가지 약초

회향(소회향)

학명: Foeniculum vulgare
이명: 회향, 향자, 토회향, Foeniculi fructus

회향의 성숙한 과실

■■ 전문가의 한마디

진통작용과 위를 튼튼하게 하는 작용이 있다. 두충, 보골지 등을 배합하여 허리가 시리면서 아픈 증상을 다스린다.

●식물의 특성과 형태

남유럽 원산, 크기 1~2m, 꽃은 7~8월에 피고 황색이며 산형화서이다.

●약초의 성미와 작용

맛은 맵고 성질은 따뜻하다. 위와 방광, 신장에 작용한다.

●약리효과와 효능

간의 기운이 퍼지지 못하고 뭉쳐 있거나 아랫배가 차고 아플 때, 허리가 아플 때, 구토와 함께 복통이 있을 때 등에 효과가 있다.

●주요 함유 성분과 물질

정유성분이 3~6%이며 주성분은 anethole, fenchone이다. 이 외에도 α-pinene, α-phellandrene, camphene, dipentene, anisaldehyde와 지방유 등이 함유되어 있다.

온리약

●채취시기와 사용부위

9~10월에 성숙한 열매를 채취하여 소금물에 담그었다가 불에 볶은 후 햇볕에 말려서
이용한다.

●효과적인 용량과 용법

하루에 4~12g을 복용한다.

●사용상 주의사항

음액이 부족하고 열이 심한 사람은 복용을 피해야 한다.

【알기 쉽게 풀어쓴 임상응용】

건위리기

• 소회향에는 건위산한, 이기지통의 효능이 있으므로 만성위병이 위산과다로 되어 약간의 한냉한 기를
받으면 통증이 자주 나타나고 산수 또는 청수를 토하며 트림과 구역이 날 때 사인, 소엽, 백두구 등과 같이
쓰면 근본적인 치료도 된다.

• 만성위염에서 보이는 위한구토는 약간 과식을 하면 곧 위가 부풀어 기분이 나쁜데 이럴 때는 진피, 백
출, 반하를 넣어 쓰면 좋다.

• 소회향은 장의 연동역을 증강하고 가스의 배출을 촉진하므로 통증을 완해하는 데 쓴다. 소화기질환이
나 복부수술 후에 배에 가스가 괴는 경우에는 후박, 목향, 창출과 같이 쓰면 좋다.

온난산한

• 소회향은 산한리기지통의 효능이 있으므로 산증을 치료하는 요약이다. 한산동통이나 음낭이 붓고 아
플 때는 육계, 침향, 오약 등을 넣어 쓴다.(난간전) 또 배꼽 주위가 당기고 아픈 경우에도 흔히 활용한다.

• 소회향은 약간의 장양효과도 있으므로 성기능이 감퇴되어 두혼, 요통을 호소할 때 장양약에 넣어 쓰면
좋다.

• 요통이 장기화하여 허리 및 하지에 통증이 오고 탈력감으로 보행이 어려울 때는 속단, 육종용, 구척, 보
골지를 넣어 쓰면 좋다. 이렇게 쓰면 척추의 병변으로 인하여 하지마비가 생기고 말단부가 냉하며 반사,
지각신경의 감퇴 혹은 소실될 경우에도 좋다. 증상이 심하면 부자, 우슬을 더 넣어 쓴다.

• 풍습병이 오래되어 관절이 변형하고 마비를 병발할 때도 소회향을 보조약으로 쓰면
좋을 때가 있다.

【참고】

원래의 생약명은 회향이나(KP, JP) CP에서는 소회향이라 하기 때문에 회향보다
작은 것을 소회향으로 오인하고 간혹 시라자(Anethum graveolens)가 소회향으
로 유통되고 있으니 주의해야 한다.

무릎과 허리의 통증이나 시린 거에 좋은

정향

학명: Eugenia aromatica, E, caryophyllata
이명: 송정향, 공정향, Lepidii semen

온리약

236

●식물의 특성과 형태 높이 약 20m, 잎은 난형, 몰루카 섬 원산이며, 잔지바르가 세계적인 산지, 줄기는 매끈하며 잎은 타원형이다.

●약초의 성미와 작용 맛은 맵고 성질은 따뜻하다. 비장, 위, 신장에 작용한다.

●약리효과와 효능 신장의 양기 부족으로 오는 무릎과 허리의 통증이나 시린 거에 좋으며, 생식기가 차고 아픈데, 회충증 등에도 좋다.

●주요 함유 성분과 물질 꽃봉오리에는 Eugenol, Acetyl euggenol, Chavicol, Eugenol salcylate, βCaryophyllene, Humulene, Epoxydihydrocaryophyllene 등이 함유되어 있다.

●채취시기와 사용부위

늦은 여름에 꽃봉오리가 풀색으로부터 분홍색으로 변할 때 따서 햇볕에 말린다.

●복용방법 하루 1~3g을 탕제, 가루약, 알약 형태로 먹는다.

●사용상 주의사항 열이 있는 증상과 진액이 마르고 열이 왕성한 데는 쓰지 않는다.

●임상응용 복용실례

건위, 억균 작용이 있으며 향이 좋아 서양요리에서 향신료로도 사용된다. 인삼, 생강 등과 배합하여 위장 기운이 부족하고 차가워 생기는 구토증을 다스린다.

본초학 제 8 장
이기약

기병을 치료하는 한약을 말한다.
이기약은 일반적으로 맛이 맵고 성질이 따뜻하며 폐경, 비경, 위경, 간경에 주로 작용하여 기허, 기체, 기역, 기울 등 여러 가지 기병을 예방 치료하는 데 쓴다. 이기약은 작용상 특성에 따라 보기약, 행기약, 강기약, 해울약으로 나눈다. 또는 보약에 속하는 보기약을 제외한 나머지를 이기약에 포함시키기도 한다.

가슴과 배가 부풀고 아픈 것, 구토, 설사에 효과적인

목향

학명: Saussurea lappa
이명: 운목향, 청목향, 밀향, Aucklandiae radix

당목향, 천목향, 월서목향, 토목향의 뿌리

■■**전문가의 한마디**

체한 것, 가슴과 배가 부풀고 아픈 것, 구토, 설사, 아랫배에서 대퇴부 쪽으로 당기는 증상 등을 다스린다. 인삼, 백출, 사인 등을 배합하여 만성설사를 다스린다.

●식물의 특성과 형태

높이 1.5~2m, 줄기와 뿌리가 굵다. 꽃은 7~8월에 두상화서, 수과는 타원상 원형, 관모는 2층 깃털모양이다.

●약초의 성미와 작용

맛이 맵고 쓰며 성질은 따스하며 폐와 간과 비장에 작용한다.

●약리효과와 효능

장위의 기운이 체한 것을 치료하는 중요한 약으로, 가슴과 배가 부풀고 아픈 것, 구토, 설사, 아랫배에서 대퇴부 쪽으로 당기는 증상 등을 다스린다.

●주요 함유 성분과 물질

뿌리와 뿌리줄기의 정유(1~5%)를 식혀 결정을 얻는데 이것을 helenin이라고 한다. inulin 44%, 정유 0.3~3%를 함유하고 있다.

●채취시기와 사용부위

가을과 겨울에 채취하여 잔뿌리를 제거하고 햇볕에 말리고, 생용하거나 밀기울로 구워서 사용한다.

●효과적인 용량과 용법

한번에 2~6g을 복용한다. 기를 운행하고 통증을 멈추는 데는 대개 생용하고, 설사를 멈추는 데는 구워서 사용하며 탕제에 넣을 때는 오래 달이지 말아야 한다.

●사용상 주의사항

음이 허하고, 진액이 부족한 사람은 피해야 한다.

【알기 쉽게 풀어쓴 임상응용】

이기지통

• 목향은 강한 향기가 있고 휘발 성분을 풍부하게 함유하여 이기효과가 진피보다 좋으며 2전을 쓰면 이기지통작용이 일어난다. 주로 소화기의 만성염증과 창통의 증상에 사용된다. 또 목향에는 약간의 항균작용도 있으며 소화기의 방제는 목향을 배합하거나 군약으로 하는 것이 대단히 많다.

• 위통이 있고 기체가 있어 동통이 극심할 경우에는 목향을 쓰는 것이 가장 좋다. 목향은 지통소창의 효능이 있으므로 사인, 후박, 현호색과 같이 쓰면 지통작용이 더욱 강해진다. 단, 급성위경련의 통증에 쓸 때는 용량이 과다해서는 안되고 8분~1전 정도로 한다. 장시간 달이면 휘발성분이 사라져 효과가 줄어든다. 통증이 심하지 않을 때는 5~8분 정도만 써도 된다.

• 위, 십이지장궤양이나 위하수와 위궤양의 절제 한후에 소화능력이 감퇴하고 창통이 올 때는 황기, 부자, 건강, 백출 등을 넣어 쓰면 자양에 도움이 되고 난위, 이기지통한다.

• 목향은 담산통(담낭염, 담석)을 완해하는 효과가 있으므로 황금, 오매, 지각, 세신, 현호색 등을 넣어 해경지통하는 데 쓰면 아주 좋다. 결석에 의한 통증에는 금전초, 대황과 같이 쓰면 지통작용이 훨씬 좋아진다.

• 목향의 장내 가스를 제거하는 작용은 후박과 비슷하다. 목향은 장의 연동을 촉진하고 가스 배출력을 증가하므로 장안에 가스가 정체될 때는 어느 경우나 쓰면 좋다. 진피와 같이 써도 좋으며 차와 같이 복용해도 좋다. 만약 장염이나 이질 후에 장에 가스가 찰 때는 단향, 지각과 같이 쓰면 좋다.

지사지리

• 목향에는 항균작용이 있으며 특히 대장균이나 이질균에 대한 효력이 크기 때문에 이질 치료에 사용되는 요약이며 급, 만성에 모두 적합하다. 격렬한 하리는 물론 만성하리에도 목향을 쓰면 좋은 효과가 얻어진다.

【수치】 종이에 올려 구워 쓰면 지사작용이 증가된다.

【참고】 탕제에 넣으면 방향성이 휘발하여 약효가 떨어지므로 나중에 넣거나 환이나 산으로 쓰는 것이 더욱 좋다

오약

학명: Lindera strychnifolia
이명: 천태오약, Linderae radix

이
기
약

240

오약의 건조한 괴근

■■■**전문가의 한마디**

행기지통, 온신산한 효능이 있으며 진통, 건위, 장연동 촉진 작용이 있다. 목향, 오수유, 지각 등과 배합하여 차가운 기운이 뭉쳐 된 가슴과 복부의 통증을 다스린다.

●식물의 특성과 형태

높이 5m. 뿌리는 길고 통통하며, 잎은 홀수 1회 깃꼴겹옆, 꽃은 4~5월에 담황색, 9월에 검고 둥근 열매이다.

●약초의 성미와 작용

맛은 맵고 성질은 따뜻하다. 비장과 폐, 신장, 방광에 작용한다.

●약리효과와 효능

찬 기운이 몸 안에 뭉쳐서 된 통증과 생리통, 소변을 자주 보는 증상과 유뇨증, 구토와 소화불량 등에 효과가 있다.

●주요 함유 성분과 물질

1-borneol, linderene 및 그 Acetate, Epicatechin, Hesperidin, Proanthocyanidin B2 등이 함유되어 있다.

●채취시기와 사용부위

겨울과 이듬해 봄에 채취하여 물에 담갔다가 부드러워지면 썰어서 햇볕에 말려서 이용한다.

●효과적인 용량과 용법

하루에 6~12g을 복용한다.

●사용상 주의사항

기운이 허약하거나 몸에 열이 있는 사람은 복용을 피해야 한다.

【알기 쉽게 풀어쓴 임상응용】

이기지통

• 오약의 이기효과는 다른 이기약에 비하여 신속하여 특히 위장 기체에 대한 소산효과가 강하다. 주로 위장의 연동을 촉진하고 가스를 배출하며 경련을 완해하여 지통효과를 나타나게 한다. 기타 기체로 일어난 통증에도 오약을 많이 쓴다. 비록 통증이 완고하더라도 오약을 대량으로 쓰면 아주 좋은 효과를 얻을 수 있다.

• 위장병에서 팽만감이 없어지지 않고 트림이 자주 나오며 소화가 되지 않을 때는 이기약을 사용하여 기가 순조롭게 되면 통증도 가라앉게 된다. 이 때는 향부자, 소엽과 같이 쓰면 좋다. 급, 만성을 불문하고 소화불량으로 일반 소화제가 효과가 없을 때도 오약을 활용하면 좋은 효과를 얻을 수 있다. 이럴 때 중국에서는 5전까지 쓴다. 오약은 소화불량으로 인한 완고한 비적을 제거하는 데 상당한 효과가 있다. 단 가벼운 소화불량에는 소량을 쓰는 것이 좋다.

• 스트레스로 인한 가슴답답, 식욕부진이 생기고 식후에 답답함이 더욱 심해질 때는 시호, 울금을 넣어 쓰면 좋다. 우울형의 정신병에는 행기해울약이 필요하다. 행기해울로 구성된 사마탕은 우울병 치료에 효과가 좋다.

• 오약은 월경 때나 산후의 복통에도 지통효과가 있으므로 생리가 불규칙하고 월경전후에 복창이 있으며 경혈색이 선홍색이거나 자색일 때는 향부자, 현호색, 천련자, 목향, 당귀를 넣어 쓰면 조경지통의 효과를 얻을 수 있고 활혈화어약을 보조하여 활혈통경의 작용을 강하게 한다. 원인이 기체이든 어혈이든 오약은 모두 효과가 있다. 또 생리통에도 활용하는데 이 때는 향부자, 현호색과 같이 쓰면 좋다.

기타응용

• 오약에는 지통효과가 있으므로 가벼운 신경통에도 쓴다. 잠을 잘못 자서 목이 아프거나 삼차신경통, 치신경통에는 승마, 천궁, 백지와 같이 쓰면 좋다. 또 사지나 구간의 신경통에 응용할 수 있는데 견갑 주위나 둔부부위는 순환이 가장 힘든 부분이므로 이 부위에 이상은 항상 지각과 같이 쓴다.

• 각기나 하지종창으로 당기면서 아플 때는 목과, 적소두, 오수유와 같이 쓰면 이뇨지통의 작용이 증강된다.

• 소변이 쌀뜨물처럼 나오면 비해분청음을 활용하는데 여기에도 오약이 쓰이며 탁한 소변을 맑게 하는 효과가 있다.

* 보건복지부 한약처방100 가지 약초

맛이 쓰지만 적체를 제거하고 식욕을 증진하는 효과가 있는

지실

학명: Poncirus trifoliata
이명: 지실, 점자, 선탱자, Aurantii immaturus fructus

탱자나무의 어린 과실

■■■**전문가의 한마디**

자궁수축, 위장운동
항진, 혈압상승, 강심,
이뇨 작용 등이 있고,
가슴이 답답하고 아
픈데, 변비 등에 효과
가 좋다.

●식물의 특성과 형태

높이 3m, 잎은 어긋나며 3출엽, 꽃은 5월에 흰색을 피고, 열매는
둥글고, 향기가 좋다. 미숙과는 녹색이다.

●약초의 성미와 작용

맛은 쓰고 맵고 시며 성질은 약간 차갑다. 비장과 위에 작용한다.

●약리효과와 효능

기가 정체하여 가슴과 배가 그득하고 부푼 것, 가슴이 답답하고
누르면 아픈 것, 부종, 소화불량, 변비 등을 다스리며 근래에 위하
수, 자궁하수, 탈항 등에도 효과가 있다.

●주요 함유 성분과 물질

열매에 Limonene, Linalool, Poncirin, Naringin 등이 함유되어 있다.

●채취시기와 사용부위

5~6월에 저절로 떨어진 것을 수집하여 가로로 쪼개어 쪄서 말린다.

● 효과적인 용량과 용법

하루에 4~8g을 복용한다.

● 사용상 주의사항

소화기가 약한 사람과 임신부는 복용을 피해야 한다.

● 임상응용 복용실례

대황, 후박 등과 배합하여 복통, 변비를 다스린다.

【알기 쉽게 풀어쓴 임상응용】

파기소적

• 지실은 파기소적하므로 기체로 복부팽만하고 비만동통, 오심, 트림, 대변불상할 경우에 쓰면 좋다. 평소 소화기능이 감퇴되어 있으면 보익건위약에 넣어 쓴다. 맛이 쓰지만 적체를 제거하고 식욕을 증진하는 효과가 있기 때문이다. 주로 위장적체에 활용한다. 위통이 있으면 목향, 사인을 더 넣어 쓰는데 향사지출환으로 만성위통의 치료에 아주 좋은 효과가 있다.

• 소화기의 각종 급성염증은 가슴이 답답하여 불쾌하고, 적게 먹어도 소화가 잘 안되며 트림이 자주 나오는데 지실은 파기소적 작용이 강하므로 창출, 계내금, 신곡을 넣어 쓰면 효과가 좋아진다. 복통이나 변비를 수반하면 대황을 넣어 쓰면 효과가 증강된다.

• 담낭염이나 간염이 잘 낫지 않을 때는 백작, 단삼, 울금, 청피를 넣어 쓰면 좋다. 또 지실은 담낭기능을 좋게 하고 담관을 수축하므로 담도회충증에도 활용한다.

• 지실은 위장의 운동을 증강하고 하수된 위장을 올리는 작용을 하므로 자궁탈수, 위하수, 탈항 등에 황기, 승마 등을 넣어 활용한다.

• 지실에 갈근, 황금을 넣어 쓰면 지사효과를 얻을 수 있다. 또 황금, 황련을 넣어 쓰면 상당히 강한 적리균 억제효과가 있으며, 대황, 신곡을 넣어 쓰면 적체를 없애고 변통을 좋게 한다.

화담제비

• 지실은 담적을 제거하는 효과가 있으므로 호흡이 빠른 경우에는 반하, 패모 혹은 침향을 넣어 쓰면 온화한담의 효과를 얻을 수 있다. 급성기관지염으로 담이 많아 뱉어내기 어렵고 어린아이의 경우에는 담궐로 발전하기 쉬우므로 몽석, 대황, 나복자를 넣어 쓰면 담이 대변과 함께 배출되고 호흡이 정상화된다.

• 거동이 불편한 중풍환자는 변비를 일으키기 쉽고 담이 많아 뱉어 내기 어려우므로 지실에 번사엽을 넣고 달여 복용하면 화담완사의 효과가 얻어진다.

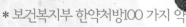

* 보건복지부 한약처방100 가지 약초

진피(귤껍질)

학명: Citrus unshiu
이명: 진피, 귤피, 광진피, 귤껍질, Citri pericarpium

244

●식물의 특성과 형태 높이 5m, 꽃은 6월에 흰색, 열매는 장과로서 편구형으로 지름은 3~4cm이고, 10월에 등황색으로 익는다.

●약초의 성미와 작용 맛은 맵고 쓰며 성질은 따스하다. 비장과 폐에 작용한다.

●약리효과와 효능 가래가 나오고 기침이 있는 경우에도 좋다. 진피는 보약이나 사약을 가리지 않고 광범위하게 쓰이는 약재이다.

●주요 함유 성분과 물질

d-limonine, hesperidin, 비타민 C, 플라보노이드 등이 함유되어 있다.

●채취시기와 사용부위 가을에 완숙과실을 채취하여 과피를 벗겨서 햇볕에 말린다.

●복용방법 오래된 것일수록 좋으며 4~12g을 복용한다.

●사용상 주의사항 몸 기운이 없는 사람이나 진액이 부족하여 마른기침을 하는 사람은 복용을 피해야 한다.

●임상응용 복용실례

위액분비촉진, 소화 작용이 있고, 속이 거북하고 식욕이 부진한데, 구토, 기침, 가래에 좋다. 후박, 목향 등과 배합하여 배가 더부룩하고 부풀며 미식거리고 식욕없는 증상 등을 다스린다.

천련자(멀구슬나무열매)

학명: Melia azedarach
이명: 고련자, 고련실, 멀구슬나무열매, Toosendan fructus

245

●식물의 특성과 형태 높이 15cm 안팎, 지경 60cm 이며, 수피가 잘게 갈라지며, 잎은 호생하고 기수 2~3회 우상복엽, 꽃은 5월에 핀다.

●약초의 성미와 작용

 맛은 쓰고 성질은 차가우며 약간의 독성이 있다. 간과 위, 소장에 작용한다.

●약리효과와 효능 협통증, 복통, 흉통, 아랫배에서 고환이나 허벅지 쪽으로 뻗는 산통 등을 다스린다. 또한 구충작용도 있어 기생충에도 쓰인다.

●주요 함유 성분과 물질 열매에 Toosendanin, Melianone, 껍질에 Tannin 7%, Nimbiol, Azadiradione, 정유 등이 함유되어 있다.

●채취시기와 사용부위 가을과 겨울에 과실이 성숙할 때 채취한다.

●복용방법 하루 8~12g을 복용한다.

●사용상 주의사항 소화기가 약한 사람은 복용을 피해야 한다.

●임상응용 복용실례

 협통증, 복통, 흉통, 고환이나 허벅지 쪽으로 뻗는 산통 및 기생충증에도 사용된다. 현호색 등과 배합하여 흉통, 협통을 다스린다.

해백

학명: Allii marcrostemon, A. bakeri, A. Chinenseg
이명: 야산, 해근, 해백두, Allii macrostemi bulbus

이기약

산달래와 염부추, 산부추의 뿌리줄기

246

■■■**전문가의 한마디**

가슴이 저리고 아픈 흉비 증상, 가래와 함께 기침을 할 때, 설사 후 뒤가 개운하지 않은 증상 등 사용한다.

●식물의 특성과 형태

비늘줄기는 둥글며 흰색 막질로 덮혀 있고, 잎은 2~9개 이고, 꽃은 5~6월에 흰색~연한 붉은색으로 핀다.

●약초의 성미와 작용

맛은 맵고 쓰며 성질은 따스하다. 폐와 위, 대장에 작용한다.

●약리효과와 효능

가슴이 저리고 통증이 있는 흉비 증상이나 가래와 함께 기침을 할 때, 설사 후 뒤가 무겁고 개운하지 않은 증상 등에 효과가 있다.

●주요 함유 성분과 물질

Alliin, Scorodose, Methyl alliin 등이 함유되어 있다.

●채취시기와 사용부위

여름과 가을에 채취하여 쪄서 말린 후 이용한다.

●효과적인 용량과 용법

하루에 6~12g을 복용한다.

●사용상 주의사항

몸이 허약하고 기운이 없는 사람은 복용을 피해야 한다.

●임상응용 복용실례

과루, 지실, 계지 등과 배합하여 가슴부위가 저리고 찌르듯 아픈 증상이나 가래와 함께 기침이 나는 증상을 다스린다.

간이나 위장에 정체하여 나타나는 창통에 효과가 있는

향부자

학명: Cyperus rotundus
이명: 향부미, 뇌공두, 사초근, Cyperi rhizoma

248

향부자의 가는 뿌리를 제거한 괴경

■■■ **전문가의 한마디**

강심, 이뇨 작용이 있으며 생리불순과 통증을 개선하고, 신경성 소화불량, 가슴과 옆구리 및 배가 아픈 증상, 대하 등에 사용한다. 시호, 작약, 천궁 등과 배합하여 스트레스로 인해 옆구리가 아픈 것을 다스린다.

● 식물의 특성과 형태

높이 15~40cm, 땅속의 뿌리줄기 끝에 덩이줄기가 생김, 꽃은 7~8월에 피며, 열매 수과는 흑갈색의 긴 타원형이다.

● 약초의 성미와 작용

맛은 맵고 약간 쓰면서 달고 성질은 평하다. 간과 비장, 삼초에 작용한다.

● 약리효과와 효능

간의 기가 울체하면 옆구리가 아프고 정신적으로 우울해 지는데 이렇게 간기가 울결된 데에 다스린다.

● 주요 함유 성분과 물질

글루코오즈, 과당, 전분, 정유를 함유한다.

● 채취시기와 사용부위

가을에 채취하여 말려서 이용한다.

●효과적인 용량과 용법

하루에 6~12g을 복용한다.

●사용상 주의사항

몸에 기가 부족하거나 진액이 부족하면서 혈에 열이 있는 사람은 복용을 피해야 한다.

【알기 쉽게 풀어쓴 임상응용】

이기지통

• 향부자는 해울과 이기지통의 요약이며 우울이나 기타 요인으로 간이나 위장에 정체하여 나타나는 창통에 효과가 있다. 특히 향부자는 위장의 질환에 특효를 가진다. 또 간기울체로 인한 각종병증에 활용한다. 협늑, 완복의 창통에는 시호, 청피, 지각 등을(시호소간산), 한응기체로 인한 위완통에는 양강을 넣어 쓴다.(양부환)

• 향부자는 유방결핵을 치료하는 데 좋다. 이 때 청피, 울금, 지각을 넣어 쓰면 좋다.

• 위장병이 좀처럼 낫지 않을 때는 향부자에 양강을 배합한 양부환을 쓰거나, 육군자탕 혹은 향사육군자탕에 향부자를 넣어 쓰면 좋다. 이것들은 위가 냉하고 기울한 경우에 상용하는 방제이다. 갑자기 위통이 발생했을 때 손으로 누르거나 따뜻하게 하면 통증이 줄어들지만 위액을 토하고 따뜻한 음식을 좋아하는 경우에는 사인, 초과, 계지를 넣어 쓰면 지통효과가 좋아진다.

• 향부자는 간장질환을 치료하는 요약이다. 간염이 장기간 낫지 않을 때는 백작, 단삼, 시호, 당삼, 백출 등을 넣어 쓰면 좋다. 간경화의 경향이 보이고 약간 복수가 있을 때는 후박, 청피, 복령, 백출을 넣어 쓰면 치료를 도울 수 있다. 단 급성간염에는 향부자를 써서는 안 된다.

• 만성담낭염으로 통증이 반복되고 식욕부진, 안색창백, 사지냉의 경우에는 금전초, 시호, 울금, 백작 등을 넣어 쓰면 좋다. 이기의 효능이 담낭의 만성염증을 제거한다.

• 만성장염이나 과민성장염 혹은 음식을 잘못 먹었거나 차게 하여 복부가 냉통하고 설사가 자주 나올 때는 부자, 건강, 백편두, 백출 등을 넣어 쓰면 좋다.

행혈조경

• 향부자는 조경하므로 우울이나 번민으로 인하여 월경불순이 생겨 월경이 빨라지거나 늦어지거나 생리통의 정도가 일정치 않을 때는 도인, 현호색, 오약, 천련자, 청피, 소회향, 시호와 같이 쓰면 조경지통의 효과를 얻을 수 있다.

• 월경통의 원인은 아주 많고 통증의 유형에 따라 치료법이 다르지만 이기지통은 필수적이며 향부자가 가장 적합하다. 또한 현호색, 천련자를 넣어 쓰면 지통 효과는 더욱 좋아진다.

0   1cm

위통, 트림, 토산 등의 증상에도 좋은 효과가 있는

청피(귤)

학명: Citrus unshiu, C, reticulata
이명: 청귤피, 청감피, Citri reticulatae viride pericarpium

귤의 익지 않은 열매의 껍질을 말린 것

■■■**전문가의 한마디**

위액분비촉진, 소화작용이 있고, 우울증, 옆구리통증, 젖앓이, 식체, 적취, 학질, 간종대, 간경변, 비장종대에 사용한다.

●식물의 특성과 형태

미숙 귤의 과피로 바깥은 회록색~청록색을 띠고, 꽃대의 자국이 있고 아래쪽에는 둥근 과병의 흔적이 있다.

●약초의 성미와 작용

맛은 맵고 쓰며 성질은 따뜻하다. 간과 담에 작용한다.

●약리효과와 효능

우울증, 스트레스, 옆구리가 결리면서 아픈데, 젖앓이, 식체, 적취, 학질 등에 쓰며 간종대, 간경변, 비장종대 등에도 사용한다.

●주요 함유 성분과 물질

비타민 C, 구연산, 헤스페리딘 등이 함유되어 있다.

●채취시기와 사용부위

늦봄~초여름에 미성숙한 과실의 과피를 채취하여 햇볕에 말린다.

●효과적인 용량과 용법

하루 3~10g을 탕약, 가루약 형태로 먹는다.

●사용상 주의사항

임신부 및 몸에 기가 약한 사람은 주의하여 사용하여야 한다.

●임상응용 복용실례

삼릉, 봉출, 울금 등과 배합하여 여성의 하복부에 생긴 덩어리 및 종양을 다스린다.

【알기 쉽게 풀어쓴 임상응용】

산기해울

• 청피는 이기지통의 효과가 진피에 비하여 강하므로 기울로 일어나는 동통이나 복부팽만에 쓴다. 또 위통, 트림, 토산등의 증상에도 좋은 효과가 있다. 위에 격통이 있고 그 통증이 양 옆구리로 방산되는 경우에는 청피로 이기지통을 다스리면 좋다. 위궤양으로 칼로 베는 듯이 아플 때나 팽만감이 상충하듯이 느껴지며 트림이 나오면 시원해지는 경우에는 청피 1.5 ~ 3전에 후박, 향부자, 오약을 넣어 쓰면 좋다.

• 만성간염에서 간부위에 창통이 있고 소화력이 떨어지거나 황달이 발생하고 심해지면 간종대로 진행될 수도 있는데 이때는 청피에 시호, 목향, 백작, 향부자, 울금을 넣어 쓰면 좋다. 청피는 지통뿐 아니라 식욕을 증진하며 간경변을 방지하는 데 도움이 된다.

• 중증의 소화불량으로 위나 복부의 비만민창을 수반할 때는 일반 소화약으로는 효과를 얻기 어려우므로 향사지출환에 청피를 넣어 쓰거나 목과, 지실을 넣고 환으로 만들어 복용하면 건위소창의 효과를 얻을 수 있다.

• 소아의 소화불량으로 복통, 복창, 복명, 하리가 있고 대변이 무르고 미소화물이 섞여 있을 때는 목향, 백편두, 복령을 넣은 분말에 설탕을 약간 넣어 복용하면 좋다.

• 횡격막이 경련하면서 트림이 자주 나올 때는 청피 2전, 사인 8분, 백두구 8분을 미세하게 가루로 만들어 복용하면 좋다. 신경성 구토나 식욕부진에는 달여서 온복하면 좋다.

• 청피는 담적을 없앨 수 있으므로 담이 많고 뱉어 내기 곤란하며 호흡곤란으로 누울 수 없을 때는 지해화담약에 청피를 넣어 쓰면 좋다.

• 청피는 유방의 양성종양을 치료하는 효과가 있으므로 시호, 울금, 천련자, 울금 등을, 유옹종통에는 포공영, 과루인, 금은화, 감초 등을 넣어 쓰면 좋다.

• 담도염이나 결석이 만성화하면 항상 콕콕 찌르는 통증이 반복해서 나타난다. 담석증의 경우에는 금전초, 울금, 차전초, 계내금을 넣어 담도의 경련을 완해하고 결석의 배출을 촉진하면 좋다. 급성발작의 경우에는 현호색, 천련자와 같이 쓴다.

* 보건복지부 한약처방100 가지 약초

열이 있어 발생하는 딸꾹질에도 이용되는

시체(감꼭지)

학명: Diospyros kaki
이명: 시체, 시전, 시정, 시악, Kaki calyx

●식물의 특성과 형태 감꼭지는 감과실 밑부분에 있는 얇게 넷으로 갈라진 넓적한 꽃받침으로 지름 15~25mm, 두께 1~4mm이다.

●약초의 성미와 작용 맛은 쓰고 떫으며 성질은 평하다. 폐와 위에 작용한다.

●약리효과와 효능 기가 거꾸로 치솟은 것을 내려주는 작용이 있어 열이 있어 발생하는 딸꾹질에도 이용된다.

●주요 함유 성분과 물질 Hydroxytriterpenic acid 0.37%, Oleanolic acid, Betulic acid, Ursolic acid, 포도당, 과당, 지방유, Tannin 등이 함유되어 있다.

●채취시기와 사용부위
가을에 성숙한 감의 꼭지를 채취하여 햇볕에 말려서 이용한다.

●복용방법 하루에 8~16g을 복용한다.

●사용상 주의사항 특별한 복용금기나 주의사항은 없다.

●임상응용 복용실례

진정과 지사작용이 있으며 주로 딸꾹질을 멎게 하는데 차처럼 끓여서 마신다. 정향, 생강 등과 배합하여 속이 차면서 딸꾹질을 하는 증상을 다스린다.

본초학 제9장
소식약

음식물의 소화를 촉진하고 소화불량으로 인한 흉복부의 창만, 식욕부진, 트림, 탄산 및 토산, 오심, 구토, 대변부조 등에 활용하는 약물의 총칭이다.

저산성위염, 편도염, 구내염에 사용하는

계내금(닭모래주머니)

학명: Gallihum corium
이명: 계내금, 계순내황피, Galli stomachichum corium

●**식물의 특성과 형태** 원형이 부서진 조각, 물결모양의 주름, 황색이나 황갈색을 띠고 너비는 3~5cm, 두께는 3mm에 이른다. 단단한 광택성이다.

●**약초의 성미와 작용**

맛은 달고 성질은 평하며 비장, 위, 소장, 방광에 작용한다.

●**약리효과와 효능** 저산성위염, 편도염, 구내염에 사용하며 유정을 낫게 하며 오줌 량을 줄이고 출혈과 설사를 멈추는 작용도 있다.

●**주요 함유 성분과 물질**

αTocopherol, Cholesterol, 3-methyl histidine, Vit. B1, B2 및 C등이 함유되어 있다.

●**채취시기와 사용부위**

닭을 잡을 때 위 속껍질을 벗겨 내어서 물에 깨끗이 씻어 햇볕에 말려 사용한다.

●**사용상 주의사항** 하루 4~12g을 가루약, 알약, 탕약 형태로 복용한다.

●**사용상 주의사항** 너무 소화가 잘되는 사람은 먹지 않는 것이 좋다.

●**임상응용 복용실례** 비위가 약한 식욕부진과 소화불량에 약용하고, 요실금, 유정, 소화 불량, 구토증, 소화정체, 식체, 복부팽만에 사용한다.

소화불량일 때는 산사 신곡 맥아 등과 함께 사용한다.

기운을 내려주어 기침을 멈추게 하는 작용을 하는

나복자(무우씨앗)

학명: Raphanus sativus
이명: 내복자, 나복자, Raphani semen

●식물의 특성과 형태 높이 40~90cm, 꽃은 6~7월에 황백색, 꽃이 핀 다음 꽃받침은 열매를 완전히 둘러싸고 붉은색으로 익음, 열매는 장과로 편압된 구형이다.

●약초의 성미와 작용

맵고 달며 성질은 평하며 독은 없고 폐와 위에 작용한다.

●약리효과와 효능

소화를 돕고 담을 없앤다. 아울러 기운을 내려주어 기침을 멈추게 하는 작용을 한다.

●주요 함유 성분과 물질 지방유, 정유가 함유되어 있다.

●채취시기와 사용부위

여름, 가을에 성숙한 종자를 채취하여 생용 혹은 볶아서 사용한다.

●사용상 주의사항 기운이 약한 이는 피해야 된다.

●임상응용 복용실례

위산 분비촉진과 소화촉진, 복통설사, 해수, 천식, 담제거와 오래된 기침, 변비에 좋다. 산사, 신곡, 진피 등을 배합하여 체해서 배가 부풀어 답답하며 신물이 넘어오는 것을 다스린다.

소화불량, 식욕부진, 구토, 설사를 다스리는

맥아(엿기름)

학명: Hordeum vulgare var, hexastichon
이명: 맥아, 대맥모, 대맥아, hordei fructusgerminiatus

벼과식물인 보리의의 성숙한 자실을 60℃ 이하에서 발아하여 건조한 것

■■■전문가의 한마디

산사, 신곡 등을 배합
하여 소화불량, 식욕
부진 등을 다스린다.
인삼, 백출 등을 배합
하여 소화기가 허약
하여 발생한 식욕부
진등을 다스린다.

●식물의 특성과 형태

맥아는 긴 방수형이며 새싹과 유근이 있고, 엷은 황색으로 배유는
유백색이다.

●약초의 성미와 작용

맛이 달고 성질은 평하며, 비장과 위와 간에 작용한다.

●약리효과와 효능

소화불량, 식욕부진, 구토, 설사를 다스린다. 또한 유즙분비를 억
제하는 작용이 있어 젖을 끊고자 할 때 효과가 있다.

●주요 함유 성분과 물질

전분, 회분, 니트로겐 화합물, 지방, 비타민 B, C등을 함유하고 있
다. 포도당, 맥아당 등이 함유되어 있다.

●채취시기와 사용부위

성숙한 영과를 채취하여 발아시켜 맥아로 만들어 햇볕에 말려서

사용한다. 약간 볶아 사용하기도 한다.

●효과적인 용량과 용법

한번에 12~20g을 복용한다.

●사용상 주의사항

수유기에는 피하고 오래 복용하지 않으며 소화기가 약한 사람도 피해야 한다.

●임상응용 복용실례

흔히 민간에서는 소화제처럼 사용하며 소화불량, 식욕부진, 구토, 설사 등에 사용한다.

【알기 쉽게 풀어쓴 임상응용】

건위소식

• 맥아는 당질식품의 적체를 없앨 수 있고 각종 소화불량의 증상에 쓴다. 맥아에 함유된 소화효소와 비타민B는 소화액의 분비를 촉진한다. 사용할 때는 살짝 볶아서 써야 한다. 새까맣게 볶으면 소화효소가 감퇴하여 효과가 줄어든다.

• 떡이나 면류의 과식으로 위장이 창통할 때는 신곡, 진피를 넣은 후 진하게 달여 복용하면 좋다. 대변이 굳어 배설하기 어려울 때는 나복자를 넣어 쓴다. 이것은 평소에 만성위염이 있어 소화기능이 감퇴되었을 때도 쓰면 좋다.

• 맥아는 소화기의 궤양이나 위하수 등도 치료하는 작용이 있다. 항상 위통이 있고 뜨거운 음식을 먹으면 통증이 가벼워지고, 냉한 음식을 먹으면 복부가 팽창하여 위에 냉감을 느낄 때는 맥아, 황기 각1양, 백출 3전, 건강 1전을 환제로 만들어 1일에 2전씩 복용하면 좋다.

• 만성간염이나 간 기능의 이상으로 항상 간 부위가 아프고 식욕이 없을 때는 맥아 5전을 달여 설탕을 약간 넣어 복용하면 좋다. 이것은 특히 식욕부진에 효과가 현저하다. 또 맥아와 시호, 백작을 같이 쓰면서 누워서 쉬게 하면 간 종대를 치료하는 효과가 있다.

기타응용

• 산모가 모유축적과다로 유방이 붓고 아프면 생맥아 3전을 달여 3일간 계속 복용하면 유즙 분비가 중지된다.(단 효과가 없을 수가 있는데 이것은 맥아의 품질 때문이다)

• 맥아에는 부종을 없애는 작용이 있으므로 영양불량으로 생기는 부종이나 대사기능 부전에 의한 부종에 쓰면 좋고 백편두, 당삼, 황기, 의이인을 넣고 환으로 하여 쓴다.

• 맥아는 위장질환에 빈발하는 구토, 담도질환으로 구고, 흉복통 등 여러 가지 소화기질환의 증상에 보조약으로 쓴다. 산후에 복창하여 잠을 이루지 못할 때에도 맥아를 쓰면 좋다.

257

혈압을 내리는 작용이 있는

산사자(산사)

학명Crataegus pinnatifida BUNGE
이명: 산사, 아가위, 찔광이, 당구자

산리홍, 산사 또는 야산사의 성숙한 과실

■■■**전문가의 한마디**

모세혈관 확장작용, 혈압강하작용, 혈중 콜레스테롤을 감소시키는 작용이 있음이 밝혀졌다. 맥아, 신곡, 나복자 등과 배합하여 육류를 먹고 체한 것과 설사 등의 증상을 다스린다.

●식물의 특성과 형태

과실은 구형 또는 배와 같은 형태로 직경은 2.5cm이고 표면은 심홍색으로 광택이 있고 회백색의 작은 반점이 있다.

●약초의 성미와 작용

맛은 시고 달며 약간 따스한 성질이 있다. 비장과 위, 간에 작용한다.

●약리효과와 효능

비위의 기능을 돕고 소화를 촉진하는 효능이 있으며 특히 육류 즉, 지방과 단백질의 소화시키는데 좋은 효과를 나타내는 약재이다. 또한 어혈과 뭉친 것을 풀어주고 산후 복통에도 이용된다.

●주요 함유 성분과 물질

hyperoside, quercetin, anthocyanidin, oleanol acid, tartaric acid, citric acid, crategolic acid와 당류, vitamin C, tannin 등이 함유되어 있다

● 채취시기와 사용부위

가을에 성숙한 과실을 채취하여 씨를 제거한 뒤 이용한다.

● 효과적인 용량과 용법

하루에 4~20g을 복용한다.

● 사용상 주의사항

소화기가 약한 사람이나 위산과다증이 있는 사람은 복용을 피해야 한다.

【알기 쉽게 풀어쓴 임상응용】

건위소식
• 산사는 건위약으로 소화흡수 기능을 증진시키고 특히 육류의 과식으로 인한 소화불량, 복부팽만감 등의 증상을 제거하는 효능이 있다. 산사에는 지방 분해효소가 포함되어 있으므로 특히 육류소화에 탁효가 있다. 단독으로 달여 먹어도 좋고 생으로 몇 개를 먹어도 좋으며, 맥아, 신곡, 나복자, 목향과 같이 달여 먹어도 좋다. 이렇게 쓰면 이기건위의 효과도 얻게 된다. 소아의 소화불량, 복통, 설사에는 산사에 맥아, 신곡, 감초를 넣어 쓴다.
• 소화흡수 기능이 감퇴하여 식욕이 현저히 줄고 과식하면 배가 불러 소화가 어렵고 신체가 야위며 항상 변비의 증상이 나타나면 산사, 맥아 각 1양, 빈랑 3전을 달여 환제나 산제로 계속 복용하면 좋다. 단 위산과다에는 안 된다.

혈압강하
• 산사에는 혈압을 내리는 작용이 있으므로 동맥경화성심장병으로 인한 고혈압에 산사 1양을 진하게 달여 복용하면 좋다. 산사에는 혈관을 확장하고 혈류의 저항을 줄이는 작용이 있어 혈압강하 효과는 완만하나 지속된다. 계속 복용하면 효과가 아주 좋다. 또 산사는 콜레스테롤을 줄이는 효과가 있어 혈중지질을 줄이는 작용도 현저하다.

활혈화어
• 산사는 활혈화어의 효능이 있으므로 어혈이 정체하여 생기는 여러 증상을 치료하는 데 적합하다. 산후에 오로가 완전히 나오지 않으면 복통이 계속되고 출혈이 계속되는 증상이 나타난다. 산사를 사용하면 자궁수축작용이 있으므로 자궁내의 어혈을 신속히 배출하고 자궁의 복위를 촉진, 지통, 지혈의 효과를 얻을 수 있다.

구충지리
• 산사에는 구충작용이 있으므로 소아의 장내에 기생하는 회충에는 빈랑, 사군자와 같이 쓰면 좋다. 산사를 매일 복용하면 구충을 도모할 수 있고, 빈랑 2전을 넣고 달여 밤에 복용하면 다음 날 구충된다.

＊ 보건복지부 한약처방 100 가지

259

체했을 때, 가슴이 답답하고 그득할 때, 구토와 설사를 할 사용하는

신곡

학명: Triticum aestivum(Common wheat)
이명: 신국, 육신곡, Massa medicata fermentata

＊ 보건복지부 한약처방100 가지 약초

참밀의 피와 다른 약물을 혼화한 후 발효하여 가공한 약누룩

●식물의 특성과 형태 일종의 혼합재료 발효약재로 모양이 일정치 않으며 황갈색 또는
갈색의 덩어리이다. 질은 분말을 뭉쳐 놓은 것으로써 쉰 냄새와 약간 쓴맛이 난다.

●약초의 성미와 작용

맛은 달고 매우며 성질은 따뜻하다. 비장과 위에 작용한다.

●약리효과와 효능 체했을 때, 가슴이 답답하고 그득할 때, 구토와 설사를 할 때, 산후에
어혈로 인해 배가 아플 때 등에 효과를 나타낸다.

●주요 함유 성분과 물질 정유, 지방유, glycosite, vitamin B 등이 함유되어 있다.

●채취시기와 사용부위 밀가루와 밀기울, 적소두 분말, 행인 분말, 청호의 즙 등을 반죽
하여 발효시킨 후 이용한다.

●복용방법 한번에 8~20g을 복용한다. 9 - 15g, 포전한다. 혹은 환, 산제로 사용한다.

●사용상 주의사항

비장의 허약한 사람과 위에 열이 많은 사람은 복용을 피해야 한다.

●임상응용 복용실례 건위작용이 있다. 산사, 맥아 등과 배합하여 체하거나 소화불량,
배가 그득하고 불편한 것, 설사 등을 다스린다.

본초학 제 ⑩장
구충약

장에 쌓인 독을 설사시켜 없애주는

고련피

학명: Melia azedarach var, haponica, M, toosendan
이명: 고련피, 연근목피, Meliae cortex

●식물의 특성과 형태 높이 15m, 잎은 어긋나고, 2~3회 홀수 깃꼴겹잎. 꽃은 5월에 피고, 잎겨드랑이에 원추화서로 달리며, 연한 자줏빛이다.

●약초의 성미와 작용 맛은 쓰고 성질은 차며 독이 있다. 간 비장 위 대장에 작용한다.

●약리효과와 효능 회충, 요충, 십이지장충 등을 죽이는 작용을 한다. 장에 쌓인 독을 설사시켜 없애므로 요독증이나 옴, 창양 등에 사용한다.

●주요 함유 성분과 물질

고련피-Toosendanin, Nimborin A,B, Fraxinellone, Kulinone 등이 함유되어 있다.

●채취시기와 사용부위 늦은 봄부터 이른 여름 사이에 뿌리를 캐서 물에 씻은 다음 껍질을 벗기거나 줄기껍질을 벗겨 햇볕에 말려 사용한다.

●복용방법 하루 6~10g을 달임약, 환제, 산제로 복용한다. 외용시 가루 내어 개어 바른다. 비위가 허하고 찬 사람은 복용하지 못한다.

●사용상 주의사항 고련피를 구충약으로 쓸 때는 설사약을 따로 쓰지 않고, 축적이 되므로 쓰는 양에 주의해야 하며 신체가 허약하고 본디 소화기가 약한 사람은 피해야 된다.

●임상응용 복용실례 구충효과, 요독증이나 옴 창양 등에 사용한다. 인진, 울금 등과 함께 복용하여 담도내의 구충을 없애는 작용을 한다.

대소변에 피가 나오는 것을 다스리는

관중

학명: Dryopteris crassirhizoma
이명: 면마, 관중, Crassirhizomae rhizoma

●식물의 특성과 형태

약재는 긴 원추형으로 둔원형, 하부는 약간 뾰족하고 구부러져 있으며 길이 10~20cm, 지름 5~8cm 정도 표면은 황갈~흑갈색, 횡단면은 갈색이다.

●약초의 성미와 작용

쓰고 서늘한 성질이며 약간 독이 있다. 간과 위에 작용한다.

●약리효과와 효능 구충작용이 있고 출혈증상 즉 코피, 피 토하는 것, 대소변에 피가 나오는 것을 다스린다.

●주요 함유 성분과 물질 filmarone, aspidin, albaspidin, aspidinol 등을 함유하고 있다.

●채취시기와 사용부위 봄, 가을에 채취하여 줄기, 잔뿌리를 제거하고 햇볕에 말림, 수렴성을 높일 경우에는 볶아서 사용한다.

●복용방법 5~12g을 복용한다.

●사용상 주의사항 진액이 부족하면서 열이 있는 사람과 임신부는 피해야 한다.

●임상응용 복용실례 구충작용, 출혈증상, 코피, 토혈, 대소변 출혈 등 치료에 사용한다.

사군자, 빈랑 등을 배합하여 기생충으로 인한 복통을 다스린다.

인체의 기를 잘 통하게 하는

빈랑

학명: Areca catechu
이명: 빈랑자, 빈랑나무 종자, 산빈랑, 빈랑손, Arecae semen

264

●식물의 특성과 형태 둔한 원추형 또는 편평한 구형, 크기는 15~35×15~30mm, 조금 특이한 냄새, 떫은 맛과 쓴 맛이 있다.

●약초의 성미와 작용 맛은 쓰고 매우며 성질은 따뜻하다. 비장과 위, 대장에 작용한다.

●약리효과와 효능 인체의 기를 잘 통하게 하고 수분대사를 원활하게 하여 체하거나 배속이 더부룩하고 아플 때, 설사를 계속하거나 부종이 있을 때도 이용된다.

●주요 함유 성분과 물질 Alkaloid 0.3~0.6% 함유, 주성분은 Arecaine, Arecilin, Arecoline, Arecaidine, Guvacine, Guvacoline, Tannin, Hydroxychavicol 등이 함유되어 있다.

●채취시기와 사용부위
봄과 겨울에 채취하여 껍질을 제거한 뒤 물에 담그었다가 햇볕에 말려서 사용한다.

●효과적인 용량과 용법
하루에 2~12g을 복용한다. 구충약으로 사용할 때는 40~60g씩 쓰기도 한다.

●사용상 주의사항 기가 허한 사람이나 탈항이 있는 사람은 복용을 피해야 한다.

●임상응용 복용실례 구충, 항균, 항바이러스 작용 등이 있으며 각종 기생충증에 사용된다. 목향 등을 배합하여 계속 설사를 하면서 뒤가 무거운 증상을 다스린다.

* 보건복지부 한약처방100 가지 약초

변이 굳으면서 변비가 있을 때 효과를 나타내는

비자

학명: Torreya nucifera
이명: 비자, 적과, 향비, 비자나무 종자, Torreyae semen

●식물의 특성과 형태

높이 25m, 줄기 껍질은 회갈색, 잎은 넓은 바늘 모양, 꽃은 암수 딴그루로 4월에 핀다.

●약초의 성미와 작용

맛은 달고 성질은 어느 한 쪽으로 치우지지 않고 평하다. 폐와 위, 대장에 작용한다.

●약리효과와 효능 기생충의 체외 배설을 도와주는 작용이 있다. 여러 가지 기생충병, 변이 굳으면서 변비가 있을 때 효과를 나타낸다.

●주요 함유 성분과 물질 지방유가 많이 함유되어 있는데 특히 palmitic acid, oleic acid, stearic acid 등이 함유되어 있으며, 이외에도 tannin, 정유, 다당류 등이 함유되어 있다.

●채취시기와 사용부위

가을에 성숙한 종자를 채취하여 내피를 제거하고 햇볕에 말려서 이용한다.

●복용방법 하루에 6~12g을 복용한다.

●사용상 주의사항 너무 과다하게 복용하면 설사를 유발하는 등의 부작용이 있다.

●임상응용 복용실례 각종 기생충 질환에 사용하고, 약한 사하 작용이 있어 기생충의 체외 배설을 도와준다. 사군자, 대산 등과 배합하여 십이지장충, 회충, 요충 등에 구충약으로 사용한다.

* 보건복지부 한약처방100 가지 약초

비위의 기능을 원활히 하는 작용도 있는

사군자

학명: Quisqualis indica
이명: 오릉자, 유구자, 시군자인, Quisqualis fructus

●식물의 특성과 형태 타원형-난원형으로 4~6개의 세로줄, 횡단면은 5각 별모양, 종피는 얇으며 약한 향기와 맛은 조금 달다.

●약초의 성미와 작용 맛은 달고 성질은 따뜻하다. 비장과 위에 작용한다.

●약리효과와 효능 사군자는 구충의 목적으로 회충으로 인한 복통과 소아감적 등에 좋은 효과를 나타낸다. 비위의 기능을 원활히 하는 작용도 있다.

●주요 함유 성분과 물질 열매에는 Arachidic acid, 지방유 20~27%가 있으며 지방은 Oleic acid, Linoleic acid 등 종피에는 Quisqualic acid 등이 함유되어 있다.

●채취시기와 사용부위

가을에 과실이 자흑색으로 변할 때 채취하여 건조하여 이용한다.

●복용방법 하루에 12~20g을 복용한다. 볶아서 사용할 경우 향기가 더욱 좋아지며 효과도 조금 더 좋은 것으로 알려져 있다.

●사용상 주의사항 많은 양을 먹으면 딸꾹질, 어지럼증, 구토 등의 부작용이 나타날 수 있으므로 주의하여야 한다.

●임상응용 복용실례 화중증으로 인한 복통과 소아감적에 사용한다. 구충제로 흔히 사용된다. 후박, 대황 등과 배합하여 기생충으로 인해 배가 아프고 대변이 나오지 않는 증상을 다스린다.

본초학 제 11 장
지혈약

혈액응고를 촉진하고 출혈을 멎게 하는 약물의 총칭.
초탄시 수렴지혈 작용이 강해진다.

양혈지혈약
성질이 한랭해 혈열망행으로 인한 출혈증을 치료한다.
수삽지혈약
혈소판응고를 항진하여 지혈시키는 약물이다.
온경지혈약
허한성 출혈에 활용하는 약물. 양허로 인해 혈을 섭혈하지 못해 생기는 변혈, 자궁허약으로 인한
붕루 및 월경과다 등에 보양하는 약과 함께 활용한다.

괴화(회화나무)

학명: Sophora japonica
이명: 회화나무, 괴화, 괴미, 괴화미, 홰나무꽃

268

●식물의 특성과 형태 연주상으로 길이 1~6cm, 지름 0.6~1cm정도로 표면은 황록색 또는 황갈색으로 쭈그러져 거칠고, 질은 부드럽고 연하여 건조하면 쭈그러져 절단하기 쉽다.

●약초의 성미와 작용 맛은 쓰고 성질은 평하다. 간과 대장에 작용한다.

●약리효과와 효능

 열을 내리고 혈의 열을 없애 피나는 것을 멈추게 한다. 장출혈, 자궁출혈, 피를 토하는 데, 코피, 혈변을 누는데 등 모세혈관장애로 인한 여러 가지 출혈에 사용한다.

●주요 함유 성분과 물질 rutin, sophoradiol, soporin 등이 주성분이다.

●채취시기와 사용부위 여름철에 채취하여 생용하거나 혹은 까맣게 볶는다.

●복용방법 피가 나는 데는 까맣게 볶아서 쓰고 고혈압 등에는 약간 볶아서 하루 6~9g을 탕약, 가루약, 알약 형태로 복용한다.

●사용상 주의사항 진액이 부족한 자와 대변이 단단한 자와 출혈증이 없으면 사용하지 말아야 한다.

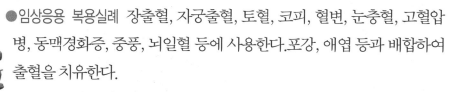

●임상응용 복용실례 장출혈, 자궁출혈, 토혈, 코피, 혈변, 눈충혈, 고혈압병, 동맥경화증, 중풍, 뇌일혈 등에 사용한다. 포강, 애엽 등과 배합하여 출혈을 치유한다.

감기, 피부병, 부종, 대하증 등에 사용하는

대계(엉겅퀴)

학명: Cirsium maachii, C. pendulum, C. rhinoceros
이명: 대계, 마계, 산우계, Cirsii japonici herba

●식물의 특성과 형태 높이 0.5~1m, 꽃은 6~8월에 자줏빛, 지름 3~5cm, 수과는 길이 3.5~4mm, 관모는 길이 16~19mm이다.

●약초의 성미와 작용 맛은 쓰고 성질은 서늘하며, 심과 간에 작용한다.

●약리효과와 효능 열을 내리고 피가 나는 것을 멈추며 어혈을 삭이고 부스럼을 낫게 한다. 감기, 피부병, 부종, 대하증 등에 사용한다.

●주요 함유 성분과 물질 alkaloid, volatile oils 등이 함유되어 있다.

●채취시기와 사용부위

여름철 꽃피는 시기에 전초를 채취하여 햇볕에서 말려서 사용한다.

●복용방법 하루 30~60g을 달여 먹거나 즙을 내어 복용한다.

외용약으로 쓸 때는 신선한 것을 짓찧어 붙이거나 달인 물로 씻어서 사용한다.

●사용상 주의사항 소화기가 약하면서 어혈이 없는 이는 피해야 한다.

●임상응용 복용실례

출혈증, 감기, 피부병, 부종, 대하증 등에 사용한다.

생지황 등과 배합하여 각종 출혈에 사용한다.

소계(조뱅이)

학명: Cephalonoplos segetum
이명: 소계, 청자계, 건침초, Cephalonoplosi herba

270

●식물의 특성과 형태 엉겅퀴 일종, 높이는 25~50cm, 경생엽은 장타원상 피침형, 꽃은 5~8월에 자주색, 열매는 깃털이 있다.

●약초의 성미와 작용 맛은 달고 성질은 서늘하다. 간과 비장에 작용한다.

●약리효과와 효능 열을 내리고 지혈작용과 함께 이뇨작용을 가지고 있다. 이뇨와 이담작용, 혈압강하 작용이 비교적 우수하여 간염과 신장염, 고혈압 등에도 응용되고 있다.

●주요 함유 성분과 물질 alkaloid, saponin 등이 함유되어 있다.

●채취시기와 사용부위

여름과 가을에 채취하여 잘 씻어서 햇볕에 말려서 이용한다.

●복용방법 하루에 12~40g을 복용한다.

●사용상 주의사항

소화기가 약하고 속이 차면서 어혈이 없는 사람은 복용을 피해야 한다.

●임상응용 복용실례

지혈작용, 백혈구의 탐식작용을 촉진하는 작용, 항암작용, 항균작용, 자궁수축작용, 혈압강하작용, 항염작용 등이 있다. 포황, 목통, 활석 등과 배합하여 소변에 피가 섞여 나오는 것을 다스린다.

각종 출혈증에 널리 이용되는

선학초(짚신나물)

학명: Agrimonia pilosa
이명: 선학초, 용아초, 낭아초, 낭자, Agrimoniae herba

●식물의 특성과 형태 높이 30~100cm, 잎은 깃꼴겹잎, 꽃은 6~8월에 황색, 열매는 수과로 꽃받침에 싸임, 줄기의 기부는 목질화 된다.

●약초의 성미와 작용 맛은 쓰고 떫으며 성질은 평하다. 폐와 간, 비장에 작용한다.

●약리효과와 효능

수렴하는 작용과 지혈하는 작용을 가지고 있어 각종 출혈증에 널리 이용되고 있다.

●주요 함유 성분과 물질 Agrimoniin, Agrimonolide, Luteolin-7-βglucoside, Tannin, Sterol, 유기산, 페놀성 성분, Saponin, Gallic acid 등이 함유되어 있다.

●채취시기와 사용부위 여름과 가을에 채취하여 물에 담그었다가 햇볕에 말려서 이용한다.

●복용방법 하루에 8~16g을 복용한다.

●사용상 주의사항 감기로 인해 오한이 나면서 발열이 있는 사람은 복용을 피해야 한다.

●임상응용 복용실례

지혈작용, 항암작용, 항염작용, 지사작용을 가지고 있으며, 선학초의 알콜 추출물과 agrimolid는 강심작용과 혈압상승작용이 있다. 생지황, 측백엽, 대계, 소계 등과 배합하여 발열을 동반한 각종 출혈증을 다스린다.

애엽(약쑥)

학명: Artemisia argyi, A. princeps Var. orientlis, A. montana
이명: 의초, 첨애, 애, 약쑥, 참쑥, Artemisiae argi folium

지혈약(온경지혈약)

애호(황해쑥)의 엽

272

■■■**전문가의 한마디**

애엽은 산한거습, 활혈지통의 작용이 뛰어나므로 풍습성관절통, 근육통, 신경통, 마비, 산통, 두통 등에는 뜸을 뜨는 것이 좋다. 애엽은 복부를 따뜻하게 하고 조경의 작용이 있으므로 허한에 따른 월경과다, 자궁출혈 및 태루에 쓴다.

● 식물의 특성과 형태

높이 60~120cm, 꽃은 7~9월에 원줄기 끝에 원추화서, 열매는 수과로 1.5×0.5mm이다. 약재는 지상부를 사용한다.

● 약초의 성미와 작용

맛은 맵고 쓰며 성질은 따뜻하고 약간의 독성을 가지고 있다. 간과 비장, 신장에 작용한다.

● 약리효과와 효능

복부가 차면서 아프거나 월경부조, 자궁이 차서 임신이 안되는 증상 등에 효과가 있다.

● 주요 함유 성분과 물질

황해쑥은 정유를 함유하며 Cineol(Eucalyptol)이 가장 많고, 이외에 β-Caryophyllene, Linalool, Artemisia alcohol, Camphor, Borneol 등이 함유되어 있다.

●채취시기와 사용부위

여름에 꽃이 아직 피지 않았을 때 채취하여 햇볕에 말려서 이용한다.

●효과적인 용량과 용법 하루에 4~12g을 복용한다.

●사용상 주의사항 음액이 부족하여 열이 나는 사람과 진액이 부족한 사람 및 과다 출혈을 한 사람의 경우에는 복용을 피해야 한다.

●임상응용 복용실례

지혈 및 항균작용이 있고, 각종 냉증, 월경부조, 자궁이 차서 임신이 안 될 때 좋고, 각종 열성출혈증을 다스린다. 애엽, 아교, 천궁, 당귀, 작약, 지황, 감초 등과 배합하여 붕루와 하혈을 다스린다.

【알기 쉽게 풀어쓴 임상응용】

조경지혈
• 애엽은 복부를 따뜻하게 하고 조경의 작용이 있으므로 허한에 따른 월경과다, 자궁출혈 및 태루에 쓴다. 생용하면 조경하고 초탄하면 지혈한다. 타기관의 출혈에는 거의 쓸 기회가 없다. 단 체질허약의 출혈에는 써도 좋지만 발열증이 있으면 금해야 한다. 월경과다, 희발월경, 월경기 연장으로 권태감, 두혼, 목현, 하복부냉통, 설담, 맥허를 보일 때는 아교로 보혈하고 애엽으로 온경지혈 하는 궁귀교애탕을 쓰면 좋은 효과가 있다.
• 애엽은 자궁벽을 깨끗이 박탈하는 작용이 있으므로 자궁내막이상 또는 박탈에 의한 기능성출혈에 쓰면 좋다. 증상이 반복되면 측백엽, 포황, 아교, 당삼을 넣어 보혈, 온경지혈을 도모하면 좋다.
• 애엽에는 안태의 효능이 있으므로 임신 3개월경에 유산의 징후를 보이면 아교, 당삼, 상기생, 두충을 넣어 쓰면 좋다. 태루로 대량출혈을 보이면 측백엽, 상기생, 토사자를 넣어 쓰면 좋다. 임신기에 출현하는 각종 출혈증상의 방지는 임신 3개월 이내 2주마다 당귀, 백작, 황기, 토사자 등의 안태약과 같이 복용하면 좋다.

산한지통
• 애엽은 산한거습, 활혈지통의 작용이 뛰어나므로 풍습성관절통, 근육통, 신경통, 마비, 산통, 두통 등에는 뜸을 뜨는 것이 좋다.

항균소염
• 1. 애엽은 항균지리의 작용이 있으며 그 효과는 마치현에 비슷하다. 이때의 용량은 1양을 필요로 한다.
• 애엽을 태우면 환경소독이 된다.
• 뜸을 할 때 쓰는 애구의 주요한 원료생약이다.

* 보건복지부 한약처방100 가지 약초

지유(오이풀)

학명: Sanguisorba officinalis S, hakusanensis, S, sitchensis
이명: 지유, 백지유, 지유근, Sanguisorbae radix

274

●식물의 특성과 형태 높이 1~1.5m, 꽃은 7~9월에 어두운 홍자색으로 핀다. 열매는 수과로 난형으로 날개가 있다.

●약초의 성미와 작용 맛은 쓰고 달고 시며 성질은 약간 차갑다. 간과 대장에 작용한다.

●약리효과와 효능 치질로 인한 출혈과 대변출혈에 좋으며, 설사, 이질, 위장출혈, 객혈, 생리량 과다증, 위산과다증 등에 효과가 있다.

●주요 함유 성분과 물질 ziyu-glycoside I과 ziyo-glycoside II 등이 함유되어 있다.

●채취시기와 사용부위

가을 또는 봄에 뿌리를 캐서 잔뿌리를 다듬은 뒤에 물에 씻어 햇볕에 말린다.

●복용방법 하루 6~12g을 탕약, 가루약, 알약 형태로 먹는다.

●사용상 주의사항 이질의 초기와 몸이 허약하면서 냄새가 없는, 물과 같은 설사를 하는 사람은 복용을 피해야 한다.

●임상응용 복용실례

항균, 장연동운동억제, 항염, 혈관수축 작용 등이 있다.

황련, 목향, 가자 등과 배합하여 혈성 이질이 오래도록 지속되는 것을 다스린다.

본초학 제 ⑫ 장
활혈거여약

혈액 순환을 원활하게 하며 막히거나 정체되어 있는
어혈을 제거하는 효능이 있는 약재이다.

활혈조경지통약
활혈거여의 작용이 비교적 약하다.

파혈축어소징약
혈소판 응고를 억제하고 혈전을 제거하며 혈관운동 기능을 강화한다.

간염, 담석증, 타박상, 옹종(종양이나 종기)등에 사용하는

강황

학명: Curcuma aromatica, C, longa
이명: 황강, 편자강황, 모강황, Curcumae longae rhizoma

활혈거여약(활혈조경지통약)

●식물의 특성과 형태

길이 2~5cm, 지름 1~3cm로 뿌리의 표면은 짙은 황색이고 항상 황색의 분말이 있다.

●약초의 성미와 작용 맛은 맵고 쓰며 성질은 몹시 따뜻하여 비장과 간에 작용한다.

●약리효과와 효능

생리가 없을 때에, 기혈이 막혀 가슴과 배가 아플 때, 복부 내에 덩어리나 부풀어 오르고 아픈데, 팔이 쑤시는데, 간염, 담석증, 타박상, 옹종(종양이나 종기)등에 사용한다.

●주요 함유 성분과 물질 Curcumin, Turmerone 등이 함유되어 있다.

●채취시기와 사용부위 가을, 겨울에 채취하여 쪄서 햇볕에 말림, 염색약, 각종 요리 향신료, 조미료로 사용, 노란색 카레라이스 재료이다.

●복용방법 가을에 뿌리줄기를 캐서 물에 씻어 삶거나 쪄서 말려 쓰는데 하루 4~10g을 탕약, 가루약, 알약 형태로 먹는다.

●사용상 주의사항 허약한 사람에게는 맞지 않고 기혈이 잘 소통되고 있는 사람은 복용하지 않는 것이 좋다.

●임상응용 복용실례 약리실험 결과 간의 해독기능을 높이고 진통작용,

허리와 무릎이 시큰시큰하며 아프거나 하지마비 등에 사용하는

계혈등

학명: Spatholobus suberectus
이명: 밀화두, 혈풍등, Spatholobi caulis

●식물의 특성과 형태

크거나 작은 원형이거나 비스듬한 절편으로 두께 0.3~1cm이다.

●약초의 성미와 작용 맛은 쓰고 달며 성질은 따뜻하며 간과 신장에 작용한다.

●약리효과와 효능

어혈을 없애고 월경을 고르게 하므로 혈이 허한 증상이 있거나 생리통, 월경이 없는 경우나 허리와 무릎이 시큰시큰하며 아프거나 하지마비 등에 사용한다.

●주요 함유 성분과 물질 Suberectin, Daidzein, Calycosin, Formomometin, Pyromucic acid, βSitosteril 등이다.

●채취시기와 사용부위 조잡한 것들을 제거한 후 사용한다.

●복용방법

하루 9~15g을 탕약으로 먹거나 술에 우려서 복용하며 고를 만들어 복용하기도 한다.

●사용상 주의사항 평소 생리량이 많거나 출혈이 있는 등 혈에 열이 있는 사람은 사용해서는 안 된다.

●임상응용 복용실례 혈액 순환을 원활, 어혈을 풀고 월경 및 생리통 등에 효과가 있다.

도인(복숭아씨)

학명: Prunus persica, P. davidiana
이명: 도인, 핵도인, 복숭아나무, 산복사, Persicae semen

복숭아나무의 익은 열매의 씨를 말린 것

■■■전문가의 한마디

어혈의 정체는 도인을 이용하여 치료하면 좋다. 약성이 온화하여 부작용이 적고 임부를 제외하고는 적용범위가 비교적 넓은 편이다.

●식물의 특성과 형태

높이 6m, 꽃은 4~5월에 연한 붉은색으로 잎보다 먼저 개화, 꽃잎은 5개, 수술은 많고 자방은 털이 밀생한다.

●약초의 성미와 작용

쓰고 달며 성질은 평하고 독은 없으며, 심과 간과 대장에 작용한다.

●약리효과와 효능

혈의 움직임을 활발히 하며 어혈을 없애므로 생리불순, 생리통에 주로 쓰이다. 피부가 가렵고 건조하거나 기미나 주근깨 등에 바르고 변비 ,설사에도 좋다.

●주요 함유 성분과 물질

사과산, 구연산, 비타민 A, B1, B2, B6, C, E, 나이아신, Emulsin, Amygdalin 등이 함유되어 있다.

●채취시기와 사용부위

익은 열매를 채취하여 과육과 핵각을 제거하고 종인을 모아 햇볕에 말려서 사용한다.

●복용방법 하루 6~10g을 탕약, 알약, 가루약 형태로 복용한다.

●사용상 주의사항 임신부에게는 쓰지 않는다.

●임상응용 복용실례

어혈제거로 생리불순과 생리통, 외용제로 피부 가려움과 건조한 데, 기미, 주근깨에 사용하고, 변비, 설사에도 좋다. 도인 유향 몰약 등과 배합하여 외상으로 멍이 든 것을 다스린다.

【알기 쉽게 풀어쓴 임상응용】

활혈화어

• 어혈의 정체는 도인을 이용하여 치료하면 좋다. 약성이 온화하여 부작용이 적고 임부를 제외하고는 적용범위가 비교적 넓은 편이다. 혈관벽응혈증으로 인한 하복통, 생리통에 특히 효과가 좋다. 가벼우면 도인만 단독으로 쓰고 심하면 홍화를 넣어 쓸 필요가 있다.

• 도인은 부인과의 요약으로 월경지연, 복통, 경행불창, 경혈자색에 덩어리가 섞이면 모두 자궁염증에 속 발하여 어혈이 모이기 때문이므로 이런 경우에는 홍화, 천궁, 적작 등을 넣어 쓰면 좋다. 월경은 지연되지 않으나 기간에 복통이 있고 경양이 과소하며 자색이고 혈괴가 섞인 것도 어혈의 정체가 원인이므로 도인을 쓰는 것이 좋다. 만일 어혈이 항상 괴장을 이루면 시호, 적작, 황금, 현호색을 넣어 쓰면 좋다.

• 도인은 자궁근종, 자궁경관폴립, 난소낭종, 즉 징하에도 쓰면 좋다. 도인은 어혈을 유체함이 없이 순환 시키는 작용을 할 뿐 아니라 종양세포를 파괴하는 작용도 한다.

• 도인은 중풍의 반신불수에도 치료 효과가 있다. 뇌일혈이나 뇌혈전의 초기에 도인을 쓰면 혈관 밖으로 나온 어혈을 점차 제거하여 마비의 회복을 촉진시킬 수 있다. 또 혈전도 치료하는 작용을 한다. 또 혈관의 폐색을 소통하고 염증을 없앨 수 있다.

통변배농

• 도인은 윤장하는 작용이 있으므로 노인의 변비나 수술 후의 변비에 꿀이나 마자 인, 과루인, 행인과 섞어 복용하면 좋다. 단 장기간 쓰지 않는다.

• 폐옹이나 장옹은 열울어체에 속한다. 그러므로 청열해독약을 쓸 때에 도인을 좌약으로 쓰면 설열소옹에 도움이 된다. 장옹에는 대황, 목단, 동과인 등을 넣어 쓰고, 폐옹에는 노근, 동과인, 의이인을 넣어 쓰면 좋다.

* 보건복지부 한약처방100 가지 약초

소목(소방목)

학명: Caesalpinia sappan
이명: 소방목, 소방, 적목, 홍자, Sappan lignum

두과물인 소목의 건조한 심재

■ ■ **전문가의 한마디**

정형외과에서 질타어
통을 치료할 때 유향,
몰약, 혈갈, 자연동 등
과 같이 쓰면 좋다.

●식물의 특성과 형태

가지에 드물게 가시가 있고, 잎은 어긋나며 깃꼴겹잎, 꽃은 원추
화서 황색, 열매 꼬투리는 납작한 긴 타원형이다.

●약초의 성미와 작용

맛은 달고 짜며 성질은 평하다. 심장과 간, 비장에 작용한다.

●약리효과와 효능

혈액순환을 촉진시키고 어혈과 종기를 없애며 진통작용을 가지
고 있다.

●주요 함유 성분과 물질

Brasilin이 약 2%, Tannin 및 Sappanin, α1-Phellandrene, Ocimene 등
이 주성분인 정유를 함유하고 있다.

●채취시기와 사용부위

연중 수시로 채취하여 껍질을 벗겨내고 햇볕에 말려서 이용한다.

●복용방법

하루에 4~12g을 복용한다.

●사용상 주의사항

혈이 부족한 사람과 임신부는 복용을 피해야 한다.

●임상응용 복용실례

혈액응고를 촉진하는 작용, 중추신경억제작용, 항균작용, 혈관수축작용 등이 있다.

유향, 몰약, 혈갈, 자연동 등과 배합하여 타박상으로 붓고, 아픈 것을 다스린다.

【알기 쉽게 풀어쓴 임상응용】

• 소목은 활혈통경, 산어지통의 효능이 있으므로 질타손상, 어종동통 및 혈체경폐, 통경, 산후어조 등에 활용한다. 손상어통에는 유향, 몰약, 혈갈, 홍화 등을 넣어 쓰고, 경폐, 통경 등에는 적작, 당귀미, 도인, 홍화등을 같이 쓴다.
• 정형외과에서 질타어통을 치료할 때 유향, 몰약, 혈갈, 자연동 등과 같이 쓰면 좋다.

【참고】

소목과 홍화의 비교 활혈통경, 소어지통하는 작용이 있어 부인과 조경에, 외과에서는 지통에 상용함. 소목은 편량으로 거풍화혈하는 작용에 중점을 둔다. 홍화는 온성으로 최생타태하는 작용에 중점을 둔다.

* 보건복지부 한약처방100 가지 약

우슬(쇠무릎)

학명: Acyranthes bidentata, A. japonica
이명: 회우슬, 쇠무릎지기, Achyranthis bidentatae radix

비름과 식물인 우슬(쇠무릎)의 근

■■전문가의 한마디

우슬은 하행성이며 월경을 통하게 하고 통증을 멎게 하며 어혈을 없애는 효능이 있다. 월경불창, 복통이 혈폐가 원인일 때는 적작, 천궁, 도인, 홍화와 같이 쓰면 좋다.

● 식물의 특성과 형태

높이 50~100cm, 잎은 마주나며, 8~9월에 수상화서, 열매는 포과로 긴 타원형이며 1개의 종자가 들어 있다.

● 약초의 성미와 작용

맛은 쓰고 시며 성질은 평하다. 간과 신장에 작용한다.

● 약리효과와 효능

혈액의 순환을 원활하게 하고 어혈을 제거하는 작용을 가지고 있어 관절이 저리고 아픈 증상, 허리와 무릎이 시리고 아픈 증상, 근골이 힘이 없는 증상 등에 효과가 있다.

● 주요 함유 성분과 물질

회우슬에는 triterpenoid, saponin이 함유되어 있으며 가수분해하면 oleanol 산이 생성되며, 다량의 칼슘도 함유되어 있다.

● 채취시기와 사용부위

겨울철에 줄기와 잎이 마른 후 뿌리를 채취하여 진흙을 제거한 다음 잘 씻어서 햇볕에 말려서 이용한다.

　복용방법 하루에 6~12g을 복용한다.

●사용상 주의사항 임산부와 월경량이 많은 사람은 복용을 피해야 한다.

●임상응용 복용실례

　혈액순환촉진, 허혈제거, 이뇨, 항알레르기, 항균 작용이 있고, 월경조절, 관절염과 관절통, 요통 등에 약용한다. 도인, 홍화, 당귀, 천궁, 목향 등과 배합하여 어혈로 인해 월경이 멈추거나 생리통이 있는 증상, 산후의 복통 등을 다스린다.

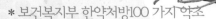

283

【알기 쉽게 풀어쓴 임상응용】

활혈화어
• 우슬은 하행성이며 월경을 통하게 하고 통증을 멎게 하며 어혈을 없애는 효능이 있다. 월경불창, 복통이 혈폐가 원인일 때는 적작, 천궁, 도인, 홍화와 같이 쓰면 좋다. 어혈부통이 장기화하여 항상 기체를 수반할 때는 목향, 오약 등의 이기약을 가할 필요가 있다. 약리 실험에서 우슬은 자궁이완작용이 있으며 월경을 정상으로 회복시킬 뿐만 아니라 그 후에는 자궁수축작용도 있다고 알려져 있다.
• 우슬은 난소낭종, 수난관폐색, 자궁근종 등의 치료에 다른 화어통경약과 같이 쓸 수 있다.

지혈리뇨
• 우슬은 위출혈, 비혈, 토혈, 혈뇨를 중지시키는 작용이 있다. 출혈색이 자색을 띠면 양혈지혈약 중에 우슬을 넣어 쓰면 좋다. 비혈은 괴화, 연근, 지골피와 같이 쓰면 좋다. 또 잇몸에서 출혈하고 종통할 때는 생지황, 현삼, 석고를 넣어 좋은 효과를 얻을 수 있다.

거습강근
• 좌골신경통이 장기간 낫지 않고 근육위축, 경도의 마비, 근장력의 감퇴를 보이면 황기, 당귀, 천궁, 도인, 백출 등을 넣어 쓰면 마비를 예방할 수 있다. 또 척수염의 초기에도 좋은 효과를 얻을 수 있고 당귀미, 천궁, 구척, 진교 등을 넣어 쓰면 화습정통에 좋다.
• 중풍의 반신불수에는 적작, 천궁, 황기, 지룡 등을 넣어 쓰고, 척수염성마비에는 황기, 쇄양, 속단, 구척 등의 보익강장약과 같이 쓸 필요가 있다.
• 우슬은 마비와 신경통에 의하여 일어나는 연축상태를 완해하는 작용이 있다. 근육이 긴장하고 관절이 약간 경화된 경우에는 백작, 전갈, 방기 등을 넣어 쓰면 아주 좋다.

월경불순, 생리통 및 기타 불면, 번조, 불안 등에 사용하는

단삼

학명: Salvia miltiorrhiza
이명: 단삼, 적삼, 목양유, Salviae miltiorrhizae

● 식물의 특성과 형태 높이 40~80cm, 전체에 황백색 연모가 있고 뿌리는 긴 원주형으로 외피는 주홍색, 잎은 마주나고, 홑잎 또는 2회 깃꼴겹잎이다.

● 약초의 성미와 작용 맛은 쓰고 성질은 약간 차며 심과 간에 작용한다.

● 약리효과와 효능 어혈을 없애고 새 피가 생기게 하며 피를 잘 돌리고 월경을 순조롭게 한다. 월경불순, 생리통 및 기타 불면, 번조, 불안 등에 사용한다.

● 주요 함유 성분과 물질

tanshinone A, B, C, isotanshinone, Cryptotanshinone 등이 함유되어 있다.

● 채취시기와 사용부위 가을에 뿌리를 캐서 물에 씻어 햇볕에 말려서 사용한다.

● 복용방법 하루 6~12g을 탕약, 알약, 가루약 형태로 복용한다.

● 사용상 주의사항

어혈이 없는 자는 신중히 써야 된다.

● 임상응용 복용실례

월경불순, 생리통 및 기타 불면, 번조, 불안 등에 사용한다. 당귀, 도인, 홍화, 익모초 등과 배합하여 월경불순과 생리통을 다스린다.

행기해울, 양혈파어 효능이 있는

울금

학명: Curcuma longa
이명: 미술, 황울, Turmeric

●식물의 특성과 형태

높이 1~1.5m, 뿌리는 굵은 난형 덩이뿌리, 잎은 긴 타원형, 꽃은 이삭화서, 열매는 보통 맺지 않는다.

●약초의 성미와 작용 맛은 차고 시고 쓰다. 귀경은 심과 간, 폐에 작용한다.

●약리효과와 효능

행기해울, 양혈파어 효능이 있고, 고독, 금창, 비상독, 산후패혈입심, 요혈, 이통, 자한, 전광, 치, 타혈, 토혈, 통경, 혈적, 황달, 흉복창만 등에 약용된다.

●주요 함유 성분과 물질

뿌리줄기에 황색소, 정유에는 Sesquiterpene(65.5%), sesquiterpene alcohol(22%), d-camper(2.5%), d-campene, d-camphene, Turmerone, p-tolylmethylcarbinol 등이 함유되어 있다.

●채취시기와 사용부위

겨울과 봄에 괴근을 채취하여 약한 불로 건조하여 사용한다.

●복용방법 하루 4.5~9g을 사용한다.

근맥이 경련하고 통증이 있는 증상에 사용하는

유향

유향나무의 간피에 상처를 내어 얻은 수지

●식물의 특성과 형태 높이가 5~6m정도 자란다. 잎은 기수우상복엽으로 어긋나고 줄기의 맨 끝에서 성기게 난다.

●약초의 성미와 작용 맛이 맵고 쓰며, 성질이 따뜻하다.

●약리효과와 효능

가슴과 배 부위가 전체적으로 아픈 것, 근맥이 경련하고 통증이 있는 증상, 외상으로 인한 온갖 병에 효능이 있다.

●주요 함유 성분과 물질

boswellic acid, olibanoresene, araban 등.

●채취시기와 사용부위

봄과 여름에 나무를 벌목해서 나오는 수지를 채취하여 햇볕에 말려서 사용한다.

●복용방법

하루에 3~10g을 복용한다.

●임상응용 복용실례

유향은 간종대를 축소하여 간경화를 연화하는 작용이 있으므로 복부팽만, 협통이 있으면 백작, 단삼, 적작, 모려를 넣어 쓰면 좋다.

생리통, 월경이 멎은 것, 산후 복통 등에 쓰이는

익모초

학명: Leonurus sibiricus
이명: 익명, 익모, 야고초, 곤초, 충초, 야천마, Leonuri herba

●식물의 특성과 형태 높이 1m, 줄기는 네모지고 흰색 털이 있고, 꽃은 7~8월에 연한 홍자색으로 핀다. 열매는 흑색이다.

●약초의 성미와 작용

맛은 맵고 쓰며 성질은 약간 차다. 심장과 간과 방광에 작용한다.

●약리효과와 효능 혈액의 순환을 좋게 하여 월경을 조절하고, 어혈을 없애 주는 효능이 있어 월경이 고르지 않은 것, 생리통, 월경이 멎은 것, 산후 복통 등에 쓰이다.

●주요 함유 성분과 물질

Leonurine, Stachydrine, Leonuridine, Rutin, Benzoic acid 등이 함유되어 있다.

●채취시기와 사용부위 이른 여름 꽃이 피기 전에 전초의 윗부분을 베어 그늘에서 말린다.

●복용방법 하루 6~18g을 탕약, 알약, 가루약 형태로 먹는다.

●사용상 주의사항 임신부는 복용하지 않는 것이 좋다.

●임상응용 복용실례 자궁수축, 호흡중추흥분, 강심이뇨, 이뇨, 강혈압, 장평활근이완, 혈액순환촉진 등의 작용이 있고, 부인과 질환에 주로 사용된다. 당귀, 적작약, 목향과 배합하여 월경이 고르지 않는 것과 생리통 등을 다스린다.

혈압강하, 항균, 자궁수축, 혈액순환촉진 작용 등이 있는

천궁

학명: Cnidium officinale, Lingustieum chuangxiong
이명: 향과, 호궁, 경궁, 궁궁, Cnidii rhizoma

288

●식물의 특성과 형태 높이 30~60cm, 뿌리줄기는 굵다, 꽃은 8월에 흰색으로 피며, 열매는 타원형이고, 날개 같은 흰색 능성이 있다.

●약초의 성미와 작용 맛은 맵고 따뜻하다. 간과 담, 심포에 작용한다.

●약리효과와 효능 인체 내에서 혈액이 잘 돌지 못하면 월경부조, 월경통, 부월경, 두통, 복통 등 여러 가지 증상에 좋은 효과가 있다.

●주요 함유 성분과 물질 정유와 크니드리드, 세다노익산, 아미노산, 알카로이드, 페루릭산 등이 함유되어 있다.

●채취시기와 사용부위 늦은 가을에 서리가 내린 다음 뿌리를 캐서 줄기를 버리고 물에 씻어 햇볕에 말린다. 썰어서 물에 담가 기름기가 빠지도록 우려내서 써야한다.

●복용방법 하루 6~12g을 탕약, 가루약, 알약 형태로 먹는다.

●사용상 주의사항 몸에 진액이 부족하면서 두통이 있거나, 월경과다, 임신부 등의 사람은 복용을 피하는 것이 좋다.

●임상응용 복용실례 진정, 혈압강하, 항균, 자궁수축, 혈액순환촉진 작용 등이 있고, 월경부조, 월경통, 부월경, 두통, 복통 등과 외상이나 타박상 통증에도 좋다.

보건복지부 한약처방100 가지 약초

어혈을 없애며 백혈구 수를 늘려주는

천산갑

학명: Manis pentadactyla
이명: 아산갑, 천산갑비늘, Manititis squama

●식물의 특성과 형태 부채모양의 삼각형, 마름모꼴, 외표면은 흑갈색이나 황갈색으로 광택이 있고, 끝에는 수십개의 세로주름과 가로주름이 있다.

●약초의 성미와 작용 맛은 짜고 성질은 약간 차갑다. 간과 위에 작용한다.

●약리효과와 효능 혈을 잘 돌게 하고 어혈을 없애며 백혈구 수를 늘리고 부은 것을 내리고 고름을 빼며 젖이 잘 나게 한다.

●주요 함유 성분과 물질 각종 단백질과 다종의 아미노산과 지질 등이 함유되어 있다.

●채취시기와 사용부위 아무 때나 천산갑을 채취하여 비늘이 붙은 채로 껍질을 벗겨 끓는 물에 잠깐동안 담갔다가 건져내서 비늘을 뜯어 물에 씻어 말린다.

●복용방법 하루 6~9g 을 분말로 만들거나 혹은 그대로 복용한다.

●사용상 주의사항

기혈이 부족한 사람과 종기가 이미 곪은 사람, 임신부는 복용을 피해야 한다.

●임상응용 복용실례

근골구련, 옹종, 풍습비통에 약용한다.

당귀, 홍화, 별갑 등과 배합하여 무월경을 다스린다.

현호색

학명: Corydalis ternata
이명: 연호, 원호색, 연호색, Corydalidis tuber

현호색과식물인 선열치판연호색의 괴경

■■■ **전문가의 한마디**

현호색은 강력한 지통작용이 있어서 용도가 광범위하며 모든 급, 만성의 통증에 쓴다. 대량을 쓰면 급성동통에도 지통효과가 현저하며, 만성에도 계속 쓰면 효과가 있다.

● **식물의 특성과 형태**

높이 20cm, 땅속에 1cm의 덩이줄기가 있고, 꽃은 4월에 연한 홍자색 총상화서, 열매는 삭과로 편평한 타원형이다.

● **약초의 성미와 작용**

맛은 맵고 성질은 따뜻하다. 간과 비장에 작용한다.

● **약리효과와 효능**

생리통, 두통, 복통, 관절통, 산후 어지러움증, 생리불순 등의 어혈로 인한 각종 증상에 사용된다.

● **주요 함유 성분과 물질**

코리달린, 알칼로이드, berberine, 1-Canadine, protopine, 1-tetrahydrocoptisine 등이 함유되어 있다.

● **채취시기와 사용부위**

봄에 덩이줄기를 캐서 잔뿌리를 다듬은 다음 물에 씻어 햇볕에 말려서 이용한다. 증기에 찌거나 끓는 물에 넣었다가 말리기도 한다.

●효과적인 용량과 용법

하루 3~9g을 복용한다. 혹은 연분하여 0.9-1.5g을 탄복한다.

●사용상 주의사항

임산부와 생리가 잦은 사람은 복용을 피해야 한다

●임상응용 복용실례

진정, 진통, 혈압강하 작용 등이 있고, 어혈은 생리통, 두통, 복통, 관절통, 산후 어지러움증, 생리불순 및 타박상 멍이나 부은 데도 사용한다. 시호, 향부자, 청피, 별갑 등과 배합하여 기나 혈이 막히고 뭉쳐서 가슴과 옆구리, 복부가 아픈 증상이나 생리통을 다스린다.

【알기 쉽게 풀어쓴 임상응용】

• 현호색은 강력한 지통작용이 있어서 용도가 광범위하며 모든 급, 만성의 통증에 쓴다. 대량을 쓰면 급성동통에도 지통효과가 현저하며, 만성에도 계속 쓰면 효과가 있다. 현호색의 지통작용은 유향, 몰약보다 강하고 천오와 거의 비슷하여 어혈정체에 의한 통증뿐만 아니라 염증성통증에도 쓴다. 약리 연구에 의하면 현호색을 내복하면 마취효과가 있고 진통작용을 현저히 높일 수 있다는 것이 알려져 있다.

• 현호색은 위통에 대한 지통효과가 아주 빠르다. 만성적인 위통이 냉하게 하면 심해지고 변색이 흑색이며 격통이 일어날 때는 유향, 포황, 오령지를 넣어 쓰면 좋다. 통증이 멎은 후에는 오적골, 백작, 감초를 넣어 쓰거나 혹은 백급, 백작을 넣어 쓰면 상당히 좋은 효과를 얻을 수 있다. 또 현호색에 수렴지혈약을 넣어 쓰면 산어지통의 효과가 강화되고, 기타 원인으로 인한 위경련통에는 향부자, 후박을 넣어 쓰면 좋다.

• 좌골신경통, 요척추신경통, 삼차신경통 및 뇌신경통 등에도 현호색을 쓰면 좋다. 배합에 금기는 없으며 보통 지룡, 천오와 같이 달여 전갈말을 타서 복용하면 좋다.

• 관절통이 좀처럼 낫지 않고 차게 하면 더욱 심해지며 발적도 종창도 보이지 않을 때는 현호색을 거습지통약과 같이 쓰면 좋다. 현호색은 온성이므로 발작 초기에 관절이 붉게 부어 있을 때는 쓰지 않는다. 만성에는 한습, 풍습을 막론하고 천오, 황   및 단삼, 천궁, 적작과 같이 쓰면 좋다.

• 현호색은 생리통의 상용약으로 자궁내의 어혈정체나 자궁경관 협착으로 일어나는 통증에 대한 효과가 좋다.

* 보건복지부 한약처방100가지 인용

어혈정체에 의한 질병을 제거하는 효능이 있는

홍화

학명: Carthamus tinctorius
이명: 자홍화, 초홍화, 홍란, 잇꽃, Carthami flos

잇꽃의 꽃을 말린 것

■■■**전문가의 한마디**

홍화는 생리통을 치
료하는 요약이다. 어
혈정체로 월경전 혹
은 월경기간에 하복
통, 경혈흑자색에 혈
괴가 섞이고 소량이
며, 설변이 흑자색일
때 홍화를 쓰면 아주
좋다.

●식물의 특성과 형태

높이 1m, 꽃은 7~8월에 노란색으로 피며 엉경퀴와 모양이 비슷하
며 시간이 지나면 붉은색으로 변한다.

●약초의 성미와 작용

맛은 맵고 성질은 따뜻하다. 심장과 간에 작용한다.

●약리효과와 효능

어혈로 인한 생리통이나 생리가 나오지 않는 것, 산후 오로가 완
전히 나오지 않는 것, 삐거나 타박상에 좋다.

●주요 함유 성분과 물질

칼륨, 마그네슘, 칼슘, 백금, carthamin, saflor yellow, carthamidin,
lignan 등이 함유되어 있다.

●채취시기와 사용부위

이른 여름 노란꽃이 빨갛게 변할 때 꽃을 채취하여 그늘에서 건조

292

하여 이용한다.

● 복용방법

3-9g, 전복한다. 혹은 환‥산제로 사용한다.

●사용상 주의사항

임산부는 복용을 피해야 한다.

●임상응용 복용실례

자궁수축, 관상동맥확장, 혈압강하, 어혈제거, 혈액순환촉진 작용이 있다. 도인, 유향, 몰약 등과 배합하여 타박상으로 멍들고 아픈 것을 다스린다.

【알기 쉽게 풀어쓴 임상응용】

• 홍화는 응용범위가 넓은 활혈화어약으로 어혈정체에 의한 질병을 제거하는 효능이 있어 산부인과에서 많이 활용한다. 또 심장, 뇌혈관, 신경, 근육 등의 질병을 치료할 수 있다. 혈관내벽응혈증상에 대한 처방은 모두 홍화를 사용하며 도인과 같이 쓰면 더욱 효과가 좋아진다.

• 홍화는 약간의 만성염증에도 좋은 소염효과를 나타낸다. 월경이 늦어지며 시원스럽게 나오지 않고 소량이며 자색으로 덩어리가 섞이고 복통이 있을 때는 도인, 적작을 넣어 쓰면 좋다.

• 어혈로 월경이 없으며 하복팽창하고 누르면 심한 통증이 오며 설변에 자색반점을 보일 때는 홍화를 군약으로 하고 도인, 단삼, 택란, 우슬, 오약등을 넣어 쓰면 좋다.

• 홍화는 생리통을 치료하는 요약이다. 어혈정체로 월경전 혹은 월경기간에 하복통, 경혈흑자색에 혈괴가 섞이고 소량이며, 설변이 흑자색일 때 홍화를 쓰면 아주 좋다. 이때는 도인, 홍화를 군약으로 한 혈부축어탕을 활용하거나 사물탕에 도인, 홍화를 넣어 써도 좋다.

• 빈혈, 어혈로 인한 월경이상이나 자궁내막염, 난관염으로 막힌 것이 원인인 경우에는 유방팽창 외에 복통이 있고 오래 치료되지 않는데 이때는 도인과 같이 쓰면 통어소염효과를 얻을 수 있다. 산후 1개월이 지나도 잔여 어혈이 나오거나 복통, 미열이 있을 때는 도인, 현호색, 천궁 등을 넣어 쓰면 좋다.

• 홍화는 혈전을 용해하고 말초혈관을 확장하며 혈액의 저항을 감소시키는 작용을 하므로 단삼, 천궁, 적작, 현호색, 도인 등과 같이 쓰면 협심증에 좋은 효과를 나타낸다. 또 뇌혈전, 뇌색전 등에도 혈전용해의 효과가 있다.

• 홍화는 급성신경통, 좌골신경통 및 요근육의 피로에서 오는 손상, 척추비대증에 좋은 소염지통약이 되며 주로 오가피, 진교, 위령선, 방풍 등과 같이 쓰면 좋다. 만성화한 것은 1~2전을 쓰면 좋다. 한증에 속하면 육계, 부자, 천오 등을 넣어 쓰면 좋다.

* 보건복지부 한약처방100 가지 약초

봉출

학명: Curcuma zedoaria
이명: 봉아출, 봉아무, 봉출, Zedoariae rhizoma

활혈거어약(파혈축어 소징약)

294

아출의 뿌리줄기를 건조한 것

■■■**전문가의 한마디**

최근에삼릉과 봉출에는 자궁경부암, 간암에 대하여 항암작용이 있음이 발견되었다. 주로 부인과에 많이 쓰는데 무월경 및 기타 어혈이 쌓여서 오는 질환에 쓰면 화어지통의 효과를 얻을 수 있다.

●**식물의 특성과 형태**

생강과 뿌리줄기로 살이 찌고 향기가 강한 연한 노란색, 잎은 긴 타원형, 꽃은 수상화서, 꽃잎은 노란색이다.

●**약초의 성미와 작용**

맛은 쓰고 매우며 성질은 따뜻하다. 간과 비장에 작용한다.

●**약리효과와 효능**

가슴과 복부가 더부룩하면서 아프거나 산후에 어혈로 인해 월경이 멈추거나 각종 타박상 등에 효과가 있다.

●**주요 함유 성분과 물질**

근경에 정유가 1~1.5%, Sesquiterpene류가 주성분이며 Zederone, Zedoarone, Curdione, Furanodiene, Curzerene, Curcumenol 등이 함유되어 있다.

●**채취시기와 사용부위**

겨울에 잎이 마른 후 채취하여 잘 씻어서 찐 후에 햇볕에서 말려서 이용한다.

복용방법 하루에 3-9g, 전복한다

●사용상 주의사항

기와 혈이 부족한 사람과 비위가 허약하여 적취가 잘 생기는 사람은 주의하여 사용하여야 하며, 월경을 과다하게 하는 사람과 임산부는 복용을 금하여야 한다.

●임상응용 복용실례

항암 및 항균작용이 있으며 가슴과 복부가 아프고, 산후에 어혈로 인해 무월경, 각종 타박상 등에 좋다. 삼릉과 배합하여 어혈로 인해 월경이 멈추는 증상을 다스린다.

【알기 쉽게 풀어쓴 임상응용】

활혈화어

• 봉출은 삼릉과 같이 활혈화어의 효능이 있으므로 심한 어혈증을 치료할 때는 삼릉과 같이 쓰면 좋다. 최근에 삼릉과 봉출에는 자궁경부암, 간암에 대하여 항암작용이 있음이 발견되었다. 주로 부인과에 많이 쓰는데 무월경 및 기타 어혈이 쌓여서 오는 질환에 쓰면 화어지통의 효과를 얻을 수 있다.

• 3개월 이상 월경이 없고 어혈의 울적이 심하여 하복창통거안, 번조이노 등의 증상이 있으며 일반 조경약으로 효과가 없을 때는 삼릉, 봉출에 향부자, 오약, 목향 등을 넣어 쓰면 좋다.

• 봉출은 생리통의 치료에 사용되는 요약이다. 생리통이 장기간 치료되지 않고 매월 하복부에 격통이 일어나는 경우에 쓰면 좋다.

항암작용

• 봉출에 함유되어 있는 휘발유는 자궁경부암, 외음부암, 피부암에 대한 항암작용이 있어, 암세포를 직접 죽일 수 있다. 빨리 치료할수록 효과가 좋으며 후기에는 효과가 별로 좋지 않다. 봉출을 쓰면 암 조직을 변성, 괴사, 탈락, 위축, 용해, 소실시킨다. 그럼에도 암주변의 정상조직에는 특히 해가 없다고 보고되어 있으나 약리 작용의 기서는 집중적인 연구가 필요하다.

소적

• 봉출은 식적기체를 제거하므로 소화불량에는 산사, 계내금, 신곡, 맥아, 청피 등과 같이 쓰면 좋다.

【참고】 삼릉과 작용이 비슷하나 다음과 같은 이유 때문에 같이 쓴다. 봉출은 행기작용이 우수하고 삼릉은 파혈작용이 우수하다.

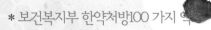

부인과질환에 많이 쓰고 종양세포를 직접 억제하는

삼릉(매자기)

학명: Sparganium erectum
이명: 삼릉, 형삼릉, 경삼릉, Sparganii rhizoma

흑삼릉과 다년생 초본인 매자기의 건조한 괴경

■■■전문가의 한마디

부인과질환에 많이 쓰고 종양세포를 직접 억제하는 작용이 있으므로 도인, 홍화, 적작, 천궁 등을 넣어 위의 종양에 활용하면 상당한 치료효과가 있다.

●식물의 특성과 형태

방동산이과 키 70~100cm, 전체가 해면질, 줄기는 곧고 굵음, 뿌리는 길게 뻗고 끝에 단단한 덩이뿌리가 몇 개 생긴다.

●약초의 성미와 작용

맛은 쓰고 성질은 평하다. 간과 비장에 작용한다.

●약리효과와 효능

혈액과 기의 순환이 정체되거나 월경이 갑자기 멈추면서 복통이 있거나 산후 복통, 체했을 때 등에 효과를 나타낸다.

●주요 함유 성분과 물질

괴경에는 Astringenin, Betulin, Betulinaldehyde, Betulinic acid, Lupeol, Resveratrol, Scirpusin A, Scirpusin B 등이 함유되어 있다.

●채취시기와 사용부위

가을과 겨울에 채취하여 잎과 잔뿌리를 제거한 후 물에 충분히 담그었다가 햇볕에 말려서 사용한다.

●복용방법 하루에 4~12g을 복용한다.

●사용상 주의사항

월경량이 많은 사람과 몸이 허약한 사람은 복용을 피해야 한다

●임상응용 복용실례   호흡촉진작용, 건위작용 등이 있다. 아출, 우슬, 천궁 등과 배합하여 어혈로 인해 생리가 멈추거나 덩어리가 지는 증상을 치료한다.

【알기 쉽게 풀어쓴 임상응용】

활혈화어

• 삼릉은 활혈화어의 효능이 도인, 홍화보다 강하다. 부인과질환에 많이 쓰고 종양세포를 직접 억제하는 작용이 있으므로 도인, 홍화, 적작, 천궁 등을 넣어 위의 종양에 활용하면 상당한 치료효과가 있다. 이를 복용하여도 통증이 있을 때는 사용해도 효과가 없다.

• 부인과질환에 삼릉을 쓸 때는 어혈의 유무를 확인하고 써야 한다. 일반 혈액순환조절 약품을 써도 효과가 없고 복창통이 날이 갈수록 심해지며 덩어리가 만져지며 심한 통증이 일어날 때는 봉출과 같이 쓰면 좋다. 삼릉은 약효가 강하므로 효과가 나타나면 곧 감량하거나 복용을 중단하고 기타 완화약으로 바꾸는 등 신중을 기해야한다.

• 삼릉은 양성종양을 치료하는 작용이 있으므로 난소낭종, 자궁근종 때문에 월경이 시원스럽게 나오지 않고 월경기가 지연되며 하복부에 항상 통증이 있고 누르면 덩어리가 만져지며 월경이 적을 때는 홍화, 도인, 봉출, 우슬, 대황, 천궁, 목단을 넣어 쓸 필요가 있다. 삼릉과 봉출을 같이 쓰면 암에도 상당한 치료효과가 있으므로 자궁경부 또는 질의 악성종양에 삼릉, 봉출, 우황, 반모를 같이 쓰면 항종양효과를 얻을 수 있다.

• 산후 2주일이 지나도 복창통이 멎지 않고 어혈의 배설이 늦을 때는 도인, 천련자, 홍화, 현호색, 적작 등을 넣어 쓰면 좋다. 삼릉을 쓸 때는 환자를 잘 관찰하여 복용 후에 어혈의 배출량이 많아지고 증상이 경감되면 즉각 투약을 중단하고 도인, 홍화로 바꿔야 하며 장기간 복용하면 좋지 않다.

소적지통

• 만성간염, 담낭염, 만성장염, 위하수 등으로 창통증상이 확실하면 소량으로도 통증을 치료할 수 있다. 1전부터 시작하여 효과가 있으면 2전까지 써도 된다.

• 초기의 간경화에 삼릉과 봉출을 쓰면 좋다. 복수를 방지하려면 이뇨약을 배합할 필요가 있다.

【수치】 약재를 깨끗이 씻어 끓는 물에 넣고 약화로 가열하여 50~60%의 수분이 스며들면 일정량의 미초(kg당 400g)를 넣고 다시 80%의 수분이 스며들게 삶은 다음 불을 끄고 용기에서 수분이 없을 정도로 식혀서 햇볕에 말린다.

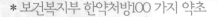

뭉쳐있는 혈액과 덩어리를 풀어주는 작용이 있는

수질(거머리)

학명: Whitmania pigra
이명: 마질, 지장, 말거머리, Hirudo

●식물의 특성과 형태 납작한 원기둥 모양으로 몸체가 약간 구부러져 있고, 길게 늘리면 2~5cm, 너비는 0.2~0.3cm를 이룬다.

●약초의 성미와 작용

맛은 맵고 짜고 쓰며 성질은 평하고 약간의 독성을 가지고 있다. 간에 작용한다.

●약리효과와 효능

혈액순환을 촉진하고 응고되거나 뭉쳐있는 혈액과 덩어리를 풀어주는 작용이 있다.

●주요 함유 성분과 물질 hirudin을 함유하고 있는데, 이것은 거머리의 머리부분의 분비선에서 분비되는 gelatin과 유사한 물질이다. 이 밖에 일종의 histamin양 물질, heparin과 항응혈소를 함유하고 있다.

●채취시기와 사용부위 여름과 가을에 채집하여 끓는 물에 넣어 죽인 뒤 햇볕에 말려서 이용한다.

●복용방법 하루에 4~8g을 복용한다.

●사용상 주의사항 몸이 허약한 사람과 어혈이 없는 사람, 임신부는 복용을 피해야 한다.

본초학 제 13 장
화담지해평천약

거담, 소담시키는 약, 해수, 천식을 완화시키는 약의 총칭.
각기 서로 작용을 겸한다.

온화한담약

약성이 따뜻하고 마른 것이 특징. 폐를 따뜻하게 하여 한사를 없애고 조습,
화담시키는 약물이다.

청열화담약

약성이 한량하여 열담을 청열화담시키는 약물. 청폐 윤조 연견 산결 등의 효능을
겸하고 있는 경우도 있다.

지해평천약

지해, 평천하는 효능으로 해수와 천식에 사용하는 약물. 한열허실에 따라
적당한 약물을 배합해야 한다.

길경(산도라지)

학명: Platycodon grandiflorum
이명: 길경, 고경, 고길경, 길경채, Platycodi radix

300

초롱꽃과 식물인 길경 (도라지)의 근

■■■ 전문가의 한마디

길경은 발산퇴열, 화담지해의 효능이 있으므로 감기로 해수다담, 객담불상, 인통 등을 보일 때 쓴다. 단 한증이 많이 보일 때는 쓰지 않는다.

● 식물의 특성과 형태

높이 40~100cm, 꽃은 보라색, 흰색, 7~8월에 핌, 원줄기 끝에 핌, 꽃받침은 5개, 꽃통은 끝이 퍼진 종모양이다.

● 약초의 성미와 작용

맛은 맵고 쓰며 성질은 평하다. 폐에 작용한다.

● 약리효과와 효능

기침을 멈추고 담을 없애는 작용을 한다. 감기로 인한 기침, 가래, 코막힘, 천식, 기관지염증, 흉막염, 인후통, 두통 등에 사용한다.

● 주요 함유 성분과 물질

Polygalacin D1, -D2, Betulin, Inulin, Platyconin, Polygalacic acid methyl ester, 사포닌 등이 함유되어 있다.

● 채취시기와 사용부위

도라지의 겉껍질에 사포닌이 많이 있으므로 벗겨내지 말고 씻어 달여야 한다.

●복용방법 하루 6~12g을 탕약, 알약, 가루약 형태로 만들어 복용한다.

●사용상 주의사항

진액이 부족하면서 만성으로 기침이 있는 이와 기침에 피가 나오는 사람은 피해야 한다.

●임상응용 복용실례

감기로 인한 기침, 가래, 코막힘, 천식, 기관지염증, 흉막염, 인후통, 두통 등에 사용한다. 상엽, 국화, 행인 등을 배합하여 가래가 끈끈하고 기침이 나는 것을 다스린다.

【알기 쉽게 풀어쓴 임상응용】

지해화담

• 길경은 발산퇴열, 화담지해의 효능이 있으므로 감기로 해수다담, 객담불상, 인통 등을 보일 때 쓴다. 단 한증이 많이 보일 때는 쓰지 않는다. 다른 약으로 보좌하여 쓰기도 한다. 또 자양작용이 없기 때문에 만성 한증에는 적당하지 않고, 급성에 단기간만 사용한다. 증상이 호전된 뒤에는 투약을 곧 중지해야 하며 장기간 복용해서는 안 된다.

• 풍한감기로 기침소리가 크고 호흡이 거칠며 담은 희고 악한, 비색이 있으면 형개, 소엽, 행인, 진피를 넣어 쓰면 좋다. 풍열해수로 초기에 심한 기침이 나오고 호흡이 급하며 쉰 기침소리와 함께 점조한 황색담이 좀처럼 뱉어지지 않을 때는 전호, 박하, 행인을 넣어 쓴다. 해수가 계속되어 건해가 되고 담도 적어지며 인후가 건조하여 통증과 소양감이 생기면 상엽, 맥문동, 천문동, 사삼 등을 넣어 쓰면 좋다. 담열로 해수가 나며 호흡이 거칠고 인후에 다량의 황색 점조한 담이 괴어 좀처럼 나오지 않을 때는 황금, 행인, 과루인, 상백피를 넣어쓴다.

이인소종

• 길경은 인후종통에 효과가 있으므로 급성인후질환을 치료하는 군약이다.

• 급성편도선염 초기로 충혈, 동통, 종창, 발열을 보이면 길경 2전, 금은화 3전, 사간, 감초 각 2전을 넣고 달여 복용하면 좋다. 또 산두근을 넣어 쓰면 더욱 좋다. 길경은 초기에서 중기에 걸친 염증에 쓰면 특히 좋다.

해독배농

• 길경에는 청열화담, 해독배농의 효능이 있어 폐농양의 치료에 좋다. 초기에는 길경 3전에 금은화, 연교를 대량 넣어 쓰면 좋다. 고열해수, 흉통과 악취가 있는 황색의 농담을 객출하면 금은화, 연교, 패모, 어성초를 넣어 쓴다. 농양이 자궤기가 되면 해수와 함께 다량의 성취있는 농혈을 토하는데 이 단계에서는 의이인, 도인, 노근, 패장초, 동과자 등을 넣어 쓰면 좋다.

* 보건복지부 한약처방100 가지 약초

반하(끼무릇)

학명: Pinellia ternata, P. tripartita

이명: 반하, 양안반하, 대반하, 끼무릇, Pinelliae rhizoma

302

천남성과 반하(끼무릇)의 구근

■ ■ ■ 전문가의 한마디

기관지의 분비액을 증가시키고 담액을 배제하는 작용을 한다. 급, 만성성해수, 담다, 흉민기급, 해천 등의 증에는 모두 반하를 응용하면 좋다.

●식물의 특성과 형태

둥근 뿌리줄기는 지름 1cm, 1~2개의 잎이 있으며 작은 잎은 3개, 꽃은 6~7월에 피며 육수화서, 수꽃은 대가없이 꽃밥만 있다. 열매는 녹색 장과이다.

●약초의 성미와 작용

맵고 성질은 따뜻하고 독이 있다. 비장과 위와 폐에 작용한다.

●약리효과와 효능

반하는 습담으로 인한 모든 증상을 다스리는 가장 보편적이며 일반적인 약제로 사용되고 있다. 위를 조화롭게 하고 습기를 말리며 담을 없애고 식체를 삭이는 효능이 있다.

●주요 함유 성분과 물질

Apigenin-6-C-βD-galactopyranoside, βSitosterol, Campesterol, Daucosterol, Choline, Pinellin 등이 함유되어 있다.

●채취시기와 사용부위

채집하여 껍질을 벗긴 다음 썰어서 흐르는 물에 2~3일 담갔다 햇볕에 말려서 불에 살짝 볶아 쓰면 안전하다.

복용방법 하루 4~10g을 탕약, 알약, 가루약 형태로 복용한다.

●사용상 주의사항

오두류의 약재와는 함께 쓰지 말고 혈의 병이 있거나 진액이 부족한 사람은 피해야

●임상응용 복용실례

거담, 진해 등의 효능이 있어 구토, 기침, 가래에 쓰고, 어지럼증, 두통, 위장염 등을 다스린다. 기침, 가래가 묽으면서 많은 증상에 자주 쓰고 기타 구토나 어지럼증, 두통, 위장염 등을 다스린다.

【알기 쉽게 풀어쓴 임상응용】

지해화담

· 반하는 강력한 지해화담의 효능이 있어 호흡기계질환에 상용약이다. 기관지의 분비액을 증가시키고 담액을 배제하는 작용을 한다. 급, 만성성해수, 담다, 흉민기급, 해천 등의 증에는 모두 반하를 응용하면 좋다. 만성기관지염이 오래되어 담이 기도에 몰려 해수, 호흡촉박 등을 보일 때는 복령, 진피, 백출을(이진탕), 숨이 가쁘고 묽은 백색담이 많을 때는 백출, 원지, 남성을, 한상을 겸하면 세신, 건강 등을(소청룡탕), 열담으로 구갈, 황색담을 보일 때는 황금, 패모, 과루인을 넣어 쓴다.

건위지구

· 반하에는 건위의 효과가 있으므로 위허한증으로 맑은 위액을 토하고 식욕감소, 복창 등의 증상이 있으면 황기, 백출, 복령 등을 넣어 계속 복용하면 좋다. 기타 위질환으로 구토증상이 심할 때는 반하를 쓰는 것이 가장 좋으므로 여기에 향부자, 사인, 백출을 넣어 쓴다.

해독산결

· 생반하에는 해독산결의 효능이 있다. 생반하는 피부에 대한 자극은 가벼우나 점막에 대한 자극이 강하여 심할 때는 괴사를 초래할 수 있으므로 단독으로 쓰는 것은 금해야 한다.

· 유방의 양성종양으로 약간 딱딱한 응어리가 생겨 통증이 없거나 혹은 가벼운 촉통이 있을 때는 생반하말2전을 식초와 함께 볶아 환부에 바르면 좋다. 또는 현삼, 모려, 시호, 패모를 넣어 써도 소종산결에 효과가 있다.

* 보건복지부 한약처방100 가지 약초

조협

학명: Gleditsia sinensis
이명: 조자, 조각침, 주엽나무

콩과 조각자나무의 성숙한 과실(조각자, 조협)

■■■전문가의 한마디

마풍, 피선 등의 증후에 활용한다. 마풍에는 대풍자유와 대황 등을 넣어 쓰면 좋고, 피선에는 식초와 함께 진하게 달여 환부에 바르면 좋다.

●식물의 특성과 형태

높이 15~20m, 편평한 가시가 있고, 잎은 어긋나고 1~2회 깃꼴겹잎, 꽃은 6월에 연황색, 열매는 꼬투리이다.

●약초의 성미와 작용

맛은 맵고 성질은 따뜻하다. 간과 위에 작용한다.

●약리효과와 효능

성질이 예리하여 병소에 직접 작용하여 혈을 잘 돌게 하고 부은 것을 내리며 고름을 빼내고 벌레를 죽인다.

●주요 함유 성분과 물질 tannin, triacnthine 등이 함유되어 있다.

●채취시기와 사용부위

조협, 조각자, 조협자 모두 약용하며 수시로 혹은 봄과 가을에 채취하여 물에 담갔다가 햇볕에 건조하여 사용한다.

●복용방법

하루 3~9g을 탕약, 가루약, 알약 형태로 먹는다.

●사용상 주의사항

곪은 것이 이미 터진 데와 임신부에게는 쓰지 않는다. 신체허약자, 유중풍이 음허로 인한 자, 노인, 유아는 사용하지 않는다.

●임상응용 복용실례

평활근진경, 혈압강하, 호흡중추흥분 작용이 있으며 부스럼, 곪은 악창, 나병 등에 약용한다. 금은화, 감초 등과 배합하여 옹저의 초기를 다스린다.

305

【알기 쉽게 풀어쓴 임상응용】

• 옹저종독이 아직 터지지 않았을 때 황기, 유향, 감초를 넣어 쓰면 창독을 내탁하여 빨리 터지게 하는 효과가 있다. 창옹종통에는 천산갑, 금은화, 생감초 등을 넣어 쓰면 좋다.
• 마풍, 피선 등의 증후에 활용한다. 마풍에는 대풍자유와 대황 등을 넣어 쓰면 좋고, 피선에는 식초와 함께 진하게 달여 환부에 바르면 좋다.

【수치】 표피와 현을 제거하고 흑초사용한다.

천남성(호장, 남성)

학명: Arisaema amurense var.serratum, A. amurense
이명: 남성, 반하정, 천남성

천남성과 식물인 천남성의 괴경

■■■ **전문가의 한마디**

황색점조한 담이 잘 뱉어지지 않을 때는 전호, 행인, 황금을 넣어 쓰면 청열화담의 효과가 있다. 만성기관지염으로 발작이 심하고 해수, 호흡촉박, 천명이 있을 때는 반하, 행인, 마황을 넣어 쓰면 좋다.

●식물의 특성과 형태

구경은 편구형이고 지름은 2~4cm, 전초는 높이 15~50cm, 1장의 잎이 5~11갈래 열편으로 갈라져 난상 피침형이다.

●약초의 성미와 작용

맛은 쓰고 매우며 성질은 따뜻하다. 폐와 간과 비장에 작용한다.

●약리효과와 효능

습기를 없애고 담을 삭이며 경련을 멈추고 어혈을 없애는 작용을 한다. 중풍으로 인한 반신불수, 언어장애, 안면신경 마비증에도 많이 사용한다.

●주요 함유 성분과 물질

Triterphenesaponin, Benzoic acid, 전분, Amino acid, Triterpenoid, Saponin 등이 함유되어 있다.

●채취시기와 사용부위

땅속에 묻혀있는 괴경을 캐어 껍질을 벗기고 말려 사용한다.

●복용방법

하루 3~6g(법제한 것)을 탕약, 가루약, 알약 형태로 복용한다.

●사용상 주의사항

유독성분이 함유되어 있어서 허약한 사람이나 임산부에게는 쓰는 것을 조심해야 한

●임상응용 복용실례

담을 삭이며 경련을 멈춤, 어혈 제거, 중풍으로 인한 반신불수, 언어장애, 안면신경 마비증 치료에 사용한다. 반하 복령 지실 등을 배합하여 기침하면서 가슴이 답답한 것을 치유한다.

【알기 쉽게 풀어쓴 임상응용】

화담지해
• 남성을 백반수에 1개월간 담갔다가 생강즙으로 법제한 것은 무독하다. 반하와 같이 강한 화담작용이 있어 기관지염으로 다담에 해수가 있을 때 쓰면 화담지해의 작용을 한다. 황색점조한 담이 잘 뱉어지지 않을 때는 전호, 행인, 황금을 넣어 쓰면 청열화담의 효과가 있다. 만성기관지염으로 발작이 심하고 해수, 호흡 촉박, 천명이 있을 때는 반하, 행인, 마황을 넣어 쓰면 좋다.

화담정경
• 남성에는 화담정경, 진경정간의 효능이 있으므로 전간의 발작전에 가래가 많아 가슴이 심하게 답답하고 번조불안한 증상이 나타날 때 원지, 몽석, 선퇴와 같이 쓰면 발작을 예방할 수 있다. 또 천마를 배합하면 거담정간의 작용이 더욱 강해지므로 교갑에 넣어 쓰면 좋다.
• 남성은 안면신경마비에도 효과가 있다. 이것에는 백부자, 백강잠, 전갈, 지룡을 넣어 쓴다. 환측에 부종이 있을 때는 도인, 적작을 더 넣어 쓴다. 외상으로 일어난 것에는 소량의 남성에 화담약을 넣어 쓰면 된다.

소종산결
• 생남성에는 소종산결, 해독지통의 효능이 있으므로 옹저의 초기에 발적, 열감이 있을 때 식초에 섞어 환부에 바르면 소염소종의 효과를 얻을 수 있다. 독성이 강하므로 외용할 때는 찧어서 식초를 넣고 1시간 후에 써야한다.
• 생남성에는 항암작용이 있어 자궁경부암 치료에 외용으로 쓴다.

* 보건복지부 한약처방100 가지

기침을 심하게 하면서 가래가 끓거나 가슴이 답답할 때 효과가 있는

선복화(금불초)

학명: Inula britannica var. chinensis
이명: 선복화, 금전화, 하국, 금비초, Inulae flos

●식물의 특성과 형태 높이 20~60cm, 줄기는 곧고, 잎은 어긋남, 꽃은 7~9월에 황색, 열매는 수과로 10개의 능선과 털이 있다.

●약초의 성미와 작용 맛은 쓰고 맵고 짜며 성질은 약간 따뜻하다. 폐와 비장, 위, 대장에 작용한다.

●약리효과와 효능 기침을 심하게 하면서 가래가 끓거나 가슴이 답답하고 막혀 있을 때, 구토와 트림이 나거나 명치끝이 그득하고 아플 때 등에 효과를 나타낸다.

●주요 함유 성분과 물질 Flavonoid 화합물과 당 및 Quercetin, Isoquercetin, Caffeic acid, Chlorogenic acid, Inulin(44%), Taraxasterol, Sitosterol, Inulicin 등이 함유되어 있다.

●채취시기와 사용부위

여름과 가을에 막 피기 시작한 꽃을 채취하여 햇볕에 말려서 이용한다.

●복용방법 하루에 4~12g을 복용한다.

●사용상 주의사항 몸이 허약한 사람은 복용을 피해야 하며, 또한 설사를 하거나 마른 기침을 하는 사람은 복용을 피해야 한다.

●임상응용 복용실례 기관지 경련을 풀어주고 가벼운 이뇨작용이 있는 것으로 밝혀졌다.

죽력(참대류 즙액)

학명: Phllostachys nigra var. henosis
이명: 죽력수, 죽즙, 참대기름, Bambusae caulis in liquamen

화담지해평천약(청열화담약)

309

●식물의 특성과 형태 줄기는 높이 10m 내외, 보통 노란색 바탕에 검은색 반점, 잎은 바소꼴이며 꽃은 6~7월에 핀다.

●약초의 성미와 작용 맛은 달고 성질은 차갑다. 심장, 위에 작용한다.

●약리효과와 효능 중풍, 반신불수, 뇌졸중으로 인한 언어 장애와 팔다리가 아픈 것, 화상, 숙취를 치료하는데 활용한다.

●주요 함유 성분과 물질 다량의 당류, 아미노산이 함유되어 있고, 주요성분은 Pentosan류, Lignen류, Triterpene류, Friedelin, Stigmasterol 등이 함유되어 있다.

●채취시기와 사용부위 신선한 줄기를 30~50cm로 양쪽 마디를 잘르고 쪼개어 쌓아놓고 중앙부를 가열하여 흐르는 즙액을 모은다.

●복용방법 하루 30~60g을 그대로 먹거나 졸여 엿처럼 만들어 먹는다.

●사용상 주의사항 소화기가 약하여 설사를 하는 사람은 복용을 피해야 한다.

●임상응용 복용실례

열을 내리고 담을 삭이며 혈압을 다스리고 피를 맑게 한다.

강즙 등과 배합하여 중풍으로 입이 다물어지는 증상을 다스린다.

담을 삭이며 기침을 멈추게 하고 대변을 통하게 하는

과루근(하늘타리)

학명: Trichosanthes kirilowii
이명: 과루인, 하늘타리, 과루인, Platycodi radix

하늘타리의 괴근(천화분)

■■■ **전문가의 한마디**

천화분에는 뛰어난 소염작용이 있고, 감기발열을 해소하는 좋은 효과가 있다. 열병으로 인한 구갈, 체액부족에는 어느 경우에든 천화분을 쓰면 좋다.

●식물의 특성과 형태

잎은 어긋나고 손바닥처럼 5~7개로 갈라진다. 꽃은 암수 딴 그루로서 7~8월에 핀다.

●약초의 성미와 작용

맛은 달고 쓰며 성질은 차며 폐와 위와 대장에 작용한다.

●약리효과와 효능

담을 삭이며 기침을 멈추게 하고 대변을 통하게 한다. 가래가 있으면서 기침이 나는데, 가슴이 답답하고 결리는데, 소갈, 황달, 변비 등에 사용한다.

●주요 함유 성분과 물질

씨(과루인)에는 기름 25%(불포화지방산 67%, 포화지방산 30%), 잎에 Luteolin, 열매 껍질에 붉은색소는 Caroten과 Lycopene이 있다.

●채취시기와 사용부위

가을에 열매가 누렇게 익을 때 따서 말려서 사용한다.

●복용방법

하루 12~30g을 탕약으로 먹거나 즙을 내어 복용한다.

●사용상 주의사항

소화기가 약하고 대변이 묽으며 묽은 가래에는 사용하지 말아야 한다.

●임상응용 복용실례

거담, 진해, 변통 작용, 가슴이 답답하고 결리는데, 소갈, 황달, 변비 등에 사용한다.

황금, 지실, 우담남성과 배합하여 끈끈한 가래와 함께 기침이 나는 것을 다스린다.

【알기 쉽게 풀어쓴 임상응용】

해열생진
• 천화분은 항암효과가 있다(인삼 항목 참조).
• 천화분에는 뛰어난 소염작용이 있고, 감기발열을 해소하는 좋은 효과가 있다. 열병으로 인한 구갈, 체액부족에는 어느 경우에든 천화분을 쓰면 좋다. 상기도감염에 의한 발열과 해수에는 천화분을 많이 쓴다. 열이 내린 후에 해수, 구갈 등이 있을 때는 행인, 비파엽, 패모를 넣어 쓰면 진해생진의 효과를 얻을 수 있다.

청열리뇨
• 천화분에는 청열리뇨의 효능이 있으므로 방광염, 요도염으로 인한 적뇨와 소변불리에 비해, 차전자를 넣어 쓰면 소염효과가 촉진된다.
• 간염으로 황달이 있고 요가 황색이며 소량일 때는 인진, 차전자, 치자 등과 같이 쓰면 좋다.
• 만성신염의 핍뇨 혹은 배뇨곤란에는 팔미에 천화분을 넣어 쓰면 좋다.

해독지양
• 초기 외상으로 환부가 붉게 붓고 아플 때는 금황산에 금은화를 넣고 물이나 꿀로 반죽한 것을 환부에 바르면 소염소종의 효과를 얻을 수 있고 화농방지에도 도움이 된다.

【참고】
원래의 천화분은 생뿌리를 찧어 천으로 걸러 가라앉혀서 위에 뜬 물을 제거하고 햇볕에 말린 가루를 말한다.

* 보건복지부 한약처방100 가지 약초

전호(바디나물)

학명: Angelica decursiva
이명: 전호, 야근채, 생치나물뿌리, Peucedani radix

산형과 식물인 자전호의 근

■ ■ ■ 전문가의 한마디

예전에는 전호와 시호를 발산의 양약이라 칭했다. 특히 발열, 악한, 무한, 지체 통, 해수와 다량의 객담 등 감기 초기의 치료에 시호와 같이 쓰면 좋다.

식물의 특성과 형태

높이 1m, 뿌리가 굵고 줄기 속은 비어 있다. 잎은 2~3회 깃꼴겹잎, 꽃은 5~6월에 흰색, 열매는 분과로 바늘 모양이다.

●약초의 성미와 작용

맛은 쓰고 매우며 성질은 약간 차갑다. 폐에 작용한다.

●약리효과와 효능

가슴이 답답하고 가래가 잘 나오지 않는 경우나 감기로 인해 열이 나고 기침과 머리 픈데 사용하며 기타 백일해, 노인 야뇨증 등에 사용한다.

●주요 함유 성분과 물질

Badinin, Bergapten, Coumarin, Decursin, Decursinol, Decursidin 정유 등이 함유되어 있다.

●채취시기와 사용부위

가을과 겨울에 채취하며 불순물을 제거하고 그늘에서 건조한 후 사용한다.

● 사용상 주의사항

기운이 쇠약하고 혈이 부족하거나 진액이 부족하여 열이 있는 사람의 기침에는 적당하지 않는다.

● 임상응용 복용실례

거담, 진해, 자궁수축 작용이 있고, 가래가 끓거나 감기 열, 기침과 두통, 기타 백일해, 노인야뇨증 등에 사용한다. 상백피, 행인 등과 배합하여 기침이 나며 가래가 노랗고 끈적한 것을 다스린다.

313

【알기 쉽게 풀어쓴 임상응용】

화담퇴열

• 전호에는 발산, 강기화담의 효능이 있어 풍한 또는 풍열 감기로 인한 해수, 다담에 신온해표약이나 신량해표약과 같이 쓰면 발산해열작용이 강화된다. 그래서 소아감기에 널리 쓰이며, 시호와 유사하다. 특히 풍열이 울폐하여 초래된 해수에 효과가 좋다. 주로 우방자, 길경, 백전, 상엽, 박하 등을 넣어 쓴다. 예전에는 전호와 시호를 발산의 양약이라 칭했다. 특히 발열, 악한, 무한, 지체 통, 해수와 다량의 객담 등 감기 초기의 치료에 시호와 같이 쓰면 좋다.

• 만성기관지염, 폐기종, 기관지확장증이 있으며 냉기에 접하거나 피로가 쌓이면 곧 발작이 일어나 해수가 빈발하며, 다량의 황색담과 발열, 구갈이 있을 때는 황금, 마황, 상백피, 행인을 넣어 쓰면 좋다. 체허로 인한 해수, 호흡촉박, 희박한 백색다담 등을 보일 때는 쓰지 않는 것이 좋다.

• 전호의 화담지해작용은 반하와 비슷하다. 전호에 행인, 길경, 박하를 넣어 쓰면 초기의 급성 기관지염에 좋다. 해수가 지속되고 진액이 소모되어 인후가 건조하며 황색 점조담이 있어 뱉어내기 힘들고, 약간 열이 있을 때는 상백피, 행인, 맥문동, 패모를 넣어 쓰면 좋다.(전호산) 이것은 만성기관지염으로 해천이 자주 보일 때 써도 좋다.

기타응용

• 전호에는 강기지구작용이 있어 냉기를 받아 구토를 하여 음식물을 받아들이지 못하는 증상에 진피, 지각, 두시를 넣고 달여 온복하면 좋다.

기침, 가래, 숨참 등을 치료하고 위의 열로 인한 구토, 딸꾹질 등에 쓰이는

죽여

학명: Phyllostachys nigra var, henonis, Bambusa tuldoides
이명: 죽피, 참대속껍질, Bambusae caulis in taeniam

참대 곧 왕대의 속껍질을 말린 것

■■■**전문가의 한마디**

소아는 담을 토할 수 없으므로 담이 많아져서 호흡곤란을 일으키는데 이것은 천식이 아니다. 죽여는 화담작용이 뛰어나므로 패모, 원지, 석창포와 같이 쓰면 효과가 더욱 좋아진다.

●식물의 특성과 형태

엷은 막편~띠상 또는 불규칙한 실모양으로 너비와 두께가 고르지 않으나 바깥면은 엷은 녹색~황록색 또는 회백색이며 가루로 된 것도 있다.

●약초의 성미와 작용

맛은 달고 성질은 약간 차갑다. 폐와 위, 담(담낭)에 작용한다.

●약리효과와 효능

폐의 담으로 인한 기침, 가래, 숨참 등을 치료하고 위의 열로 인한 구토, 딸꾹질 등에 쓰이는 약이다.

●주요 함유 성분과 물질

Pentosan, Lignen, Cellulos, Triterpene류 등이 함유되어 있다.

●채취시기와 사용부위

연중 채취가 가능하며 신선한 줄기를 취하여 외피를 제거한 다음 약간 녹색을 띠는 중간층을 가늘고 기다랗게 깎아 다발로 묶고 그늘에서 말린다. 담이 있을 때에는 주로 생것을 쓰고 구역질에는 생강즙을 볶아 사용한다.

●효과적인 용량과 용법

하루에 5~6g을 복용한다.

●사용상 주의사항

속이 차면서 구토를 하는 사람은 복용을 피해야 한다.

●임상응용 복용실례

폐담으로 인한 기침, 가래, 숨이 찬데, 위의 열로 인한 구토, 딸꾹질 등에 사용한다.

지실, 반하, 복령, 진피 등과 배합하여 가슴이 답답하여 편치 않고 잠을 잘 못자는 증상을 다스린다.

【알기 쉽게 풀어쓴 임상응용】

· 죽여는 청열화담의 효능이 있어 해수에 의하여 일어나는 담천에 활용한다. 소아는 담을 토할 수 없으므로 담이 많아져서 호흡곤란을 일으키는데 이것은 천식이 아니다. 죽여는 화담작용이 뛰어나므로 패모, 원지, 석창포와 같이 쓰면 효과가 더욱 좋아진다.

· 죽여는 청열화담, 청열제번할 수 있으므로 폐열로 인한 해수로 황색 점조한 객담에는 황금, 과루인을 넣어 쓰면 좋다. 담열울결로 인한 흉민, 불면에는 지실, 반하, 복령 등을 넣어 쓴다(온담탕). 중풍으로 혼미, 설강불언를 보이면 우담성, 석창포, 복령, 반하 등을 넣어 쓴다(척담탕).

열을 내리고 담을 삭이며 정신을 안정시키고 경련을 멈추게 하는

천축황

학명 : Bambusa textilis MC~CLURE
이명 : 죽황, 천죽황, 참대속진

왕대마디에 생긴덩어리

■■■전문가의 한마디

유행성감기 뒤에 담이 많아지고 토하려 해도 나오지 않을 때는 나복자를 넣어 쓰면 담이 잘 나온다. 혹은 무 즙을 내어 천축황말을 타서 복용해도 된다.

●식물의 특성과 형태

불규칙한 과립모양 등으로 일정치 않다. 표면은 회남색이거나 회황색 등이며 반투명하고 약간 광택이 있다. 질은 단단하고 부서지기 쉬우며 습기를 흡수한다.

●약초의 성미와 작용

맛은 달고 성질은 차갑다. 심장과 간, 담에 작용한다.

●약리효과와 효능

천죽황은 심장과 간에 작용하여 열을 내리고 담을 삭이며 정신을 안정시키고 경련을 멈추게 한다. 열성 질병으로 정신이 흐려지며 헛소리하는데, 어린이가 급성으로 놀라 발작하거나 중풍으로 말을 하지 못하는 데, 근육이 뒤틀리는 데나 신경통 등에 사용한다.

●주요 함유 성분과 물질

수산화칼륨, sillica, 삼산화이알루미늄, 삼산화이철 등이 함유되어

있다.

●채취시기와 사용부위 이 약은 불규칙한 덩어리 또는 작은 알맹이로 지름 2~10mm이며 바깥 면은 엷은 황색이고 광택이 난다. 질은 부스러지기 쉬우며 부서진 면은 평탄하고 광택이 나며 혀를 대면 달라붙는다. 천축황 양품은 엷은 황색이며 상아질과 같은 광택이 있는 것이어야 한다.

●복용방법 가을에 말라죽은 참대를 쪼개서 진을 긁어냄. 하루 3~9g을 탕약, 가루약, 알약 형태로 먹는다.

●임상응용 복용실례

황련, 강잠, 주사 등과 배합하여 담과 열이 성해서 생긴 기침과 호흡이 가빠지는 증상 등을 다스린다.

●사용상 주의사항 복용과 관련한 특별한 주의사항은 없다.

317

【알기 쉽게 풀어쓴 임상응용】

성뇌정경
• 소아가 고열로 경련을 일으키거나 각궁반장, 신지불청, 해수, 호흡촉박, 점조담 등을 보일 때 천축황을 쓰면 열담을 해하고 경련을 진정시키는 효과가 있다. 여기에 패모, 조구등, 석창포 등을 넣어 쓰면 더욱 좋다.
• 유행성뇌막염으로 고열혼수, 수족경련, 가래는 많으나 토하지 못하는 등의 증상이 나타날 때는 포룡환을 쓰면 좋다.

청열화담
• 모든 고열병에 담연이 유체하는 증상에는 삼황사심탕에 천축황을 넣어 쓰면 청열화담의 작용이 강해진다.
• 유행성감기 뒤에 담이 많아지고 토하려 해도 나오지 않을 때는 나복자를 넣어 쓰면 담이 잘 나온다. 혹은 무 즙을 내어 천축황말을 타서 복용해도 된다.
• 소아의 감기 뒤에 해수, 호흡곤난이 남아 좀처럼 낫지 않을 때는 패모, 진피, 행인을 넣어 쓰면 아주 좋다.

기타응용
• 노인이 중풍으로 갑자기 쓰러져 담이 인후에 막혀 있을 때는 천축황 1전, 반하 3전, 나복자 5전, 번사엽 8분을 넣고 달여 복용하면 좋다.

* 보건복지부 한약처방100 가지 약초

패모

학명: Fritillaria verticillata var. thunbergii, F. cirrhosa
이명: 천패모, 평패모, Fritillariae cirrhosae bulbus

백합과 식물인 권엽패모의 인 경

■■■전문가의 한마디

단독으로 쓰거나 복방으로 써도 좋은 효과가 있으므로 초기의 해수다담 또는 만성해천으로 황색점조한 담이 많을 때는 어느 것에 써도 좋으며 주로 지모와 같이 쓴다.

●식물의 특성과 형태

비늘줄기는 흰색이고, 육질비늘 조각이 모여 둥글게 되어 수염뿌리가 달린다.

●약초의 성미와 작용

맛은 맵고 쓰며 성질은 약간 차갑다. 폐와 심에 작용한다.

●약리효과와 효능

마른기침이나 마른기침하면서 가래를 조금 뱉는 증상, 가래에 피가 약간 끼는 증상 등에 사용한다.

●주요 함유 성분과 물질

Alkaloid Fritilline, Fritillarine, Verticine, Peiminoside, Peimine 등이 함유되어 있다.

●채취시기와 사용부위

여름부터 가을사이에 채취하여 물에 씻어 잔뿌리를 다듬어서 버린 다음에 햇볕이나 건조실에서 말린다.

　복용방법

하루 3~9g을 탕약, 가루약, 알약 형태로 먹는다.

●사용상 주의사항

가래가 묽으면서 많은 사람은 복용을 피해야 한다.

●임상응용 복용실례

마른기침과 피나는 가래를 개선하며 주로 기관지 질환에 효과가 좋다. 행인, 맥문동, 자원 등과 배합하여 폐가 허약하여 가래가 끓으면서도 뱉어지지는 않고 인후가 건조하고 입이 마르는 증상을 다스린다

319

【알기 쉽게 풀어쓴 임상응용】

지해화담

• 패모는 청열화담, 지해평천의 작용이 뛰어나 널리 사용된다. 단독으로 쓰거나 복방으로 써도 좋은 효과가 있으므로 초기의 해수다담 또는 만성해천으로 황색점조한 담이 많을 때는 어느 것에 써도 좋으며 주로 지모와 같이 쓴다(이모환). 급성기관지염으로 담열, 해수가 심하고 백색담이 다량으로 나오는 증상에는 전호, 행인 비파엽을 넣어 쓰면 좋다. 급성천해에 쓰면 소염 및 지해평천 효과를 빨리 얻을 수 있다. 번열, 인건, 흉완만민, 식욕부진에는 비파엽, 옥죽, 상엽, 사삼, 맥문동 등을 넣어 쓴다.

• 만성천식으로 매년 겨울이 되면 발작이 일어나 목에서 소리가 나고 숨이 차서 숨쉬기가 어려울 때는 반하, 진피를 넣고 가루로 만들어 조석으로 복용하면 지해평천의 효과가 있고 재발을 감소시킬 수 있다. 패모는 오랜 천식으로 가래가 많을 때는 어떤 유형에도 써도 좋고, 증상에 따라 기타의 약과 같이 쓴다. 만약 황담을 뱉어내기 어려울 때는 몽석, 전호를, 담이 묽고 양이 많을 때는 남성, 반하 혹은 백개자를 넣어 쓰면 좋다.

해독산결

• 패모는 청열해독, 산결소옹의 작용이 있어 외과에서 상용된다. 임파절결핵의 초기 국부에 형성된 경결에는 현삼, 하고초, 모려, 청피를 넣어 쓰면 좋다. 중기에 이르러 화농이 터졌을 때는 위의 약에 천산갑, 남성을 넣어 쓰고, 외용할 때는 웅황, 하석고를 넣어 쓰면 좋다.

• 각종 종기가 화농했을 때는 금은화, 연교, 천산갑을 넣어 쓰면 좋다. 급성유선염에는 포공영, 천화분, 연교를 넣어 쓴다.

마두령

학명: Aristolochia contorta
이명: 마두령, 마도령, 방울풀열매, Aristolochiae fructus

●식물의 특성과 형태 꽃은 7~8월에 녹자색, 꽃받침은 통형으로 밑은 둥글게 부풀고, 윗부분은 좁아져 나팔처럼 벌어져 있다.

●약초의 성미와 작용 맛은 쓰고 성질은 차며 폐에 작용한다.

●약리효과와 효능 열을 내리고 담을 삭여주므로 폐열로 기침이 나고 숨이 찬 것과 가래, 종기, 고혈압, 치질에 사용한다.

●주요 함유 성분과 물질 뿌리에는 정유가 약 1% 정도 있으며 주성분은 Aristolone 및 Aristolochic acid A, C 및 D, Norearistolochic acid, Aristolochialactam 등과 Magnoflorine, Cydeaneonine 등의 알칼로이드가 있다.

●채취시기와 사용부위 가을에 황색으로 완숙된 열매를 채취하여 그늘에서 말린다. 생용으로 하거나 꿀로 볶아서 사용한다.

●복용방법 하루 4~12g을 탕약으로 복용한다.

●사용상 주의사항 신체가 허약한 자와 비위가 약하여 오랜 설사를 잃는 자는 금해야 한다.

●임상응용 복용실례 폐열로 기침이 나고 숨이 찬 것과 가래, 종기, 고혈압, 치질에 사용한다.

백부근

학명: Stemona japonica, S. sessilifolia
이명: 백조근, 수약, 구충근, 백부, Stemonae radix

●식물의 특성과 형태 높이 60~90cm, 뿌리는 굵은 방추형으로 수십 개가 모여 남, 줄기의 윗부분은 덩굴성이고, 잎은 보통 4개가 돌려난다.

●약초의 성미와 작용 맛은 달고 쓰며 성질은 약간 따스하다. 폐에 작용한다.

●약리효과와 효능

여러 종류의 기침, 백일해 등에 일정한 효과가 있으며 살충작용도 가지고 있다.

●주요 함유 성분과 물질 많은 양의 Alkaloid가 함유되어 있는데, Stemonine, Isostemonidine, Protostemonine, Paipunine, Hypotuberostemonine 등이 함유되어 있다.

●채취시기와 사용부위

봄에 새싹이 나오기 전이나 가을에 채취하여 깨끗이 씻은 후 끓는 물에 데쳤다가 잘게 썰어서 사용한다.

●복용방법 하루에 4~12g을 복용한다.

●사용상 주의사항 열이 있거나 몸에 진액이 부족한 사람의 기침에는 쓰지 않는다.

●임상응용 복용실례 온폐, 윤폐, 하기, 화담, 지해, 항균, 살충, 멸슬 등의 효능이 있고, 기침, 백일해, 몸에 이, 음부 소양증, 옴, 부스럼, 담마진 등에 약용한다. 자완, 길경, 백전 등을 배합하여 오래된 기침을 다스린다.

상백피

학명: Morus alba, M. bombycis, M. dissecta
이명: 상백피, 상근백피, 오목이, Mori cortex

뽕나무과 뽕나무의 근피

■■■**전문가의 한마디**

동맥경화성고혈압 및 본태성고혈압의 치료에 쓴다. 강압작용은 완만하고 지구성이 있으므로 상용되는 약이다.

식물의 특성과 형태

높이 6~10m, 꽃은 암수딴그루로서 6월에 피고, 열매는 집합과로 열매 이삭은 긴 구형으로 검은색으로 익는다.

●약초의 성미와 작용

맛은 달고 성질은 차갑다. 폐에 작용한다.

●약리효과와 효능

기침을 멈추고 이뇨효과와 함께 종기를 없애는 작용이 있어, 폐에 열이 있어 발생하는 기침, 가슴이 답답하면서 기침을 할 때 효과를 나타낸다. 강압효과가 밝혀져 고혈압 약으로도 이용된다.

●주요 함유 성분과 물질

Umbelliferone, Scopoletin, Flavonoid(Morusin, Mulberrochromene, Mulberrin), Tannin, Mucin 등이 함유되어 있다.

●채취시기와 사용부위

겨울에 채취하여 코르크층을 제거한 뒤 햇볕에 말려서 사용한다.

복용방법 하루에 2~12g을 복용한다.

●사용상 주의사항

폐의 기운이 허약한 사람과 소변을 많이 보는 사람, 감기로 인해 오한과 함께 기침을 하는 사람은 복용을 피해야 한다.

●임상응용 복용실례

혈압강하작용, 거담작용, 이뇨작용, 항균작용 등이 있다. 지골피, 감초 등과 배합하여 기침과 가래가 많은 것을 다스린다.

【알기 쉽게 풀어쓴 임상응용】

청열지해

• 상백피는 청열지해의 효능이 우수하므로 해수 초기에 담열이 옹색되고 해수가 심하며 호흡이 촉박하고 다담, 흉고의 증상에 쓰면 좋다. 또 행인, 패모, 반하를 넣어 쓰면 더욱 좋다. 상백피의 청열소담작용은 비교적 강하므로 기침이 나오고 담이 많을 때 가장 좋다. 예컨대 만성기관지염의 급성발작으로 특히 담이 많고 흉고하여 반듯이 눕기가 어려울 때 증상에 따라 가감하여 쓰면 좋다.

이뇨소종

• 상백피는 이뇨소종의 효능이 있으므로 급성신염 초기에 배뇨곤난, 안면이나 족의 부종이 있을 때 미황, 정력자, 차전자와 같이 쓴다. 부종이 점차 심해지면 복령, 백출, 저령을 넣을 필요가 있다. 안면, 하지가 심하게 붓고 요가 소량이며 땀이 나지 않을 때는 대복피, 생강피, 진피 등을 넣은 오피음을 활용하면 좋다.

강압

• 상백피는 동맥경화성고혈압 및 본태성고혈압의 치료에 쓴다. 강압작용은 완만하고 지구성이 있으므로 상용되는 약이다. 단독으로 5~8전을 쓰면 효과를 얻을 수 있다. 복방의 경우에는 국화, 조구등, 상엽을 넣어 쓴다.

• 정신적으로 긴장하기 쉽고 곧잘 화를 내는 형으로 혈압이 높고 두통, 두혼증을 보이면 상백피 1양, 시호 2전을 넣어 쓰면 좋다.

• 만성신염으로 고혈압과 부종이 동시에 나타난 경우에는 상백피 5전을 쓰면 강압과 소종의 효과를 얻을 수 있다. 혈압이 내리면 2~3전으로 줄여 쓴다.

＊ 보건복지부 한약처방100 가지 약초

소자(자소엽)

학명: Perilla frutescens var, acuta, P. frutescens var, crispa
이명: 소자, 자소자, Perilliae semen

순형과 차즈기(주름소엽)의 성숙한 종자

■■■전문가의 한마디

천식, 해수, 호흡촉박, 객출하기 힘든 점조 다담, 흉민감에는 백 개자, 나복자를 넣어 쓴다.

식물의 특성과 형태

높이 50~80cm, 꽃은 8~9월에 연한 자줏빛으로 핀다.

● 약초의 성미와 작용

맛은 맵고 성질은 따스하다. 폐와 비장에 작용한다.

● 약리효과와 효능

발한, 해열, 진통, 위장염, 소화촉진, 어육 중독의 해독이나 아토피성 피부염 등 알러지 반응 또는 태동불안에 사용한다.

● 주요 함유 성분과 물질

Iinolenic acid, 정유, Oil, Vit. B1, αPinene, αTerpineol, βPinene, Geraniol, Linalool, Perilla alcohol, Perillaldehyde 등이 함유되어 있다.

● 채취시기와 사용부위

9월 상순에 채취하여 말린다.

● 효과적인 용량과 용법

한번에 4~12g을 복용한다. 방향성이 있으므로 20분 이상 달이면 좋지 않다.

●사용상 주의사항

열병이나 기운이 없는 사람이 땀을 많이 흘리는 경우에는 피한다

●임상응용 복용실례

해열작용, 건위작용, 억균작용, 방부작용이 밝혀졌다.

행인, 길경, 전호 등과 배합하여 감기로 오한과 발열, 땀이 안 나고 기침하는 증상을
다스린다.

【알기 쉽게 풀어쓴 임상응용】

화담평천
• 소자는 기관지의 분비를 억제하고 기관지평활근의 경련을 이완시키기 때문에 소담평천의 요약이다.
천식, 해수, 호흡촉박, 객출하기 힘든 점조다담, 흉민감에는 백개자, 나복자를 넣어 쓴다(삼자양친탕).
• 노인의 만성기관지천식은 증상이 완고하여 치료가 곤란하고 동계에 발작하기 쉽다. 발작시에는 담이
아주 많아져서 점조한 백색담이 좀처럼 객출되지 않고 해천기급증상이 보이는 데는 소자를 군으로 하고
반하, 전호, 후박, 당귀, 육계를 배합한 소자강기탕을 쓰면 좋다.
• 평소 허약자가 급성기관지염에 걸려 계속하여 해수, 천식으로 인후에 담이 다량 정체하고 악한, 발열이
수반되는 경우에는 행인, 반하, 전호를 넣어 쓴다.

윤장통변
• 소자는 다량의 지방유가 들어 있어 윤장하며 그 작용은 마자인, 행인과 유사하다. 소자는 급, 만성해천
으로변비를 수반하는 경우에 쓰면 좋다. 해천에 구인건조, 복부팽만, 변비가 수반될 때는 현삼, 맥문동, 행
인, 비파엽을 넣어 쓰면 좋다.
• 평소 몸이 약하여 빈혈, 변비가 있거나, 산후혈허로 변비가 보일 때는 고한사하약을 쓰지 않고 윤장약
을 써서 통변을 용이하게 하는 것이 좋다. 이 경우 소자는 1회에 2~3전을 찧어 설탕을 약간 넣고 물로 복
용하면 좋다. 단독으로 써서 효과가 나지 않을 때는 마자인 2전이나 행인, 지각을 넣어 쓴다.
제생방에 있는 자소마인죽은 이 두 약으로 죽을 만들어 먹는 것이다.

기타응용
• 소자는 거습지통, 소종의 효능이 있어 목과, 오수유를 배합하면 각기치료에 좋
다. 이것은 계명산에 소엽을 쓰는 것과 동일한 이치이다.

자원(개미취)

이명 : 자채, 자영, 청원, 산백채, 협판, 반혼초
학명 : Aster tataricus LINNE fil

326

국화과에 속하는 여러해살이풀인 개미취의 뿌리를 말린 것

■■■전문가의 한마디

자완은 질윤하고 조
하지 않아 각종 해수
로 초기 발열이든 만
성이든 모두 쓸 수 있
다. 약리 실험에서 황
색포도구균이나 인플
루엔자 바이러스에
대한 억제작용, 거담
및 진해작용, 약간의
평천작용이 증명되어
있다.

●식물의 특성과 형태

높이 1~2m로 자라는 숙근초로서 봄에 나오는 앞은 땅에 붙어 군생
하며 빳빳한 털이 나 있어서 거칩. 길게 자라나는 줄기에 붙는 잎
은 좁고 작다.

●약초의 성미와 작용

맛은 쓰고 매우며 성질은 따뜻하다. 폐에 작용한다.

●약리효과와 효능

자완은 주로 폐에 작용하여 기침하는 것과 기침에 가래가 있는데
잘 안나오는 것을 치유한다. 가래를 없애면서도 그 성질이 부드러
워 폐를 지나치게 마르게 하지 않는다. 따라서 외감, 내상을 막론
하고 기침에 가래가 있는 데에 좋은 효과가 있으며 특히 감기가 오
래되어 잘 낫지 않으면서 마른 기침이 있고 가래가 잘 배출이 되지
않는 경우에 좋은 효과를 보인다.

●주요 함유 성분과 물질

사포닌, 쿠에르세틴, 시오논, 프리델린, 프로사포게닌 등이 함유되어 있다.

●복용방법 가을에 뿌리를 캐서 줄기를 잘라버리고 물에 씻어 햇볕에 말린다. 하루 6~12g을 탕약, 알약, 가루약 형태로 먹는다.

●사용상 주의사항 감기초기에 열이 심하면서 기침하는 경우와 진액이 부족한 이가 기침하면서 피나는 증상에는 사용하지 않는다.

●임상응용 복용실례

약리실험 결과 거담작용, 진해작용, 항암작용, 항균작용이 밝혀졌다. 백전, 길경, 감초 등과 배합하여 해수와 담이 잘 토해지지 않는 것을 다스린다.

【알기 쉽게 풀어쓴 임상응용】

· 자완은 지해화담약이며 지해효과가 화담효과보다 우수하여 심한 해수로 담의 양이 많을 경우에 화담효과가우수한 관동화와 같이 쓰면 좋다. 자완은 질윤하고 조하지 않아 각종 해수로 초기 발열이든 만성이든 모두 쓸 수 있다. 약리 실험에서 황색포도구균이나 인풀루엔자 바이러스에 대한 억제작용, 거담 및 진해작용, 약간의 평천작용이 증명되어 있다. 자완에 적절히 타약물을 배합하면 만성해수이든 그렇지 않은 것이든 모두 효과를 낼 수 있다. 폐결핵으로 해수와 다량의 담이 보일 때도 치료에 보조효과가 있다.
· 감기로 해수가 나올 때는 관동화, 형개, 박하, 전호, 행인을 넣어 쓴다. 자완에 발한약을 배합하면 상승작용으로 화담지해효과가 현저해진다. 급성기관지염 발생시에 주로 많이 쓰이며 악한, 발열 증상이 소실되어도 해수가 멎지 않을 때는 행인, 관동화를 넣어 쓰면 좋다.
· 감기 초기에 해수가 자주 나오고 소량의 백색담을 객출하며 열이 높고 악한이 날 때는 황금, 행인, 전호, 패모 등을 넣어 쓴다. 소아의 급성기관지염에도 쓰면 병상의 진행을 막을 수 있다. 해수가 진정되면 사삼, 현삼, 행인 등의 청윤생진약을 넣어 쓴다.
· 건해로 담이 없거나 있어도 객출하기 어렵고 구인이 건조할 때는 사삼, 현삼, 행인, 맥문동을 넣어 쓴다. 이때는 밀자한 자완이 좋다. 급, 만성해수로 진액이 소모되었을 때 쓰면 경련발작을 방지하는 효과가 있다. 건조한 계절에 일어나는 해수는 건해 혹은 소담인 경우가 많으므로 상엽, 행인, 사삼, 현삼을 넣어 쓴다.
· 몸이 약하고 해수가 만성화하여 한랭하여지면 즉시 발작이 일어나며 격심한 해수로 취침하기도 힘든 경우에는 마황, 행인, 소자를 넣어 쓰면 좋다. 해수가 멎으면 사삼, 패모, 복령, 오미자, 당삼, 황기 등을 넣어 양음윤폐를 하면 좋다.

행인(살구씨)

학명: Prunus armeniaca
이명: 행인, 고행인, Armeniacae amarum semen

장미과 식물인 살구의 성숙한 종자

328

■ ■ **전문가의 한마디**

행인은 풍한, 풍열에 모두 활용한다. 풍한 증에는 형개, 방풍과 같이 쓰며 발한촉진, 지해의 효과가 있고, 풍열증에는 전호, 갈근, 시호를 넣어 쓰며 퇴열지해의 효과가 있다.

●식물의 특성과 형태

높이 5~10m, 잎은 어긋나며 넓은 타원형, 꽃은 4월에 연한 붉은색, 열매는 7월에 황적색으로 익는다.

●약초의 성미와 작용

맛은 달고 쓰며 성질은 따뜻하다. 폐와 대장에 작용한다.

●약리효과와 효능

행인은 폐에 작용하여 폐기가 위로 치솟고 건조하여 발생하는 기침, 가래, 천식 등에 효과가 있다.

●주요 함유 성분과 물질

구연산, 말산, 아미그달린, 올레인 등이며 그 외 칼륨과 인이 특히 많이 들어 있고, 당질, 칼슘, 나트륨, 섬유질, 비타민A, B, C 등을 함유하고 있다.

●채취시기와 사용부위

익은 열매를 채취하여 껍질과 과육을 제거한 후 끓는 물에 담가서 씨의 껍질을 없애고 그대로 또는 볶아서 사용한다.

●복용방법 하루 6~12g을 복용한다.

●사용상 주의사항

진액이나 혈이 부족한 사람은 복용을 피해야 한다.

●임상응용 복용실례

거담, 진해 작용이 있으며 기침, 가래, 천식 등에 좋고, 변비, 위장의 연동운동을 촉진으로 소화에도 좋다. 마황, 감초 등과 배합하여 감기로 인한 기침, 가래를 다스린다.

【알기 쉽게 풀어쓴 임상응용】

지해화담
• 행인에는 지해화담의 효능이 있어 감기 초기에 발열, 해수, 인후통, 백색담이 많을 때 소엽, 반하, 전호 등을 넣어 쓴다. 행인은 풍한, 풍열에 모두 활용한다. 풍한증에는 형개, 방풍과 같이 쓰며 발한촉진, 지해의 효과가 있고, 풍열증에는 전호, 갈근, 시호를 넣어 쓰며 퇴열지해의 효과가 있다.

정천이인
• 행인에 패모, 반하, 사삼을 넣어 쓰면 체내의 허한 상태를 개선하여 저항력을 증강시키고 담, 타액을 제거하여 기관지의 평활근 경련을 방지하는 효과가 있다. 발작기에 해천기급, 흉부팽만불쾌, 호흡촉박 증상이 있고 토식이 길며 인후에 담이 많을 때는 전호, 남성, 반하를 넣어 쓰면 좋다.

윤조활장
행인은 유질이 풍부하여 장을 윤택하게 하므로 변통이 좋아진다. 노인이나 산후변비로 사하약을 사용할 수 없을 때는 행인, 마자인 각 3전을 달여 복용시키거나 혹은 마자인, 도인, 당귀, 생지황, 지각 등을 넣어 써도 좋다. 상습성변비에도 행인을 쓰면 좋다.

이습해독
• 행인에는 이습해독의 효능이 있으므로 피부습진에 외용하면 소양감이 멎는다. 외음부습진, 음낭 및 항문습진 등으로 소양감이 있고 분비물이 많을 때는 백반, 고삼을 넣고 가루 내어 참기름으로 반죽하여 조석으로 환부에 바른다.

＊ 보건복지부 한약처방100 가지 약초

0   1cm

비파엽

학명: Eriobotrya japonica
이명: 노귤, 비파잎, 비파나무 잎, Eriobotryae folium

●식물의 특성과 형태 높이는 6~8m이며 잎은 어긋난다. 꽃은 10~11월에 가지 끝에 흰색 원추화서로 달리며, 열매는 지름 3~4cm로 다음 해 6월에 노란색으로 익는다.

●약초의 성미와 작용 맛은 쓰고 성질은 약간 차갑다. 폐와 위에 작용한다.

●약리효과와 효능 열을 내려주어 기침을 멈추고 가래를 없애는 작용이 있으며 위에 작용하여 구토와 딸꾹질 등에 효과를 나타낸다.

●주요 함유 성분과 물질 정유가 함유되어 있으며 주성분 :은 nerolidol과 farnesol이며 이밖에 α-pinene, β-pinene, camphene, myrcene, citric acid, tannin 등이 함유되어 있다.

●채취시기와 사용부위 연중 수시로 채취한 비파나무의 잎을 햇볕에 말려서 이용한다.

●복용방법 하루에 2~12g을 복용한다.

●사용상 주의사항 약의 성질이 차므로 속이 차면서 구토하는 증상과 감기로 인해 기침을 하는 경우에는 복용을 피해야 한다.

●임상응용 복용실례

비파엽의 saponin성분이 거담작용, 항바이러스 작용 등이 있다.

사삼, 치자, 상백피 등과 배합하여 기침과 천식, 숨이 찬 것을 다스린다.

본초학 제 14 장
안신약

진정시키고 마음을 편안하게 하는 약물.
심혈허, 심기허, 심화 항성 등으로 인한 심계, 정충,
불안, 불면, 다몽, 경풍, 전간, 전광 등에 쓴다.

중진안신약
심화항성으로 인한 경계, 다몽, 불면, 심번, 번조, 경풍, 광증 등을 치료하는데,
이때 혀는 보통 붉고 맥은 현삭하다. 주사, 자석, 용골, 호박 등은 여기에 속한다.

양심안신약
음혈이 부족하고 심이 영양되지 않아 발생하는 허번, 불면, 경계, 정충, 현훈, 건망 등을 치료하는데,
이때 얼굴색에는 광채가 없으며 혀는 보통 담하고 맥은 세약하다.

모려(굴껍질)

학명: Ostrea gigas
이명: 모려, 려합, 모합, 참굴, 긴굴, Ostreae concha

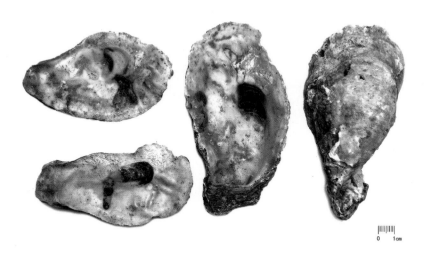

|||||||||
0   1cm

굴과(Ostredioe) 굴조개(Ostrea gigas Thumb.)의 껍질(패각)

■■전문가의 한마디

정신불안, 불면증, 현기증, 귀울림 치료 효능이 있고, 위산분비를 억제하여 위산과다로 인한 위염과 위궤양에 사용한다.

식물의 특성과 형태

길이가 작은 것은 10cm 정도, 큰 것은 50cm, 비늘모양 껍질로 단단하고 두꺼운 편, 외표면은 자색이나 백색을 띤다.

●약초의 성미와 작용

맛은 짜고 성질은 평하며, 간과 담과 신장에 작용한다.

●약리효과와 효능

만성간염, 갑상선종, 임파선염, 지나치게 땀이 많은 증상, 유정, 몽정, 대하를 치료한다.

●주요 함유 성분과 물질

$CaCO_3$, $CaPO_4$, $CaSO_4$, Keratin 등이 함유되어 있다.

●채취시기와 사용부위

주로 생용하지만 제산용으로는 불에 볶아서 사용한다.

●사용상 주의사항

위산이 부족한 사람이나 허약한 사람, 아래가 차면서 유정하는 사람은 피해야 한다.

●임상응용 복용실례

정신불안, 불면증, 현기증, 귀울림 치료 효능이 있고, 위산분비를 억제하여 위산과다로 인한 위염과 위궤양에 사용한다. 용골, 구판, 백작약 등과 배합하여 불안증이나 불면증을 다스린다.

【알기 쉽게 풀어쓴 임상응용】

안신

• 모려에는 안정의 효능이 있으며 흔히 생모려가 사용된다. 모려를 구워쓰면 약간의 수렴작용을 가진다. 생모려는 오로지 정신불안, 심계, 불면, 다몽 등의 증상을 치료하는 것으로 용골과 같이 쓰는 경우가 많다. 만약 심혈허가 보이면 당삼, 당귀, 백작을 넣어 쓴다. 심기허를 보이면 당삼, 황기, 하수오를 넣어 쓴다. 모려는 단독으로 쓰면 안정효과가 약하므로 다른 보신약과 같이 써야한다.

수렴고삽

• 수렴고삽에는 하모려를 쓰는 것이 좋다. 용골과 배합하면 고삽작용이 강해지므로 유정 또는 조루에 연자, 금앵자, 숙지황을 넣어 쓰면 좋다(금쇄고정환). 요붕증에도 용골과 같이 쓰면 좋은 효과를 얻을 수 있다.

연견산결

• 모려는 병리적 증식조직을 소산, 축소하는 작용이 있어서 담화울결로 인한 나력, 담핵 등에 쓴다. 특히 갑상선기능항진증에 의한 증상에는 모려를 흔히 사용하며 현삼, 청피, 패모, 하고초 등과 같이 쓴다. 이것은 경부임파절결핵이 미자궤일 때도 쓰면 좋다.

기타응용

• 모려는 대량의 칼슘, 알루미늄, 칼륨이 들어 있어 제산작용을 한다. 위산과다로 위통이나 신물을 토하면 오적골, 감초를 넣고 가루내어 2전씩 1일 2회 복용하면 좋다. 위궤양의 출혈에 대하여 지혈과 궤양면을 보호하는효과가 있는데 이때는 백작, 감초를 넣어 환으로 만들어 쓰면 좋다.

【수치】 강화로 가열하여 빨갛게 되면서 회백색이 나타나면 꺼내 그늘에 넌다.

* 보건복지부 한약처방100 가지 약초

용골(포유동물 뼈)

생약명 : FOSSILIA OSSIS MASTODI
이명 : 룍호유생, 오회용골, 분용골

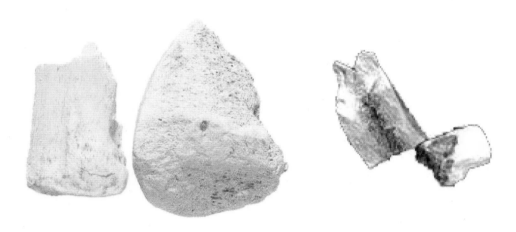

포유동물인 삼지마, 서류 등의 뼈, 치아, 뿔 등이 지층에 함몰되어 된 화석

■■■전문가의 한마디

용골은 심장병에서 볼 수 있는 심계불안, 활동하면 숨이 차거나 흉민, 안면창백 등의 치료에도 쓴다.

●식물의 특성과 형태

모양이 짐승의 뼈와 같이 크고 고르지 않은 조각 또는 덩어리로 되어 있으며, 표면은 회백색 또는 황백색으로 회흑색 또는 황갈색의 반점이 붙어 있는 것도 있다.

●약초의 성미와 작용

맛은 달고 떫으며 성질은 약간 차갑다. 심장과 간, 신장에 작용한다.

●약리효과와 효능

용골은 치솟은 양기를 가라앉혀 진정시켜주는 작용과 함께 수렴하는 작용이 있어 가슴이 두근거리고 잠을 잘 이루지 못하는 증상, 꿈을 많이 꾸고 건망증이 심한 증상, 발작 등에 효과가 있다. 또한 유정과 식은 땀을 흘리는 증상, 붕우, 대하 등에도 효과가 있으며, 종기를 없애고 새살을 빨리 돋게 하는 작용이 있다.

●주요 함유 성분과 물질 탄산칼슘 46~82%, 인산칼슘을 함유하며, 이

외에도 소량의 철, 마그네슘, 알루미늄, 칼륨, 나트륨, 염소 등을 함유하고 있다.

●채취시기와 사용부위 고대 포유동물의 화석화된 뼈, 치아 등을 채취하여 손질을 한 후 분말로 만들어 이용한다.

●복용방법 하루에 9~15g을 복용한다.

●사용상 주의사항

체내에 습열이 있는 사람과 몸이 허약하지 않은 사람은 복용을 피해야 한다.

●임상응용 복용실례

수렴작용, 소염작용, 거담작용, 지혈작용, 진정작용 등이 있음이 밝혀졌다. 구판, 원지, 석창포 등을 배합하여 정신이 불안하면서 가슴이 두근거리고 잠을 이루지 못하는 증상, 건망증 등을 다스린다.

【알기 쉽게 풀어쓴 임상응용】

안신

• 용골에는 안정의 효능이 있어 다몽, 동계, 정서불안을 수반하는 경우에 모려와 같이 쓰면 좋다. 불면을 치료하기 위해 용골을 쓸 때는 용량이 1양 이상이 필요하며 장기간 달여야 한다. 일반적으로 불면증에는 기간의 장단에 관계없이 용골 1~2양에 모려 1양, 산조인, 백자인 각3전, 원지 2전과 배합하여 쓰면 효과가 강해진다.

• 용골은 심장병에서 볼 수 있는 심계불안, 활동하면 숨이 차거나 흉민, 안면창백 등의 치료에도 쓴다. 삼부탕에도 용골, 모려를 넣어 쓰면 안정작용이 증강된다. 빈맥, 기단, 흉민이 있을 때는 산조인, 복령, 주사를 넣어 쓰는 경우가 많다.

수렴고삽

• 용골의 수렴고삽 효능은 모려와 함께 쓰면 더욱 증강된다. 몽정, 유정, 조루 등이 있을 때는 모려, 검인, 연자, 금앵자 등과 같이 쓰면 좋다. 금쇄고정환이 이러한 증상을 치료하는 방제이다.

• 용골에는 지한의 효능이 있으므로 몸이 허약하여 항상 자한이 나고 밤에 더욱 심해져서 때로는 동계, 기단의 증상이 있을 경우에는 모려산에 용골 1양을 넣고 은시호, 부소맥, 사삼, 오미자 등을 넣어 쓰면 미열을 제거하고 도한을 멎게 할 수 있다.

기타응용

• 용골은 혈압을 강하하는 효능이 있어 모려와 함께 쓰면 좋다. 혈압이 계속 내리지 않고 안면홍조, 안충혈, 현훈, 이명, 구고 등을 보이면 황금, 용담, 하고초, 결명자를 넣어 쓴다. 중풍 초기에 위의 증상이 보이면 써도 좋다.

주사(천연광석)

학명: Cinnabaris
이명: 단사, 적단, 진사, Cinnabaris

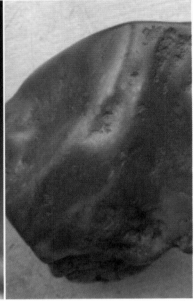

●식물의 특성과 형태 괴상의 집합체로 분말로 만들면 광택이 있고, 수은의 한 종류인 Mercuric sulfide와 유황 등이 함유되어 있다.

●약초의 성미와 작용

 맛은 달고 짜며 성질은 차가우며 독성을 가지고 있다. 심장에 작용한다.

●약리효과와 효능 잘 놀라고 가슴이 두근거리는데, 수면 장애, 건망증, 정신병, 열이 심하고 정신이 흐리며 헛소리하는데 등에 사용한다.

●주요 함유 성분과 물질 수은, 유황, 웅황, 역청질 등이 함유되어 있다.

●채취시기와 사용부위 중국 귀주, 운남 지방이 주산지로 가루로 만들어 물 위에 뜨는 것만 따로 모아서 자석으로 철을 제거하고 사용한다.

●복용방법 하루에 0.3~1.5g을 그대로 먹거나 알약에 넣어 먹는다.

●사용상 주의사항 너무 많은 양을 쓰거나 오랫동안 먹지 않는 것이 좋다.

●임상응용 복용실례   가슴이 두근거리고 정신이 불안정한 증상에 좋고, 자주 놀라고 예민하여 잠이 오지 않는데, 정신이 혼란할 때 많이 사용한다. 황련, 지황, 당귀 등과 배합하여 불안증과 불면증과 가슴 두근거림을 다스린다.

잘 놀라면서 가슴이 두근거리고 잠을 자지 못하는데 효과가 있는

백자인(측백나무씨)

학명: Thuja orientalis, Biota(Thuja) orientalis
이명: 백자인, 백실, 측백자, Biotae semen

●식물의 특성과 형태 동아시아 분포, 울타리용으로 식재, 상록침엽수로 교목으로 잎은 중엽은 능형이나 난형, 꽃은 자웅일가로 꽃 이삭은 작은 구형이다.

●약초의 성미와 작용 맛은 달고 성질은 평하다. 심장과 간, 신장에 작용한다.

●약리효과와 효능 심장에 작용하여 혈액을 보충하고 정신을 안정시켜 땀을 멎게 하는 작용이 있어 심혈부족으로 잘 놀라면서 가슴이 두근거리고 잠을 자지 못하는데 효과가 있다.

●주요 함유 성분과 물질 열매에는 지방유 14%정도, 소량의 정유와 사포닌이 있고, 주성분은 D-αPinene 등이 함유되어 있다.

●채취시기와 사용부위 초겨울에 측백나무의 성숙한 열매를 따서 햇볕에 말린 다음 껍질을 제거한 후 분말로 만들어 사용한다.

●복용방법 하루에 4~12g을 복용한다.

●사용상 주의사항

식물성 지방성분이 많으므로 설사를 하거나 담이 많은 사람 등은 복용을 피해야 하며, 복용해야만 할 경우에는 반드시 그 기름을 짜버리고 써야 한다.

산조인

학명: Zisyphus jujuba, Z. vulgaris var. spinosus
이명: 산조인, 메대추씨, 멧대추씨, Zizyphi spinosae semen

멧대추 나무의 성숙한 종자

■■■ **전문가의 한마디**

산조인은 약성이 완화한 자양안신약으로 불면 치료 효과가 실험적으로도 증명되어 있다. 산조인은 마취성을 갖지 않은 천연식물로 최면작용이 있으므로 안면을 위해 많이 쓴다.

●식물의 특성과 형태

 잎은 어긋나며 꽃은 5~6월에 잎겨드랑이에서 2~3개씩 핌, 열매는 구형 핵과로 9~10월에 적갈~암갈색으로 익는다.

●약초의 성미와 작용

 맛은 시고 달며 성질은 평하다. 심장과 간, 담, 비장에 작용한다.

●약리효과와 효능

몸에 진액과 혈액이 부족하여 가슴이 답답하면서 잠을 이루지 못하고, 땀을 많이 흘리면서 가슴이 두근거릴 때에 효과가 있으며 진정과 최면효과가 있다.

●주요 함유 성분과 물질

 다량의 지방질과 단백질, 및 2종의 sterol을 함유하며, jujuboside A, jujuboside B 등을 함유하고 있다.

●채취시기와 사용부위

가을에 성숙한 과실을 채취하여 씨만 모아서 절구에 찧은 후 햇볕에 말려서 사용한다.

복용방법

하루에 6~12g을 복용한다. 혹은 연말하여 3g을 탄복한다.

●사용상 주의사항

몸에 열이 뭉쳐 있는 사람과 대변이 묽고 설사를 하는 사람은 복용을 피해야 한다.

●임상응용 복용실례

진정작용과 최면작용을 가지고 있음이 밝혀졌으며, 그 외에도 진통작용과 진정작용, 혈압강하작용도 있다. 지황, 당귀, 맥문동, 백자인 등과 배합하여 불면증과 가슴이 뛰고 답답한 증상을 다스린다.

【알기 쉽게 풀어쓴 임상응용】

양심안신
• 산조인은 약성이 완화한 자양안신약으로 불면 치료 효과가 실험적으로도 증명되어 있다. 산조인은 마취성을 갖지 않은 천연식물로 최면작용이 있으므로 안면을 위해 많이 쓴다. 또 장기간 복용해도 중독성이 없어서 복용을 중단해도 역효과가 나타나지 않는 장점이 있다.
• 불면, 다몽, 이경, 이성, 심계의 증상에는 당삼, 당귀, 백작, 백자인을 넣어 환으로 만들어 복용하면 좋다. 가정에서는 산조인 3전을 원육으로 싸서 구상으로 만들어 잠자기 3시간 전에 온탕으로 복용하면 좋다. 환제로 쓰면 탕제보다 효과가 우수하다. 산조인에는 대량의 지방유가 함유되어 있으므로 사용할 때는 약간 볶아서 쓰는 것이 좋다. 너무 많이 볶으면 오히려 효능이 감퇴된다.

기타응용
• 산조인은 지한작용이 있으므로 몸이 허약하여 나타나는 자한, 도한에는 항상 백작, 오미자, 산수유, 부소맥, 생모려 등을 같이 쓰면 좋다.
• 산조인에 함유된 지방유는 윤활작용이 있으므로 허약한 사람의 변비 증상에는 육종용, 결명자와 같이 쓰면 좋다. 습관성변비에는 마자인을 넣어 자주 복용하면 좋다.

【수치】
• 약재를 용기에 넣고 약화로 볶아 외피가 조금 부풀면서 향기가 나고 자갈색이 나타나면 꺼내 그늘에 넌다. 너무 초하면 진정작용이 감소하므로 주의해야 한다.

＊ 보건복지부 한약처방100 가지 약초

원지

학명: Polygala tenuifolia
이명: 고원지, 애기풀, 아기풀, Polygalae radix

340

원지과식물인 원지의 근 혹은 근피

■■ **전문가의 한마디**

사포닌이 함유되어 위점막과 인후점막을 자극하여 거담효과를 가지고 있다. 만성기관지염, 기관지천식으로 가래는 많으나 뱉들기 힘들고 호흡촉박, 기천증상이 나타나며 바로 눕지 못할 때는 마황, 행인, 전호, 진피를 넣어 쓰면 정천화담 효과를 얻을 수 있다.

● 식물의 특성과 형태

높이 30cm, 뿌리는 굵고 잎은 어긋남, 꽃은 7~8월에 자줏빛으로 피고, 총상화서, 열매는 2개로 갈라진 삭과이다.

● 약리효과와 효능

영심안신, 거담개규, 소옹종, 항경련, 용혈, 혈압강하, 위점막자극, 자궁흥분, 항돌변, 항암 작용이 있어 심신불안, 불면, 건망증, 유정, 정신착란, 황홀감, 해수, 가래, 종기와 유방염 등에 사용한다.

● 주요 함유 성분과 물질

Saponin(Onjisaponin A-G, Tenuifolin), Xanthones(2,6,7,8-Tetramethoxyxanthone, 3-Hydroxyxanthone, 3-Hydroxy-2,6,7,8-Tetramethoxyxa polygalitol) 등이 함유되어 있다. 주요성분은 anhydro-D-sorbitol, Pentamethoxyxanthone, trim ethoxycinnamic-acid, arsenic, β-amyrin, n-acetyl-D-glucosamine 등이 함유되어 있다.

●채취시기와 사용부위

봄과 가을에 채취하여 심을 제거하고 음건한다. 정신안정용은 감초물에 구워서 사용, 거담진해용은 꿀에 볶아 사용한다.

●효과적인 용량과 용법

3~9g을 사용한다.

【알기 쉽게 풀어쓴 임상응용】

안신

• 원지는 자양성강장약으로 양심안신, 보신익지의 효능이 있으며 약성이 평하여 장기간 투여해도 지장이 없다. 체력이 약하고 신경쇠약이 있으면 당삼, 복신, 백출을 넣거나 황기, 감초, 백출을 넣거나, 지황, 구기자, 산약을 넣어 써도 된다. 간혈허에는 백작, 당귀, 천궁을 넣으면 좋다. 또 사삼, 맥문동을 넣으면 폐기를 보하는 작용을 한다.

• 불면, 다몽, 심계항진 등에는 산조인, 백자인, 용골 등을 넣어 쓴다. 만성불면을 치료하는 효과도 뛰어나며, 복신과 같이 쓰면 동계를 진정하는 효과가 있어서 심질환에 많이 사용된다.

• 원지에 당삼, 백자인, 황기, 복분자를 넣고 환으로 만들어 쓰면 좋은 자보, 건뇌효과를 얻는다. 신경쇠약으로 잠을 이루지 못하고 건망, 주의력산만, 두혼창, 유정 등의 증상이 있을 때도 사용하면 증상을 제거하는 효과가 있다.

• 원지는 생식기능의 쇠퇴에 대한 강장흥분작용을 가지므로 양위, 조루, 유정, 정 감소 및 부녀 불감증 등의 증상에 녹용, 파극, 보골지, 부자, 복분자 등과 같이 쓰면 좋다. 또 원지는 자양강장의 상용약으로 다른 자보장양약과 같이 써도 좋고, 환으로 만들어 쓰면 성기능쇠퇴의 방지에 도움이 된다.

거담정천

• 원지는 사포닌이 함유되어 위점막과 인후점막을 자극하여 거담효과를 가지고 있다. 만성기관지염, 기관지천식으로 가래는 많으나 뱉기 힘들고 호흡촉박, 기천증상이 나타나며 바로 눕지 못할 때는 미황, 행인, 전호, 진피를 넣어 쓰면 정천화담 효과를 얻을 수 있다. 또는 나복자, 소자, 백개자와 같이 써도 같은 효과를 얻을 수 있다. 완해기에는 팔미나 육미에 넣어 쓰면 예방효과를 얻을 수 있다.

기타응용

• 원지는 소산옹종 작용이 있으므로 옹저종독이 오랫동안 짓무른 채 아물지 않을 때는 원지 5전을 진하게 달이고 찌꺼기를 찧어서 호박 5분, 주사 3분을 넣고 잘 섞어 환부에 바르면 좋다. 또 원지를 술에 담가 복용해도 된다.

* 보건복지부 한약처방100 가지 약초

합환피(자귀나무껍질)

학명: Albizia julibrissin
이명: 합환피, 피, 야합피, Albizziae cortex

342

● 식물의 특성과 형태

높이 3~5m, 꽃은 6~7월에 피고, 꼬투리는 9~10월에 익으며, 길이 15cm, 5~6개의 종자가 있다.

● 약초의 성미와 작용

수피는 강장, 흥분, 이뇨, 구충, 진해, 진통, 살충 작용이 있으며 충독, 안오장, 창종, 늑막염, 타박상 등에 쓰인다.

● 주요 함유 성분과 물질

껍질에 Alkaloid, Tannin, Saponin이 있고, 그 외 Trihydroxyflavone, Acacic-acid, Albizziin, Saponin, Tannin 등이 함유되어 있다.

● 채취시기와 사용부위

여름과 가을에 껍질을 채취해 건조하여 사용한다.

본초학 제 15 장
평간식풍약

간풍내동을 없애 경련을 치료하는 약물. 식풍지경약이라고도 한다.
일부는 간양이나 간열을 없애는 작용을 함께 가지고 있다.

평간잠양약
간양을 억제하고 평간시키는 약물. 평간약이라고도 한다. 간을 청열하고 안신시키는 작용을 함께 가진
경우가 많다. 간양상항으로 생긴 현훈, 두통 등에 적용한다.

식풍지경약

머리가 어지럽고 아픈 데나 코피를 흘리는데 사용하는

대자석(적철광)

학명: Haematites
이명: 적철광, 적토, 대자, 혈사, Haematitum

●식물의 특성과 형태 전체는 홍갈색 또는 철청색으로 붉은 분말이 묻는다. 표면은 원형으로 유두상의 돌기가 있고 질이 단단하다.

●약초의 성미와 작용

맛은 쓰고 달며 성질은 차며 간장, 위, 심장에 작용한다.

●약리효과와 효능 토하거나 트림, 딸꾹질, 천식을 다스리고 장기간의 스트레스 등으로 간의 양기가 상승하여 머리가 어지럽고 아픈 데나 코피를 흘리는데 변혈, 장출혈, 치질 등에 사용한다.

●주요 함유 성분과 물질 적철광인 삼산화제이철($Fe_2O_3 \cdot nH_2O$)의 광석으로 SiO, Fe_2O_3 등이 주성분이다.

●채취시기와 사용부위 아무 때나 캐어 흙과 잡돌을 골라버리고 벌겋게 달구어 식초에 담그기를 2~3번 거듭해서 말려서 사용한다.

●복용방법 하루 10~30g을 탕약, 알약, 가루약 형태로 사용한다.

●사용상 주의사항 체력이 허약한 사람이나 임신부는 금해야 한다.

●임상응용 복용실례 지혈 효능이 있으며 두통과 현기증, 딸꾹질, 구토, 토혈 등의 증상을 치료한다.

질려자(남가새)

학명: Tribulus terrestris
이명: 백질려, 자질려, 질려자, Tribuli fructus

345

●식물의 특성과 형태 바닷가의 모래밭에 자람, 길이는 1m, 잎은 마주나고 짝수 깃꼴겹잎, 7월에 노란색 꽃, 열매는 5개 조각의 합과이다.

●약초의 성미와 작용

맛은 쓰고 매우며 성질은 따뜻하며 약간의 독성을 가지고 있다. 간에 작용한다.

●약리효과와 효능 간의 기운이 상승하여 나타나는 두통과 어지러움, 가슴과 옆구리에 통증이 있고 젖이 잘 나오지 않을 때, 풍열로 인해 눈이 충혈되거나 몸이 가려울 때 등에 효과가 있다.

●주요 함유 성분과 물질 Kaempferol, Tribuloside, Peroxidase 등과 지방유 3.5%, 소량의 정유, Tannin, 수지스테롤, 미량의 Alkaloid, Saponin 등이 함유되어 있다.

●채취시기와 사용부위 가을에 열매가 익었을 때 채취하여 햇볕에 말린 후 껍질을 제거하고 볶거나 또는 소금물에 담갔다가 볶아서 사용한다.

●복용방법

하루에 6~10g을 복용한다.

●사용상 주의사항

독성이 있으므로 혈이 부족하거나 기가 약한 사람, 임신부는 복용하지 마십시오.

결명자

학명 : Casssia tora LINNE

이명 : 결명자, 마제결명, 야녹두, 가녹두, 초결명, 결명초, 결완자, 결명씨, 양명, 양각, 결명씨

콩과에 속하는 한해살이풀인 결명초의 성숙한 씨를 말린 것

● 식물의 특성과 형태 높이는 1미터 내외이며 6~8월에 노란색 꽃이 피며 9~10월에 열매가 여무는데 녹색이며 여느 식물의 열매와 같이 둥글지 않고 네모난 것이 특색이다.

● 약초의 성미와 작용 달고 쓰며 짜고 성질은 약간 차고 독은 없으며 간과 대장에 작용한다.

● 약리효과와 효능

간의 열기를 제거하고 대장의 연동운동을 활발히 하여 눈이 충혈되어 붓고 아프며 햇빛을 꺼리고 눈물이 흐르는 데나 시력감퇴, 야맹증이나 기타 두통, 어지럼증 가슴이 답답한 증상, 또는 변비에 좋다.

● 주요 함유 성분과 물질

에모딘, 토라크리손, 단백질, 지방, 점액질 등이 포함되어 있다.

● 채취시기와 사용부위

가을에 씨가 여문 다음 줄기채로 베어서 말려 씨를 털어 모아서 사용한다.

■ ■ 전문가의 한마디

눈병, 시력약화, 청맹 등에 결명자차를 끓여 마시고 결명자차로 눈을 씻어주면 하루만에 병이 낫게 되고, 결명자씨를 베개 속에 넣고 베고 있으면 두통을 다스릴 수 있으며, 잎을 나물로 만들어 먹으면 오장을 보호한다고 알려져 있다.

●효과적인 용량과 용법

하루 6~12g을 탕약, 가루약 형태로 복용한다.

●사용상 주의사항

변이 무른 자와 혈이 부족하여 어지럼증이 있는 사람은 복용해서는 안 된다.

●임상응용 복용실례

결명씨에 들어있는 안트라키논 화합물이 대장의 윤동운동을 세게 하여 설사를 일으키다는 것이 밝혀졌다. 국화, 석결명을 배합하여 눈이 붓고 아픈 것을 다스린다.

【알기 쉽게 풀어쓴 임상응용】

청간명목

•바이러스로 인한 급성결막염에는 목적 . 적작 . 금은화 . 생지황 . 치자와 같이 쓰면 좋다. 유행시기에 미리 사용하면 예방에도 효과가 있다.

•노인의 각막혼탁은 일종의 만성진행성질환으로 중년부터 노년에 발생하는데 이 경우에는 육미에 결명자 . 목적 . 석곡 . 밀몽화 . 복분자 . 국화 등을 넣어 장기간 복용하면 좋다.

혈압강하

•혈압이 상승하여 일정치 않고, 강압제를 써도 장기간 효과가 지속되지 않는 경우 간혹 심장혈관이나 뇌혈관에 병변이 병발하는 수가 있는데 이때는 택사 . 갈근 . 산수유 등과 같이 달여 복용하면 관상동맥을 확장하여 혈류저항을 감소시키는 작용을 하므로 강압효과 얻을 수 있다.

•본태성 고혈압으로 장기간 혈압약을 복용해도 효과가 없을 때 장에 문제가 없다면 1회 결명자 5~8전을 달여 매일 1회씩 1개월 간 복용하면 좋고, 여정자와 한련초를 같이 쓰면 더욱 좋다.

•뇌일혈로 인한 중풍으로 반신불수가 되어 혈압이 계속되고 변비가 있을 때는 알맞은 처방약을 쓰면서 결명자 5전과 여정자 3전을 따로 달여 먹으면 혈압도 내리고 변비도 방지하는 효과가 있다.

•결명자의 강압작용은 완만하지만 안정적이므로 장에 문제만 없으면 장기간 지속해도 좋다.

콜레스테롤 저하

•고콜레스테롤 혈증에도 결명자를 쓰면 좋다. 임상실험에서도 결명자가 콜레스테롤 저하작용이 있다는 것을 증명하고 있다. 복용 중에 가벼운 설사가 나는 수가 있는데 방치하여도 무방하며, 산사와 여정자를 같이 쓰면 98% 이상 효과가 있다고 한다.

변비치료

•노인이 장조변비가 있고 혈압이 높은 경우 매일 결명자 3~5전을 달여 복용하면 혈압도 내리고 혈압이 높지 않는 자는 예방도 되며, 특히 뇌졸중을 예방하는 효과가 있다.

석결명

학명 Haliotis gigantea GMELIN
이명 진주모, 복어갑, 구공라, 천리광, 결명자, 전복조개

348

전복과 말전복 및 동속 근연동물의 패각을 건조한 것

■■■ **전문가의 한마디**

석결명은 질중하고 하강하여 강압효과가 양호하다. 동맥경화성 고혈압으로 두훈안화, 면홍, 설홍, 맥현삭 등의 증상에 좋다.

●식물의 특성과 형태

형태는 장타원형으로 안쪽면은 귀와 같은 모양을 하고 있으며, 길이는 5~14㎝, 너비 3~9㎝, 높이 2㎝이다. 표면은 평탄하지 않고 회백색 또는 회흑색이며, 내표면은 광활하고 광택이 있다.

●약초의 성미와 작용

맛은 짜고 성질은 차갑다. 간에 작용한다.

●약리효과와 효능

양기를 내려주는 작용을 가지고 있고 눈의 염증성 질환에도 이용되고 있다. 이 밖에 머리가 어지럽고 눈이 잘 보이지 않는 증상에도 효과가 있다.

●주요 함유 성분과 물질

껍질에는 탄산칼슘이 90% 이상이고, 유기질은 약 3.67%이며, 소량의 마그네슘, 철, 유산염, 염소화합물, 극미량의 요오드 등이 함유

되어 있다.

● 채취시기와 사용부위

여름과 가을에 채취한 전복의 껍질을 잘 씻어 햇볕에 말려서 이용한다.

● 복용방법 하루에 12~40g을 복용한다.

● 사용상 주의사항

양기가 부족한 사람은 주의하여야 하며, 소화기가 약하고 속이 찬 사람은 복용을 피해야 한다.

● 임상응용 복용실례

용담초, 상엽, 국화 등과 배합하여 눈이 붓고 아픈 증상을 다스린다

【알기 쉽게 풀어쓴 임상응용】

강압
• 석결명은 질중하고 하강하여 강압효과가 양호하다. 동맥경화성 고혈압으로 두훈안화, 면홍, 설홍, 맥현삭 등의 증상에, 걸을 때 붕 뜨는 기분을 느끼면 석결명 1~2양에 조구등, 황금, 국화를 넣어 쓰면 좋다. 석결명은 패각류로 장시간 달여야 유효성분이 추출된다.
• 본태성고혈압으로 증상이 뚜렷하지 않거나 때때로 두훈안화가 나타나고 혈압이 계속 내리지 않을 때는 해대, 결명자, 여정자, 석곡을 넣어 쓰면 좋다. 석결명에 대계, 생지황, 맥문동, 여정자를 넣어 쓰면 강압효과를 지속시킬 수 있다.

청열명목
• 석결명은 안과 상용약으로 청열명목, 소종, 자윤의 작용이 있으므로 급, 만성의 안질로 붉게 부어 아프고, 바람을 맞으면 눈물이 나며, 물건이 잘 보이지 않을 때는 상엽, 국화, 형개, 연교, 목적, 결명자, 선퇴, 금은화를 넣어 쓴다. 충혈이 심할 때는 홍화를 넣으면 좋다.

기타응용
• 석결명은 미열을 치료하는 작용이 있으므로 미열의 경과가 짧고 허약증이 심하지 않을 때 증상에 따라 쓰면된다. 허약증이 뚜렷할 때는 석결명이 적당하지 않다. 미열, 번조불안, 두훈통, 안화, 천면 등의 증상에는 백작, 석곡, 별갑, 여정자, 목단을 넣어 쓰면 좋다.

중풍마비, 안면 신경마비, 구안와사, 반신불수를 다스리는

백강잠(누에나방)

학명 Bombyx mori L, Beauveria bassiana(Bals) Vuill
이명 천충, 강충, 강잠, 누에나방

누에를 건조한 것

■■■ **전문가의 한마디**

고열이지만 경기가 없을 때는 백강잠을 쓰면 열을 발산하여 경기를 방지할 수 있다. 예를 들어 마진 초기에 청열해독약에 넣어 쓰거나. 뇌막염 초기에 쓰면 해열을 돕고 경기를 방지하는 효과가 있다.

●식물의 특성과 형태 균사는 융모상으로 기주의 몸체 마디에서 길게 나와 차츰 몸 전처를 덮으며 후에 분말상으로 된다.

●약초의 성미와 작용 성질이 평온하고 맛은 짜며 독이 없으며, 간과 폐에 작용한다.

●약리효과와 효능 운동기능의 이상증상을 다스리며 담으로 인해 덩어리가 생긴 증상을 다스린다. 소아의 간질, 중풍마비, 안면 신경마비, 구안와사, 경련, 근육이 당기는 증상, 반신불수를 다스린다.

●주요 함유 성분과 물질

Lipoprotein(성분은 단백질 67.44%, 지방 4.38%), oosporein 등을 함유하고 있다.

●채취시기와 사용부위 흰가루 병으로 죽은 누에를 건조실에서 말려서 사용한다.

●복용방법 하루 6~9g을 탕약, 가루약, 알약 형태로 복용한다.

●사용상 주의사항 심장이 약한 사람이 정신이 혼미해진 증상이나 혈이 부족한 사람이 근육을 잘 못 쓸 때는 피한다.

●임상응용 복용실례

복용실례 백부자, 전갈 등을 배합하여 구안와사를 다스린다.

【알기 쉽게 풀어쓴 임상응용】

지경

• 백강잠은 경련을 진정하므로 소아의 고열로 인한 경기에 효과가 있다. 고열이지만 경기가 없을 때는 백강잠을 쓰면 열을 발산하여 경기를 방지할 수 있다. 예를 들어 마진 초기에 청열해독약에 넣어 쓰거나. 뇌막염 초기에 쓰면 해열을 돕고 경기를 방지하는 효과가 있다. 경기가 나타났을 때 백강잠을 대량으로 쓰면서 조구등, 영양각, 우황을 넣어 쓰면 좋다. 하지만 영양각을 구할 수 없어 응용이 힘들다. 저항력이 약한 소아가 열성병에 걸려 경기의 징조가 나타날 경우에는 가능한 한 일찍 백강잠을 투약하여 증상의 악화를 방지한다.
• 백강잠은 지경작용이 있으므로 아관긴폐, 지체강직, 각궁반장 등이 보일 때는 전갈, 선퇴, 남성, 백부자, 방풍 등을 넣어 쓰면 좋다.
• 다쳤을 때 백강잠을 복용하면 파상풍을 예방할 수 있다.

해독소종

• 백강잠을 복용하거나 바르면 자궤전의 경종이나 경부임파결핵의 치료에 좋다. 또 백강잠 3전, 전갈, 오공 각 2전, 패모 5전을 가루 내어 조석으로 1전씩 복용하면 좋다. 또 참기름으로 섞어 매일 환부에 발라도 좋다. 환부가 터져서 농이 나올 때는 유향, 몰약, 천산갑을 넣고 가루 내어 고상으로 만들어 환부에 바르면 배농을 촉진하고 육아형성을 촉진한다. 나력담핵에는 패모, 연교, 하고초를 넣어 쓰기도 한다.
• 옹저가 오래 되어 환부가 딱딱하고 동통이 있으면 안식향, 유향, 웅황을 넣어 바르면 좋다.
• 백강잠은 보조적인 항암작용이 있으므로 간암, 위암에 오공, 천산갑, 봉출을 넣어 쓰면 통증을 줄이고 식욕을 증진하는 효과가 있다.
• 중증 폐결핵으로 객혈, 흉통이 나타나면 백급과 같이 써 지혈효과를 강화한다.

【참고】 백강잠이 없으면 누에 번데기(강용)으로 대용하고 허한에 의한 만경에는 쓰지 않는다. 잠사는 누에똥인데 거풍제습, 화위장습탁작용이 있다.

* 보건복지부 한약처방100 가지 약초

독을 해독하여 두통과 관절통 및 창독을 치료하는 효능도 있는

전갈

학명: Buthus martensi
이명: 갈자, 두백, 주박충, Scorpio

0 1cm

●식물의 특성과 형태 전갈을 채취하여 곧게 펴서 건조한 적갈색 충체, 길이는 약6~8cm 정도, 두 개 집게다리, 4개 다리, 큰 꼬리가 있다.

●약초의 성미와 작용 맛은 달고 매우며 성질은 평하고 독성이 있다. 간에 작용한다.

●약리효과와 효능 경락을 통하게 하고 지통시키는 작용이 있으며 독을 해독하여 두통과 관절통 및 창독을 치료하는 효능도 있다.

●주요 함유 성분과 물질 전갈독의 본체는 독성단백질로 일종의 마취독이며 독성중에는 hydroxylamine과 공존하고 있다.

●채취시기와 사용부위 봄부터 가을 사이에 잡아서 물에 담가 흙을 게우게 한 다음 끓는 물에 죽여서 햇볕이나 건조실에서 말린다. 소금에 절여서 말리기도 한다.

●복용방법 하루 2~5g을 복용한다.

●사용상 주의사항 혈액이 부족하여 풍의 증상이 생긴 사람은 복용을 금해야 한다.

●임상응용 복용실례

식풍지경, 통락지통 효능이 있고, 경풍추휵, 구안왜사, 반신불수, 중풍, 창양종독, 파상풍, 풍진에 약용한다.

두통이나 어지럼증, 고혈압 등에 좋은

조구등

학명: Uncaria sinensis, U. rhynchophylla
이명: 조등, 조등구, Uncariae ramulus et uncus

●식물의 특성과 형태 작은 가지는 네모지고, 낚시바늘 모양의 가지는 잎겨드랑이에서 나와 아래로 굽는다.

●약초의 성미와 작용 맛은 달며 성질은 약간 차고 독은 없다. 간과 심포에 작용한다.

●약리효과와 효능 경련이나 마비, 소아의 놀라서 발작하는 증상 등을 다스리고 두통이나 어지럼증, 고혈압 등에 좋다.

●주요 함유 성분과 물질 rhynchophylline, isorhynchophylline 등이 함유되어 있다.

●채취시기와 사용부위 봄과 가을에 어린 가지를 채취하여 그늘에 말린다.

●복용방법 10~15g을 사용하며 오래 끓이지 않는다.

●사용상 주의사항

몸이 허약한 사람은 복용을 피하는 것이 좋다.

●임상응용 복용실례

간과 심포의 화열을 삭히는 요약으로 경련이나 간질, 두통, 현훈, 마비, 소아 발작, 고혈압 등에 좋다. 천마, 영양각, 전갈 등과 배합하여 경련이나 마비, 근육이 땅기고 오그라드는 증상을 다스린다.

영양각(새가영양의 뿔)

학명Saiga tatarica L.
이명영양, 구미양, 영양각

● 식물의 특성과 형태 긴 원추형으로 약간 구부러져 있으며 길이는 15~33㎝로 유백색 또는 황백색이며 아래는 약간 청회색이다.

● 약초의 성미와 작용 맛은 짜고 성질은 차갑다. 간과 심장에 작용한다.

● 약리효과와 효능 고열로 인한 경기와 팔다리의 경련, 머리가 어지럽고 눈이 충혈되는 증상, 고열로 인해 정신이 혼미하면서 열독으로 피부에 발진이 생기는 증상 등에 효과가 있다.

● 주요 함유 성분과 물질 각질단백과 인산칼슘, 불용성 무기염 등을 함유하고 있다.

● 채취시기와 사용부위 새가영양의 뿔을 8~10월에 잘라 햇볕에 말려서 이용한다.

● 복용방법 하루에 1~3g을 복용한다.

● 사용상 주의사항 열이 없는 사람은 복용을 피해야 한다.

 ● 임상응용 복용실례

중추신경억제작용, 해열작용 등이 있음이 밝혀졌다.

조구등, 국화, 전갈, 오공 등과 배합하여 열성 전염병으로 인한 경련과 마비를 다스린다.

본초학 제 16 장
개규약

매운맛과 방향성이 강하여, 체내를 빠르게 주행함으로써 개규시키고 정신이 혼미한 상태를 깨게 하는 효능의 약물.
열사가 심포에 침입하였거나, 담탁이 심규를 막아서 발생한 신혼, 경계, 전간, 중풍 등의 갑작스런 혼궐 증상에 사용한다.

어혈을 풀어주며, 경련, 부종, 종기, 복통, 타박상, 난산 등에도 사용하는

사향

학명: Moschus moschiferus
이명: 당문자, 사제향, 사미취, 사향노루, Moschi moschus

●식물의 특성과 형태 무스크 향료, 숫사향노루의 사향선을 건조시켜 얻는 분비물, 향낭은 달걀정도로 약 30g, 잘라서 건조시키면 분비물이 약간 축축한 자갈색의 분말로 굳어지며 이것을 묽게 희석하면 향기로운 무스크 향이 난다.

●약초의 성미와 작용 맛은 맵고 성질은 따뜻하다. 심장과 비장에 작용한다.

●약리효과와 효능

각종 구급상황이나 급성열병, 중풍 등에도 널리 이용되고 진통효과도 가지고 있다.

●주요 함유 성분과 물질 Muscone, Muscopyridine, Androsterone, Epiandrosterone, Steroid hormone, Cholesterol, 지질, 교질 등이 함유되어 있다.

●채취시기와 사용부위

가을부터 봄 사이에 잡은 사향노루의 사향주머니를 그늘에서 말린 다음 이용한다.

●복용방법 하루에 0.03~0.1g을 복용한다.

●사용상 주의사항 임산부는 절대 복용을 금해야 한다.

●임상응용 복용실례 정신을 맑게 하고 어혈을 풀어주며, 경련, 부종, 종기, 복통, 타박상, 난산 등에도 사용한다. 서각, 우황 등과 배합하여 갑자기 고열과 함께 정신을 잃는 증상 등을 다스린다.

소합향

학명: Liquidambar orientalis
이명: 소합향유, 제고, 소합유, Styrax liquides

357

●식물의 특성과 형태 초여름에 나무껍질에 상처를 내어 삼출 수지를 모아 알코올에 용해시켜 여과한 후 알코올을 증발시켜 정제하여 소합향을 만든다.

●약초의 성미와 작용 맛은 맵고 성질은 따뜻하다. 폐와 간에 작용한다.

●약리효과와 효능 정신을 맑게 하고 혈액순환을 촉진하며 기관지벽의 신경을 자극하여 분비액을 삼출시켜 가래를 없애는 작용이 있다.

●주요 함유 성분과 물질 3-Epioleanolic-acid, αSitosterol, αStoresin, Benzyl-alcohol, Benzyl-cinnamate, βSitosterol, Shikimic-acid, Storesin 등이 함유되어 있다.

●채취시기와 사용부위 초여름에 나무껍질에 상처를 내서 진이 흘러내려 껍질 부분에 스며들게 한 후 가을에 껍질을 채취하여 알코올에 용해시켜 여과한 후 알코올을 증발시켜 정제소합향을 조제한다.

●복용방법 하루에 1~2g을 복용한다.

●사용상 주의사항 음액이 부족하여 허열이 뜨는 사람은 복용을 피해야 한다.

●임상응용 복용실례 자극성 거담작용, 경미한 항균작용, 항궤양작용 등이 밝혀졌다. 안식향, 주사, 서각, 사향, 빙편 등과 배합하여 의식불명을 다스린다.

석창포

학명: Acorus gramineus, A. gramineus var. variegatus
이명: 창포, 창본, 구절창포, Acorigraminei rhizoma

개구약

천남성과 식물인 석창포의 근경

■■■전문가의 한마디

유행성뇌막염, B형뇌염으로 고열혼미, 다담난객, 천명, 경련 증상이 나타날 경우에는 울금, 반하, 죽여, 연교, 치자, 황련과 같이 쓰면 좋다.

358

●식물의 특성과 형태

뿌리줄기는 옆으로 뻗고, 마디가 많다. 잎은 뿌리줄기 끝에서 모여서 나고, 꽃은 6~7월에 연한 노란색이다.

●약초의 성미와 작용

맛은 맵고 쓰며 성질은 따뜻하다. 심장과 위에 작용한다.

●약리효과와 효능

막힌 것을 소통시켜주며 담을 없애고, 인체의 양기를 순조롭게 하는 작용과 정신을 맑게 하며 눈과 귀를 밝게 하는 작용이 있다.

●주요 함유 성분과 물질

뿌리에 정유 0.11~0.42%, 주성분은 β-Asarone, Asarone, Caryophyllene, Trans-4-propenyle 등이 함유되어 있다.

●채취시기와 사용부위

가을과 겨울에 채취하여 잔 뿌리와 진흙을 제거하고 물에 깨끗이 씻어 햇볕에 말려서 이용한다.

●복용방법 하루에 4~12g을 복용한다. 선품은 10-15g을 사용한다.

●사용상 주의사항

몸에 진액이 부족한 사람과 가슴이 답답하면서 땀이 많은 사람, 피를 토하거나 기침을 하는 사람, 유정이 있는 사람은 복용을 피해야 한다.

●임상응용 복용실례

건위작용, 경미한 진정작용, 진통작용이 있음이 밝혀졌으며, 석창포의 추출물이 암세포에 대한 독소작용을 한다는 것이 밝혀졌다. 후박, 진피, 창출 등과 배합하여 가슴과 배가 답답하고 그득하면서 식욕이 없는 것을 다스린다.

【알기 쉽게 풀어쓴 임상응용】

성뇌정간

• 석창포는 의식각성, 거담, 정간의 효능이 있어 혼궐증(담탁몽폐심규)의 치료에 쓰면 좋다. 단독으로 대량을 쓰거나 소량을 복방에 넣어 써도 좋은 효과가 있다. 유행성뇌막염, B형뇌염으로 고열혼미, 다담난객, 천명, 경련 증상이 나타날 경우에는 울금, 반하, 죽여, 연교, 치자, 황련과 같이 쓰면 좋다. 만약 효과를 얻지 못하면 석창포 5~8전, 원지 3전을 달여 몽석말 5분을 넣고 잘 섞어 복용하면 약 1시간이면 담과 타액을 대량으로 토하면서 호흡이 편해지고 의식이 점차 회복된다.

거습건위

• 여름철 습열로 발열과 오한이 나고 열이 내리지 않으며 전신의 마디가 시큰거리고 설태백니를 보이면, 곽향, 패란, 복령, 후박 등의 청열화습약에 석창포를 넣어 쓰면 거습효능이 더욱 강해진다. 풍습으로 인해 관절과 근육에 산통이 있을 때는 초기에 석창포와 방풍, 강활, 독활을 쓰면 거습지통의 효과를 얻을 수 있다.

기타응용

• 석창포를 진하게 달여 빙편 1분을 넣어 복용하면 인후의 급성 염증으로 인한 통증을 멎게 하고 화농을 방지하는 효과가 있다. 또 석창포 즙을 물에 섞어 입 안을 행구면 농액을 깨끗하게 제거하여 구강의 청결을 도모할 수 있다.

【참고】 제습개규에는 구절창포가, 열담에는 선창포가, 화습개위에는 석창포가 좋음. 창포와 수창포는 효능이 비슷하나, 창포는 개규작용이, 수창포는 화습개위, 화담지해, 옹종창종습진에 좋다.

* 보건복지부 한약처방100 가지 약초

용뇌(빙편)

학명: Dryobalanops aromaticag
이명: 빙편, 용뇌, 용뇌향, Bormeolum syntheticum

● 식물의 특성과 형태 상록교목인 용뇌향수의 수지, 용뇌수 가지의 삼출 건조수지와 가지를 썰어 수증기증류법으로 승화시켜서 냉각한 결정체이다.

● 약초의 성미와 작용 맛은 맵고 쓰며 성질은 서늘하다. 심장과 비장, 폐에 작용한다.

● 약리효과와 효능 고열과 함께 정신이 혼미하거나 어린이의 경기, 중풍 등에 효과가 있으며 인후두염과 구내염, 눈병과 각종 염증 등에 이용된다.

● 주요 함유 성분과 물질 수지성분으로 D-Borneol, 정유에는 다량의 Terpene류 함유, Triterpenoide 물질로 Oleanolic acid, Alphitolic acid, Asiatic acid 등이 함유되어 있다.

● 채취시기와 사용부위 용뇌향수의 수지를 가공하거나 건조된 수지와 가지를 채취하여 증류한 후 냉각시킨 결정체를 이용한다.

● 복용방법 하루에 0.15~0.3g을 복용한다.

● 사용상 주의사항 기혈이 허약한 사람은 복용을 피하여야 하며 임산부의 경우에는 반드시 한의사와 상의한 후 복용해야 한다.

● 임상응용 복용실례 항균작용과 항염작용이 있으며, 국소적인 진통작용과 방부작용이 있다. 사향 등과 같이 배합하여 정신이 혼미하거나 열이 나면서 경련을 하는 증상을 다스린다.

본초학 제 ⑰ 장
보허약

보기약
인체의 생리기능 및 체력을 증강시키는 약물군. 비, 페를 위주로 하며, 경우에 따라 심을 귀경으로 하기도 한다.

보양약
인체의 양기를 북돋는 약물. 심, 비, 신 등의 양이 허한 증상을 포괄한다.

보혈약
혈허로 인한 증후를 개선하거나 제거하는 약물. 낯빛이 위황하고 입술과 손톱이 창백하며, 현훈, 이명, 목혼, 심계, 불면, 건망, 월경지연, 월경량 감소, 무월경 등의 증상이 나타난다.

보음약
음액을 자양하는 약. 보음약, 자음약, 양음약, 육음약, 익음약 등으로 불린다.

감초

학명: Glycyrrhiza uralensis, G. inflata
이명: 국로, 미초, 밀감, 첨초, Glycyrrhizae radix

362

두과식물인 감초의 근과 근상경

■■■**전문가의 한마디**

감초에는 해수를 멎게 하고 담을 제거하는 효과가 있으므로 해수기천에 활용한다. 기관지의 염증이 가벼울 때는 전호, 길경, 행인을 넣어 쓰면 좋다.

●식물의 특성과 형태

성상뿌리는 땅속 깊이까지 뻗고 줄기는 1m 가량 자라는데 잎은 어긋나며 우상복엽으로 타원형이다.

●약초의 성미와 작용

맛은 달고 성질은 평하다.

●약리효과와 효능

비위기능의 허약을 도와주며 정신을 안정시키는데 사용하며 독극성 물질의 해독에도 많이 사용한다.

●주요 함유 성분과 물질

Glycyrrhizin, Liquiritigenin, Glucose, Mannitol, Malic acid, Asparagine 등이 함유되어 있다.

●채취시기와 사용부위

봄과 가을에 뿌리를 캐서 잔뿌리는 제거하고 물로 씻어 햇볕에 말리어 쓴다.

●효과적인 용량과 용법

하루 2~9g을 가루약, 알약, 달여서 먹는다.

●사용상 주의사항

열을 내리며 해독을 목적으로 사용할 때는 생으로 그대로 쓰고 비위를 따뜻하게 하며 기를 보할 목적으로 사용할 때는 볶아서 사용한다.

【알기 쉽게 풀어쓴 임상응용】

363

보익
• 감초는 주로 위기능이 약해졌을 경우나 심장이 약해지고 심기능이 부전하여 동계, 허맥, 약맥이 나타날 경우, 풍습성의 심장병으로 심박동이 약하고 기외수축이나 간헐맥이 있을 경우에 특히 효과가 있음이 증명되어 있다. 또 밀자하면 효과가 더욱 좋아진다.

청열해독
• 감초의 해독작용은 광범위하여 모든 열증에 사용할 수 있다. 인후종통에는 산두근, 금은화, 길경, 현삼, 우방자를, 목이 잠길 때는 길경, 박하, 행인을, 유선염에는 포공영, 지정을, 모든 외과의 창양에는 금은화, 연교, 생지황을, 농양에는 천산갑, 각자, 천화분을 넣어 쓰면 좋은 효과를 얻을 수 있다.

거담지해
• 해수를 멎게 하고 담을 제거하는 효과가 있으므로 해수기천에 활용한다. 기관지의 염증이 가벼울 때는 전호, 길경, 행인을 넣어 쓰면 좋다. 기침을 겸하는 감기 초기에는 감초를 2전까지 올려 쓰면 지해효과가 강해진다.

완급지통
• 감초에는 경련성 통증을 완화하는 효과가 있으므로 완복 및 사지련급동통에는 항상 백작을 가하고(작약감초탕), 비위허한으로 인한 완복동통에는 계지, 작약, 이당을 가하며(소건중탕), 위통이 있고 신물이 넘어오면 꼬막(와릉자)과 함께 가루로 만들어 복용한다(감릉산).

완화약성
• 방제에 감초를 넣어 그 열성을 완화하고 독성을 제거하는 데, 예를 들면 부자, 건강을 가하여 그것의 열성을 완화하여 음액의 상함을 방지하고, 석고, 지모를 가하여 그것의 한성을 완화하여 위가 상하는 것을 방지한다.

* 보건복지부 한약처방100 가지 약

허한 것을 보하고 소모된 진액을 자양시키는

교이(이당)

곡류 등의 전분질 원료 또는 이 원료들에서 추출한 전분에 물을 넣고 끓인 뒤 엿기름가루나 당화재로 당화시켜 정제를 한 것이다.

●식물의 특성과 형태 엿은 단단한 엿과 유동성이 있는 물엿으로 구분된다. 물엿은 당과를 만드는 당분의 원료로 사용된다. 엿기름과 곡식의 비율은 대체적으로 1 : 10이 알맞다.

●약초의 성미와 작용 맛이 달고 끈적끈적하다.

●약리효과와 효능 속을 완화시킴, 허한 것을 보하는 효능, 소모된 진액을 자양시키고, 음을 보하고 진액을 생겨나게 하는 효능이 있다.

●채취시기와 사용부위 엿은 찹쌀이나 멥쌀 가루를 찜통에 쪄서 맥아(엿기름)를 혼합하여 쌀가루의 5 배 정도의 섭씨 40도 쯤 되는 물을 붓고 9 시간 정도 보온해 두었다가 물만 따로 분리하여 물의 양이 3 분의 1 로 줄어들 때 까지 졸이면 엿이 된다.

●주요 함유 성분과 물질 맥아

●복용방법 3~8g

●임상응용 복용실례

비가 상하는 내상 병증으로 늘 노곤해 하는 병, 대변을 보기 전에 복통하고, 대변을 보려고 할 때 참을 수 없는 상태, 폐의 진액 부족으로 생긴 기침, 피를 토하는 병, 갈증, 인후통, 변비에 사용된다.

해독 및 진통작용, 피로회복, 숙취제거에도 좋은 효과가 있는

꿀(봉밀)

학명 Apis mellifera L, A, indica RADOSZKOWSKI
이명 석밀, 식밀, 백밀, 꿀

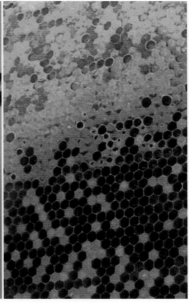

보허약(보기약)

365

●식물의 특성과 형태 반투명하고 광택을 띤 끈끈한 액체로 백색 도는 엷은 황색 혹은 귤황색이다. 보관방법에 따라 백색의 과립상 결정이 생기기도 한다.

●약초의 성미와 작용 맛은 달고 성질은 평하다. 폐와 비장, 대장에 작용한다.

●약리효과와 효능 비위와 폐의 기운를 보충하고 진해작용과 해독 및 진통작용, 피로회복, 숙취제거에도 좋은 효과가 있다.

●주요 함유 성분과 물질

꿀벌의 종류, 원료가 된 꽃, 환경 등의 차이에 따라 그 화학 성분이 차이가 매우 크지만 대체로 과당과 포도당이 70%이고 sucrose, maltose, orgnic acid 등이 함유되어 있다.

●채취시기와 사용부위 봄부터 가을 사이에 벌집에서 채취하여 여과시켜 이용하거나 또는 약한 불로 천천히 가열하여 위에 뜨는 거품과 지꺼기를 제거한 후 이용하기도 한다.

●복용방법 하루에 10~40g을 복용한다. 변비에는 한번에 40~80g까지 복용하기도 한다.

●사용상 주의사항 비위의 기능이 약하여 수액대사가 원활하지 못하고 자주 체하는 사람이나 담이 많은 사람은 복용을 피하는 것이 좋다.

대조(대추)

학명: Zizyphus jujuba var, inermis
이명: 건조, 홍조, 양조, 대추

서리과(갈매나무과)식물인 대추의 성숙한 과실

■ ■ ■ 전문가의 한마디

대조는 자양강장의 효능이 있으므로 복방에 배합하거나 단독으로 쓰거나 식이료법으로 이용하여도 보신건위, 생진소화의 효능을 얻을 수 있다.

식물의 특성과 형태

경산, 보은에서 많이 재배, 잎은 호생하고 난형이며 길이 2~6cm, 나비 1~2.5cm이다. 열매의 표면은 적갈색이며 타원형이다.

●약초의 성미와 작용

맛은 달고 성질은 평하며 비장과 위장에 작용한다.

●약리효과와 효능

기운을 보충하고 진액을 생성케 한다. 독을 제거하는 효과가 있어, 오랫동안 복용하면 피부색이 좋아지고 몸도 가벼워져 장수한다고도 한다.

●주요 함유 성분과 물질

비타민 B, C, K, P, 글루코스 외 9종의 탄수화물, 글루타민산 외 8종의 단백질 리피드외 2종 지방산, 아돌핀외 28종의 알카로이드, 사포제닌 외 12종이 기타성분을 포함하고 있다.

●채취시기와 사용부위 가을에 성숙한 과실을 따서 햇볕에 말려서 사용, 최근에는 생용으로도 사용한다.

　복용방법 하루 6~12g을 탕약, 알약 형태로 복용한다.

●사용상 주의사항 감초와 같이 대추는 많이 복용하면 위장 내에 습하고 탁한 기운이 가로막아 배가 부르고 몸이 부을 수 있으므로 잘 체하는 사람이나 먹고 나면 잘 붓는 사람은 복용하는 것에 주의하여야 한다.

●임상응용 복용실례

　해독효과, 강한 약재 중화 등에 사용한다. 소맥, 감초, 대조 등을 물에 달여 하루에 3번씩 먹으면 가슴이 뛰고, 예민해진 상태를 완화시킬 수 있다.

【알기 쉽게 풀어쓴 임상응용】

자양건위
• 대조는 자양강장의 효능이 있으므로 복방에 배합하거나 단독으로 쓰거나 식이료법으로 이용하여도 보신건위, 생진소화의 효능을 얻을 수 있다. 비위허약으로 힘이 딸리고 식사량이 적으며 연변이면 인삼, 백출등을 가하고, 만약 비불통혈로 인한 기에는 감초와 같이 함께 끓여 물은 마시고 대조는 씹어 먹는다.
• 대조에는 보간의 효능이 있으므로 만성간염으로 transaminase치가 증가하여 식욕이 감퇴된 경우에는 매일 대조 4~5개를 복용하면 도움이 된다. 식이요법으로 대조와 땅콩을 찹쌀과 함께 죽을 쑤어 설탕을 약간 넣어 매일 복용하여도 도움이 된다.

생진안면
• 대조는 생진자양의 효능이 있으므로 진액부족으로 마른기침이 나오고 기침 소리가 클 때는 사삼, 현삼, 맥문동을 넣어 쓰면 좋다. 목소리가 잠길 때는 석곡, 사삼과 같이 쓰면 목소리도 잘 나오고 성대보호에도 좋다. 장의 진액부족으로 인한 변비나 혈변에는 지유, 생지황과 같이 쓰면 좋다.

약성완화
• 대조는 약물의 독성을 완화하는 작용이 있으므로 열성, 독성을 지닌 복방에 배합된다.
즉 정력대조사폐탕은 거담평천, 이수소종의 작용을 하지만 거담작용이 극심하므로 대조로 정력자의 열성을 완화하여 폐기를 상하지 않게 하며, 십조탕도 대조에 대극, 감수, 완화를 가하여 비위를 상하지 않게 한다.
【참고】 첩약에 생강과 함께 가하는 이유는 여러 약의 완화목적과 보중익기 해표제에 배합하여 신산발한작용을 완화하고 영위를 조화하여 한 액의 근원을 도와 발한과다로 인한 영음손상을 방지한다.(계지탕)

백출(삽주)

학명: Atractylodes macrocephala
이명: 백출, 산계, Atractylodis mactocephalae rhizoma

국화과 식물인 백출의 근경

■■■전문가의 한마디

백출이 배합되는 방제는 거의가 보익제에 속하며 배합에 따른 금기는 없다. 비위습 제거와 중기를 보하는데는 기본약으로 쓰인다.

●식물의 특성과 형태

높이 50~60cm, 뿌리줄기가 굵고 잎은 어긋남, 꽃은 7~10월에 자색, 열매는 수과로 부드러운 털이 있다.

●약초의 성미와 작용

맛은 달고 쓰며 성질은 따뜻하다. 비장과 위에 작용한다.

●약리효과와 효능

명치끝이 그득하고 구토, 설사가 그치는 않는 증상에 효과가 있으며 식욕부진과 권태, 얼굴빛이 누렇게 되고 대변이 묽게 나오는 등 비위가 허한 증상에 효과가 있다.

●주요 함유 성분과 물질

atractylol을 주성분으로 하는 정유와 atraxtylone, vitamine A, atractylenolide I, II, III, β-eudesmol, hynesol 등이 함유되어 있다.

●채취시기와 사용부위

봄과 가을에 채취하여 잔뿌리와 노두를 제거하고 말려서 사용한다.

●복용방법 하루에 4~12g을 복용한다.

●사용상 주의사항

성질이 건조하므로 진액이 부족한 사람과 허열이 뜨는 사람은 복용을 피해야 한다

●임상응용 복용실례

백출의 추출물에는 이뇨작용과 항균작용이 있다. 인삼, 복령, 감초 각 한 돈과 백출 한 돈(3.75g)을 같이 달인 것이 바로 사군자탕이다.

【알기 쉽게 풀어쓴 임상응용】

보기건비
• 백출은 강장건위약으로 오래 복용하면 좋다. 백출이 배합되면 위액의 분비와 위의 규칙적인 연동을 왕성하게 하여 소화흡수력을 높이고 간장기능과 신체의 저항력을 증강시키는 효과를 얻을 수 있다. 백출이 배합되는 방제는 거의가 보익제에 속하며 배합에 따른 금기는 없다. 비위습 제거와 중기를 보하는데는 기본약으로 쓰인다.

이수소종
• 백출은 체내의 잉여수분을 배출하는 작용이 있으므로 병인성의 수분저류에는 어떤 경우에도 쓸 수 있다. 즉, 비기허로 수습이 쌓여 이루어진 담음이나 수종에 이용한다. 담음내정으로 인한 흉협지만, 두현, 심계에는 계지, 복령 등을 가하고(영계출감탕), 수습이 넘쳐 나와 지체부종, 소변불리에는 복령, 저령, 택사 등을 가하며(오령산), 비신허한증을 보이는 수종에는 필히 부자, 건강 등을 가하여 쓴다(진무탕, 실비음).
• 만성관절염으로 관절부위에 물이 고이면 방기, 오가피, 적소두, 의이인을 가하여 쓰면 좋다. 또 마비성 질환에도 혈액순환이 완만해서 체액이 순환되지 못하여 사지말단에 수종이 오는 수가 있는데 이때에는 황기, 단삼을 넣어 쓰면 좋다.

안태지한
• 백출에는 지한작용이 있으므로 표허자한(비기허쪽이면 백출이 군약이고, 폐기허쪽이면 황기가 군약이다)에 이용한다. 소아가 병을 앓고 허약해져 자한이나 도한이 있으면 산약, 부소맥, 미황근 등을 가하고, 표허자한으로 쉽게 감기가 오면 황기, 방풍을 가하여 쓴다(옥병풍산).

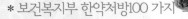

백편두(까치콩)

학명: Dolichos lablab
이명: 백편두, 남편두, 편두, 작두, Dolichoris semen

콩과식물인 편두(편두 까치콩의 종자

■ ■ ■ 전문가의 한마디

백편두는 약성이 화평하며 보신의 효능이 뛰어나므로 만성질환에 소화흡수력의 감퇴를 제거하는데 넣어 쓰면 좋고, 환제로 복용하는 것이 가장 좋다. 또 당뇨병의 예방에도 도움이 된다.

식물의 특성과 형태

길이 6m, 잎은 어긋나며 3출협, 꽃은 총상화서로 자줏빛, 꽃은 접형, 열매 꼬투리는 5개 씨앗이 있다.

● 약초의 성미와 작용

맛은 달고 성질은 약간 따뜻하다. 비장과 위에 작용한다.

● 약리효과와 효능

큰 병을 앓은 후 기운을 회복시킬 때도 보약을 복용하기 앞서서 백편두를 먼저 복용한 후 보약을 복용하면 보다 좋은 효과를 나타낸다.

● 주요 함유 성분과 물질

단백질, 지방, 탄수화물, 칼슘, 인, 철과 함께 Phytin, Pantothenic acid, 아연이 함유되어 있고, 또한 청산배당체, Trypsin seducatase, Amylase inhibior, 적혈구응집소 A, B 등이 있고, 꽃에는 Robinin이

있다.

●채취시기와 사용부위

가을에 완숙종자를 채취하여 햇볕에 말려서 사용한다.

　복용방법 하루에 8~16g을 복용한다.

●사용상 주의사항 감기 등 외부의 바이러스 등에 의해 발생한 질병의 급성기에는 복용을 피하는 것이 좋다.

●임상응용 복용실례

　약리실험 결과 이뇨작용이 있다. 위장이 허하여 설사를 하거나, 여름철에 더위를 먹어 소화불량, 식욕부진 등의 증상이 있을 때 한번에 4~10g을 달여서 하루 3번 복용하면 효과가 있다.

【알기 쉽게 풀어쓴 임상응용】

건비화습

• 백편두는 주로 건비지사, 화중한다. 비허로 수습이 정체하여 소화흡수력의 감퇴와 수분의 수송장해가 생겨 당뇨병, 음식이상, 설사, 복명, 구토, 부종 등이 일어나는 증상에 쓰면 좋다. 백편두는 약성이 화평하며 보신의 효능이 뛰어나므로 만성질환에 소화흡수력의 감퇴를 제거하는데 넣어 쓰면 좋고, 환제로 복용하는 것이 가장 좋다. 또 당뇨병의 예방에도 도움이 된다.

• 여름철 감기나 서습으로 인한 구토, 설사, 흉민에는 곽향, 패란, 하엽, 후박 등과 같이 쓰면 좋다.

• 만성적인 설사를 반복하고 대변에 불소화물이 섞일 때는 당삼, 복령, 백출, 의이인과 같이 환으로 만들어 복용하면 좋다. 기타의 처방에 백편두를 배합하면 건비의 작용이 증가한다. 만약 설사가 멎지 않고 사지가 냉하며 복부에 냉통이 있을 때는 육계, 부자, 건강을 넣어 써야한다.

• 부인이 비허로 항상 백대하가 있고 얼굴이 창백하면 황기, 백출, 산약, 검인을 가하여 쓰면 좋다.

• 위질환으로 설사를 하거나 조금만 과식해도 토하는 경우에는 반하, 사인, 백출 등을 넣어 쓰면 좋다. 평소에도 위의 증상이 자주 나타나면 황기, 당삼, 백출과 같이 써야한다.

• 부인이 비허로 항상 백대하가 있고 얼굴이 창백하면 황기, 백출, 산약, 검인을 가하여 쓰면 좋다.

• 만성위염을 치료할 때도 백편두를 넣어 쓰면 좋고, 위궤양에는 오적골, 백급, 백작과 같이 쓰면서 백편두를계내금, 감초와 같이 가루 내어 자주 복용하면 좋다.

0　1cm

자양작용이 뛰어나서 식이료법의 우수한 보조제로 쓰이는

산약

학명: Dioscorea tenuipes, D. batatas, D. japonica
이명: 서여, 산우, 마, 토저, Dioscoreae rhizoma

마과 식물인 마의 괴상경

■■■전문가의 한마디

산약은 장양효과는 없으나 보정효과는 우수하므로 신허유정에 활용한다. 특히 청장년의 유정에는 5전 이상 사용할 필요가 있으며 검인, 금앵자, 연자, 숙지황, 모려, 용골과 같이 쓰면 더욱 좋다.

●식물의 특성과 형태

뿌리는 육질, 잎은 마주나고, 꽃은 6~7월에 피고, 열매는 삭과로 3개의 둥근 날개와 종자가 있다.

●약초의 성미와 작용

맛은 달고 성질은 따뜻하다. 비장, 폐, 신장에 작용한다.

●약리효과와 효능

소화기의 기능이 약하거나 설사를 할 때, 천식과 기침이 있을 때, 유정과 대하가 있거나 소변을 자주 볼 때, 갈증이 있을 때에 주로 이용된다.

●주요 함유 성분과 물질

saponin, 점액, cholin, 전분, glycoprotein, amino acid가 함유되어 있고, 또한 vitamin C, abscisin Ⅱ 등이 함유되어 있다.

●채취시기와 사용부위

11~12월에 뿌리를 채취하여 꼭지부분을 제거하고 물에 잘 씻은 다음 겉껍질을 벗겨 햇볕에 말려서 이용한다.

복용방법

하루에 8~24g을 복용한다. 혹은 환․산제로 사용한다.

●사용상 주의사항

평소에 몸에 습기가 많아 속이 더부룩한 사람이나 체한 사람은 복용을 피해야 한다.

●임상응용 복용실례

인체의 저항력을 높여주고 혈중 콜레스테롤을 감소시켜주는 작용이 있는 것으로 알려져 있다. 인삼, 백출, 복령 등과 배합하여 비위가 허약하여 발생하는 설사 등을 다스린다.

【알기 쉽게 풀어쓴 임상응용】

건비보폐

· 산약은 자양작용이 뛰어나서 식이료법의 우수한 보조제로 쓰이며, 소화, 호흡, 비뇨, 생식기계의 허약증에 쓰이고, 또 신허증의 치료에도 좋다.

· 산약의 수삽작용은 빈뇨, 다뇨를 치료하는 효과가 있으므로 만성신염이나 몸이 허약하여 소변을 자주 볼 때는 보골지, 토사자, 파극 등을 가하여 쓰거나, 익지인, 오약을 넣어 쓴다.(축천환) 요붕증인 경우에는 당삼, 황기, 부자, 익지인과 같이 쓰면 좋다. 또 산약은 신기능을 증강하므로 요단백이 장기간 소실되지 않고 요량감소나 부종, 피로권태감이 있을 때 황기, 택사, 토사자와 같이 환으로 만들어 쓰면 좋다.

고정수삽

· 산약은 장양효과는 없으나 보정효과는 우수하므로 신허유정에 활용한다. 특히 청장년의 유정에는 5전 이상 사용할 필요가 있으며 검인, 금앵자, 연자, 숙지황, 모려, 용골과 같이 쓰면 더욱 좋다. 가끔 유정이 있을 때는 산약을 보조식품으로 삼아 검인, 백과, 연자와 같이 넣고 죽을 쑤어 먹으면 좋다.

· 산약은 소갈의 예방과 치료에 사용되는 요약이다. 소갈증이 가벼울 때는 매일 산약 250g을 끓여 다로 대용하면 좋다. 상소 단계에서 심한 구갈을 호소하고 물을 많이 먹고 소변도 자주 볼 경우에는 황기, 갈근, 천화분, 지모 등을 가하여 쓴다.(옥액탕) 진액의 부족으로 인한 구갈에는 맥문동, 옥죽 등을 가하여 쓴다. 식이료법으로 산약, 황기, 사삼을 돼지 췌장과 같이 고아 먹어도 좋다.

혈액순환촉진, 혈압조정, 체력강화 등의 효과가 있는

인삼

학명: Panax ginseng
이명: 백삼, 홍삼, 토정, 신초, 혈삼, Ginseng radix

두릅나무과 식물인 인삼의 근

■■■전문가의 한마디

원기를 보하고 심장 기능을 강화하며 정신을 안정시켜 지력을 증진하고 정신력 쇠퇴 등의 증상을 제거하는 작용이 있다. 또 혈액순환촉진, 혈압조정, 체력강화 등의 효과가 있

식물의 특성과 형태

높이 50~60cm, 꽃은 4월에 연한 녹색으로 피고, 둥근 열매는 여러 개가 산형으로 모여 달리며 붉은색으로 익는다.

●약초의 성미와 작용

맛은 달고 약간 쓰며 성질은 약간 따뜻하다.

●약리효과와 효능

비장과 폐와 심장에 작용한다. 인삼은 기를 보하는 약 중에서 으뜸으로 인체 오장육부의 원기를 보하는 중요한 약재이다.

●주요 함유 성분과 물질 주요성분으로 인삼사포닌, 폴리아세틸렌, 항산화활성 페놀계화합물, 간장보호물질인 고미신, 인슐린 유사작용 산성펩티드, 강압작용 Cholin등이 함유되어 있다.

●채취시기와 사용부위

일반적으로 재배 4~7년 후, 가을에 잎과 줄기가 마르면 채취하여 생용하거나 법제하여 사용한다.

374

복용방법 하루 2~10g을 탕약, 가루약, 알약, 약엿, 약술 형태로 먹는다. 허탈위증에는 25-50g을 쓸 수 있다.

● 사용상 주의사항

인삼은 성질이 더운 약재이므로 열이 많이 나는 증세, 고혈압병에는 쓰지 않는다.

● 임상응용 복용실례

임파세포수증가, 혈압상승, 혈구수증가, 혈당강하, DNA와 RNA생합성증가, 동맥경화예방 작용 등이 있다. 녹용, 육종용, 파극천, 오미자, 숙지황, 두충, 산수유, 토사자, 구기자 등과 배합하여 신기쇠약으로 인한 양위를 치료한다.

【알기 쉽게 풀어쓴 임상응용】

· 인삼은 크게 원기를 보하고 심장기능을 강화하며 정신을 안정시켜 지력을 증진하고 정신력쇠퇴 등의 증상을 제거하는 작용이 있다. 또 혈액순환촉진, 혈압조정, 체력강화 등의 효과가 있어 대병, 구병, 대실혈 혹 대토사 후에 숨을 헐떡이고(기단), 피로하며 맥은 미약하여 끊어질 것 같고, 허약 상태가 너무 심한 쇼크 상태에는 인삼만 단독으로 달여 복용하고(독삼탕), 탈기에 사지냉을 겸하고, 자한 등 망양의 증상을 보이면 부자와 같이 쓰며(삼부탕), 열로 기와 음이 부족하고 단기, 구갈, 맥미세를 보이면 맥문동, 오미자를 가한다(생맥산).

· 인삼에는 강심작용이 있어 체력이 약하여 전신에 힘이 없고 심장이 약할 때 쓰면 심장의 박동을 강화하는 좋은 효과가 있다. 약리 연구로도 인삼의 강심작용은 강심배당체와 유사하고 승압작용이 현저하며, 또한 호흡중추를 흥분케 하여 호흡빈도와 호흡심도를 증강하는 작용을 한다는 것이 증명되었다.

· 인삼과 천화분을 함께 쓰면 암세포의 성장을 억제하는 작용이 있다. 현재 여기에 대한 것은 반지련, 백화사설초와 함께 계속 연구 중에 있다.

· 인삼은 내분비를 자극하여 항진시키는 작용이 있으며, 심근을 억제하고 혈압을 조정하여 정상으로 회복시키는 작용도 있다. 또한 남녀 성기능의 쇠퇴를 치료하므로 노령자의 양위 및 유정을 치료하는 데도 좋다. 단 장기간 복용해야 한다.

· 인삼은 노쇠를 방지하고 두뇌의 활동을 활발하게 하며 정신력을 왕성하게 하고 시력, 청력, 사고력, 기억력을 좋게 하며, 주의력의 집중을 돕는 작용을 하므로 노인들이 원기가 부족하고 숨이 차서 헐떡거릴 때 좋다. 단, 장기간 복용하지 않으면 효과를 얻기 어렵다.

【수치】 노두(구토작용)제거 사용해야 한다.

* 보건복지부 한약처방100 가지 약초

황기(단너삼)

학명: Astragalus membranaceus, A, mogolicus
이명: 황기, 면황기, 황초, 단너삼, Astragali radix

콩과 식물인 동북황기(황기)의 근

376

■ ■ ■ 전문가의 한마디

황기에는 현저한 요량증가 및 Na 배설촉진 작용이 있다. 기허로 수습이 정체하여 온 몸과 얼굴이 붓고 소변이 시원치 못하면 백출, 방기 등을 가하여 쓴다

●식물의 특성과 형태

높이 1m, 꽃은 연한 노란색으로 7~8월에 총상화서, 열매 꼬투리는 난형이다. 약재는 원주형으로 황색이다.

●약초의 성미와 작용

맛은 달고 성질은 약간 따뜻하다. 비장과 폐를 다스린다.

●약리효과와 효능

기가 허하여 지나치게 많은 땀이 흐르거나 상처가 잘 아물지 않는 것을 치료하는데 이때는 말린 것을 그대로 사용한다.

●주요 함유 성분과 물질 포르모노네틴, 아스트라이소플라반, 아스트라프테로카르판, 베타시토스테롤 등이 함유되어 있다.

●채취시기와 사용부위 가을 또는 봄에 뿌리를 캐어 물에 씻어 햇볕에서 말려서 이용한다.

●복용방법 하루 6~15g을 복용한다. 대제로는 120g까지 사용한다.

●사용상 주의사항

백선피와 함께 쓰면 효과가 떨어진다. 피부에 사기가 왕성하여 생긴 단독, 종기가 있는 사람과 상처 부위가 아프고 열이 나는 증상에는 복용을 피해야 한다.

●임상응용 복용실례 혈압강하, 소염 작용이 있고, 혈행장애로 인한 피부와 감각마비, 반신불수, 구안와사, 소갈증, 각종 암 등에 사용한다. 백작약, 금은화, 감초, 조각자 등과 배합하여 농을 배출시키고 상처를 빨리 아물게 한다.

【알기 쉽게 풀어쓴 임상응용】

강장보신

• 황기는 강장보신에 중요한 약물로서 모든 허약증에 적용되며 밀자하면 효과가 더욱 강해진다. 또 약성이 온화하여 허를 보하면서도 조열을 초래하지 않으므로 장기간 복용하여도 해가 없다.

고표지한

• 지한작용이 있으므로 표허(위기허)에서 오는 자한, 도한에 모려, 부소맥, 미황근 등을 가하여 쓰고(모려산), 표허자한에 오풍을 겸하고 맥이 허하며 감기(풍사)에 쉽게 감염되면 백출, 방풍을 가하여 익기고표 한다(옥병풍산). 음허내열로 인한 도한에는 생지황, 황백 등을 가하여 쓴다(당귀육황탕). 몸이 허약하여 평소에 약간의 땀이 있는 자가 급성열병으로 허한이 갑자기 증가할 경우에는 부소맥, 모려, 산약을 같이 쓰면 땀을 멎게 하고 저항력도 증가하는 효과가 있다.

이뇨소종

• 황기에는 현저한 요량증가 및 Na 배설촉진 작용이 있다. 기허로 수습이 정체하여 온 몸과 얼굴이 붓고 소변이 시원치 못하면 백출, 방기 등을 가하여 쓴다(방기황기탕). 급성 신염으로 인한 풍수에는 방기, 백출, 감초를 가하여 쓰고, 피수에는 방기, 계지, 복령, 감초 등을 가하여 쓴다. 신염후기나 신부전에는 파고지, 당삼, 파극, 육계와 같이 쓰면 신기능이 강화된다. 또 황기는 요단백소실을 가속화하므로 단백이 장기간 소실되지 않을 때 산약, 택사, 복령, 당삼을 넣어 쓰면 좋다.

탁독생기

• 신체허약으로 인한 창양종독의 치료에 쓰이므로 기혈부족에 의한 옹저가 빨리 곪아터지지 않거나 혹은터진 후에 빨리 아물지 않는 것에 이용한다(이것을 고인은 "구패"라 하였음). 창양이 오랫동안 곪아터지지 않는 때는 당귀, 천산갑, 조각자 등을 가하며, 창양은 터졌으나 오랫동안 아물지 않으면 당귀, 인삼, 육계 등을 가한다(십전대보탕). 상처가 내함되거나 터진 구멍이 좀처럼 아물지 않을 때는 황기를 당귀와 같이 쓰면 피막이 생겨 상처를 아물게 한다. 단, 화농증의 초기에는 염증이 심해질 수 있으므로 사용하지 않는다.

정과 혈을 보하고 근골을 강하게 하는

녹용

학명: Cervus albirostris
이명: 반룡주, 흰입술사슴, Cervi pantotrichum

사슴과 동물인 매화록(대륙사슴)의 용. 마록(백두산사슴)의 용

■■전문가의 한마디

녹용의 혈, 근, 육 등 전신이 유용하며 특히 녹용, 녹미, 녹경은 장양작용을 가진다고 보고되어 있다. 그 중에서도 녹용이 제일 좋고, 사용할 때는 잘라서 장시간 달이거나 분말로 하여 복용한다.

● 식물의 특성과 형태

자라기 시작하여 한 달 이내의 뿔로 부드럽고 혈액이 많다. 대개는 약 60~70cm 정도에서 잘라서 약용한다.

● 약초의 성미와 작용

달고 짜며 성질은 따스하며 간과 신장에 작용한다.

● 약리효과와 효능

정과 혈을 보하고 근골을 강하게 한다. 유정, 대하, 마르는 증상, 정신이 권태롭고 피로한 것, 어지럼증, 귀에서 소리나는 증상, 요통, 슬관절통을 다스린다.

● 주요 함유 성분과 물질

교질, 프로틴, 칼슘, 마그네슘 등을 함유하고 있다.

● 채취시기와 사용부위

불로 잔털을 제거한 후 황주나 소주에 담가서 24시간 두었다가 건조하여 사용하거나 불에 약간 구워 사용한다.

　복용방법

아직 골화되지 않은 것을 사용하며 2~4g을 복용한다.

●사용상 주의사항

　진액이 부족하면서 열이 있는 사람이나 소화기 기능이 항진되어 있는 사람, 진액이

부족하면서 출혈증상이 있는 사람은 피해야 한다.

●임상응용 복용실례

　양기부족, 정과 혈이 허한데 매우 뛰어난 치료효과가 있다. 우슬, 두충, 지황, 보골지,

파극천 등을 배합하여 요통과 유정을 다스린다.

【알기 쉽게 풀어쓴 임상응용】

• 녹용은 이미 세계 각국에서 주목을 받고 임상 각방면에서 응용되고 있다. 녹용의 혈, 근, 육 등 전신이
유용하며 특히 녹용, 녹미, 녹경은 장양작용을 가진다고 보고되어 있다. 그 중에서도 녹용이 제일 좋고, 사
용할 때는 잘라서 장시간 달이거나 분말로 하여 복용한다. 녹용에 함유된 성분은 대량의 발정호르몬, 칼
슘, 교질, 단백질, 마그네슘 등이다.

• 체질이 허약한 소아로서 발육이 더디거나 연골병에 걸려 있을 경우, 또는 치아가 더디게 나거나 정문이
좀처럼 아물지 않는 경우에 녹용을 복용시키면 지능도 발달시키고 위장의 소화흡수력을 높이는 효과도
있다.

• 녹용에는 호르몬이 들어 있어 성기능감퇴에 대하여 흥분장양작용이 있으므로 남성의 양위나 여성의
불감증이 있을 때 황기, 당삼, 구기자, 산약, 사삼 등과 같이 사용하면 좋은 효과가 있다.

• 녹용에는 장양의 효능이 있으므로 정신피로, 수척, 사지냉감, 요슬냉감, 야간빈뇨, 식욕부진, 수면불량
등의 증상이 나타날 때도 황기, 인삼과 같이 쓰면 좋다.

• 녹용은 적혈구, Hemoglobin, 망상적혈구의 신생을 촉진하는 효과가 있으므로 다산에 의한 체
력소모나 중병 및 대수술 후에 쓰면 좋다.

• 신양허로 추워하고 힘이 없으며, 양위활정, 유뇨, 요빈 및 불임, 허한성 자궁출혈,
대하과다 등에 가루로 만들어 복용하거나 숙지황, 산수유, 파극, 음양곽, 보골지, 두
충 등과 같이 쓰면 좋다. 허한성 자궁출혈에는 아교, 오적골, 포황, 당귀 등을, 신
양부족, 충임경의 허한에 속한 대하과다에는 구척이나 백급을 가하여 사용한다.

두충

학명: Eucommia ulmoides
이명: 목면, 사선, 사선목, Eucommiae cortex

두충과 식물인 두중(두충)의 수피

■■■ **전문가의 한마디**

두충의 주치는 성기능쇠퇴이다. 양위, 조루, 불감증에 사용하면 좋으며 주로 보골지, 토사자, 육종용, 육계 등과 같이 쓰면 조기의 성기능감퇴에 좋다.

●식물의 특성과 형태

높이 20m, 줄기 껍질, 잎, 열매를 자르면 고무같은 실이 나옴, 꽃은 암수 딴그루로서 새 가지의 밑부분 포편의 겨드랑이에 달리고 꽃 덮개는 없다.

●약초의 성미와 작용

맛은 맵고 달며 성질은 따뜻하다. 간, 신장에 작용한다.

●약리효과와 효능

간과 신을 보하고 힘줄과 뼈를 튼튼하게 하며 태아를 안정시킨다. 강장 효과가 있어 몸을 튼튼하게 하고 신장과 간 기능을 촉진시킨다.

●주요 함유 성분과 물질

두중고(gutta-percha) 6-10%, 수지, Alcaloid, 유기산, 비타민 C등이 함유되어 있다.

●채취시기와 사용부위 봄부터 여름사이, 4~5월에 줄기껍질을 벗겨

겉껍질을 긁어버리고 햇볕에 말리어 사용한다.

● 복용방법

하루 8~12g을 탕약, 알약, 가루약, 약술 형태로 복용한다.

● 사용상 주의사항

현삼과는 배합금기이며, 정력이 약한 사람이 열이 왕성한 증상에는 쓰지 않는다.

● 임상응용 복용실례

정기쇠퇴로 인한 요통, 무릎이 차고 시린 증상, 몽정, 조루, 소변불리에 좋다. 두충 15~40g을 물 250ml로 200ml 정도 되게 달여 하루 세 번 복용하면 고혈압치료에 효과적이다. 속당, 산수유, 두충 등과 함께 복용하면 허리와 등이 시고 아픈 것에 효과적이다.

【알기 쉽게 풀어쓴 임상응용】

장양보신

• 두충은 보양강장약으로 보익범위가 넓어 내과, 부인과에서 보이는 약간의 퇴행성질병에 쓰인다. 약리연구에 의하면 고혈압, 고혈당, 동맥경화, 뇌신경쇠약, 심장과 뇌중추신경의 질병에 치료효과가 현저하다는 것이 증명되었다.

• 두충의 주치는 성기능쇠퇴이다. 양위, 조루, 불감증에 사용하면 좋으며 주로 보골지, 토사자, 육종용, 육계 등과 같이 쓰면 조기의 성기능감퇴에 좋다. 쇠퇴가 중증이면 녹용 등 동물성 장양약을 배합하여 환으로 쓰는 것이 좋다. 몽정에는 복분자, 익지인, 모려와 같이 쓰면 좋다.

요력증가

• 두충은 풍습을 제거하고 요의 골격근, 건력을 증강하는 작용이 있다. 풍습에 의한 요척 및 하지동통무력, 풍습성 척추염, 비대성 척추염, 풍습성 요근염, 좌골신경통, 요근피로 등이 잘 낫지 않고 발작을 반복하며 가벼운 근육위축을 보일 때는 구척, 속단, 황기, 단삼, 당귀, 현호색, 강활 등과 같이 술에 담가 복용하거나 환으로 만들어 복용하면 효과가 좋다.

강압안태

• 두충에는 강하고 지속성인 강압작용이 있어 동맥경화성고혈압, 빈혈성고혈압, 신장성고혈압 등에 쓰면 좋다. 또 두충에는 콜레스테롤 흡수를 감소시키는 작용도 있다.

【수치】 수피가 초흑이 되도록 해서 고무질을 완전히 제거 후 사용한다.

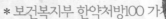

* 보건복지부 한약처방100 가지

보골지(파고지)

학명: Psoralea corylifolia
이명: 파고지, 흑고자, 개암풀, Psoraleae fructus

382

●식물의 특성과 형태 중국 남부에 자생, 높이는 1~1.5m, 잎은 어긋나며 꽃은 7~8월에 두상 총상화서, 꽃잎은 나비 모양이다.

●약초의 성미와 작용 맛은 맵고 쓰며 성질은 따뜻하다. 신장, 비장에 작용한다.

●약리효과와 효능 양기가 허약하여 허리와 무릎이 시리고 아프거나 소변을 자주 볼 때, 음위와 유정, 유뇨, 설사 등에 효과가 있다.

●주요 함유 성분과 물질 수지, 정유, bakuchiol, psoralen, angelicin, bavachin, bavachinin, isobavachin 등이 함유되어 있고, 껍질에는 psoralidin, corylifolin 등이 함유되어 있다.

●채취시기와 사용부위 가을에 익은 열매를 채취하여 햇볕에 말린 후 다듬어 소금물에 담갔다가 구워서 사용한다.

●복용방법 하루에 8~12g을 복용한다.

●사용상 주의사항 음액이 부족하고 열이 많은 사람과 대변이 건조한 사람은 복용을 피해야 한다.

●임상응용 복용실례 강심작용과 항암작용, 지혈작용, 항균작용, 여성호르몬 유사 작용 등이 밝혀졌다.

토사자, 호도, 침향 등과 배합하여 음위증을 다스린다.

선모

학명: Curculigo orchioides
이명: 파라문삼, 독각선모, Curculiginis rhizoma

383

●식물의 특성과 형태 잎은 띠와 비슷하고, 꽃은 황색으로 잎겨드랑이에 달리고, 열매는 삭과로 타원상 구형, 종자는 흑색 구형이다.

●약초의 성미와 작용

맛은 맵고 성질은 따뜻하며 약간의 독성을 가지고 있다. 신장과 간, 비장에 작용한다.

●약리효과와 효능 신장의 양기를 보충하고 성기능을 촉진하며 허리와 무릎을 따뜻하게 하여 신장이 쇠약하여 발생하는 발기불능 등의 성기능 감퇴나 허리와 무릎이 시리고 아픈 증상 등에 효과가 있다.

●주요 함유 성분과 물질 tannin 4%, 지방 1%, 수지, 전분 등이 함유되어 있다. 이 외에도 curculigoside, lycorine, mucolage 등이 함유되어 있다.

●채취시기와 사용부위

가을과 겨울에 채취하여 잔 뿌리을 잘 씻어서 햇볕에 말려서 이용한다.

●복용방법 하루에 4~12g을 복용한다.

●사용상 주의사항 독성이 있고 약효가 강하므로 몸에 진액이 부족하여 허열이 뜨는 사람은 복용을 피해야 한다.

허리와 무릎이 시리고 아픈 증상에 좋은

속단

학명: Dipsacus asper, D. japonicus
이명: 용두, 속절, 접골, 천속단, Dipsaci radix

384

●식물의 특성과 형태 줄기에 6~8개의 모서리, 잎은 마주나며 꽃은 8~9월에 흰색 두상화서로 피고, 열매는 9~10월에 익는다.

●약초의 성미와 작용 맛은 쓰고 매우며 성질은 약간 따뜻하다. 간과 신장에 작용한다.

●약리효과와 효능 간과 신장이 약하여 나타나는 허리와 무릎이 시리고 아픈 증상, 관절이 잘 움직이지 않는 증상, 붕우, 유정, 각종 타박상 등에 효과가 있다.

●주요 함유 성분과 물질 Alkaloid, 정유, Vit. E, Iridoid, Gentianine, Triterpenoid, Saponin, Akebia Saponin D, Daucosterol, Secologanin, Loganin 등이 함유되어 있다.

●채취시기와 사용부위 가을에 뿌리를 채취하여 잔뿌리를 제거한 후 약한 불에 쬐어 말려서 이용한다.

●복용방법 하루에 6~12g을 복용한다.

●사용상 주의사항 맛이 쓰고 성질이 차가운 약과 함께 사용하여서는 안되며, 열이 많이 나는 사람도 복용을 피해야 한다.

●임상응용 복용실례 배농작용, 지혈작용, 진통작용, 조직재생촉진작용 등이 있다.

두충, 우슬, 비해 등과 배합하여 하지무력증을 다스린다.

잘 걷지 못하는 증상이나 발기부전, 조루, 변비 등에 일정한 효과가 있는

쇄양

학명: Cynomorium songaricum
이명: 쇄양, 불로약, 지모구, Cynomorii herba

●식물의 특성과 형태 높이 0.5~1m, 뿌리줄기는 짧은 혹 모양, 잎은 비늘모양 난형, 꽃은 암자색 수상화서, 열매는 견과로 구형이다.

●약초의 성미와 작용 맛은 달고 성질은 따뜻하다. 비장과 신장, 대장에 작용한다.

●약리효과와 효능 허리와 무릎이 약하여 잘 걷지 못하는 증상이나 발기부전, 조루, 변비 등에 일정한 효과가 있다.

●주요 함유 성분과 물질 Anthocyanidin, Triterpenoid saponin, Tannin, Cynoteropene, Daucosterol, βSitosterol, Ursolic acid 등이 함유되어 있다.

●채취시기와 사용부위 봄과 가을에 채취하여 꽃 부분과 진흙을 제거한 뒤 잘 씻어 햇볕에 말려서 이용한다.

●복용방법 하루에 6~12g을 복용한다.

●사용상 주의사항 진액이 부족하면서 열이 있는 사람과 소화기가 약해 설사를 하는 사람, 열이 있으면서 변비가 있는 사람은 복용을 피해야 한다.

●임상응용 복용실례 허리와 무릎이 약하여 보행곤란 증상, 발기부전, 조루, 변비 등에 효과가 있다.

파극천, 구기자, 보골지, 음양곽 등과 배합하여 성욕결핍을 다스린다.

육종용

학명: Cistanche deserticola
이명: 육송용, 지정, 오리나무더부살이, Cistanches herba

열당과의 육종용의 육질경

■■■전문가의 한마디

장양효과가 아주 좋으므로 성기능감퇴, 야간다뇨, 빈뇨, 부종, 하지이완성마비, 월경과다, 백대하, 불임 등에 적용한다. 성기능쇠약을 치료할 때는 육종용을 잊지 않고 활용하면 좋다.

●식물의 특성과 형태

높이 30~45cm, 줄기는 원주형이고, 잎은 침상, 꽃은 수상화서 원주형이고 꽃잎은 종모양. 열매는 타원상 구형이다.

●약초의 성미와 작용

맛은 달고 시고 짜며 성질은 따뜻하다. 신장과 대장에 작용한다.

●약리효과와 효능

정력감퇴, 고환 위축, 전립선염, 유정, 불임증, 골연화증, 허리와 무릎이 시리고 아픈데 쓰인다.

●주요 함유 성분과 물질

Alo-cis-isoiridomyrmecine, Alo-cis-iridomyrcin, Alo-cis-dehydrolactone, Alo-cis-isodehydronepelactone 등이 함유되어 있다.

●채취시기와 사용부위

봄에 줄기를 채취하여 소금물에 절이다.

● 복용방법

하루 6~9g을 탕약, 알약 형태로 먹는다.

● 사용상 주의사항

실증의 열이 있는 경우와 설사에는 쓰지 않는다. 또한 장에 열이 있어 변비가 있는 사람은 복용을 하지 말아야 한다.

● 임상응용 복용실례

정력감퇴, 고환위축, 전립선염, 유정, 불임증, 골연화증, 요통, 노약자 변비, 여러 가지 출혈 등에 사용된다. 숙지황, 토사자, 오미자와 배합하여 신이 허하여 생긴 고환 위축을 다스린다.

【알기 쉽게 풀어쓴 임상응용】

장양생정
• 육종용은 적응하는 증상이 광범위하고, 약성은 온이나 신열은 아니며, 보신의 작용을 갖지만 격렬하지 않다. 장에 윤기를 넣어주지만 설사를 일으키지는 않는다. 그러므로 장기간 복용하면 몸을 건강하게 하고, 병을 예방하며, 수명을 연장하는 효과가 있다.
• 육종용은 장양효과가 아주 좋으므로 성기능감퇴, 야간다뇨, 빈뇨, 부종, 하지이완성마비, 월경과다, 백대하, 불임 등에 적용한다. 성기능쇠약을 치료할 때는 육종용을 잊지 않고 활용하면 좋다.
• 가벼운 성기능쇠약으로 조루가 있을 때는 산수유, 토사자, 보골지와 같이 쓰면 좋다. 좀 더 심한 상태면 파극, 보골지, 녹용 등 동물성 장양약과 같이 쓸 필요가 있으며, 이는 부인의 불감증 치료에도 좋다.
• 정자의 감소, 활동불량에는 육종용에 토사자, 파극, 음양곽 등을 넣고 환으로 만들어 복용하면 좋다.
• 일체의 병후쇠약증상에는 장염증상만 없다면 육종용을 군으로 하고 구기자, 황기, 당삼 등과 같이 쓰면 좋다.

윤장통변
• 육종용은 대편의 수분을 증가시키는 작용이 있으므로 허약성변비에는 좋으나 실열성변비에는 금한다. 노인이나 산부의 장조변비에는 마자인, 당귀 등을 가하여 사용한다.

【수치】 수침하여 염분 제거 후 주증하여 사용한다.

익지인

학명: Alpinia oxyphylla
이명: 익지자, 익지종, 영화고, Alpiniae oxyphyllae fructus

● 식물의 특성과 형태 높이 1~3m, 잎은 어긋나며 꽃은 흰색 원추화서로 열매는 타원상 구형 삭과, 외피는 여러개 선명한 맥이 있다.

● 약초의 성미와 작용 맛은 맵고 성질은 따뜻하며 비장과 신장에 작용한다.

● 약리효과와 효능

신장의 양기를 돕고, 비장의 기운을 따뜻하게 하는 효과가 있다. 소변이 자주 나와 불편한 노인성 유뇨, 빈뇨, 어린아이 야뇨증과 배가 차가워 설사를 하는 증상에 좋다.

● 주요 함유 성분과 물질 Volatile oil, Cineole, Terpene, Sesquiterpene, Zingiberene, Nootkatol, Yakuchinone A-B 등이 함유되어 있다.

● 채취시기와 사용부위 여름철 열매가 여문 다음 따서 말려두었다가 쓸 때 열매껍질을 벗겨버리고 사용한다.

● 복용방법 하루 3~6g을 탕약, 가루약, 알약 형태로 먹는다.

● 사용상 주의사항

본 약재는 성질이 뜨거워 인체의 열기를 도와주므로 몸에 열이 많은 양성 체질 환자나 진액부족이 있으면서 열이 뜨는 사람에게는 좋지 않다.

몸이 허하여 마르거나 열이 뜨는 증상에 좋은

자하거(태반)

학명: Homo sapiens
이명: 태의, 포의, Hominis placenta

●식물의 특성과 형태 불규칙한 원형, 지름은 9~16cm, 표면은 붉은 빛을 띠며 한쪽 면은 울룩불룩하고, 주름이 많다. 다른 한 쪽은 막으로 싸여 있다.

●약초의 성미와 작용 맛은 달면서 짜고 성질은 따스하다. 폐와 간 그리고 신장에 작용한다.

●약리효과와 효능 몸이 허하여 마르거나 열이 뜨는 증상, 기침하고 피를 토하는 증상, 정액이 새는 경우, 고환이 위축되는 증상, 안면이 검고 피부가 검어지는 것, 부녀의 혈기 부족으로 인한 불임, 월경 불순, 모유의 결핍 등을 치료한다.

●주요 함유 성분과 물질 감마글로블린, 휘부린, 안정인자, 성선자극호르몬, 갑상선자극호르몬, 옥시토신상물질, 에스트라디올, 프로게스테론과 같은 다종의 스테롤체 호르몬 등 수많은 성분이 함유되어 있다.

●채취시기와 사용부위 신선한 태반을 취하여 양막과 탯줄을 떼어버리고 혈액을 깨끗하게 씻은 다음 뜨거운 물 속에서 조금 삶아 건조한다.

●복용방법 1.5~3g을 내복 혹은 가루로 복용한다.

●사용상 주의사항 음이 허하여 열이 생긴 사람이나 대변이 굳고 마른사람에겐 자하거 단독으로 사용하지 않는다.

허약성으로 인한 다뇨, 빈뇨, 요실금에 대한 치료효과가 있는

토사자(새삼씨)

학명: Cuscuta japonica, C. australis
이명: 토사자, 토사실, Cuscutae semen

메꽃과 식물인 갯실새삼 종자

■ ■ ■ **전문가의 한마디**

신허로 인한 양위, 유정 및 정자의 감소나 운동능력저하에 따라 일어나는 남성불임에는 육종용, 파극, 보골지, 녹용 등과 같이 쓰면 좋다.

●식물의 특성과 형태

종자는 땅에서 발아하지만 기주 식물(주로 활엽수)에 붙게 되면 뿌리가 없어진다.

●약초의 성미와 작용

맛은 달고 매우며 성질은 평하다. 간과 신장, 비장에 작용한다.

●약리효과와 효능

간과 신장이 허하여 생기는 요통과 무릎이 시리고 아픈 것을 치료한다. 비장이 허하여 생기는 설사에도 효과가 있다.

●주요 함유 성분과 물질

Glycoside, β-Carotene, γ-Carotene, 5,6-Epoxy-α-carotene, Tetraxanthine, Lutein 등이 함유되어 있다.

●채취시기와 사용부위

가을철에 종자가 성숙했을 때 채취하여 술과 같이 볶으며 술에 넣

고 4~5일이 지난 다음 4~5번 쪄서 익힌 후 덩어리를 만들어서 햇볕에 말린 후 사용한다.

●사용상 주의사항

몸에 열이 많아 소변이 붉고 배뇨 시 통증이 있는 사람은 복용을 피해야 한다.

●임상응용 복용실례

강근육 및 명안, 신장을 튼튼하게 하여 유정과 소변을 자주보고, 정력감퇴, 요통과 무릎통증 등에 사용한다. 구기자, 복분자, 오미자 등과 배합하여 발기부전이나 유정 등을 다스린다.

391

【알기 쉽게 풀어쓴 임상응용】

장양보정

• 토사자는 유윤다액하고 불열불조로 장양보신의 효과가 커서 예로부터 보신에 많이 쓰인 약물이다.

• 신허로 인한 양위, 유정 및 정자의 감소나 운동능력저하에 따라 일어나는 남성불임에는 육종용, 파극, 보골지, 녹용 등과 같이 쓰면 좋다. 또 이명, 요슬산통, 소변빈삭 등을 보이면 구기자, 복분자, 오미자 등을 가하여 쓴다(오자연종환). 여기에 보골지, 두충 등을 가하여 써도 좋다. 신음부족을 겸하면 숙지황, 산약, 산수유 등을 가하고, 유정이나 백대하에는 복령, 연자, 산약을 가하여 쓴다.

• 노인의 체력쇠퇴에는 토사자를 상용하면 좋고, 단독으로 가루 내어 꿀로 환을 만들거나, 산제로 만들어 복용하면 소갈을 치료한다고 한다.

• 토사자는 마비를 치료하는 작용이 있으므로 보골지, 육종용, 황기, 부자와 같이 쓴다. 이완성에는 쇄양, 우슬, 백화사를 넣어 쓰면 좋다. 단 경련성 마비에는 토사자는 듣지 않는다.

보신지사

• 토사자는 허약성으로 인한 다뇨, 빈뇨, 요실금에 대한 치료효과가 있으므로 보골지, 익지인, 복분자와 같이 쓰인다. 소아유뇨에는 복분자, 익지인, 오약, 산약을 가하여 쓴다. 신염후기에 신기능이 떨어지고 핍뇨, 부종이 나타난 경우에도 쓰면 좋다. 이것은 약리 실험으로도 증명되어 있다.

안태명목

• 토사자는 안태의 효과를 가지고 있으므로 습관성유산의 치료에 쓰인다. 임신 전이면 상기생, 육종용, 두충.당귀 등과 같이 쓰면 좋고, 임신중에 쓰면 유산예방도 가능하다.

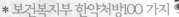

신장의 양기가 허약하여 생기는 유정, 발기부전에 사용하는

파극천(호자나무)

학명: Morinda officinalis
이명: 파극천, 파극, 계장풍, Morindae officinalis radix

꼭두서니과 식물인 파극천의 근

■■■전문가의 한마디

약리실험에서는 파극에 부신피질호르몬양의 작용이 있다고 알려졌으며, 동물실험에서는 강압작용이 있는 것이 확인되었다.

식물의 특성과 형태

뿌리는 육질로 비후한 염주상, 잎은 마주나며 꽃은 두상화서로 달린다. 꽃잎은 흰색, 열매는 장과로 둥글고 붉은색이다.

●약초의 성미와 작용

맛은 맵고 달며 성질은 약간 따뜻하다. 신장에 작용한다.

●약리효과와 효능

신장의 양기가 허약하여 생기는 유정, 발기부전, 야뇨증, 여자가 아랫배가 차서 임신하지 못하는데 사용한다.

●주요 함유 성분과 물질

주요성분은 Asperuloside, Tetraacetate, Isoalizarine, Sterol 등이 함유되어 있다.

●채취시기와 사용부위

겨울과 봄에 채취하여 수염뿌리를 제거하고 깨끗이 씻어 건조한다.

● 복용방법

하루 5~9g을 탕약, 가루약, 알약, 약술, 약엿 형태로 먹는다.

● 사용상 주의사항

정액이 부족하며 몸에 열이 있는 사람은 복용을 피해야 한다.

● 임상응용 복용실례

신장보양, 뼈와 힘줄을 강건하게 하여 팔다리가 저린 것을 없앤다. 산수유, 산약, 구기자, 보골지 등과 배합하여 발기부전과 불감증을 다스린다.

【알기 쉽게 풀어쓴 임상응용】

장양보익

• 파극은 식물성 장양약으로 중요하며 장양하나 조열하지 않고, 자양유윤의 효과가 있으나 설사를 일으키는 폐단도 없으므로 장기간 복용해도 좋다. 약리실험에서는 파극에 부신피질호르몬양의 작용이 있다고 알려졌으며, 동물실험에서는 강압작용이 있는 것이 확인되었다. 전제는 달이는 시간에 따라 치료효과를 발휘하지 않는 수가 있으므로 환제로 하여 복용시키면 효과가 충분히 발휘된다.

• 파극은 장양의 요약으로 통상 육종용, 보골지 등과 같이 쓴다. 양위에 대해서는 경중을 불문하고 쓰며 용량을 많이 써도 큰 장해는 없다. 파극환은 파극이 군약으로 예로부터 양위, 조루를 치료하기 위한 주요 방제다. 초기나 증상이 가벼운 경우에는 잘 듣지만 심한 경우에는 녹용이나 해구신과 같이 써야 한다.

• 파극은 내장하수에도 유효하다. 위하수에는 황기, 승마, 시호 등과 같이 쓰면 좋고, 신장하수에는 황기, 삼, 두충, 승마, 산약과 같이 쓰면 좋다. 자궁하수도 심하지 않는 경우에는 보중익기탕과 같이 쓰면 좋으나 심할 경우에는 효과가 없다.

보신안태

• 파극은 보신고삽, 지혈안태의 효능을 가지므로 기능성 자궁출혈이나 유산을 방지하는 데 쓰인다. 또 자궁을 따뜻하게 하는 작용도 있으며 이에는 육계, 보골지와 같이 쓰면 더욱 좋다.

거풍습

• 파극은 차게 하면 통증이 더 심해지는 잘 낫지 않는 류머티즘에 쓰면 효과가 좋다. 또 보혈온난을 도모하여 체력을 증가시키는 데는 파극과 육계, 부자, 황기 등과 같이 환으로 만들어 쓰거나 술에 담가 사용해도 좋다. 단, 병의 초기에 통처가 발적, 종창을 보일 때 쓰면 안 된다.

* 보건복지부 한약처방100 가지 약초

발기가 되지 않고 정력이 약해질 때 좋은

호로파

학명: Trigonella foenum-graecum
이명: 로파, 호파, Trigonellae semens

콩과 식물인 호노파의 종자

■■■전문가의 한마디

성기능이 감퇴되면 주증상 외에 하반신의 한냉감이나 하지 침중무력을 호소하므로 장양산한을 도모해야 좋은데 이에는 육종용, 보골지, 파극과 같이 쓰면 좋다.

●식물의 특성과 형태

높이 50~80cm, 향기가 나고, 잎은 어긋난다. 꽃은 흰색, 열매 꼬투리는 가늘며, 종자는 다갈색이다.

●약초의 성미와 작용

맛은 쓰고 성질은 따뜻하다. 신장에 작용한다.

●약리효과와 효능

호로파는 신장의 양기가 허하여 허리와 무릎이 시리고 아픈데, 발기가 되지 않고 정력이 약해지거나, 속이 차면서 배가 아프고 방광까지 당기고 아픈 데, 위경련, 각기, 배뇨장애가 있을 때 사용한다.

●주요 함유 성분과 물질

trigonelline, gallactose, mannose, choline 등이 함유되어 있다.

●채취시기와 사용부위

늦은 여름 씨가 여문 다음 전초를 채취하여 씨를 털어 이용한다.

복용방법

하루 3~9g을 복용한다.

●사용상 주의사항

음이 허하여 허열이 뜨는 사람은 복용을 피해야 한다.

●임상응용 복용실례

허리와 무릎이 시리고 아픈데, 발기부전과 정력약화, 위경련, 각기, 배뇨장애 등에 사용한다. 유황, 부자 등과 배합하여 신장이 약해서 생긴 복부와 옆구리의 팽만을 다스린다.

【알기 쉽게 풀어쓴 임상응용】

장양고정
• 호로파의 장양작용은 비교적 약하므로 단독으로 응용하지 않고 다른 장양약과 배합하여 쓴다. 약성이 온난하여 양위, 조루의 치료에 쓰이는 데 주로 부자, 보골지, 토사자, 파극, 육종용, 녹용 등과 같이 쓰면 좋다.
• 일반적으로 성기능이 감퇴되면 주증상 외에 하반신의 한냉감이나 하지침중무력을 호소하므로 장양산한을 도모해야 좋은데 이에는 육종용, 보골지, 파극과 같이 쓰면 좋다.
• 호로파는 중증의 몽정에도 쓰인다. 이에는 금앵자, 육종용, 용골, 모려 등과 같이 쓰면 좋다. 만약 성기가 냉하고 아랫배에 통증이 있으면 녹용, 합 등과 같이 쓰면 좋다.

거한화습
• 호로파는 복부허한을 치료하는 작용이 있으므로 한산으로 피로하거나 차게 하였을 때 음낭이 빠지려 하는 격통을 보일 때 소회향, 오수유, 현호색, 천련자, 오약과 같이 쓰면 산한지통에 좋은 효과가 있다. 헤르니아가 일어나 통증을 참을 수 없을 때 소회향, 오수유와 같이 쓰면서 동시에 무릎을 세우고 누워 있게 하면 좋다.
• 완고하고 난치성의 빈혈두통에는 당귀, 하수오, 삼릉, 도인, 홍화, 시호와 같이 쓰면 좋다. 뇌진탕 후의 완고한 두통에는 단삼, 도인, 파극, 황기를 같이 쓰면 좋다. 단 가벼운 두통에 쓰는 것은 바람직하지 않다.
• 만성정신병에 장양약물을 쓰면 정신쇠퇴를 방지할 수 있는데 이에는 육종용, 산조인, 파극 등과 같이 쓰면 좋다.

호도인

학명: *Juglans sinensis*
이명: 호도인, 핵도인, 호두살, *Juglandis semen*

●식물의 특성과 형태

 높이가 20cm, 수피는 회백색, 잎은 기수우상복엽, 꽃은 4~5월에 피고, 열매는 둥글고 핵은 도란형으로 4실이다.

●약초의 성미와 작용 맛은 달고 성질은 따뜻하다. 신장과 폐에 작용한다.

●약리효과와 효능 폐와 신장이 마르고 허하여 생기는 기침, 요통과 다리에 힘이 없는 경우, 고환이 위축되는 것, 유정, 소변이 잦은 것, 변비 등에 효과가 있다.

●주요 함유 성분과 물질 지방유, 단백질, 탄수화물, 칼슘, 인, 철 등이 함유되어 있다.

●채취시기와 사용부위

가을에 채취하여 껍질을 제거하고 햇볕에 말려서 이용한다.

●복용방법 하루 8~12g을 복용한다.

●사용상 주의사항 진액이 부족하면서 열이 있는 사람이나 열이 있으면서 기침하는 사람, 변이 무른 사람은 복용을 피해야 한다.

●임상응용 복용실례 기침, 요통과 다리에 힘이 없는 경우, 고환이 위축되는 것, 유정, 소변이 잦은 것, 변비 등에 사용한다.

보골지, 두충 등을 배합하여 노인이나 허약자들의 요통을 다스린다.

오랜 설사, 종기, 만성 간염, 치질, 등을 다스리는

하수오

학명: Polygonum multiflorum
이명: 진지백, 마간석, Polygoni multiflori radix

●식물의 특성과 형태

뿌리는 땅 속으로 뻗고 둥근 뿌리줄기가 있으며, 잎은 어긋나고 심장형이다.

●약초의 성미와 작용

맛은 쓰고 달고 떫으며 성질은 따스하다. 간과 심장, 신장에 작용한다.

●약리효과와 효능 빈혈성 어지럼증, 머리 세는 것 ,유정, 대하, 오랜 설사, 종기, 만성 간염, 치질, 등을 다스린다.

●주요 함유 성분과 물질

chrysophanol, emodin, physcion, 조지방 등이 함유되어 있다.

●채취시기와 사용부위 늦가을에서 이른 봄에 걸쳐 채취하여 생용을 하거나 흑두와 황주를 넣고 삶아 말려서 사용한다.

●복용방법 하루 8~25g을 복용한다.

●사용상 주의사항 변이 무른 사람이나 담이 결리는 사람은 복용을 피해야 한다.

●임상응용 복용실례 강장, 조혈기능강화, 피로회복촉진 작용 등이 있다.

용골, 인삼, 당귀 등과 배합하여 하혈이 그치지 않는 것을 다스린다.

당귀

학명: Angelica sinensis(OLIV.)DIELS
이명: 건귀, 산점, 백점

산형과 식물인 조선당귀(참당귀)의 근

■ ■ ■ 전문가의 한마디

부인과의 질환에는 급, 만성을 가리지 않고 응용하며, 특히 빈혈증상을 없애는 작용이 우수하므로 안색이 나쁘고 현훈, 동계, 불면, 월경불순 등의 증에는 모두 당귀를 군으로 쓰는 것이 좋다.

●식물의 특성과 형태

당귀는 굵고 짧은 주근의 길이 3~7×2~5cm, 가지뿌리의 길이는 15~20cm이다. 바깥면은 엷은 황갈색~흑갈색으로 주근 및 가지뿌리에는 세로주름이 많다.

●약초의 성미와 작용

맛은 달고 매우며 성질은 따뜻하다.

●약리효과와 효능

혈액순환 장애로 인한 마비증상과 어혈을 풀어주며 생리통, 생리불순 등에 사용하며, 혈액과 진액을 보충하는 효과가 있어 노인과 허약자의 변비에 사용한다.

●주요 함유 성분과 물질

당귀는 decursinol, decursin, 중국당귀는 ligustillde, butylidenephthalide 등이 함유되어 있다.

●채취시기와 사용부위

가을에 줄기가 나오지 않은 당귀의 뿌리를 캐서 씻어 햇볕에 말려서 사용한다.

　복용방법 하루 6~12g을 탕약, 알약, 가루약, 약술, 약엿 형태로 복용한다.

●사용상 주의사항 설사하는 사람에게는 좋지 않다.

●임상응용 복용실례

부인냉증, 혈색불량, 산전·산후회복, 월경불순, 자궁발육부진, 혈액불순 마비증상, 생리통, 생리불순, 변비 등에 사용한다. 천궁, 작약 등을 배합하여 혈이 부족한 것을 다스린다.

【알기 쉽게 풀어쓴 임상응용】

보혈조경
• 당귀는 상용되는 보혈약으로 단독으로써도 좋은 효과가 있으며 복방으로도 많이 응용한다. 부인과의 질환에는 급, 만성을 가리지 않고 응용하며, 특히 빈혈증상을 없애는 작용이 우수하므로 안색이 나쁘고 현훈, 동계, 불면, 월경불순 등의 증에는 모두 당귀를 군으로 쓰는 것이 좋다.
• 보혈효과가 강하므로 혈허로 인한 각종 증후에 보기약과 같이 쓴다.(당귀보혈탕)

활혈지통
• 당귀는 보혈작용 뿐만 아니라 어혈소산의 효능도 있으므로 허한복통, 어혈통, 풍습비통 등에도 활용한다. 허한복통에는 계지, 백작, 생강 등을(당귀건중탕), 혈어로 인한 동통에는 유향, 몰약, 단삼 등을(활락효단), 질타어통에는 대황, 홍화, 시호, 천산갑 등을(복원활혈탕), 관절비통 혹 지체마목에는 강활, 계지, 진교 등을 가하여 쓴다.
• 동맥경화로 협심증이 일어난 경우에는 우선 소합향, 현호색, 강향 등으로 통증을 멎게 하고, 당귀에 적작, 단삼, 천궁, 홍화를 넣어 쓰면 관상동맥을 확장하고 혈관저항을 경감하며 혈류속도를 촉진시키는 효과가 있어 통증은 점차 소실한다. 이것은 혈전성질환에 쓰면 혈전을 용해하고 혈관폐색을 열어 혈액순환의 개선작용을 하게 되어 지통 및 신체의 운동기능 회복에도 도움이 된다.

보혈윤장
• 당귀는 보혈윤장의 효능이 있으므로 혈허로 인한 장조변비에는 육종용, 마자인, 하수오 등을 가하여 사용한다(익혈윤장환).

숙지황

학명: Rehmannia glutinosa
이명: 숙지, Rehmanniae radix preparat

현삼과 식물인 지황의 근경

보허약(보혈약)

400

■■전문가의 한마디

특히 부인과에 많이 쓰는데 수분이 많고 끈적거려 소화장애가 있으므로 미연에 사인이나 진피와 같이 쓰는 것이 좋다.

●식물의 특성과 형태

생지황을 쪄서 말린 것이다.

●약초의 성미와 작용

맛은 달며 성질은 약간 따뜻하다. 간과 신장에 작용한다.

●약리효과와 효능

신장의 음혈이 부족할 때, 허리와 무릎이 시리고 아플 때, 허열이 뜨고 식은땀을 흘리며 유정이 있을 때, 갈증이 있거나 가슴이 뛰고 진정이 되지 않을 때 효과를 나타낸다.

●주요 함유 성분과 물질

stachyose, verbascose, mannotriose, raffinose, sucrose, ☯glucose, D-fructose, D-galactose 등이 함유되어 있으며, 이 외에도 catalpol, vitamin A, orginine, mannitol, β-sitosterol 등이 함유되어 있다.

●채취시기와 사용부위

지황과 회경지황의 뿌리를 가공하여 찐 후 햇볕에 말린 것을 이용한다.

●복용방법

12~30g 많으면 매일 45~60g 최고 90g까지 사용 가능하다.

●사용상 주의사항

숙지황은 점성이 많아 소화가 잘 안될 수 있으므로 배가 그득하여 밥을 잘 먹을 수 없고 변이 무른 사람은 복용을 피해야 한다.

●임상응용 복용실례

동맥경화를 방지하는 효과가 있다는 보고가 있다. 당귀, 천궁, 포황, 흑두, 건강, 택란, 익모초 등과 배합하여 산후에 혈이 부족한 상태에서 열이 나는 증상을 다스린다.

【알기 쉽게 풀어쓴 임상응용】

• 숙지황은 보혈의 요약이며, 당귀, 백작과 같이 쓰면 보혈효과가 더욱 강해진다. 특히 부인과에 많이 쓰는데 수분이 많고 끈적거려 소화장애가 있으므로 미연에 사인이나 진피와 같이 쓰는 것이 좋다.
• 숙지황은 빈혈을 치료하는 작용이 있지만 단독으로는 효과가 약하므로 복방으로 쓴다. 철분 부족으로 얼굴이 누렇고 혀와 입술이 창백하며 무기력하고 사지가 냉할 때는 당귀, 아교, 하수오를 넣어 쓰면 좋다. 혈허증에는 환이나 고제로 쓰는 것이 복용하기 쉽고 약효면에서도 우수하다.
• 숙지황은 지혈보혈작용으로 한다. 출혈과다로 안색이 창백하고 무기력하며 맥침세하고 무력한 경우 당삼, 현삼, 생지황, 황기와 같이 쓰면 그 이상의 출혈을 방지하고 조혈을 촉진한다. 출혈이 멎으면 당귀, 백작.하수오 등과 같이 쓸 필요가 있으며, 분만후나 혹은 제왕절개후의 출혈과다에는 귀비탕에 넣어 쓰면 좋다.
• 불면, 다몽, 기억력감퇴, 동계 등의 증상에는 산조인, 백자인, 당삼, 당귀를 넣어 환이나 고제로 쓰면 좋다. 단, 열로 인한 것이면 생지황, 현삼, 석곡, 맥문동과 같이 쓰는 것이 좋다.
• 숙지황은 조경에 요약이다. 허약에서 오는 월경불순에는 당귀와 같이 쓰는 것이 좋다. 생리가 빨라지고 선홍색이나 담홍색의 혈이 많이 나오며 어지럽고 창백할 경우에는 당귀, 상기생, 하수오와 같이 쓰면 좋다. 허약한 사람의 월경과다로 출혈을 반복하는 경우에는 당삼, 부자, 육계, 측백엽, 포황, 지유 등과 같이 쓸 필요가 있다. 지혈후에는 숙지, 당귀를 군약으로 한 사물탕이나 팔진탕에 계혈등, 측백엽을 넣어 쓰면 좋다.

【수치】주증사용(구증구포)

0   1cm

아교

학명: Equus asinus
이명: 부치교, 분복교, 여피교, 갖풀, Asinigelatinum

당나귀의 피부를 끓여서 가공한 농축물질

402

■■■전문가의 한마디

약리 연구로도 혈액 중의 적혈구와 헤모글로빈의 증강을 가속시키는 작용이 있다고 밝혀졌다. 철결핍성 빈혈이나 신생장해성 빈혈로 안색이 창백하고, 얼굴이 누렇고 부으며 현운, 심계, 실면 등에는 인삼(당삼), 황기, 당귀, 숙지황 등을 넣어 쓴다.

●식물의 특성과 형태

당나귀의 기원은 야생종인 아프리카 당나귀와 아시아 당나귀가 있고, 몸의 크기는 말과 당나귀의 중간 정도이다.

●약초의 성미와 작용

맛은 달고 성질은 평하다. 폐와 간, 신장에 작용한다.

●약리효과와 효능

혈액을 보충하고 신장에 작용하여 인체의 음액을 보충하는 작용이 있으며 폐에 작용하여 폐를 윤택하게 하여 기침을 멎게 하는 작용이 있다.

●주요 함유 성분과 물질

Collagen, Glutin 및 Elastin(Desmosine, Isodesmosine 함유) 등이 함유되어 있다.

●채취시기와 사용부위

당나귀의 가죽껍질을 끓여서 농축한 고체성의 아교를 이용한다.

●복용방법

하루에 12~20g을 복용한다.

●사용상 주의사항

소화기가 허약하여 식욕이 없거나 구토, 설사가 있는 사람은 복용을 피해야 한다.

●임상응용 복용실례

가슴 두근거리는 불면증, 피가 나는 기침, 비위허한 소화불량, 각종 출혈증에 사용한다. 인삼, 황기, 당귀, 숙지황 등과 배합하여 혈이 부족하여 어지럼증이 있거나 가슴이 두근거리는 증상을 다스린다.

【알기 쉽게 풀어쓴 임상응용】

보혈지혈
• 아교는 보혈의 요약으로 빈혈치료에 아주 좋은 효과가 있다. 약리 연구로도 혈액중의 적혈구와 헤모글로빈의 증강을 가속시키는 작용이 있다고 밝혀졌다. 철결핍성 빈혈이나 신생장해성 빈혈로 안색이 창백하고, 얼굴이 누렇고 부으며 현운, 심계, 실면 등에는 인삼(당삼), 황기, 당귀, 숙지황 등을 넣어 쓴다. 신생장해성 빈혈에는 백출, 천궁, 계혈등, 구기자를 넣어 쓴다.
• 허약증으로 인한 동계, 불면, 다몽의 증상이 있고, 안색창백, 수족냉, 설질담, 맥세무력할 때도 쓰면 보혈양심, 정신안정의 효과가 있으며, 증상에 따라 다른 보혈약을 넣어 월경이상이나 산전산후의 질병에 쓰면 좋다.

고경안태
• 월경과다로 월경이 빨라지고 경혈색이 홍색일 때는 당귀, 황기, 백작, 측백엽과 같이 쓰면 좋다. 갑자기 일어난 자궁출혈에는 당삼, 당귀와 같이 쓰면 지혈보혈의 효과가 증강한다. 출혈이 멎은 후에도 사물탕에 아교를 넣어 계속 복용시키면 좋다.

자양안면
• 아교는 점조성이며 자양효능이 있으므로 음허조열로 인한 열병상음, 심번실면에 황련, 백작, 생지황 등을 가하거나(황련아교탕), 또는 황련, 석곡, 맥문동, 생지황 등을 넣어 쓰면 좋다.

용안육

학명: Dimocarpus longan, Euphoria longana, Nephelium longan
이명: 익지, 밀비, 용안건, Longanae arillus

보허약 (보혈약)

무환자과 용안나무 과실의 과육(임상에서는 원육이라 부름)

■■■**전문가의 한마디**

체질이 원래 허약하거나 산후의 기혈허손, 병후쇠약에는 단독으로 달여서 매일 복용하면 좋다.

●식물의 특성과 형태

잎은 2~5쌍이 어긋나고, 꽃은 작은 황백색, 꽃받침이 5개로 갈라지고 열매는 핵과로 황갈색, 2개 흑색 종자이다.

●약초의 성미와 작용

맛은 달고 성질은 따뜻하다. 심장과 비장에 작용한다.

●약리효과와 효능

가슴이 두근거리면서 건망증이 있고 잠을 잘 이루지 못하는 증상, 빈혈로 얼굴이 누렇게 뜨는 증상 등에 효과가 있으며 신경성 심계항진에도 이용되고 있다.

●주요 함유 성분과 물질

말리지 않은 용안육에는 수분 77.15%, 회분 0.61%, 지방 0.13%, 단백질 1.47%, 가용성 함질소화합물 등이 함유되어 있다.

●채취시기와 사용부위

404

여름과 겨울에 열매가 성숙할 때 채취하여 껍질을 제거하고 햇볕에 말려서 이용한다.

● 복용방법

하루에 6~12g을 복용한다.

● 사용상 주의사항

몸에 불필요한 습기가 정체되어 답답하고 더부룩한 사람과 몸에 열이 많거나 가래가 많은 사람은 복용을 피해야 한다.

● 임상응용 복용실례

강장, 황산화, 면역기능 활성화 작용 등이 있다. 생지황, 인삼, 천문동, 맥문동, 백자인, 원지 등과 배합하여 신경쇠약을 다스린다.

【알기 쉽게 풀어쓴 임상응용】

• 원육은 자양식품으로 영양가가 높다. 자양효과가 좋으므로 가정에서 간식으로 노인이나 어린이에게 적합하다. 특히 체질이 원래 허약하거나 산후의 기혈허손, 병후쇠약에는 단독으로 달여서 매일 복용하면 좋다. 유통되는 것은 설탕으로 방부 처리를 한 것이 있으므로 당뇨병 환자는 고려해야 한다.

• 원육은 동계를 진정하는 작용을 가지고 있다. 기능성, 기질성을 불문하고 응용할 수 있으며 맥문동, 당삼과 같이쓰면 더욱 좋다.

• 자주 어지럽고, 머리를 숙이거나 몸을 세우면 심해지는 경우는 빈혈이나 저혈압 때문이다. 여기에도 원육을 자주 복용하면 좋다.

• 대뇌피질의 흥분과 억제의 균형이 무너지면 불면증이 일어난다. 여기에는 원육5전을 매일 복용시키면 서서히 좋아진다. 단 중증인 경우에는 산조인을 가루 내어 원육으로 싸서 구슬처럼 만들어 잠자기 1시간 전에 3개 정도를 미지근한 물로 복용하면 좋은 효과가 있다. 단 중증에는 장기간 지속할 필요가 있다.

• 원육은 부인과의 증상에도 많이 활용된다.

• 원육은 부인과의 증상에도 많이 활용된다. 산후의 보약에도 좋으며, 일체의 빈혈증이나 월경이상에는 하수오, 당귀, 대조와 같이 쓰면 좋다. 다산의 부인은 계속 복용할 필요가 있다.

• 혈허가 있는 사람은 가정에서 참깨를 잘 볶아 가루 내어 원육 중에 넣어 구상으로 만들고 이것을 5~6구씩 복용하거나, 설탕을 약간 넣고 물로 깨죽처럼 만들어 복용하면 보혈을 도모하고 두발을 검게 하는 효과가 있다.

• 원육은 얼굴을 윤택하게 하고 탈모, 백발을 방지하는 효과가 있다. 이때는 8양을 중탕한 다음 2시간 정도 햇볕에 말리기를 5회 반복한 것을 꿀을 약간 넣고 물로 충분히 끓여 매일 복용하면 피부에 윤기가 생기고 탈모도 줄어들며 정신적으로도 생기가 돈다. 환약으로 할 때는 하수오, 당귀, 복분자와 같이 쓰면 좋다.

* 보건복지부 한약처방100 가지 약

작약

학명: Paeonia lactiflora, P. veitchii
이명: 목작약, 홍작약, Paeonia radix rubra

406

미나리아재비과 식물인 초작약의 근

■ ■ ■ 전문가의 한마디

적작에는 활혈조경의 효능이 있으므로 어혈로 인한 통경에 도인, 홍화, 오약을 넣어 쓰면 좋다. 월경이 없고 하복부창통, 번조 불안을 느끼면 홍화, 삼릉, 현호색, 봉출과 같이 쓴다.

●식물의 특성과 형태

높이 50~80cm, 뿌리는 방추형이며 자르면 붉은색, 뿌리잎은 1~2회 깃꼴로 3출엽, 꽃은 5~6월에 흰색 또는 붉은색으로 피고, 열매는 골돌과이다.

●약초의 성미와 작용

맛은 쓰고 성질은 약간 차갑다. 간에 작용한다.

●약리효과와 효능

어혈로 인한 월경통, 옆구리 통증, 배에 덩어리 있으면서 아픈 것, 타박상 등을 다스리며, 기타 반진이나 혈열로 인한 코피나 피를 토하는 것에 효능이 있다.

●주요 함유 성분과 물질

paeonol, paeonin, paeoniflorin, 안식향산, 정유, 지방유, 수지, 탄닌, 당, 전분 등이 함유되어 있다.

●채취시기와 사용부위 봄, 가을에 채취하여 쪄서 말린다.

복용방법

1.5~3g, 전복또는 환 또는 산제로 하여 복용한다.

●사용상 주의사항

허약하고 배가 찬 사람의 생리통이나 무월경에는 복용을 피해야 한다.

●임상응용 복용실례

진정, 진통, 진경, 해열, 항암, 항궤양, 혈압강하 작용이 있다. 당귀, 천궁 등과 배합하여 생리통, 무월경 등을 다스린다.

【알기 쉽게 풀어쓴 임상응용】

청열량혈
· 적작은 소염해열의 작용이 있으므로 발열성에 의하여 생기는 출혈증후에 좋은 치료효과가 있다. 고열이 계속 내리지 않고 홍진이 나며 혀가 붉은 경우에는 생지황, 목단, 토복령을 가하여 쓴다. 즉 유행성출혈열의 초기에도 적작이 주로 사용되며 해열 및 경궐을 방지할 수 있다. 티푸스로 고열이 지속되고 반진이 솟으며 혀가 붉고 건조할 때는 목단과 같이 쓰면 양혈해독의 효과가 있다. 소아의 반진이 시원스럽게 솟지 않을 때도 다른 투진약에 적작을 같이 쓰면 치료효과를 높인다.

화어지통
· 어혈의 정체로 인한 협심증으로 혀와 입술이 암자색일 때는 단삼, 천궁, 홍화를 넣어 쓰면 관상동맥을 확장하고 혈류를 가속하는 효과가 있어 응혈을 제거시키므로 지통의 목적이 달성된다. 또 적작을 단삼, 천궁과 함께 환약으로 만들어 항상 복용하면 협심증을 예방할 수 있다.

활혈조경
· 적작에는 활혈조경의 효능이 있으므로 어혈로 인한 통경에 도인, 홍화, 오약을 넣어 쓰면 좋다. 월경이 없고 하복부창통, 번조불안을 느끼면 홍화, 삼릉, 현호색, 봉출과 같이 쓴다.

기타응용
· 열림, 혈림, 열리, 혈성대하 등의 혈열증에도 사용하는데 보통 상용하는 방제에 넣어서 쓰면 좋다.

* 보건복지부 한약처방100 가지 약초

구기자

학명: Lycium chinense, L. barbatum
이명: 구기자, 첨채자, 생약명: Lycii fructus

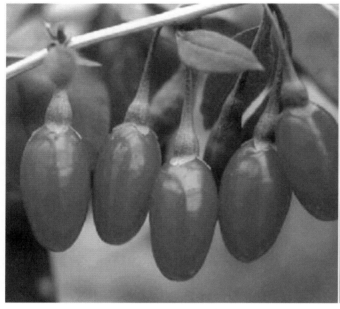

가지과 식물인 구기의 완숙한 과실

■■■**전문가의 한마디**

본초학에서 보익약 중 보음약으로 분류되는 구기자는 간신을 기르고 보익하는 자보간신, 폐의 기운을 원활히 하는 윤폐, 정기를 보익하고 눈을 밝게 하는 보정명목의 효능이 있어 간신음허, 요슬산련, 두운, 목현, 목혼다질, 허로해수, 소갈(당뇨병), 유정 등을 치료한다.

●식물의 특성과 형태

낙엽관목으로 원줄기는 비스틈히 자람. 소지는 황회색이고 털이 없다. 열매는 길이 1.5~2.5cm로서 난상원형 또는 긴 타원형으로 8~10월에 익는다.

●약초의 성미와 작용

달며 성질은 차며 간과 신장에 작용한다.

●약리효과와 효능

시력을 개선하고 눈이 아찔하고 눈물이 많은 증상과 요통, 슬관절통, 유정 등을 다스린다.

●주요 함유 성분과 물질

과실에는 비타민 B1, B2, 비타민C, 카로틴 등을 함유하고 있다.

●채취시기와 사용부위

여름부터 가을사이에 채취하여 사용한다.

●복용방법

6~12g을 복용한다.

●사용상 주의사항

감기로 열이 있는 이와 소화기가 약해 설사하는 이는 피해야 된다.

●임상응용 복용실례

정력강화, 거풍강골, 장수(장복시), 불감증, 불임, 유정, 몽정, 대하증, 시력감퇴, 소변출혈 등에 효과적이다. 국화, 구기자, 산수유, 숙지황 , 산약, 목단피, 복령, 택사로 두운 목현, 간신부족, 구시혼암을 치료한다.

【알기 쉽게 풀어쓴 임상응용】

보간신의 작용
• 간과 신이 약해져서 허리와 무릎에 힘이 없고 배꼽주의가 살살 아프고 정력감퇴로 발기부전이 오고 대변이 풀어지는 등의 증상을 치료한다. 숙지황, 산약, 산수유, 육계, 부자, 녹각, 토사자 등과 함께 사용하면 효과가 더욱 좋다.
• 구기자나무의 열매를 본초명 구기자 또는 첨채자, 뿌리껍질을 지골피, 잎을 구기엽이라고 한다. 구기자는 여름부터 가을에 걸쳐 성숙한 것을 채취하여 음지나 햇볕에 말린다. 본초학에서 보익약 중 보음약으로 분류되는 구기자는 간신을 기르고 보익하는 자보간신, 폐의 기운을 원활히 하는 윤폐, 정기를 보익하고 눈을 밝게 하는 보정명목의 효능이 있어 간신음허, 요슬산련, 두운, 목현, 목혼다질, 허로해수, 소갈(당뇨병), 유정 등을 치료한다. 구기자는 지방간을 예방하고, 호르몬 분비를 촉진하여 노화를 늦추는 효능도 있는 것으로 알려져 있다. 구기자는 중국 최초의 의학서에도 나오는 것으로 보아 매우 오래전부터 약재로 사용했음을 알수 있다.
• 지골피는 입춘이나 입추 후 채취하여 근피를 벗겨 햇볕에 말린 다음 감초탕에 담갔다가 말려 썰어서 쓴다. 본초학에서 청허열약으로 분류되는 지골피는 피를 맑게 하여 열을 내리는 양혈제증, 폐기를 맑게 하고 화기를 가라앉히는 청폐강화의 효능이 있어 음허조열, 골증도한, 내열소갈, 폐열에 의한 해천, 각혈, 비출혈 등을 치료한다. 지골피는 혈압과 혈당을 낮추고 해열작용도 있다고 한다. 구기자와 지골피는 한의사들이 빈번하게 처방하는 중요한 한약재다.
• 구기엽은 구기자나무의 부드러운 줄기와 잎으로 봄과 여름에 채취한다. 구기엽은 보허, 익정, 소열, 지갈, 거풍, 명목의 효능이 있어 허로발열, 번갈, 목적혼통, 야맹, 붕루대하, 열독창종을 치료한다고 나와 있다. 구기엽은 동맥경화와 고혈압에 좋다고 알려져 있다. 하지만 한의사들은 거의 쓰지 않는다.

*보건복지부 한약처방100 가지 약초

0   1cm

귀판(남생이)

학명: Testudinis plastrum
이명: 귀갑, 귀통, 패귀판, 남생이, Chinemydis carapax

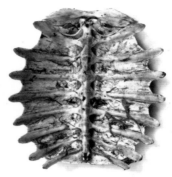

●식물의 특성과 형태 원형의 방사형, 길이는 15cm, 너비는 5~8cm 정도, 외표면은 엷은 황색, 그물무늬, 질은 단단하지만 부서지기 쉽다.

●약초의 성미와 작용

 맛은 짜고 달며 성질은 평하거나 약간 차고 독은 없다. 신장, 간장에 작용한다.

●약리효과와 효능 허리와 다리가 약해지면서 식은땀이 나고 뼈 속에서 후끈거리는 듯한 열감이 있거나 목안이 아프거나 어지럼증에 사용한다.

●주요 함유 성분과 물질 교질, 지방, 칼슘염의 성분이 있다.

●채취시기와 사용부위 가을과 겨울에 주로 포획하여 모래를 가열한 후 귀판을 썰어 넣어 가열하여 표면이 황색이 되면 모래를 제거하고, 식초에 담갔다가 건조하여 사용한다.

●복용방법 하루10~30g을 탕약, 약엿, 알약, 가루약 형태로 복용한다.

●사용상 주의사항 소화기계가 허약한 사람은 사용하지 말아야 한다.

●임상응용 복용실례 목의 통증, 어지럼증, 귀울음, 가슴 두근거림, 유정, 자궁출혈, 치질, 학질 등에 사용한다. 생지황 석결명 국화 등과 배합하여 간양이 항성하여 생긴 두통 어지럼증에 사용한다.

백합(참나리)

학명: Lilium longiflorum, L, tigrinum
이명: 백합, 백백합, 참나리, 나리, Lilii bulbus

●식물의 특성과 형태 높이 30~100cm, 비늘줄기는 편구형의 다육질, 잎은 바늘 모양, 꽃은 5~6월에 통꽃, 열매는 삭과 긴 타원형이다.

●약초의 성미와 작용 맛은 달고 성질은 평하다. 심장과 폐에 작용한다.

●약리효과와 효능 음을 보하고 열을 내리는 작용이 있어 폐를 윤택하게 하고 기침을 멎게 하며 정신을 안정시키고 잠을 못 이루는 증상을 치료하는 효과가 있다.

●주요 함유 성분과 물질 비늘줄기에는 Colchicine 등의 수종의 Alkaloid 성분이 있고, 전분, 단백질, 지방 등도 다소 함유되어 있다.

●채취시기와 사용부위
가을에 채취하여 끓는 물에 약간 삶은 후 햇볕에 말려서 사용한다.

●복용방법 하루에 10~30g을 복용한다.

●사용상 주의사항 성질이 찬 약재이므로 평소 속이 차고 설사하는 사람과 감기로 인해 오한과 함께 기침을 하는 사람은 복용을 피해야 한다.

●임상응용 복용실례 약리실험 결과 진정작용, 진해작용, 이뇨작용이 있다.
생지황, 현삼, 패모 등과 배합하여 과로로 인해 열이 나고 기침이 나는 증상이나 인후통이 있으면서 각혈이 나타나는 증상을 다스린다.

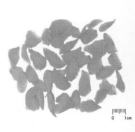

맥문동

학명: Liriope platyphylla, L. spicata
이명: 문동, 맥동, 오구, 양구, 우구, Liriopis tuber

백합과 식물인 연계초(소엽맥문동)의 괴근

■■■전문가의 한마디

맥문동에는 강심작용이 있다. 여기에 오미자, 당삼을 배합한 생맥산은 충혈성심부전의 심계, 불면, 흥민, 기단, 자한, 맥세삭하고 고르지 않는 여러 증상을 치료하는데 사용한다.

●식물의 특성과 형태

뿌리줄기는 굵고 딱딱하며 뿌리는 가늘지만 강하고, 수염뿌리 끝이 땅콩처럼 굵어지는 것이 있다. 꽃은 5~6월에 핀다.

●약초의 성미와 작용

맛은 달고 약간 쓰며 성질은 약간 차다. 폐와 위와 심장에 작용한다.

●약리효과와 효능

맥문동은 인체에 진액을 만들어주는 용도로 사용되는 유명한 약재이다. 특히 폐의 진액을 보충해지므로 호흡기 질환을 오래 앓아서 생긴 마른기침을 다스린다.

●주요 함유 성분과 물질

Ophiopogonin A, B, C, D, B', C', D', 다종의 Steroid saponin, Monosaccharide와 점액질, 스테로이드, 사포닌 등이 함유되어 있다.

●채취시기와 사용부위

가을에 뿌리를 캐어 물에 잘 씻은 후 건조시켜 사용하며 덩이뿌리의 심을 제거하고 말려서 사용한다.

●복용방법

한번에 4~16g을 복용한다.

●사용상 주의사항

성질이 차가운 약재이므로 소화기가 차거나 약하여 설사를 자주 하는 사람과, 소화가 잘되지 않는 이는 피하는 것이 좋다.

●임상응용 복용실례

보익재로 폐와 호흡기에 좋고 폐결핵, 만성기관지염, 각혈, 폐열에 사용하고, 점질물이 많아 변비에도 좋다. 천문동, 의이인, 황백, 작약, 복령, 석곡, 상백피 등을 배합하여 폐가 병들어 농을 토하는 것을 다스린다.

【알기 쉽게 풀어쓴 임상응용】

• 맥문동은 자양생진의 효능이 있으므로 진액이 부족한 증상에는 어떤 경우에 사용하여도 좋다. 심계불안, 경공, 불면, 다몽, 건망증, 다한, 구건, 설홍, 맥세약 등의 증상이 있을 경우에는 옥죽, 산조인, 현삼, 백작 등을 넣어 쓰면 양심안신의 효과를 얻는다. 또 맥문동에 산조인, 파극, 하수오를 배합하면 두뇌활동을 촉진시키고 기분을 안정시킨다. 오미자, 산조인, 원지를 배합하면 역시 두뇌활동을 촉진하고 간을 보호한다. 이렇게 쓰면 신경쇠약에 의한 불면이나 기억력감퇴에도 효과가 있다.

• 맥문동에는 강심작용이 있다. 여기에 오미자, 당삼을 배합한 생맥산은 충혈성심부전의 심계, 불면, 흥민, 기단, 자한, 맥세식하고 고르지 않는 여러 증상을 치료하는데 사용한다. 이 생맥산은 한출이 심하고 빈맥, 혈압저하 등 허탈 증상에도 응용된다. 또 체력이 약한 자가 열병에 걸려 땀을 많이 흘린 탓으로 심계불안, 권태, 무력감, 맥침세식한 증상이 있을 때는 현삼, 자감초, 석곡을 배합하면 진액을 증가하고 안심 및 동계를 진정시키는 효과가 있다.

• 맥문동은 혈관을 연화하고 강압시키는 효능이 있으므로 동맥경화성 고혈압으로 두통, 두훈, 수족마비, 초조감, 불면 등의 증상이 있을 때는 생지황, 조구등, 백질려, 감국 등과 같이 쓰면 좋다. 혈압이 정상이 된 후에 하수오, 여정자, 백작 등과 같이 쓰면 내린 혈압 상태로 유지할 수 있다.

【수치】청수에 담가 거심(불거심칙 영인번)

사삼(잔대)

학명: Adenophora triphylla var. japonica
이명: 사삼, 사엽사삼, Adenophorae radix

사삼(당잔대) 북사삼 의 근

414

■■■전문가의 한마디

만성기관지염의 치료
는 저항력을 강화하
고 기관지의 경련을
완화하고 담을 제거
하는데 중점을 두어
야한다.

●식물의 특성과 형태

높이 70~120cm, 뿌리는 방추형, 꽃은 7~9월에 종모양으로 하늘색,
열매는 삭과로 끝에 꽃받침이 달려있다.

●약초의 성미와 작용

맛은 달고 성질은 약간 차갑다. 폐와 위에 작용한다.

●약리효과와 효능

폐가 건조하여 나오는 마른기침과 몸이 허약해져서 발생하는 기
침, 열병을 앓은 후에 생기는 갈증과 허열 등에 효과가 있다.

●주요 함유 성분과 물질

뿌리에는 Triterpenoid, Saponins, βSitosterol, Tocosterol, Phytosterol,
전분 등이 함유되어 있다.

●채취시기와 사용부위

가을에 채취하여 잘 씻어서 건조시켜 이용한다.

복용방법

하루에 12~20g을 복용한다.

●사용상 주의사항

몸이 허약하면서 열이 나지 않고 오히려 속이 찬 사람은 복용을 피해야 한다.

●임상응용 복용실례

거담작용, 진해작용, 혈압강하작용, 호흡중추에 대한 흥분작용, 혈당량 상승작용과 함께 혈중 콜레스테롤을 감소시켜주는 작용이 있다. 맥문동, 옥죽, 동상엽 등과 배합하여 마른기침과 목이 마르면서 갈증이 있는 것을 다스린다.

【알기 쉽게 풀어쓴 임상응용】

• 사삼은 생진화담, 지해의 효능이 있으므로 만성적인 해수를 치료하는 양약이다. 만성기관지염에 사용하면 보신생진, 지해화담의 효과가 얻어진다. 또 옥죽, 맥문동, 황기와 같이 쓰면 더욱 좋다. 해수가지속되어 혈떡이는 것은 폐의 만성질환에서 볼 수 있는데 이때도 사삼을 사용하면 좋다.
• 만성기관지염의 치료는 저항력을 강화하고 기관지의 경련을 완화하고 담을 제거하는데 중점을 두어야 한다. 사삼에 신약, 자하거, 자완, 관동화를 넣어 쓰면 발작을 예방할 수 있다. 또 호흡촉박, 건해, 담소, 혈담의 증상이 보일 때는 맥문동, 패모, 생지황을 넣어 쓰면 지해화담의 효과를 얻을 수 있다.
• 폐결핵의 치료에도 패모, 반하, 맥문동, 백합을 넣어 쓰면서 항결핵약을 겸용하면 치료를 도울 수 있다. 사삼의 약성은 찬 편이지만 냉이 지나쳐 체력을 손상하는 일이 없다. 그러므로 다른 강장약과 배합하면 이런 폐단이 더욱 없어진다.
• 사삼은 위의 진액을 자양하는 작용을 가진다. 고열로 진액이 손상되거나 혹은 오랜 병으로 진액이 부족하여 구건, 인조, 구갈다음, 설홍소진, 변비, 소변단적, 맥허삭 등의 증상이 보일 때는 석곡, 담죽엽, 천화분을 넣어 쓰면 좋다.(익위탕) 열병에는 이런 유형의 병증이 많아 현삼, 맥문동과 같이 자주 쓰인다. 이렇게 쓰면 진액을 보충하면서 열을 내리는 데 도움이 된다.

【참고】 사삼은 KHP에 엄연히 규정되어 있는데도 시장에서는 철저할 정도로 더덕(뿌리 전체에 혹이 더덕더덕 붙어 있어 더덕이라 한다.)Codonopsis lanceolata이 유통되고 있다. 일반(생산자나 소비자)의 인식이 그렇게 박혀 있어서 개선에는 상당한 시일과 계도가 필요하다. 식물분류학상으로 잔대는 직립경인데 비하여 더덕은 만경이다. 그리고 근이나 엽의 형태도 다르다.

석곡

학명: Dendrobium moniliforme
이명: 임란, 두란, 금채화, Dendrobii herba

난초과 식물인과 세엽석곡의 경

■■■전문가의 한마디

고열로 구강내의 진액이 소모되고 열이 내린 후에도 입이 말라 물을 마셔도 갈증이 멎지 않고 입술도 마르며 소변이 줄고 변이 건조하여 굳어질 때는 다량의 석곡을 단독으로 써도 좋고 맥문동, 현삼, 천화분, 노근을 넣어 써도 좋다.

●식물의 특성과 형태

잎은 2~3년생, 꽃은 5~6월에 흰색 또는 연한 붉은색으로 원줄기 끝에 1~2개가 달린다.

●약초의 성미와 작용

맛은 달고 성질은 약간 차갑다. 위와 폐, 신장에 작용한다.

●약리효과와 효능

인체의 진액을 보충하고 허열을 내려주어 열병으로 인한 증상, 입이 마르고 갈증이 있거나 밤에 열이 오르는 증상 등에 효과가 있다.

●주요 함유 성분과 물질

Dendrobine, Dendramine, Nobilonine, Dendroxine, Dendrine, 점액질과 전분 등이 함유되어 있다.

●채취시기와 사용부위

가을 이후에 채취하여 물에 담그었다가 햇볕에 말려서 이용한다.

● 복용방법

하루에 8~20g을 복용한다. 선석곡의 경우에는 20~40g을 복용한다.

● 사용상 주의사항

열병이지만 아직 진액을 상하지 않은 사람과 위나 신장에 허열이 있는 사람은 복용을 피해야 한다.

● 임상응용 복용실례

해열작용, 진통작용, 건위작용이 있다. 생지황, 맥문동, 천화분 등과 배합하여 열병으로 몸의 진액을 상하여 발생하는 갈증을 다스린다.

【알기 쉽게 풀어쓴 임상응용】

· 석곡에는 다량의 점액질이 함유되어 자윤생진하며 진액소모의 치료에 상용된다. 특히 비위의 진액이 심하게 소모된 증상에 좋다. 석곡의 종류는 10여 종이 있으며 가장 좋은 것은 곽산석곡이나 구하기 힘들다.

· 고열로 구강내의 진액이 소모되고 열이 내린 후에도 입이 말라 물을 마셔도 갈증이 멎지 않고 입술도 마르며 소변이 줄고 변이 건조하여 굳어질 때는 다량의 석곡을 단독으로 써도 좋고 맥문동, 현삼, 천화분, 노근을 넣어 써도 좋다. 또 위음부족으로 인한 위통, 식소, 구건, 설홍무태에는 사삼, 산약 등을 넣어 쓰면 좋다. 위열로 인한 다식, 기아감, 소수, 구설건조, 번갈다음, 구취, 변비, 치은종창 등을 보이면 천화분, 생지황, 사삼, 지모, 황련, 석고, 노근, 치자, 황금, 대황 등을 넣어 쓰면 좋다.

· 양생의 도를 꾀하려면 석곡을 다처럼 달여서 조석으로 마시면 자양생진의 효과뿐만 아니라 얼굴에 윤기가 나고 피부가 고와지며 목소리가 맑아지므로 특히 성악가에게 좋다.

· 석곡에는 명목의 효능이 있으므로 안과에도 많이 쓰인다. 시력이 떨어지고, 밤에 한층 보이지 않으며 안구가건조할 때는 결명자, 구기자, 여정자를 넣은 육미를 쓰면 좋다. 석곡을 단독으로 달여 노인에게 다처럼 마시게 하면 확실히 눈이 맑아진다. 또 국화, 구기자, 토사자 등을 넣어 써도 좋다. 석곡에 국화, 상엽을 넣어 쓰면 누선염치료에도 효과가 있다.

【참고】 여러 종류가 있으며 감한청윤, 청열보익하므로 허열에 사용하는 것이 적합하다.

천문동

학명: Asparagus cochinchinensis
이명: 천동, Asparagi radix

백합과 식물인 천문동의 괴근

■■전문가의 한마디

천문동이 당삼, 사삼 등과 만나면 생진화 담의 효과가 강해진 다. 조금만 움직여도 숨이 찰 때는보골지, 당삼, 자하거와 같이 쓰면좋다.

●식물의 특성과 형태

뿌리줄기는 짧고, 방추형 뿌리가 사방으로 퍼짐, 잎은 가시모양, 꽃은 5~6월에 연한 노란색, 열매는 흰색이다.

●약초의 성미와 작용

맛은 달고 쓰며 성질은 차갑다. 폐와 신장에 작용한다.

●약리효과와 효능

폐의 열로 진액이 마르게 되면 목이 간질간질 하고 기침이 나는데 이러한 증상에 효과가 있다.

●주요 함유 성분과 물질

아스파라긴, 점액질, 베타시토스테롤 등이 함유되어 있다.

●채취시기와 사용부위

가을과 겨울에 채취하여 외피를 제거한 다음 말려서 이용한다.

●복용방법

하루에 6~12g을 복용한다.

●사용상 주의사항

소화기가 약한 사람과 감기로 인한 기침에는 사용을 피해야 한다.

●임상응용 복용실례

거담, 진해, 항암, 약한 이뇨, 해수토혈에 약용한다.

맥문동, 백부근, 상백피, 현삼, 비파엽 등과 배합하여 기침, 가래를 다스린다.

【알기 쉽게 풀어쓴 임상응용】

· 천문동은 맥문동과 흡사하고 폐와 기관지의 진액이 부족하여 나타나는 증후에 좋은 효과가 있다. 맥문동과 같이 쓰면 윤폐생진의 효과가 더욱 좋아진다. 이것을 이동이라 부른다.
· 폐나 기관지의 만성염증으로 해수가 장기간 멎지 않고 숨을 헐떡이며 가래는 적고 뱉기 힘들며 담에 피가 섞이고 도한 등의 증상이 보일 때는 맥문동, 백합, 생지황, 사삼과 같이 쓰면 좋다.
· 기관지천식으로 경과가 오래되고 목이 마르며 언어도 힘이 없고, 기침소리도 약할 때는 당삼, 오미자, 사삼, 패모와 같이 쓰면 좋다. 천문동이 당삼, 사삼 등과 만나면 생진화담의 효과가 강해진다. 조금만 움직여도 숨이 찰 때는 보골지, 당삼, 자하거와 같이 쓰면 좋다. 만성적인 호흡곤란과 해수를 예방하고 보호하려면 이동고(맥문동 천문동 봉밀)를 활용하면 기관지를 부드럽게 하고 냉한에 강해지고 기관지의 경련을 완해하는 효과가 있으며 천식이 예방된다.
· 천문동은 수분이 많고 질이 윤택하므로 해수초기에는 사용하지 않는다. 만일 진액의 소모로 인후가 건조하고 가래가 적으면서 뱉어내기 어려울 때는 비파엽, 행인, 상엽을 넣어 쓰면 좋다.
· 천문동은 객혈을 멎게 하는 효능이 있으므로 심한 기침이 나면서 가래에 피가 섞이고 인후가 건조할 때는 전호, 생지황, 백부근, 백급 등을 가하여 쓰면 소담지혈의 효과가 있다. 출혈량이 많으면 천초근, 선학초 등을 더 넣어 쓴다. 만약 피가 검붉은 색일 때는 삼칠근을 넣어 쓰면 화어지혈의 효과가 있다.
· 음허로 진액이 부족하여 일어난 설건, 구갈 또는 소갈 등에는 숙지황, 당삼 등을 넣어 쓴다.(삼재탕)
· 음허화왕로 인한 조열도한, 몽유실정 등에는 숙지황, 황백 등을 넣어 쓴다.(삼재봉수단)
· 천문동은 폐농양의 치료를 보조한다. 농양이 터지면 해수와 함께 악취가 나는 다량의 농혈을 토하고 호흡곤란, 객혈, 흉민통으로 반드시 눕지 못하므로 의이인, 용담, 도인, 천산갑을 넣어 쓰면 농액을 빨리 배출시킬 수 있다. 농액배출 후는 회복기이지만 진액이 소모되어 있으므로 생진청열법을 써서 병소를 유합시켜야 한다. 이때는 사삼, 백합, 패모, 옥죽과 같이 쓰면 좋다. 만일 병소의 유합이 늦어지고 여전히 해수와 함께 혈담을 토하면 백급, 아교, 황기를 넣어 쓴다.

419

호마인

학명: Sesamum indicum
이명:호마, 흑지마, 오마, 참깨, Sesami Semen nigrum

흑지마, 참깨의 건조한 흑색 종자

■■■전문가의 한마디

호마인은 보익정혈의 효능이 있으므로 간 신음의 부족으로 인 한 정혈부족, 두운안 화, 이명이롱, 지체마 목, 수발조백 등에 꿀 로 환을 만들거나 대 추로 환을 만들어 복 용한다.

●식물의 특성과 형태

높이 1m, 원줄기는 사각형이며 잎과 함께 털이 많고, 잎은 마주나 며 꽃은 7~8월에 연한 자줏빛으로 핀다.

●약초의 성미와 작용

맛은 달고 성질은 평하다. 간과 신장, 대장에 작용한다.

●약리효과와 효능

신장의 기운이 허약하여 생기는 이명증, 어지럼증, 모발이 일찍 세는 것, 병후에 머리 빠지는 것 등을 치료한다.

●주요 함유 성분과 물질

지방이 40~50% 정도 함유하며 주요 지방산은 Oleic acid, Linoleic acid, Palmitic acid 등이 함유되어 있다.

●채취시기와 사용부위

8~9월에 털어서 종자를 분리한 후 말려서 이용한다.

●복용방법

하루에 12~20g을 복용한다.

●사용상 주의사항

변이 무른 사람은 복용을 피해야 한다.

●임상응용 복용실례

신장의 허약하여 생기는 이명증, 어지럼증, 모발이 일찍 세는 것, 병후에 탈모 등을 치료하고, 지방이 많아 변비에도 사용한다. 당귀, 육종용, 백자인 등과 배합하여 변비를 다스린다.

【알기 쉽게 풀어쓴 임상응용】

· 호마인은 보익정혈의 효능이 있으므로 간신음의 부족으로 인한 정혈부족, 두운안화, 이명이롱, 지체마목, 수발조백 등에 꿀로 환을 만들거나 대추로 환을 만들어 복용하며, 상엽을 가하여 쓰기도 한다(상마환).
· 호마인은 양혈윤조, 활장통변의 작용이 있으므로 혈허로 진액이 부족하여 일어난 장조변비(기허변비에도)에 당귀, 육종용, 백자인 등 양혈윤장약을 넣어 쓴다.

【참고】 반드시 빻아 서야 하며 그렇지 않으면 효과가 나타나지 않는다.

* 보건복지부 한약처방100 가지 약초

식욕부진, 근골이 약해진 것 등을 다스리는

황정

학명: Polygonatum sibiricum, P falcatum
이명: 황정, 토죽, 녹죽, 낚시둥굴레, Polygonati rhizoma

●식물의 특성과 형태 줄기는 둥글고 높이 50~80cm, 잎은 어긋나고 긴 타원형, 열매는 둥글며 흑자색으로 익는다.

●약초의 성미와 작용 맛은 달고 성질은 평하다. 비장과 폐, 신장에 작용한다.

●약리효과와 효능

오한과 발열 증상이 있는 것, 병이 오래되어 마르고 진액이 부족한 것, 식욕부진, 근골이 약해진 것 등을 다스린다.

●주요 함유 성분과 물질

잎에는 Azetidine-carboxylic acid, Convallamarin, Sugar, Vit. A 등이 있고 뿌리줄기에는 Convillarin, Convallamarin 강심배당체등이 함유되어 있다.

●채취시기와 사용부위 가을에 채취하여 쪄서 말린 후 이용한다.

●복용방법 하루에 10~20g을 복용한다.

●사용상 주의사항 몸이 차면서 변이 무른 사람이나 기침과 함께 가래가 많은 사람, 소화가 잘 안되면서 몸이 붓는 사람 등은 복용을 피해야 한다.

●임상응용 복용실례 혈압강하, 혈당량강하, 동맥경화방지, 간지방제거 작용이 있다. 사삼, 지모, 패모 등과 배합하여 마른기침을 다스린다.

본초학 제 18 장
수삽약

수렴, 고삽시켜 각종 활탈불금증을 치료하는 약물. 기탈, 정탈, 혈탈 등을 치료한다.

고표지한약

고표하여 지한시키는 약물. 전신의 기육으로 행하며, 밖으로 위분에 작용하여 주리를 견고하게 만들어 자한, 도한을 치료한다.

염폐지해약

허약해진 폐기를 수렴하여 오래된 기침을 낫게하는 약재

삽장지사약

삽장, 지사의 작용으로 오랜 설사와 이질을 치료하는 약. 시고 떫은맛이 비교적 뚜렷한 것이 특징이다.

삽정지유약

정을 거두어 들이고, 세어나가지 못하게 하는 약이다.

마황근

학명: Ephedra sinica, E. equisetina
이명: 초마황, 목적마황, 비염, Ephedrae herba

424

●식물의 특성과 형태 중국 원산, 높이 30~70m, 목질의 뿌리줄기는 땅속을 포복, 줄기는 곧게 서고, 비늘잎은 막질, 꽃은 둥근 비늘모양이다.

●약초의 성미와 작용 맛이 달고 성질은 평하다. 심장과 폐에 작용한다.

●약리효과와 효능 양이 허하여 나타나는 자한증이나 음이 허하여 나타나는 도한증 모두 응용이 가능하다.

●주요 함유 성분과 물질 강압작용이 약한 maokonine과 강압작용이 현저한 ephedradine A.B.C를 동시에 함유하고 있다.

●채취시기와 사용부위

가을에 채취하여 햇볕에 말려 사용하거나 꿀에 볶아서 사용한다.

●복용방법 한 번에 12~20g을 복용한다.

●사용상 주의사항 감기환자는 땀을 내야 하는데, 땀이 나오지 못하게 하므로 사용해서는 안 된다.

●임상응용 복용실례 발열과 오한 감기, 기침, 천식, 관절통증 등에 사용, 부종, 마비, 소양감 등에도 사용한다. 당귀, 황기 등을 배합하여 가만히 있어도 땀나는 증상을 다스린다.

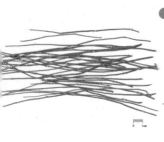

과로로 인하여 미열과 함께 식은땀을 흘릴 때에 효과가 있는

부소맥(밀쭉정이)

학명: Triticum aestivum
이명: 부수맥, 부맥, 밀쭉정이, Tritici immatri semen

●식물의 특성과 형태 높이 0.7~1m, 줄기에는 6~9개의 마디가 있음, 잎은 편평한 바늘 모양, 꽃은 5월에 수상화서로 길이 6~10cm이다.

●약초의 성미와 작용 맛은 달고 짜며 성질은 서늘하다. 심장에 작용한다.

●약리효과와 효능 몸이 허약하여 허열이 뜨면서 식은땀을 흘릴 때, 과로로 인하여 미열과 함께 식은땀을 흘릴 때에 효과가 있다.

●주요 함유 성분과 물질 녹말, 단백질, 지방, 인산칼슘, starch, protein, fat, calciumphosphate, vitamine B 등이 함유되어 있다.

●채취시기와 사용부위

익지 않아 물에 뜨는 밀의 종자를 채취하여 잘 씻은 후 햇볕에 말려서 이용한다.

●복용방법 하루에 12~20g을 복용한다.

●사용상 주의사항 감기기운이 있는 환자는 복용을 피해야 한다.

●임상응용 복용실례

몸이 약해 식은땀을 흘리거나, 과로하여 피곤할 때 효과가 좋다. 모려, 마황근, 황기 등을 배합하여 몸이 허약하여 땀이 멈추지 않고 흐르는 것을 다스린다.

설사가 오래되는 것과 탈항되는 것을 다스리는

가자

학명: Terminalia chebula, T. chebula var. tomentella
이명: 가려늑, 가리늑, Chebulae fructus

●식물의 특성과 형태 사군자과에 속하는 낙엽교목, 높이는 25m, 새가지는 황갈색, 갈색 털이 있고, 잎은 어긋나며 두껍다.

●약초의 성미와 작용 쓰고 시며 떫으며 성질은 따스하다. 폐와 위와 대장에 작용한다.

●약리효과와 효능 설사가 오래되는 것과 탈항되는 것을 다스리며 대하, 유정, 소변을 자주 보는 것을 다스린다.

●주요 함유 성분과 물질

Chebulinic acid, Tannic acid, Gallic acid, Myrobalan(과즙, 불쾌한 냄새)

●채취시기와 사용부위 가을에 과실을 채취하여 건조, 생용, 밀가루로 싸서 잿불로 건조, 술에 담가 쪄서 과육만 약한 불에 건조시킨다.

●복용방법 4~12g을 복용한다.

●사용상 주의사항 감기환자나 습기와 열기가 많은 사람은 피해야 한다.

●임상응용 복용실례 수렴작용, 적리균과 포도상구균 억균작용, 만성설사, 탈항, 대하, 유정, 소변을 자주 보는데 사용한다.

황련, 목향, 감초를 배합하여 오랜 설사를 다스린다.

오랜 설사, 이질, 유뇨증, 유정, 갖가지 출혈에

적석지(함수규산알루미늄)

학명: Halloysite
이명: 적부, 홍고영, 적석토, Halloysitum rubrum

●식물의 특성과 형태 불규칙한 덩어리로 모양이 일정하지 않다. 표면은 빨간 빛을 띠며 단면은 평평하고 물을 흡수하는 성질이 있다.

●약초의 성미와 작용 맛은 달고 시며 성질은 따뜻하다. 위, 소장에 작용한다.

●약리효과와 효능 오랜 설사, 이질, 유뇨증, 유정, 갖가지 출혈, 궤양, 과산성 위염에 사용한다.

●주요 함유 성분과 물질 함수규산알루미늄($Al_2O_3 \cdot 2SiO_2 \cdot 2H_2O$, $Al_2O_3 \cdot 4SiO_2 \cdot H_2O$), $Al_2O_3 \cdot 2SiO_2 \cdot 4H_2O$ 등이 함유되어 있다.

●채취시기와 사용부위 중국에서 주로 생산되며 가늘게 갈아서 사용하거나 식초를 넣고 반죽하여 길게 만든 다음 불에 구워서 사용한다.

●복용방법 하루 9~15g을 탕약, 가루약, 알약 형태로 먹는다.

●사용상 주의사항 습열이 적체된 사람은 복용을 금한다.

●임상응용 복용실례

삽장지사, 지혈, 생기염창, 구복, 보수, 익지, 불기, 경신, 연년 효능이 있다. 인삼, 백출, 건강, 부자 등과 배합하여 허한 사람의 오랜 설사, 탈항과 함께 출혈이 있는 것을 다스린다.

설사와 유정을 멎게 하고 인체의 진액을 보충해주는 효과가 있는

오미자

학명: Schisandra chinensis, S. nigra japonica
이명: 현급, 회급, 오매자, Schisandra fructus

목련과의 식물인 오미자의 과실

■■■ **전문가의 한마디**

오미자는 승압작용이 있으므로 평소에 저혈압인 경우에는 육계, 자감초, 당삼과 같이 달여서 복용하거나 환으로 만들어 복용하면 좋다. 갑자기 혈압이 떨어져 쇼크 상태를 보일 때도 쓰면 좋다.

● 식물의 특성과 형태

크기는 6~8m, 잎은 타원형, 꽃은 암수 딴그루로 6~7월에 붉은빛 황백색, 열매는 8~9월에 붉은색으로 익는다.

● 약초의 성미와 작용

맛은 시고 달며 성질은 따뜻하다. 폐와 심장, 신장에 작용한다.

● 약리효과와 효능

기침을 멈추게 하고 신장에 작용하여 설사와 유정을 멎게 하고 인체의 진액을 보충해주는 효과가 있다.

● 주요 함유 성분과 물질

3%의 정유가 함유되어 있으며, 주성분은 sesquicarene, β-bisabolene, β-chamigrene, α-ylangene 등이 함유되어 있으며, 이 외에도 citral 12%, 사과산 10% 등이 함유되어 있다.

● 채취시기와 사용부위

상강 후에 채취하여 햇볕에 말려서 이용한다.

●복용방법

하루에 2~8g을 복용한다.

●사용상 주의사항

기침이나 반진 등의 초기 증상일 때, 몸에 열이 있는 사람 등은 복용을 피해야 한다.

●임상응용 복용실례

중추신경 흥분, 피로회복 촉진, 혈압조절, 위액분비조절, 혈당량강하, 진해, 지사 작용 등이 있다. 숙지황, 산수유, 산약 등과 배합하여 폐와 신장이 허약해서 발생한 오랜 기침을 다스린다.

【알기 쉽게 풀어쓴 임상응용】

• 오미자는 자양강장약으로 응용범위가 넓다. 허약증 및 각종 수술후에 나타나는 증상에 쓰면 좋고, 주로 당삼, 맥문동, 사삼 등과 같이 쓴다.

• 오미자에는 강심작용이 있어 심력쇠약에 좋고 수축을 강화하고 이완을 완전하게 한다. 심장이 약하여 동계, 흉민, 기단, 자한, 부정맥 등을 보일 때 오미자를 쓰면 효과를 얻을 수 있다. 오미자는 기외수축, 간헐맥박, 다한, 피로의 증상에 상용약이며, 오미자가 함유된 생맥산에 백자인, 단삼, 옥죽, 용골을 넣어 쓰면 좋다. 심음부족으로 인한 심계정충, 허번불면, 다몽에는 생지황, 단삼, 산조인 등을 넣어 쓰면 좋다(천왕보심단).

• 오미자는 승압작용이 있으므로 평소에 저혈압인 경우에는 육계, 자감초, 당삼과 같이 달여서 복용하거나 환으로 만들어 복용하면 좋다. 갑자기 혈압이 떨어져 쇼크 상태를 보일 때도 쓰면 좋다.

• 오미자에는 건뇌안신의 효과가 있어 신경쇠약으로 뇌의 활동력이 둔화되어 사고력이 떨어지고 기억력이 감퇴하며 주의력이 산만하고 불면증이 있을 때 산조인, 당삼, 육계, 복신을 넣어 쓰면 좋다.

• 오미자에는 지해평천, 거담의 작용이 있어 만성해수로 인한 백색다담, 기급, 구인건조 등을 보이면 사삼, 행인, 원지, 반하를 넣어 쓰면 좋다. 기침이 심하지 않을 때는 복령, 산약, 사삼, 현삼을 넣어 쓰면 재발을 막을 수 있다. 호흡이 촉박하고 가래가 많으면 소자, 나복자, 마황을 넣어 쓴다. 완해기에는 보골지, 백개자, 백출을 넣어 쓰면 좋다. 한음천해로 인한 폐기손상에는 건강, 세신 등을 같이 쓴다.(소청룡탕) 오미자가 들어 있는 '신기환'은 '치담의 성약'으로 불린다.

【참고】 오미자는 북오미자와 남오미자가 있으나 북오미자가 정품임. 오미를 갖추고 있다지만 산미가 많다.

0   1cm

석류피

학명: Punica granatum
이명: 석류각, 산류피, 석류과피, Granati pericatpium

석류나무과 석류나무의 과피

■■■전문가의 한마디

석류피는 만성설사뿐만 아니라 급성장염의 설사에도 좋다. 여름철에 설사가 심하여 탈수경향을 보일 때는 1~2양을 단독으로 달이거나 또는 황금, 갈근을 넣고 달여서 복용하면 좋다.

●식물의 특성과 형태

높이는 3~5m, 잎은 마주나고 타원형, 꽃은 5~6월에 붉은색으로 피며 꽃받침은 통모양이다.

●약초의 성미와 작용

맛은 시고 떫으며 성질은 따뜻하다. 위, 대장에 작용한다.

●약리효과와 효능

설사, 변혈, 탈항, 붕우, 대하 등에 효과가 있다.

●주요 함유 성분과 물질

tannin 10.4~21.3%, 수지 4.5%, mannitol 1.8%, 점액질 0.6%, 당 2.7%, inulin 1.0%, 사과산, pectin 등이 함유되어 있다.

●채취시기와 사용부위

가을에 채취하여 석류의 껍질을 모아 잘 씻어서 햇볕에 말려서 이용한다.

복용방법

하루에 4~6g을 복용한다. 석류의 뿌리 껍질의 경우에는 4~12g을 복용한다.

●사용상 주의사항

설사와 이질의 초기에는 복용을 금해야 한다.

●임상응용 복용실례

삽장지사, 살충 작용이 있고, 설사, 빈혈, 탈항, 붕우, 대하 등에 좋고, 근피는 촌충 살충효과가 있다.

가자, 적석지, 육두구 등과 배합하여 오랜 설사와 이질, 탈항 등을 다스린다.

【알기 쉽게 풀어쓴 임상응용】
수삽지사

• 석류피에는 현저한 수삽효과가 있어 격렬한 설사, 만성설사에 적합하다. 설사가 장기에 걸쳐 반복되고, 음식을 조금만 부주의하면 대변화수가 훨씬 많아지고 항상 점액변이며, 심해지면 물 같은 설사가 나오고 미소화물이 섞이고 복창, 복명이 있을 때는 석류피 1양을 단독으로 달여서 설탕을 약간 넣어 복용시키거나 가루를 내어 3전씩 복용시켜도 좋다. 또는 당삼, 백출, 산약, 백편두와 같이 써도 좋다. 과민성장염에는 시호와 승마를 넣어 쓴다.

• 석류피는 만성설사뿐만 아니라 급성장염의 설사에도 좋다. 여름철에 설사가 심하여 탈수경향을 보일 때는 1~2양을 단독으로 달이거나 또는 황금, 갈근을 넣고 달여서 복용하면 좋다. 소화불량성 설사에는 나복자, 신곡을 넣어 쓴다. 여름철에 더위를 먹어 토사가 심할 때는 향유, 백편두, 갈근을 넣어 쓰면 좋다. 소아설사에도 활용할 수 있다.

• 석류피는 배변할 때 출혈을 억제하는 작용이 있으며, 하부소화기로부터 출혈의 치료에 좋다. 장출혈에는 대황, 지유를 넣어 쓰면 좋다.

• 석류피는 수삽작용이 있으므로 탈항도 치료한다. 치질이 원인이 아닌 탈항에는 석류피 1양, 오배자 5전을 극세말로 만들어 탈출한 직장을 씻은 후 약을 발라 안으로 밀어 넣고 황기, 승마, 시호, 백출을 넣고 달여서 복용하면 좋다. 매일 이 방법을 반복하면 좋다.

• 몸이 허약하여 백대하가 많을 때는 당귀, 당삼, 백출, 검인 등을 넣어 쓰면 좋다. 석류피는 원충을 죽이는 작용도 있으므로 트리코모나스 질염에 따른 대하에도 쓰면 좋다. 이 경우에는 석류피 2양에 명반 1양을 넣고 달여 30℃ 정도의 온수로 매일 밤 자기 전에 좌욕을 하면 좋다.

연자육(연꽃종자)

학명: Nelumbo nuciferag
이명: 연자육, 연실, 우실, 연자국, Nelumbinis semen

수련과 식물인 연(연꽃)의 건조한 과실 또는 종자

■■■전문가의 한마디

연자는 자양강장약으로 허약성 질병을 치료하는 데에 뛰어난 효과가 있으며 식이료법으로써도 좋다.

●식물의 특성과 형태

뿌리는 옆으로 길게 뻗는다. 꽃은 7~8월에 연한 붉은색, 꽃턱은 원추형, 열매는 견과이고, 종자는 타원상 구형이다.

●약초의 성미와 작용

맛은 달고 떫으며 성질은 평하다. 비장과 신장, 심장에 작용한다.

●약리효과와 효능

가슴이 두근거리면서 잠을 이루지 못하는 증상과 신장이 약하여 나타나는 유정과 대하 등에 효과를 나타낸다.

●주요 함유 성분과 물질

다량의 전분 및 raffinose, 단백질, 지방, 탄수화물, calcium, 철 등을 함유하고 있다.

●채취시기와 사용부위

가을에 과실이 성숙할 때 채취하여 씨를 제거한 후 말려서 이용한다.

● 복용방법

하루에 8~20g을 복용한다.

● 사용상 주의사항

가슴과 배가 그득하고 답답하면서 변비가 있는 사람은 복용을 피해야 한다.

● 임상응용 복용실례

가슴이 두근거리면서 잠을 이루지 못하는 증상과 신장이 약하여 나타나는 유정과 대하 등에 효과를 나타낸다. 용골, 익지인 등과 배합하여 소변이 뿌옇게 나오는 증상과 유정을 다스린다

【알기 쉽게 풀어쓴 임상응용】

• 연자는 자양강장약으로 허약성 질병을 치료하는 데에 뛰어난 효과가 있으며 식이료법으로써도 좋다. 연자를 달걀2개와 설탕을 약간 넣고 자주 복용하면 보신안신, 안정수면을 할 수 있다. 또 백합, 적소두와 같이 달여 설탕을 약간넣어 복용하면 화담지해의 효과가 있다. 이상의 방법은 치료의 보조로 활용하면 더욱 좋다.

• 연자는 구사구리를 억제한다. 오래된 이질로 설사를 해도 시원치 않고 농혈이 섞이며 복냉통이 있을 때는 당삼, 백출, 목향을 넣어 쓰면 좋다. 고방에서는 이질에 연자 1~2양을 단독으로 가루 내어 죽을 만들어 먹는 방법을 쓰고 있다. 연자는 지사뿐만 아니라 소화기능을 증강하고 식욕을 촉진한다. 만성장염으로 설사가 멎지 않고 식욕이 줄어들면 당삼, 백출, 백편두, 사인, 목향을 넣어 쓰면 좋다. 또 과민성장염에 대한 효과가 특히 뛰어나므로 가정에서 백편두, 의이인을 넣고 달여서 설탕을 약간 넣고 매일 복용하면 아주 좋다.

• 실면, 심계, 기억력감퇴, 번조불안 등을 보이면 황련, 생지황, 산조인, 원지를 넣어 쓰면 좋다. 병세가 오래되지 않을수록 효과가 빠르다. 병세가 오래되어 몸이 허약해지면 복신, 백자인, 자석을 더 넣어 쓰면 좋다. 중증의 신경쇠약으로 유정, 몽정을 수반할 때는 금앵자, 산약을 더 넣어 쓰면 좋다.

• 심장병으로 심계가 경중을 반복하고 움직이면 더욱 심해지며 무기력할 경우에는 맥문동, 당삼, 산조인, 감초와 같이 쓰면 좋다. 이 처방은 부정맥, 간헐맥의 치료에도 효과가 있다. 식이료법으로 쓸 때는 연자2양, 원육1양을 달여서 매일 1회 계속 복용하면 좋다.

• 급성열병후나 수술후에 체력이 떨어져 머리가 어지럽고 몸이 나른하며 숨이 차고 힘이 없을 때는 사삼, 구기자, 대조, 황기를 넣어 쓰면 좋다. 식욕부진, 오심구토, 구건 등을 보이면 맥아, 백편두, 백출, 대조를 넣어 쓰면 좋다. 배뇨회수가 증가하고 양이 적었다 많았다 하며 허리가 시큰거리면 산수유, 검인, 황기를 넣어 쓴다. 번조불안, 수면장해 등이 있으면 생지황, 여정자를 넣어 쓰면 좋다. 산후에 많은 출혈로 몸이 약해졌을 때는 황기, 당삼, 구기자를 넣어 쓰면 좋다.

* 보건복지부 한약처방100 가지 약...

강장제로 특효가 있으며 신장과 간의 기능을 원활하게 하는

복분자(산딸기)

학명: Rubus coreanus
이명: 복분, 오포자, 산딸기, Rubi fructus

장미과 식물인 화동북반자의 미숙과실

■■■전문가의 한마디

복분자에는 정액을 고삽하는 작용이 있어 유정이 계속되고 몽정에 시달리며 정액이 차고 소변이 시원하게 나오지 않고 멎지 않으며 안색이 창백하고 무기력한 증상에 좋다.

●식물의 특성과 형태

높이 2~3m, 줄기가 휘어 지면에 뿌리를 내림, 줄기는 자줏빛, 갈고리모양 가시, 꽃은 5~6월에 연한 붉은 색이다.

●약초의 성미와 작용

맛은 달고 시며 성질은 따뜻하다. 간과 신장, 방광에 작용한다.

●약리효과와 효능

강장제로 특효가 있으며 신장과 간의 기능을 원활하게 하여 유정, 몽정, 혈액을 맑게 하고 눈을 밝게 하는데도 이용된다.

●주요 함유 성분과 물질

유기산, 당류, 소량의 vitamine C를 함유하고 있으며, 무기질의 인과 철 칼륨도 함유되어 있다.

●채취시기와 사용부위

이른 여름에 열매가 녹색에서 녹황색으로 변할 때 채취하여 끓는

물에 2~4분 정도 익힌 후 햇볕에 말려서 이용한다.

복용방법

하루에 8~16g을 복용한다.

● 사용상 주의사항

신장이 약하면서 열이 있어 배뇨시 통증이 있는 사람은 복용을 피하는 것이 좋다.

● 임상응용 복용실례

해열작용과 강심작용, 이뇨작용이 있다.

토사자, 오미자 등과 배합하여 신장의 기능이 약하여 발생하는 발기불능과 조루 등을
다스린다.

【알기 쉽게 풀어쓴 임상응용】

고정축뇨
• 복분자는 자보작용이 있지만 조열의 피해를 주지 않고 고삽작용을 하나 병사를 응체시키지 않으므로
용도가 광범위하여 허약증상에 상용하면 좋다. 특히 남성생식기질환, 비뇨기만성질환에 쓰면 효과가 현
저하다.
• 복분자에는 정액을 고삽하는 작용이 있어 유정이 계속되고 몽정에 시달리며 정액이 차고 소변이 시원
하게 나오지 않고 멎지 않으며 안색이 창백하고 무기력한 증상이 있을 때 금앵자, 검인, 육계, 보골지를 넣
어 쓰면 좋다. 매주 1~2회 몽정이 일어나고 가끔 조루, 두혼 등의 증상이 있으면 금앵자, 여정자, 연자를
넣어 쓰면 좋다.

건뇌명목
• 복분자는 건뇌안신의 작용이 있어 신경쇠약 치료에 좋다. 천면, 다몽, 동계, 두혼의 증상이 보일 때는 오
미자, 산조인, 백자인을 넣어 환이나 고제로 쓰면 좋다. 고열후에 진액이 소실되어 불면, 번조증상이 나타
날 때는 석곡, 현삼, 맥문동, 산조인을 넣어 쓰면 좋다.
• 복분자에는 강압작용이 있으나 작용이 완만하므로 보조약 밖에는 되지 않는다. 본
태성고혈압에는 여정자, 현삼, 한련초를 넣어 쓴다. 복분자와 여정자에 설탕을 넣고
고를 낸 것은 빈혈성고혈압에 좋고 계속 복용하면 혈압을 정상으로 유지시킬 수
있다. 동맥경화성 고혈압에는 현삼, 하고초, 조구등, 택사를 넣어 쓴다. 뇌일혈로
혈압이 지속적으로 내리지 않을 때는 갈근, 조구등, 결명자 등을 넣어 쓴다.

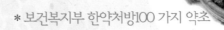

* 보건복지부 한약처방100 가지 약초

산수유

학명: Cornus officinalis
이명: 산수유, 기실, 산수육, 석조, Corni fructus

산수유과 식물인 산수유의 과육

■■■전문가의 한마디

●식물의 특성과 형태

높이 5~7m, 꽃은 양성으로서 3~4월에 잎보다 먼저 노란색으로 피고, 열매는 긴 타원형으로 8월에 붉게 익는다.

●약초의 성미와 작용

맛은 시고 떫으며 성질은 약간 따뜻하다. 간과 신장에 작용한다.

●약리효과와 효능

신장이 허약해서 발생하는 유정과 소변을 자주 보는 증상, 땀이 그치지 않고 월경이 과다하게 나오는 증상에 효과가 있다.

●주요 함유 성분과 물질

과육에 Cornin, Verbenalin, Saponin, Tannin, Ursolic acid, Tartarix acid, Vit. A가 함유되어 있다.

●채취시기와 사용부위

늦가을과 겨울에 채취하여 끓는 물에 약간 삶은 후 씨를 제거하여 햇볕에 말려서 이용한다.

● 복용방법

하루에 8~16g을 복용한다.

● 사용상 주의사항

평소에 몸에 습기와 열이 많은 사람이나 발기지속증이 있는 사람은 복용을 피해야 한다.

● 임상응용 복용실례

일시적인 혈압강하작용, 항암작용, 억균작용 등이 있다.

숙지황, 산약, 구기자 등과 배합하여 유정, 소변을 자주 보는 것, 허리와 무릎이 시리고 아픈 증상을 다스린다.

【알기 쉽게 풀어쓴 임상응용】

장양수삽

• 산수유는 보신과 경미한 장양의 효능이 있어 유정, 다한, 유뇨, 월경과다, 대하과다 등에 대하여 고삽효과를 갖는다. 또 혈압의 고저를 조정하며 간염을 치료하고 저항력을 증강하는 작용도 있어 병후의 요양약으로 쓰면 좋다.

• 몸이 허약하여 두혼, 이명, 불면, 건망, 요슬 연 등의 증상에 유정이 있고 구건설홍하며 설태가 없는 경우에는 숙지황, 구기자, 토사자, 산약을 넣어 쓰면 좋다.

• 산수유는 구기자, 산약과 함께 닭, 돼지고기와 같이 끓여 허약한 사람의 질병에 식이요법으로도 응용할 수 있다.

• 산수유의 장양효과는 파극, 육종용에 미치지 못한다. 양위의 정도가 가벼운 것이나 조루에는 좋으니 중증의 양위에는 동물성장양약과 같이 쓸 필요가 있다.

• 산수유는 신경쇠약을 치료하는 작용이 있으므로 불면, 다몽, 요슬산연, 기억력감퇴, 두혼 등의 증상에 산조인, 백자인, 원지, 당삼을 넣어 환으로 장기 복용하면 좋다. 기타 만성질환에서 불면, 정신불안이 보이면 산조인과 같이 쓰면 좋다.

수삽고정

• 산수유에는 수렴고삽의 효능이 있어 다몽, 유정, 양위, 두혼의 증상에 금앵자, 연자, 검인, 산약, 보골지, 당귀를 넣어 쓰면 좋고, 중증이면 용골을 더 넣어 쓴다.

• 몸이 허약하여 허한 또는 도한이 있는 경우에는 황기, 백자인, 산약을 넣어 쓰면 좋다. 소아의 체허다한에는 부소맥, 마황근을 넣어 쓴다. 산후쇠약에 따른 다한에는 황기, 당귀를 닭에 넣고 고아 먹으면 좋다.

* 보건복지부 한약처방100 가지 약초

금앵자

학명: Rosa laevigata
이명: 자유자, 자이자, Rosae laevigatae fructus

●식물의 특성과 형태 줄기는 적갈색, 아래로 향한 갈고리 모양의 가시가 밀생, 잎은 깃 꼴 모양으로 작은 잎은 3~5개가 있고, 가장자리에는 톱니가 있다.

●약초의 성미와 작용 맛은 시고 떫으며 성질은 평하며 신장, 방광, 대장에 작용한다.

●약리효과와 효능 유정, 유뇨, 오줌이 잦은 것을 낫게 하고 설사를 멈추게 하며 기침이 나고 숨이 찬데, 절로 땀이 나거나 식은땀이 나는 데 사용한다.

●주요 함유 성분과 물질 Tannin, Malic acid, Saponin, Citric acid, Vitamin C 등이 함유되어 있다.

●채취시기와 사용부위 가을에 서리가 내린 후 성숙 과실을 채취하여 가시와 종자를 제 거하고 생용하거나 건조하여 사용한다.

●복용방법 하루 5~9g을 탕약, 가루약, 알약, 약엿 형태로 하여 복용한다.

●사용상 주의사항 미열이 있는 사람은 사용해서는 안 된다.

●임상응용 복용실례

신장, 방광, 대장에 작용하며 유정, 유뇨, 오줌이 잦은 것을 낫게 하고 설사 를 멈추게 한다. 인삼 백출 산약 복령 검인과 배합하여 비가 허하여 생긴 설사를 치유한다.

본초학 제 ⑲장
용토약

위장으로 들어가서 담이 체한 것을 토하게 만드는

과체(참외꼭지)

학명: Cucumis melo
이명: 과체, 첨과체, 향과체, Melonis calyx

●식물의 특성과 형태 약간은 구부러져 있고 쭈그러져 있으며 과실과 붙어 있는 쪽에 자국이 있고, 표면은 황갈색이다.

●약초의 성미와 작용 맛은 쓰고 성질은 차며 독이 있으며 비와 위에 작용한다.

●약리효과와 효능

위장으로 들어가서 담이 체한 것을 토하게 만들고 갈아서 코에 불어넣으면 습열(탁하고 열이 있는 병증)을 제거한다.

●주요 함유 성분과 물질

수분 91%, 당질 6.4%를 함유하며 엘라테린, 멜로톡신이라는 성분을 함유하고 있다.

●채취시기와 사용부위 열매의 꼭지를 도려내어 햇볕에 말리고, 가루를 내어 코에 불어넣는 방법으로 사용하기도 한다.

●복용방법 가루 내어 0.5~1.2g정도 복용하는데 최대로 복용할 수 있는 양은 한번에 1g, 하루 2g이다.

●사용상 주의사항 심장 질환자와 임신부, 신체가 허약한 사람은 복용을 해서는 안 된다. 만약 대량 복용으로 구토가 멎지 않는 경우 사향 0.1~0.15g을 복용시켜야 한다.

●임상응용 복용실례 적소두와 같이 써서 식중독에서 구토하게 한다.

약용도

440

본초학 제 20 장
외용약

외용하는 약물. 해독 소종하고, 썩은 피부와 농을 제거하며, 기육을 생하고 창양을 수렴시키고, 살충하고 소양하는 등의 작용을 한다. 옹저, 창양, 개선, 외상, 교상, 오관과의 질환에 활용한다. 부위 및 양상에 따라 고로 만들어 붙이거나, 도포하거나, 훈세하거나, 흡입하거나, 코에 떨어뜨리거나, 점안하는 등의 방법을 사용한다. 개중 일부는 병증에 따라 내복하기도 한다. 대부분 독성을 가지고 있으므로 사용할 때 신중하게 응용한다. 외용 시에는 포제를 하여 사용하고, 내복 시에는 환이나 산제로 만들어 복용하되 중독 증상이 일어나지 않도록 유의한다.

노봉방

학명: Vespa mandarina
이명: 봉장, 봉소, 장수말벌집, 땅벌집, Vespae nidus

외용약

442

● 식물의 특성과 형태

말벌의 집으로 큰 것은 축구공보다 크며 색은 엷은 갈색, 표면은 무늬지며 질은 가볍고 질기며 약간 탄성이 있다.

● 약리효과와 효능

당뇨병, 위장염, 관절염, 알레르기성 질환, 순화기 장해, 호흡기 장애, 백내장, 치조농루, 치질에 사용한다.

● 주요 함유 성분과 물질

플라보노이드 화합물로 Galangin, Pinocembrin 등과 Kaempferol, Apigenin, Isorhamnetin, Quercetin alc Esculetin, 등의 유기성분, 비타민A, B_2, B_3, 무기물로 Al, Co, Cu, Fe, Se, An등도 있다.

● 채취시기와 사용부위

가을과 겨울에 채취하여 햇볕에 말리거나 혹은 약간 싸서 죽은 벌을 제거하고 햇볕에 말려 분쇄하여 사용한다.

체한 것을 풀어주며 비위를 따뜻하게 하여 소화기능을 촉진시키는

대산(마늘)

학명: Allium sativum
이명: 대산, 호산, 독산, 독두산, Allii bulbus

●식물의 특성과 형태 마늘의 비늘줄기는 둥글고 연한 갈색의 껍질 같은 잎으로 싸여있고, 안쪽에 5~6개의 작은 비늘 줄기가 들어있다.

●약초의 성미와 작용 맛은 맵고 성질은 따뜻하다. 비장과 위장, 폐에 작용한다.

●약리효과와 효능 체한 것을 풀어주며 비위를 따뜻하게 하여 소화기능을 촉진시킨다. 몸속에 뭉쳐져 있는 해로운 것들을 풀어준다.

●주요 함유 성분과 물질

주성분은 nicotinic acid, ascorbic acid, alliin, allicin, allithiamin, 0.2%의 정유가 있다.

●채취시기와 사용부위 봄, 여름에 채취하여 햇볕에 말리거나 생용 또는 볶아서 사용한다.

●복용방법 내복시에는 6~12g을 달여서 복용한다.

●사용상 주의사항 몸에 진액이 부족하고 열이 많은 사람과 눈병, 입과 치아, 인후의 질병이나 유행병을 앓고 난 후에 써서는 안 된다.

●임상응용 복용실례

소화기능 촉진, 항균, 살기생충 효능, 뱀이나 벌레에 물린 상처, 이질, 학질, 백일해 등에도 효능이 있다.

마전자

마전자 나무의 씨앗

●식물의 특성과 형태 키가 10m이상에 자란다. 잎은 마주나고 타원형 또는 계란형, 넓은 계란형이며, 주맥이 5개이다.

●약초의 성미와 작용 맛이 쓰고 성질이 차가우며 독이 약간 있다. 위와 간에 작용한다.

●약리효과와 효능

안면 신경 마비와 위, 간, 폐, 유방, 피부암 등 여러 가지 악성 종양에도 쓴다.

●주요 함유 성분과 물질

스트리키닌(strychnine)은 중추 신경을 흥분시키고 많은 양에서는 경련을 일으킨다. strychine 등.

●채취시기와 사용부위

가을에 열매가 익을 때 채취해 종자를 얻어 햇볕에 말린다.

●복용방법 0.3~0.6g을 달여서 복용한다.

●임상응용 복용실례 열을 내리고 해독하며 경맥을 통하게 한다. 또 통증을 멎게 하고 맺힌 것을 흩어지게 한다. 거담 작용, 지해작용, 항암 작용, 항균 작용 등이 실험에서 밝혀졌다.

사상자

학명: Cndium monnieri
이명: 사미, 사주, 사상인, 승독, 조극, Cnidii fructus

●식물의 특성과 형태 사상자는 타원형, 표면은 회황~회갈색, 등쪽면은 3개 늑선, 봉합면 2개의 갈색 늑선이 있고, 향기가 있다.

●약초의 성미와 작용 맛은 맵고 쓰며 성질은 따뜻하다. 신장과 비장에 작용한다.

●약리효과와 효능 체내의 차가운 기운을 몰아내고 양기를 북돋아 주고, 신장을 따뜻하게 하고 풍한습의 사기를 몰아내는 효과가 있다.

●주요 함유 성분과 물질 한국산 사상자는 정유가 1.4% 함유되어 있으며, 그 주요성분은 αcadinene, torilin이고, 기타 지방유로써 pertroceline이 약 10% 함유되어 있다.

●채취시기와 사용부위

늦은 여름부터 가을 사이에 성숙한 과실을 채취하여 햇볕에 말려서 이용한다.

●복용방법 하루에 4~12g을 복용한다.

●사용상 주의사항 열이 심하면서 소변이 붉고 배뇨시 통증이 있는 사람은 복용을 피해야 한다.

●임상응용 복용실례

살균력이 있어 트리코모나스성 질염, 음부 및 피부 소양증, 여성 대하, 음위증과 자궁냉증에 효과가 좋다.

체내 습을 제거하고 풍을 없애주며 독을 풀어주는

웅황

단사정제에 속하는 웅황의 광석. 이황화비소 90%이상을 함유

446

●식물의 특성과 형태

천연으로 생산되는 비소의 화합물이다. 색깔은 붉은빛 또는 주황색지만, 황색으로 염료나 화약을 만드는데 사용한다.

●약초의 성미와 작용 맛이 쓰고 성질이 따뜻하다

●약리효과와 효능

체내 습을 제거하고 풍을 없애주며 독을 풀어준다.

●주요 함유 성분과 물질

황, 비소, 알루미늄, 칼슘, 철, 마그네슘, 주석, 티타늄, 망간 순으로 함유되어 있다.

●채취시기와 사용부위

채취한 뒤 진흙과 이물질을 제거한다.

●복용방법

0.5~2g 피부에 사용할 때는 적정량을 사용해야만 한다.

●임상응용 복용실례

옴, 간질, 목구멍 속이 붓고 통증이 심한 증세, 치루, 천식, 암내 등에 좋다.

신의 양기를 북돋우고 차가운 기운을 몰아내는 효능이 있는

유황

0   1cm

●식물의 특성과 형태

비금속 원소의 하나이다. 누른빛의 수지광택이 나고 냄새가 없는 결정인데, 자연상태에서 홑원소 물질로 존재한다.

●약초의 성미와 작용 맛이 시고 성질이 덥다.

●약리효과와 효능 신의 양기를 북돋우고 차가운 기운을 몰아내는 효능이 있다.

●주요 함유 성분과 물질 유황, 칼슘, 철, 마그네슘, 알루미늄, 티타늄, 망간, 구리, 규소, 비소 등이 함유되어 있다.

●채취시기와 사용부위

자연유를 틀 속에 넣어 녹인 다음 상층부의 깨끗한 용액을 취한다. 또는 이황화탄소 가운데 녹아있는 것을 증류하면 된다.

●복용방법

2~8g. 피부에 사용할 때는 적정량을 사용해야만 한다.

●임상응용 복용실례

발기부전증, 노인에게 찬 기운이 장에 침입하여 발생한 변비, 변비와 정기가 허해서 생긴 천식에 사용한다.

약초 찾아보기

약초 찾아보기

453